Roman and Late Antique Mediterranean Pottery
Archaeopress Series

Estudios para la configuración de las facies cerámicas altoimperiales en el Sur de la Península Ibérica

Editores Científicos

P. Ruiz Montes, Mª V. Peinado Espinosa
y Mª I. Fernández García

Roman and Late Antique Mediterranean Pottery 11

Archaeopress Publishing Ltd
Summertown Pavilion
18-24 Middle Way
Summertown
Oxford OX2 7LG

www.archaeopress.com

ISBN 978 1 78491 811 8
ISBN 978 1 78491 812 5 (e-Pdf)

Esta obra es resultado del Proyecto de I+D "Ex Baetica Sigillatae: transferencias tecnológicas, producción y circulación de vajillas cerámicas en el Sur de la Península Ibérica (ss. I-II d.C.) (HAR2013-41278-P)", Ministerio de Economía y Competitividad, Gobierno de España.

Esta obra ha superado un proceso de evaluación ciega por pares

Índice

Introducción

Pablo Ruiz Montes
Mª Victoria Peinado Espinosa
Mª Isabel Fernández García

Cada día más, el examen de la composición de las facies y contextos cerámicos locales en el sur de la Península Ibérica, deja entrever una complejidad hasta hace escasos lustros ladeada por la imponente circulación de las vajillas importadas desde otras regiones del Mediterráneo. Así, trascender los enfoques más tradicionales en ceramología supone, por ejemplo, elevar de un modo particular el rango de los fenómenos de *imitatio* vasculares más allá de la simple anécdota. No son pocos los contextos y situaciones arqueológicas en el Sur de la Península Ibérica caracterizados por producciones de carácter local o regional —incluidas las *sigillatae* de origen bético— con base en clases cerámicas aún hoy deficientemente sistematizadas —especialmente, las cerámicas tipo Peñaflor—, aunque cada vez mejor conocidas, a lo que se une el menor peso específico en estos contextos de las cerámicas finas importadas, en ocasiones del todo ausentes. Dicho de otro modo, cada vez más abundantes en la historiografía actual o redescubiertas en otras ocasiones entre los materiales de antiguas excavaciones, la correcta identificación de estas series se descubre como una necesidad ineludible para la lectura precisa de los contextos materiales desde el cambio de Era y toda la primera mitad y años centrales del siglo I d.C. en el Sur peninsular.

En este sentido, y en el marco de realización de los proyectos de I+D titulado "*Ex officina hispana*: tecnología, producción, difusión y comercialización de cerámicas finas de origen bético en el Sur peninsular durante el Alto Imperio" (HAR2010-17507) y "*Ex Baetica sigillatae*: transferencias tecnológicas, producción y circulación de vajillas cerámicas en el Sur de la Península Ibérica (ss. I-II d.C.). (HAR2013-41278-P)", el presente volumen pretende profundizar en la economía y el comercio en el sur de la Península Ibérica durante el Alto Imperio. Y lo hace, en la medida de lo posible, mediante el empleo de metodologías y técnicas modernas de investigación arqueológica, aplicadas sobre al análisis y estudio de los contextos cerámicos de la época en diversos lugares de mercado o centros de consumo localizados en dicho ámbito, con especial atención a aquellas facies cerámicas dominadas y caracterizadas por la presencia de cerámicas finas.

Para tratar de resolver o, al menos, avanzar en la resolución de dicha problemática tuvo lugar, en noviembre de 2013, el *workshop* internacional "La conFiguración de las facies cerámicas altoimperiales en el sur de la Península Ibérica (siglos I-II d.C.). Evolución tempo-espacial e implicaciones económico-culturales", evento científico en torno al cual se contó con la presencia y la contribución fundamental de grupos y autores sensibilizados con la temática objeto de estudio, en la medida de lo posible actuando bajo criterios metodológicos homogéneos y unificados; equipos e investigadores con estudios de contextos cerámicos en localizaciones tan significativas como *Arucci/Turobriga*, *Onoba*, *Sisapo*, *Aurgi*, *Corduba*, Cástulo, *Malaca*, *Mirobriga*, Torreparedones, *Olisipo*, *Libisosa* e *Isturgi*. De este modo, los estudios recogidos en este trabajo aportan una serie de informaciones tipológicas significativas que deberían poner de relieve una estructuración recurrente de datos en diversos conjuntos estratigráficos en asentamientos y centros de consumo, reflejando una coyuntura cronológica precisa a nivel local/regional. La articulación en grupos técnicos o clases cerámicas de los datos cuantificados nos permiten dibujar una serie de facies cerámicas locales y su evolución en el tiempo y el espacio, al mismo tiempo con implicaciones culturales y económicas.

La *facies* cerámica de *Olisipo* (Lisboa) en el periodo julio-claudio: una primera aproximación a partir de contextos suburbanos seleccionados

Rodrigo Banha da Silva

Professor Auxiliar Convidado de la Faculdade de Ciências Sociais e Humanas de la Universidade Nova de Lisboa
Investigador Integrado del CHAM. Arqueólogo Municipal-Centro de Arqueologia de Lisboa. rodbs@netc.pt

1. Introducción

La privilegiada situación de Lisboa en la fachada occidental de Hispania, en una posición estratégica en el área vestibular del estuario del mayor río de la Península Ibérica, le otorgó un bien conocido papel relevante en el ámbito de la circulación de productos por vía marítima, constante a lo largo de un amplio espectro temporal. La identidad geográfica y cultural de la ciudad, al mismo tiempo meridional y atlántica, podría merecer el calificativo de "último puerto del Mediterráneo", dado el carácter de bisagra entre aquellas dos realidades desempeñado por el puerto del Tajo. Siendo así, su conocimiento arqueológico posee un interés evidente que rebasa el mero marco regional, constituyendo un elemento de alto potencial para la lectura de las dinámicas históricas más amplias que tuvieron a la Hispania meridional como escenario.

Se trata, no obstante, de un conocimiento que no es fácil de obtener. La ciudad fue densamente ocupada a lo largo de tres milenios, y las profundas y sucesivas renovaciones de su tejido urbano implicaron la obliteración, a veces completa, de los testimonios más antiguos. Además, y a pesar de importantes trabajos anteriores, solamente a partir de 1989/1990 se hizo realidad el inicio de una práctica continua de excavaciones urbanas (Gaspar *et al.* 1997).

De otra manera, y en el mismo sentido, las ocupaciones romanas localizadas en el territorio próximo al núcleo urbano fueron probadamente superpuestas por la expansión de Lisboa sucedida a partir del período de los Descubrimientos y Expansión Ultramarina Ibérica, pero no se atisba hoy más que un panorama difuso e impreciso de su dimensión y perfil. Estas limitaciones se ven aumentadas por la intensiva ocupación urbana contemporánea del área metropolitana, factor que, por un lado llevó a la detección de muchos vestigios más distanciados de la ciudad, pero por otro condujo a una visión desequilibrada de los *agri olisiponensis*, en especial en lo que respecta a las zonas más densamente urbanizadas desde hace más tiempo, las cercanas a las márgenes del gran río: si el estado actual de nuestros conocimientos es representativo del alcance que la explotación de los recursos marinos y la producción alfarera a ella asociada alcanzaron en época romana en el Bajo Tajo (Fabião 1997 2004 2009b), otras producciones relevantes se desarrollaron también allí en el mismo momento, pudiéndose citar la capacidad de exportación del vino olisiponense envasado en las ánforas del tipo Lusitana 3, cuya importancia sólo muy recientemente se comenzó a entrever a partir de su relevante documentación en sitios béticos como Munígua, igualmente con presencia destacada en Algeciras (Fabião 2005), o la distribución de piedra ornamental, de la que se registran evidencias en los espacios públicos de la capital provincial lusitana (Fusco y Mañas Romero 2006).

En lo que respecta a la ciudad romana propiamente dicha, los análisis actuales son el reflejo del desarrollo muy reciente de la práctica arqueológica en el medio urbano. De esos análisis se obtuvieron lecturas necesariamente diferentes de las que estaban en boga desde la primera mitad del siglo XX (Silva 1944; Moita y Leite 1983), acentuándose ahora la demostrada existencia de una regularidad con distintas orientaciones en la trama urbana (Mantas 1990; Ribeiro 1994; Silva 1997 2011 y 2012), a pesar de no incluir aspectos importantes por resolver, especialmente la exacta localización del foro (Fabião 2010).

En el presente marco es importante destacar la documentación de la muralla altoimperial, cuya existencia ya había sido antes intuida (Alarcão 1994; Silva 1997). De momento no puede atrasarse la datación adscrita al principado de Tiberio (Gomes y Gaspar 2007) pero, sobre todo, su existencia implica que la ciudad había tenido áreas funcionales bien distintas, "clásicas", así como también permite entrever una dimensión del perímetro urbano más reducida de lo que sería esperable, a pesar de lo que parecían indicar edificios públicos de considerables dimensiones como son el teatro romano y las *Thermae Cassiorum* (Silva 2012).

Extramuros se generaron dos suburbia, uno a occidente y otro a oriente

Durante el Principado se desarrollaron en el localizado a poniente numerosas *officinae* de *garum,* dispuestas a lo largo de la antigua orla ribereña, de la que se conoce hoy una extensión superior a 500 m (Amaro 1994; Bugalhão 2001; Fabião 2009b). Además, la importancia de este sector periférico, sobre todo portuario, manufacturero y funerario, parece que fue reconocida por la propia administración municipal, dado que en ese lugar se detectó hace tiempo un

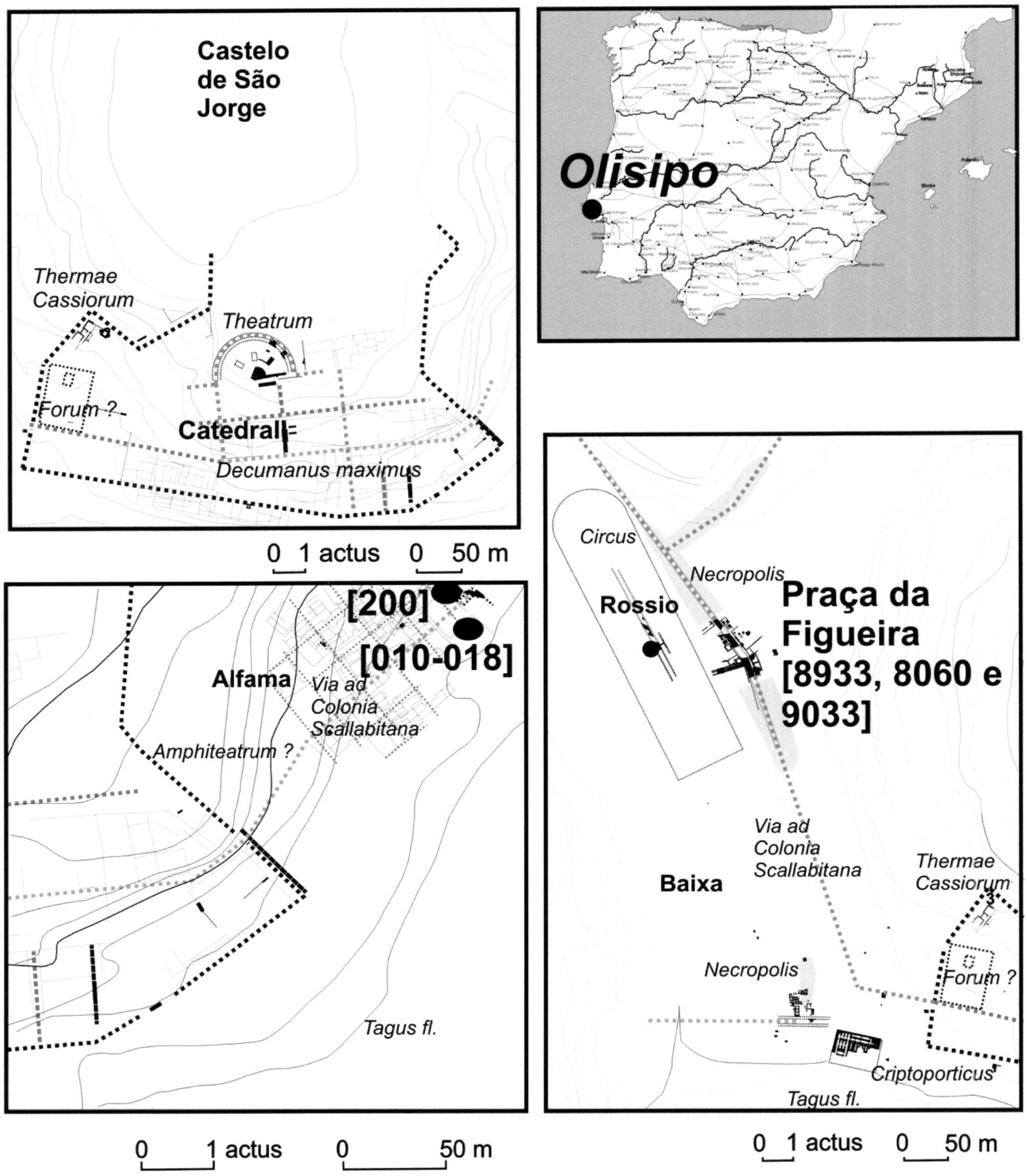

FIGURA 1. LOCALIZACIÓN DE OLISIPO EN HISPANIA; REPRESENTACIÓN DEL *POMERIUM*; LOCALIZACIÓN DE LOS CONTEXTOS ESTUDIADOS DE ALFAMA Y DE LA PLAZA DA FIGUEIRA EN RELACIÓN A LOS *SUBURBIA* ORIENTAL Y OCCIDENTAL DE LA CIUDAD RESPECTIVAMENTE.

forum de probable carácter comercial (Ribeiro 1994) y un *circus* (Vale y Sousa 2000).

Por otro lado, el *suburbium* oriental parece poseer otras características: mal conocido y sólo muy recientemente aflorado, seguramente tuvo una dimensión mucho menor, estando hasta ahora ausentes tanto las construcciones manufactureras como las evidencias categóricas correspondientes a grandes edificios públicos, aunque, y en función del diseño urbano conservado, sea posible la existencia en el área de la actual iglesia de São Miguel de un anfiteatro junto a la vía de acceso a la ciudad, hipótesis todavía no sostenida aún por ninguna comprobación material.

En cualquier caso, el núcleo urbano desarrolló a ambos lados de su perímetro una intensa ocupación periférica del espacio, completando así el conjunto de la antigua *Felicitas Iulia Olisipo* cerca de 20 ha, extensión que la sitúa en términos urbanos y demográficos en un lugar cumbre entre las ciudades de la fachada atlántica occidental de las Hispanias en los dos primeros siglos de nuestra era. Esta dimensión tiene correspondencia en el papel portuario clave desempeñado por *Olisipo* en el marco de la distribución de los productos meridionales hacia el norte del Imperio Romano a través del Atlántico, ya conocido arqueológicamente por otras vías (Fabião 2009a; Morais y Carreras Monfort 2010).

2. Presupuestos de selección y presentación

La investigación contemporánea viene subrayando la necesidad de un mayor esclarecimiento de los límites cronológicos y funcionales de los contextos analizados como condición previa a las deducciones arqueológicas de diversa índole, en especial las de cariz económico (véase por ejemplo: Remolà 2000; Peña 2007). Según esto se muestra como aspecto fundamental a considerar la lectura de los elementos que sustentan la interpretación de los procesos que llevaron a la formación de los contextos, habiéndose sugerido varios planteamientos.

El fondo de la cuestión es, sin duda, la forma en que las comunidades del pasado gestionaron los residuos resultantes de sus prácticas cotidianas, en este caso urbanas, pues estos comportamientos están en el origen de una buena parte de las entidades analizadas arqueológicamente, en cuanto están influidos por factores locales, al mismo tiempo cronológicos y funcionales, como sociales y económicos. Por esa razón, este aspecto posee un interés superlativo para la consideración de los conjuntos cerámicos romanos presentes en las estratigrafías, elemento de interés en la investigación actual, especialmente en la española (Dupré y Remolà 2000; Remolà y Acero 2011).

Los contextos de los siglos I y II d.C. detectados en la ciudad de Lisboa son numerosos, pero no todos contienen el mismo valor informativo: aunque ricos y abundantes, conjuntos materiales como los recogidos en los Claustros de la Catedral, Teatro Romano (Filipe 2008; Sepúlveda y Fernandes 2009), Rua dos Bacalhoeiros (Fernandes *et al.* 2006;) o una parte de los identificados en la Praça da Figueira (Silva 2005 2012), por citar los más conocidos, se corresponden con nivelaciones realizadas para la edificación, donde se mezclan ejemplares de cronologías bien diferentes sin que haya sido demostrada la existencia de una relación directa entre su tiempo de vida en uso, las estratigrafías existentes y el sitio en el que se depositaron. Por el contrario, y en función de los datos disponibles, parece evidente que una parte importante del grupo de secuencias mencionado pertenecen sobre todo a aportes de tierras transportados desde otros puntos para preparar la edilicia pública y privada.

Aún así, y a pesar de ser menos numerosos y exuberantes en cuanto a la cantidad y diversidad de los materiales que componían los respectivos conjuntos, también se crearon en Lisboa basureros generados a lo largo de espacios temporales limitados y sin grandes contribuciones externas resultantes de remociones o aportes exógenos. Por su mayor valor informativo intrínseco se seleccionaron cinco de estos contextos, todos identificados en las áreas suburbanas; cubriendo un espectro cronológico situado entre los principados de Tiberio y Nerón, por otra parte sugieren una práctica privada generalizada (individual o contratada) de la gestión de los residuos urbanos olisiponenses (Silva 2011), como se detectó en muchos otros centros urbanos hispanos (Remolà y Acero 2011). A pesar de que en todos los casos fueron identificadas las distintas unidades estratigráficas que componían cada uno de los contextos, estos se presentaron agrupados, en la medida en que estas entidades, aún componiendo secuencias físicas, no poseen un significado cronológico relevante ni de otro tipo.

3. Cinco contextos julio-claudios de Lisboa seleccionados

Consideramos en el presente estudio todas las producciones cerámicas presentes, a excepción de la cerámica de construcción. Es interesante, por tratarse de contextos de consumo, deducir en el modelo urbano olisiponense las conexiones geográficas mantenidas por el Bajo Tajo con otros espacios provinciales, o lusitanos pero de otro ámbito (esfera emeritense, costa atlántica occidental…), habiendo dedicado una atención especial a las importaciones oriundas de la vecina Bética.

Por tratarse de una estudio específico, nos vimos obligados a acrecentar siglas a la norma reglada en el *Dicocer* (PY 1993), pues algunas de las producciones o están ausentes en ella o se prestan a confusión con producciones alfareras de otros contextos histórico-antropológicos y distintas áreas geográficas: destacamos la necesidad de la mención de las lucernas, sugiriéndose la abreviatura **luc,** a la que se añadió, como en las cerámicas comunes y en las cerámicas de paredes finas, la sigla del origen probable (**-it**, para las producciones originarias de la Península Itálica, **-bet,** para las da Bética en su conjunto, **-emer**, para tratar ejemplares del círculo emeritense, y -lus, relativo a toda la Lusitania, siguiendo de este modo el mismo criterio adoptado para la *terra sigillata* y las ánforas) la aplicación de las referencias originales "**der-Camp** – *dérivée de Campanienne* (*ibidem*) – o "**gbr**" (gris bruñida republicana), usadas para referirse a producciones cerámicas específicas en atmósfera reductora que reflejan la influencia itálica desde los momentos de la conquista mezclada con otras tradiciones bastante más antiguas, a pesar de su similitud fenomenológica con lo sucedido en la zona del Bajo Tajo no concuerdan totalmente, proponiéndose por eso aquí la denominación **cinzfin**, para referirse a producciones, en el caso regional, de cerámicas finas de mesa producidas en ambiente reductor, en parte de marcada inspiración itálica y de un pasado alfarero del Bajo Tajo que se remonta a la Edad del Hierro (Arruda, Freitas y Vallejo Sánchez 2000), generalmente pulidas y con un repertorio formal limitado a jarras, páteras y tazas troncocónicas de pie destacado, que en época imperial, lo que constituye una novedad, se elaboran igualmente en atmósferas oxidantes a pesar de parecer salidas de los mismos centros artesanales, aún sin localizar.

De igual manera se aplicaron otras adaptaciones, pero procurando respetar y acoger las sugerencias y recomendaciones hechas por los responsables de la presente reunión: por esas razones la cuantificación de los elementos se refiere solamente al NMI, contrastado a partir de los fragmentos que posibilitaron una atribución formal después de pegarlas, a excepción de las piezas que no estaban representados de otra forma a no ser por fragmentos de galbo. Los sellos de alfarero en la *terra sigillata* siguen las propuestas internacionales del *Corpus Vasorum Arretinorum* (CVA), del estudio de Polak sobre Vechten (2000) y el *Names of Potters on Terra Sigillata.*

3.1. Praça da Figueira

La Praça da Figueira es un espacio generado después de la reconstrucción de Lisboa tras el terremoto de 1755. Lugar hoy central en la ciudad actual, poseía reminiscencias de un carácter de alguna forma periférico hasta finales del siglo XIX/mediados del siglo XX, celebrándose ahí uno de los principales mercados abastecedores de la capital portuguesa a lo largo de la Edad Contemporánea. La tradición de este perfil de periferia urbana es, además, un aspecto de larga duración del lugar: desde la década de 1960 que se descubrió en su subsuelo una extensa necrópolis romana altoimperial, flanqueada al oeste por el *circus*; allí se identificó el limite urbano de un arrabal medieval musulmán; allí se instaló, a mediados del siglo XIII, el principal convento dominico de la ciudad medieval portuguesa y, después, a finales del siglo XV, el primer hospital central del reino (Silva 2012).

En lo que a la época romana concierne, las evidencias identificadas en la extensa excavación que se realizó entre 1999 y 2001 permitieron una primera caracterización de la dinámica del espacio organizada en cinco fases distintas. Nos interesan, en el marco del presente trabajo, dos de ellas:

- "**fase II**"- en toda el área investigada se realizaron en primer lugar, durante el principado de Tiberio, dos fosas de basurero distantes espacialmente 8933 y 8060, objeto del presente estudio; el lugar fue después objeto de un acondicionamiento a través del aporte de depósitos arenosos, la apertura de una zanja de drenaje y después se edificó la primera plataforma de la vía norte de *Olisipo*, parte fundamental del itinerario para *Scallabis*, y creemos que el principal con este destino con salida de la ciudad del estuario del Tajo; por fin, en

Producción	Origen	Forma	NMI	Tipo	%NMI dentro de la prod.	%NMI dentro del total
sig-it	Pen. Itálica	plato	1	12	6,25	1,11
	Pen. Itálica	plato	1	12.1	6,25	1,11
	Pen. Itálica	plato	1	18	6,25	1,11
	Pen. Itálica	plato	2	18.2.1	12,5	3,33
	Pen. Itálica	plato	1	18.2.2	6,25	1,11
	Pen. Itálica	plato	1	18.2.4	6,25	1,11
	Pen. Itálica	plato	1	19.2.1	6,25	1,11
	Pen. Itálica	taza	3	22	18,75	3,33
	Pen. Itálica	taza	1	22.1.2	6,25	1,11
	Pen. Itálica	taza	1	22.1.4	6,25	1,11
	Pen. Itálica	cuenco	1	32.2.1	6,25	1,11
	Pen. Itálica	cuenco	1	25 o 31	6,25	1,11
	Pen. Itálica	copa	1	indeterminado	6,25	1,11
Sig total			**16**		**100**	**18,87**
Parfin	Pen. Itálica	taza	2	33?	50,00	2,22
	Pen. Itálica	taza	1	24	25,00	1,11
	Pen.It.-Campania	taza	1	33-35	25,00	1,11
Parfin total			**4**		**100**	**4,44**
luc-it	Pen. Itálica	lucerna de volutas	**1**	9	7,14	1,11
	Pen. Itálica	¿lucerna de volutas?	**6**	indeterminado	42,86	6,67
	Pen. Itálica	lucerna de disco	**1**	¿20?	7,14	1,11
luc-hisp	Bético costero	lucerna de volutas	**1**	indeterminado	7,14	1,11
	Bético costero	lucerna	**5**	indeterminado	35,71	5,55
Luc total			**14**		**100**	**15,55**

Producción	**Origen**	**Forma**	**NMI**	**Tipo**	**%NMI dentro de la prod.**	**%NMI dentro del total**
Cinzfin	Regional	jarra de boca trilobulada	1		33,33	1,11
	Regional	taza troncocónica	1		33,33	1,11
	Regional	olla pequeña	1		33,33	1,11
Cinzfin total			**3**		**100**	**3,33**
com-bet	Bético costero	mortero	1		2,38	1,11
	Bética-Guadalquivir	ollita biansada	1		2,38	1,11
	Bético costero	jarra	1		2,38	1,11
	Bética-Guadalquivir	cuenco pequeño	3		7,14	3,33
com-reg	Regional	olla con borde de encaje para tapa	1		2,38	1,11
	Regional	olla de borde vertical engrosado exteriormente	1		2,38	1,11
	Regional	olla ansada de borde exvasado	10		23,81	11,11
	Regional	olla pequeña de borde abierto	3		7,14	3,33
	Regional	olla de tradición de la Edad del Hierro	1		2,38	1,11
	Regional	escudilla de borde horizontal	2		4,76	2,22
	Regional	escudilla de borde recto horizontal	1		2,38	1,11
	Regional	fuente grande	1		2,38	1,11
	Regional	taza exvasada	1		2,38	1,11
	Regional	cuenco pequeño	1		2,38	1,11
	Regional	jarra	4		9,52	4,44
	Regional	jarra de boca trilobulada	1		2,38	1,11
	Regional	plato	2		4,76	2,22
	Regional	tapa	1		2,38	1,11
	Regional	tapa pequeña	1		2,38	1,11
	Regional	plato	2		4,76	2,22
	Regional	*dolium*	2		4,76	2,22
	Regional	argolla de red	1		2,38	1,11
Ccom total			**42**		**100**	**46,63**
ánf-bet	Bética-Guadalquivir	ánfora	2	H.70	18,18	2,22
	Bética-Guadalquivir	ánfora	3	ovoide	27,27	3,33
	Bética-Guadalquivir	ánfora	1	Ob.83	9,09	1,11
	Bética-Guadalquivir	Ánfora de mesa	1	Dr.28 o tipo urceus	9,09	1,11
	Bética costera	Ánfora	1	indeterminado	9,09	1,11
ánf-lus	Regional-Tajo/Sado	Ánfora	2	Lusitana antigua	18,18	2,22
	Regional- Tajo/Sado	Ánfora	1	indeterminado	9,09	1,11
ánf total			**11**		**100**	**12,21**

TABLA 1. SÍNTESIS DE LA CUANTIFICACIÓN DE LA MUESTRA CERÁMICA DEL CONTEXTO 8933 DE LA PRAÇA DA FIGUEIRA (90 NMI).

FIGURA 2. PRAÇA DA FIGUEIRA, CONTEXTO [8933]: *TERRA SIGILLATA* DE PRODUCCIÓN ITÁLICA (1-11), CERÁMICA DE PAREDES FINAS (12-13), LUCERNAS (14-17), CERÁMICA *CINZENTA* FINA (18-20), ÁNFORAS BÉTICAS (21-24), ÁNFORAS REGIONALES DEL TAJO (25-27) Y CERÁMICA COMÚN BÉTICA (28-31).

la zona media del área intervenida, probablemente durante el principado de Claudio, se instaló una vía secundaria hacia el oeste, delimitada por muros.

– "**fase III**"- en la parte norte del área excavada al norte se identificó otro reacondicionamiento del espacio mediante movimientos de tierras, sobre el cual se construyó un tramo de la vía norte con una cronología que en principio situamos cerca del 60 d.C. (Silva 2005), pero que parece ser un poco anterior, en torno al 50 d.C. o poco después (Silva 2012: 480); a partir de esta fecha se instalaron recintos y monumentos funerarios flanqueando el tramo viario, estando las sepulturas más antiguas, identificadas en la excavación de 1961/2, bien fechadas en las décadas de 50 y 60 d.C. (Ídem: 480-482); "monumentalizada", la necrópolis adoptó esta expresión arquitectónica hasta el intensivo desmantelamiento de las estructuras funerarias sucedido entre finales del siglo III e inicios del siglo IV d.C. (ídem). Dentro de la fase III de la periodización se integra el contexto de la estructura negativa 9033, localizada próxima al muro norte que definía el espacio de circulación de la vía secundaria.

3.1.1. La fosa 8933

La U.E. 8933 pertenece a la estructura negativa de tendencia ovalada, excavada en un depósito más antiguo (U.E. 8809), en el cual se recogieron artefactos con una amplia diacronía, entre la Edad del Hierro y el siglo II-primera mitad del siglo I a.C.

Su localización, con una mitad bajo el límite y primer nivel de pavimento de la Vía Norte, y el hecho de haber sido cortada su parte superior por los depósitos interpretados como de nivelación y preparación para la construcción de este tramo de vía y construcciones funerarias adyacentes – UU.EE. 9907 e 9908 – , permiten enmarcarla en una fase sin duda anterior a esas acciones.

Con una potencia conservada de cerca de 0,70 m, el relleno de 8933 fue hecho con tres depósitos sucesivos, UU.EE. 8934 8935 e 8936, siendo los dos primeros escasos en materiales, aunque algunos pegaban con fragmentos presentes en el último, de mayor grosor.

En su interior predominaba la cerámica común de fabricación regional y fragmentos de ánforas, siendo escasa la fauna de mamíferos y malacológica. Contaba también con la presencia de algunos materiales cerámicos de construcción (*tegula* e *imbrex*), una decena de clavos de hierro, tres fragmentos de recipientes de vidrio (entre ellos una taza del tipo Isings 3), una fíbula del tipo Aucissa y una aguja para redes de pesca, en aleación de cobre.

Las cerámicas finas, determinantes para a estimación cronológica, contaban con cerámica de paredes finas y *terra sigillata* sólo itálica, de la cual un sello de alfarero bilineal de *Phart*(enius) *Publii Cornelii,* y otro con la forma *in planta pedis*, cortado y por eso ilegible. Este último elemento, junto con la presencia de un borde de plato con decoración aplicada –una espiral- y de un borde de taza de la forma Conspectus 32.2.1, remite categóricamente la formación de 8933 ya para momentos dentro del principado de Tiberio. Concuerdan con esta datación otros datos, especialmente la morfología del borde de ánfora del Guadalquivir del tipo Dressel 20 exhumado, los dos ejemplares de paredes finas itálicas de los tipos Mayet XXIV y XXIII-XXV=Marabini 36 (Lopéz Mullor 1981: 339-342) y los ejemplares de lucernas de volutas presentes, que apuntan a una deposición con una cronología seguramente posterior al 14 d.C., pero poco distante de esta fecha.

El conjunto original de materiales está formado por más de 400 fragmentos, de los cuales 176 pertenecen a ánforas. A pesar de este peso estadístico en términos de número total de fragmentos, que sólo encuentra paralelo en los 207 fragmentos de cerámicas comunes, el NMI es de apenas 11 ejemplares, de los que 72,3% de las ánforas delatan un origen de la Bética, con un predominio aplastante de los recipientes vinícolas y oleícolas del Guadalquivir (72,7 %) frente a los presumiblemente destinados a productos piscícolas, sean de la Bética costera (9,1 %), o del Tajo (18,2 %).

En el ámbito de las cerámicas llamadas comunes, y como sería de esperar, son mucho más altos los valores alcanzados por los elementos vasculares regionales del Bajo Tajo (85%) frente a los elementos exógenos, exclusivamente oriundos de la Bética (15%).

El repertorio de mesa está dominado por la *sigillata* itálica (15 NMI), discretamente acompañada por elementos relacionados con el consumo de líquidos, formados por la cerámica *cinzenta* fina (2 NMI) y cerámica de paredes finas (4 NMI).

Las lucernas completan el repertorio, con 14 ejemplares. Se comprueba en este dominio un equilibrio entre las importaciones itálicas (8 NMI) y las hispánicas meridionales (6 NMI).

3.1.2. La fosa 8060

En el sector KM/4-6 de la Praça da Figueira fue identificada 8812 una unidad de arena estéril, de origen aluvial, testigo de un episodio sucedido después de los siglos X-IX a.C. Aquí, la primera presencia de Época Romana correspondía a una estructura negativa abierta en las arenas 8060. Con una configuración de tendencia ovalada, la rellenaban tres depósitos sucesivos: 8037 8058 y 8059, conteniendo un conjunto cerámico rico y diversificado, en el que los objetos relativamente bien conservados (minoritarios) fueron encontrados junto a elementos muy fragmentados, y asociados a escasa fauna de mamíferos, estando el metal ausente. Carbones y cenizas muy pequeños se encontraron diseminados en la matriz sedimentaria del primero y tercero de los depósitos citados que componían el relleno.

Entre los materiales recogidos merece destacar la presencia de un conjunto de sellos de alfarero en *terra sigillata*, de los que se detallan solamente las producciones itálicas, los mejores indicadores cronológicos que sirvieron para la datación de esta formación. Aunque de cronología heterogénea, están presentes vasos estampados *arret(inum)* y por *Atticus* (3) fechados entre 10 a.C. y 10 d.C., por *Publius Cornelius* entre 5 a.C. a 40 d.C., por su esclavo *Speratus* con posterioridad a 1 d.C., por *Ennius* en el intervalo entre 1 y 15 d.C., por *Hilarus (3)* entre 1 y 20 d.C., *SPE* tal vez entre 1 y 20 d.C., y *Vrbanus* (1) entre 1 y 30 d.C. Decisivos serán no obstante los ejemplares del tipo *in planta pedis* de las oficinas de *Cneus Ateius* e *Philargurus (1)* y otro ilegible, porque son necesariamente posteriores a 15 d.C.

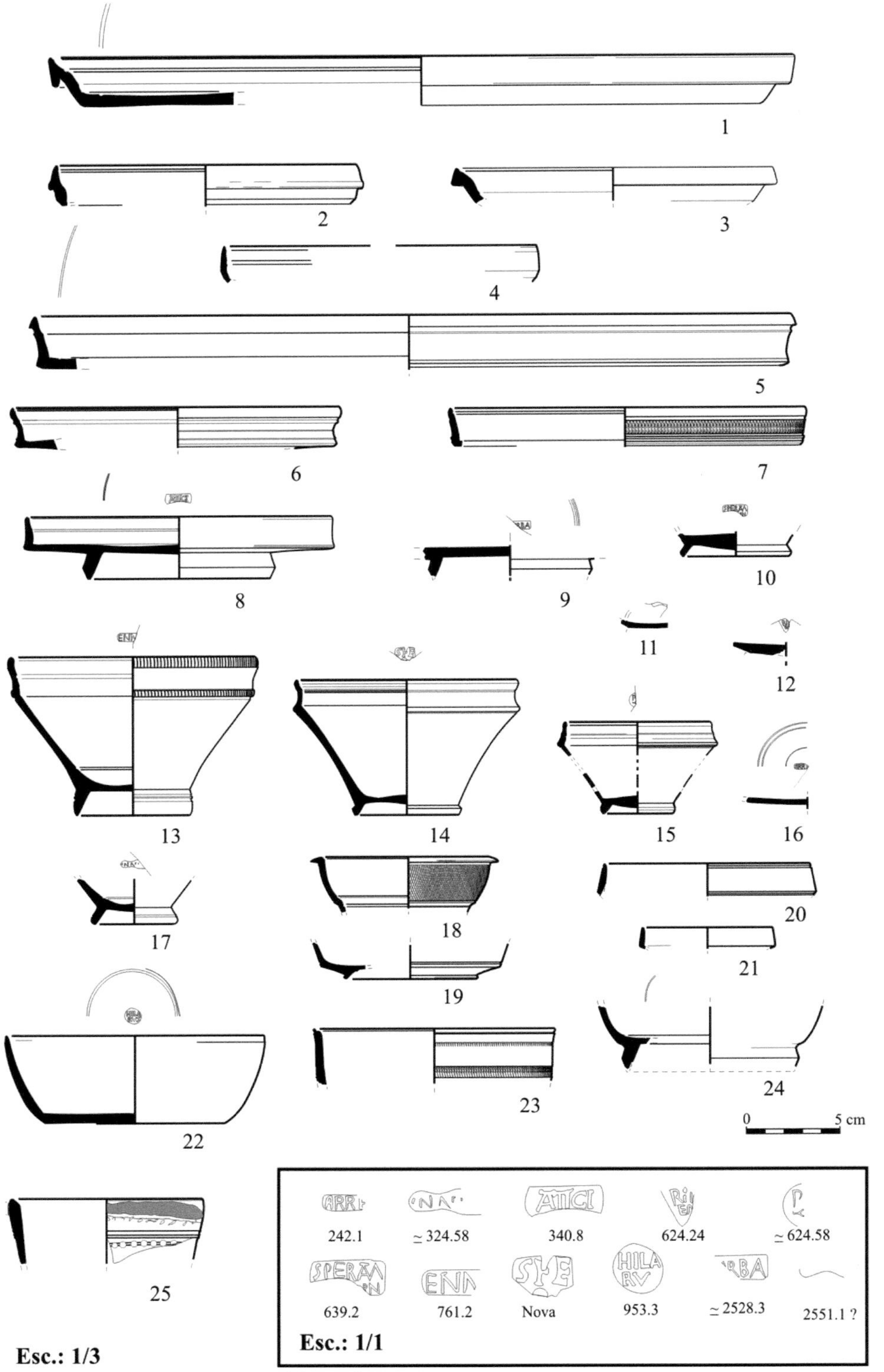

Figura 3. Praça da Figueira, contexto [8060]: *terra sigillata* de producción itálica (1-28).

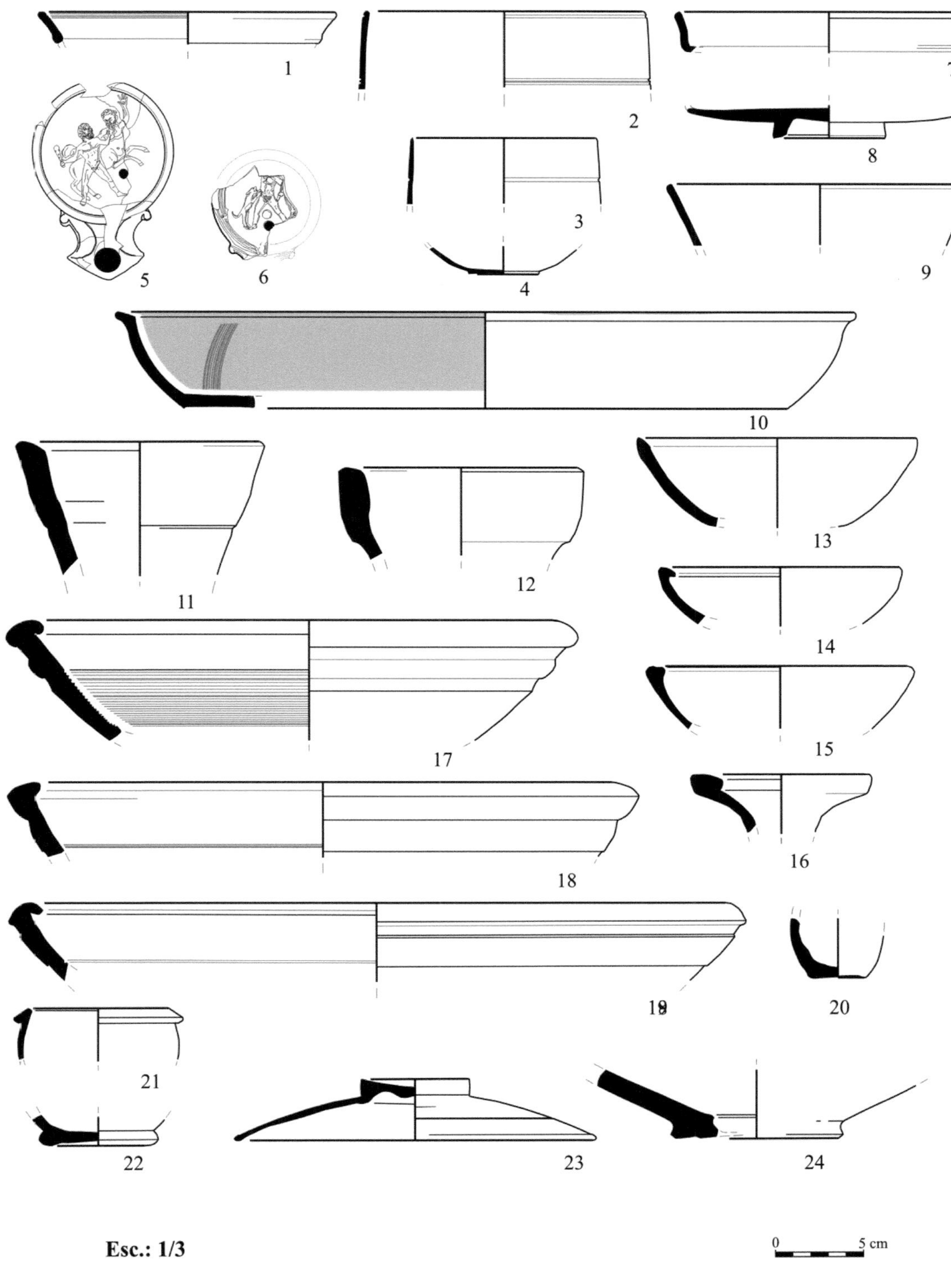

Figura 4. Praça da Figueira, contexto [8060]: cerámica de tipo Peñaflor (1), cerámica de paredes finas (2-4), lucernas (5-6), cerámica *cinzenta* fina (7-9), cerámica de engobe rojo pompeyano (10), ánfora bética (11), ánfora regional del Tajo (12), cerámica común bética (13-22) y cerámica común local (13-24).

(192). No obstante, y al contrario de los otros contextos antes descritos, en los que es factible la existencia de infrarrepresentación en los números a través del cálculo del NMI, en este caso comprobamos que pegaban diferentes fragmentos en varios ejemplares y las características de factura permiten afirmar la existencia de un número de recipientes coherente con el valor de 8 obtenido. Esta circunstancia, sumada a la recuperación frecuente de varios fragmentos de los mismos recipientes, que se repite en las restantes producciones cerámicas (en un total de 92 NMI), se traduce en una posible singularidad de este contexto. De hecho, en el pasado expusimos la posibilidad de que se tratasen de restos de un *sodalicium* teniendo en mente el intenso uso funerario del área próxima y el perfil de la composición del conjunto material (Silva 2005). La hipótesis se mantiene, aunque no se pueda descartar la posibilidad de que se trate de una fosa detrítica, cuestión para la que no se dispone de evidencias satisfactorias.

Desde el punto de vista de la definición cronológica, los datos más útiles recaen nuevamente en el ámbito de la *terra sigillata*: están presentes producciones de La Graufesenque en posición dominante, junto a una copa tardoitálica y de un *skyphos* itálico, pieza que se habrá mantenido en uso. Una vez más la información proporcionada por los sellos de alfarero funciona como valioso indicador de la fecha de formación del contexto: la impresión del tardo-itálico *Sextus Murrius Festus*, de Pisa, por tratarse probablemente de una producción de las etapas iniciales, encierra una cronología en torno de 60 d.C.; en los sellos procedentes de las manufacturas rutenas, la de *Billicatus* está fechada entre 30-50 d.C., la de *Licinus* en 55-65 d.C., de *Maccarus i* en 30-65 d.C. y la del prolijo *Passenus* en el lapso de 50 a 70 d.C. El análisis de la información cronológica proporcionada por los sellos muestra la existencia de vasos pertenecientes a periodos más o menos recientes, pero el descarte de los vasos habrá sido forzosamente después de 55 d.C., lo que es verosímil habiéndose formado el contexto en un momento situado en esa década o en la primera mitad de la siguiente, o lo que es lo mismo, en el primer decenio del principado de Nerón.

En cuanto a las ánforas se mantiene la competencia bética y del Tajo en los abastecimientos olisiponenses. La novedad notable equivale a la entrada en escena de los recipientes producidos en el alfar de Morraçal da Ajuda (Peniche, Leiria), en la costa atlántica a unos 90 km al norte de la ciudad.

Producción	Origen	Forma	NMI	Tipo	%NMI dentro de la prod.	%NMI dentro del total
sig-it		plato	1	4	2,56	0,51
		cuenco	1	7.1	2,56	0,51
		cuenco	1	9	2,56	0,51
		plato grande	1	11	2,56	0,51
		plato	2	12	5,14	1,02
		plato	1	18.1.1	2,56	0,51
		plato	2	18.2	5,14	1,02
		plato	1	20.3	2,56	0,51
		cuenco	2	17	5,14	1,02
		taza	6	22 o 23	15,42	3,05
		taza	3	22.1	7,69	1,52
		cuenco	2	24	5,13	1,02
		cuenco	1	26	2,56	0,51
		cuenco	1	27.1.2	2,56	0,51
		cuenco	2	33	5,14	1,02
		skyphos	1	38	2,56	0,51
		vaso	1	50.3.1	2,56	0,51
		plato	1	B.2.8	2,56	0,51
		taza	1	B.3.2	2,56	0,51
		cuenco	1	B.4.2	2,56	0,51
		copa	1	R.4.4.1	2,56	0,51
		copa	1	indeterminado	2,56	0,51
sig-sg		taza	1	5	2,56	0,51
		plato	1	17A	2,56	0,51
		plato	1	18	2,56	0,51

Producción	Origen	Forma	NMI	Tipo	%NMI dentro de la prod.	%NMI dentro del total
		cuenco	1	24/25	2,56	0,51
		cuenco	1	27	2,56	0,51
Sig total			**39**		**100**	**19,87**
parfin-it	Pen. Itálica	taza	5	33	41,67	2,54
		¿taza?	1	indeterminado	8,33	0,51
parfin-bét	Bética	taza	3	37	25,00	1,52
		taza	2	indeterminado	16,67	1,02
parfin-eme	Mérida	cuenco pequeño	1	53	8,33	0,51
Parfin total			**12**		**100**	**6,10**
Peña		plato	1	Mart. III	50,00	0,51
		plato	1	indeterminado	50,00	0,51
Peña total			**2**		**100**	**1,02**
luc-it.		lucerna volutas	4	indeterminado	8,89	2,03
		lucerna volutas	1	9A	2,22	0,51
		lucerna volutas	2	9B	4,44	1,02
		lucerna volutas	1	9C	2,22	0,51
		indeterminada	6	indeterminada	13,33	3,05
luc.bét.		lucerna volutas	20	indeterminada	44,44	10,15
		lucerna volutas	1	9	2,22	0,51
		indeterminada	9	indeterminada	20,00	4,56
luc.eme.		indeterminada	1	indeterminada	2,22	0,51
Luc total			**45**		**100**	**22,85**
cinz-fin	Tajo/Sado	pátera/plato	2		7,41	1,02
	Tajo/Sado	jarra de boca trilobulada	2		7,41	1,02
	Tajo/Sado	olla	1		3,70	0,51
	Tajo/Sado	taza tronco-cónica	22		82,48	11,18
cinzfin total			**27**		**100**	**13,73**
ccom-bét	Bético costero	mortero	3		4,48	1,52
	Bética-Guadalquivir	olla biansada	3		4,48	1,52
	Bético costero	jarra	2		2,99	1,02
	Bético costero	jarrita	1		1,49	0,51
	Bético costero	cuenco pequeño	21		31,34	10,66
ccom-reg	Regional	olla con borde con encaje para tapa	16		23,88	8,12
	Regional	olla con borde engrosado externamente	8		11,94	4,06
	Regional	ollas ansadas de borde exvasado	19		28,38	9,64
	Regional	olla pequeña de borde abierto	2		2,99	1,02
	Regional	olla de tradición de la Edad del Hierro	4		5,97	2,03
	Regional	escudilla de borde horizontal	2		2,99	1,02
	Regional	escudilla de borde recto horizontal	2		2,99	1,02
	Regional	cuenco pequeño	1		1,49	0,51
	Regional	jarra	4		5,97	2,03
	Regional	tapa grande	4		5,97	2,03
	Regional	tapa	2		2,99	1,02
	Regional	tapa pequeña	3		4,48	1,52

Producción	Origen	Forma	NMI	Tipo	%NMI dentro de la prod.	%NMI dentro del total
	Regional	plato	1		1,49	0,51
	Regional	*dolium*	1		1,49	0,51
	Tajo/Sado	peso pesca	1		1,49	0,51
ccom total			**67**		**100**	**50,78**
ánf-bet	Bética-Guadalquivir	ánfora	1	H.70	20,00	0,51
	Bética-Guadalquivir	ánfora	2	ovoide	40,00	1,02
ánf-lus	Tajo/Sado	ánfora	2	Lusitana antigua	40,00	1,02
ánf total			**5**		**100**	**2,55**

TABLA 2. SÍNTESIS DE LA CUANTIFICACIÓN DEL CONJUNTO CERÁMICO DEL CONTEXTO 8060 DE LA PRAÇA DA FIGUEIRA (197 NMI).

(Silva 2012, fig.90), y permiten precisar mejor la fecha de formación en el principado de Tiberio.

Estos elementos corroboran la imagen que se forma a partir de las restantes producciones cerámicas: en las ánforas, significativamente escasas, se certifican dos casos de modelos lusitanos antiguos/Lusitana 12/ovoides lusitanas, junto a fragmentos de un ánfora Haltern 70 oriunda del Guadalquivir y de más de un recipiente con el mismo origen y cuerpo globular; el amplio conjunto de lucernas, especialmente las variantes del tipo Dressel-Lamboglia 9, se encuadran igualmente bien en un horizonte augusteo-tiberiano (Vieira 2011).

Como en el contexto anterior, el conjunto estaba formado mayoritariamente por fragmentos de pared de ánfora y cerámicas comunes, no reflejándose esa representatividad en el NMI de las ánforas, en el que se señalaron 3 ejemplares del Guadalquivir por contrapartida a 2 del Tajo.

En 8060, las cerámicas comunes regionales del Bajo Tajo dominan con 69,1 % frente a las béticas (30,9%), de nuevo con mayoría del Guadalquivir (10 NMI) sobre la parte costera (3 NMI).

La mesa está de nuevo dominada por la *sigillata* itálica (26 NMI). Hay que enfatizar en este ámbito la alta representatividad comprendida en el contexto por los alfareros documentados mediante sello de Pozzuoli (6 NMI), en oposición a las grandes oficinas aretinas (2 NMI) y de Pisa (1 NMI). No obstante, y a pesar de su muy discreta representación, debe llamarse la atención sobre la presencia de cuatro piezas sud-gálicas de tipología variada (Ritt.5, Drag.17A, 24/25 e 27), a las que atribuimos significación cronológica. El consumo de líquidos se hace igualmente a través de la cerámica *cinzenta* fina (23 NMI), de la cerámica de paredes finas (11 NMI) y de la cerámica de tipo Peñaflor (1 NMI). Tres elementos de recalentamiento de los alimentos completan la panoplia de mesa, de la que se señalan dos platos grandes de Campania y un plato del tipo Peñaflor.

Las lucernas están presentes en 8060 a través de 45 ejemplares (NMI), en su mayoría muy fragmentados. Parece significativo en este ámbito que 68,9% hayan sido atribuidos a la Bética (Vieira 2011), lo que sugiere que en esta fase estas producciones, seguramente variadas, se consolidan definitivamente sobre las producciones itálicas (14 NMI), siendo reseñable la presencia de un individuo emeritense.

3.1.3. La fosa 9033

La estructura negativa 9033 con forma semicircular esférica fue identificada en D7, habiendo sido destruida una parte importante por el muro de contención del parking subterráneo que desencadenó la intervención arqueológica.

Localizada al norte del muro de límite del espacio asociado a la vía secundaria identificada en la Praça da Figueira, en la zona inmediata a este, estaba presente en el exterior de un recinto funerario, en una zona en la que este uso no se corroboró.

Su apertura provocó la afección a los niveles de regularización comprendidos en las etapas iniciales de la fase III de la periodización, habiendo sido cortada su interfaz superior por los rellenos destinados a la reconstrucción del muro de límite de la aludida vía secundaria, que en el momento no conseguimos precisar con detalle.

La rellenaban tres UU.EE. de matriz arcillosa, sumando una potencia máxima superior a 0,70 m, de las que la superior (9014) casi no deparó fragmentos cerámicos, concentrados en la inferior (9038), con poca potencia, y en la del medio del relleno (9015), más potente y con restos de materia orgánica descompuesta asociada. Fragmentos de los recipientes mejor conservados pegaban entre sí en las dos UU.EE. más profundas, habiéndose registrado de igual forma que también pegaban dos fragmentos de 9014 con otros de las otras dos unidades.

La fauna presente era casi únicamente de mamíferos, poco relevante, y los metales prácticamente ausentes, como sucedía con el vidrio. Se registraron más de 300 fragmentos cerámicos, con destacada representación de las ánforas

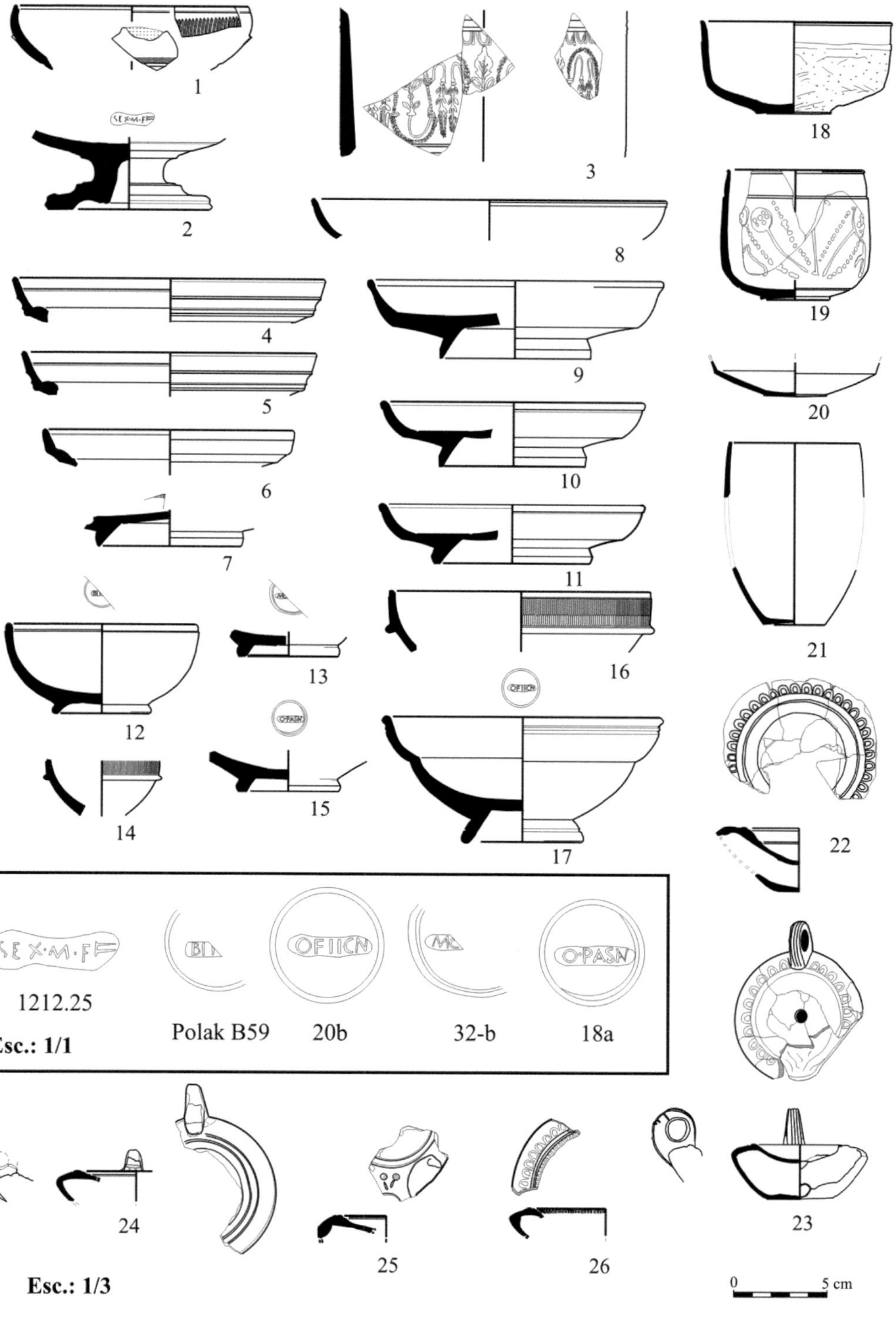

FIGURA 5. PRAÇA DA FIGUEIRA, CONTEXTO [9033]: *TERRA SIGILLATA* DE PRODUCCIÓN ITÁLICA (1), *TERRA SIGILLATA* TARDOITÁLICA (2), *TERRA SIGILLATA* SUDGÁLICA (3-17), CERÁMICA DE PAREDES FINAS (18-20), ¿IMITACIÓN REGIONAL DE CERÁMICA DE PAREDES FINAS? (21) Y LUCERNAS (22-26).

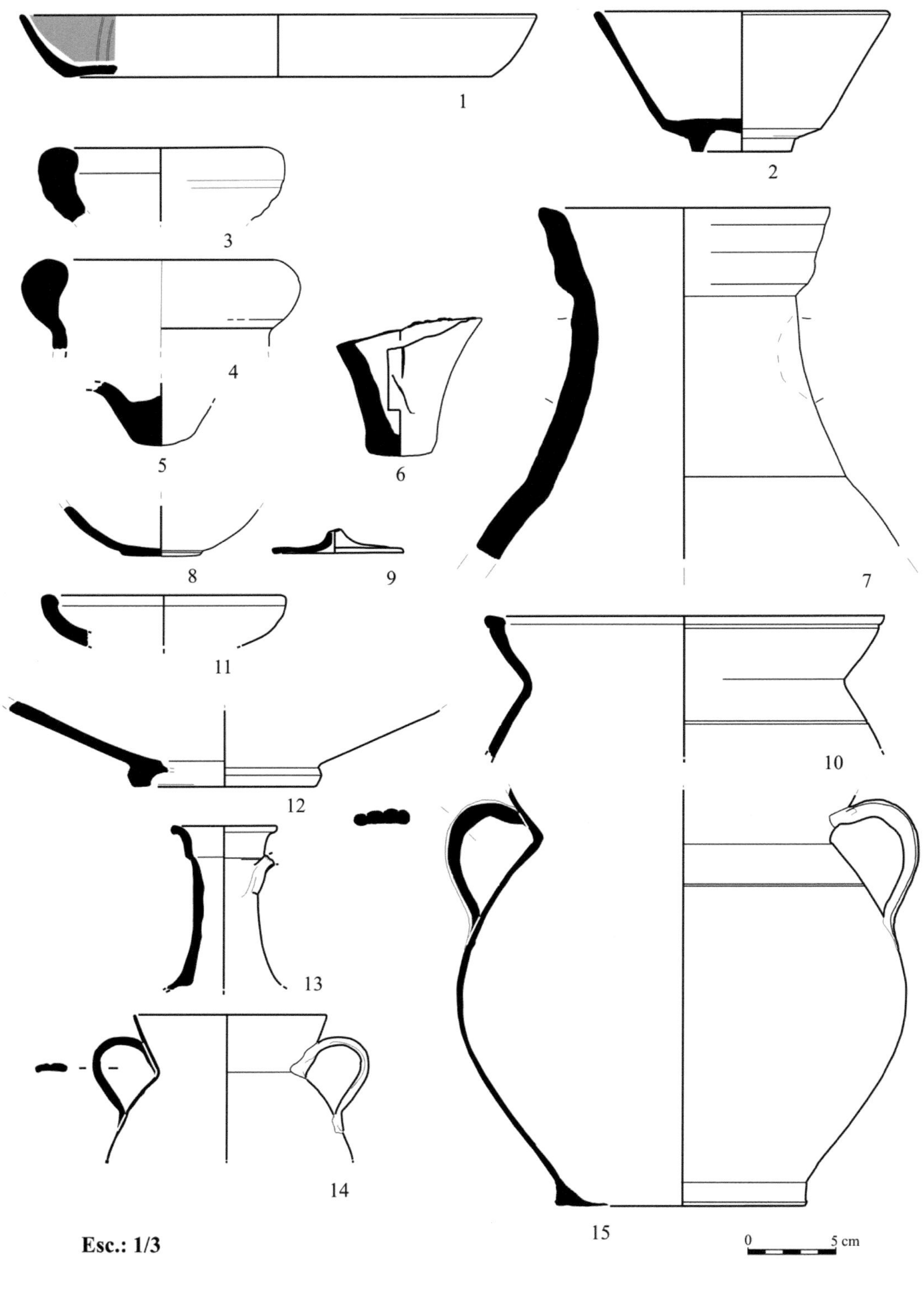

FIGURA 6. PRAÇA DA FIGUEIRA, CONTEXTO [9033]: CERÁMICA DE TIPO PEÑAFLOR (1), CERÁMICA *CINZENTA* FINA (2), ÁNFORAS BÉTICAS (3-5), ÁNFORA REGIONAL DEL TAJO (6), ÁNFORA DE PENICHE (7), CERÁMICA COMÚN BÉTICA (8-10) Y CERÁMICA COMÚN REGIONAL DEL TAJO (11-15).

En las lucernas, las producciones más representadas son las béticas (5 NMI), tres de ellas de pasta blanda, de coloración beis marronácea y barniz marrón castaño, y por esa razón atribuibles a Andújar (Pereira 2013). Un fragmento de orla y disco y otro de piquera son identificadas con el tipo Río-Tinto/Aljustrel, siendo interesantes para el estudio particular de esta morfología de la Hispania meridional, y otro es atribuible a Mérida, conservando parte del depósito y de la orla, una poco común incursión de la capital provincial en los mercados del estuario del Tajo en estos momentos.

Aún así, si en los lugares antes citados los productos béticos evidencian una presencia constante, fuerte, en las cerámicas comunes parecen perder la vitalidad antes asumida, en función de los indicadores de los contextos más antiguos aquí presentados.

Producciones	Origen	Forma	NMI	Tipo	%NMI dentro de la prod.	%NMI dentro del total
sig-it	Pen. Itálica	*skyphos*	1	38	6,25	1,02
sig-sg	La Grauf.	plato	3	15/17	18,75	3,06
	La Grauf.	plato	4	18	25,00	4,08
	La Grauf.	plato	1	indeterminado	6,25	1,02
	La Grauf.	cuenco	3	24/25	18,75	3,06
	La Grauf.	cuenco	1	8	6,25	1,02
	La Grauf.	cuenco	1	27	6,25	1,02
	La Grauf.	cuenco	1	indeterminado	6,25	1,02
	La Grauf.	taza	1	30	6,25	1,02
sig-it.tardo	Pisa	copa	1	copa	6,25	1,02
Sig total			**16**		**100**	**17,34**
Peña	Bética	plato	1	III	100,00	1,02
Peña total			**1**		**100**	**1,02**
r-pomp	Campania	plato	1		100,00	1,02
R-pomp total			**1**		**100**	**1,02**
parfin	¿regional?	vaso	1	2	25,00	1,02
	Bética	taza	1	34	25,00	1,02
	Bética	taza	1	37	25,00	1,02
	Bética	taza	1	27b	25,00	1,02
Parfin total			**4**		**100**	**4,08**
luc.bét	Andújar	lucerna	3	volutas	60,00	3,06
	Bética	lucerna	1	Río Tinto-Aljustrel	20,00	1,02
luc.Eme	Mérida	lucerna	1	indeterminado	20,00	1,02
Luc total			**5**		**100**	**5,1**
ung.	¿Etruria?		1	Oberaden 28	100,00	1,02
Ung. Total			**1**		**100**	**1,02**
ccom-bét	Bético costera	mortero	1		1,72	1,02
	Bética-Guadalquivir	olla biansada de borde exvasado	1		1,72	1,02
	Bético costero	olla	1		1,72	1,02
	Bético costero	tapa pequeña	1		1,72	1,02
	Bética-Guadalquivir	cuenco pequeño	1		1,72	1,02

Producciones	Origen	Forma	NMI	Tipo	%NMI dentro de la prod.	%NMI dentro del total
¿com-afr?	¿África?	olla ansada	1		1,72	1,02
com-reg	Regional	olla con borde de encaje para tapa	5		8,62	5,1
	Regional	olla de borde engrosado externamente	2		3,45	2,04
	Regional	olla biansada de bordo exvasado	3		5,17	3,06
	Regional	olla pequeña de borde abierto	4		6,98	4,08
	Regional	olla de tradición de la Edad del Hierro	4		6,98	4,08
	Regional	*pithos*	1		1,72	1,02
	Regional	escudilla de borde horizontal	4		6,98	4,08
	Regional	jarrita biansada	2		3,45	2,04
	Regional	cuenco pequeño	4		6,98	4,08
	Regional	fuente	6		10,34	6,12
	Regional	jarra	5		8,62	5,1
	Regional	jarra de boca trilobulada	2		3,45	2,04
	Regional	jarra de borde moldurado	2		3,45	2,04
	Regional	plato	1		1,72	1,02
	Regional	tapa grande	2		3,45	2,04
	Regional	tapa pequeña	2		3,45	2,04
	Regional	*dolium*	1		1,72	1,02
	Regional	pesa de telar	2		3,45	2,04
Ccom total			**58**		**100**	**17,34**
cinz-fin	Regional	olla	1		25,00	1,02
	Regional	jarra de boca trilobulada	2		25,00	1,02
	Regional	taza troncocónica	1		25,00	1,02
Cinzfin total			**4**		**100**	**3,06**
ánf-bet	Bética-Guadalquivir	ánfora	2	Dr.20	25,00	2,04
	Bético costero	ánfora	1	Dr.7/11	12,50	1,02
ánf-lus	Regional	ánfora	2	Lusitana Antigua/ Dr.14	25,00	2,04
	Peniche	ánfora	3	Peniche	37,50	3,06
Ánf total			**8**		**100**	**8,16**

TABLA 3. SÍNTESIS DE LA CUANTIFICACIÓN DEL CONJUNTO CERÁMICO DEL CONTEXTO 9033 DE LA PRAÇA DA FIGUEIRA (98 NMI).

3.2. Alfama

Alfama debe su nombre al antiguo arrabal oriental de la ciudad medieval musulmana, siendo exaltada por los escritores árabes por la presencia de aguas termales aprovechadas en los *hammam*. Antiguos caminos vecinales, con un trazado regular que pensamos que se remonta al Imperio Romano, formarían después las arterias lisboetas de la Alfama de la Edad Moderna, especialmente a partir de finales del siglo XV, en el marco del acentuado crecimiento de la ciudad de Lisboa durante la Expansión Ultramarina Portuguesa, con una ocupación urbana intensiva de las tierras de la zona ribereña que limita con el Tajo.

En esta parte del actual barrio se localizaba el tramo inicial de la variante de la vía romana que partiendo de la puerta oriental de la ciudad de *Olisipo* se dirigía a *Scallabis* y de ahí a *Emerita*, y hacia el norte a *Braccara Augusta*. También ésta establecía la conexión con los *agri* orientales del *municipium*, lo que tal vez justifique la localización en la periferia de la ciudad de conjuntos constructivos altoimperiales de cierta categoría.

Las dos situaciones aquí tratadas tienen relación con casos diferentes de la dinámica del espacio, aún escasamente conocido: mientras que en la Rua da Regueira se identificó un tramo de vía flanqueado por construcciones, algunas de ellas en uso hasta la Antigüedad Tardía, el ámbito de la Rua dos Remédios, originado en pleno siglo I d.C., no tuvo aparentemente continuidad.

3.2.1. Rua dos Remédios- el complejo 010, 017, 018

Las evidencias detectadas en el marco de los trabajos de arqueología preventiva en la Rua dos Remédios equivalen a una parte de una realidad un poco mayor, habiéndose excavado aproximadamente 30 m^2 de depósitos dispuestos directamente sobre el sustrato geológico de la zona, alcanzando una potencia máxima de 0,60 m. Aquel, compuesto por arcillas y arenas miocénicas, mostraba, en su parte norte, bloques de calcarenita de grandes dimensiones e informes, que parecen mostrar una zona de pendiente dotada de alguna dinámica, por otro lado muy próxima a la interfaz acuática con el Tajo, por la huella detectada a poco más de 15 m hacia el suroeste en otra intervención arqueológica realizada en el Largo do Chafariz de Dentro.

La percepción actual de la paleotopografía de la zona es la de la existencia de una pendiente suave en dirección al río, en la que hubo una depresión poco profunda, generada por acción humana, casualmente por la explotación de estériles para la edificación en época imperial romana. De esta manera, el contexto en su conjunto podría equivaler a la utilización de una antigua "gravera" como zona de depósito de residuos, escenario relativamente común en contextos urbanos peninsulares (Dupré y Remolà 2001).

La secuencia estratigráfica detectada en la Rua dos Remédios estaba formada por tres UU.EE. principales, secuenciales, 010, 017 e 018: la "más antigua" (018) se asentaba directamente sobre el sustrato geológico y mostraba características similares a 010, especialmente mayor potencia, cerámica muy fragmentada, abundante y dispersa y una matriz sedimentaria también similar a 010, esto es, esencialmente arcillas de coloración verdosa, resultado de la disgregación del material próximo. La unidad 017, por su parte, formaba una intercalación de características distintas al resto: en ella la cerámica era escasa y, como en 010 y 018, muy fragmentada, presentaba menos potencia, con una matriz principalmente calcarenítica de color amarillenta, procedente igualmente de la disgregación del sustrato geológico que se encuentra en el entorno. Ligeras variaciones de color se observan en las restantes unidades, no descritas o mencionadas aquí, componiendo un ambiente muy homogéneo en su conjunto.

Destaca que se comprobó que algunos fragmentos de las unidades situadas en un plano superior de la secuencia pegaban con otros documentados en las inferiores, y que en todas el material faunístico y la cerámica de construcción se encontró en número muy reducido, siendo escaso el metal (exclusivamente hierro, fundamentalmente clavos y otros artefactos no identificables) y el vidrio (cuatro fragmentos, entre ellos una *tessera*).

La composición general de la secuencia estratigráfica merece algunos apreciaciones complementarias: respecto a los restos óseos de mamíferos es notorio el predominio manifiesto de los fragmentos de huesos largos de ovicápridos, muchas veces fragmentados longitudinalmente y casi siempre sin epífisis presentes, mostrando en algunos casos marcas de corte, aspectos que tendrán que ser puestos en relación directa con los hábitos alimenticios y el tipo de preparados culinarios documentados de esta forma; en cuanto a las cerámicas es significativa la casi ausencia de grandes contenedores de almacenamiento (*dolia*), la escasa presencia de cerámica de construcción, destacada la presencia de cerámica de mesa como de cocina para la conservación de alimentos y líquidos, y exiguo el número de los recipientes para cocinar en el fuego, aspectos que, de nuevo y en su conjunto, remiten a prácticas domésticas de desecho, razonable por parte de un grupo humano no muy amplio a lo largo de un espacio de tiempo no muy prolongado, se trata de una selección de residuos, dada la escasa representatividad de elementos comunes en otros contextos coetáneos, como el vidrio o la fauna malacológica. Pero también sugiere su transporte desde otro lugar, deducción producida por la elevada fragmentación de las cerámicas (ejemplos: los 95 fragmentos de *terra sigillata componen* 43 piezas; los 44 de lucernas solamente 12 NMI, con 7 fondos que no se consiguieron asociar a discos;...).

La composición del conjunto de *terra sigillata* plantea las cuestiones fundamentales para la lectura de los límites cronológicos del basurero documentado en la Rua dos Remédios. En él se cuenta con una mayoría de elementos itálicos, con 27 piezas, frente a una cantidad menor

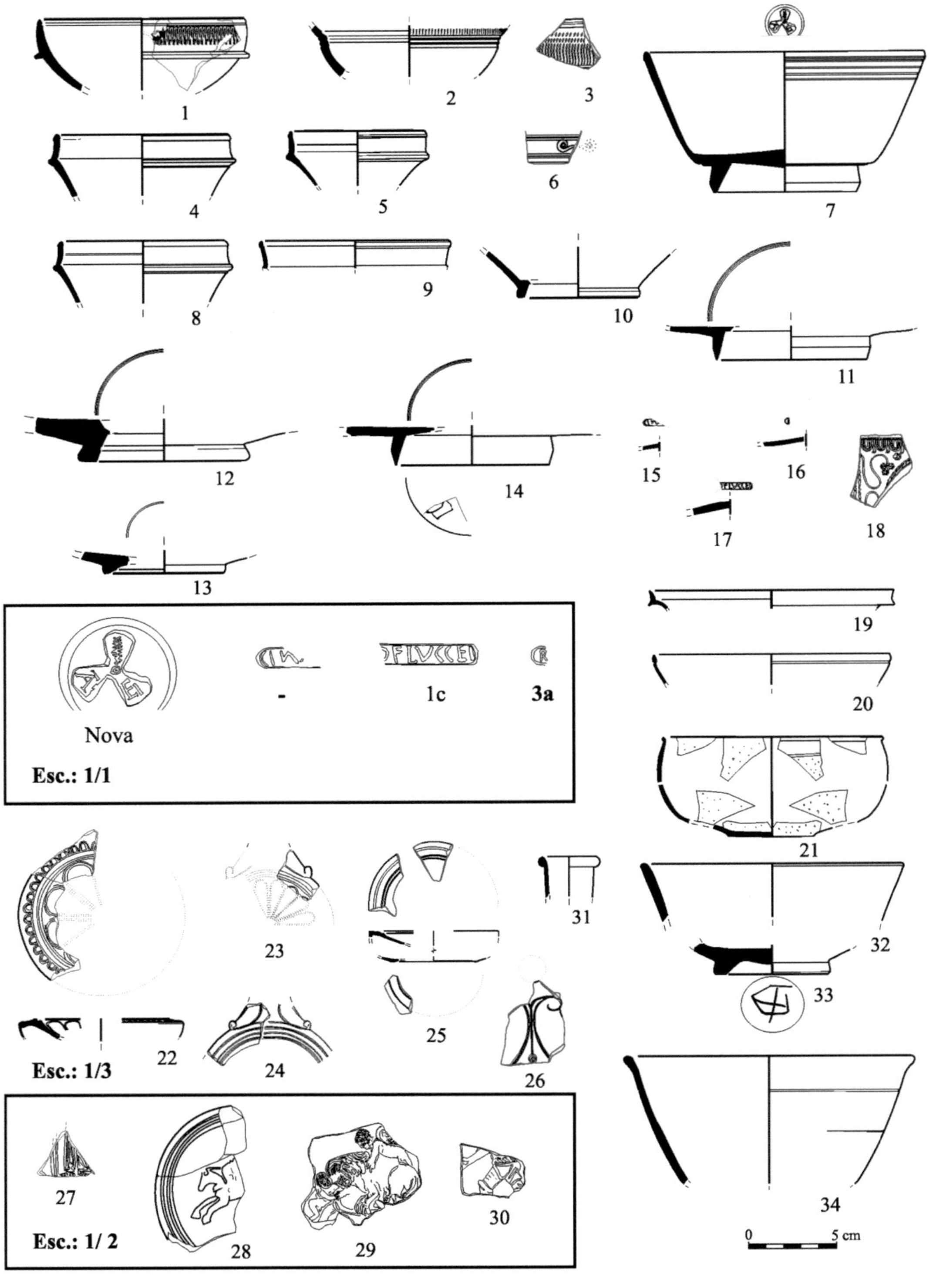

Figura 7. Rua dos Remédios, contexto [010]/[018]: *terra sigillata* de producción itálica (1-11), *terra sigillata* sudgálica (12-18), cerámica con vidriado plumbífero (19), cerámica de paredes finas (20-21), lucernas (22-30), ungüentario (31) y cerámica *cinzenta* fina (32-34).

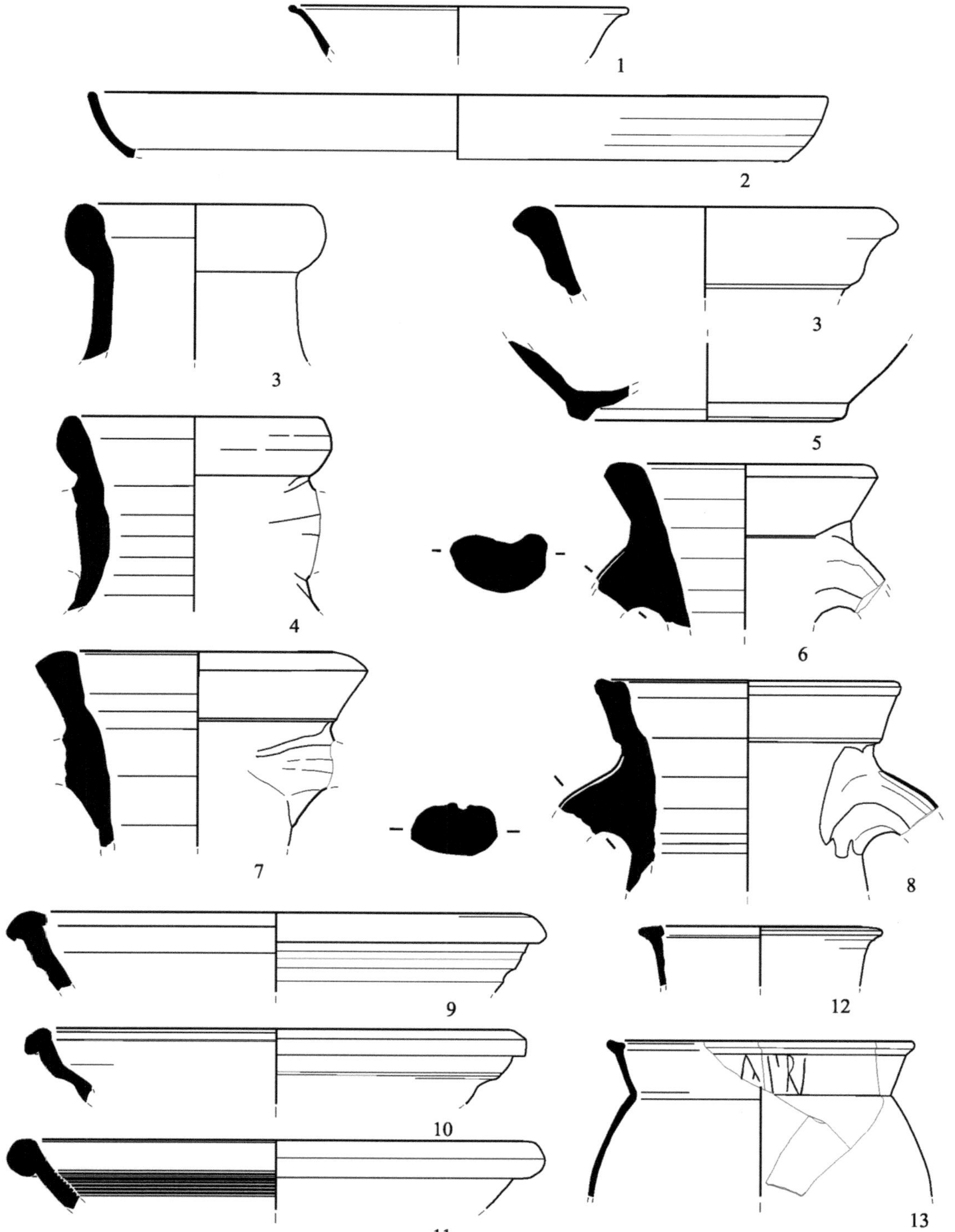

FIGURA 8. RUA DOS REMÉDIOS, CONTEXTO [010]/[018]: CERÁMICA DE TIPO PEÑAFLOR (1-2), ÁNFORAS BÉTICAS (3-6), ÁNFORAS REGIONALES DEL TAJO (7-8), CERÁMICA COMÚN BÉTICA (9-12) Y CERÁMICA COMÚN DE PENICHE (13).

FIGURA 9. RUA DOS REMÉDIOS, CONTEXTO [200]: *TERRA SIGILLATA* SUDGÁLICA (1-2), CERÁMICA DE PAREDES FINAS (3-4), CERÁMICA COMÚN REGIONAL DEL TAJO (5-7) Y FRAGMENTOS DE *DOLIUM* (8).

de producciones rutenas, 16 NMI, en exclusiva de La Graufesenque y su entorno. Las formas de los elementos vasculares itálicos denotan la existencia de un arco prolongado de cronologías asociadas, con una convivencia de modelos más antiguos remontando a la época de Augusto (Conspectus 12, 18, 20) a la par de otros notoriamente más modernos (Conspectus 23, 31, 32,...), significativamente mayoritarios. Este perfil de consumo puede remitir, siendo bastante probable, a los tiempos agitados de la producción itálica durante el principado de Tiberio, que conllevaron dificultades en el aprovisionamiento de los vasos, hecho que hipotéticamente podría haberse acrecentado en el Bajo Tajo por una coyuntura económica regional menos favorable como ya afirmamos en otros escritos, aunque hoy con menor convicción en cuanto a su fundamento (Silva 2012). De cualquier manera, se explicaría la representatividad aquí desarrollada por elementos vasculares de la época de Augusto, que podrían haber permanecido en uso hasta momentos distantes de su momento de elaboración.

El pequeño grupo de sellos de alfarero se revela una vez más como valioso instrumento para la precisión de la datación del contexto: una impresión inscrita en un trébol de las oficinas de *Ateius (3),* sin paralelo en el C.V.A.2 (OCK) pero con otro ejemplar en Angers (Francia), fue colocada en el fondo interno de una taza Consp.7.1 casi completa, tipología fabricada hasta mediados del principado de Tiberio, y en la que las características macroscópicas de la pasta denotan un más que probable origen de Pisa; tres sellos de La Graufesenque, de *Cinamus*, *Lucceius i* y *Rufinus ii*, aportan fechas de, respectivamente, 50-75 d.C., 45-65 d.C., 20-55 d.C. (Silva 2012: 321). Los paralelos fechados externamente remiten a la formación del nivel hacia finales de la época de Claudio o ya con Nerón, pero, considerando la comparación de las fechas y la relevante presencia de los vasos de origen itálico, se asoma con mucha mayor probabilidad una fecha algún momento del último quinquenio del primero de aquellos emperadores.

De los contextos ahora presentados, el de la Rua dos Remédios es el más significativo y diverso: 208 NMI se distribuyen por las producciones cerámicas "clásicas" (sig, peña, parfin, luc, anf, r-pomp) o más habituales en Lisboa (ccom-rom de la Bética y regional), pero hacen ahora su aparición materiales no registrados en los restantes, o casi: los ungüentarios, los morteros itálicos y la cerámica de revestimiento vidriado plumbífero. En otro caso, e igualmente sin otros ejemplos conocidos en la ciudad, una carena de fondo estriado de escudilla en imitación de cerámica de cocina africana, en la que la pasta bícroma naranja y amarillenta, blanda, acusa un origen asimilable al Círculo del Estrecho, situación de la que no conseguimos encontrar paralelos para esa cronología.

En las restantes producciones las importaciones béticas son documentadas ampliamente: las cerámicas de paredes finas duplican a las itálicas (11 *vs.* 5 NMI); en las lucernas las béticas (5 NMI) compiten con las elaboraciones itálicas (6 NMI), siendo poco significativas las emeritenses (1 NMI); las ánforas con el mismo origen meridional suman un valor mayor que las regionales del Tajo (12 *vs.* 7 NMI), con predominio de los recipientes oriundos del Guadalquivir sobre los de la Bética costera (9 *vs.* 3 NMI); la situación se repite pero invertida entre las cerámicas comunes importadas a *Olisipo* de la Hispania meridional, de las que los recipientes procedentes de la cuenca del gran río de la Bética son únicamente 4 NMI contra los 11 NMI seguramente costeros. Se destaca igualmente, entre las cerámicas comunes foráneas, el registro de cuatro contenedores de líquidos seguramente elaborados en el alfar del Morraçal da Ajuda (Peniche, Leiria), que curiosamente no están acompañados por sus bien difundidos envases anfóricos.

Producción	Origen	Forma	NMI	Tipo	%NMI dentro de la prod.	%NMI dentro del total
sig-it	Pen. Itálica	plato	2	6.4	4,65	0,84
	Pen. Itálica	cuenco	2	7.1.2	4,65	0,84
	Pen. Itálica	plato	1	12.4?	2,33	0,42
	Pen. Itálica	plato	3	18.2	6,98	1,26
	Pen. Itálica	cuenco	1	14, 15 o 17	2,33	0,42
	Pen. Itálica	cuenco	1	¿17.3 var.?	2,33	0,42
	Pen. Itálica	plato	1	20.1.1	2,33	0,42
	Pen. Itálica	plato	1	19 o 21	2,33	0,42
	Pen. Itálica	plato	1	20.3	2,33	0,42
	Pen. Itálica	taza	1	23.1	2,33	0,42
	Pen. Itálica	taza	6	23.2	13,95	2,51
	Pen. Itálica	cuenco	1	28.3	2,33	0,42
	Pen. Itálica	cuenco	1	27.2	2,33	0,42
	Pen. Itálica	cuenco	2	31.1	4,65	0,84
	Pen. Itálica	cuenco	1	32.1	2,33	0,42

Producción	Origen	Forma	NMI	Tipo	%NMI dentro de la prod.	%NMI dentro del total
	Pen. Itálica	cuenco	1	35.1	2,33	0,42
	Pen. Itálica	copa	1	¿R.7?	2,33	0,42
sig-sg	La Grauf.	plato	1	17B	2,33	0,42
	La Grauf.	plato	2	15/17	4,65	0,84
	La Grauf.	plato	4	18	9,30	1,67
	La Grauf.	plato grande	1	plato R	2,33	0,42
	La Grauf.	cuenco	2	8	4,65	0,84
	La Grauf.	cuenco	2	24/25	4,65	0,84
	La Grauf.	cuenco	3	27g	6,98	1,26
	La Grauf.	taza	1	30	2,33	0,42
sig total			**43**	2	**100**	**18,04**
parfin	Pen. Itálica	taza	4	33	36,36	1,67
	Pen. Itálica	olla	1	indeterminado	9,09	0,42
	Bética	taza	5	37	45,45	2,09
	Bética	taza	1	indeterminado	9,09	0,42
parfin total	béticas	Bética	**11**		**100**	**4,60**
peña	Cádiz	taza	1	Mart.I	50,00	0,42
	Bética	plato	1	Mart.III	50,00	0,42
peña total			**2**		**100**	**0,84**
r-pomp	Campania	plato	1	Luni 5	100,00	0,42
r-pomp total			**1**		**100**	**0,42**
glpomb	Pen. Itálica	¿copa/taza?	1		100,00	0,42
glpomb total			**1**		**100**	**0,42**
ung	Pen. Itálica	ungüentario	1	Oberaden 28	50,00	0,42
	Pen. Itálica	ungüentario grande	1	indeterminado	50,00	0,42
ung total			**2**		**100**	**0,84**
cinzfin	Regional	jarra de boca trilobulada	3		15,00	1,26
	Regional	taza troncocónica	17		85,00	7,11
cinzfin total			**20**		**100**	**8,37**
luc-it	Pen. Itálica		2	11B	16,67	0,84
	Pen. Itálica	lucerna de volutas	1	¿14?	8,33	0,42
	Pen. Itálica	lucerna de volutas	3	indeterminado	25,00	1,26
luc-bét	Andújar	lucerna de disco	2	indeterminado	16,67	0,84
	Andújar	lucerna de volutas	1	indeterminado	8,33	0,42
	Bético costero	lucerna	2	indeterminado	16,67	0,84
luc-eme	Mérida	lucerna	1	indeterminado	8,33	0,42
			12		**100**	**5,04**
ccom-it	Campania	mortero	1	D2	0,78	0,42
ccom-bét	Bético costero	jarra	2		1,56	0,84
	Bético costero	jarra con pico vertedor	1		0,78	0,42
	Bética-Guadalquivir	cuenco pequeño	6		4,69	2,51
	Bético costero	mortero	6		4,69	2,51
	Bética-Guadalquivir	ollas	5		3,90	2,09

Producción	Origen	Forma	NMI	Tipo	%NMI dentro de la prod.	%NMI dentro del total
	¿Bético costero?	escudilla imit. Afr. cocina	1		0,78	0,42
ccom-lus	Peniche	olla	1		0,78	0,42
	Peniche	jarra	3		2,34	1,26
ccom-reg	Regional	olla con borde de encaje para tapa	27		21,09	11,30
	Regional	olla de borde engrosado externamente	10		7,81	4,18
	Regional	ollas ansadas de borde exvasado	14		10,94	5,86
	Regional	olla pequeña de borde abierto	3		2,34	1,26
	Regional	olla de tradición de la Edad del Hierro	7		5,47	2,93
	Regional	escudilla de borde horizontal	8		6,25	3,35
	Regional	jarrita	2		1,56	0,84
	Regional	cuenco pequeño	3		2,34	1,26
	Regional	jarra	6		4,69	2,51
	Regional	jarra de boca trilobulada	2		1,56	0,84
	Regional	jarra de bordo moldurado	1		0,78	0,42
	Regional	cántaro	7		5,47	2,93
	Regional	tapa	7		5,47	2,93
	Regional	tapa pequeña	2		1,56	0,84
	Regional	*dolium*	1		0,78	0,42
	Regional	pesa de telar	2		1,56	0,84
ccom total			**128**		**100**	**53,60**
ánf-bét	Bética-Guadalquivir	ánfora	7	20	36,84	2,93
	Bética-Guadalquivir	¿ánfora?	2	tipo urceus	10,53	0,84
	Bético costero	¿ánfora?	1	tipo urceus de mesa	5,26	0,42
	Bético costero	ánfora	2	-	10,53	0,84
ánf-lus	Regional	ánfora	7	Lusitana antigua	36,84	2,93
ánf total			**19**		**100**	**100**

TABLA 4. SÍNTESIS DE LA CUANTIFICACIÓN DEL CONJUNTO CERÁMICA DEL CONTEXTO 010/018 DE LA RUA DOS REMÉDIOS-ALFAMA (239 NMI).

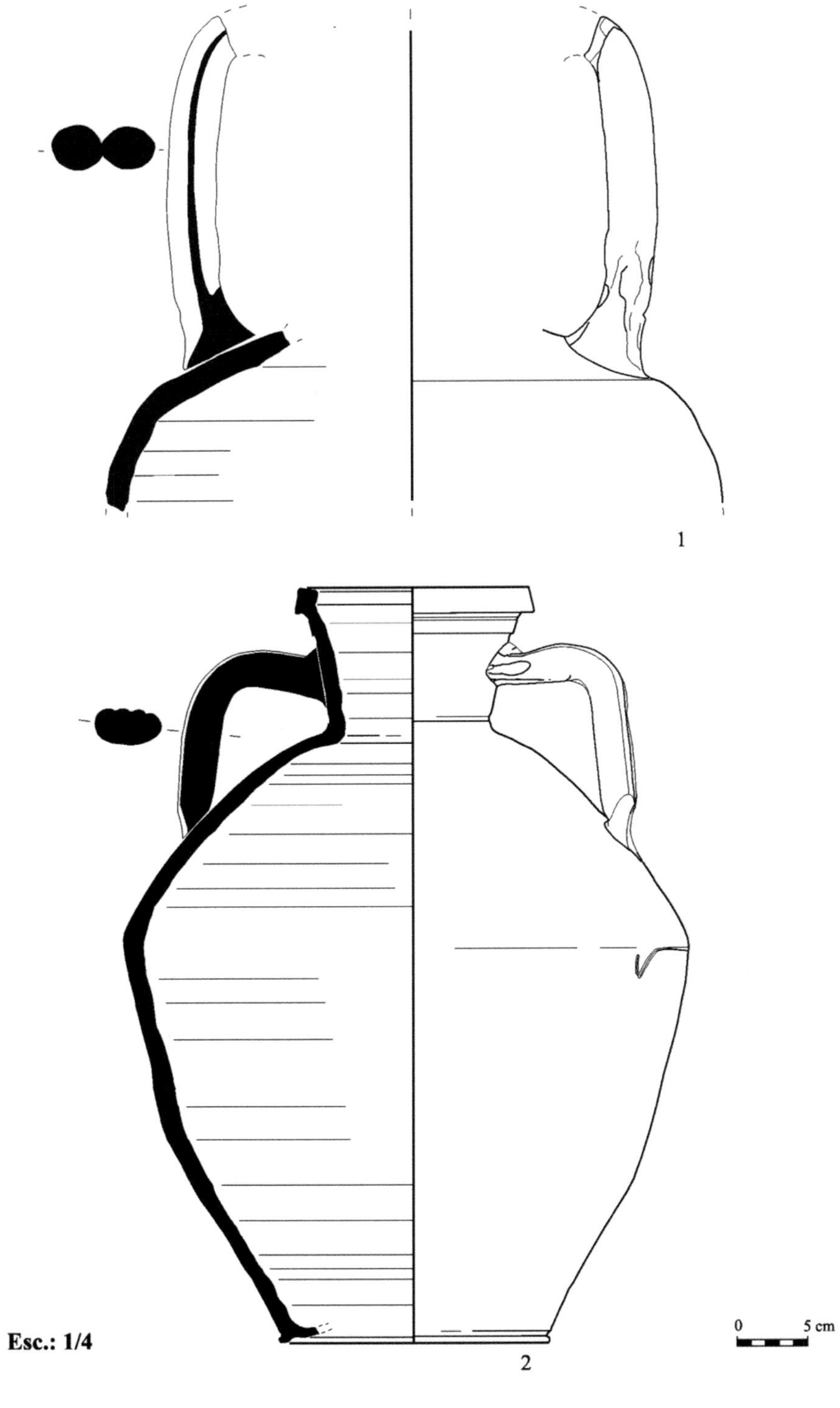

FIGURA 10. RUA DA REGUEIRA, CONTEXTO [200]: ÁNFORA ITÁLICA (1) Y BÉTICA (2).

3.2.2. Rua da Regueira- la fosa 200

La fosa 200 fue encontrada en el entorno de un tramo de vía, en la zona inmediata a las construcciones limítrofes, al norte. Se trataba de una estructura negativa con forma de tendencia ovalada, la U.E. 200, afectada por acciones urbanísticas previas a su excavación arqueológica.

La secuencia interior de la colmatación de la estructura mostraba cuatro UU.EE.: una primera, poco potente, que sellaba a las restantes, constituida principalmente por sedimento arcilloso con fragmentos de *imbrex*; una segunda casi estéril, de mayor potencia; una tercera con materiales muy fragmentados; una última, en cuya zona de contacto con el corte de la estructura negativa se depositaron diversos fragmentos de un mismo *dolium*, piezas que componen dos ánforas del tipo *urceus* béticas, la parte del hombro y asa de un ánfora de Campania Dr.2/4 y una escudilla casi completa que contenía en su interior restos de cal.

Los artefactos detectados en el contexto 200 conllevaban aspectos que habrán de relacionarse con los procesos que condujeron a su formación: la escasez de fauna de mamíferos y malacológica, la cerámica de construcción fragmentada (*imbrex* y *tegulae*, una de ellas de producción bética), una ánfora vinaria bética, fragmentada pero casi completa, la escudilla citada, en realidad un *bacinus* (Pasqualini 2002), aún rellenado en su fondo con cal y, por fin, un pequeño aplique de cajón en hueso, con bajorrelieve de un toro, del que se retiraron previamente los elementos de encaje y el tirador en cordón de cobre (¿bronce?), proceden posiblemente de un desecho de residuos domésticos (¿de una única unidad habitacional?), generado en el marco de una obra o asociado a ella. En este sentido podría considerarse como un testimonio episódico, lo que explicaría la mínima presencia de las cerámicas, el perfil incierto de su composición y la efectiva ausencia metal en aleación de cobre, incluyendo el material que se demuestra haber sido retirado para reutilizarse antes del definitivo desecho.

En función de los escasos elementos de datación (*sigillata*, lucernas y cerámica de paredes finas), no tan precisos como los que se han presentando, parece plausible una fecha de Claudio-Nerón para 200.

Producción	**Origen**	**Forma**	**NMI**	**Tipo**	**%NMI dentro de la prod.**	**%NMI dentro del total**
Sig-sg	La Grauf.	cuenco	2	24/25	100	8,33
Sig total			**2**		**100**	**8,33**
Parfin	P. Itálica	indeterminada	1	indeterminado	33,33	4,17
	Bética	taza	2	37	66,67	8,33
Parfin total			**3**		**100**	**10,71**
Luc-it	Bética	lucerna	2	11B	100	8,33
Luc total			**2**		**100**	**8,33**
Cinzfin	Regional	olla pequeña	1		100	4,17
Cinzfin total			**1**		**100**	**4,17**
Ccom	Regional	olla ansada pequeña	1		9,1	4,17
	Regional	olla	2		18,2	8,33
	Regional	jarra	3		27,3	10,71
	Regional	escudilla/ *bacinus*	1		9,1	4,17
	Regional	tapa	2		18,2	8,33
	Regional	*dolium*	2		18,2	8,33
Ccom total			**11**		**100**	**44,04**
ánf-rom.	Campania	ánfora	1	Dr. 2/4	20,00	4,17
ánf.-bét.	Bético costero	ánfora	1	Dr.7/11	20,00	4,17
ánf.-bét.	Bética-Guadalquivir	ánfora	2	tipo *urceus*	40,00	8,33
ánf.-lus.	Regional	ánfora	1	indeterminado	20,00	4,17
Ánf total			**5**		**100**	**20,84**

TABLA 5. SÍNTESIS DE LA CUANTIFICACIÓN DEL CONJUNTO CERÁMICA DEL CONTEXTO 200 DE LA RUA DA REGUEIRA-ALFAMA (24 NMI).

Formado por 72 fragmentos, en el conjunto cerámico fue posible identificar 24 piezas distintas. Aún así, y a pesar de la limitada muestra cuantitativa, esto refuerza e ilustra el panorama de consumo del tiempo de los emperadores claudios, en particular el predominio en las importaciones de los dos orígenes ya estudiados para Olisipo, béticos e itálicos, en este caso comprobados por envases vínicos, cerámicas de paredes finas y lucernas.

4. Primera aproximación a la facies cerámica olisiponense Julio-Claudia

El estado actual de nuestros conocimientos sobre los más antiguos contextos arqueológicos lisboetas de época romana imperial no permite atrasar su cronología con anterioridad al principado de Tiberio, especialmente los referentes a la erección del teatro (Silva 2012), la instalación del tramo de muralla altoimperial identificada (GOMES y GASPAR 2007), utilización de un espacio suburbano como necrópolis (Silva 1997) o el tramo viario más antiguo identificado en la Praça da Figueira (Silva 2005). Acerca de esto, es bastante probable que en el momento todo el intervalo equivalente al principado de Augusto surja infrarrepresentado en el registro arqueológico de la capital portuguesa, a pesar de los hallazgos de materiales con estas dataciones, bastante frecuentes.

En este sentido, uno de los aspectos que interesa subrayar como resultado del análisis de los contextos aquí abordados, es el de la más que probable perduración en el uso de elementos vasculares augusteos hasta momentos más avanzados, principalmente en época de Tiberio, siendo los casos más significativos a este propósito el de una taza de la forma Consp.7.1.2 (Est.7:7) en el contexto Claudio de la Rua dos Remédios, y el del *skyphos* Consp.38 de origen itálico (Est.5:1), identificado en 9033, producción –recordamos- fechada en época de Nerón.

De hecho esta pervivencia en el uso de las cerámicas requiere una explicación, y, en lo que se refiere a la *terra sigillata*, lo que parece más probable es que se hayan practicado comportamientos más cuidadosos en la manipulación y limpieza de determinados vasos (sobre todo los decorados), o en la totalidad de los ejemplares en periodos de dificultades en el aprovisionamiento. En este sentido, parece significativo que en los contextos datados en época de Tiberio estudiados (8933 e 8060), por tanto coetáneos con momentos agitados en la producción de la Península Itálica, la *sigillata* registra números elevados en piezas antiguas.

En el panorama de las cerámicas de mesa engobe rojizo, Lisboa deja traslucir fenómenos comunes a muchos otros mercados marítimos: la exclusividad de las producciones itálicas con Augusto-Tiberio, la intromisión de los vasos sud-gálicos a partir del principado de este último imperador, el dominio asumido por La Graufesenque a partir de Claudio, y su casi exclusividad con Nerón (vide tabla 6). Aún así, el carácter cosmopolita de la ciudad se revela en la competitividad marginal que otras producciones muestran desde etapas anteriores: este es el caso de la

Contextos	8933	8060	010 a 019	200	9033
Producciones	Tiberio inicial	¿Tiberio pleno?	Claudio	Nerón	Nerón pleno
sig it	100	82,92	60	0	5,89
sig sg	0	12,2	35,56	100	82,33
sig it tard	0	0	0	0	5,89
Peña	0	4,88	4,45	0	5,89
parfin it	100	50	45,54	45,45	0
parfin bét	0	41,67	54,46	54,55	100
parfin eme	0	8,33	0	0	0
luc it	57,15	31,1	50	0	0
luc bét	42,85	68,39	41,67	100	80
luc eme	0	0,51	8,33	0	20
ánf it	0	0	0	20	0
ánf bét	72,73	60	63,15	60	37,5
ánf lus	0	0	0	0	25
ánf reg	27,27	40	36,85	20	37,5
ccom it	0	0	0,78	0,78	1,69
ccom bét	14,28	31,34	17,05	16,4	8,47
ccom lus	0	0	3,1	1,68	1,69
ccom reg	85,72	68,66	79,07	81,14	88,15

TABLA 6.SÍNTESIS COMPARATIVA DE LA CUANTIFICACIÓN DE LAS PRINCIPALES PRODUCCIONES CERÁMICAS REPRESENTADAS EN LOS CINCO CONTEXTOS OLISIPONENSES, ORDENADAS CRONOLÓGICAMENTE (DESTACANDO LAS IMPORTACIONES BÉTICAS)

cerámica de tipo Peñaflor (4 NMI), presente en contextos tiberios, claudios y neronianos, y de las producciones tardoitálicas (1 NMI), en el marco neroniano. Hay que añadir, además, que este rasgo ya se había sido señalado a propósito del estudio de los elementos vasculares y de los sellos de alfarero en *terra sigillata*, debiendo mencionarse que en Lisboa se identificó incluso un *sigillum* de *Iustus* (?)/*Octa(uius)* en cerámica de tipo Peñaflor gaditana en la Casa dos Bicos (Silva 2012), como en los yacimientos del Bajo Tajo y de la Extremadura portuguesa están también presentes varias marcas de los alfareros de Pisa tardo-itálicos *C.P.P.* y *Sextus Murrius Festus* (ídem), con paralelos en vasos que no conservaron la impresión de Santarém (Viegas 2003).

Otro elemento que surge de los análisis de los cinco contextos, es la importancia constante de los elementos vasculares de mesa elaborados en cerámica *cinzenta* fina. Aquí, frente a una cantidad reducida de páteras/platos (2 NMI- Est.4: 7-8), ollas (4 NMI- eventualmente también destinadas al consumo de líquidos) y jarras de boca trilobulada (6 NMI- para servir líquidos), se contraponen 42 NMI de tazas troncocónicas de carena baja y base de pie destacado (Est.2: 18-20; Est.4:6; Est.6.2; Est.7:32-24). Se trata, por tanto, de un repertorio muy limitado de formas, orientado al servicio de mesa.

Su fabricación tuvo lugar en el período tardo-republicano romano, estando presente en contextos de mediados del siglo I a.C., como en el campamento romano del Alto dos Cacos (Almeirim, Santarém) (Pimenta *et al.* 2012) o en el yacimiento de carácter militar del Monte dos Castelinhos, que los autores juzgan fundado en el marco de las guerras civiles entre cesarianos y pompeyanos (Pimenta 2013). Estas indicaciones del contexto establecen el nexo entre las producciones de la Edad del Hierro de cerámica *cinzenta* fina pulida y las elaboraciones romanas imperiales, como las presentadas de los cinco contextos lisboetas, explicándose por esta vía la pervivencia tan tardía de modelos inspirados en las cerámicas de barniz negro, al final un síntoma del conservadurismo en el gusto por parte de los alfareros consumidores del Bajo Tajo.

Por otra parte, estas elaboraciones de cerámica *cinzenta* fina competirán funcionalmente con las importaciones, especialmente la *sigillata*, y el elevado número de tazas troncocónicas podrá ayudar a explicar por qué en las ciudades del Tajo existe un desequilibrio en la proporción entre platos-platos grandes y tazas-cuencos en las producciones itálicas, con un marcado predominio de los platos que se estimó en 2:1 en Lisboa, y de tendencia más equilibrada en Santarém (Silva 2012).

En el marco de las cerámicas de mesa, debemos destacar que, según los indicadores de los contextos estudiados, los elevados valores de las importaciones itálicas de cerámicas de paredes finas se invierten a favor de la Bética solamente con Claudio, y de forma muy marcada con Nerón, cando tiende a cesar el flujo de vasos itálicos (Tabla 6). En las lucernas, el proceso parece similar, aunque esta inversión de papeles entre producciones itálicas y béticas se registra más temprano, con Tiberio.

Las ánforas ofrecen un panorama bien distinto, y que tal vez pueda ser algo sorprendente. Aquí, a lo largo de los principados de Tiberio y de Claudio es evidente el predominio del consumo de aceite y vino procedente de la Bética, situado entre 60-70%, apenas sobrepasado en la muestra más fiable neroniana cuando entran en escena los recipientes piscícolas producidos en Morraçal da Ajuda (Peniche, Leiria), cuyas cerámicas comunes ya estaban en los registros claudios del complejo estratigráfico de la Rua dos Remédios. Es interesante destacar la coincidencia de este registro con los datos de Pompeya y Roma para las exportaciones envasadas en ánforas lusitanas, posiblemente sobre todo de la región del Bajo Tajo y del Sado, que en el período nerón-flavio muestran un acentuado crecimiento y alguna competencia en los mercados del Lacio frente al dominio que se mantiene bético (Bowman y Wilson 2009). Y es precisamente la importancia portuaria de Lisboa en el transporte de mercancías por vía marítima, y su más que probable implicación en los abastecimientos institucionales, lo que explica la cantidad de ánforas meridionales, acompañadas seguramente en los navíos por las cerámicas comunes elaboradas ya sea en la Bética costera, destacando los morteros (Quaresma 1995-1997) y los cuencos pequeños, o en la cuenca del Guadalquivir (Tabla 6).

En resumen, en los contextos lisboetas tratados se trasluce un marco de dominio claro de las variadas importaciones cerámicas béticas e itálicas, con la única excepción de la capacidad avasalladora que el círculo de La Graufesenque demostró en los mercados, y que es un fenómeno de amplia extensión geográfica. De hecho, si se observan los datos obtenidos en otros espacios lusitanos, estos están o ausentes o, en el caso de la capital lusitana, sus valores son más que discretos (1 NMI en paredes finas y 3 NMI en lucernas- para un total superior a 500 NMI). Conociéndose el importante papel económico de *Emerita*, y la vocación de puerto abastecedor de *Olisipo*, las conexiones económicas entre las dos grandes ciudades de Lusitania aparecen aquí en niveles que sugieren una importancia muy limitada de la ciudad del Tajo para el abastecimiento de su capital provincial, que se serviría tal vez mediante otros circuitos comerciales.

Bibliografía

Alarcão, J. A. (1994) Lisboa romana e visigótica, en *Lisboa Subterrânea:* 58-63. Lisboa.

Amaro, C. (1994) A Indústria Conserveira na Lisboa Romana *Lisboa Subterrânea*: 69-74. Lisboa.

Arruda, A. M.; Freitas, V. T. y Vallejo Sánchez, J. I. (2000) As cerâmicas cinzentas da Sé de Lisboa. *Revista Portuguesa de Arqueologia* 3-2: 25-59.

Bowman, A. y Wilson, A. (2009) *Quantifying the Roman Economy: Methods and Problems*. Oxford.

Bugalhão, J. (2001) *A Indústria Romana de transformação e conserva de peixe em Olisipo*. Lisboa.

Dupré Raventós, X. y Remolà Vallverdú, J. A. (eds.) (2000) *Sordes Urbis. La eliminación de residuos en la ciudad romana*. Roma.

Fabião, C. (1997) A exploração dos Recursos Marinhos, en *Portugal Romano, A exploração dos Recursos Naturais*: 35-58. Lisboa.

Fabião, C. (2005) Lusitanian 3, http://archaeologydataservice.ac.uk/archives/view/amphora_ahrb_ 2005/details.cfm

Fabião, C. (2009a) A dimensão atlântica da Lusitânia: periferia ou charneira no Império Romano?, en Gorges, Jean-Gérard; Encarnação, José D'; Nogales Besarrate, Trinidad; Carvalho, António (eds.) (2004) *Lusitânia Romana entre mito e realidade – Actas da VI Mesa-Redonda Internacional sobre a Lusitânia Romana*: 53-74. Cascais: Câmara Municipal de Cascais.

Fabião, C. (2009b) Cetárias, ânforas e sal: A exploração de recursos marinhos na *Lusitania*. *Estudos Arqueológicos de Oeiras* 17: 555-594.

Fabião, C. (2010) Modelos Forenses nas Cidades da *Lusitania*: Balanço e Perspetiva, en Nogales Besarrate, T. (Dir.) *Ciudad y foro en Lusitania Romana*: 343-359. Mérida.

Fernandes, L.; Marques, A.; Filipe, V. y Calado, M. (2006) Intervenção Arqueológica na Rua dos Bacalhoeiros (2005-2006). *Al-madan* II, 14: 60-65.

Filipe, V. (2008) As ânforas do Teatro Romano de Lisboa (Dissertação de Mestrado em Pré-História e Arqueologia orientada pelo Prof. Dr. Carlos Fabião), Lisboa (policopiado).

Fusco, A. y Mañas Romero, I. (2006) *Mármoles de Lusitania (Catálogo de la Exposición)*. Mérida.

Gaspar, A. Gomes, A. M. Sequeira, M. J. y Silva, R. B. (1997) Arqueologia Urbana em Lisboa en *Actas do III Congresso Peninsular de Arqueologia* (*Vila Real 1997)* VII: 53-74. Porto.

Gomes, A. y Gaspar, A. (2007) As muralhas de Olisipo – O troço junto ao Tejo" en A. Rodríguez e I. Rodá (eds.) *Murallas de Ciudades Romanas en el Occidente del Imperio, Lucus Augusti como paradigma, Actas del Congreso Internacional celebrado en Lugo (26-29. XI.2005), en el V aniversario de la declaración, por la UNESCO, de la muralla de Lugo como Patrimonio de la Humanidad*: 687-697. Lugo.

López Mullor, A. (1989) *Las cerámicas romanas de paredes finas en Cataluña*. Barcelona.

Mantas, V. G. (1996b) Comércio marítimo e sociedade nos portos romanos do Tejo e do Sado, en J. Raposo y A. L. Duarte (Coord.: *Ocupação Romana dos Estuários do Tejo e do Sado (Actas das Primeiras Jornadas sobre Romanização dos Estuários do Tejo e do Sado, Seixal 1991)*: 343-369. Seixal.

Moita, I., y Leite, A. C. (1986) Recuperar Olisipo a partir de Lisboa, en *I Encontro Nacional de Arqueologia Urbana (Setúbal 1985)*: 55 – 67. Lisboa.

Morais, Rui (2008) Novos dados sobre as ânforas vinárias béticas de tipo *urceus*. *SPAL* 17: 267-280.

Morais, R., y Carreras Monfort, C. (eds) (2010) *The Western Roman Atlantic Façade: A Study of the Economy and Trade in the Mar Exterior from the Republic to the Principate*. Oxford.

Peña, J. T. (2007) *Roman Pottery in the Archaeological Record*. Cambridge.

Pimenta, J.; Mendes, H. y Henriques, E. (2012) *O acampamento romano de Alto dos Cacos (Almeirim)*. Almeirim: Câmara Municipal de Almeirim.

Pimenta, J. (ed.) *Monte dos Castelinhos (Vila Franca de Xira) e a romanização do Vale do Tejo*. Lisboa.

Polak, Marinus (2000) *South Gaulish Terra Sigillata with Potters' Stamps from Vechten, Nijmegen*. Nijmegen.

PY, M. (Dir.) (1993) *Dicocer- Dictionaire des Céramiques Antiques (VII ème s. av. n. è. – VII ème s. de n. è.) en Mediterranée nord-occidentale (Provence, Languedoc, Ampurdam (*Lattara 6). Lattes.

Quaresma, J. C. (1995-1997)Os almofarizes romanos de Povos (Vila Franca de Xira) no contexto do território actualmente português *Boletim Cultural CIRA* 7: 25-45.

Remolà Vallverdú, J. A. (2000) *Las ánforas tardo-antiguas en Tarraco (Hispania Tarraconensis) Siglos IV-VII d.C.*. Barcelona.

Remolà Vallverdú, J. A. y Acero Pérez, J. (eds.) (2011) *La gestión de los residuos urbanos en Hispania. Xavier Dupré Raventós (1956-2006), in memoriam*. Mérida.

Ribeiro, J. C. (1994) *Felicitas Iulia Olisipo* – Algumas considerações em torno do catálogo Lisboa Subterrânea. *Al-madan* II, 3: 75-95.

Sepúlveda, E. y Fernandes, L. (2009) As marcas em *terra sigillata* de tipo itálico do teatro romano de Lisboa (campanhas de 2005/2006). *Revista Portuguesa de Arqueologia* 12-1:139-168.

Silva, A. V. (1944) *Epigrafia de Olisipo- subsídios para a história da Lisboa romana*. Lisboa.

Silva, R. B. (1997) As sepulturas da Calçada do Garcia e o urbanismo de Olisipo, en *Actas do 3º Encontro Nacional de Arqueologia Urbana (Almada, 20 a 23 de Fevereiro de 1997)*: 193 – 205. Almada.

Silva, R. B. (2005) As "marcas de oleiro" em terra sigillata da Praça da Figueira (Lisboa): uma contribuição para o conhecimento da economia de Olisipo (séc. I a.C.- séc. II d.C.) (dissertação para a obtenção do grau de Mestre em Arqueologia, especialização em Arqueologia Urbana, orientada pelo Prof. Dr. Carlos Fabião). Braga (policopiado).

Silva, R. B. (2011) Olisipo, en J. A. Remolà y J. Acero (eds.): *La gestión de los residuos urbanos en Hispania. Xavier Dupré Raventós (1956-2006), in memoriam*: 201-213. Mérida.

Silva, R. B. (2012) As «marcas de oleiro» na terra sigillata e a circulação dos vasos na Península de Lisboa (dissertação de doutoramento em História, especialidade de Arqueologia, orientada pela Prof.ª Dr.ª Rosa Varela Gomes), Lisboa (policopiado).

Vale, A. y Sousa, V. (2003) A barreira do Circo de *Olisipo*, en *Actas do IV Encontro de Arqueologia Urbana*: 177-186. Amadora.

Viegas. C. (2003) *A terra sigillata da Alcáçova de Santarém- Cerâmica, economia e comércio*. Lisboa.

Vieira, V. (2011) As lucernas romanas da Praça da Figueira (Dissertação para a obtenção do grau de Mestre em Arqueologia, orientado pelos Srs. Prof.ª Dr.ª Rosa Varela Gomes e Mestre Rodrigo Banha da Silva), Lisboa (policopiado).

Contextos alto-imperiales de Chãos Salgados, Santiago do Cacém-*Mirobriga*(?) (*Lusitania*)

José Carlos Quaresma

Profesor Auxiliar (Departamento de História. FCSH/Un. Nova de Lisboa)
Investigador (Instituto de Estudos Medievais-Un. Nova de Lisboa)
Becario de post-doctorado FCT (2010-2015). josecarlosquaresma@gmail.com

Introducción

El sitio arqueológico de Chãos Salgados, o de Castelo Velho de Santiago do Cacém (Figura 1), está asociado con el topónimo clásico de *Mirobriga*, que Plinio el Viejo, incluyó en la lista de *oppida stipendiaria* y *oppida memorabilia* del sur de la *Lusitania* y donde sus habitantes serían llamados de *Mirobricenses qui Celtici cognominantur* (*Historia Naturalis*, 4.118 y 4.116; Guerra 1995: 94; Encarnação 1984: 233; Osland 2006: 54). Tres inscripciones indican la municipalización Flavia del poblado de origen indígena, mientras tanto romanizado. ¿En Santiago do Cacém, el epígrafe CIL II, 25 = IRCP 150 (Encarnação 1984: 230) es dedicada a *M*(*arco*) *Iulio Marcello Aed*(*ili*) *et IIvir*(*o*) *M*(*unicipii*?) *F*(*lavii*?) *M*[*irobrig*(*sensis*)?]. Aunque la interpretación del texto no sea totalmente segura, de hecho, sabemos que al menos los ciudadanos de esta zona se integraron en la tribu *Quirina*, como indica el epígrafe CIL II, 29 = IRCP 158 (Encarnação 1984: 239). Ya el texto de CIL II, 21 = IRCP 144 (siglo II) evidencia la existencia de un *Splendidissimus Ordo* en la ciudad (Encarnação 1984: 218).

A pesar de la larga lista de obras dedicadas al sitio en las últimas décadas (véase en particular, Barata 1997; 2010), hasta ahora fueron pocos los trabajos de carácter estratigráfico. El primer paso es dado en la década de 1980 y se trata de la monografía americana dedicada a la excavación de las termas (Biers; *et al.* 1988). Los segundo y terceros trabajos son ya del signatario. En lo más reciente se presenta toda la estratigrafía de las excavaciones hechas en los edificios nºs 1 y 2 de la zona residencial, bajo la dirección de Filomena Barata, así como las excavaciones en la zona del puente (del signatario), a través de la descripción estratigráfica, planificación arquitectónica y urbana, y a través de una clasificación y cuantificación de materiales finos (Quaresma 2003; 2012). Esta última obra (Quaresma 2012) es una edición revisada de la edición policopiada de nuestra tesis doctoral defendida en 2009, en la Universidad de Lisboa, en la cual presentamos toda la *terra sigillata* del sitio, donde, debido al gran volumen de excavaciones antiguas, sin registro, el 80% de las cerámicas no tienen contexto.

El presente trabajo se integra en una investigación de varios años y presenta una cuantificación conjunta por fases estratigráficas de estos sectores excavados en las últimas décadas. En términos estadísticos de cuantificación estratigráfica, aplicamos los conceptos de Raux (1998) y Hesnard (1998) y se puede destacar que cuando un mismo tipo presenta fragmentos en diferentes UEs, se procedió a su cuantificación por UE con suma de subtotales. Es decir,

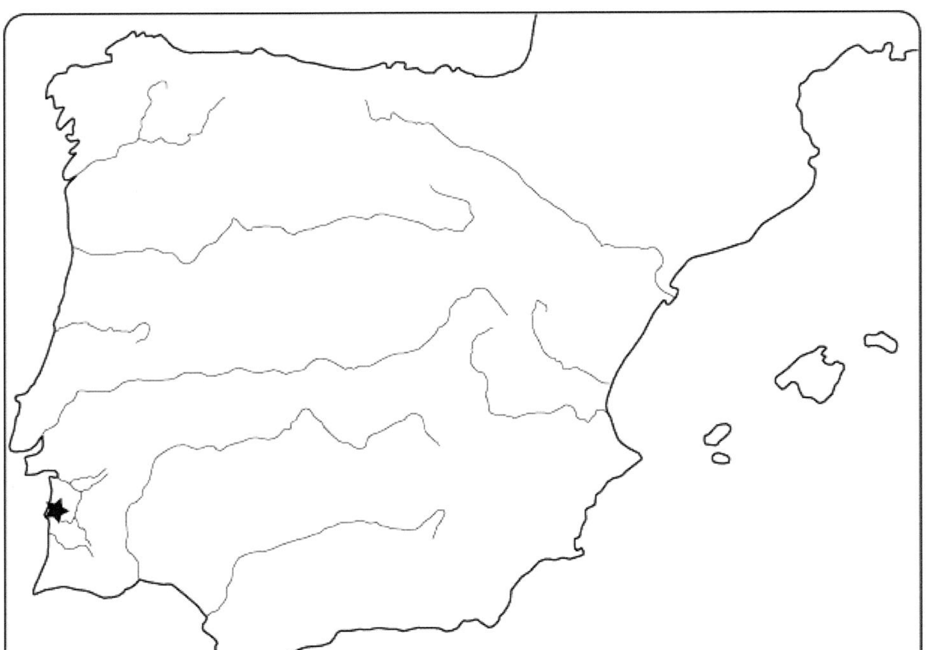

Figura 1. Ubicación de Chãos Salgados (Mirobriga) en la Península Ibérica. Coordenadas CMP 1/25000: UTM P=4207,1; M=527,9.

si por ejemplo 1 borde, 1 carena y un fondo de Drag.18 de Sig-sg aparecen en 3 diferentes UEs, no tenemos 1 individuo, sino 3, al contrario de lo que sucedería en un conjunto sin contexto. También en términos estadísticos, se aplicaron los conceptos de residualidad y intrusibilidad. Estos valores se expresan en el extremo de cada tabla cuantitativa y ayudan al lector a entender la validez estadística de cada UE o cada fase estratigráfica.

Cuestiones metodológicas

Grupos de pastas sudgálicas

En nuestra tesis doctoral definimos 3 pastas y 4 barnices sudgálicos de La Graufesenque en total del conjunto (Quaresma 2012, capítulo 3.2.1). La pasta nº 1 es dura, compacta y de fractura nítida; contiene pocos enp de pequeñas dimensiones; color M37 o M17 (código de A. Cailleux). La pasta nº 2 es también dura y compacta, pero contiene más enp, aunque todavía en pequeña cantidad y de pequeñas dimensiones; tiene algún nivel de granulosidad. Algo fácilmente confundible con la pasta nº 1, si no se realiza la fractura. Color R19. La pasta nº 3 es menos dura y compacta; contiene muchos enp de pequeñas dimensiones; es más clara, color entre N37 y N25. El barniz nº 1 es casi satinado, medio de espesor, de muy buena fabricación, resistente; color R17. El barniz nº 2 es de buena fabricación, poco brillante, no tan resistente como el barniz nº 1, pero también de espesor mediano; color R15. El barniz nº 3 es muy poco brillante o opaco, algo crujiente, aunque también de espesor medio; color entre S19 y S20.

En el análisis realizado sobre la *terra sigillata* hispánica, definimos grupos de pastas/barnices, pero en la Sig-sg pastas y barnices son independientes, ya que no parecen tener una correlación absoluta. Contamos con un fuerte predominio del barniz nº 3, mientras que en las pastas, los grupos 2 y 3 son hegemonicos. El barniz nº 2 se presenta a menudo con la pasta nº 2, mientras que en el barniz nº 3, la pasta nº 3 excede la pasta nº 2.

Si bien es cierto que aspectos tafonómicos pueden pastas hispánicas estos resultados debido a la acidez del suelo en el sitio, también se sabe que los barnices tienden a oscurecerse a lo largo del siglo I, algo bien evidenciado estratigráficamente en la calzada del siglo I d.C. de La Graufesenque (Farine 1996: 231), donde, en la UE 8, entre 20 y 40 d.C., el barniz es rojo profundo y en las UEs 7, 6 y 5, entre 40 y 60 d.C., es rojo y muy brillante. Esta situación cambia a partir de 60 d.C.. En las UEs, 3 y 4 2, entre 60 y 90 d.C., es rojo tenue y en la UE 1, entre 90 y 100 d.C., es rojo muy tenue y poco rojo espeso[1].

Este análisis de nuestra tesis tiene algunas semejanzas con los resultados obtenidos por Beltrán Lloris; *et al.* (1998: 871) en la "Casa de los Delfines", en *Lepida* (Zaragoza), donde se propone una pasta nº 1, fina, dura, beige rosa, con barniz rojo, muy brillante; una pasta nº 2, muy porosa, roja oscura, con abundantes enp blancos y barniz igual al de la pasta nº 1; y una pasta nº 3, rojo-naranja, de barniz mate. En Chãos Salgados, la variedad tipológica de los diferentes barnices no permite conclusiones cronológicas, pero si comparamos las 4 formas principales, resulta un cuadro crono-tipológico relevante, porque el barniz nº 3 es claramente más importante en el binomio más tardío (Drag. 18 y 27), que en las Drag. 15/17 y 24/25.

Barniz 1 (7=0,47%)	Pasta 1	1
	Pasta 2	3
	Pasta 3	3
Barniz 2 (277=18,83%)	Pasta 1	13
	Pasta 2	193
	Pasta 3	71
Barniz 3 (1175=79,87%)	Pasta 1	15
	Pasta 2	551
	Pasta 3	609
Barniz 4 – marmoareado – (12=0,27%)	Pasta 2	5
	Pasta 3	7
Total: 1471=100%		

Figura 2. Relación barnizes/pastas (nº de fragmentos) en la Sig-sg de Chãos Salgados.

Forma	Barniz 1	Barniz 2	Barniz 3	Barniz 4 (marmoreado)
Drag. 15/17		30	93	
Drag. 18		44	194	3
Drag. 24/25		27	62	3
Drag. 27	1	19	138	1

Figura 3. Relación barnizes/principales formas (nº de fragmentos) en la Sig-sg de Chãos Salgados.

Grupos de pastas hispánicas

En nuestra tesis doctoral (Quaresma 2012, capítulo 3.4) se define 4 grandes grupos relativos a *sigillata* hispánica, en los cuales los grupos 1 y 2 pertenecen a la Rioja y de los grupos 3 y 4 al centro de Andújar[2].

El grupo 1 tiene pasta de fractura algo dura y poco recta, bastante cercana del grupo 3 de pastas de *terra sigillata* sudgálica definidos por nosotros; color M25/N25-N35; con enp blanco-amarillentos de pequeñas dimensiones (≤ 0, 25 mm), generalmente en una pequeña cantidad (estas características son más frecuentes en la pasta de color N35); a veces, los enp alcanzan dimensiones superiores al 0, 5 mm y pueden surgir en cantidades como un poco más

[1] Este análisis es corroborado por Mees (1995, p.53), lo cual propone un menor engrosamiento de los barnices a partir de Nerón y un paralelo deterioro de la calidad de pastas durante el siglo I.

[2] En este artículo, no se describe los grupos 7 (*sigillata* hispánica precoz) y 5 (*sigillata* hispánica intermedia?), ya que no se encuentran en estratigrafía alto imperial, ni el grupo 6 (hispánica tardía), ya que no debe ser parte de este cuadro cronológico.

grandes, pero nunca llegando a ser abundante y siempre bien distribuidos. Las vacuolas son siempre de muy pequeñas dimensiones y pueden alcanzar 1mm; alargados o semialargados-alongados. La pasta tiene un aspecto uniforme a simple vista, aunque generalmente sean visibles los enp. Barniz color R19/20, fino (muy cercano del grupo 3 de barnices sudgálicos), no siempre muy bien adherente y puede ser de color entre R19/20 y S19/20, pero generalmente homogéneo y con buen acabado; poco brillante.

El grupo 2 tiene pasta de fractura menos dura y es más granulosa (a veces de fractura algo recta); color N25/M37, siendo en la última color más distante de las producciones sudgálicas; puede tener también color M47; enp blanco-amarillentos en mayor cantidad, aunque bien distribuidos y generalmente inferiores al 0,25mm; pasta homogénea a simple vista, con vacuolas pequeñas, generalmente de ≤0,5mm, redondeados o ligeramente alargados; al ojo desnudo son claramente visibles los enp, debido a su cantidad. Barniz un poco crujiente, con problemas de conservación más frecuentes; fino y generalmente homogéneo; color R19/S19 y puede tener colores más cercanos de S20, R13 o R15/17; algo brillante.

El análisis de Difracción de Rayos X y Fluorescencia de Rayos X dirigida por M. V. Romero Carnicero, a través del Laboratorio de la Universidad de Castilla-La Mancha (Ciudad Real) (Quaresma 2012, cap. 3.4.7), concluiran que hay grandes semejanzas en los productos de La Rioja y de la *Gallia* meridional, no sólo en el grupo 1, pero también en el grupo 2, que macroscópicamente parecían ser seguramente hispánicos; las diferencias de pasta y barniz observadas macroscópicamente en los grupos 1 y 2 corresponden así, no a diferentes centros, pero probablemente a un aumento en la cantidad de inclusiones en la pasta y a un deterioro en la calidad del barniz, durante la vida de la Rioja.

El grupo 3 presenta fractura algo gruesa, aunque a veces establezca líneas más rectilíneas; pasta de color M25/N25 al R39/S39, algo dura, aunque pueda deshacerse fácilmente por acción mecánica; tiene muchos enp blanco-amarillentos con dimensiones algo superiores al grupo 2, llegando a más frecuentemente al 0,5mm; pequeñas vacuolas redondeados o semi-alargados. Barniz a veces fino, crujiente o poco homogéneo, con efecto de mancha, pero a menudo de espesor fino/medio, de color R19/S19, más cercano al último valor por comparación con el grupo 2; bazo. Algunos ejemplares están cercanos al grupo 4, con fractura mucho más grosera y color de pasta M25; con barniz de color R19/20, muy fino y generalmente gastado; cae en suaves capas; enp aún más frecuentes, amarillos, redondeados, con una longitud de 0,5 mm; barniz mate.

El grupo 4 tiene fractura gruesa, pasta poco dura que se desmenuza fácilmente generalmente por acción mecánica; muchos enp amarillos, cuya presencia tan abundante, a simple vista, produce un aspecto homogéneo al color de la pasta, aunque esta sea mucho más granular que en los otros grupos; los enp logran alcanzar muchas veces dimensiones mayores al 0,5 mm y generalmente son redondeados; pequeñas vacuolas (hasta 0,5 mm), algo redondeados, pero en pequeña cantidad; la pasta puede tener dos colores, L25/M25 al L67/M69 (más marrón-rosado) o M20/M25/25 N25 (más amarillo-marrón). Ambos subgrupos tienen barniz poco brillante, frecuentemente fino y escamoso (suave); a menudo mal conservado; a veces algo manchado, entre colores R17 y R19 (rojo) y con un leve brillo; en otros casos el barniz es mate, S17/S19, y tal vez un poco más grueso o mejor conservado; en estos casos el barniz es más frágil y no escama.

En el transcurso de nuestro trabajo nos damos cuenta de un significado crono-tipológico dentro del conjunto de Chãos Salgados para las dos pastas del grupo 4.

Las pastas más rosadas respectan esencialmente a los ejemplares más antiguos, mientras que las pastas más amarillas se refieren esencialmente a los ejemplares que deben empezar en la época Flavia, con la Drag. 15/17 hecha sobre todo con esta pasta. La gama tipológica de este grupo 4 de Chãos Salgados se reduce grandemente, con perfiles típicamente hispánicos. Las formas lisas hegemónicas, con dominio de las Drag.15/17 y 27, pero escasez de Drag. 24/25 y de Drag. 18. Sólo dos fragmentos están decorados y la cronología es necesariamente flavia o posterior: un borde de Drag. 30 y una pared decorada con frisos de círculos concéntricos (Quaresma 2012, capítulo 3.4.2.2.2.1).

El grupo 4 puede tener una función de complemento, alentado por una mayor demanda en el mercado, empezando probablemente durante la llamada segunda fase de este centro (Roca Roumens 1998: 111-117), en los años 60 o 70 del siglo I, dando lugar a la propagación de sucursales. La presencia de dos tipos de pastas, con aparentes diferencias cronológicas, podrá significar que, inicialmente, se recurriera todavía a pastas más rosadas y más cercanas al grupo 3 (lo que realmente sucede en los contextos del tercer cuarto del siglo I en Chãos Salgados, mientras que, en una segunda fase (la más importante en este grupo), se recurre sistemáticamente a una pasta de color marrón amarillento.

Las descripciones hechas en Andújar con respecto a las producciones más tardías parecen identificarse con nuestro grupo 4, en particular en el depósito del corte 11, fechado a finales del siglo I (Sotomayor; Roca Roumens; Sotomayor 1979: 447; Mayet 1984: 39). En abril de 2006, un análisis conjunto con Isabel Fernández García y Pablo Ruiz Montes, en la Universidad de Granada, ha demostrado que el grupo 4 también existe en el centro de Andújar, aunque la mayoría de los ejemplares en Andújar tengan un barniz más similar al grupo de 3 de Chãos Salgados. Sin embargo, en Andújar, el barniz similar al grupo 4 de Chãos Salgados también ocurre en asociación con pastas de calidad inferior y la cronología de estos ejemplares en Andújar parece coincidir con el sitio lusitano: a partir de esta época parece haber de forma simultánea producciones de calidad mayor y menor. Finalmente, en ambos sitios, las pastas de calidad inferior no tienen sello de alfarero.

El hecho de que en la segunda generación no hay marcas en formas decoradas (Roca Roumens 1998: 115), pero hay marcas en moldes, asume una valorización de los productores de estos últimos, junto con la simplificación de formas y decoraciones (Fernández García 2004: 264), con la desaparición de talleres grandes como el de MSM. Este cuadro es, para Fernández García *et al.* (1997: 146), una coyuntura similar a la de La Graufesenque. Así, desde los años 40, se inician cambios en las estructuras de producción de Andújar, con la transición a una producción más grupada (Fernández García, *et al.* 1997: 146), en la época flavia, cuando se alcanza el pico de producción. El aumento da granulosidad de las pastas, del 25% hacia cerca del 40%, estipulado por Mayet (1984: 310-314; Roca Roumens 1998: 112), en la última fase de Andújar, en nuestra opinión, corresponde al arco cronológico diseñado por los grupos 3 y 4 de Chãos Salgados.

Análisis de contextos

Tercero cuarto del siglo I (contextos 1, 25, 39a, 39b, 40, 56)

Naturaleza de los contextos

Todos los contextos que pueden volver a la época claudio-neroniana pertenecen a los edificios 1 y 2 del área habitacional de Chãos Salgados (Figuras 18 y 19), cuya fundación sin embargo puede ser ya flavia, debido a la escasez de elementos claramente anteriores. Sin embargo, si las zanjas de fundación (así como la zanja de drenaje norte del edificio nº 1), escasas en materiales, parecen apuntar a momentos indefinidos del tercer cuarto del siglo I, en realidad las zanjas de basurero periféricas a la construcción nº 1 son claramente y flavias y se destacan de las primeras por su propia configuración estratigráfica.

En el edificio nº 2, del ambiente exterior I tiene un relleno en la zanja de fundación del muro sur del edificio (contexto 56 = UE 327=328). El ambiente A, escaso en *terra sigillata*, presenta una cronología entre los siglos I y III. En esto último siglo se ha producido la amortización de este ambiente, fechada por la presencia de Af-a, tipo Hayes 14B (Bonifay 2004; Quaresma 2012). Las primeras unidades de este espacio, contexto 39a = UE 430, contexto 39b = UE 436 y contexto 40 = UE 428 (Barata 1999), se definen en los casos de contextos 39a y 39b como el relleno de alvéolos en la roca madre, con tierra y cerámica común, que puede denunciar una función simbólica relacionada con la fundación del espacio: en otra unidad, la UE 431, una copa de cerámica común, fina y decoración cuidada en *guillochis*, contenía un gran bloque de cuarzo, mientras que el contexto 39a = UE 430 contenía un cuenco de cerámica común en posición invertida.

Morfológicamente estas UEs iniciales del ambiente A se definen por tres cavidades en el afloramiento, en el lado norte del compartimiento, con cerca de 0,1/0,15m de profundidad (UEs 430, 431 y 436). Este ambiente es cruzado, en el sentido O-E, por una cavidad larga en la pizarra (UE 428), en forma de L, con cerca de 0,1/0,2 m de profundidad y ancho heterogéneo de 0.15/0,2m, en la parte intermedia y cerca de 0,4 m en los dos extremos anchos. La cavidad llenada por UE 428 conduce, a través de un estrecho canal tallado en la roca, al sistema de canalización del edificio. A diferencia de otras UEs, la UE 428 no tenía ninguna deposición intencional, aunque también se presente gran cantidad de cerámica muy destruida como en la UE 430.

En el edificio nº 1 (*domus*) dos UEs respectan a los momentos de fundación. El contexto 25 = UE 478=472=482 es una zanja de fundación en el ambiente 6, en contacto con los depósitos posteriores de la vida de la *domus* a lo largo de la época romana, que originó, en nuestra opinión, la aparición, como en contexto 1 = UE 458=469 (en la base de la cavidad externa del ambiente exterior norte), de infiltraciones de *sigillata* bajo-imperial. Esta última unidad es el inicio del relleno que irá a colmatar toda la zanja de drenaje del agua de lluvia de la ladera que se desvían de la *domus* justo en el ambiente 2, seguido por un codo para el ambiente exterior norte. Esta zanja de drenaje de agua terminó progresivamente por servir como basurero hasta perder su funcionalidad en los últimos tiempos de la vida de la *domus*, cuando la cuota de los estratos superiores del relleno ya está cercana a la cota superior del elemento interfacial (zanja).

Discusión

La escasez de individuos en contextos atribuibles al tercer cuarto del siglo I no permite extraer conclusiones profundas sobre el comportamiento del consumo en Chãos Salgados en esta época. Además de la presencia de moneda de imitación (1 as de imitación de Claudio, con anverso y reverso completamente alisados por el uso), dos grandes tendencias cerámica si afirman en esta fase: el domínio de la *sigillata* sudgálica (6 NMI), siempre de La Graufesenque, y la presencia ya importante, pero minoritaria, de *sigillata* hispánica (4 NMI), exclusivamente de Andújar.

En relación con la Sig-sg, todos los ejemplares se hicieron con el barniz 3; cuatro ejemplares tienen pasta de tipo 3 y dos ejemplares (el **nº1** y una Drag. 27 no representada) tienen pasta del tipo 2. El **nº 2** es un pequeño fragmento decorado que puede retroceder a los primeros tiempos de la Drag. 29, con un *nautilus*, cuya cronología es compatible con 10-60 d.C. (Oswald e Pryce 1920: 72; Fiches, Guy e Poncin 1978: 193).

Los dos ejemplares sudgalicos mejores conservados son del tipo Drag. 18 (**nºs 1** y **4**, con 193 e 218mm, respectivamente). El engrosamiento de la pared y del labio (Ritterling 1912: 205) fue fechado por Oswald y Pryce (1920: 181), en la fase de transición llamada Drag. 18/31, de Domiciano-Trajano, pero con inicio en la época flavia. Passelac y Vernhet (1993: 572), denominaran esta fase de Drag. 18b y fecharan entre

60 y 150 d.C., lo que ubica el comienzo de la transformación morfológica en Nerón. En esta segunda fase tipológica se produce un aumento de altura del centro de la parte inferior de la pieza (Oswald y Pryce 1920: 181), como observamos en el **nº1**, de diámetro inferior.

La evolución de los diámetros plantea cuestiones complejas y, si podemos reportar una tendencia dominante, sin embargo, existe toda la multitud de casos. Diversos contextos proporcionan diferentes diámetros, con una tendencia a la disminución de sus valores en el tiempo. En Vechten, Polak (2000: 76) fecha los valores de más de 175mm como pre-flavios y los valores por debajo de 160mm como flavios. En Nerón, los valores de USK se situan entre 160 y 190mm (Tyers 1993: 133) y los de Empúries entre 150 y 180mm (Aquilué; *et al.* 2005: 207). En 78/82 d.C., en el pecio de Cala Culip IV, hay 2 conjuntos de valores (140 y 160mm), pero, contrariamente a la expectativa, los diámetros más grandes están asociados a perfiles de Drag. 18/31 y no de Drag. 18 (Nieto Prieto, *et al.* 1989: 145-6).

En estos contextos se verifica una distancia de 20mm (140-160mm) entre los dos valores de 78/82 d.C. de Cala Culip IV; de 30mm, en los niveles neronianos de USK (160-190mm) y Empúries (150-180mm). Muestran una tendencia a disminuir los diámetros, como propuesto por Polak (2000), pero también la fabricación simultánea de diferentes diámetros, aunque no muy lejos entre ellos (20-30mm). Cala Culip IV, un pecio y así una representación privilegiada de consumo sincrónico, nos informa que la fisonomía más pesada y más avanzada puede asociarse con diámetros más grandes, mientras que los perfiles más antiguos pueden surgir con diámetros más pequeños (Nieto Prieto, *et al.* 1989: 149).

También los valores de diámetros de las fosas de La Graufesenque indican una disminución del diámetro, seguida por una aparente estabilización de los valores, pero presentan una gama más amplia de valores, dentro de cada contexto, en desacuerdo con los centros de consumo (Genin; *et al.* 2007: 65, 102, 111, 134). En la fosa de *Cirratus* (30-40 d.C.) los valores se ubican entre 230 y 280mm; en la fosa de *Gallicanus* (55-60 d.C.), entre 120 y 199mm, con el 79,2% de 160-179mm y el 16,2% de 140-159mm; en la fosa Cluzel 15 (60-65 d.C.), entre 120 y 199 mm, con unos 46 7% de 120-139mm y unos 43,3% de 160-179mm; en la fosa 79 (80-120 o 150 a.C.), la mayoría de Drag. 18 (*assiette*) pertenece a *Masculus* y varía entre 160 y 180mm y el Drag. 18 (*plat*) de *Caluus*, minoritaria, entre 210 y 245mm.

En cuanto a la Sig-Andújar, único origen hispánico en los contextos estratigráficos de esta época en Chãos Salgados, está representado por los dos fabricos 3 y 4. En el grupo 3, la Drag. 27 (**nº3**), de borde liso y diámetro de 154mm, cae en la variante *a* de Sotomayor, Roca Roumens y Fernández García (1999: 25), más cercana al tipo clásico, pero en la que el labio ya no se distingue. Otro ejemplar hispánico, una carena de Drag. 15/17 con 183mm de diámetro, pertenece al grupo 4, pero todavía de pasta rosa, pasta que proponemos como más antigua dentro de este grupo 4. Esto contexto demuestra que esta producción podría empezar en el tercer cuarto del siglo I, en momentos pre-flavios, aunque tenga que esperar al último cuarto del siglo para ser estadísticamente importante, como veremos en el próximo capítulo, acerca de los niveles flavios.

La presencia de este grupo 4 también refuerza las dudas sobre la cronología plenamente claudio-neroniana de estos contextos de Chãos Salgados, que pueden pertenecer al final del tercer cuarto del siglo I, posiblemente en la década del 60, en consonancia con lo defendido para las Drag. 18 y 29 sudgálicas.

Flavios (contextos 6, 7, 38, 41, 90)

Naturaleza de los contextos

Tanto el contexto 6 = UE 449 como el contexto 38 = UE 351 son amplias zanjas excavadas en la roca madre en las

Clase	Forma	Frags.	NMI	NMI Prod.	% NMI Producción	Obs.	Nº fig.
Sig-sg	D18	2	2	6	50	V3	Fig.5, nº1, nº4
	D27	1	1				
	D29	1	1				Fig.5, nº2
	Plato	1	1				
	Ind.	1	1			decoración	
Sig-Andújar Gr.3	D27	1	1	3	25		Fig.5, nº3
	Ind.	2	1				
Sig-Andújar Gr.4	D15/17	1	1				
Afr-A	Ind.	1	1	1	8,3	Infiltración en el contexto 1	
Afr-C	Ind.	1	1	1	8,3	Infiltración en el contexto 25	
Numisma	*As* de imitación de Claudio?	1	1	1	8,3		
Total		**13**	**12**	**12**	**100**		
Residualidad: 0%							
Intrusibilidad: 16%							

FIGURA 4. CUANTIFICACIÓN DE LOS CONTEXTOS 1, 25, 39A, 39B, 40, 56.

Catálogo

1 Mir-759-1+2+3+4 (Sig-sg – Drag.18)
2 Mir-759-6 (Sig-sg – Drag.29)
3 Mir-758-1 a 8 (Sig-And. Grupo 3 – Drag.27)
4 Mir-773-12 (Sig-sg – Drag.18)

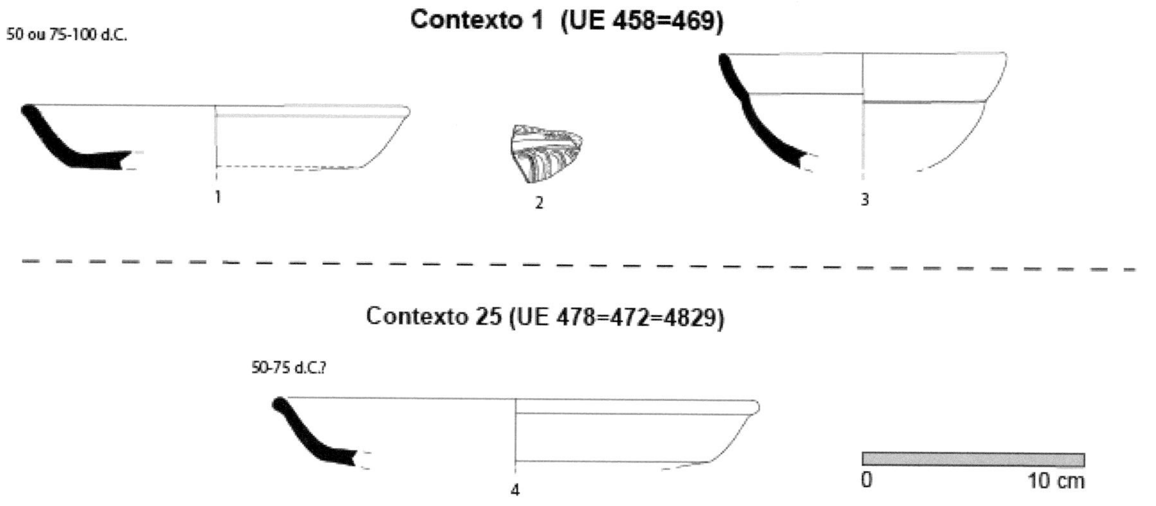

Figura 5. Materiales del tercer cuarto del siglo I de Chãos Salgados.

afueras de la *domus* que denominamos como edificio nº 1, en el área habitacional. El contexto 6 es el relleno homogéneo de una zanja con de 0, 5 m de profundidad, cuya interfaz, sin duda, se llevó a cabo durante la planificación de la propia casa. De hecho y cuán fácilmente puede verse en la planta (Figura 18), esta interfaz encaja perfectamente en el plan de la *domus* y habría sido pensado para extenderla hacia el sur. Por motivos imposibles de determinar el edificio terminó por tener una planta más pequeña que la diseñada en primera instancia. Esta zanja se rellena completamente en época flavia, como con la zanja rellenada por el contexto contexto 38 = UE 351. En este caso, el relleno llena una interfaz (con pequeña profundidad al oeste, alcanza 0,6 m al este) en la roca madre, pero se ha llevado a cabo con el propósito de basurero desde el principio, ya que no constatamos ninguna relación planimetrica con el plan de la casa. La presencia de hierro o escoria de cobre (fenómeno abundante en esta área del sector residencial) nos hace esperar una relación con una posible industria metalúrgica que produce grandes cantidades de escoria en los edificios 1, 2 y 3.

Todavía en el edificio nº 1, el contexto 7 = UE 443 llena la zanja de fundación de la pared sur de la casa, en el ambiente 1. Si es cierto que en este caso apuntamos a una datación flavia, lo que parece una contradicción con las fechas claudio-neronianas propuestas para el ambiente 6 y el ambiente exterior norte, también es cierto que todo este ambiente 1, en el exterior sur de la casa, sólo tiene UEs alto-imperiales y parece haber servido esencialmente como basurero en la época flavia, cuando también se forma el contexto 6 = UE 449. Si el relleno (contexto 7 = UE 443) de la zanja de fundación de la pared sur puede haber comenzado en época claudio-neroniana, en este caso habrá sido altamente contaminado por deposiciones flavias que hacen imposible percepcionar una cronología anterior a esta época.

Con respecto a la construcción nº 2 y su ambiente A, el contexto 41 = UE 385=314 es un sedimento que se deposita en la roca madre y las UEs claudio-neronianas contempladas en el capítulo anterior (Figura 19). Finalmente, en la monografía publicada por el equipo americano que excavó el núcleo de baños públicos de Chãos Salgados en los años 80 del siglo XX (Biers; *et al.* 1988; Quaresma 2012), una camada de deposición antigua relacionada con los inicios de este sector, es denominado como *room* 12, *loci* 3+6 (nuestro contexto 90). Los autores fechan esa camada en los inicios del siglo II, pero sugerimos una fecha flavia para este estrato debido a la presencia de algo mayoritaria de Sig-sg (6 NMI) en lugar de la Sig-hisp (5 NMI).

Discusión

En la fase flavia se observa un aumento significativo de la base empírica disponible, con un total de 57 individuos, muy superior a la escasez de la fase anterior. Se observa también una diversificación de tipos presentes y cambios de comportamiento en el consumo de *terra sigillata*.

En esta última tipología, la *sigillata* sudgálica sigue siendo importante, pero es claramente sobrepasada por las producciones hispanas que literalmente invierten la relación: 33,3% sudgálico contra el 55,9% hispano, con La Rioja tomando el dominio del comercio hispánico, con 28%, seguido de Andújar, con 19,2%, y a los cuales se añade 8,7% de indeterminados (publicados en Biers; *et al.* 1988). Cabe señalar, sin embargo, que a pesar del dominio hispánico – que tiene dos grandes zonas, tarraconense y betica [3]-, La Graufesenque sigue siendo el

[3] Con respecto al sur de *Lusitania* hay alguna base estratigráfica empírica disponible, que tuvimos la oportunidad de discutir anteriormente (Quaresma 2012, capítulo 4). En la Isla de Pessegueiro, la Sig-sg domina un basurero de época flavia, con un 63%, casi el doble de la Sig-hisp (Silva; Soares 1993: corte I, camada 4; corte J, camada, 5; corte k, camada 7), pero este cuadro cambia en áreas interiores, como demuestra Chãos Salgados, ligeramente interior a la da linea de costa (aunque los loci 3+6 del *room* 12 aún tengan una ligera supremacia sudgalica. Veáse *supra*). En *Augusta Emerita* (sector *suburbio norte*), la Sig-sg, en el conjunto de la *sigillata*, mucho menos importante que la Sig-his, es sin embargo hegemónica en UEs julio-claudias. La situación cambia también en la época flavia, cuando algunas UEs tienen dominio sudgalico; en una UE hay un equilibrio, pero en la mayoría el dominio es hispánico

centro de producción más consumido en Chãos Salgados, permaneciendo incluso a cierta distancia de La Rioja. Si se reproduce la estadística del contexto más importante de esta fase, el contexto 6, un relleno de una zanja cubierta posteriormente por un coluvión post-romano, se puede verificar la confiabilidad estadística de los contextos flavios: en el contexto 6, la Sig-sg representa un 30,3% y dentro de la hispánica, La Rioja duplica el porcentaje de Andújar.

La gama tipológica sudgálica ahora visible es aparentemente mayor que en el tercer cuarto del siglo I, cuando la rareza y escasez de contextos han causado una normal escasez de tipos. En la época flavia es aún patente la diversidad formal de La Graufesenque, particularmente en formas lisas, en gran parte dominadas por la Drag. 18, seguida por individuos aislados de Drag. 24/25, 33 y 35 y dos individuos de Drag. 27[4].

No siendo totalmente seguro, es posible en las formas decoradas verse el final de la Drag. 29 y el dominio absoluto de la Drag. 37[5]. La Drag. 18 (**nºs 5, 6 y 8**), de borde perlado y perfil pesado, como ha ocurrido en la fase anterior, presenta diámetros entre 151 y 232mm. Los diámetros más pequeños se presentan tanto en barnices de tipo 2 (el **nº 6** tiene 167mm), como en barnices del tipo 3, más oscuro (**nº 8**, con 167mm). Los diámetros más anchos se presentan vinculados al barniz 3 (**nº 5**, con 232mm). En el conjunto sudgálico de este período, sólo dos fragmentos tienen barniz de tipo 2, siendo hegemónico el barniz 3.

En cuanto a las piezas decoradas, la Drag. 37 se produce con hilera de huevos o con sección de guirnalda bifoliacea corona (**nº 7**), datable por Passelac y Vernhet (1993: 569), entre 60 y 100 d.C.. El **nº 21**, de Drag. 29 o 37, es más fácilmente compatible con este período de transición (60-80 d.C.) o con el de decadencia (80-120 d.C.), por la evidencia de las metopas, con pares de aves y campos definidos cordones ondulantes terminados por rosetas.

En la *sigillata* hispánica de La Rioja, el grupo 1, más cercano de la producción sudgálica, es mucho menor que el grupo 2, el primero con 3 individuos y el segundo con 13. El grupo 1 tiene sólo dos tipos, ambos con un borde ligeramente perlado, que los relaciona algunos con los prototipos sudgálicos, encuadrables en los grupos 1 y 2 de Mayet (1984). La Drag. 15/17 tiene 188mm de diámetro, coincidiendo con las propuestas de la autora (Mayet 1984: 70), para quién que las piezas de esta forma aumentan de tamaño en el grupo 3 de la evolución morfológica, aunque la simplificación del borde ya sucede en el grupo 2. La Drag. 27 (**nº 14**) tiene 104mm y también se integra en los grupos evolutivos tempranos de Mayet (1984: 72).

El grupo 2, de pastas marcadamente hispánicas, se compone de 3 formas en equilibrio entre sí, aunque dominadas por el cuenco Drag. 27. Los platos Drag. 15/17 y 18 constituyen, sin embargo, en conjunto, 9 individuos (**nºs 8-13**). Los perfiles siguen siendo similares a los del grupo 1, con los labios perlados – solamente un ejemplar de Drag. 27 tiene borde simple (80mm de diámetro) y otro, de Drag. 15/17, tiene borde biselado (con 242mm). En la Drag. 27, la gama de diámetros varía entre 84 y 154 mm, mientras que en la Drag. 15/17, la varía gama entre 124 y 248mm. El diámetro más ancho pertenece al único ejemplar con marca de todo este conjunto en estratigrafía (con la excepción de **nº 13**, que también pertenece al grupo 2 de la Rioja, con marca ilegible). El **nº 9**, un borde un poco perlado, con pie de anillo de sección triangular y dos acanaladuras bien marcadas en el fondo interior, guarda el segmento final de una cartela, rectangular también, como en el **nº 13**, con las letras AE geminadas. Es probablemente una marca de lectura EX OF(*ficina*) SEMP(*ronii*) VALE(*rii*), del alfarero *Sempronius Valerius*, no incluyendo el alfarero N. PROTAE[6].

(Bustamante 2013: 153 y ss.).

[4] Si se compara con la Isla de Pessegueiro, en particular con su basurero flavio (Silva; Soares 1993), se denota alguna diferencia. En primer lugar, una menor diversidad tipológica, pero también un domínio de la Drag. 27 en las formas lisas y un surpreendente liderazgo de la Drag. 37. Así, la principal forma es justamente la Drag. 37 (9 frags.), seguida por la Drag. 27 (8) y por un conjunto de tipos menos representados: la Drag. 18, con apenas 3 frags., la Drag. 24/25 (2) y la Drag. 15/17 (1).

[5] En otros sitios extra-peninsulares, es nítida la disminución de la frecuencia de Drag. 29, con el aumento de la Drag. 37. En la calzada del siglo I d.C. de La Graufesenque (Farine 1996), la Drag. 29 está muy bien representada hasta la UE 2, entre 60 y 90 d.C., desacelera significativamente en la UE final de este periodo y es escasea entre 90 y 100 d.C.. En el área germánica (Pferdehirt 1986), la reducción de la Drag. 29 a lo largo de la época flavia, junto con la consolidación de la Drag. 37, termina con algunos ejemplares del primer tipo en la década de los 90, cuando se plantea el final de la produción. Sin embargo, queda la pregunta sobre una posible residualidad en esta década.

Si se hace una comparación de los datos contemporáneos, pero de diferentes áreas, esta disminución a lo largo de la época flavia es más compleja. En los finales de la década de 70 y inícios de la década de 80, en la área germánica, los 6 sitios estudiados por Pferdhirt (1986) presentan porcentajes de 22,9% a 17,2% para la Drag. 29 y 77,1% a 82,8% para la Drag. 37, un cuadro similar al de Pompeya, donde la Drag. 29 tiene 36 ejemplares y la Drag. 37 tiene 54 (Atkinson 1914: 28). La situación es diferente en el pecio de Cala Culip IV, en la costa catalana. Aquí, los valores son equilibrados, con una relación de 379-409 ejemplares, com un ligero domínio de la Drag. 37.

En la misma región, este equilibrio parece todavía ocurrer en Domiciano, porque en Empúries las dos formas son equivalentes, con un leve predominio de la Drag. 37. En los niveles neronianos, la Drag. 29 es claramente superior a la Drag. 37, lo que también parece poner de relieve los resultados referidos del área alemana (Aquilué; *et al.* 2005; Nieto; Puig 2001). Como hemos cuestionado anteriormente (Quaresma 2012, capítulo 3), esta diversidad geográfica puede derivar de diferentes nichos comerciales de la Drag. 29, que en época flavia media y final podría tener un mercado más fuerte en el litoral catalán, que en las zonas de Alemania y Italia.

[6] La atribución a *Sempronius Valerius* plantea sin embargo duda paleográficas, porque esto alfarero presenta muchas veces su nombre abreviado en VALE(*rii*), estando el A y el E ligados por una pequeña barra que permite formar el L (Mayet 1984, est. 214, nºs 340 y 341) pero esta barra es generalmente gruesa y el A tiene barra siempre horizontal, a diferencia de lo que sucede en Chãos Salgados. Ya en *Bracara Augusta*, las marcas de este alfarero tienen barra de conexión más fina entre la A y la E (Morais 2005: 319, nºs 54 y 55), como en nuestro caso.

Una otra hipótesis, N. PROTAE, ocurre en *Bracara Augusta* con dos marcas de cartela rectangular en Drag. 15/17 de La Rioja, aunque sea de punzones no idénticos al de Chãos Salgados (Morais 2005: 264). El nº 773 de Mayet (1984) es un pequeño cuenco del museo Machado de Castro (Moutinho Alarcão 1971, est. II, nº 29), con pasta rosa-naranja, dura y de enp bien distribuidos y barniz rojo-marrón-naranja, espeso y brillante. También J. Boube (1965, nº 85) publicó una Drag. 27 de *Volubilis*. Estos paralelos tienen dos diferencias con Chãos Salgados: son boles o cuencos (excepto en *Bracara Augusta*) e la impresión de la letra A presenta barra transversal, a diferencia de Chãos Salgados. En León, donde la marca de OF.FA.AE viene en 20 ejemplares de posible origen en el valle del Ebro,

Andújar es dominado por el binomio Drag. 15/17 y 27, encuadrable en los grupos morfológicos más recientes de fisonomía hispánica (Mayet 1984), acompañado en el grupo 3 por la Hemisférica Decorada. La Drag. 27 del grupo 3 tiene borde biselado, con 138mm de diámetro, mientras que en el grupo 4 este tipo tiene borde liso (sin diámetro diagnosticable). La Drag. 15/17 tiene siempre bordes simples. En el grupo 3 tiene 160, 162 (**nº 15**) o 208mm de diámetro y ningún diámetro fue diagnosticado en el grupo 4. El **nº 16** es una Hemisférica Decorada o Aj.1 (Sotomayor; Roca Roumens; Fernández García 1999: 27), con tema mal conservado, en un estilo de metopa, cuya separación es hecha por tres filamentos ondulantes y guirnalda bifoliácea mal conservada). Tiene 134mm de diámetro, valores encuadrables en las descripciones publicadas, que se sitúan entre 110 y 150mm, con un predominio del valor de 140mm. Fernández García (1998b: 76-8) ha establecido un primer grupo más antiguo, esencialmente claudio, aunque pueda bajar a Tiberio e alcanzar escasamente los Flavios, con formas "puras", de labio simple y decoración generalmente con una única zona decorativa (raramente con dos).

Las composiciones pueden ser metopadas, alternantes o de temas; puede incluir motivos o temas (guirnaldas, festones o cruciformes). La segunda etapa es esencialmente claudia, pero termina en la época flavia: son formas "evolucionadas", con labio sencillo y cuarto de esfera; la decoración ahora contiene generalmente dos campos con las mismas composiciones y temas del periodo anterior.

Guirnaldas bifoliáceas, combinadas con filamentos verticales que separan metopas de guirnaldas, son conocidas en contextos de Claudio/tercer cuarto del siglo I, especialmente en Hemisférica Decorada, sino también en Drag. 30, 29 y 37 (Fernández García 1986, nºs6, 11, 20-23. 49, 52, 60): los nºs 6 y 11 de esta autora, procedentes del sondeo 16, en Drag. 37 (niveles de Claudio / tercer cuarto del siglo I); nºs 20-22, de los sondeo 24 (nivel VI), 21 (nivel III y nivel IV/IV), en Hemisférica Decorada y Drag. 29, respectivamente, en estratos que postean fechas *post quem* de Claudio-Nerón; nºs 23, 49, 52 y 60, en Hemisférica Decorada, Drag. 30 y Drag. 29, 15, 14 y 16, entre Claudio y incicios de los Flavios. La presencia de un único campo decorativo en el ejemplar de Chãos Salgados nos lleva, junto con los atributos decorativos, a postular una cronología claudio-neroniana para este ejemplar, que es así anterior a la deposición en esta etapa la flavia del centro de consumo.

El vidrio incoloro Isings 96, registrada en el contexto 6, contexto es una infiltración aparentemente tardía. En *Bracara*, M. Cruz (2009: 101), este tipo en el siglo IV, si bien reconoce la duda en esta fecha; en Augusto, el tipo AR 60 = Isings 96 tiene una variante antigua que puede bajar de nuevo a mediados del siglo II, así más cercana a la formación de este contexto. En efecto, Xusto Rodríguez (2001: 161) defiende que esta forma habrá iniciado su producción en Claudio-Nerón. El as de imitación de Claudio es residual, y tiene los anverso y reverso completamente alisados.

De cronología eminentemente flavia, el **nº 20**, vidrio incoloro moldeado, se classifica en el tipo de "perfil cerámico", definido por Berger (1960). Xusto Rodríguez (2001: 176-177), fecha así los vidrios coloridos de esta manera en la primera mitad del siglo I y los incoloros en la época flavia. La copa de paredes finas betica, Mayet 38b, con decoración mamelada, tiene cronología de producción hasta los Flavios (Mayet 1975: 79). Ausente en la fase anterior, es legítimo preguntarse si las paredes finas sólo emergen en Chãos Salgados en época flavia, a través de las producciones béticas.

Dos morteros de producción local o regional pertenecen al tipo de borde en martillo, que hemos intentado sistematizar en un trabajo anterior (Quaresma 2006: 156-157). El borde en martillo tiene dos fases: en la primera, la pared tiene todavía una moldura ancha exterior debajo del bordo; en la segunda, que parece ser inexistente en la primera mitad del siglo I d.C., la moldura ancha exterior de la pared desaparece. La segunda fase está bien representada en el sector emeritense de *Calle Constantino*, de la segunda mitad del siglo I d.C. (Alvarado Gonzalo; Molano Brías 1995, fig. 10), donde el único tipo presente tiene engobe amarillo, pico de planta triangular y labio interno (en un caso es muy atrofiado: fig. 10, nº 50). Este conjunto, con la misma pasta de los morteros de labio introvertido (fase 2 de Quaresma 2006) publicado por Sánchez Sánchez (1992: 15, 125, 26, 79), parece ser de producción local emeritense. El **nº 22**, con 134mm de diámetro, tiene dimensiones similares a los emeritenses. La cronología flavia puede suponer que la fábrica lusinata occidental (ya de la segunda fase morfológica) empieza algo posteriormente a la bético y a la emeritense (?).

El **nº 19**, por la pequeñez de los 178mm de diámetro), con labio engrosado sólo externamente, puede pertenecer a otra variante, grácil, aunque el aspecto almendrado del borde sea una diferencia acentuada con los restantes ejemplares. Como dijimos en nuestra tesis doctoral (Quaresma 2012, capítulo 2.3.2), parece posible que, desde finales del siglo I d.C., han desarrollado formas gráciles, derivadas, en mayor o menor medida, del gran mortero de borde en martillo, presente en Chãos Salgados.

ocurre a través los tipos Drag. 15/17, 27 y escaso Drag. 36, todos de una unidad, con fecha de mediados del siglo II. En León, como en *Volubilis*, las letras A y E ocurren siempre geminadas. El único aspecto similar a Chãos Salgados es la configuración de la cartela, rectangular, con cantos en esquina o ligeramente redondeados (Fernández Freile 2001).

Clase	Forma	Frags.	NMI	NMI Prod.	% NMI Producción	Obs.	Nº fig.
Sig-sg	D18	10	9	19	33,3	V3. 2 ejs. de D18 del V2	Fig.8, nº5, nº6, nº8
	D24/25	1	1				
	D27	2	2				
	D33	1	1				
	D35	1	1				
	D29 o 37	1	1				Fig.8, nº21
	D37	2	2				Fig.8, nº7
	Cuenco	1	1				
	Ind.	3	1				
Sig-La Rioja Gr.1	D15/17	1	1	16	28		
	D27	1	1				Fig.8, nº14
	Ind.	5	1				
Sig-La Rioja Gr.2	D15/17	5	3				Fig.8, nº9
	D18	4	4				Fig.8, nº10, nº11
	D27	6	4				Fig.8, nº12, nº13
	Plato	1	1				
	Ind.	20	1				
Sig-Andújar Gr.3	D15/17	3	3	11	19,2		Fig.8, nº15
	D27	2	1				
	Cuenco	1	1				
	Decorada Hemisférica	1	1				Fig.8, nº16
	Ind.	8	1				
Sig-Andújar Gr.4	D15/17	2	2				
	D27	2	1				
	Ind.	8	1				
Sig-hisp indeterminable	D15/17	1	2	5	8,7	Biers 1988	
	D27	2	1				
	Plato	1	1				
	D37	1	1				
Parfin-*Baetica*	Mayet 38b	1	1	1	1,7		Fig.8, nº18
Mortero-local/ regional	Borde en martillo fase 2 de Quaresma 2006	1	1	2	3,5		Fig.8, nº22
	Borde en martillo, var.?	1	1				Fig.8, nº19
Vidrio	Ind.	1	1	3	5,1		
	Perfil Cerámico	1	1				Fig.8, nº20
	Isings 96	1	1			Infiltración en el contexto 6	Fig.8, nº17
Numisma	*As* de imitación de Claudio?	1	1	1	1,7		
Total		**104**	**58**	**58**	**100**		
Residualidad: 3%							
Intrusibilidad: 2%							

FIGURA 6. CUANTIFICACIÓN DE LOS CONTEXTOS 6, 7, 38, 41, 90.

Clase	Forma	Frags.	NMI	NMI Prod.	% NMI Produción	Obs.	Nº fig.
Sig-sg	D18	7	6	10	30,3	V3. 2ejs. de D18 de V2	Fig.8, nº5, nº6, nº8
	D27	1	1				
	D37	1	1				Fig.8, nº7
	Cuenco	1	1				
	Ind.	3	1				
Sig-La Rioja Gr.1	D15/17	1	1	14	42,4		
	D27	1	1				Fig.8, nº14
	Ind.	4	1				
Sig-La Rioja Gr.2	D15/17	4	2				Fig.8, nº9
	D18	4	4				Fig.8, nº10, nº11
	D27	5	3				Fig.8, nº12, nº13
	Plato	1	1				
	Ind.	20	1				
Sig-Andújar Gr.3	D15/17	2	1	7	21,2		Fig.8, nº15
	D27	1	1				
	Decorada Hem.	1	1				Fig.8, nº16
	Ind.	7	1				
Sig-Andújar Gr.4	D15/17	1	1				
	D27	2	1				
	Ind.	8	1				
Parfin-*Baetica*	Mayet 38b	1	1	1	3		Fig.8, nº18
Vidrio	Isings 96	1	1	1	3	Infiltración	
Total		**77**	**33**	**33**	**100**		
Residualidad: 3%							
Intrusibilidad: 3%							

FIGURA 7. CUANTIFICACIÓN DEL CONTEXTO 6 = UE 449.

Catálogo
5 Mir-727-54 (Sig-sg – Drag.18)
6 Mir-727-57+58 (Sig-sg – Drag.18)
7 Mir-727-111 (Sig-sg – Drag.37)
8 Mir-727-37+747-17 (Sig-sg – Drag.18)
9 Mir-727-41 (Sig-La Rioja Grupo 2 – Drag.15/17)
10 Mir-727-46+47 (Sig-La Rioja Grupo 2 – Drag.18)
11 Mir-727-89 (Sig-La Rioja Grupo 2 – Drag.18)
12 Mir-727-85 (Sig-La Rioja Grupo 2 – Drag.27)
13 Mir-727-150–230+231 (Sig-La Rioja Grupo 2 – Drag.27)
14 Mir-727-72 (Sig-La Rioja Grupo 1 – Drag.27)
15 Mir-727-56+747-52 (Sig-And. Grupo 3 – Drag.15/17)
16 Mir-727-102+104 (Sig-And. Grupo 3 – Hemisférica Decorada)
17 Mir-727-17 (Vidrio incolor – Isings 96)
18 Mir-727-193+199 (Parfin-*Baetica* – Mayet 38b)
19 Mir-740-20+722-4 (Mortero-Local o regional – tipo borde en martillo, var.)
20 Mir-722-6+7 (Vidrio incolor – tipo perfil cerámico)
21 Mir-753-4+6+7 (Sig-sg – Drag.29 ou 37)
22 Mir-0-2555+685-005 (Mortero-Local o regional – tipo borde en martillo, fase 2 de Quaresma 2006)

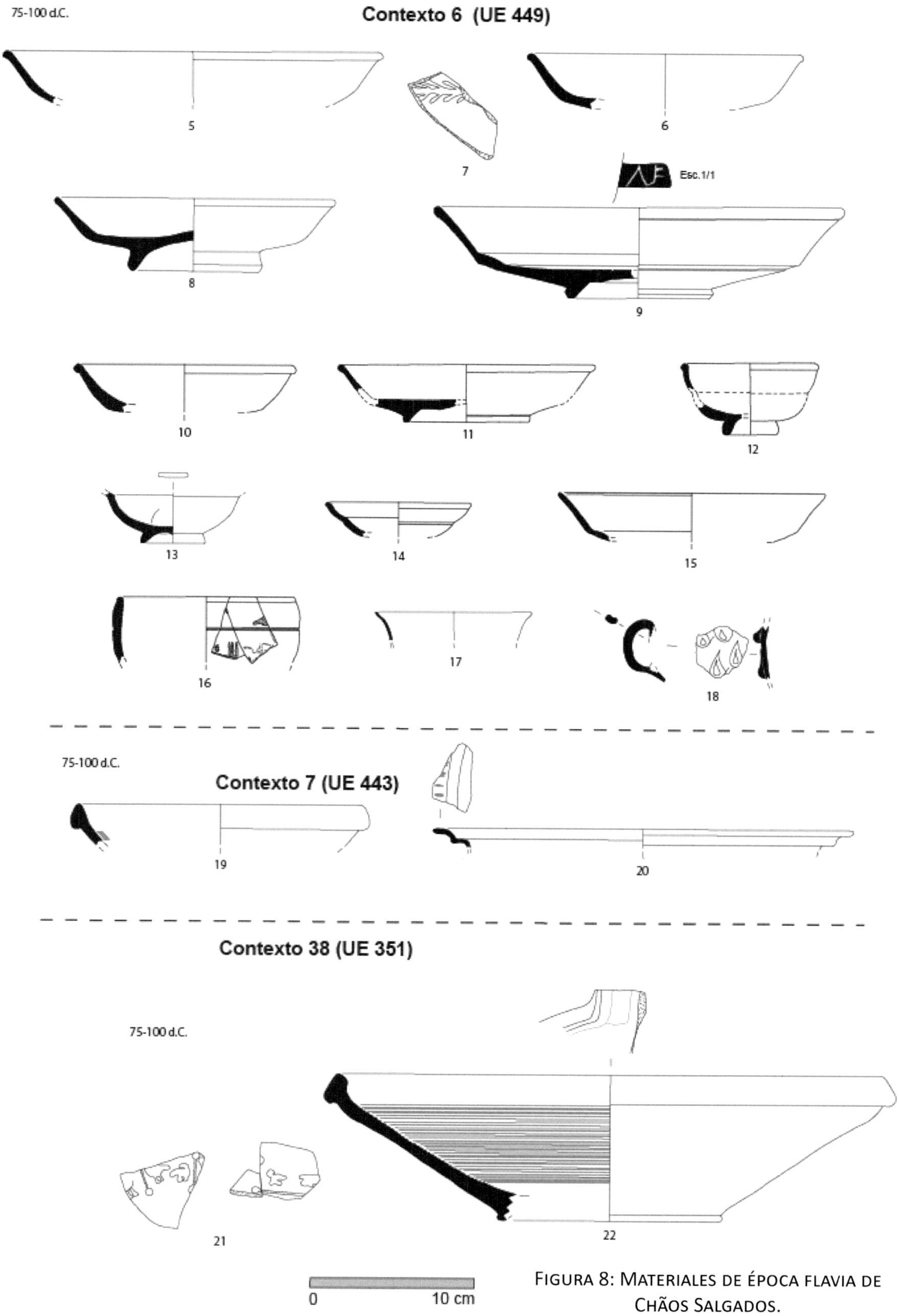

Figura 8: Materiales de época flavia de Chãos Salgados.

Primera mitad del siglo II (contextos 2, 8, 42, 59+60+61+62+63, 67, 74, 83, 84)

Naturaleza de los contextos

En el ambiente exterior al norte del edificio no. 1 (Figura 18), el contexto 2 = UE 375 se deposita sobre el contexto 1 (claudio-neroniano). Como este es una camada que se deposita a lo largo de toda la extensión de la interfaz que ha servido acumulativamente de zanja de drenaje de agua de lluvia y de basurero. En el ambiente 1 (exterior sur de la casa), el contexto 8 = UE 378 descansa inmediatamente sobre la roca madre en la esquina suroriental de la depresión elaborada para encajar la construcción y se recuesta en la pared sur del edificio nº 1. En el ambiente A del edificio nº 2 (Figura 19), el contexto 42 = UE 372 se deposita sobre el contexto 41 = UE 314=385, flavio.

La UE más rica de este período se ubica en el ambiente 1 del sector norte del puente (**figs. 20 y 21**), que fue colmatado por una serie de sedimentos de deposición rápida (contexto 59+60+61+62+63), que forman en su conjunto de una serie estratigráfica de cronología indistinta. La naturaleza de los sedimentos también se asemeja fuertemente. Son básicamente el resultado del alisamiento de la roca e del suelo, abiertos para el encaje del extremo norte del puente y eje viario contiguo, que sigue hacia el oeste, bordeando los baños oeste y continuando para el interior del núcleo urbano. El ambiente 3 (**figs. 20 y 22**) es el espacio que intermedia el muro [755] y el paramento oeste del puente, en el sector norte. En este ambiente 3, el contexto 67 = UE 736 se deposita en la roca y contiene alguna cerámica de construcción, mortero y especialmente *opus signinum* y material osteológico. Parece claro que el contexto 67 = UE 736 se asocia a los momentos más antiguos de este espacio de la ciudad romana, ya que una asa de ánfora Dressel 20 surge imbricada en el muro [755].

En el sector sur del puente se seleccionó tres contextos para este estudio. En el ambiente 1, el contexto 74 = UE 741=705 es una camada que recostase al canal [742] (suministro de agua a la *natatio*), que sirve como base para el pavimento inmediatamente superpuesto en la primera fase constructiva (primera mitad del siglo II). En esta fase, el ambiente 2 (**figs. 20 y 23**), entre el puente y la *natatio*, una serie de rellenos definen este espacio intermedio como basurero, a lo largo de la vida de este sector de la ciudad. El contexto 83 = UE 710 que se recuesta al muro oriental de *natatio* y se deposita en la roca madre, es una unidad de pequeña extensión, que contiene grava y tres grandes bloques de *opus incertum*, algo sugestivo, teniendo en cuenta el uso de estos materiales en el canal [742] y en el revestimiento del muro al sur de la *natatio*. El contexto 84 = UE 722 es una camada homogénea de escombros, con bastante material de construcción de pequeño y mediano calibre, con abundante presencia de ceniza.

Discusión

Si la época flavia asistió a la diversificación de tipologías presentes en Chãos Salgados, este fenómeno se intensifica en la primera mitad del siglo II. Con 1,5% residual *sigillata* italica (curiosamente ausente en los contextos de la época flavia y incluso en el tercer cuarto del siglo I), la cerámica fina sudgálica ahora tiene sus momentos finales, con el 6%. Es el gran momento hispánico, con 50,5% del universo total de los contextos, distribuidos por La Rioja con 25,3%, la misma cifra de Andújar. Este centro parece sin embargo dominar ahora de manera clara, si nos fijamos en los dos contextos principales de esta fase (contextos 2 e 59+60+61+62+63)[7].

Emerge tímidamente la *sigillata* africana, con 6%, acompañada por 1 individuo de cerámica africana de cocina del norte de la Tunisia. Se mantiene un consumo restringido de paredes finas béticas y comienza la importación de cerámica de iluminación, particularmente con un ejemplar de la costa bética y otro emeritense. Esto es importante, porque parece que sólo en esta etapa los productos emeritenses llegan a Chãos Salgados (sin evidencia estratigráfica de consumo emeritense de paredes finas, que sabemos que existen en el sitio). También los morteros locales y regionales, con el 4,5% del total, amplian su gama tipológica y, de una manera asertiva, empieza el comercio de ánforas lusitanas, con 7,9%, no sólo de salazones, pero probablemente también vinário. Este comercio lusitano está muy por encima de las salazones béticas y del aceite de oliva del Guadalquivir, que acompañan la introducción de morteros béticos en este centro de consumo, con un individuo. La circulación monetaria, escasamente representada, parece mantener el padrón flavio, en lo cual los ases de imitación claudios constituyen la moneda de las transacciones.

La *sigillata* sudgálica ocurre con la Drag. 29 o 37 (pared con motivo vegetal mal conservado) y la Drag. 27. El hecho de que este comercio se representa solamente en contexto 2, una de las fases estratigráficas del relleno de la zanja exterior norte del edificio nº 1, pero no aparece en la formación rápida del ambiente 1 del sector norte del puente (contexto 59), plantea serias dudas sobre una posible residualidad del conjunto sudgálico[8], aunque sólo

[7] La residualidad del contexto 2 casi duplica el contexto 59 + 60 + 61 + 62 + 63 y los aspectos morfológicos de la terra sigillata hispánica en el contexto 2 confirman esta hipótesis (véase *infra*). Si comparamos las importaciones de La Rioja y Andújar en los dos contextos, vemos que, en primer lugar, La Rioja, representa más del doble de Andújar (50% frente al 22,7%), mientras que, en el contexto 59, más ciertamente contemporáneo de la primera mitad del siglo II, Andújar casi triplica los valores de La Rioja (33,3% frente al 13,3%).

[8] En la primera mitad del siglo II, es la *sigillata* hispana que domina los contextos disponibles en *Lusitania* meridional. La Sig-sg es ausente de la Isla de Pessegueiro (Silva; Soares 1993), cerca de Chãos Salgados, pero su consumo parece continuar en Monte Molião-Lagos, donde tenemos los tipos Drag. 18/31, 27 y 15/17 (Arruda; *et al.* 2008: 161). Este fenómeno será una extensión de la continuidad de este comercio en la costa oriental de la península y se observa que, al nivel tipológico, ocurren algunas similitudes entre Monte Molião y Empúries, donde encontramos los tipos Drag. 27, 37 y 18/31, con docenas de ejemplares, especialmente de los dos primeros casos (Quaresma 2012, capítulo 4.1.3). La Drag. 37 no ocurre en la estratigrafía de Monte Molião, donde parece ocurrir un dominio del binomio Drag. 18-27. En principio, las Drag. 27 y 37 sudgálicas serían adquiridas en un proceso de selección del consumidor, pero la Drag. 18 tendría un papel de complemento al repertorio hispánico, ya que la Drag. 18 es producida en baja cantidad en Andújar (Mayet 1984).

un ejemplar de plato en barniz 2 y todos los demás en barniz 3. Un argumento en contra de la residualidad de este comercio de tabla puede ser la aparición de vino galo (**nº 45**), con un ejemplar de Gauloise 4, cuya cronología se centra entre 80 y 200 d.C. (Reynaud 1993).

El conjunto de La Rioja denuncia una posible residualidad, puesto que ocurre esencialmente en el contexto 2: entre los 16 individuos de tipos de los tipos Drag. 15/17, 18, 27, 33 y 37 (incluyendo un indeterminado decorado), sólo 4 aparecen en el contexto de 59. El grupo 1 se presenta solamente en el contexto 2, con una Drag. 15/17 de borde liso y una Drag. 27 de borde perlado y 136mm de diámetro (**nº 23**). Si el primer ejemplar puede relacionarse con los grupos morfológicos más tardíos de Mayet (1984), la Drag. 27 es claramente más antigua y residual. En el grupo 2, la Drag. 15/17 viene con 3 individuos en el contexto 2 (un borde liso y dos bordes ligeramente espesados 223 e 246 de diámetro) y con 2 individuos de borde liso en el contexto 59 (1 caso de 159mm de diámetro). Así, de los 5 individuos de Drag. 15/17, dos de ellos pueden ser residuales, ya que tienen bordes espesados de las morfologías más antiguas de Mayet (1984). La Drag. 18 ocurre solamente en el contexto 59+60+61+62+63, con un borde ligeramente moldurado de 170mm (**nº 26**). En este contexto ocurre una pared indeterminada decorada con motivo vegetal y cordón ondulante que termina en roseta (**nº 28**). En el contexto 2 se presentan dos individuos de Drag. 27, con borde liso y 118 y 120 mm de diámetro; una Drag. 33, con 141mm (**nº 27**) y una pared de Drag. 37 con friso de círculos concéntricos.

La *sigillata* de Andújar indica una menor residualidad y es representado sólo por el binomio Drag. 15/17 y 27. El 3 Grupo tiene un borde engrosado en el contexto 2, con 226mm (**nº 24**), y un borde de 136mm y un otro perlado, con 232mm (**nº 29**), en el contexto 59. Los bordes biselados son, así, conocidos estratigráficamente en época flavia y en la primera mitad del siglo II, en Chãos Salgados, mientras que los bordes espesados, de las morfologías antíguas de Mayet (1984), pueden residuales gracias a su asociación al contexto 2. Por el contrario, la Drag. 27 ocurre exclusivamente en el contexto 59, con bordes lisos, de las morfologías tardías de Mayet (1984). El grupo 4 se presenta solamente en el contexto 2, cuando uno esperaría que ocurra en buena cantidad en el contexto 59+60+61+62+63. Un individuo de Drag. 15/17 con borde biselado (185mm) y otro de borde liso (106mm) dejan sin embargo algunas dudas con respecto a la residualidad de estos ejemplares, también debido a los diámetros medios diagnosticados.

Siendo cierto que La Rioja tiene una difusión intensa interior y setentrional, también es cierto que a veces ejerce todavía un dominio en la zona costera y sur, al nivel estadístico (Étienne; Makaroun; Mayet 1994, p.25-29; Quaresma 1999, p.172-173; 2012, capítulo 4; Bustamante 2013). Sin embargo, los datos estratigráficos denotan una dinámica comercial diferente de la evolución cronológica de La Rioja y de Andújar, en el sur de la Península Ibérica. Al parecer, en la zona sur de la península, o por lo menos en *Lusitania* meridional (por falta de otras estratigrafías), en la primera mitad del siglo II, parece ocurrir una reversión de la primacía de La Rioja, que había sido dominante en la segunda mitad del siglo I (Quaresma 2008: 489-490).

En la Isla de Pessegueiro (Silva; Soares 1993: 85-87), en la fase IIa (segunda mitad del siglo I), 37% de los casos hispánicos son de La Rioja, y sólo el 17% és de Andújar, con otros 20% de indeterminados hispánicos. La fase IIb (siglo II y primera mitad del siglo III) es el *floruit* de la *sigillata* hispánica, cuando son importados 64% de las piezas de este origen, frente al 36% importados en fase IIa. Andújar domina, con 83% del total hispánico de esta fase IIb, contra sólo 14% de La Rioja y 3% indeterminado. También se observa la disminución acentuada de La Rioja a lo largo de dos camadas de la primera mitad del siglo II – en la camada 5, La Rioja es minoritaria, mientras que en la camada 4 es residual.

Chãos Salgados tiene un repertorio más variado que la Isla de Pessegueiro. Aquí, durante la fase IIa, existen 6 formas y la única decorada es la Drag. 37. Ninguno de los ejemplares decorados es originario de Andújar (en Chãos Salgados, la mayoría de las formas más decoradas es de La Rioja). El binomio Drag. 15/17 y 27 domina y es acompañado por las Drag. 18 y 36, pero la importancia estadística de la Drag. 24/25 en la segunda mitad del siglo I es algo que nunca ocurre en Chãos Salgados. En el siglo II, se reduce la variedad formal y el conjunto formal es compuesto sólo por Drag. 15/17 y 27, que no es el caso de Chãos Salgados.

En Sines, en el nivel de abandono (camada 4) de los tanques de I y II de la oficina A de Largo João de Deus (1ª fase: mediados del siglo I – finales del siglo II), la *sigillata* de Andújar es abundante, con predominio de la Drag. 27, una situación que continúa en la camada 3 (Silva; Coelho-Soares 2006: 110).

En Monte Molião-Lagos (Arruda; *et al.* 2008: 161), en la UE 29 (segundo cuarto del siglo II), además del dominio claro de la *sigillata* hispánica, las formas presentes son las Drag. 15/17 y 27 y Andújar es el único centro presente (información oral de Ana Margarida Arruda).

El comercio africano de la cerámica aparece por primera vez en Chãos Salgados, gracias a la *sigillata* africana A, Hayes tipo 9A, acompañado por la cerámica africana de cocina, más tímida, también del norte de la Tunisia. El **nº 30** pertenece al tipo Hayes 196, con borde de pátina gris. Ambos tipos africanos tienen cronologías perfectamente adecuadas a esta fase estratigráfica (Hayes 1972; Bonifay 2004). El comercio africano se conoce sin embargo en contextos más antiguos, en la costa del sudoeste lusitana: en *Salacia* y en la Isla de Pessegueiro, la Hayes 8A se presenta en niveles flavios, con 3 ejemplares, acompañados de otro ejemplar de Hayes 3B decorado (Silva; *et al.* 1980: 192).

Las primeras importaciones en la costa meridional de la *Lusitania* incluyen más tipos, pero su inicio parece sin embargo revelar un comercio aún débil: en Monte Molião-

Lagos, la *sigillata* africana se presenta por las formas 7, 8 y 9 Hayes, en las UEs de finales del siglo I y principios del siglo II, pero está ausente de la UE 29, datada en 125-150 d.C. (Arruda; *et al.* 2008: 158-161). En Lagos (zona industrial de Rua Silva Lopes), los niveles de c.50-150 d.C. contienen Hayes 3A, 8 y 20 (Ramos; Almeida; Laço 2006: 91). En Sines, en la Praça João de Deus, en el nivel de abandono (camada 4) de la 1ª fase (50-200 d.C.) de los tanques de I y II, hay solamente *terra sigillata* hispánica de Andújar (Silva; Coelho-Soares 2006: 110). Châos Salgados es así el único sitio de esta región con cerámica de cocina africana en contexto, en la primera mitad del siglo II (con la excepción probable de la Isla de Pessegueiro, donde esta tipología es abundante en el siglo II, pero aún no se ha cuantificado: Silva; Soares 1993).

Como se mencionó anteriormente, el comercio de lucernas parece algo diversificado, aunque con residualidad, como hace prueba el **nº 39**, una asa de lucerna centro-italica, cuya cronología no sobrepasa el comienzo del siglo I (Celis Betriu 2005: 40). Una novedad es el comercio de lucernas emeritenses, con un ejemplar de lucerna de disco, con *Helios*, **nº 37**. Es posible que podría clasificar como lucerna de volutas (Loeschcke IV), pero con el hombro en un ángulo muy suave, apenas una acanaladura para separarla del disco todavía poco profundo y con una voluta simplicada (Bussière 2000, nºs 321-499)[9]. A pesar del sobremoldage de nuestro ejemplar, es posible encontrar un paralelo bastante confiable en *Augusta Emerita*, donde el tema fue también reproducido por alfareros de esta producción. El busto frontal del dios *Helios*, con corona de siete rayos, es conocido entre otras formas, en la Loeschcke IV, y aparentemente siempre de morfología tardía, con el hombro suave y una única acanaladura, especialmente con doble voluta, pero también simplificada, a pesar de en menor cuantidad (Rodríguez Martin 2002: 66 y fig.5, nºs 59-66, particularmente el nº 60).

Si en la fase flavia tenemos evidencia de paredes finas béticas, dicho comercio continúa en la primera mitad del siglo II, con un ejemplar indeterminado decorado con hojas de agua el barbotina (**nº 32**) y una posible Mayet 42, cuya pequeñez del borde impide una clasificación segura (Mayet 1975; Mínguez Morales 2005). En esta afluencia de mercancías meridionales surge una lucerna bética litoral indeterminada (**nº 36**).

Posiblemente el ánfora bética litoral de salazones Beltrán IIB es residual (**nº 40**). Su cronología se termina a finales del siglo I, pero la Dressel 14, **nº 38** (García Vargas 1998: 101 y 110), y las importaciones de aceite de oliva del Guadalquivir, con Dressel 20 (García Vargas; Bernal Casasola 2008), continúan más tiempo. Ausente en las fases anteriores, el comercio anfórico está bien representado en esta primera mitad del siglo II, cuando además de las importaciones béticas, el dominio es ya de las ánforas lusitanas, con 7,9% del total de la fase. El único tipo presente es la Lusitana 3, vinaria, lusitana, que dificilmente se puede clasificar como Almagro 51c, de salazones, teniendo en cuenta la antigüedad de estos contextos. En los **nºs 42-47**, el arranque del ala se hace siempre por debajo del borde y los fondos parecen estar cercanos del pie de anillo, lo que es un posible indicador de Lusitana 3. Pero la variabilidad de los bordes pone dudas: si el **nº 46** tiene borde vertical, típico de la Lusitana 3, ya los **nºs 42 y 45**, pero sobretodo el **nº 46**, se alejan más de la Lusitana 3 y se acercan de las morfologías conocidas en la Almagro 51c.

Las dataciones más amplias conocidas parecen retroceder sólo a finales del siglo II o comienzos del III (Lusitana 3 o Alm. 51c, variante a), en el valle del Sado (Mayet; Silva 1998: 123; Etienne; Mayet 2002: 145), aunque se ha postulado una fecha inicial de la Lusitana 3 para principios del siglo II (Diogo 1987). Un aspecto coherente en cuanto a la tafonomía de estos ejemplares es que vienen todos de dos contextos (83 y 84) del 2 ambiente en el sector sur del puente, lo que denota un uso posiblemente mixto de estas ánforas. También del valle del Tajo o Sado es el ánfora Dressel 14 de salazones, cuyo consumo mirobriguense parece ser más fuerte que el bético de este tipo.

Además del mortero bético de borde redondeado (**nº 34**)[10], esta tipología cerámica para preparación de alimentos es esencialmente lusitana en el mercado de Châos Salgados: volvemos a encontrar un ejemplar de la variante de borde en martillo (**nº 33**), ahora no con engrosamiento externo, pero con un labio externo que nace de un borde introvertido. Como en el **nº 19** (180mm de diámetro), de contextos del flavios, se mantienen pequeñas volumetrías (diámetro de 165mm) y pared estrecha. El tipo Dramont tipo D2, que en Châos Salgados tiene aspecto gracil (**nº 25**), se puede fechar entre Tiberio y 150/160 d.C., aunque puede llegar al inicio del siglo III (Aguarod Otal 1991: 141; Carretero Vaquero 2000: 724)[11].

9 Esta morfología tardía de la Loeschcke IV en producciones emeritenses está bien representada en un contexto con fecha probable de la primera mitad del siglo II, en *Ammaia* (São Salvador de Aramenha, Marvão), cuyo estudio estamos por efectuar.

10 La fase 2, propuesta por nosotros (Quaresma 2006), presenta la pared sin moldura externa, a partir de la segunda mitad del siglo I d.C., llegando al Bajo-Imperio. Tal como en la primera fase, solo son conocidos ejemplares de origen bético.

11 Esta forma es dominante en Rosinos de Vidriales (Zamora): en la fase 4, de pleno siglo II, la producción se convierte en local o regional, con borde casi horizontal y más pequeño, mientras que la curvatura y la acanaladura interna se mantienen. Los diámetros varían entre 228 y 326mm, com altura 3 o 4 veces más pequeña que el diámetro. Carretero Vaquero (2000: 724) divide esta fase en dos grupos: un borde más desarrollado, con paralelos en el siglo II, en Villasidro (Burgos) otro, de borde más pequeño, que data de la segunda mitad del siglo II, en Hueña (León). La forma ancha del pie de anillo del **nº 25** es sorprendente, ya que el pie de anillo es principalmente un atributo de las producciones itálicas de labio horizontal y no parecen superar los años 70 d.C. (Santrot; Santrot 1979: 119). En las producciones itálicas (Dramont 1 e 2 y *Emporiae*, 36, 2), la sección del pie de anillo es esencialmente sub-rectangular o sub-cuadrangular, con aristas bien marcadas (Fabião; Guerra 1987, nº 511; Arruda; Viegas 2004, fig. 2, nº 3; Soares; Silva 1972, est. II; Aguarod Otal 1991: 217 e ss.). Sin embargo, este atributo también aparece en la *Baetica*, donde los pies de anillo de producciones más antiguas, entre el final de la Republica y los inícios del Imperio, pueden tener una sección sub-rectangular o sub-cuadrangular y sub-triangular, pero ce fondo bastante redondeado (Quaresma 2006). El **nº 22**, de borde en martillo, en contexto flavio, también tiene un pie de anillo, desgraciadamente sólo conservado en su superficie externa.

No hay datos hasta ahora que muestren una producción bética del mortero Dramont D2, en contrapunto a la zona noroeste de la península, donde probó una producción local, que muestra una influencia cultural más gálica que itálica, tal vez similar a la difusión de *sigillata* de Montans en la Península Ibérica (Quaresma 1995-1997). En el área lusitana, la producción de esta forma debería haber sido escasa, al menos en su zona sur (en São Cucufate no hay ningún ejemplar de este tipo: Vaz Pinto 2003). El mortero de borde introvertido **nº 48** pertenece a la fase 2 que se definió anteriormente (Quaresma 2006), con labio desarrollado y introvertido, borde nunca espesado externamente, pero con rebote externo en la unión con la pared.

Por último, en el conjunto vítreo, se diagnostica la presencia de otro ejemplar de Isings 96 vidrio incoloro (**nº 31**), cuya valoración estratigráfica plantea problemas otra vez. Como se indicó anteriormente (fase flávia), la cronología de este tipo importante en la época tardo-antigua puede retroceder a mediados del siglo II (Rütti 1991) o incluso al siglo I, según Xusto Rodríguez (2001: 161); es un problema que perfectamente puede constituir una infiltración en el contexto 59+60+61+62+63, similar a lo que ocurre en el contexto 6, con el mismo tipo. Ya el **nº 35**, del tipo AR38/Trier 39, también descolorido, con cronología nero-flavia hasta el siglo III (Rütti 1991: 55) se encuadra en la datación de esta fase estratigráfica.

Clase	Forma	Frags.	NMI	NMI Prod.	% NMI Producción	Obs.	Nº fig.
Sig-it	Plato	1	1	1	1,5		
Sig-sg	D29 o 37	1	1	4	6		
	D27	1	1			V3	
	Ind.	1	1				
	Plato	1	1			V2	
Sig-La Roja Gr.1	D15/17	1	1	16	25,3		
	D27	1	1				Fig.12, nº23
Sig-La Rioja Gr.2	D15/17	5	5				
	D18	1	1				Fig.12, nº26
	D27	2	2				
	D33	2	2				Fig.12, nº27
	D37	1	1				
	Plato	1	1				
	Cuenco	1	1				
	Ind.	2	1				Fig.12, nº28
Sig-Andújar Gr.3	D15/17	6	4	16	25,3		Fig.12, nº24, nº29
	D27	8	7				Fig.12, nº41
	Plato	1	1				
	Ind.	16	1				
Sig-Andújar Gr.4	D15/17	1	1				
	D27	1	1				
	Ind.	1	1				
Afr-A	H9A=L2a	2	2	4	6		
	Ind.	7	2				
Af-coc Norte da Tunísia	H196	1	1	1	1,5		Fig.12, nº30
Parfin-*Baetica*	Mayet XLII?	1	1	2	3		
	Ind.	1	1				Fig.12, nº32
Luc-Itália central	Dressel 2-4	1	1	1	1,5		Fig.12, nº39
Luc-*Baetica* litoral	Ind.	1	1	1	1,5		Fig.12, nº36
Luc-*Augusta Emerita*	Disco	1	1	1	1,5		Fig.12, nº37
Mortero-Local/regional	Dramont D2	1	1	3	4,5		Fig.12, nº25
	Borde en martillo, var.	1	1				Fig.12, nº33
	Labio introvertido (fase 2 de Quaresma 2006)	1	1				Fig.13, nº48
Mortero-*Baetica*	Borde redondeado (fase 2 de Quaresma 2006)	1	1	1	1,5		Fig.12, nº34
A-Gália	Classe 27=Gauloise 4	1	1	1	1,5		Fig.12, nº45
A-*Baetica* litoral	Dressel 14	1	1	2	3		Fig.12, nº38
	Classe 19=Beltrán IIB	1	1				Fig.12, nº40
A-Guadalquivir	Classe 25=Dressel 20	1	1	1	1,5		
A-Lus Tejo o Sado	Dressel 14	2	2	5	7,9	Véase contextos 83 y 84	Fig.13, nº42-44, nº46-47
	Lusitana 3 o Almagro 51C	5	3				
Vidrio	Isings 96	1	1	2	3		Fig.12, nº31
	AR 38 / Trier 39	1	1				Fig.12, nº35
Numisma	*As* de imitación de Claudio?	1	1	1	1,5		
Total		**89**	**63**	**63**	**100**		
Residualidad: 11%							
Intrusibilidad: 2%							

FIGURA 9: CUANTIFICACIÓN DE LOS CONTEXTOS 2, 8, 42, 59+60+61+62+63, 67, 74, 83, 84.

Clase	Forma	Frags.	NMI	NMI Prod.	% NMI Producción	Obs.	Nº fig.
Sig-sg	D29 ou 37	1	1	3	13,6	V3	
	D27	1	1				
	Prato	1	1			V2	
Sig-La Rioja Gr.1	D15/17	1	1	11	50		
	D27	1	1				Fig.12, nº23
Sig-La Rioja Gr.2	D15/17	3	3				
	D27	2	2				
	D33	1	1				
	D37	1	1				
	Prato	1	1				
	Ind.	2	1				
Sig-Andújar Gr.3	D15/17	1	1	5	22,7		Fig.12, nº24
	Ind.	1	1				
Sig-Andújar Gr.4	D15/17	1	1				
	D27	1	1				
	Ind.	1	1				
Afr-A	H9A=L2a	1	1	2	9		
	Ind.	2	1				
Alm-Local/ regional	Dramont D2	1	1	1	4,5		Fig.12, nº25
Total		24	22	22	100		
Residualidad: 18%							
Intrusibilidad: 0%							

FIGURA 10. CUANTIFICACIÓN DEL CONTEXTO 2 = UE 375.

Clase	Forma	Frags.	NMI	NMI Prod.	% NMI Producción	Obs.	Nº fig
Sig-La Rioja Gr.2	D15/17	1	1	4	13,3		
	D33	1	1				Fig.12, nº27
	D18	1	1				Fig.12, nº26
	Ind.	1	1				Fig.12, nº28
Sig-Andújar Gr.3	D15/17	5	3	11	33,3		Fig.12, nº29
	D27	7	6				Fig.12, nº41
	Plato	1	1				
	Ind.	13	1				
Afr-A	H9A=L2a	1	1	2	6,6		
	Ind.	4	1				
Af-coc Norte da Tunisia	H196	1	1	1	3,3		Fig.12, nº30
Parfin-*Baetica*	Ind.	1	1	1	3,3		Fig.12, nº32
Luc-Itália central	Dressel 2-4	1	1	1	3,3		Fig.12, nº39
Luc-*Baetica* litoral	Ind.	1	1	1	3,3		Fig.12, nº36
Luc-*Augusta Emerita*	Disco	1	1	1	3,3		Fig.12, nº37
Mortero-Local/regional	Borde en martillo, var.	1	1	1	3,3		Fig.12, nº33
Mortero-*Baetica*	Borde redondeado/fase 2 de Quaresma 2006	1	1	1	3,3		Fig.12, nº34
A-*Baetica* litoral	Dressel 14	1	1	2	6,6		Fig.12, nº38
	Classe 19=Beltrán IIB	1	1				Fig.12, nº40
A-Lus Tejo o Sado	Dressel 14	1	1	1	3,3		
Numisma	*As* de imitación de Claudio?	1	1	1	3,3		
Vidrio	Isings 96	1	1	2	6,6		Fig.12, nº31
	AR 38 / Trier 39	1	1				Fig.12, nº35
Total		48	30	30	100		
Residualidad: 10%							
Intrusibilidad: 3%							

FIGURA 11. CUANTIFICACIÓN DEL CONTEXTO 59+60+61+62+63 = UE 696+686+690+682+689.

Catálogo
23 Mir-717-39 (Sig-La Rioja-Grupo 1 – Drag.27)
24 Mir-717-17+46 (Sig-And.- Grupo 3 – Drag.15/17)
25 Mir-717-45 (Mortero-Local o regional – Dramont 2)
26 Mir-1473-119 (Sig-La Rioja Grupo 2 – Drag.18)
27 Mir-1473-139 (Sig-La Rioja Grupo 2 – Drag.33)
28 Mir-1473-169 (Sig-La Rioja Grupo 2 – Ind.)
29 Mir-1473-121 (Sig-And Grupo 3 – Drag.15/17)
30 Mir-1473-43+94+95+118 (Af-coc Patina gris – Hayes 196)
31 Mir-1473-170 (Vidrio incolor – Isings 96)
32 Mir-1473-162 (Parfin-*Baetica* – Ind)
33 Mir-1473-163 (Mortero-Local o regional – tipo borde en martillo, var. de Quaresma 2006)
34 Mir-1473-164 (Mortero – *Baetica* – tipo borde redondeado, fase 2 de Quaresma 2006)
35 Mir-1465-109 (Vidrio incolor – AR 38 / Trier 39)
36 Mir-1465-55 (Luc-*Baetica* litoral – Ind.)
37 Mir-1465-104+105+106+107 Luc-*Augusta Emerita* – Disco)
38 Mir-1469-64 (A- *Baetica* litoral – Dr.14)
39 Mir-1458-12 (Luc-Centro/itálica – Dressel 2-4)
40 Mir-1468-31+36 (A – *Baetica* litoral – Beltrán IIB)
41 Mir-1468-33 (Sig-And – Grupo 3 – Drag.27)
42 Mir-1487-52 (A-Lus Tejo o Sado – Lusitana 3 o Almagro 51c)
43 Mir-1487-52+53 (A-Lus Tejo o Sado – Lusitana 3 o Almagro 51c)
44 Mir-1487-50+51 (A-Lus Tejo o Sado – Lusitana 3 o Almagro 51c)
45 Mir-1499-7 (A-Gália – Gauloise 4)
46 Mir-1499-9 (A-Lus Tejo o Sado – Lusitana 3 o Almagro 51c)
47 Mir-1499-8 (A-Lus Tejo o Sado – Lusitana 3 o Almagro 51c)
48 Mir-1499-11 (Mortero – Local o regional – tipo labio introvertido, fase 2 de Quaresma 2006)

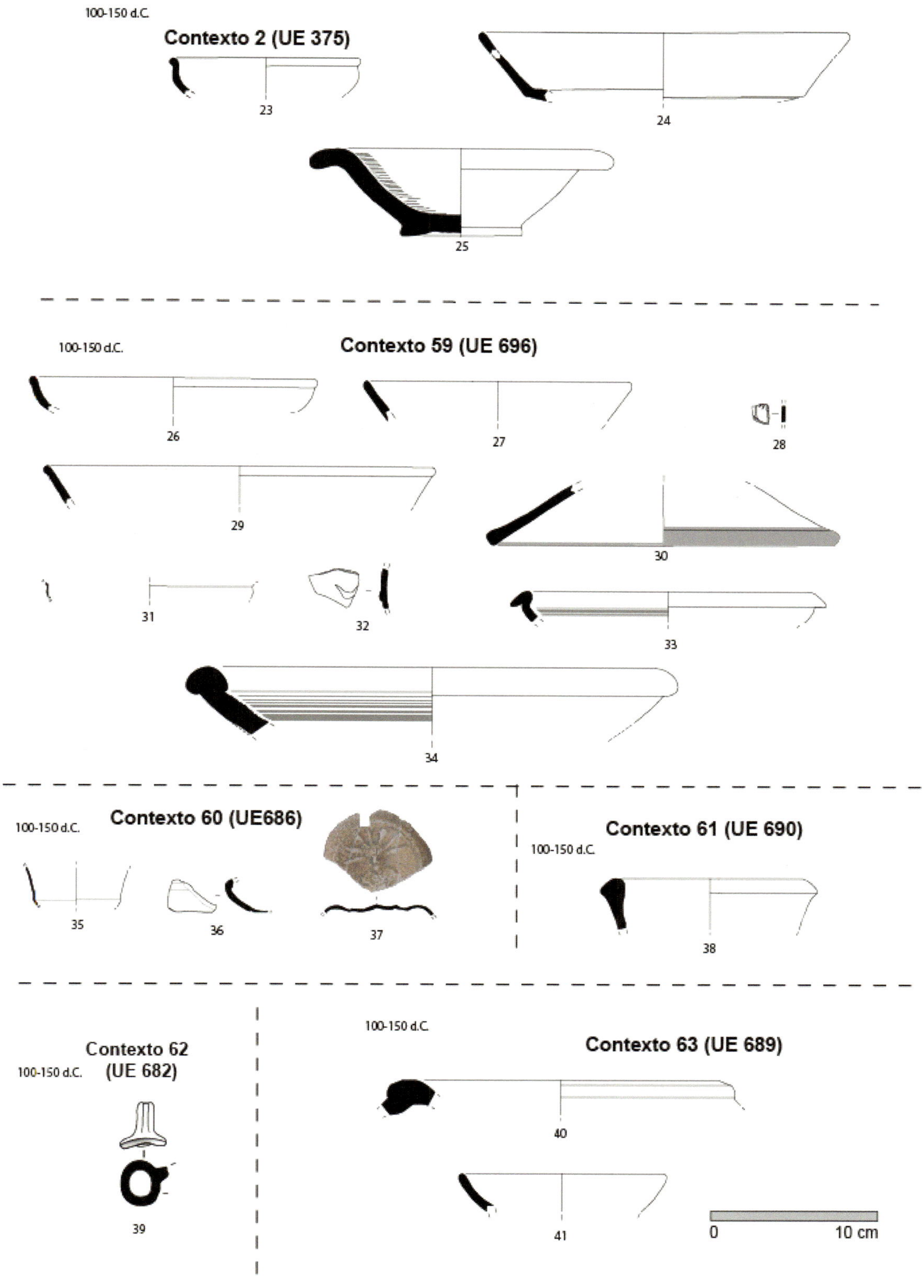

Figura 12. Materiales de la primera mitad del siglo II de Chãos Salgados.

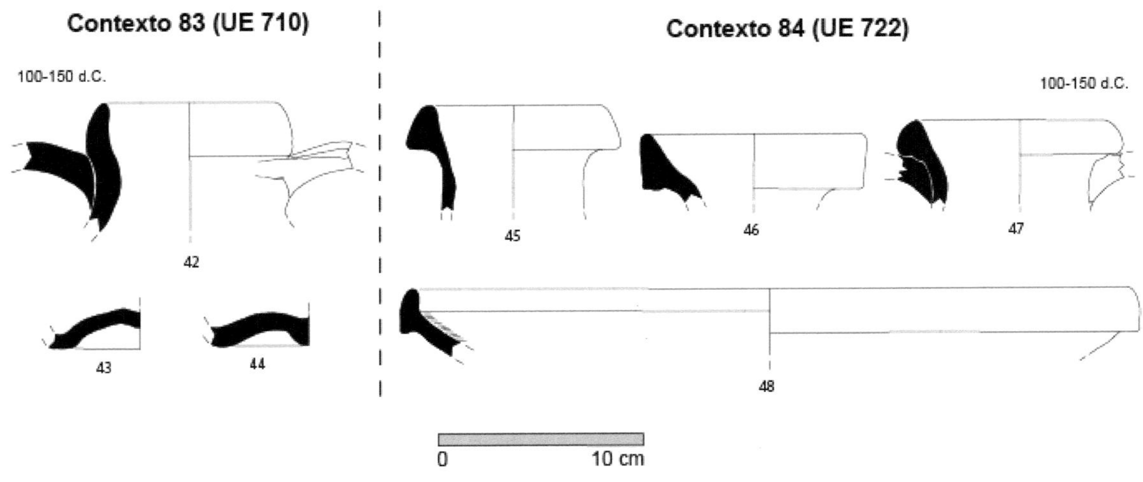

FIGURA 13. MATERIALES DE LA PRIMERA MITAD DEL SIGLO II DE CHÃOS SALGADOS.

Mediados del siglo II (contextos 13, 14, 19, 20, 21, 85)

Naturaleza de los contextos

El contexto 85 = UE 709 es una camada de escombros en el ambiente 2 del sector sur del puente, entre este y la *natatio*, posterior a los contextos 83 y 84, tratados en el capítulo anterior (Figuras 20 e 22). Cinco contextos del edificio nº 1 del area habitacional (*domus*) provienen de los *cubicula* de la casa. En el ambiente 3, el contexto 14 = UE 393=446 es una camada compacta con nódulos de mortero, cerámica de construcción y piedras de mampostería con mortero agregado y carbones. El contexto 13 = UE 379=447=477 es una camada de circulación, compacta, con cerámica de construcción y algunas rocas, carbón, fragmentos de pizarra, basados en la roca madre y cubre el compartimiento entero (Figura 18).

En el ambiente 5 todos los contextos son de circulación. El contexto 21 = UE 389, con 0,1 m de espesor, tiene alguna cerámica de construción y se corta por una de las zanjas agrícolas. Se deposita en el contexto 20 = UE 445, de igual espesor, con materiales de construcción y fragmentos de cerámica y carbón desechos muy dispersos. A su vez, se basa en el contexto 19 = UE 480, con espesor de 0,05m, con muchos carbones y cenizas, muy compacta, con cerámicas y fragmentos de pizarra. Esta camada se basa en la roca madre.

Discusión

Los mediados del siglo II tienen menos información y por lo tanto menos fiabilidad estadística. En cuanto a la *terra sigillata*, parece reducirse el consumo, algo que se confirma en gran medida en la línea estadística total del sitio (Quaresma, de 2012, capítulo 4). El volumen no residual de *sigillata* hispánica y africana es de 6 individuos, uno más que el volumen no residual de ánforas lusitanas. La sig-sg ya es residual, pero no la hispánica, que se sustenta en La Rioja y Andújar, esta última dominante, a través de un solo tipo, el cuenco Drag. 27, que el grupo 3 tiene borde perlado (posiblemente residual) y en el grupo 4 tiene borde liso. También se diagnostica, en La Rioja, la ausencia del grupo 1, que atribuimos al siglo I. El **nº 49**, del grupo 2 de tarraconense, tiene perfil hispánico, pero sin un facies alto-imperial claras, sin el cuerpo más alto y desarrollado que debe adquirir a lo largo del siglo II, en la transición a la *terra sigillata* hispánica intermedia (Tuset i Bertrán; Buxeda i Garrigós 1995; Abásolo; Pérez 1985: 245; Paz Peralta 1991: 11).

También la moneda en circulación en estos contextos son los ases de imitación, no solo de Claudio, al igual que en las fases anteriores, pero ahora también domicianos, siempre con anverso y reverso completamente alisados por el uso. Esta tendencia de los numismas del siglo I es la moneda dominante en el siglo II, también se diagnostica en la Península Ibérica, como lo demuestra el excelente trabajo de I. Arias Ferrer (2012: 203).

La segunda gran información en esta fase es la confirmación del comercio anfórico lusitano, que se convierte en hegemónico, tanto de salazones, como probablemente de vino. Como la Sig-sg, también la Dressel 14a (**nº 51**), de borde alto, debe ser residual, pero no la Dressel 14b (**nº 50**) (Fabião 2008). Lo más interesante es el dominio del vino lusitano, por la aparente confirmación morfológica y cronológica de la presencia de Lusitana 3, de borde alto, verticalizado y que puede tener acanaladura externa a media altura y el pie de anillo (**nºs 52-55**), corroborando los datos de este tipo atestados en la primera mitad del siglo II.

El consumo de *sigillata* africana A, otra vez con el tipo Hayes 9A=Lamboglia 2a (**nº 56**) permanece en un nivel secundario frente al hispánico. La hegemonía de los morteros lusitanos también parece confirmarse, con la evidencia de un nuevo tipo de imitación, *Emporiae* 36.2 (**nº 59**), que también era imitado desde el final de la República en la *Baetica*, y cuyas exportaciones alcanzaron Santarém, donde este tipo representa el 35,6% de la tipología – un ejemplar está fechado exactamente en finales de la República y este tipo bético no ocurre en sitios con estratos imperiales, como *Balsa*, *Bracara*, São Cucufate o Povos (Arruda; Viegas 2004: 343-45). Como dijimos anteriormente (Quaresma 2006), la producción lusitana es también conocida en São Cucufate, cuya estratigrafía indica una producción más tardía, en los horizontes 2, 3 y 4, de fecha entre el segundo tercio del siglo II y el siglo IV (Vaz Pinto 2003: 277 y 101).

Los vidrios de estos contextos permanecen incoloros y emergen todos en un *cubiculum* (ambiente 5) del edificio nº 1 (*domus*) del area habitacional. El **nº 57** es un borde de Isings 82, cuyo fabrico se fecha entre Nerón y el siglo III (Rütti 1991: 119). El **nº 60** es una carena de panza, con moldura exterior, el tipo de Isings 85, cuya cronología en Augusto comienza en el segundo cuarto del siglo II y se extiende por el siglo III (Rütti 1991: 90). El **nº 58**, con 87mm de diámetro, es una variante de un tipo no definido por B. Rütti (1991: 83, nºs 1593-1624), lo cual sigue los tipos fechados entre los Flavios y el siglo III. Las piezas de Augusto parecen ser más altas y la aba menos pronunciada, más próximas de un borde extrovertido, pero cuya pared puede ser moldurada externamente, cuando el borde se desarrolla en aba (nº 1623 da autora).

Clase	Forma	Frags.	NMI	NMI Prod.	% NMI Producción	Obs.	Nº fig.
Sig-sg	D18	1	1	1	4,7	V3	
Sig-La Rioja Gr.2	Ind.	2	1	2	9,5		
	D27	1	1				Fig.15, nº49
Sig-Andújar Gr.3	D27	2	2	4	19		
Sig-Andújar Gr.4	D27	1	1				
	Ind.	2	1				
Afr-A	H9A=L2a	1	1	1	4,7		Fig.15, nº56
A-Lus Tejo o Sado	Dressel 14b	1	1	6	28,5		Fig.15, nº50
	Dressel 14a	1	1				Fig.15, nº51
	Lusitana 3 o Alm. 51c	4	4				Fig.15, nº52, nº53, nº54, nº55
Mortero-Local/regional	*Emporiae* 36, 2	1	1	1	4,7		Fig.15, nº59
Vidrio	Isings 85	1	1	4	10,8		Fig.15, nº60
	Copa indeterminable	1	1				
	Augst 1593-1624	1	1				Fig.15, nº58
	Isings 82	1	1				Fig.15, nº57
Numisma	*As* de imitación de Claudio	1	1	2	9,5		
	As de Domiciano	1	1				
Total		**23**	**21**	**21**	**100**		
Residualidad: 20%							
Intrusibilidad: 0%							

Figura 14. Cuantificación de los contextos 13, 14, 19, 20, 21, 85.

Catálogo
49 790 – Mir-1486-1+2+3+4 (Sig-La Rioja Grupo 2 – Drag.27)
50 Mir-1486-12 (A-Lus Tejo o Sado – Dressel 14b)
51 Mir-1486-21 (A-Lus Tejo o Sado – Dressel 14a)
52 Mir-1486-16+22 (A-Lus Tejo o Sado – Lusitana 3 o Almagro 51c)
53 Mir-1486-15 (A-Lus Tejo o Sado – Lusitana 3 o Almagro 51c)
54 Mir-1486-14+17 (A-Lus Tejo o Sado – Lusitana 3 o Almagro 51c)
55 Mir-1486-13 (A-Lus Tejo o Sado – Lusitana 3 o Almagro 51c)
56 Mir-741-21+22 (Afr-a — Hayes 9A=Lamboglia 2a)
57 Mir-778-2 (Vidrio incolor – Isings 82)
58 Mir-733-14+719-20+778-4+5 (Vidrio incolor – Augst 1593-1624)
59 Mir-719-1+2+5+...-737-1+11+... (Mortero – Local o regional – tipo *Emporiae* 36, 2)
60 Mir-719-17+18+19 (Vidrio incolor – Isings 85)

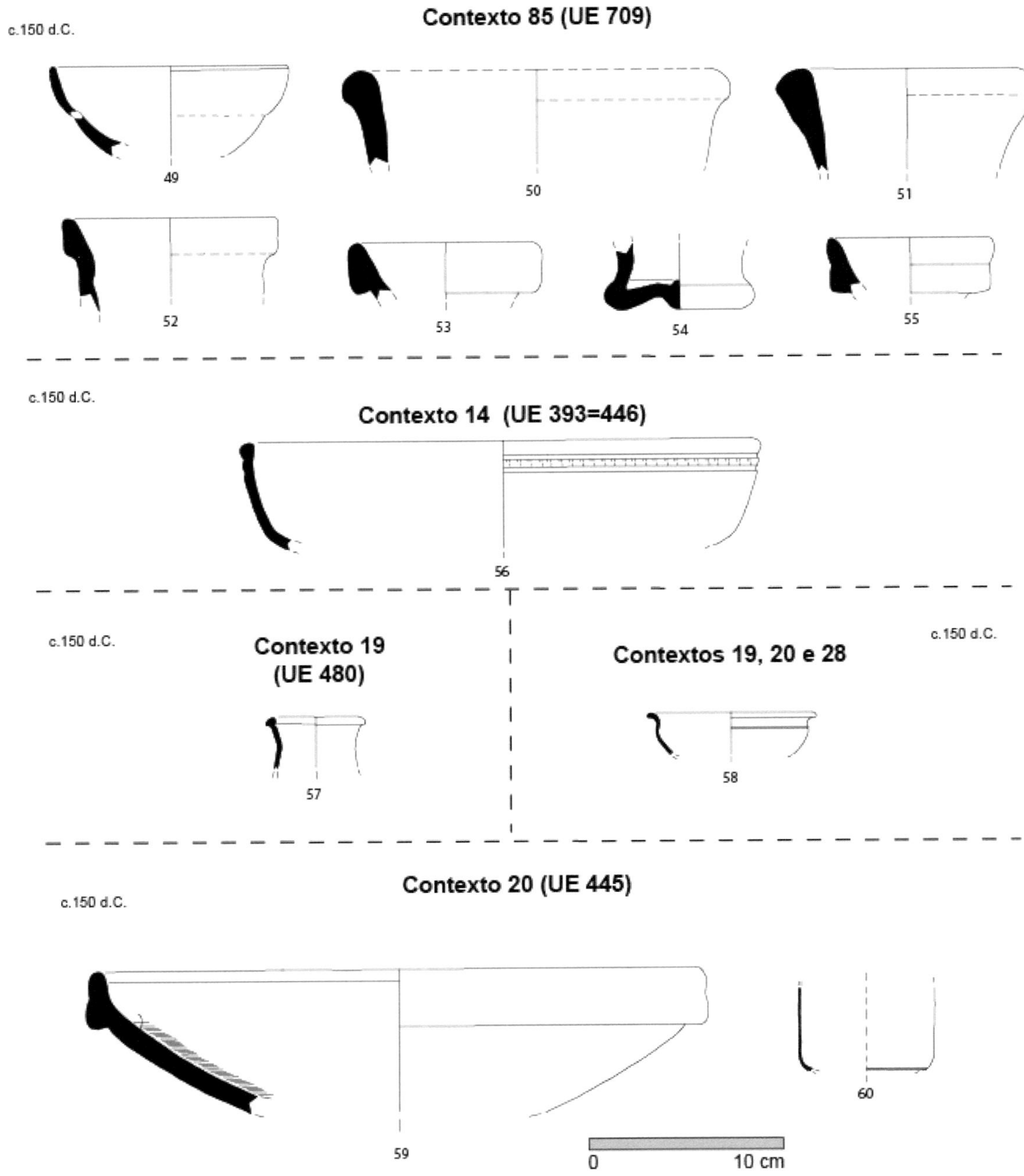

FIGURA 15. MATERIALES DE MEDIADOS DEL SIGLO II DE CHÃOS SALGADOS

Segunda mitad del siglo II (contextos 45, 47)

Naturaleza de los contextos

Los dos contextos de esta fase corresponden al sector de la construcción nº 2 del área habitacional (Figura 19). El contexto 45 = UE 403 es una camada delgada de circulación sobre la roca madre, en el ambiente B, de relación posible con un pseudo-*horreum* (ambiente H) dentro de este ambiente B. El contexto 47 = UE 465 se encuentra en la base del ambiente C, una zanja de protección del edificio contra el agua de lluvia de la ladera. Como en el edificio nº 1, en el ambiente 2, este también fue utilizado acumulativamente como basurero hasta perder definitivamente su funcionalidad hidráulica en época tardía.

Discusión

Los pocos contextos de esta fase son casi insignificantes para la explicación del consumo en el sitio, confirmando solamente el consumo de *sigillata* africana A. Siguiendo la tendencia de mediados de siglo, todo indica que en esta etapa ocurre la desaparición de la *terra sigillata* hispánica, cuyo fragmento único es ciertamente residual (grupo 1 de La Rioja). En el conjunto general del sitio (Quaresma 2012, capítulo 3.4), el comportamiento de las morfologías y de las producciones pone de manifiesto que el comercio de *sigillata* hispánica es alto-imperial, con sólo una pequeña producción (grupo 5, con 11 fragmentos), de pasta similar a la del grupo 2 de La Rioja, pero con barnices naranja y al menos una Drag. 27 de cuerpo desarrollado (Quaresma 2012, Anexo 3, nº 820), a la cual se puede añadir otra Drag. 27, completa, de cuerpo menos desarrollado, del grupo 4 de Andújar, proveniente de una UE del siglo III, (Quaresma 2012, Anexo 3, nº 713).

Clase	Forma	Frags.	NMI	NMI Prod.	% NMI Producción	Obs.	Nº fig.
Sig-La Rioja Gr.1	Ind.	1	1	1	50		
Afr-A	Ind.	2	1	1	50		
Total		**3**	**2**	**2**	**100**		
Residualidad: 50%							
Intrusibilidad: 0%							

Figura 16. Cuantificación de los contextos 45, 47.

Conclusiones

La escasez de estratos claudio-neronianos, así como de la segunda mitad del siglo II en Chãos Salgados centran la base empírica entre dos importantes fechas: c. 70 y c. 150 d.C., lo que corresponde a la época de crecimiento urbano del poblado que se había convertido lentamente en ciudad romana con todas sus características esenciales, pero cuyo brote urbano parece ya flavio, con alguna extensión a la primera mitad del siglo II, cuando la zona residencial se agranda, además de los baños públicos, donde nace un puente para la salida en dirección del circo (Quaresma 2012).

Los niveles del tercer cuartel del siglo I, que se caracterizan principalmente por rellenos de las zanjas de fundación, demuestran el predominio de la Sig-sg, con una total ausencia de la contraparte italiana, producción poco consumida en el sitio. La Sig-hisp ya está presente en estos niveles, pero sólo a través del centro de Andújar.

Los niveles flavios son mucho mayores en individuos y los contextos principales son zanjas detríticas con deposición extensa de *terra sigillata*, pero no sólo, que lo hace de esta fase la primera con información para el uso de otras tipologías. La Sig-hisp se convierte en dominante, mientras que la producción de La Graufesenque pasa a una posición secundaria, aunque sigue siendo el centro principal, seguido de La Rioja, cuyas importaciones son muy superiores a las de Andújar. ¿La ausencia de La Rioja en los niveles del tercer cuarto del siglo I es intrigante: ¿representa dificultades iniciales tarraconenses para llegar al SW, o resulta sólo de una contingencia estratigráfica? La época flavia también señala la aparición de paredes finas béticas, como de la producción de morteros regionales, mientras que la moneda de transacciones sigue siendo los ases de imitación claudios.

La base empírica se amplía aún más en la primera mitad del siglo II, gracias a la riqueza de los escombros en los sectores norte y sur del puente, mientras tanto construido. Crece no sólo la cantidad, como la variedad de tipologías. De esta época es el único fragmento de *sigillata* itálica, residual. La residualidad sudgálica es una cuestión abierta, no sólo para este fabrico conocido en esta época en Empúries y Monte Molião (véase *supra*), sino también por surgir en esta fase el único ejemplar anfórico de vino galico (Gauloise 4).

Por otra parte, el hecho de que ningún ejemplar aparece en el contexto de 59+60+61+62+63, que tiene menor residualidad, indicia que los datos de esta fase pueden ser efectivamente residuales. En Sig-hisp., si la producción tarraconense mantiene una cierta diversidad tipológica, ya Andújar – que ocurre equiparado estadísticamente con La Rioja, pero que debe dominar, si tomamos en cuenta los datos del contexto 59+60+61+62+63 – se reduce al binomio Drag. 15/17 y 27, mientras que el grupo 3 se mantiene superior al grupo 4, que postulámos como resultado de la expansión de demanda de los productos béticos, con la consiguiente pérdida de calidad de parte de las pastas que se producen desde época flavia (con posible inicio en el tercer cuartel del siglo I ?). La *sigillata* africana se presenta, aunque reducido al tipo Hayes 9A, acompañados por el primer ejemplar de cerámica de cocina africana del norte de la Tunisia, tipo Hayes 196.

Las salazones béticas litorales (Beltrán IIB y Dressel 14), así como el aceite del Guadalquivir (Dressel 20), surgen acompañados de paredes finas béticas, lucernas béticas litorales y morteros también béticos. Se expande la producción cerámica de la *Lusitania*, con la aparición de nuevos tipos de morteros de labio introvertido y Dramont 2, además del mortero de labio en martillo ya conocido. Las lucernas emeritenses alcanzan la costa oeste, con un ejemplar de lucerna de disco o volutas, pero con perfil ablandado y una sola acanaladura para separar la orla del disco. Los primeros ejemplos anfóricos lusitanos, del Valle del Tajo o del Sado, son las salazones en Dressel 14 y vino probable en Lusitana 3, probable clasificación de los 3 individuos, cuya cronología estratigráfica hace muy complicado una asignación al tipo Almagro 51c de salazones.

Los mediados del siglo II representan una reducción de la base empírica disponible, pero la inversión del primado de La Rioja para Andújar después de c.100 d.C. se queda bien ilustrada (Figura 17), como ya se sabía en la Isla de Pessegueiro (véase *supra*), a pesar del universo de la cerámica fina se reduce grandemente. Por otra parte, se reduce el comercio anfórico al suministro lusitano, de salazones (Dressel 14) y de vino. La Lusitana 3 (clasificación otra vez más probable que la de Almagro c 51) ahora cuenta con bordes más típicos que nos permiten asignar esta clasificación con mayor seguridad morfológica. Al nivel monetario, sigue la transacción de ases de imitación claudios, pero con una nueva moneda, también de imitación, domiciana.

Del total de estas fases, la contribución que parece más sólida y importante para la datación de los contextos de la segunda mitad del siglo I en las zonas sur y costeras (por lo menos la *Hispania* suroeste) es el comportamiento estadístico y tipologico de la *terra sigillata* sudgálica, de La

Rioja y de Andújar. La primera dominó en el tercer cuarto del siglo I d.C.., cuando la hispánica es muy incipiente; en la época flavia, el conjunto hispánico domina, aunque puede variar la relación hispano-sudgálica, como vimos en el caso emeritense. El dominio sudgálico ocurre en la costa pura (Isla do Pessegueiro), pero ya no en Chãos Salgados o en *Augusta Emerita* (véase *supra*). Fundamental como instrumento estadístico de datación de contextos de la primera mitad del siglo II (especialmente si estamos ante la ausencia de importaciones africanas de *sigillata* y de cocina) es la hegemonía de *sigillata* hispánica, con una frecuencia sudgálica muy débil todavía, pero posiblemente no residual y el dominio a partir de ahora de Andújar, cuyas únicas formas presentes son las Drag. 15/17 y Drag. 27.

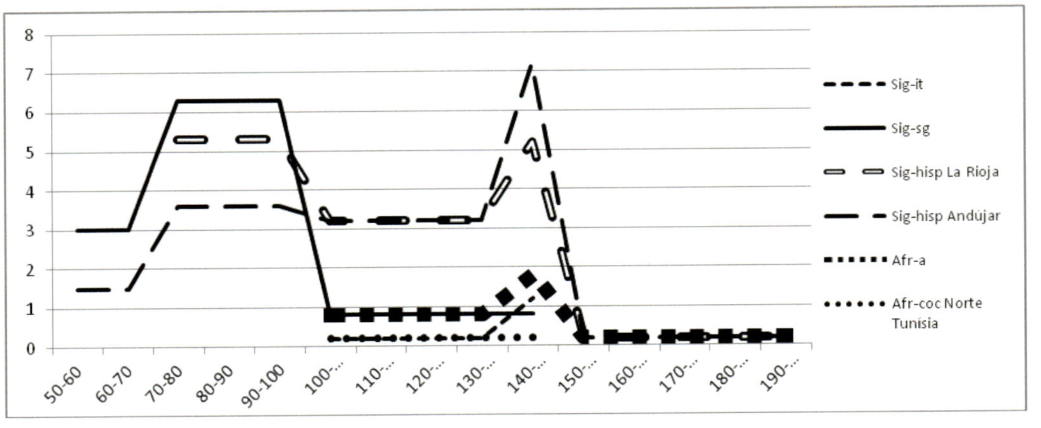

Figura 17. Evolución de las importaciones de *terra sigillata* y cerámica africana de cocina en la estratigrafía altoimperial de Chãos Salgados (NMI).

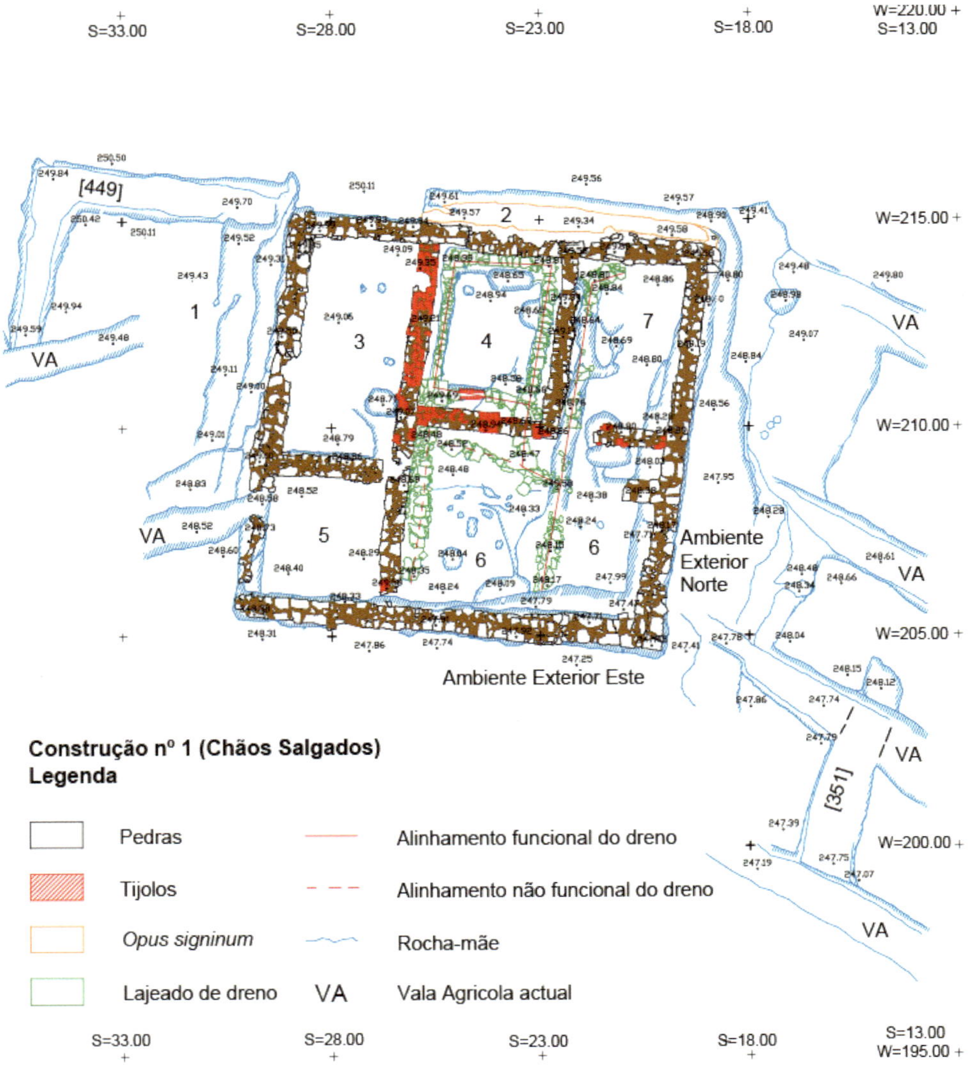

Fig.18: Planta final del edificio Nº1 del area habitacional de Chãos Salgados.

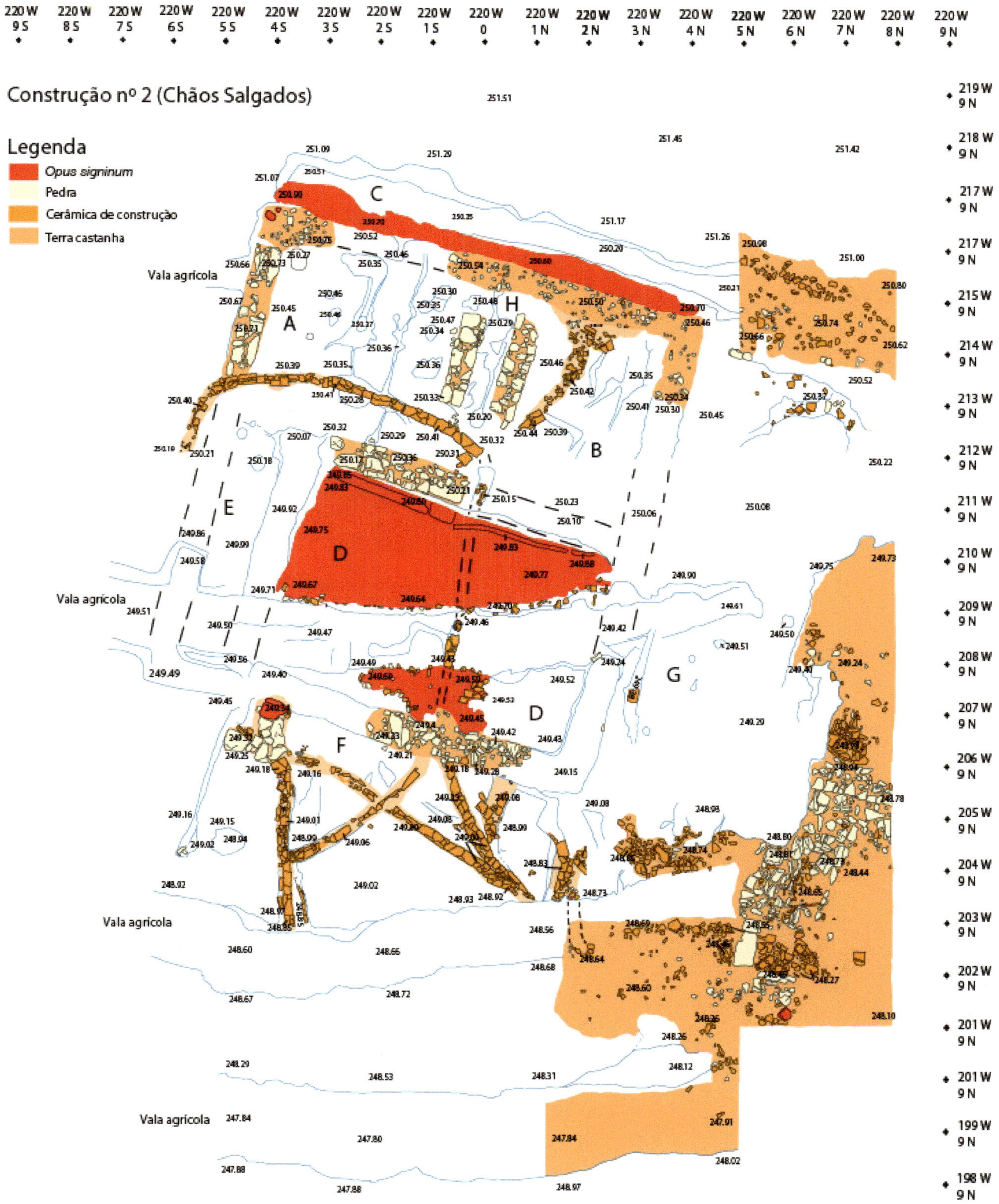

Fig.19: Planta final del edificio nº 2 del área habitacional de Chãos Salgados.

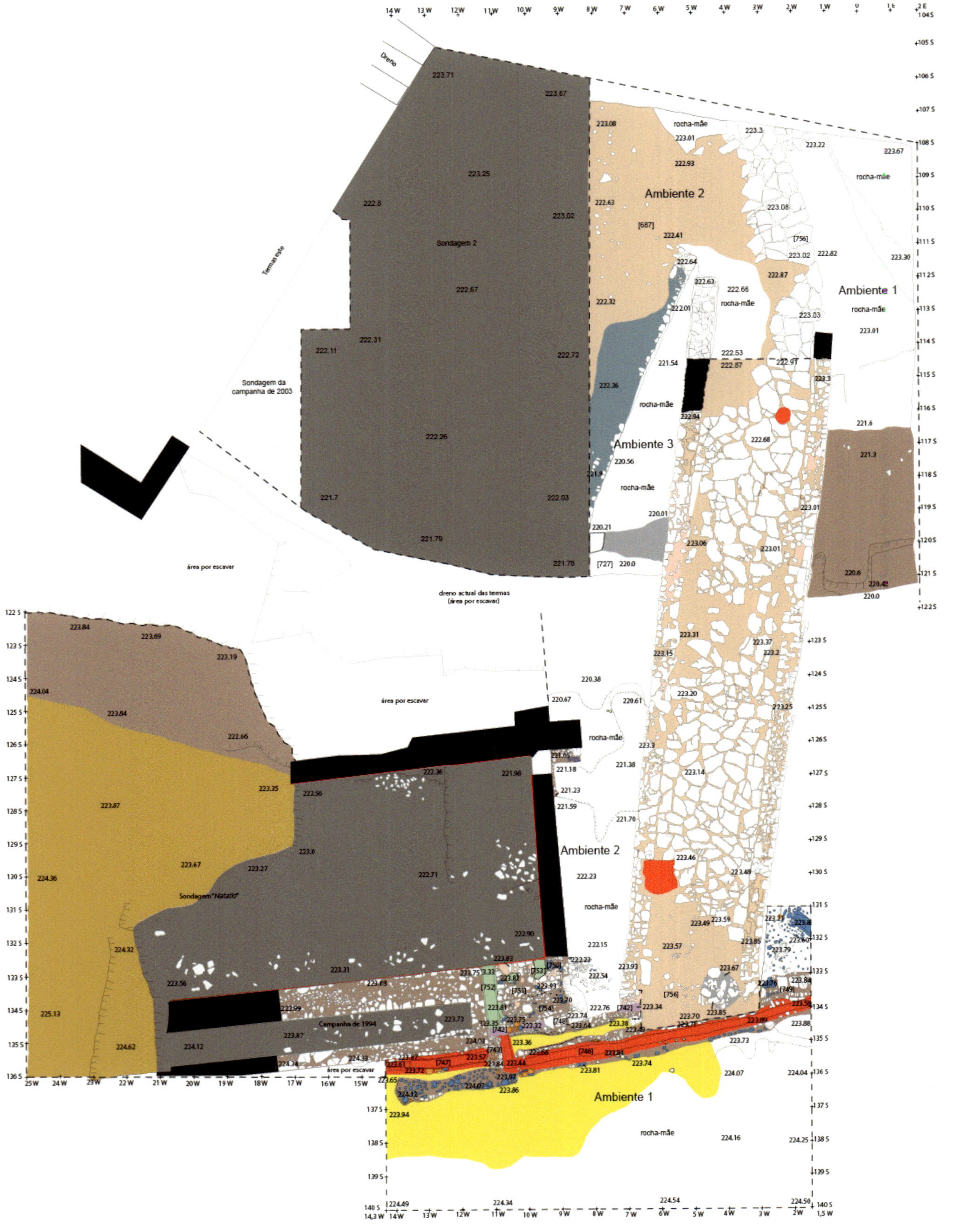

Figura 20: Planta final de los sectores norte y sul del ponte de Chãos Salgados.

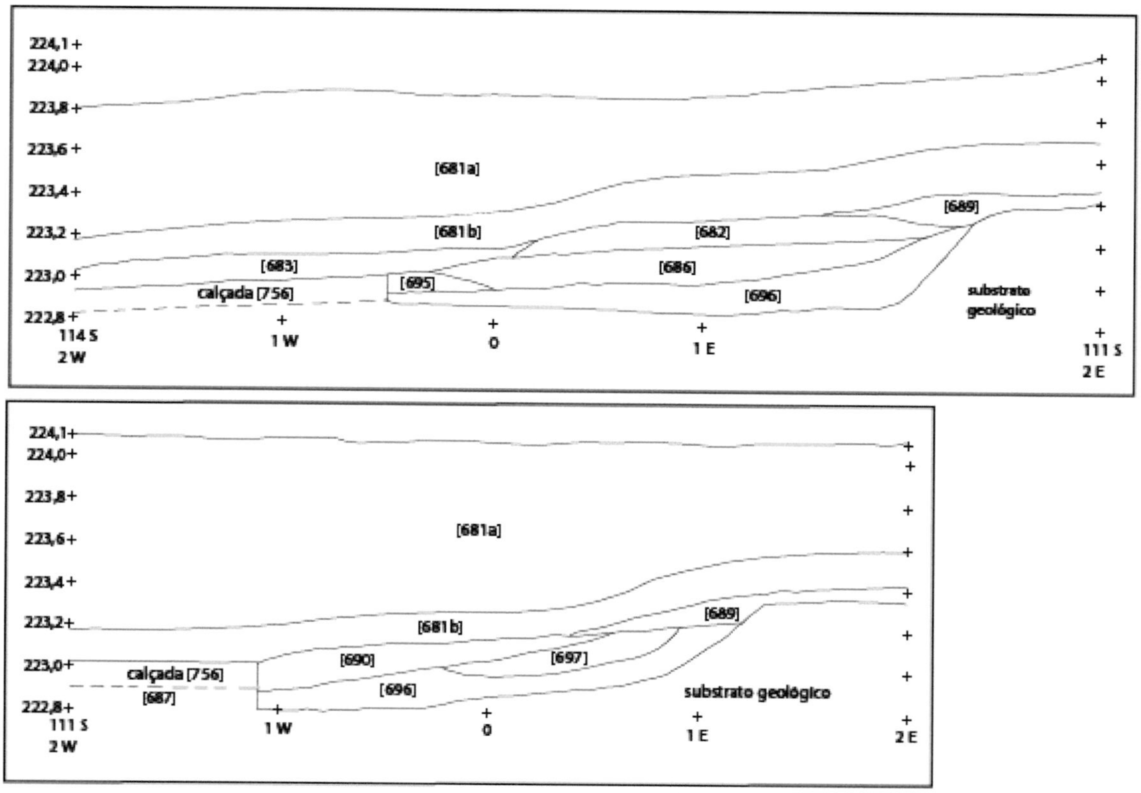

Figura 21. Perfil cumulativo del ambiente 1 del sector norte del ponte de Chãos Salgados.

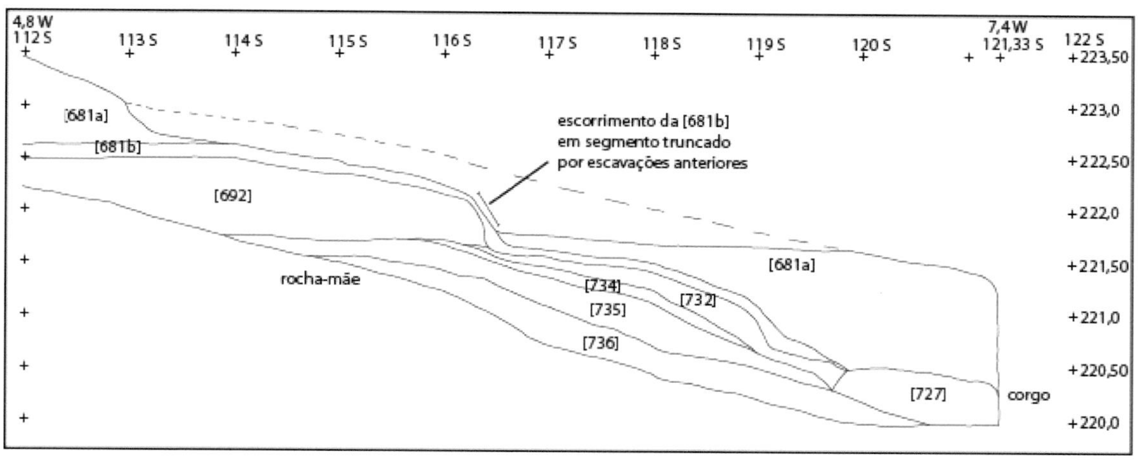

Figura 22. Perfil cumulativo del ambiente 3 del sector norte el ponte de Chãos Salgados.

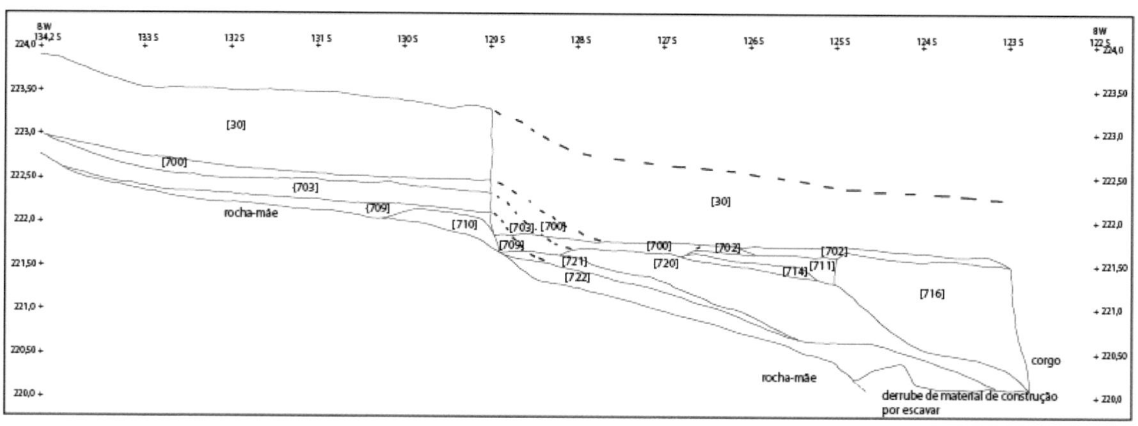

Figura 23. Perfil cumulativo del ambiente 2 del sector sul del ponte de Chãos Salgados.

Bibliografía

Abásolo, J. y Pérez, F. (1985) Excavaciones en Salinas de Rosio (Burgos). *Noticiario Arqueologico Hispanico*. 24:159-162. Madrid: Ministerio de Cultura.

Aguarod Otal, C. (1991) *Ceramica comum romana de cocina en la Tarraconense*. Zaragoza: Institución Fernando El Católico.

Alvarado, M. y Molano, J. (1995) Aportaciones al conocimiento de las cerámicas comunes altoimperiales en Augusta Emerita: el vertedero de la calle Constantino. In *Ceràmica comuna romana d'època alto-imperial a la Peninsula Ibèrica. Estat de la questió* (Monografies Emporitanes VIII): 281-296. Empuriès: Museu d'Arqueologia de Catalunya.

Aquilué Abadias, J. *et al.* (2005) Presencia de producciones sigillatas sudgálicas en las excavaciones realizadas en el foro de la ciudad romana de Empúries (L'Escala, Alt Empordà). In : NIETO, X. *et al.* (eds.) *La difusió de la terra sigillata sudgàl.lica al nord d'Hispania* (Monografies; 6): 199-239. Barcelona: Museu d'Arqueologia de Catalunya.

Arias Ferrer, L. (2012) *Hispania en el siglo II d.C.. Circulación y perduración de la moneda*. (BAR International Series 2327). Oxford: Archaeopress.

Arruda, A. M. *et al.* (2008) Monte Molião (Lagos): resultados de um projecto em curso. *Actas do 5º encontro de Arqueologia do Algarve (Silves, 25 a 27 de Outubro de 2007)*. I (Xelb 8):137-168.

Arruda, A. M. y Viegas, C. (2004) Les mortiers de l'Alcáçova de Santarém (Portugal). In: *SFECAG. Actes du Congrès de Vallauris*: 341-49.

Atkinson, D. (1914) A Hoard of Samian Ware from Pompei. *Journal of Roman Studies* 4: 27-64.

Barata, M. F. (1997) Miróbriga. Urbanismo e arquitectura. Tese de Mestrado apresentada na Faculdade de Letras da Universidade do Porto, em 1997.

Barata, M. F. (1999) Balanço dos últimos trabalhos de investigação e de valorização de Miróbriga. *Vipasca* 8: 33-52.

Barata, M. F. (2010) Caracterização geral de *Mirobriga*. In Nogales Basarrate, T. (ed.) *Ciudad y foro en Lusitania romana*. (Studia Lusitana 4): 201-230.

Beltrán Lloris, M. *et al.* (1998) *Colonia Victrix Iulia Lepida-Celsa* (*Velilla de Ebro, Zaragoza*). III. 1 (*El Instrumentum Domesticum de la «Casa de los Delfines»*). Zaragoza: Institución Fernando El Católico.

Berger, L. (1960) *Römische gläser aus Vindonissa*. Basileia: Birkhauser Verlag.

Biers, W. R. *et al.* (1988) *Mirobriga. Investigations at an Iron Age and Roman site in southern Portugal by the University of Missouri-Columbia 1981-1986*. (BAR International Series 451). Oxford.

Bonifay, M. (2004) *Études sur la céramiques romaine tardive d'Afrique*. (BAR International Series 1301). Oxford: Archaeopress.

Boube, J. (1965) Le *terra sigillata* hispanique en Maurétanie Tingitaine. 1 : Les marques de potiers. (Etudes et Travaux d'Archéologie Marocaine 1). Rabat: Direction des Musées et Antiquités du Maroc.

Bussière, J. (2000) *Lampes antiques d'Algérie. Monographies Instrumentum* 16. Montignac: Éditions Monique Mergoil.

Bustamante Álvarez, M. (2013) *Terra Sigillata hispânica en Augusta Emérita (Mérida, Badajoz). Valoración tipocronológica a partir de los vertederos del suburbio norte* (Anejos de Archivo Español de Arqueologia 65).

Cailleux, A. (s.d.) *Notice sur le Code des Couleurs des Sols*. Boubée.

Carretero Vaquero, S. (2000) *El campamento romano del Ala II Flavia en Rosinos de Vidriales (Zamora): la cerámica*. Zamora: Universidad de Valladolid.

Celis Betriu, R. (2005) Las lucernas. In Roca Roumens, M. y Fernández García, M. I. (coords.) *Introducción al estúdio de la cerâmica romana. Una breve guía de referencia*. (Monográfico nº 1 de CVDAS, revista de Arqueología e Historia). Málaga: Servicio de Publicaciones de la Universidad de Málaga/ Associación Cultural.

Cvdas Cruz, M. (2009) O Vidro Romano no Noroeste Peninsular. Um olhar a partir de Bracara Augusta. Tese de doutoramento. Braga: Universidade de Minho.

Diogo, A. M. D. (1987) Quadro tipológico das ânforas de fabrico lusitano. *O Arqueólogo Português* Série 4. 5: 179-191. Lisboa.

Encarnação, J. d' (1984) *Inscrições romanas do conventus pacensis*. Coimbra: Faculdade de Letras de Coimbra. Instituto de Arqueologia.

Étienne, R. Makaroun, Y. y Mayet, F. (1994) *Un grand complexe industriel a Tróia (Portugal)*. Paris: de Boccard.

Étienne, R. y Mayet, F. (2002) *Salaisons et sauces de poisson hispaniques*. Paris: de Boccard.

Fabião, C. (2008) Las ánforas de *Lusitania*. In Bernal Casasola, D. y Ribera I Lacomba, A. (eds.) *Cerámicas hispanorromanas. Un estado de la cuestión*: 725-747. Cádiz: Universidad de Cádiz.

Fabião, C. y Guerra, A. (1987) *Considerações preliminares sobre a cerâmica comum do acampamento militar da Lomba do Canho, Arganil*, separata *Da Pré-História à História. Homenagem a Octávio da Veiga Ferreira* 287-308. Lisboa: Delta

Farine, B. (1996) La Graufesenque: évolution d'une chaussée au cours du Ier siècle de notre ère : structures et céramiques sigillées. *SFECAG. Actes du Congrès de Dijon*: 209-236.

Fernández Freile, B. E. (2001) La marca OF.FA.AE: una producción inédita de TSH hallada en Legio. *CVDAS. Revista de Arqueología y Historia* 1: 89-115.

Fernández García, M. I. (1986) Repertorio tematico de la *Terra Sigillata Hispanica* decorada de Los Villares de Andújar (Jaen). *Cuadernos de Prehistoric de la Universidad de Granada*, 11: 355-89.

Fernández García, M. I. (1998) Características de la sigillata fabricada en Andujar. In Fernández García, M. I. (ed.) *Terra sigillata hispánica. Estado actual de la investigación* (Colección Martínez de Mazas. Serie Estudios): 49-104. Universidad de Jaén.

Fernández García, M. I. (2004) Alfares y produccíónes cerámicas en la povincia de Jaén. Balance y perspectivas. In: Bernal, D. y Lagóstena, L. (eds.) *Figlinae baeticae. Talleres alfareros y producciones cerámicas en la bética romana (ss. II a.C. – VII d.C.). Actas del Congresso Internacional (Cádiz, 12-14 de noviembre de 2003)*. Vol. II. (BAR International Series; 1266): 239-72. Oxford: John and Erica Hedges.

Fernández García, M. I. *et al.* (1997) *Isturgi* romana y su territorio: la producción de *terra sigillata* y su difusión. Resultados de la producción arqueológica superficial en el yacimiento de Los Villares de Andújar y su entorno (1996). *Anuario Arqueológico de Andalucia, série II/Actividades Sistemáticas y Pontuales*: 145-50.

Fiches, J.-L., Guy, M. y Poncin, L. (1978) Un lot de vases sigillés des premières années du règne de Néron dans l'un des ports de Narbonne. *Archaeonautica* 2: 185-219.

García Vargas, E. (1998) *La Producción de ánforas en la bahía de Cádiz en época romana (siglos II a.C. – IV d.C.)*. Ecija: Editorial Graficas Sol.

García Vargas, E. y Bernal Casasola, D. (2008) Ánforas de la Bética. In Bernal Casasola, D., Ribera I. y Lacomba, A. (eds.) *Cerámicas hispanorromanas. Un estado de la cuestión*: 661-688. Cádiz: Universidad de Cádiz.

Genin, M. *et al.* (2007) *La Graufesenque (Millau, Aveyron)*. Vol. II (*Sigillées lisses et autres productions*). Aquitania: Éditions de la Féderation Aquitania.

Guerra, A. (1995) *Plínio-o-Velho e a Lusitânia*. Lisboa: Edições Colibri.

Hayes, J. W. (1972) *Late Roman pottery*. London: The British School at Rome.

Hesnard, A. (1998) Des amphores pour l'histoire du commerce. Que compter et pourquoi. In Arcelin, P. y Tuffreau-Libre, M. (1998) *La quantification des céramiques. Conditions et protocole. Actes de la table ronde du centre archéologique européen du Mont Beuvray (Glux-en-Glenne, 7-9 Avril 1998)* (Collection Bibracte 2): 17-22.

Mayet, F. (1975) *Les céramiques à parois fines dans la Péninsule Ibérique* (E.R.A.; 552). Paris: du Bocard / Publication du Centre Pièrre Paris.

Mayet, F. (1984) *Les céramiques sigillées hispaniques. Contribution à l'histoire économique de la Péninsule Ibérique*. 2 vols. Paris: de Boccard.

Mayet, F. y Silva, C. T. (1998) *L'atelier d'amphores de Pinheiro (Portugal)*. Paris: de Boccard.

Mees, A.W. (1995) *Modelsignierte Dekorationen auf Südgallischer Terra Sigillata* (Forschungen und Berichte zur Vor-und Frühgeschichte in Baden-Württemberg 54). Stuttgart: Kommissionsverlag / Konrad Verlag.

Mínguez Morales, J. A. (2005) Paredes finas. In Roca Roumens, M. y Fernández García, M. I. (coords.) *Introducción al estúdio de la ceramica romana. Una breve guía de referencia* (Monográfico nº 1 de CVDAS, revista de Arqueología e Historia): 317-404. Málaga: Servicio de Publicaciones de la Universidad de Málaga/Associación Cultural CVDAS.

Morais, R. (2005) *Autarcia e comércio em Bracara Augusta. Contributo para o estudo económico da cidade no período Alto-Imperial*. 2 vols (Escavações Arqueológicas 2). Braga: U.A.U.M.

Moutinho Alarcão, A. (1971) *Terra sigillata* do Museu Machado de Castro. *Conimbriga* 10: 45-78. Coimbra.

Nieto Prieto, J. *et al.* (1989) *Excavacions arqueològiques subaquàtiques a Cala Culip*. 1 (Sèrie Monogràfica 9). Girona: Centres d'Investigacions Arqueològiques de Girona.

Nieto, J. y Puig, A. M. (2001) Culip IV. *La terra sigillata decorada de La Graufesenque* (Monografies del Casc 3 / Série Monografica / Centre d'Investigacions de Girona 9). Girona: Museu d'Arqueologia de Catalunya.

Osland, D. (2006) *The early Roman cities of Lusitania*. Oxford (BAR International Series 1519). Oxford: Archaeopress.

Oswald, F. y Pryce, T. D. [(1920)1966] – *An introduction to the study of terra sigillata. With a preface and corrigenda & addenda by Grace Simpson*. London: Gregg Press.

Passelac, M. y Vernhet, A. (1993) Céramique sigillée sud-gauloise. *Latara* 6: 569-580.

Paz Peralta, J. A. (1991) *Cerámica de mesa romana de los siglos III al VI d.C. en la provincia de Zaragoza (terra sigillata hispánica tardia, african red slip ware, sigillata gálica tardia y phocaean red slip ware)*. Zaragoza: Institución Fernando El católico.

Pferdehirt, B. (1986) Die römische Okupation Germaniens und Rätiens von der Zeit des Tiberius bis zum Tode Trajans. Untersuchungen zur Chronologie Südgallischer Reliefsigillata. *Jahrbuch des Römisch-Germanischen Zentralmuseums Mainz* 33: 221-313.

Polak, M. (2000), *South Gaulish terra sigillata from Vechten*. (Rei Cretariae Romanae Fautorum Acta Supplementum 9). Nijmegen

Quaresma, J. C. (1995-7) Os almofarizes romanos de Povos no contexto do território actualmente português. *Boletim Cultural CIRA* 7:25-46.

Quaresma, J. C. (1999) *Terra sigillata* africana, hispânica, foceense tardia e cerâmica africana de cozinha de *Mirobriga* (Chãos Salgados, Santiago do Cacém). *Conimbriga* 38: 137-200. Coimbra.

Quaresma, J. C. (2003) *Terra sigillata sudgálica num centro de consumo: Chãos Salgados, Santiago do Cacém (Mirobriga?)* (Trabalhos de Arqueologia 30). Lisboa: Instituto Português de Arqueologia.

Quaresma, J. C. (2006) Almofarizes béticos e lusitanos: revisão crono-morfológica de alguns tipos. *Revista Portuguesa de Arquelogia* 9.1:149-166.

Quaresma, J. C. (2008) Les fabriques des sigillées hispaniques provennantes de La Rioja et Andújar (s. I-II d.C.) à Chãos Salgados, Santiago do Cacém – *Mirobriga*? – (Portugal), *Rei Cretariae Romanae Fautorum Acta* 40: 483-492.

Quaresma, J. C. (2012) Economia antiga a partir de um centro de consumo lusitano. Terra sigillata e cerâmica africana de cozinha em Chãos Salgados (Mirobriga?). Lisboa: UNIARQ (Estudos e Memórias, 4) (=Dissertação de doutoramento, revista e actualizada).

Ramos, A. C. Almeida, R. R. y Laço, T. (2006) O complexo industrial da Rua Silva Lopes (Lagos). Uma primeira leitura do sítio e análise das suas principais problemáticas no quadro da indústria conserveira da Lusitânia meridional. In *Simpósio internacional. Produção e comércio de preparados piscícolas durante a Proto-História e a Época Romana no Ocidente da Península Ibérica. Homenagem a Françoise Mayet.* (Setúbal Arqueológica 13): 83-100.

Raux, S. (1998) Méthodes de quantification du mobilier céramique. État de la question et pistes de réflexion. In Arcelin, P. y Tuffreau-Libre, M. (1998) *La quantification des céramiques. Conditions et protocole. Actes de la table ronde du Centre Archéologique Européen du Mont Beuvray (Glux-en-Glenne, 7-9 Avril 1998)* (Collection Bibracte 2):11-16.

Raynaud, C. (1993) Amphores gauloises. *Lattara* 6.

Ritterling, E. (1912) *Das Frührömisch Lager bei Hofheim im Taunus.* (Annalen des Vereins für nassauische Altertumskunde und Geschichtsforshung). Wiesbaden.

Roca Roumens, M. (1998) Reflexiones acerca de las estructuras de producción de sigillata en el centro de Andújar. In Fernández García, M. I. (ed.) *Terra sigillata hispánica. Estado actual de la investigación.* (Colección Martínez de Mazas. Serie Estudios): 105-122. Universidad de Jaén.

Rodríguez Martín, F. G. (2002) Lucernas *romanas del Museo Nacional de Arte Romano (Mérida).* Madrid: Ministerio de Educación, Cultura y Deporte (Monografías Emeritenses 7).

Rütti, B. (1991) *Die römischen Gläser aus Augst und Kaiseraugst.* (Forschungen in Augst Band 13). Augst: Römermuseum.

Sánchez Sánchez, M. A. (1992) *Importaciones de cerámica romana de cocina en el bajo Guadalquivir.* 2 vols. Tesis doctoral inédita. Madrid: Universidad Compolutense de Madrid.

Santrot, M. H. y Santrot. J. (1979) *Céramiques Communes Gallo-Romaines d'Aquitaine*: 110-140. C.N.R.S.

Silva, C. T. y Coelho-Soares (2006) Produção de preparados piscícolas na Sines romana. In *Simpósio internacional. Produção e comércio de preparados piscícolas durante a Proto-História e a Época Romana no Ocidente da Península Ibérica. Homenagem a Françoise Mayet* (Setúbal Arqueológica 13):101-122.

Silva, C. T. *et al.* (1980-1) Escavações arqueológicas no castelo de Alcácer do Sal (campanha de 1979). *Setúbal Arqueológica* 6-7: 149-218.

Silva, C. T. y Soares, J. (1993) *Ilha do Pessegueiro. Porto Romano da Costa Alentejana.* Lisboa: Instituto da Conservação da Natureza.

Soares; J. y Silva; C. T. (1972) Ocupação do período proto-romano do povoado do Pedrão (Setúbal). *Actas das II Jornadas Arqueológicas* vol. I: 245-306.

Sotomayor, M., Roca, M. y Fernández García, I. (1999) Centro de producción de Los Villares de Andujar (Jaén). In Roca Roumens, M. y Fernández García, M. I. (coords.)*Terra sigillata hispánica. Centros de fabricación y producciones altoimperiales*:19-60. Universidad de Jaén / Universidad de Málaga.

Sotomayor, M., Roca, M. y Sotomayor, N. (1979) Los alfares romanos de Andújar. Campañas de 1974 1975 y 1977. *Noticiario Arqueologico Hispanico* 6: 441-498.

Tuset I Beltrán, F.; Buxeda I Garrigós, J. (1995) La ceramica *terra sigillata* hispanica avançada (TSHA) de Clunia: segunda mitade del s. II – s. III d.C.. *Congresso de Arqueologia Peninsular. Vol.* 5. (Trabalhos de Arqueologia e Etnologia 35-1): 355-368.

Tyers, P. (1993) The plain samian. In Manning, W.H. (ed.) *The Roman pottery. Report on the excavations at Usk. 1965-1976*: 127-62. Cardiff: University of Wales Press.

Vaz Pinto, I. (2003) A cerâmica comum das villae romanas de São Cucufate (Beja). Lisboa: Universidade Lusíada Editora. (Colecção Teses).

Xusto Rodríguez, M. (2001) *O vidro provincial galaicorromano.* Vigo: Universidade de Vigo (Monografías de Universidad de Vigo. Humanidades e ciências xurídico-sociales 39).

Contextos alto-imperiales de *Ammaia*, São Salvador de Aramenha (*Lusitania*)

José Carlos Quaresma

Professor Auxiliar. Departamiento de Historia. FCSH/Un. Nova de Lisboa.
Investigador (Instituto de Estudos Medievais-Un. Nova de Lisboa) josecarlosquaresma@gmail.com

1. Introducción. Encuadramiento científico de la investigación

Este artículo resulta de nuestra investigación post-doctoral (2010-2015), cuyo objetivo central del primer período de tres años fue el estudio de la cerámica fina de *Ammaia* y el análisis de la estratigrafía disponible resultante de las diversas excavaciones en el sitio[1].

Diversas campañas de excavación se llevaron a cabo durante la última década del siglo XX y la primera del siglo XXI, lo que dio lugar a algunas publicaciones, de carácter articular (véase por ejemplo Borges 2002) o monográfico, con conclusiones relevantes acerca de los datos de estas excavaciones. Sobre este último punto, la tesis de S. Pereira (2009) es la primera presentación de las diferentes excavaciones estratigráficas realizadas encuadrada por la Fundación Ciudad de *Ammaia*, en lo qual una descripción cualitativa de los materiales siguieron las conclusiones crono-estratigráficas y urbanísticas de los distintos sectores de la ciudad, en particular las áreas residenciales de la Quinta do Deão y del Estacionamento y Porta Sul. La UE "vala do estacionamento", única unidad para el segundo cuarto del siglo II, fue registada durante estas campañas de excavación. Cumulativamente, una tesis de master, de autoría de V. Pereira, sobre la *terra sigillata*, fue presentada en la primera década de nuestro siglo (Pereira 2006).

En los últimos años, el sitio contó con el proyecto de *Radiopast* y una gran dinámica y difusión internacional, bajo la dirección de Frank Vermeulen (Un. Ghent/ Évora) y Cristina Corsi (Un. Casino/Évora). Además de excavaciones en el área de los baños públicos (2008-2011), de la cual es proveniente la información estratigráfica para las fases claudio-neroniana y flavia de este artículo, el foro fue también intervencionado (Vermeulen; Corsi; De Dapper 2012).

Pero el gran conjunto empírico resultante de esta misión y su objetivo principal fue la aplicación de métodos de prospección no intrusivos, utilizando diversas metodologías del universo de la Geofísica, lo que permitió la obtención de resultados de fondo acerca del tejido urbano de la ciudad romana. Sobre este proyecto, véase en particular: Vermeulen; *et al.* (2005), Corsi; Vermeulen (2007), Taelman; *et al.* (2009), Vermeulen; Taelman (2010), Taelman; *et al.* (2011) o el website del proyecto (http://www2.radiopast.eu/).

2. El desarrollo alto-imperial de la ciudad. Una sinopsis

Para la ciudad romana de *Ammaia* ha sido postulado un orígen augusta por varios autores. El primero, S. Pereira (2009: 61, 131) desde un punto de vista arqueológico, refiere el conjunto de *terra sigillata* itálica, una lucerna republicana del sector estacionamiento y un conjunto de 14 denarios recogidos en la apertura de la carretera de España y que, según el autor, puede tener una cronología de deposición augusta tardía. V. Mantas ha abordado el tema de un punto de vista epigráfico y literario, y también arquitectónico.

Las similitudes con los *fora* de *Clunia* y *Ebora*, inspirados en la moda de los bloc-fora de la segunda mitad del siglo I d.C., son una referencia cronológica para este sector de la ciudad (Mantas 2010: 177-178), aunque el autor suponga también posible una atribución del estatuto de *civitas* por Augusto, para lo cual no existen datos (Mantas 2000: 409).

Para esta cronología augusta, los datos más seguros son piezas arquitectónicas, así como algunos detalles de construcción, como el corte en V de los bloques, a lo cual podemos juntar la similitud de arco de entrada (trasladado hacia Portalegre), con el de *Augusta Emerita*, conocido por la numismática (Fernandes 2001).

El propio V. Mantas (2000: 317) admite como más plausible una concesión claudia del derecho latino (formación de *civitas*), mientras que Plinio en los años 70 del siglo I d.C., no la contempla en la lista de *oppida* y la epígrafe más antigua con mención de la *civitas* ammaiense es de 44-45 d.C. (IRCP 615), en la cual se hace un homenaje a Claudio. Una cronología augusto-tiberia será menos probable ya que, por analogía, el hecho de que *Aritium Vetus* (Casal da Várzea, Alvega), también en el Tajo medio, es todavía denominado como *oppidum* en el 37 d.C. (IRCP 647), puede transmitir la idea de una progresión jurídica regional conjunta, siendo los ciudadanos de *Ammaia* inscritos en la tribu *Quirina* (Guerra 1995: 139).

[1] Nuestra beca post-doctoral FCT (2010-2015) tuvo la orientación de Frank Vermeulen, entre 2010 e 2011 y de Carlos Fabião, a partir de 2012. Acerca de los resultados ya publicados en este ámbito: Quaresma 2010-2011; 2013; 2014a-d; 2014e; Quaresma; Dias, en prensa.

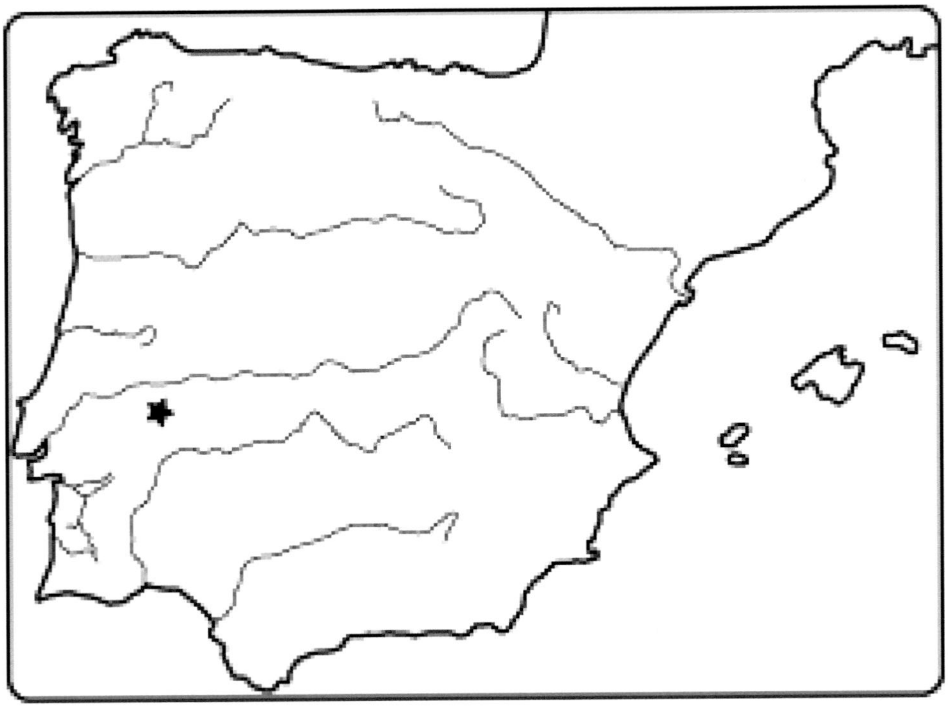

Figura 1: Localización de *Ammaia* en la Península

En este punto, también son fundamentales las obras de A. Guerra (1995: 13; 1996), que propone, como Alarcão, una posible promoción municipal en Claudio o Nerón, porque en el Principado de este último, fue homenageado *Cornelius Macrus*, lo qual afirma haber recibido del *Divinus Claudius* el derecho de ciudadanía (*IRCP* 618). Desde un punto de vista del flujo de *terra sigillata*, paredes finas y lucernas (Quaresma 2014a-d), el *boom* de la primera es claramente claudio, y los otros dos se inician en ese momento. Al parecer, antes de mediados o tercer cuarto del siglo I d.C., *Ammaia* no es todavía una ciudad que funcione como tal.

Hay un consumo augusto-tiberio, pero similar a las ciudades en estado aletargado de la primera mitad del siglo I d.C., como en el caso de Chãos Salgados (*Mirobriga*?), donde el débil flujo itálico es similar (Quaresma 2012, anexo 1, tablas 7 y 23). Este flujo de cerámicas finas, así como la estratigrafía del sector termas (inicio en Claudio-Nerón) y de las torres del sector Porta Sul (inicio en los Flavios) (Quaresma 2014a-d), convierten la segunda mitad del siglo I d.C. y probablemente la época flavia, en el periodo de inicio de la ciudad como tal.

En este sentido, la propuesta recientemente presentada V. Mantas adquiere una consistencia nueva: según el autor, la promoción municipal podría pertenecen al emperador Galba, que tenía un fuerte apoyo peninsular en 68 d.C., cuando Oton fue gobernador de *Lusitania*. La analogía se hace por el hecho de que, en este momento, *Clunia* obtiene el grado de *colonia* y sabiendo que ambas ciudades tenían fuertes relaciones de migración, lo que explicaría los 4 clunienses en *Ammaia* como un reflejo de una promoción jurídica conjunta (Mantas 2000: 412).

La epigrafía y la literatura[2] con referencias a *Ammaia*, que alcanzan solamente el siglo II (Guerra 1996: 28), deben reflejar la disminución de los niveles de consumo en este siglo, a lo cual se une una cierta escasez estratigráfica. Desde la serranía mencionada por Plinio (Guerra 1995- *Hist. Nat.*, 37, 24: *in ammaiensibus iugis*) como área exploratoria de cristal de roca, en los años 70 del siglo I d.C., a la referencia de *Ammaia* en la *Geografía* de Ptolomeo (2, 5, 8) (Guerra 1996: 17), en mediados del siglo II, habrá pasado de una situación de vitalidad económica hasta una situación de decadencia económica; pero también desde una ciudad peregrina hasta una *civitas* y un *municipium*. Irónicamente, la dedicación de éste último a Lucio Vero, en 166 d.C. (*CIL* II, 158 y 616 *IRCP*: Encarnación 1984), es contemporánea, no tanto del esplendor, pero antes de la decadencia económica de la urbe.

3. Los datos arqueológicos de *Ammaia*

Este artículo complementa la realidad estudiada en otro artículo firmado por nosotros, en esta misma publicación, acerca de la estratigrafía alto-imperial de *Mirobriga* (Chãos Salgados, Santiago do Cacém), en la costa oeste del sur de la *Lusitania*, donde también se inserta *Ammaia*, pero en una posición claramente interior y cerca de *Augusta Emerita*, capital de la provincia. Los datos de *Ammaia* reflejan una geoeconomía de otras facies, sin la presencia de importaciones de tabla africanas (*sigillata* africana A y cerámica africana de cocina), pero con una abundante presencia de importaciones emeritenses, tanto de lucernas

[2] En el Itinerario de Antonino, cuya edificación se remonta a inicios del siglo III – aunque lo que nos ha llegado pueda remontarse a Diocleciano y ha utilizado información de los inicios del Imperio, ni la Tabla de Peutinger (siglo IV) o la Cosmografía del Anónimo de Ravena (finales del siglo VII) refieren a Ammaia (Chevalier 1997: 56; Alarcón 1988, cap. IV; Miller 1916).

como de paredes finas, escasas en *Mirobriga*, donde suelen llegar solamente en el siglo II.

Los orígenes presentes en la estratigrafía ammaiense estudiada son varias. En un primer plano cuantitativo, la *sigillata* sudgálica, siempre de La Graufesenque, la hispánica de La Rioja y Andújar, la hispánica precoz y la italica. En un segundo plano, tenemos las lucernas y las paredes finas, en que la producción emeritense se representa muy bien. Las lucernas también se importan desde la *Baetica*, Cádiz y África.

Las paredes finas son acumulativamente de la Baetica, Cádiz y de area indeterminada, con grupos grises a los denominamos Hispania regional, posiblemente atribuible a un mundo del Sudoeste, conocido también por la cerámica común fina con cocción redutora y muy cerca del espesor y de las morfologías de paredes finas, que se puede encontrar por ejemplo en la necrópolis del Alto Alentejo (Nolen 1985). Las ultimas tipologías en importancia son los vidrios y ánforas, estas diminutas, provenientes del Sado/Tajo y del Guadalquivir.

En la estratigrafía emeritense son escasos los niveles pré-flávios publicados acerca de los problemas de producción y consumo de cerámica. En el *Suburbio Norte*, M. Bustamante (2013: 153) presenta la UE 1270, de 50-60 d.C., con *sigillata* sudgálica (Drag. 15/17, 27a, 24/25 y Hermet 51), paredes finas emeritenses Mayet 37 y paredes finas béticas Mayet 40. El más importante de este estudio es la ausencia total de *sigillata* hispánica antes de niveles flavios, que condujo al autor a postular el inicio de la *sigillata* hispánica clásica solamente en este período.

En la monografía de Rodríguez Martín (2002: 199-203) en las lucernas del Museo Nacional de Arte Romano de Mérida, el autor caracteriza varios contextos estratigráficos con lucernas emeritenses. Aquí encontramos niveles Nerón-Vespasianos y de la primera mitad del siglo II (*Calle Constantino* y *Calle Atarazanas*), niveles entre Nerón-Vespasiano y el tercer cuarto del siglo II (*casa del Mitreo*), niveles de mediados del siglo II/principios del siglo III+ (*Carretera de D. Álvaro*), niveles de siglo II avanzado y III (vomitorios del anfiteatro). La *Necrópolis de los Columbarios* se situa entre 50 y 150 d.C., pero no es descrita.

Tenemos una escasez muy engorrosa de UEs pre-flavias, no sólo en esta región como en la Península Ibérica (Quaresma 2012), donde se destacan, con *sigillata* cuantificada, los niveles tibérios y claudios de *Baetulo* (Madrid Fernández 1999; Aquilué 1987; Montserrat Comas; *et al.* 1994), los niveles neronianos de Empúries (Aquilué; *et al.* 2005), los niveles de julio-claudios de *Valentía* (Escrivà 1989), los niveles augustos, tiberios, claudios y neronianos de *Complutum* (Fernández Galiano 1984), los niveles tiberios, claudios y neronianos de *Lepida/Celsa* (Beltrán Lloris; *et al.* 1988), tibérios y los niveles de la Audiencia anterior, en Tarraco neronianos (Dupre i Raventos; Carreté i Nadal 1993), los niveles de inicios de Claudio de Palma, Mallorca, en el sector *Calle Puresa* (López Mullor; *et al.* 1996) y los niveles julio-claudios de *La Constancia*, Córdoba (Vaquerizo; Garriguet; Vargas 2005).

En todos estos contextos, excepto en *Baetulo*, la *sigillata* hispánica clásica es ausente. En nuestra tesis doctoral (Quaresma 2012) debatimos intensamente esta pregunta y concluimos que la producción hispánica, tanto de La Rioja como de Andújar, tiene gran dificultad de comercialización hasta c.70 d.C., pero los pocos datos estratigráficos Claudio-neronianos de Chãos Salgados (*Mirobriga*), con *sigillata* de Andújar, complementan los de *Baetulo*, con *sigillata* de La Rioja. Estos datos de *Mirobriga* se presentan en el primer artículo que firmé en esta monografía y los datos estratigráficos claudio-neronianos de *Ammaia*, con 5,2% de *sigillata* de La Rioja, permiten aclarar esta cuestión, gracias a su firmeza estratigráfica, así como la cantidad y variedad tipológica que suelen mostrar. También son un contrapunto a los datos crono-estratigráficos más exiguos del sector *suburbio norte* de *Augusta Emerita*.

Como en el artículo sobre *Mirobriga* (Quaresma, en prensa), en los cálculos estadísticos estratigráficos, hemos aplicado los conceptos de Raux (1998) y Hesnard (1998), contabilizando fragmentos y número mínimo de individuos. En función de la distribución estratigráfica, si 1 borde, 1 carena y 1 fondo del un tipo x y de la producción y aparecen en 3 diferentes UEs, no tenemos 1 individuo, pero si 3.

También repetimos los conceptos de residualidad y intrusibilidad utilizados en Raux (1998) y Hesnard (1998), expresos al final de cada tabla cuantitativa, para a una validación estadística de cada UE en cada fase estratigráfica presentada.

Por último, la escala de dibujos es de 1/3, de marcas y de grafiti es de 1/1 y de fotos es de 1/2.

3.1. Fase claudio-neroniana

Las unidades de excavación con cronología claudio-neroniana conforman un total de 21 UEs (UEs 47, 57, 103, 104, 109, 114, 129, 135, 150, 154, 169, 170, 174, 176, 198, 200, 201, 202, 206, 216 y 225), entre las que destacan por su mayor cantidad de materiales las UEs, 154, 174 200, 201 y 206. Todas las UEs de esta cronología se definen por niveles de circulación o deposición secundaria en el exterior de los tanques, en ambientes de acceso a la práctica termal propiamente dicha.

Discusión general

Los niveles claudio-neronianos (Figura 2) de las termas de *Ammaia* disponen de un conjunto bastante rico cuantitativa y cualitativamente. La tipología más representada es la *terra sigillata*, largamente dominada por la Sig-sg, siempre de la Graufesenque, con 59,6% del total de esta fase y con una gama tipológica relativamente amplia. La producción itálica es bastante diminuta, con sólo 5,2%.

Relevante para el conocimiento de las producciones hispánicas son las presencias de *sigillata* hispánica precoz (o tipo Peñaflor), con 0,8% y especialmente de Sig-hisp de La Rioja, con 5,2%, igualando, en sus primeras etapas, las cifras de la congénere itálica. Las paredes finas y lucernas del Sur de la Península Ibérica (béticas y lusitanas) son los dos grandes conjuntos que siguen en importancia.

Las paredes finas son dominadas por la producción emeritense, con un 9% y la mayor gama tipológica, seguido por los productos de *Hispania* regional, con 3%, y béticos, con sólo 1%. Las lucernas béticas representan el 1% y las emeritenses, con 7%, deben tener un comercio en proporción con las paredes finas de la capital provincial. Pero en este comercio de cerámica de iluminación, una cerámica de iluminación bética cerámica domina esta tipología – las lucernas gaditanas, con 8%, también tienen un mayor universo tipológico. La última tipología presente son los vidrios, que representan el 4% de la fase.

La Sig-it (Figura 8, **nº 23 e** Figura 9, **nºs 24, 25 e 33**) aparece concentrada en las UEs 200 y 201. Un ejemplar de Consp. 22 (?) aparece en la UE 206 y otro indeterminado se presenta en la UE 174. Existen sólo tres tipos: Consp. 19, 21.1 y 22, esencialmente con cronologías de fabricación tiberio-claudias, con la excepción del tipo Consp. 22, residual, cuya cronología transcurre la segunda década del siglo I a.C. hasta el final del Principado de Tiberio (Ettlinger; *et al.* 2002: 84-90), cuando se procesa la transición morfológica hacia la Consp. 23, que parece ser el caso de fisonomía más recto del **nº 25** (**ver** Figura 9), con 116 mm de diámetro, muy superior a los 90 mm del **nº 33** (**ver** Figura 9). Una sola marca (Figura 8, **nº 22**), *in planta pedis*, sin el nombre conservado, que abarca la cronología general de la fase estratigráfica, ya que este tipo de marca se produce a partir de Tiberio (Oxé; Comfort; Kenrick 2000).

La gran cantidad de Sig-sg, generalmente de barniz brillante, lo que confirma la evolución de este atributo a lo largo del siglo I (Quaresma 2012; en prensa; Farine 1996), presenta un primer conjunto de cronología a final de su vida comercial: los platos Drag. 19 (Figura 8, **nº 3**), producidos entre 1 y 50 d.C., y Ritt. 1 (v Figura 8, **nº 7 e** Figura 9, **nº 40**), entre 20 y 60 d.C.; los cuencos Ritt. 9b (Figura 9, **nºs 28 e 41**), producidos entre 15 y 70 d.C., y Ritt. 5c (Figura 9, **nº 27**), entre 30 y 50 d.C. (Passelac; Vernhet 1993). El plato Drag. 15/17 es un caso intermedio, que puede recurrir a principios del siglo I (Polak 2000: 86). En la calzada del siglo I de La Graufesenque (Farine 1996), en los niveles de 20/40 d.C., viene con 58 ejemplares y mantiene una buena cantidad hasta las UEs de 60-90 d.C.

Un segundo grupo inicia su vida en Claudio. Así es con el único ejemplar decorado, tipo Drag. 30, con el borde liso, que Passelac y Vernhet (1993) asignan a la variante b, producida a partir de 40 d.C.. Encontramos en el segundo grupo cronológico tres grandes tipos: el plato Drag. 18 y los cuencos Drag. 24/25 y 27. La Drag. 18 viene con dos perfiles – pared más arqueada y borde bien moldurado, con 140 mm de diámetro (**ver** Figura 8, **nº 8**), o pared más extrovertida y sostenida junto al borde, menos engrosado, con 170 mm de diámetro (**ver** Figura 9, **nº 26**).

El engrosamiento de la pared y del labio ha sido fechado por Oswald y Pryce (1920: 181) de Domiciano-Trajano, aunque los alfareros conocidos para esta morfología sean de época flavia, cuando empieza la morfología tipo Drag. 18/31. Passelac y Vernhet (1993) denominan esta fase de Drag. 18b, pero datan el inicio de esta transformación morfológica en Nerón. Los dos ejemplares de *Ammaia* se incluyen aun en la Drag. 18a, aunque **nº 26** (Figura 9) sea ya una evidente morfología transicional, consistente con la fase estratigráfica claudio-neroniana.

Si se tiene en cuenta los diámetros diagnosticados (140 y 170 mm), estos no coinciden con los valores neronianos USK, entre 160 y 190 mm (Tyers 1993: 133), y de Ampurias, entre 150 y 180 mm (Aquilué; *et al.* 2005: 207). En Vechten, Polak (2000: 76) fecha los diámetros por encima de 175mm como pre-flavios y los valores abajo de 160mm como flavios. En 78/82 d.C., en el pecio de Cala Culip IV, hay 2 conjuntos, con 140 y 160 mm, pero los diámetros más grandes surgen en los perfiles más extrovertidos (Nieto Prieto, *et al.* 1989: 145-6). El distanciamiento de vespasiano de 20mm (140-160 mm), en Cala Culip, así como la distancia neroniana de 30mm, en USK (160-190 mm) y Empúries (150-180 mm), muestran una tendencia a la disminución de los diámetros y la fabricación simultánea de diferentes diámetros. En La Graufesenque, la situación se torna realmente compleja (Genin; *et al.* 2007: 65, 102, 111, 134): en la fosa de *Cirratus* (30-40 d.C.), los valores circulan entre 230 y 280 mm; en la fosa de *Gallicanus* (55-60 d.C.), entre 120 y 199mm (160-179mm – 79,2% – e 140-159mm – 16,2%) haciendo de este contexto el más cercano de *Ammaia*; en la fosa de Cluzel (60-65 d.C.), varían entre 120 y 199mm, correspondiendo 120-139mm a 46,7% y 160-179mm a 43.3%; y, en la fosa 79 (80-120 o 150 d.C.), varían entre 160 y 180mm, y minoritariamente entre 210 y 245mm.

La Drag. 24/25 es la segunda forma principal en esta fase. En dos casos se presenta sin ruleta, con 80mm (Figura 9, **nº 43**). La ruleta fina apareció en 8 casos, con dos diámetros diagnosticados, de 90 y 130mm (Figura 9, **nº 42**). La ruleta normal viene en 9 casos y sus diámetros parecen tener una ligeramente mayor variabilidad, ya que bajan hasta 70mm (Figura 8, **nº 4 y 5**), pero la mayoría se encuentra en los valores de 80mm (Figura 8, **nº 5**), 90mm (Figura 8, **nº 9**), 120mm (Figura 8, **nº 2**) y 130mm (Figura 8, **nºs 14** y 20). Todos estos perfiles caben en la variante Drag. 24/25b, con pared vertical entre la carena y el borde, fechada entre 40 y 70 d.C. por Passelac y Vernhet (1993). La Drag. 24/25 es el tipo principal de los niveles claudio-neronianos de Vienne (Isère) y en la fosa 9003 de Soumaltre; en Narbona, tiene cuantitativos similares a los de la Drag. 27, pero aquí la forma principal es la Drag. 15/17, al contrario del caso ammaiense (Godard 1992; Genin; Rascalou 2004; Sánchez; Silvéréano 2005).

La forma principal de esta fase es la Drag. 27, en cuyo conjunto de carenas de variante indeterminable fue posible determinar todavía el subtipo Drag. 27 c, probablemente una intrusión de niveles superiores, aunque la variante grande, Drag. 27b, posee, en 4 casos, borde de topo aplanado más cercanos de la cara de la fisonomía de la Drag. 27c (Figura 9, **nº 34**, com 80mm). Los diámetros de este subtipo *b* varían entre 70mm (Figura 9, **nº 30**) y 90 mm (Figura 8, **nº 15**). Un otro ejemplar de Drag. 27, pero del subtipo *a*, con borde liso, se presenta en esta fase. Passelac y Vernhet (1993) fechan la Drag. 27a entre 10 y 40 d.C., la Drag. 27b, con borde angular, entre 40 y 80 d.C. y la Drag. 27c, con labio de perla, entre 80 y 120 d.C., por lo que la primera ya es residual en esta fase y la última, se bien diagnosticada (es un labio mal conservado), será posiblemente una intrusión. Cabe señalar sin embargo, que en la fosa de *Gallicanus* (55-60 d.C.), en La Graufesenque, ya hay bordes moldurados, que seguramente se sitúa en Nerón el principio de la Drag. 27c, o por lo menos del borde moldurado de la Drag. 27b, aun con pie de anillo con acanaladura en media altura (Genin; *et al.* 2007: 416, pl. 50, nºs 9-11).

Dos marcas de alfarero sudgálicas se presentan en estos niveles: un ejemplar no ilustrado, con pie de anillo de sección triangular con acanaladura a media altura, tiene cartela rectangular de lados más pequeños redondeados y fin de texto difícil de leer, pero que puede ser] MV (?). El segundo ejemplar es **nº 19** (Figura 8), también con los lados más pequeños redondeados de la cartela rectangular y de nuevo un texto final difícil de leer que podrá ser] MRI. Ambos casos pueden pertenecer a *Murrus* o *Mur-* , aunque no hemos encontrado ningún paralelo similar a los fragmentos conservados. Murrus trabajó en La Graufesenque, entre Claudio y Vespasiano (Oswald 1931: 241; Bémont 1976: 283). Mees (1995: 88-89) no acepta la lectura *Murrus* y propone un nombre provisional *Mur-*, más tardío, entre 70 y 90 d.C., algo que la estratigrafía ammaiense parece contradecir.

La *sigillata* hispánica precoz o tipo Peñaflor alcanza mercado ammaiense en esta fase, con un único borde de la forma III de Martínez Rodríguez (1989), que Amores y Keay (1999: 249) denominan *forma 7* y asocian a la Consp. 36 itálica (Ettlinger; *et al.* 2002: cronología a lo largo del siglo I d.C.), tipo que, en Peñaflor, viene sólo con 2 ejemplares residuales en la fase 9, fechadas en el siglo V (Keay; Creighton; Remesal Rodríguez 2001: 114) y está ausente en los niveles tiberio-claudios del corte 14 de Andújar (Roca Roumens 1991-2). ¿Puede el pequeño fragmento de *Ammaia* revelar un inicio verídico en Claudio-Nero?

Más importante como contribución es la presencia de 5,2% (6 individuos) de *sigillata* hispánica de la Rioja, confirmando, de una manera más clara, el principio, aunque lento, de esta producción clásica tarraconense, antes de la época flavia, como denunciado por la estratigrafía mirobriguense (para el caso de Andújar: Quaresma 2012, en prensa), o en la costa este, por la estratigrafía de *Baetulo* (Quaresma 2012; Madrid Fernández 1999; Aquilué Abadías 1987; Comas; *et al.* 1994).

Además de platos indeterminables (Drag. 15/17) y cuencos (un caso de pie de anillo de sección sub-rectangular), se registra carenas de Drag. 27, que hace imposible la caracterización de las variantes. Se registra un alfarero (Figura 8, **nº 17**), con texto]EIIG.L.O, con I repetido – aparente error ortográfico –, G mal mal escrito y puesto para separar claramente las letras G, L y O. Este alfarero es presente en *Augusta Emerita*, en el sector *Suburbio Norte*, estudiado por Bustamante (2013: 502 y 679), que asigna la punción a *Triitum* y posiciona estratigraficamente el alfarero en Vespasiano-Domiciano (1 ex.) y 80-100 a.C. (1 ex.). La cronología de este alfarero retrocede de este modo hacia Claudio-Nerón, si hablamos del mismo alfarero, cuya grafía ammaiense es claramente diferente de la de los ejemplares emeritenses.

En el *Suburbio Norte* (Bustamante 2013: 679, nºs 74-75) un otro (?) alfarero signa C.I.A.E.F o C.IAE, que Garabito (1978, p.131) interpreta como C(*inius*) A(*emilius*) F(*ecerunt*) y Mayet (1984: 128) atribuye igualmente a *Tritium*. Este alfarero, sí, va a surgir en los niveles flavios ammaienses (véase ***infra*** **y** Figura 13, **nº 131**).

Las paredes finas son dominadas por las importaciones emeritenses (9%), seguido a distancia por producción regional hispana (3%) y la *Baetica* (1%). La gama emeritense es relativamente amplia (Figura 8, **nºs 1, 11, 12, 21 y** Figura 9, **nºs 31, 32, 44**) y la principal forma es la Mayet 37, más grande y baja que la forma ovoide Mayet 36, además de la tapadera Mayet 49 y el vaso Mayet 43 (Mayet 1975), estas tres últimas formas con un individuo solamente. La *Baetica* proporcionó un individuo de Mayet 37 y otros dos de Mayet 36 y 37 los asignamos a una fabricación que denominamos como hispánico regional (Figura 9, **nº 35**). Estas pastas y superficies se caracterizan por dos grupos tecnológicos dentro de la ciudad de *Ammaia*:

> 1a) pasta gris, generalmente oscura, poco granolar, pero no tan fina como la gaditana; suficientemente homogénea. ENP pequeños, negros, bien distribuidos.
>
> 1b) pasta gris y superficie naranja, poco granolar. ENP pequeños, negros, bien distribuidos.

Al nivel decorativo (cuantificación de fragmentos), las producciones regionales hispánicas pueden tener decoración arenosa (2 frags, con fabricos 1a y 1b, uno de ellos de tipo Mayet 37), en barbotina (1 ejemplar de Mayet 36, con mamilos y fabrico 1b), o ruleta (2 frags. indeterminables de fabrico 1b). Según el análisis de la decoración por fabricos, el fabrico 1a tiene tres fragmentos (con un ejemplar de Mayet 37 de decoración arenosa) y el fabrico 1b tiene 4 fragmentos (un arenoso de tipo indeterminado, 2 de ruleta de tipo indeterminado y 1 de barbotina con mamilos, tipo Mayet 36).

La producción de lucernas emeritenses es similar a la de paredes finas, con una pasta un poco menos fina que la bética, con más enp e más vacuos, pequeños y alargados; color generalmente L70/L71, o más raramente, casi blanco; el engobe es M77, liso, M77 con nuances gris oscuras, o P39/M37, sin brillo; más raramente, es P45 con nuances negras y reflejos metálicos, dando por resultado piezas de alta calidad (colores en Cailleux, s.d.).

Las decoraciones de *Augusta Emerita* permiten ver las tendencias más claramente, gracias al volumen diagnosticado. La decoración arenosa tiene 22 fragmentos (2 de ellos de Mayet 37), en barbotina se presentan en 10 fragmentos (3 hojas de agua, siendo 2 de ellos de Mayet 37, 7 con mamilos, siendo 1 de ellos de Mayet 36), y la decoración en ruleta viene en dos casos, uno de ellos de Mayet 43.

El único fragmento decorado bético, indeterminado, tiene hojas de agua en barbotina. Según F. Mayet (1975: 74), la decoración en barbotina fue importante en varias producciones peninsulares, seguida por la arenosa. En el estudio de Rodríguez Martín (1996: 45) acerca de la producción en *Augusta Emerita*, la ruleta se destaca: con lúnulas, en este caso con respecto a los tipos Mayet 43 y 44, mientras que la decoración arenosa parece relacionada sólo con la Mayet 37. La decoración vegetal está poco representada y dominada por las hojas de agua, ya que los mamilos están poco representados. Los datos ammaienses ponen de relieve claramente la decoración arenosa y dan incluso algún valor a la decoración en barbotina, a diferencia del estudio del sector de producción emeritense.

La decoración de ruleta es muy poco importante en el período claudio-neroniano, según la estratigrafía de Ammaia. Como veremos a continuación (Figura 16), esta decoración beneficiará de un poco más de peso, sin llegar a ser el principal, en las UEs flávias. No podemos decir si la Mayet 43, típica de *Augusta Emerita* (Mayet 1975), aunque derivando de tipos itálicos, se produce principalmente a partir de época flavia, ya que sus cuantitativos siguen siendo bajos en los niveles contemporáneos de las termas de *Ammaia*. Lo que podemos concluir con seguridad es que en epoca Claudio-neroniana si produce los tipos Mayet, 37 36, 43 y 49, fortaleciendo la gama de tipos ya conocidos gracias al estudio del *suburbio norte* de *Augusta Emerita* (Bustamante 2013: 153), cuya estratigrafía incluye sólo el tipo Mayet 37, en los niveles de 50-60 d.C..

Si en las paredes finas domina *Augusta Emerita*, ya no es el caso al nivel de las lucernas, en las cuales Cádiz las supera (7% vs. 6,1% de *Augusta Emerita*), mientras la *Baetica* presenta un fragmento único. Las lucernas emeritenses son siempre de volutas. En cuanto a sus orlas, en 3 casos tienen 2 molduras y, en un caso, una sola acanaladura.

Las lucernas gaditanas (Figura 8, **nºs 6, 13 e** Figura 9, **nºs 37, 38**) son dominadas también por los tipos de volutas, sin que se puedan definir tipos especificos. La producción de lucernas de Cádiz es similar a la de paredes finas: pasta L70/L71 (Cailleux, *s.d.*), fina, con escasos enp, que puede contener partículas ferruginosas (engobe mal conservado).

El **nº 13** (Figura 8), con orla suave y voluta sobremoldada, tiene una sola acanaladura para separar la orla del disco. Estas lucernas de hombro ablandado y volutas simplificadas, que en este caso no podemos clasificar como simplificado, pero sólo sobremoldadas, pertenecen al tipo Loeschcke IV (Bussière 2000, nºs 321-499) y es posible que el **nº 6** (Figura 8), con dos acanaladuras entre la orla ablandada y el disco, con motivo de vieira, pueden pertenecer al mismo tipo. De hecho, como veremos a continuación, acerca de la UE de la primera mitad del siglo II, las lucernas de volutas dominan en ese momento y contienen hombro suave del tipo Loeschcke IV, que respaldar el inicio de su producción a una época anterior, claudio-neroniana.

Así tenemos lucernas de volutas, con hombros que producen roturas de perfil (clásicos de las lucernas de volutas: Bailey 1988, fig. 1, perfiles Loeschcke I al IVb), producidas en la misma época de las lucernas con hombros ya alisado (véase Bailey 1988, fig. 1, perfiles Loeschcke (V) VIIIb). Esta conclusión es consistente con la de Bussière (2000: 72-75), en África del norte, donde el autor establece el tipo BIII = Loeschcke IV con volutas dobles, entre Augusto y el primer tercio del siglo II, y el tipo BIV = Loeschcke V, con volutas simples (espiral superior se convierte en un solo punto), entre el final de Claudio y mediados del siglo II. En la lucerna BIV = Loeschcke V, la orla plana ya es rara, apareciendo hegemonicamente inclinada hacia afuera y con 1 o 2 incisiones a separar la orla del disco.

También en este tercer cuarto del siglo I aparece en *Ammaia* el tipo Dressel 20 y lucernas de disco (sin mejor especificación posible), aunque de una manera escasa. Celis Betriu (2005: 424) propone exactamente esta época como el principio de las lucernas de disco, así como Bussière (2000: 28), pero especifica que las formas-standard que empiezan más precisamente en Nerón (tipo DII = Dressel 20), sean precedidas por formas tempranas desde Claudio (tipo DI = Deneauve 7 y Loeschcke VIII).

Un único tipo de vidrio está presente en estos contextos, siempre de color verde-hielo. Tres individuos pertenecen al subtipo Isings 3a = AR 2.1 (Figura 9, **nº 39**) y un otro sólo puede ser atribuido al tipo Isings 3a = AR 2. Rütti (1991: 15) fecha el tipo AR 2 entre Augusto y Trajano y el subtipo 2.1 se describe como más amplio de perfil (el **nº 39** tiene 159mm de diámetro).

Discusión de las UEs más representativas estadísticamente

Si seleccionamos las UE más ricas estadísticamente conferir las coherencias y anomalías de esta fase y decir que, aunque la variabilidad de correlaciones estratigráficas entre las diversas tipologías sea clara, sigue aplicándose mayoritariamente un criterio crono-tipológico, además de los criterios crono-estratigráficos (posiciones relativas

Clase	Forma	Frags.	NMI	NMI Prod.	% NMI Producción	Obs.	Nº Figura
Sig-it	Consp.19	1	1	6	5,2		Fig.8, nº 23
	Consp.21.1	1	1				Fig.9, nº 24
	Consp.22	2	2				Fig.9, nº 25, nº 33
	Consp.22?	1	1				
	Ind.	7	1				
Sig-sg	D19	1	1	69	59,6		Fig.8, nº 3
	Ritt.1	2	2				Fig.8, nº 7 y fig.9, nº 40
	D15/17	1	1				
	D18	7	7				Fig.8, nº 8 y fig.9, nº26
	Prato	5	5				
	Ritt.5c	2	1				Fig.9, nº 27
	Ritt.9b	2	2				Fig.9, nºs 28 e 41
	D24/25	19	17				Fig.8, nºs 2, 4, 5, 9, 10, 14, 20 y fig.9, nºs 42-43
	D27	17	17				
	D27a	1	1				
	D27b	8	8				Fig.8, nº15 y fig.9, nºs 30 e 34
	D27c	1	1				
	Tigela	3	3			2 marcas	Fig.8, nº 19
	D30	1	1				
	Ind.	24	2				
Peña	tipo III	1	1	1	0,8		
Sig-La Rioja	D27	2	2	6	5,2		
	Plato	2	2			1 marca	Fig.8, nº 17
	Cuenco	1	1				
	Ind.	9	1				
Parfin-*Augusta Emerita*	Mayet 36	1	1	11	7,8		Fig.8, nº 12
	Mayet 37	4	3				Fig.8 , nº 21, Fig.9, nºs 31, 32, 44
	Mayet 36 o 37	4	4				
	Mayet 43	1	1				
	Mayet 49	1	1				
	Ind.	40	1				
Parfin-*Hispania*	Mayet 36	1	1	3	2,6		Fig.8, nº 11
	Mayet 37	1	1			Fabrico 1b	Fig.9, nº 35
	Ind.	6	1				Fig.8, nº 1
Parfin-*Baetica*	Mayet 37	1	1	2	0,8		
	Ind.	1	1				Fig.9, nº 46
Luc-*Augusta Emerita*	Volutas	6	6	7	6,1		
	Ind.	5	1				
Luc-Cadiz	Volutas	6	5	8	7		Fig.8, nº 13
	Disco	1	1				Fig.8, nº 6
	Dr.20	1	1				Fig.8, nº 37
	Ind.	5	1				Fig.9, nº 38
Luc-*Baetica*	Ind.	1	1	1	0,8		
Vidrio	Isings 3a / AR2	1	1	4	3,5		
	Isings 3a / AR2.1	5	3				Fig.9, nº 39
Total		**210**	**118**	**118**	**100**		
Residualidad: 3,5%							
Intrusibilidad: 0%							

Figura 2. Cuantificación total de las UEs claudio-neronianas.

de la matriz), que inducen a concluir siempre una cronología de claudio-neroniana. En todas estas UEs observamos siempre la ausencia de decoraciones y de tipos eminentemente flavios, como son las Drag. 35, 36 y 37 sudgálicas (Passelac; Vernhet 1993; Vernhet 1976), o las Hisp. 4 y Drag. 37 hispánicas, así como el estilo de círculos (Mayet 1984; Sáenz Preciado 1998). En este conjunto estratigráfico, comenzamos el análisis por las UEs 200, 201 y 206, que se encuentran en secuencia (la UE 200 se deposita sobre la UE 206 y esta sobre la UE 201).

La UE 201 (Figura 3 **e** Figura 9**, nºs 33-38**), la más antigua de las tres UEs, tiene Sig-it y residual y un conjunto más escaso de Sig-sg (35%), reducido a los cuencos Drag. 24/25 e 27b. Registrase un alfarero, probablemente *Murrus* o

Clase	Forma	Frags.	NMI	NMI Prod.	% NMI Producción	Obs.	Nº Figura
Sig-it	Consp.22	1	1	2	10		Fig.9, nº 33
	Ind.	2	1				
Sig-sg	D24/25	1	1	7	35		
	D27	4	1				
	D27b	5	5				Fig.9, nº 34
Sig-La Rioja	Ind.	1	1	1	5		
Parfin-*Augusta Emerita*	Mayet 36 o 37	3	3	5	25		
	Mayet 49	1	1				Fig.9, nº 36
	Ind.	8	1				
Parfin-*Hispania*	Mayet 37	1	1	2	10	Fabrico 1b	Fig.9, nº 35
	Ind.	1	1				
Luc-Cadiz	Dr.20	1	1	3	15		Fig.9, nº 37
	Volutas	1	1				
	Ind.	1	1				Fig.9, nº 38
Total		**31**	**20**	**20**	**100**		
Residualidad: 10%							
Intrusibilidad: 0%							

FIGURA 3. CUANTIFICACIÓN TOTAL DE LA UE 201.

Clase	Forma	Frags.	NMI	NMI Prod.	% NMI Producción	Obs.	Nº Figura
Sig-it	Consp.22?	1	1	1	5,8		
Sig-sg	D24/25	3	2	7	41,1		Fig.9, nºs 42, 43
	Ritt.1	1	1				Fig.9, nº 40
	Ritt.9b	1	1				Fig.9, nº 41
	Prato	1	1				
	Tigela	1	1			1 marca]MV (?)	
	Ind.	6	1				
Parfin-Augusta Emerita	M37	1	1	3	17,6		Fig.9, nº 44
	M43	1	1				
	Ind.	1	1				
Parfin-*Baetica*	M37	1	1	2	11,7	Pastas próximas de las emeritenses	Fig.9, nº 45
	Ind.	1	1				Fig.9, nº 46
Parfin-Hispania	Ind.	1	1	1	5,8		
Luc-*Augusta Emerita*	Volutas	1	1	2	11,7		
	Ind.	1	1				
Luc-Cadiz	Volutas	1	1	1	5,8		
Total		**23**	**17**	**17**	**100**		
Residualidad: 5,8%							
Intrusibilidad: 0%							

FIGURA 4. CUANTIFICACIÓN TOTAL DE LA UE 206.

Mur-, con la marca]MV (?), en cartela rectangular de lados más pequeños redondeados. Relevante en esta UE es la presencia de un individuo indeterminado de Sig-hisp de La Rioja. Por otra parte, es un contexto más rico en tipologías. Las paredes finas emeritenses, con un 25%, incluyen los tipos Mayet 36 o 37 (un ejemplar con decoración de barbotina) y Mayet 49. Dos tipos indeterminables tienen decoración arenosa. Esta procedencia se une a la producción hispánica regional, superados en número, con el tipo Mayet 37 de decoración arenosa y fabrico 1b. Las tres lucernas proceden exclusivamente de Cádiz, con el tipo de volutas a coexistir con las Dressel 20. Un disco indeterminable tiene decoración vegetal.

La UE 206 (Figura 4 **e** Figura 9**, nºs 40-46**) tiene escasa Sig-it residual y un conjunto importante de Sig-sg, con los tipos Drag. 24/25, Ritt. 1 y Ritt. 9B. Las tres áreas de suministro de paredes finas en este momento están presentes, con un dominio de *Augusta Emerita* (17.6%), seguido por la *Baetica* (11.7%) y luego por la producción regional de *Hispania* (5,8%). En las importaciones emeritenses, se registra la Mayet 37 (con hojas de agua en barbotina), ya conocida, y la Mayet 43 (con ruleta). Las paredes finas béticas tienen sólo el tipo Mayet 37 y el otro ejemplar indeterminado tiene hojas de agua en barbotina, única decoración de las importaciones emeritenses. A las lucernas de Cádiz, también ya conocidas, pero reducidas al tipo de volutas, se une ahora la producción emeritense,

Clase	Forma	Frags.	NMI	NMI Prod.	% NMI Producción	Obs.	Nº Figura
Sig-it	Consp.19	1	1	4	13,7		Fig.8, nº 23
	Consp.21.1	1	1				Fig.9, nº 24
	Consp.22	1	1				Fig.9, nº 25
	Ind.	3	1				
Sig-sg	D15/17	1	1	21	72,4		
	D18	4	4				Fig.9, nº 26
	D24/25	6	6				Fig.9, nº 29
	D27	1	1				
	D27a	1	1				
	D27b	1	1				Fig.9, nº 30
	D27c	1	1				
	Ritt.5	1	1				
	Ritt.5c	1	1				Fig.9, nº 27
	Ritt.9b	1	1				Fig.9, nº 28
	Cuenco	2	2				
	Ind.	8	1				
Vidrio	Isings 3a/AR2	1	1	1	3,4		
Parfin-*Augusta Emerita*	Mayet 37	2	2	3	10,3		
	Ind.	9	1				
Total		**46**	**29**	**29**	**100**		
Residualidad: 3,4%							
Intrusibilidad: 0%							

Figura 5. Cuantificación total de la UE 200.

también con un solo tipo, de volutas (un ejemplar cuya orla tiene dos molduras, una ancha y una estrecha).

La UE 200 (Figura 5 **e** Figura 8, **nº 23,** Figura 9, **nº24-30**), más reciente, es donde hay el mayor porcentaje de Sig-it, con un tipo residual (Consp. 22), acompañado por un conjunto diverso de Sig-sg, con un único ejemplar residual, tipo Drag. 27A. Este conjunto sudgalico es bastante homogéneo tipologicamente: además de la Drag. 27b y 27c (cuya morfología de borde, como vimos anteriormente, se inicia en el 55-60 d.C., en La Graufesenque), las Ritt. 5 y Ritt. 9 caracterizan estas décadas centrales del siglo I, en una UE en que la Drag. 15/17 es poco importante frente a la primacía de la Drag. 18. Además del vidrio verde-hielo, Isings 3/AR 2, es presente la producción emeritense de paredes finas, con el tipo Mayet 37 – dos individuos, un con decoración de arena y otro con hojas de agua en barbotina.

Se han seleccionado dos otras UEs, aunque sin relación directa con las tres anteriores.

En la UE 154 (Figura 6 **e** Figura 8, **nºs 7-13**), la Sig-sg, con un rango formal coherente para las décadas centrales del siglo I (la Drag. 18 tiene borde perlado y pared curva típica de esta fase), mantiene la superioridad estadística, pero desaparece la producción itálica, dando lugar a un solo ejemplar indeterminado de La Rioja. *Augusta*

Clase	Forma	Frags.	NMI	NMI Prod.	% NMI Producción	Obs.	Nº Figura
Sig-sg	D18	1	1	6	35,2		Fig.8, nº 8
	D24/25	3	3				Fig.8, nºs 9, 10
	Ritt.1	1	1				Fig.8, nº 7
	Ind.	5	1				
Sig-La Rioja	Ind.	1	1	1	5,8		
Parfin-*Augusta Emerita*	Mayet 36	1	1	3	17,6		Fig.8, nº 12
	Mayet 37	1	1				
	Ind.	18	1				
Parfin-*Hispania*	Mayet 36	1	1	1	5,8		Fig.8, nº 11
Luc-*Augusta Emerita*	Volutas	4	4	5	29,4		
	Ind.	4	1				
Luc-Cadiz	Volutas	1	1	1	5,8		Fig.8, nº 13
Total		**41**	**17**	**17**	**100**		
Residualidad: 0%							
Intrusibilidad: 0%							

Figura 6. Cuantificación total de la UE 154.

Emerita suministra paredes finas y lucernas, sobretodo acompañadas en las primeras por las producciones regional hispanas y en las segundas por las gaditanas. Las paredes finas regionales hispánicas proporcionan un tipo, Mayet 36, de fabrico 1b, con decoración memelada en barbotina; las emeritenses, como los tipos Mayet 36 (decoración memelada en barbotina) y Mayet 37, tienen una amplia gama de fragmentos indeterminables decorados, donde decoración arenosa domina con 12 fragmentos y la mamilada en barbotina tiene dos fragmentos. En las lucernas, si el ejemplar gaditano de volutas ya tiene orla alisada con una sola acanaladura, en los emeritenses podemos ver, en dos casos, la clásica orla, que forma un ángulo con la pared del reservatorio, separada del disco por dos molduras y tres acanaladuras.

La UE 170 (Figura 8, **nºs 14-18**) cuenta con una igualdad entre la *sigillata* sudgálica y la hispánica de la Rioja. La primera presenta sólo los cuencos Drag. 24/25 y 27b, mientras que La Rioja ofrece la Drag. 27 y dos platos indeterminables, uno con la marca atribuible al alfarero C.IAEG.L.O y el otro con grafito X. *Augusta Emerita* es el único centro de paredes finas y de lucernas. Las paredes finas Mayet 37 tienen decoración arenosa, mientras que otro ejemplar indeterminable tiene mamilos en barbotina. La lucerna de volutas cuenta con una sola acanaladura para separar el disco de la orla clásica del disco.

Este 170 UE está directamente relacionada con la UEs 150 y 169, con pocos individuos, pero donde encontramos la presencia de Sig-sg (indeterminable) y Sig-hisp de La Rioja (1 Drag. 27), parfin emeritenses, tipo Mayet 36 o 37 y una lucerna gaditana de disco, con dos acanaladuras entre la orla suavizada y el disco, con vieira (Figura 8, **nº 6**), lo qual puede ser también una lucerna de volutas de orla curva, tal como la conocemos en la Loeschcke IV (vease *supra*). ¿Puede esta UE 170, en conjunto con las [150] y [159], tener una cronologia eminentemente neroniana, ya que es superpuesta directamente por la UE 90, flavia?

Clase	Forma	Frags.	NMI	NMI Prod.	% NMI Producción	Obs.	Nº Figura
Sig-sg	D24/25	1	1	4	36,3		Fig.8, nº 14
	D27	2	1				
	D27b	1	1				Fig.8, nº 15
	Ind.	1	1				
Sig-La Rioja	D27	1	1	4	36,3		
	Plato	2	2			1 marca]EIIG.L.O; 1 grafito X	Fig.8, nºs 17, 18
	Ind.	4	1				
Parfin-*Augusta Emerita*	Mayet 37	1	1	2	18,1		Fig.8, nº 16
	Ind.	2	1				
Luc-*Augusta Emerita*	Volutas	1	1	1	9		
Total		**16**	**11**	**11**	**100**		
Residualidad: 0%							
Intrusibilidad: 0%							

FIGURA 7. CUANTIFICACIÓN TOTAL DE LA UE 170.

Catálogo

1 AM-08-B-[47]-4 (Parfin-*Hispania* – Ind.)
2 AM-09-B-[104]-2 (Sig-sg – Drag.24/25)
3 – AM-09-B-[104]-1 (Sig-sg – Drag.19)
4 AM-09-B-[114]-2+3 (Sig-sg – Drag.24/25)
5 AM-09-B-[135]-1 (Sig-sg – Drag.24/25)
6 AM-09-B-[150]-2 (Luc-Cadiz – Disco)
7 AM-09-B-[154]-10 (Sig-sg – Ritt.1)
8 AM-09-B-[154]-8+9 (Sig-sg – Drag.18)
9 AM-09-B-[154]-3+7 (Sig-sg – Drag.24/25)
10 AM-09-B-[154]-1 (Sig-sg – Drag.24/25)
11 AM-09-B-[154]-25+26 (Parfin-*Hispania* – Mayet 36)
12 AM-09-B-[154]-35 (Parfin-*Emerita Augusta* – Mayet 36)
13 AM-09-B-[154]-15 (Luc-Cadiz – Volutas)
14 AM-09-B-[170]-8 (Sig-sg – Drag.24/25)
15 AM-09-B-[170]-12 (Sig-sg – Drag.27b)
16 AM-09-B-[170]-14 (Parfin-*Emerita Augusta* – Mayet 37)
17 AM-09-B-[170]-3 (oleiro C.IAEG.L.O – Sig-La Rioja – prato)
18 AM-09-B-[170]-2 (grafito "X" sobre Sig-La Rioja – plato)
19 AM-09-B-[103]-1 (oleiro *Murrus* ou Mur- – TSSG – cuenco)
20 AM-09-B-[174]-1 (Sig-sg – Drag.24/25)
21 AM-09-[174]-5 (Parfin-*Emerita Augusta* – Mayet 37)
22 AM-09-B-[174]-2 (Sig-it – ind.)
23 AM-11-B-[200]-7+14 (Sig-it – Consp.19)
24 AM-11-B-[200]-1 (Sig-it – Consp.21.1)
25 AM-11-B-[200]-8 (Sig-it – Consp.22)
26 AM-11-B-[200]-11 (Sig-sg – Drag.18)
27 AM-11-B-[200]-2 (Sig-sg – Ritt.5c)
28 AM-11-B-[200]-18 (Sig-sg – Ritt.9b)
29 AM-11-B-[200]-12 (Sig-sg – Drag.24/25)
30 AM-11-B-[200]-20 (Sig-sg – Drag.27b)
31 AM-11-B-[200]-24 (Parfin-*Emerita Augusta* – Mayet 37)
32 AM-11-B-[200]-27 (Parfin-*Emerita Augusta* – Mayet 37)
33 AM-11-B-[201]-8 (Sig-it – Consp.22)
34 AM-11-B-[201]-9 (Sig-sg – Drag.27b)
35 AM-11-B-[201]-4 (Parfin-*Hispania* – fabrico 1b – Mayet 37)
36 AM-11-B-[201]-37+[221]-2 (Parfin-*Emerita Augusta* – Mayet)
37 AM-11-B-[201]-1 (Luc-Cadiz – Dr.20)
38 AM-11-B-[201]-2 (Luc-Cadiz – Ind.)
39 AM-11-B-[202]-1 (Vidrio-verde hielo – Isings 3a/AR2.1)
40 AM-11-B-[206]-s/n inv. (Sig-sg – Ritt.1)
41 AM-11-B-[206]-6 (Sig-sg – Ritt.9b)
42 AM-11-B-[206]-5 (Sig-sg – Drag.24/25)
43 AM-11-B-[206]-8 (Sig-sg – Drag.24/25)
44 AM-11-B-[206]-4 (Parfin-*Emerita Augusta* – Mayet 37)
45 AM-11-B-[206]-3 (Parfin-*Emerita Augusta* – Mayet 37)
46 AM-11-B-[206]-2 (Parfin-*Baetica* – Ind.)

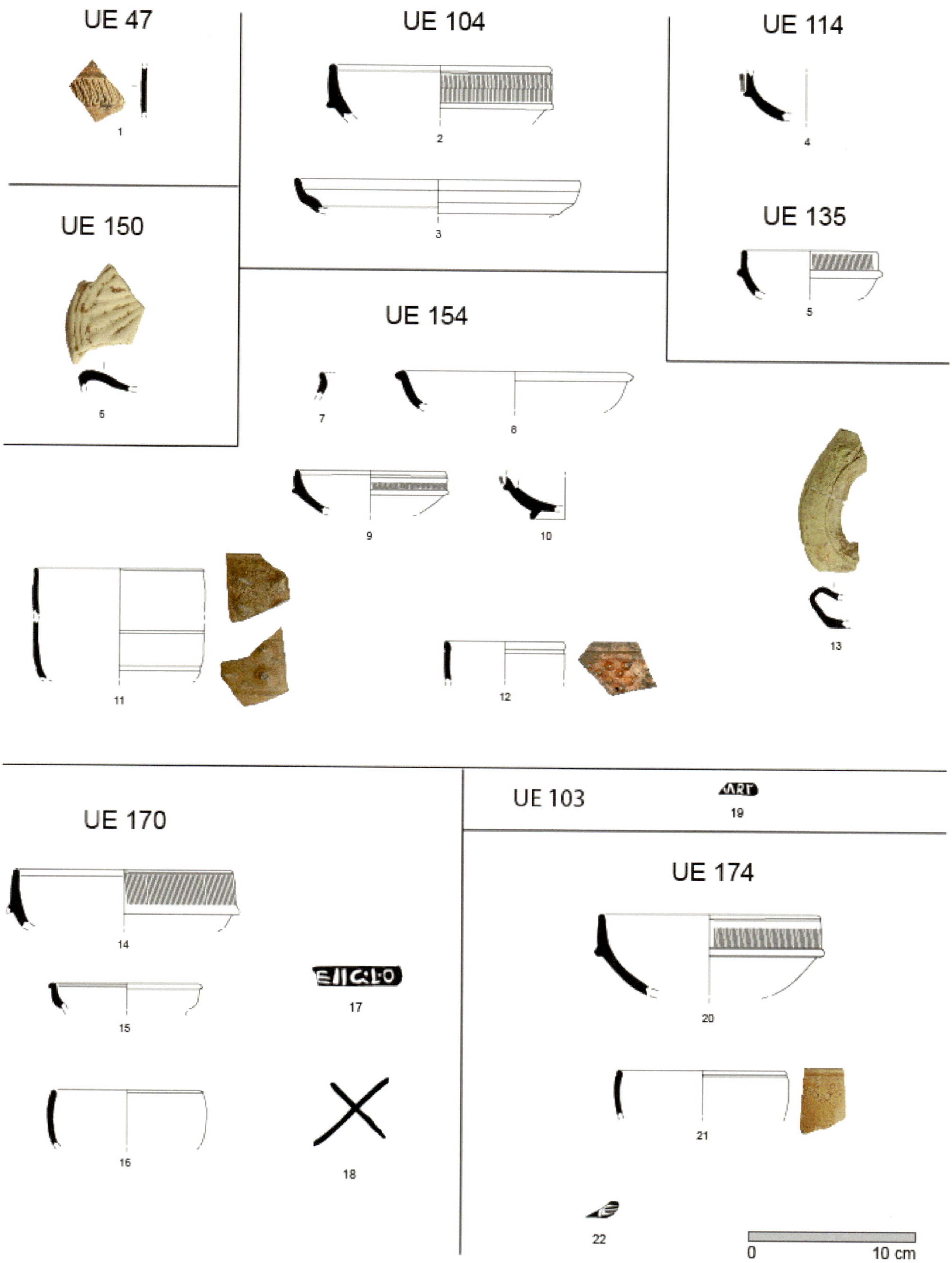

Figura 8. Materiales de las UEs claudio-neronianas.

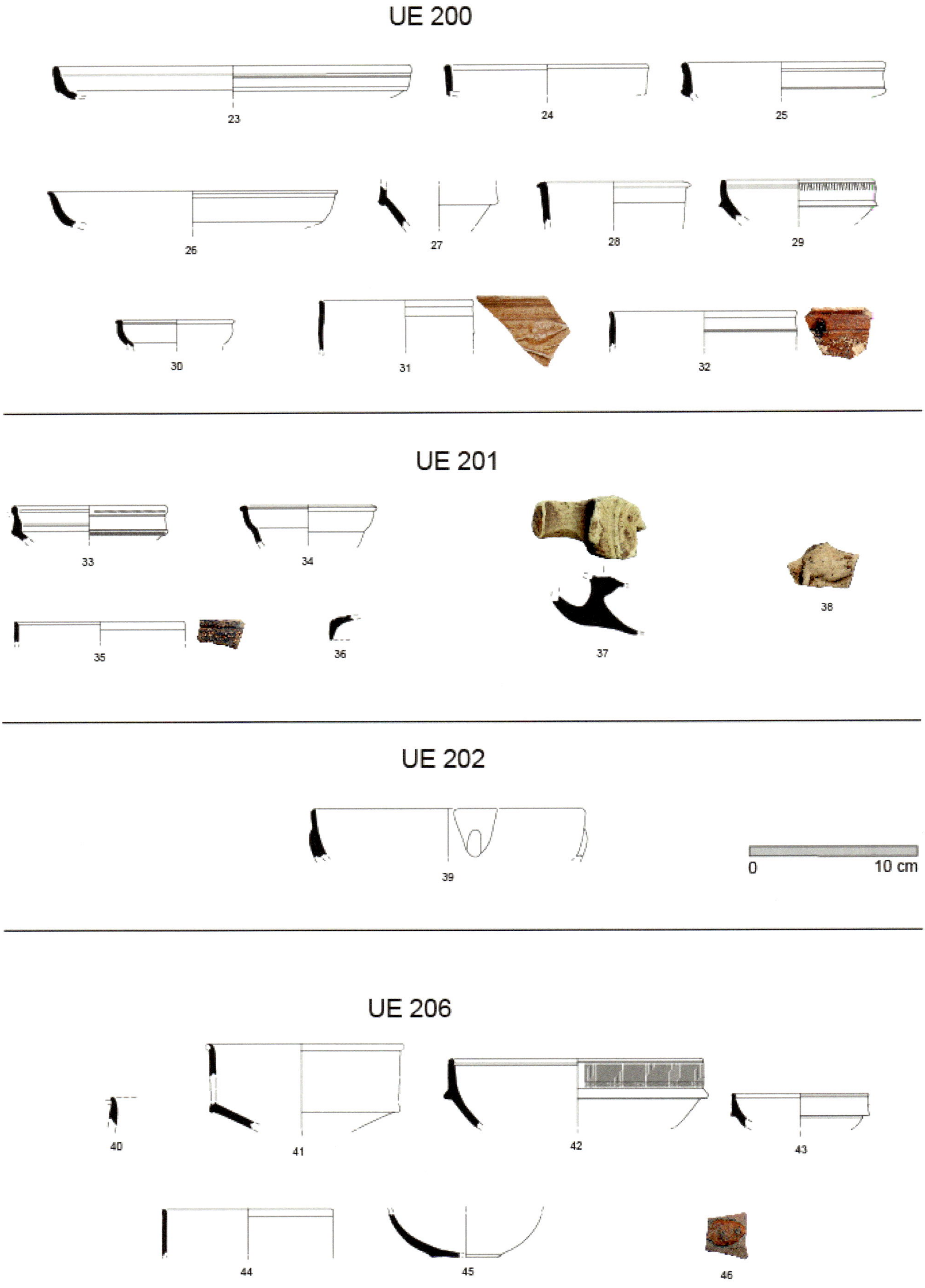

Figura 9. Materiales de las UEs claudio-neronianas.

3.2. *Fase flavia*

Las unidades de excavación con cronología flavia totalizan 23 UEs (UEs 1, 35, 79, 90, 96, 100, 108, 118, 124, 130, 133, 137, 147, 149, 151, 163, 171, 197, 199, 208, 212, 220 y 221), en las cuales se destacan las UEs 147 y 90 que vamos a discutir por separado. Al igual que en la fase claudio-neroniana, todas las UEs de esta cronología se definen por niveles de circulación o deposición secundaria fuera de los tanques, de acceso a la práctica termal.

Discusión general

En los niveles flavios (Figura 10), la base empírica disponible más que duplica y se registran ahora 251 individuos. Hemos visto un aumento en las importaciones de Sig-it (9,2%), en cantidad y en variedad tipológica, cuyo valor histórico vamos a discutir. La Sig-sg mantiene la hegemonía (38,8%) y la variedad tipológica, a pesar de tener cierta residualidad (9,2%) y de perder fuerza frente a los resultados claudio-neronianos. La Sig-hisp de La Rioja se queda ahora como la segunda área principal de suministro (21,2%), pero todavía muy por debajo de los alfareros sudgálicos y es seguida por la Sig-hisp de Andújar, que era ausente en los niveles de la fase anterior. Andújar proporciona sin embargo muy pocos ejemplares (2,4%), como la *sigillata* hispánica precoz, que se mantiene, como en la fase anterior, con un único individuo, ahora indeterminado (0.4%). En su conjunto, la *terra sigillata* mantiene la importancia estadística dentro de las cerámicas finas: si en la época claudio-neroniana representava 70,8% del universo, ahora sube hacia 72%.

Las importaciones de paredes finas son todavía dominadas por *Augusta Emerita*, que parece reforzar su posición ligeramente (11,6% contra 7,8%). Las restantes producciones (hispánicas regionales, con 1,6%, y bética, con 0,8%) siguen escasas y se unen a la producción gaditana (0,4%), que en la fase anterior sólo suministra lucernas. En esta tipología de iluminación, es exactamente Cádiz (2,8%) que continúa dominando, a par de *Augusta Emerita* (2,8%), como acontecía en la fase claudio-neroniana. Además, otro factor que Cádiz mantiene es un rango formal más extenso. Los alfareros béticos todavía representan el 0,8%, como la nueva producción de las lucernas presentes en *Ammaia*, de origen africano, pero con mayor rango formal. Novedad en el registro estratigráfico son igualmente las ánforas, con aceite de oliva del Guadalquivir (Dressel 20), con salazones lusitanas, del Tajo o del Sado (Dressel 14), ambas con un solo ejemplar. Los vidrios son más importantes en la época flavia (5,2%) y aumentan significativamente los tipos consumidos, bien como sus funcionalidades.

La Sig-it plantea graves problemas de interpretación (Figura 10, Figura 11, **nºs 47, 53, 59, 60, 61, 82, 84,** Figura 12, **nºs 102, 104,** Figura 13, **nºs 133 e 134**). De los 23 individuos diagnosticados, los cinco del tipo Consp. 22 (producción que termina en Tiberio), bien como el individuo aislado de Consp. 31 (producción que termina a comienzos de Tiberio) son sin duda residuales, pero esto no es completamente perceptible con los 4 individuos de Consp. 23, ni tan poco con el individuo de Consp. 27, cuya fecha de los segundo y terceros trimestres del siglo I proporciona un continuo con estos estratos ammaienses. Consistente con una posición flavia son los tipos Consp. 21, 32 y 33, que se extienden hasta el final del siglo (Ettlinger; *et al.* 2002: 84-108).

Dos marcas, **nºs 127** y 12**8** (Figura 13), respectivamente con cartela rectangular y rectangular con los lados más pequeños redondeados, pertenecen a *Cneus Ateius* y *Ateius*. La primera tiene el texto CN.[y la segunda el texto ATEI, mostrando el nombre en genitivo. Ph. Kenrick (Oxé; Comfort; Kenrick 2000: 119 y 129) fecha el alfarero *Ateius* entre 5 y 25 d.C.. y *Cn. Ateius* entre 5 a.C. y 40 d.C.. El **nº 128**, con las letras T y E geminadas es similar al nº 8385 de Kenrick (2000), cuya cartela carece sin embargo de lados pequeños redondeados y tiene la varilla del A bien marcada. La marca **nº 127** tiene similitudes con otras de Ph. Kenrick: los nºs 863 y 14175 del autor presentan la letra N invertida. Ambas marcas son residuales, pero la residualidad de los tipos Consp. 22 y 23 es más difícil de interpretar[3].

Si analizamos los datos de *Lepida-Celsa* (Beltrán Lloris; *et al.* 1998), observamos que la igualdad entre la Sig-it y la Sig-sg, en la fase de 41-48 d.C., es seguida por una proporción de 2:1, en 54-60 d.C. (fases 6, 7 y 8). Por otra parte, las frecuencias altas de Consp. 20 y 23 son aceptables, pero las alta frecuencias de Consp. 12, 22 y 18 son problemáticas (Ettlinger; *et al.* 1990-2002: 82). En *Baetulo*, las importaciones itálicas dominan claramente en los sectores *Cardo* y *Pati de la Casa del Carrer Lladó*, pero son una minoría en el contexto *Cisterna na Rue Pajol*, pero, en la época flavia, parecen ser otra vez dominadoras (115 ejemplares, contra 46 sudgálicos y 18 hispanos), aunque ya no existen en los niveles de Domitiano (Montserrat Comas; *et al.* 1994 y Fernández Madrid 1999; Aquilué Abadías 1987; Comas; *et al.* 1994; Quaresma, de 2012, Anexo 2). El tema es también problemático en *Valentia*, donde la Sig-it se intensifica en la época flavia, aunque, a diferencia de *Baetulo*, posee una cantidad muy inferior a las Sig-sg y Sig-hisp. En estos niveles flavios, la Sig-it tiene 101 ejemplares, la Sig-sg 430, la Sig-hisp. 1396 y la Afr-A 39 ejemplares (Escrivà 1989).

De la gama amplia de Sig-sg, 9,2% es residual: el plato Drag. 16 (Figura 12**, nº 105**) termina su vida en el año 60 d.C., las Ritt. 5a y Ritt. 5c (Figura 11**, nº 62,** Figura 14**, nº 149**) terminan en 40 y 60 d.C., respectivamente, mientras que la Ritt. 8a se termina en el año 30 d.C. (Passelac; Vernhet; 1993). La Drag. 29, siempre de barniz de alta calidad, brillante (Farine 1996; Quaresma 2012; en prensa), como sucede normalmente en la fase de claudio-neroniana, pertenece a esta época, según sus atributos decorativos: el período de apogeo es fechado por Passelac y Vernhet (1993), entre 40 y 60 d.C. y en esta cronología

[3] En un trabajo anterior (Quaresma 2012) debatemos esta cuestión.

se incluyen las *elongated tongs* (Tilhard 2004, fig. 142, nºs 197-205) del **nº 97** (Figura 12).

Los **nºs 68** y 11**4** (**ver** Figuras 11 y 12), con pies de flor, son similares al nº 561 de Tilhard (2004, fig. 180), fechado también el Claudio-Nero, pero el ejemplar de este autor tiene flor de corola lisa, mientras que los ammaienses tienen corola en tridente. Si lo comparamos con la evolución de los tallos que intermedian a menudo las filas de huevos en la decoración del friso superior, podemos asumir una fecha flavia para este ejemplar, ya que los tallos de las filas de óvulos se convierten en tridentes en este momento[4].

El **nº 69** (Figura 11), un conejo entre *flabela*, podría pertenecer a la transición del periodo de esplendor hacia el periodo de transición, en 60 d.C. (Passelac; Vernhet 1993). Tilhard (2004, fig. 152, nº 279) fecha ejemplares similares en Nerón-Vespasiano. Sin embargo, otro atributo común a los 3 ejemplares ammaienses asume una fecha claudia: todos ellos tienen líneas de perlas y no líneas ondulantes. Segundo Hermet (1934), Sánchez y Silvéréano (2005: 175) y Genin y Rascalou (2004: 141), al menos en la Drag. 30, se fecha hasta 50 d.C. las líneas de perlas y a partir de 50 d.C. las líneas onduladas. ¿Estaremoss, en el caso de los **nºs 68 e 69** de la estratigrafía de *Ammaia*, ante casos de transición de atributos, que justificaría la presencia de motivos eminentemente claudio-neronianos junto con otros eminentemente vespasianos?

La Drag. 27b (fechada por Passelac y Vernhet 1993, entre 40 y 80 d.C.), muy bien representado, con 12 NMI (Figura 11, **nº 55, 64-66,** Figura 12, **nº 112**), permanece por encima de la Drag. 27c (fechada por Passelac y Vernhet 1993, entre 80 y 120 d.C.), con 7 NMI (Figura 12**, nºs 86, 113**). La primera tiene diámetros entre 80 y 110 mm, mientras que la segunda tiene una abertura más amplia, entre 70 y 130mm. Se registra en la estratigrafía varios casos de transición: en los UE 90, las 3 Drag. 27b (Figura 11, **nºs 64-66**) tienen perfil de transición para la Drag. 27c y diámetro de 80 y 90mm; en la UE 130, un ejemplar (Figura 12**, nº 86**) de Drag. 27c tiene perfil más cercano al tipo Drag. 27b y gran diámetro 130mm (el más grande diagnosticado dentro de este tipo). El **nº 55** (Figura 11) es un caso raro, con 108mm de diámetro y ruleta en el labio, formando una proto-aba.

La Drag. 24/25 (Figura 11, **nº 54, 63,** Figura 12, **nº 108, 109, 110, 111 e** Figura 14, **nº 148**), tipo mayoritario en la Sig-sg, invoca una idea de residualidad para una parte de este conjunto flavio, cuando la Drag. 27 debería ser mayoritaria. En otros contextos puede ser vista la importancia de la Drag. 24-25, pero nunca en una cantidad tan grande en comparación con la Drag. 27. En la calzada del siglo I de La Graufesenque, la Drag. 24/25 cae ligeramente en mediados de siglo, pero refuerza en el período 60-90 d.C. (Farine 1996), mientras que en el pecio de Cala Culip IV (78-82 d.C.), representa el 11,4% del total (Nieto; Puig 2001) y en los niveles domicianos de Empúries todavía tiene una alta frecuencia, con 18 ejemplares contra los 28 de Drag. 27 (Aquilué; *et al.* 2005). Segundo Farine (1996: 219), en La Graufesenque, la ruleta, oblicua y a veces doble hasta mediados de siglo, se presenta típicamente vertical en la segunda mitad del siglo I.

En *Ammaia*, observamos la coexistencia de varios casos: 1 caso de ruleta (70mm de diámetro), 18 casos de ruleta de grosor normal (70-70mm de diámetro) y 3 casos lisos (100mm de diámetro). Los **nºs 54 e 108** tienen doble ruleta, el **nº 109** ruleta simple y el **nº 111** ruleta oblicua. En la Drag. 15/17 sólo observamos la presencia de un pie de anillo de sección triangular. La Drag. 18 tiene dos diámetros de 170 (Figura 12, **nº 107**) y 150 mm (Figura 13, **nº 135**), siendo el más grande asociado con el perfil más clásico y el más pequeño al perfil más evolucionado. En ausencia de la Drag. 37, las formas-directoras flavias son las Drag. 35 y 36 (Figura 14**, nº 145**), escasas y el servicio D1 (Figura 14, **nº 150**) (Vernhet 1976).

Registrase marcas sudgálicas. Dos son ilegibles (uno de ellos tiene una cartela rectangular con uno de los lados más pequeños redondeados). Otra conserva sólo el texto]I, en cartela rectangular de lados más pequeños redondeados, y otra marca tiene el texto ...SM, en cartela rectangular. Es posible que este último pertenece al alfarero *Passenus* 5a, que a veces firma *Passeni Manus*. Oswald (1931: 228), Bémont (1976: 57) y Hofmann (*s.d.*) datan *Passienus* o *Passenus* en Nerón-Vespasiano. Polak (2000: 282) extiende su actividad hasta los años 80, mientras que Mees (2005: 315) fecha entre 55 y 90 d.C. y Genin *et al.* (2007: 262-269) entre 50/60 y 100/110 d.C., aunque no aparece en la fosa 79, domiciana-trajana (Vernhet 1981). El **nº 129** (Figura 13), Drag. 24/25 de ruleta, con cartela rectangular, tiene el texto OF. IVNII, del alfarero *Iunius*, similar al nº 137 de Polak (2000: 247), fechado en 50-80 d.C..

El **nº 130** (Figura 13), con cartela rectangular de lados menores redondeados, tiene el texto]ICANI y será *Gallicanus* ii. Hoffman (*s.d.*: 16) fecha en 40-70 d.C., pero aunque describe marcas en genitivo, ninguna de las grafías es similar a la de *Ammaia*. Polak (2000: 233) describe un [G]ALLICANI.MA, en Drag. 29, entre 50 y 70 d.C., pero sus grafías no coinciden con el presente caso, a pesar del hermanamiento del A y del N. También en Genin *et al.* 2007 (p. 206), nos encontramos con una intensa actividad de *Gallicanus* ii, con 1673 ejemplares y hermanamiento del A y del N, pero la letra A tiene siempre varilla, lo que no sucede en *Ammaia*. La cronología de esta propuesta de estudio de La Graufesenque es de 40-70/80 d.C..

La Sig-hisp de La Rioja aumenta enormemente su cantidad y es ahora representada por más de una forma, teniendo ahora una gama razonable, aunque inferior a la sudgálica. El plato principal es la Drag. 15/17 (Figura 11, **nºs 48,** Figura 12, **nºs 99-100**), con 170 y 180mm de diámetro y un solo caso de borde ligeramente espesado, por lo que este tipo pertenece hegemónicamente a los grupos morfológicos tardíos, con bordes lisos, típicamente hispanos, definidos por Mayet (1984).

[4] Dannell, Dickinson y Vernhet (1998), acerca de la evolución de los óvulos en la Drag. 30, afirman que los tridentes suceden a las rosetas, a partir de c. 70 d.C..

La Drag. 27 es el tipo principal. El **nº 67** (Figura 11) es uno de dos casos de borde ligeramente enmarcado, en este caso con acanaladura externa por debajo del borde y diámetro de 100mm. Todavía hay otros dos casos de borde enmarcado, que constituyen así 4 individuos totales en las variantes formales tempranas definidas por Mayet (1984). Los restantes ejemplares, mayoritarios, pertenecen a las variantes finales típicamente hispánicas. Otro conjunto de tipos comienza su vida en este período flavio y surgen ahora en las importaciones registradas de *Ammaia*. La Drag. 36 tiene dos ejemplares: un borde liso de 170mm de diámetro (Figura 11, **nºs 49**) y un borde a barbotina con 140mm de diámetro (**12, nº 101**).

La Drag. 35 tiene cuantitativos muy superiores (7 NMI). Dos bordes son lisos (**nº 142 da** Figura 13, con 120 mm de diámetro) y 6 son decorados con barbotina. Además de la Hisp. 5, también la Drag. 37 y 37a son eminentemente flavias. La Drag. 37a (Figura 13, **nºs 137**. 190 mm de diámetro) viene con friso de círculos con motivos animales (?) que se alternan con motivo vegetal vertical. Las paredes de Drag. 37 incluyen friso de círculos dentados y pie de anillo de sección rectangular (Figura 12, **nº 98**) o dos frisos superiores de círculos concéntricos que alternan con motivo vegetal vertical en un ejemplar cuyo tamaño acercase a la Hemisférica Decorada (Aj. 1). Otro ejemplar tiene la decoración más antigua, metopada, con metopa inferior con motivo animal indeterminado y círculo concéntrico, separados por 4 cordones ondulantes verticales. El estilo de metopas con tres líneas verticales onduladas se presenta también en el único ejemplar de Drag. 30.

Los fragmentos restantes de indeterminables decorados pueden tener, en dos casos, estilo de metopa. En un caso, metopa definida por líneas ondulantes con caballo (?) en corrida; en otro caso, metopa definida por líneas ondulantes con un pájaro. Un tercer ejemplar tiene motivo vegetal (?) mal conservado; un cuarto fragmento contiene un conejo (Figura 13, **nºs 136**); y un quinto ejemplar contiene friso de círculos concéntricos (Figura 11, **nº 50**). En los fragmentos decorados, con o sin tipo asignado, es posible asignar hasta 4 casos el estilo de metopas, de raíz pré-flavia, y otros 4 casos al estilo de círculos, eminentemente flavio (Mayet 1984; Sáenz Preciado 1998: 155). En el estilo de metopas, sin embargo, existe un ejemplar, como hemos visto, que combina metopas y círculos, en un estilo de transición.

La Sig-hisp de Andújar se presenta en esta fase, pero reducida los tipos Drag. 35 y 27. El **nº 87** (Figura 12) pertenece a este último la pasta, con 93mm de diámetro. La pasta es igual a la del grupo 4 de *Mirobriga* (Quaresma 2012; en prensa) granulosa, con muchos ENP, que aunque parece surgir en época pré-flavia todavía, en la estratigrafía de *Mirobriga*, los atributos morfológicos de los tipos en que surge apuntan hacia una cronología eminentemente flavia y posterior.

Las 3 marcas hispánicas registradas son de La Rioja. Una tiene cartela rectangular con lados menores redondeados y el texto O[, en fragmento indeterminado. La segunda es una Drag. 35 decorada en barbotina, con cartela rectangular y texto mal conservado OF.2 [(?), probablemente del alfarero C. S. (Mayet 1984: 131; Mesquiriz 1985: 125), asignado por Mayet a Andújar, o C( )S( )*Tritiensis* (Preciado; Preciado 1999: 99). El **nº 131** (Figura 13) es un plato con pie de anillo de sección triangular y cartela rectangular con la marca C.IA[, del alfarero C.I.A.E.F., marca cercana del nuestro **nº 17** (Figura 8), de los niveles claudio-neronianos, atribuible al alfarero C.IAEIG.L.O. El alfarero C.I.A.E.F. (Bustamante 2013: 679, nºs 74-75) aparece en dos ejemplares, de Drag.15/17 y 27 en *Augusta Emerita* y la punción C.IA[en estratos vespasiano-domicianos o de fecha de 80-100 d.C.. F. Mayet (1984: 128) asigna este alfarero a La Rioja, como M. Bustamante (2013).

En las paredes finas sigue dominando *Augusta Emerita* y el tipo Mayet 37 (Figura 11, **nºs 57, 70,** Figura 12, **nºs 88, 115, 116, 117,** Figura 13, **nºs 118, 119, 139, 143, 144,** Figura 14, **nº 147**), que puede ser plano (4 fragmentos), con barbotina (3 fragmentos de hojas de agua y 2 pequeños mamelones aplicado), arenoso (8 fragmentos) o con ruleta (2 fragmentos).

La segunda forma es la Mayet 38 (Figura 11, **nº 51**) que pueda surgir lisa (3 frags), con ruleta (1 frag.) o con pequeños mamelones aplicado de barbotina (1 frag.). La Mayet 43 tiene un fragmento liso, con 130mm de diámetro y pared más gruesa que las Mayet 36, 37 y 38 (Figura 11, **nº 71**) y otro roletado. En los fragmentos indeterminables (Figura 11, **nºs 74, 75, 76**), observamos la presencia de pequeñas hojas de agua y pequeños o grandes pequeños mamelones aplicado, que contrastan con las hojas de agua grandes del **nº 119** (Mayet 37), la serie de pequeños mamelones aplicados pequeños con pequeños mamelones aplicados del **nº 138** (Mayet 38) y los pequeños mamelones aplicados oblicuos medio del **nº 147** (Mayet 37). En total los fragmentos de *Augusta Emerita*, la decoración de arenosa sigue dominando, con 33 fragmentos (8 de 37 Mayet), seguida de la barbotina, con 17 fragmentos (6 de Mayet 37, siendo de estos, 3 de hojas de agua y 3 de mamilos). En la barbotina, tenemos 1 lúnula, 10 pequeños mamelones aplicados, 3 motivos vegetales indeterminables y 3 hojas de agua. La ruleta aumenta su importancia en la época flavia, pero sigue en tercer lugar, con 10 fragmentos (1 de Mayet 36, 2 de Mayet 36 o 37, 2 de Mayet 37, 1 de Mayet 38 y 1 de Mayet 43).

Las importaciones beticas (Figura 11, **nº 52**) tienen un solo tipo, Mayet 38, con pequeños mamelones aplicados. De los dos fragmentos de indeterminables, uno tiene lúnulas y otro tiene decoración arenosa. El unico fragmento bético litoral es liso. En la producción regional hispana (Figura 13, **nº 120**), domina el la pasta 1b (4 frags.), sobre c el la pasta 1a (3 frags.). El la pasta 1b (superficie naranja) tiene dos casos mamilados (1 Mayet 38 y un indeterminado) y dos casos de decoración de arenosa (indeterminabes). El fabrico 1a, de pasta y superficie ceniza, es liso, de los tipos Mayet 37 y Mayet 36 o 37. Un ejemplar de fabrico hispano indeterminado (Figura 13, **nº 121**) tiene hojas de agua, combinadas con pequeños mamelones aplicados.

En las cerámicas de iluminación, las lucernas pequeños mamelones aplicados litorales siguen compartiendo el dominio con *Augusta Emerita*, pero su rango formal es mayor. La principal forma es el tipo de volutas (Figura 13, **nº 123**), seguido por la forma más antigua Dressel 9 (Figura 11, **nº 77**) – pero cuya fase Dressel 9c es fechada por Celis Betriu (2005: 441) en Nerón/principio de los Flavios -, seguido por las lucernas de disco y la Dressel 20 (Figura 13, **nº 124**), con asa de acanaladura longitudinal ancha. El **nº 122** (Figura 13) tiene decoración con motivo posiblemente vegetal. Las lucernas emeritenses son dominadas por las de disco, que no existían en la fase anterior de estratigrafía de *Ammaia*. Las lucernas de disco (Figura 11, **nº 78**) sólo tienen una acanaladura para separar la orla del disco. Las 3 lucernas de volutas (Figura 12, **nº 89, 90, 91**) suelen tener sobremoldage (**nº 90**) y orlas suavizadas (**nºs 89** y 91). La sobremoldage en las lucernas emeritenses parece intensificarse en esta etapa: si en los niveles de Claudio hemos detectado 1 caso en 11 fragmentos, ahora detectamos 4 en 10.

Las lucernas béticas incluyen sólo el tipo Deneauve 5F, de volutas simples y cuerpo alargado, en lágrima (Figura 12, **nº 92**). Bussière (2000: 82) denomina este tipo de CV1 (grupo de CV de volutas degeneradas) y establece conexión con simple el tipo Loeschecke V de voluta simples. El tipo CV1 tiene orla lisa, inclinada, separada del disco por una incisión, que no ocurre en *Ammaia*. Esto también no ocurre en ejemplares más tardíos (segunda mitad del siglo II) del tipo CV3, presentes en Empúries (Casa i Genover; Soler i Fuste 2006: 36 y nºs E691-694). Bussière (2000: 83) fecha el tipo CV1 en la segunda mitad del siglo I. El **nº 141** (Figura 13) es un disco indeterminado con *Vitoria* frontal, motivo muy frecuente en las lucernas emeritenses estudiadas en la ciudad productora, especialmente en el tipo Dressel 11 y en el alfarero GABINIA, con cronología centrada en el siglo I, según Rodríguez Martín (2002: 72). Importante de estos niveles flavios de *Ammaia* es la introducción de importaciones africanas. El tipo Deneauve 5G (Figura 11, **nº 79**), de pasta naranja-ladrillo, es de cronología claudio-trajana (Bussière 2000: 24) y el tipo Deneauve 7b (Figura 13, **nº 125**), de pasta naranja y engobe rojo, con orla inclinada e dos acanaladuras, encuadrable perfectamente en un contexto flavio (Bussière 2000: 28).

La gama de vidrios se expande en la época flavia (Figura 11, **nºs 80, 81,** Figura 11, **nº 85,** Figura 12, **nºs 93, 94, 95, 96**). Está dominado por la botella Isings 50/AR 156, de parede fina o gruesa, seguida de la copa Isings 3/AR2 (la única forma conocida en la fase claudio-neroniana) Como en copa amplia Isings 67a/AR 117 y la botella Isings 82, son formas cuya cronología se inicia antes de los Flavios (Rütti 1990: 114, 187, 213, 224). Otro recipiente es la jarra o botella, con asa estriada longitudinalmente. Los vidrios de ventana tienen siempre borde pulido y redondeado. Al nivel cromático, el conjunto de 17 fragmentos de vidrio se distribuye por 10 de verde-hielo (3 de Isings 50, 2 de Isings 3, 4 vidrios de ventana y 1 Isings 67a), 2 verdes (1 Isings 50 y 1 Isings 3), 1 verde oliva (1 copa) y 1 blanco opaco (1 jarra o botella).

Clase	Forma	Frags.	NMI	NMI Prod.	% NMI Producción	Obs.	Nº Figura
Sig-it	Consp.22	6	5	23	9,2		Fig. 11, nºs 47, 59, 60, 61 y Fig. 12, nº 102
	Consp.32	1	1				Fig. 11, nº 53
	Consp.23	4	4				Fig. 12, nº 103
	Consp.21	2	2				Fig. 11, nº 82, 84
	Consp.20 o 21	3	3				
	Consp.27	1	1				Fig. 12, nº 104
	Consp.31	1	1				Fig. 13, nº 133
	Consp.33	3	2				Fig. 13, nº 134
	Cuenco	3	3			1 marca	Fig. 13, nº 128
	Ind.	10	1			1 marca, 1 grafito	Fig. 13, nºs 127, 132
Sig-sg	D16	1	1	97	38,8		Fig. 12, nº 105
	D15/17	3	3				
	D18	4	4				Fig. 12, nº 107 y Fig. 13, nº 135
	D36	2	2				Fig. 14, nº 145
	Servicio D1	1	1				Fig. 14, nº 150
	Plato	8	8			1 marca	
	Ritt.5a	1	1				Fig. 11, nº 62
	Ritt.5c	3	3				Fig. 14, nº 149
	Ritt.8a	1	1				Fig. 12, nº 106
	D24/25	26	21			1 marca	Fig. 11, nºs 54, 63, Fig. 12, nº 108, 109, 110, 111 y Fig. 14, nº 148
	D27b	12	12				Fig. 11, nºs 55, 64, 65, 66 y Fig. 12, nº 112
	D27c	7	7				Fig. 12, nº 86 y Fig. 12, nº 113
	D27	13	13				
	Cuenco	15	15			3 marcas	
	D35	1	1				
	D29	4	3				Fig. 11, nº 68, 69 y Fig. 12, nº 97, 114
	D30	1	1				
	Ind.	27	1			1 marca	

Clase	Forma	Frags.	NMI	NMI Prod.	% NMI Producción	Obs.	Nº Figura
Sig-La Rioja	D15/17	9	7	53	21,2		Fig. 11, nº 48, Fig. 12, nº 99, 100
	D36	5	5				Fig. 11, nº 49, Fig. 12, nº 101, Fig. 14, nº 146
	Plato	7	7			1 marca	
	Cuenco	7	7				
	D24/25	1	1				
	D27	21	13				Fig. 11, nº 67
	D35	7	7			1 marca	Fig. 13, nº 142
	Hisp.5	1	1				Fig, 11, nº 83
	D30	1	1				
	D37	3	1				Fig. 12, nº 98
	D37a	1	1				Fig. 13, nº 137
	Ind.	38	1			1 marca	Fig. 11, nº 50, Fig. 13, nº 136
Sig-Andújar	D27	2	2	6	2,4	pasta tardia	Fig. 12, nº 87
	D35	1	1				
	Plato	2	2				
	Ind.	1	1				
Peña	Ind.	1	1	1	0,4		
Parfin-*Augusta Emerita*	Mayet 36	1	1	29	11,6		
	Mayet 37	19	18				Fig. 11, nº 57, 70, Fig. 12, nº 88, 115, 116, 117, Fig. 13, nº 118, 119, 139, 143, 144, Fig. 14, nº 147
	Mayet 36 ou 37	4	3				
	Mayet 38	5	4				Fig. 11, nº 51
	Mayet 43	3	2				Fig. 11, nº 71
	Ind.	79	1				Fig. 11, nº 74, 75, 76
Parfin-*Hispania*	Mayet 36 ou 37	1	1	4	1,6		
	Mayet 37	1	1				Fig. 13, nº 120
	Mayet 38	1	1				
	Ind.	2	1				
Parfin-Baetica	Mayet 38	1	1	2	0,8		
	Ind.	2	1				Fig. 11, nº 52
Parfin-Cadiz	Ind.	1	1	1	0,4		
Parfin-Indeterminada	Ind.	1	1	1	0,4		Fig. 13, nº 121
Luc-Cadiz	Dr.9	1	1	7	2,8		Fig. 11, nº 77
	Volutas	4	3				Fig. 13, nº 123
	Disco	1	1				
	Dr.20	1	1				Fig. 13, nº 124
	Ind.	14	1				Fig. 13, nº 122
Luc-*Augusta Emerita*	Volutas	3	2	7	2,8		Fig. 12, nº 89, 90, 91
	Disco	7	5				Fig. 11,nº 78
Luc-*Baetica*	Den.5F	1	1	2	0,8		Fig. 12, nº 92
	Ind.	1	1				Fig. 13, nº 141
Luc-Africa	Den.5G	2	1	2	0,8		Fig. 11, nº 79
	Den.7B	1	1				Fig. 13, nº 125
	Ind.	1	1	1	0,4		
A-Guadalquivir	Dr.20	1	1	1	0,4		
A-*Lus* Tejo o Sado	Dr.14	1	1	1	0,4		
Vidrio	Isings 3 / AR2	4	3	13	5,2		
	Isings 50 / AR156	6	3				Fig. 11, nº 80, Fig. 12, nº 93
	Isings 67a / AR117	1	1				Fig. 12, nº 96
	Isings 82	1	1				Fig. 12, nº 94
	Bol	1	1				Fig. 12, nº 95
	Cántaro o Bottela	1	1				Fig. 11, nº 85
	Vidrio de ventana	4	3				Fig. 11, nº 81
Total		**449**	**251**	**251**	**100**		
Residualidad: 3,6%							
Intrusibilidad: 0%							

Figura 10. Cuantificación total de las UEs flavias.

Catálogo
47 AM-08-B-[35]-2 (Sig-it – Consp.22?)
48 AM-08-B-[35]-8+10 (Sig-hisp-La Rioja – Drag.15/17)
49 AM-08-B-[35]-4 (Sig-hisp-La Rioja – Drag.36)
50 AM-08-B-[35]-5 (Sig-hisp-La Rioja – Ind.)
51 AM-08-B-[35]-13 (Parfin-*Hispania* – Mayet 38)
52 AM-08-B-[35]-14 (Parfin-*Baetica* – Ind.)
53 AM-08-B-[79]-10 (Sig-it – Consp.32?)
54 AM-08-B-[79]-7 (Sig-sg – Drag.24/25)
55 AM-08-B-[79]-5 (Sig-sg – Drag.27b)
56 AM-08-B-[79]-1 (Sig-sg – Drag.27c)
57 AM-08-B-[79]-14 (Parfin-*Emerita Augusta* – Mayet 37)
58 AM-08-B-[79]-16 (Parfin-*Hispania* – Mayet 36 o 37)
59 AM-09-B-[90]-46 (Sig-it – Consp.22)
60 AM-09-B-[90]-53 (Sig-it – Consp.22)
61 AM-09-B-[90]-54 (Sig-it – Consp.22)
62 AM-09-B-[90]-43 (Sig-sg – Ritt.5a)
63 AM-09-B-[90]-41 (Sig-sg – Drag.24/25)
64 AM-09-B-[90]-48 (Sig-sg – Drag.27b)
65 AM-09-B-[90]-7 (Sig-sg – Drag.27b)
66 AM-09-B-[90]-47 (Sig-sg – Drag.27b)
67 AM-09-B-[90]-8 (Sig-hisp-La Rioja – Drag.27)
68 AM-09-B-[90]-25 (Sig-sg – Drag.29)
69 AM-09-B-[90]-21 (Sig-sg – Drag.29)
70 AM-09-B-[90]-85 (Parfin-*Emerita Augusta* – Mayet 37)
71 AM-09-B-[90]-79 (Parfin-*Emerita Augusta* – Mayet 43)
72 AM-09-B-[90]-86 (Parfin-*Emerita Augusta* – Mayet 38)
73 AM-09-B-[90]-84 (Parfin-*Emerita Augusta* – Mayet 38)
74 AM-09-B-[90]-73 (Parfin-*Emerita Augusta* – Ind.)
75 AM-09-B-[90]-74 (Parfin-*Emerita Augusta* – Ind.)
76 AM-09-B-[90]-87 (Parfin-*Emerita Augusta* – Ind.)
77 AM-09-B-[90]-56+65 (Luc-Cadiz – Dressel 9)
78 AM-09-B-[90]-57 (Luc-*Emerita Augusta* – Disco)
79 AM-09-B-[90]-57 (Luc-África – Den.5G)
80 AM-09-B-[90]-93 (Vidro-verde hielo – Isings 50/AR156)
81 AM-09-B-[90]-96 (Vidro-verde hielo – Vidrio de ventana)
82 AM-09-B-[118]-2 (Sig-it – Consp.21)
83 AM-09-B-[118]-1 (Sig-hisp-La Rioja – Hisp.5)
84 AM-09-B-[108]-1 (Sig-it – Consp.21)
85 AM-09-B-[124]-2 (Vidrio-blanco opaco – Cántaro ou Botella)
86 AM-09-B-[130]-3 (Sig-sg – Drag.27c)
87 AM-09-B-[130]-23 (Sig-hisp-Andújar-fabrico tardío – Drag.27)
88 AM-09-B-[130]-28 (Parfin-*Emerita Augusta* – Mayet 37)
89 AM-09-B-[130]-21 (Luc-*Emerita Augusta* – Volutas)
90 AM-09-B-[130]-20 (Luc-*Emerita Augusta* – Volutas)
91 AM-09-B-[130]-22 (Luc-*Emerita Augusta* – Volutas)
92 AM-09-B-[130]-19 (Luc-*Baetica* – Den.5F)
93 AM-09-B-[130]-47 (Vidro-verde hielo – Isings 50/AR156)
94 AM-09-B-[130]-49 (Vidro-incolor vierde – Isings 82)
95 AM-09-B-[130]-43 (Vidro-vierde oliva – Taça)
96 AM-09-B-[130]-44+45 (Vidro-verde hielo – Isings 67a/AR117)
97 AM-09-B-[133]-2 (Sig-sg – Drag.29)
98 AM-09-B-[133]-3 (Sig-hisp-La Rioja – Drag.37)
99 AM-09-B-[137]-1 (Sig-hisp-La Rioja – Drag.15/17)
100 AM-09-B-[137]-3+6 (Sig-hisp-La Rioja – Drag.15/17)
101 AM-09-B-[137]-4 (Sig-hisp-La Rioja Drag.36)
102 AM-09-B-[147]-25 (Sig-it – Consp.22)
103 AM-09-B-[147]-15 (Sig-it – Consp.23)
104 AM-09-B-[147]-9 (Sig-it – Consp.27)
105 AM-09-B-[147]-34 (Sig-sg – Drag .16)
106 AM-09-B-[147]-10 (Sig-sg – Ritt.8a)
107 AM-09-B-[147]-39 (Sig-sg – Drag .18)
108 AM-09-B-[147]-38 (Sig-sg – Drag .24/25)
109 AM-09-B-[147]-40 (Sig-sg – Drag .24/25)
110 AM-09-B-[147]-30 (Sig-sg – Drag .24/25)
111 AM-09-B-[147]-19 (Sig-sg – Drag .24/25)
112 AM-09-B-[147]-42 (Sig-sg – Drag .27b)
113 AM-09-B-[147]-22 (Sig-sg – Drag .27c)
114 AM-09-B-[147]-26 (Sig-sg – Drag .29)
115 AM-09-B-[147]-79 (Parfin-*Emerita Augusta* – Mayet 37)
116 AM-09-B-[147]-73 (Parfin-*Emerita Augusta* – Mayet 37)
117 AM-09-B-[147]-98 (Parfin-*Emerita Augusta* – Mayet 37)
118 AM-09-B-[147]-77 (Parfin-*Emerita Augusta* – Mayet 37)
119 AM-09-B-[147]-83 (Parfin-*Emerita Augusta* – Mayet 37)
120 AM-09-B-[147]-84 (Parfin-*Hispania* – Mayet 37)
121 AM-09-B-[147]-92 (Parfin-Ind. – Ind.)
122 AM-09-B-[147]-63 (Luc-Cadiz – Ind.)
123 AM-09-B-[147]-57 (Luc-Cadiz – Volutas)
124 AM-09-B-[147]-56 (Luc-Cadiz – Dressel 20)
125 AM-09-B-[147]-55 (Luc-Africa – Den.7b)
126 AM-09-B-[147]-115 (Vidro-verde – Isings 3/AR2)
127 AM-09-B-[147]-31 (Sig-it – ind. – alfarero *Cn. Ateius*)
128 AM-09-B-[147]-4 (Sig-it – cuenco – alfarero *Ateius*)
129 AM-09-B-[147]-5 (Sig-sg – Drag. 24/25 – alfarero *Iunius*)
130 AM-09-B-[147]-32 (Sig-sg – ind. – alfarero *Gallicanus* ii)
131 AM-09-B-[147]-53 (Sig-hisp-La Rioja – plato – alfarero C.I.A.E.F)
132 AM-09-B-[147]-4 (Sig-it – cuenco – grafito ME)
133 AM-09-B-[149]-9 (Sig-it – Consp.31)
134 AM-09-B-[149]-3 (Sig-it – Consp.33)
135 AM-09-B-[149]-4 (Sig-sg – Drag .18)
136 AM-09-B-[149]-5 (Sig-hisp-La Rioja – Ind.)
137 AM-09-B-[149]-1 (Sig-hisp-La Rioja – Drag.37a)
138 AM-09-B-[149]-25 (Parfin-*Emerita Augusta* – Mayet 38)
139 AM-09-B-[151]-8 (Parfin-*Emerita Augusta* – Mayet 37)
140 AM-09-B-[151]-7 (Parfin-*Emerita Augusta* – Mayet 37)
141 AM-09-B-[151]-5 (Luc-*Baetica* – Ind.)
142 AM-09-B-[163]-2 (Sig-hisp-La Rioja – Drag.35)
143 AM-09-B-[163]-5 (Parfin-*Emerita Augusta* – Mayet 37)
144 AM-11-B-[208]-2 (Parfin-*Emerita Augusta* – Mayet 36 o M37)
145 AM-11-B-[197]-2 (Sig-sg – Drag .36)
146 AM-11-B-[218]-14+[220]-1 (Sig-hisp-La Rioja – Drag.36)
147 AM-11-B-[199]-2 (Parfin-*Emerita Augusta* – Mayet 37)
148 AM-11-B-[221]-4 (Sig-sg – Drag .24/25)
149 AM-11-B-[221]-2 (Sig-sg – Ritt.5c)
150 AM-11-B-[221]-5 (Sig-sg – Servicio D1)

Discusión de dos casos estratigráficos

Dos UEs tienen una variedad tipológica y cuantitativa muy superior al resto de cronología flavia. El UE 147 se superpone a la UE 174, claudio-neroniana y está cubierta por la UE 90. Las UEs 147 y 90 son por lo tanto dos UEs de momentos estratigráficos iniciales de la fase flavia, en términos relativos de la matriz. Acumulativamente presentan aspectos estadísticos que las hacen cronológicamente sucedáneas, algo ya demostrado en la matriz, pero que nos permite un intento de aproximación histórica más precisa.

Para la UE 147 (Figura 15, Figura 12, **nºs 102-117 y** Figura 13, **nºs 118-132**) discutimos la cronología nero-vespasiana, con atributos que parecen de transición y que podría encuadarla en momentos claudio-neronianos: la Sig-it está bien representada, con 10,3%, Sig-sg es hegemónica, con 44,3%, y la Sig-hisp, de La Rioja, es escasa, con un único ejemplar (1,7%). En estas dos últimas producciones no hay único tipo eminentemente flavio, pero esta UE 147, al igual que muchas otras UEs de esta fase, ya tiene una gran cantidad de material depositado en grandes cantidades de sedimento, lo que distingue las UEs flavias de las UEs claudio-neronianas, de menor tamaño.

En el nivel de *sigillata*, la Sig-it contiene la Consp. 22, residual, y los tipos Consp. 23 y 27, consistentes con una cronología claudio-neronianas, pero que en el primer caso incluye los principios de la época vespasiana. La Sig-sg tiene los tipos Drag. 16, Ritt. 8a y Drag. 29 claudio-neronianas, pero una amplia serie cuya cronología se extiende hacia la época flavia. Los alfareros *Gallicanus* y *Iunius* diagnosticados son también de cronología del tercer cuarto del siglo I, incluyendo la primera década de la época flavia, especialmente el alfarero Iunius que alcanza incluso el año de c.80 d.C.. Relevantes en esta unidad es la escasez de Sig-hisp de La Rioja y la ausencia de Andújar.

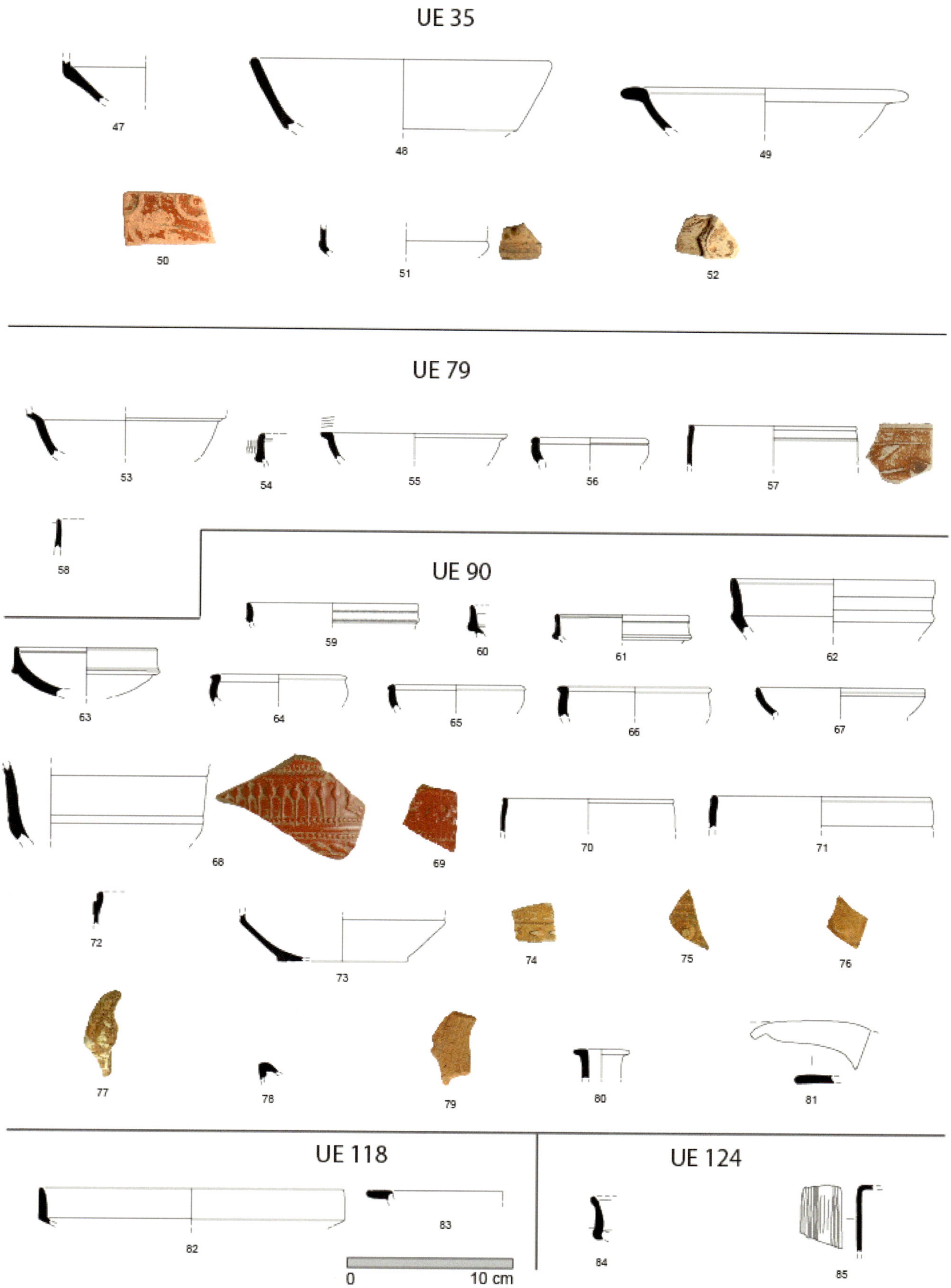

Figura 11. Materiales de las UEs flavias.

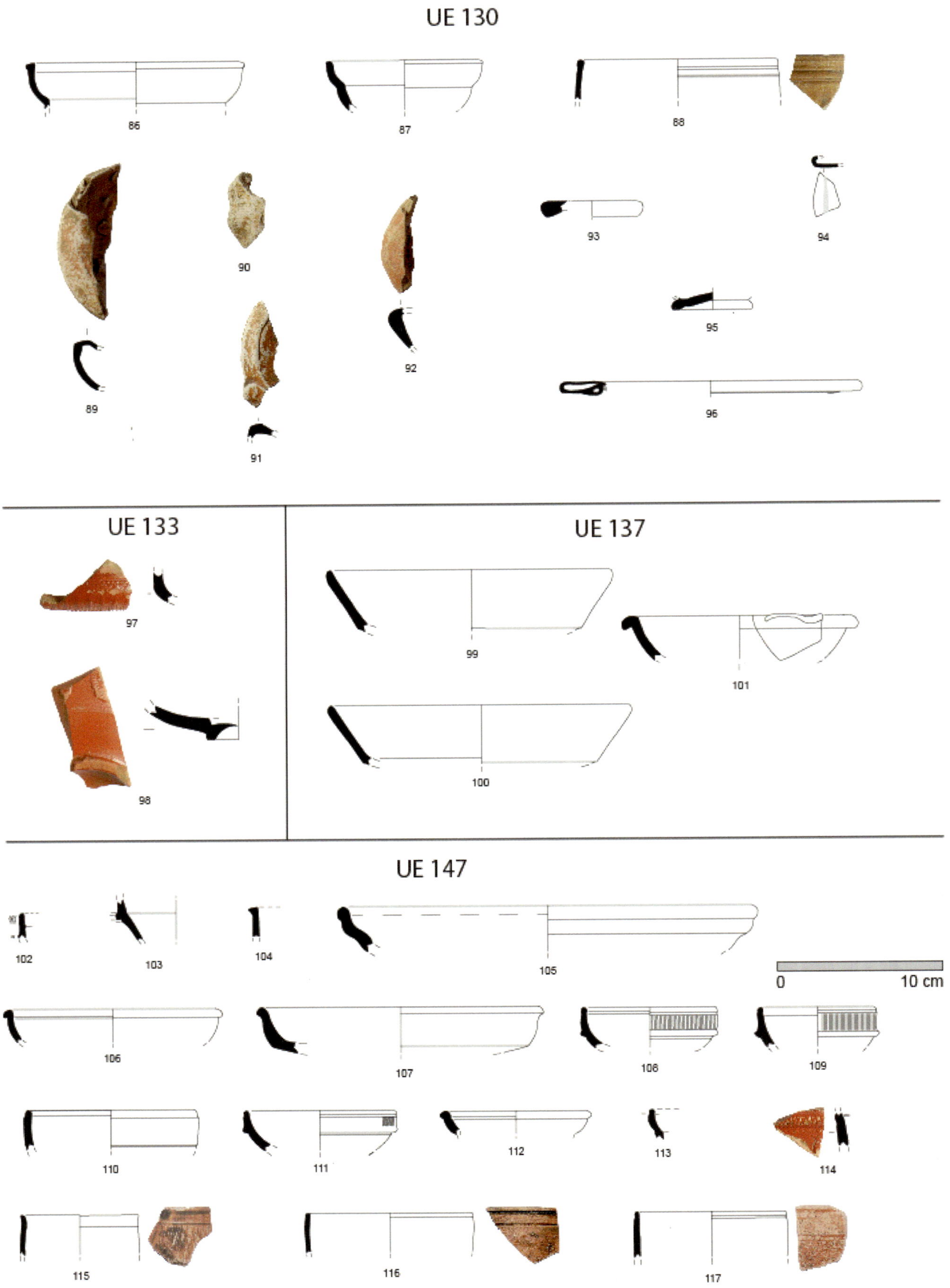

Figura 12. Materiales de las UEs flavias.

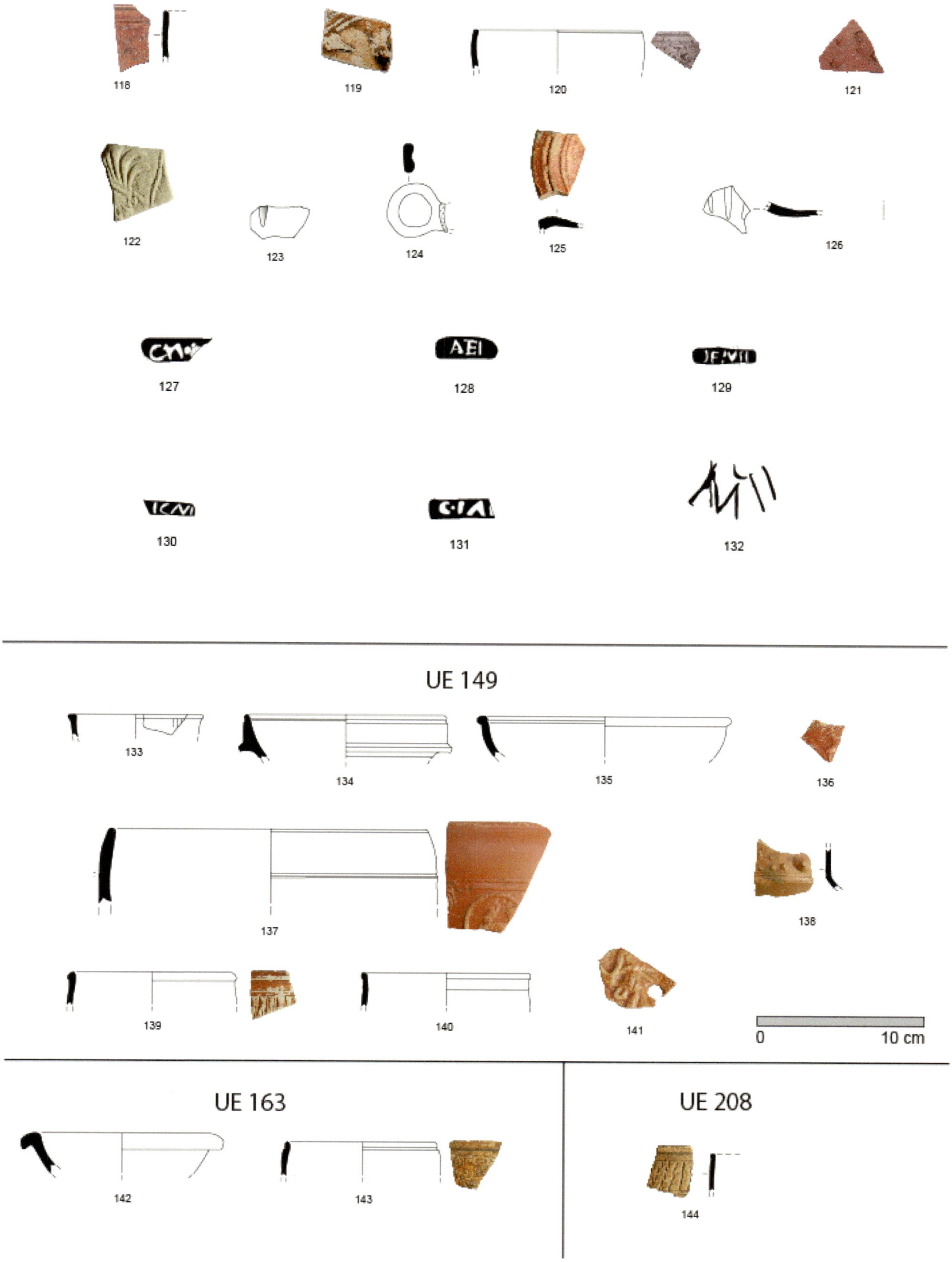

Figura 13. Materiales de las UEs flavias.

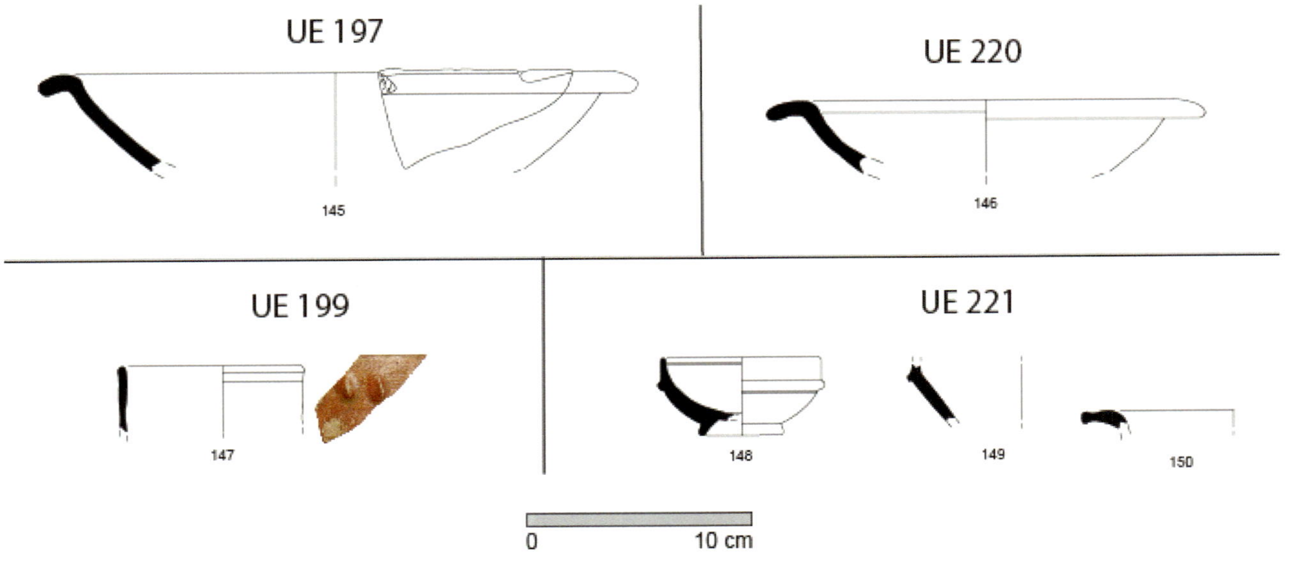

FIGURA 14. MATERIALES DE LAS UES FLAVIAS.

En el caso de las paredes finas, *Augusta Emerita* domina y el tipo Mayet 37 es hegemónico. En el plano decorativo, la decoración arenosa domina con 17 fragmentos (2 de Mayet 37), seguida por la barbotina con 10 fragmentos (4 mamilados, 3 vegetales, 2 hojas de agua y 1 lúnula), donde se encuentran los tipos Mayet 37 (3 casos) y Mayet 38 (1 caso).

El conjunto vítreo sigue reducido al tipo Isings tipo 3, como en la etapa claudio-neroniana, pero en las lucernas, se introduce la producción africana, ausente en la temporada anterior.

Como en la fase claudio-neroniana, hay solamente un graffiti en la fase de flavia (¿o en este caso, nero-vespasiana?) (Figura 13, **nº 132**), ya no con una simple marca de posesión, X, pero ahora con un nombre truncado, ME[, con la letra E en cursivo.

La UE 90 (Figura 17 **y** Figura 11, **nºs 59-81**), imediatamente posterior, puede ser de cronología vespasiana. La Sig-sg es totalmente residual y la Sig-it reduce su residualidad tipo Drag. 29, pero ahora contiene un tipo coherente con una que data de finales del tercer cuarto del siglo I, la Drag. 35, aunque con un solo ejemplar. También el alfarero *Passenus* centra su cronología en una época nero-vespasiana, en la década del 80 d.C.. El porcentaje de las importaciones sudgálicas (33,3%) disminuye en contrapunto al aumento significativo de las importaciones hispánicas, escasas en la fase anterior.

En la UE 90, La Rioja representa 30,3%, equiparando a los productos de la *Gallia*. La única presencia de Drag. 36 y sobretodo Drag. 35 es relevante en términos cronológicos, lo que nos situa claramente en la época flavia. La Drag. 37 (sin diseños) tiene dos fragmentos: uno con decoración metopada, en lo cual la metopa inferior tiene motivo animal indeterminado y círculo concéntrico, separados por 4 líneas verticales onduladas; otro, en tamaño cercano a las Hemisféricas Decoradas (Aj.1), con dos frisos de círculos concéntricos, donde los círculos se alternan con motivo vegetal vertical. Tenemos temáticas o morfologías que apuntan a una transición cronológica en una fase que todavía no es plenamente flavia.

En la Drag. 27, en 4 bordes, 3 son lisos, como ocurre en las morfologías eminentemente hispanas y 1 tiene acanaladura debajo del borde, lo que lo acerca, aunque no sea moldurado, de los bordes más antiguos, en la teoría de Mayet (1984) (Figura 11, **nº 67**). Andújar presenta, en esta UE 90, su presencia más antigua en *Ammaia* – con 2 individuos representa sólo 1/10 en comparación con el comercio tarraconense. La Drag. 27 es de morfología hispánica, con borde liso, y la Drag. 35 situa igualmente este comercio bético en época flavia.

En las paredes finas, *Augusta Emerita* mantiene el dominio y la hegemonía de la decoración arenosa (9 fragmentos indeterminables) sobre la barbotinada (2 fragmentos indeterminables pequeños mamelones aplicados). La ruleta, inexistente, tiene un solo caso en la UE 147. Si se recuerda que ella viene con sólo dos fragmentos (1 de 43 Mayet) en la fase de Claudio-Nerón, pero que, en la fase flavia, aumenta claramente hacia 10 fragmentos, solidificando la relación de porcentaje en comparación con las otras decoraciones, y que amplía su gama formal (Mayet 36, 36 o 37, 37, 38 y 43), entonces podemos preguntar si la decoración roletada alcanza proporciones mayores solamente en época posvespasiana.

Fase	Arenosa		Barbotina		Ruleta	
	Quant.	%	Quant.	%	Quant.	%
Claudio-Nerón	22	64,7	10	29,4	2	5,8
Flavios	33	55	17	28,3	10	16,6

FIGURA 16. EVOLUCIÓN ESTRATIGRÁFICA DE LAS DECORACIONES EN LAS PAREDES FINAS DE AUGUSTA EMERITA.

Clase	Forma	Frags.	NMI	NMI Prod.	% NMI Producción	Obs.	Nº Figura
Sig-it	Consp.22	1	1	6	10,3		Fig. 12, nº 102
	Consp.23	2	2				Fig. 12, nº 103
	Consp.27	1	1				Fig. 12, nº 104
	Cuenco	3	1			1 marca; 1 grafito	Fig. 13, nºs 128, 132
	Ind.	7	1			1 marca	Fig. 13, nº 127
Sig-sg	D15/17	2	2	26	44,8		
	D16	1	1				Fig. 12, nº 105
	D18	2	2				Fig. 12, nº 107
	D24/25	10	10			1 marca	Fig. 12, nº 108-111, Fig. 13, nº 129
	D27	3	1				
	D27b	2	2				Fig. 12, nº 112
	D27c	1	1				Fig. 12, nº 113
	Ritt.5c	2	2				
	Ritt.8a	1	1				Fig. 12, nº 106
	D29	1	1				Fig. 12, nº 114
	Prlao	6	1				
	Cuenco	3	1				
	Ind.	8	1			1 marca	Fig. 13, nº 130
Sig-La Rioja	Plato	1	1	1	1,7	1 marca	Fig. 13, nº 131
Parfin-*Augusta Emerita*	Mayet 36	1	1	15	25,8		
	Mayet 37	12	11				Fig. 12, nº 115-117, Fig. 13, nº 118-119
	Mayet 38	2	2				
	Ind.	29	1				
Parfin-*Hispania*	Mayet 37	1	1	2	3,4		Fig. 13, nº 120
	Ind.	2	1				
Parfin-Ind.	Ind.	1	1	1	1,7		Fig. 13, nº 121
Luc-Cadiz	Volutas	2	2	5	8,6		Fig. 13, nº 123
	Disco	1	1				
	Dr.20	1	1				Fig. 13, nº 124
	Ind.	6	1				Fig. 13, nº 122
Luc-Africa	Den.7B	1	1	1	1,7		Fig. 13, nº 125
Vidrio	Isings 3/AR 2	1	1	1	1,7		Fig. 13, nº 126
Total		**117**	**58**	**58**	**100**		
Residualidad: 10,3%							
Intrusibilidad: 0%							

FIGURA 15. CUANTIFICACIÓN TOTAL DE LA UE 147, NERÓN-VESPASIANA (?).

En las lucernas, el litoral bético mantiene su dominio (que como sabemos, sin embargo, es compartido con *Augusta Emerita*, tanto en fase claudio-neroniana como flavia). África mantiene su presencia singular y *Augusta Emerita*, ocasionalmente ausente en la UE 147, ahora tiene un solo ejemplar. El predominio del litoral bético, en estos dos UEs, 147 y 90, es sugestivo sobre el marco cronológico de este comercio de iluminación bético, cuya similitud porcentaual con *Augusta Emerita* puede extenderse hipoteticamente hasta la década de 70 del siglo I d.C.. Podemos preguntarnos si la prevalencia de las lucernas en la capital lusitana debe concretizarse sólo a partir de los años 80 del siglo I d.C..

El conjunto vítreo también amplía su gama tipológica, aunque todos los fragmentos todavía pertenecen a un solo color, el verde-hielo (en la UE147 el único fragmento presente es verde). A la continuidad de la copa Isings 3, se junta ahora la introducción de la botella prismática Isings 50, con pared delgada (Figura 11, **nº 80**).

3.3. Fase del segundo cuarto del siglo II

Un único contexto pertenece a esta fase: una fosa en el estacionamiento, que pertenecia, en el plan de la ciudad romana, al área habitacional. Esta fosa se llenó en poco tiempo, lo que permitió una consistencia tipológica grande con respecto a los materiales finos presentes.

Discusión general

Esta UE zanja del "estacionamiento" (Figuras 18 y 19) cuenta con tres producciones de *sigillata* con escasos fragmentos. La Sig-it y la Sig-sg son ya residuales (2,17%) y la Sig-hisp de Andújar, aunque no residual, presenta sólo 5 fragmentos indeterminables. ¿Significa esto que los alfareros de Andújar, que habían logrado, aunque en baja cantidad, el mercado de *Ammaia* en época flavia, ahora son prácticamente incapaces de extenderse a mercados interiores de la Lusitania meridional? Otra nota importante en este contexto es la ausencia de paredes finas. ¿Significa esto que las producciones emeritenses y regionales hispánicas ya no existen en este momento, o esta ausencia es debida principalmente al hecho de que se trata de

Clase	Forma	Frags.	NMI	NMI Prod.	% NMI Producción	Obs.	Nº Figura
	Isings 3/AR 2	1	1				
Vidrio	Isings 50/AR 156	1	1	5	7,5		Fig.11 , nº 80
	Vidrio de ventana	4	3				Fig. 11, nº 81
Luc-Africa	Den. 5G	1	1	2	3		Fig. 11, nº 79
	Ind.	1	1				
Luc-*Augusta Emerita*	Disco	1	1	1	1,5		Fig. 11, nº 78
	Dr.9	1	1				Fig. 11, nº 77
Luc-Cadiz	Volutas	1	1	3	4,56		
	Ind.	7	1				
	Consp.22	3	3				Fig. 11, nº 59-61
Sig-it	Consp.33	2	1	5	7,5		
	Ind.	1	1				
	D18	1	1				
	D24/25	5	4				Fig. 11, nº 63
	D27	7	1				
	D27b	6	6				Fig. 11, nº 64-66
	D27c	2	2				
Sig-sg	D35	1	1	22	33,3		
	Ritt.5a	1	1				Fig. 11, nº 62
	Plato	2	1				
	Cuenco	9	1				
	D29	2	2				Fig. 11, nº 68-69
	D30	1	1				
	Ind.	15	1				
	D15/17	3	3				
	D27	9	5				Fig. 11, nº 67
	D35	5	5				
	D36	2	2				
Sig-La Rioja	Plato	3	1	20	30,3		
	Cuenco	3	1				
	D30	1	1				
	D37	2	1				
	Ind.	15	1				
Sig-Andújar	D27	1	1	2	3		
	D35	1	1				
	Mayet 37	1	1				Fig. 11, nº 70
Parfin-*Augusta Emerita*	Mayet 38	2	1	4	6		Fig. 11, nº 72-73
	Mayet 43	1	1				Fig. 11, nº 71
	Ind.	18	1				Fig. 11, nº 74-76
Parfin-*Hispania*	Ind.	3	1	1	1,5		
Parfin-*Baetica*	Ind.	1	1	1	1,5		
Total		**147**	**66**	**66**	**100**		
Residualidad: 9%							
Intrusibilidad: 0%							

FIGURA 17. CUANTIFICACIÓN TOTAL DE LA UE 90, VESPASIANA (?).

una UE del sector habitacional y no de las termas, al revés de las fases anteriores?

En este sentido, también es intrigante la ausencia de vidrios, tan abundante en las termas en las fases anteriores (y también en las fases tardías: Quaresma 2014a-d). Esta ausencia de paredes finas y vidrios puede tener una explicación que reside en la localización espacial de esta UE en la ciudad, que da pautas tipológicas diferentes a las que se encuentran en las UEs alto-imperiales de las termas, donde, por desgracia, no tenemos UEs atribuibles a esta era. En esta fase estratigráfica, la *terra sigillata* aumenta en gran medida su porcentaje al 91,4%, logrando la hegemonía en materiales finos. La fase estratigráfica siguiente, que hemos estudiado en otro trabajo (Quaresma 2014a-d), data de la segunda mitad del siglo II (?), o muy probablemente del siglo III y muestra una tasa de residualidad media de 84,5%, para un total de sólo 21 individuos que se distribuyen por una gama tipológica grande: Sig-sg (19%), Sig-hisp de La Rioja (24%), parfin de *Augusta Emerita* (14%), lucernas del litoral bético (5%), lucernas beticas (9%), lucernas de *Augusta Emerita* (10%) y vidrios (19%).

La residualidad de esta fase se confirma no sólo por lo tipos que presentan como por sus morfologías y pastas. El siglo II sigue siendo así, tan difícil de caracterización comercial y incluso cronológica en *Ammaia*, y para eso contribuye que la importación de *sigillata* africana A no logre penetrar en esta ciudad interior, fenómeno recurrente (resumen en Quaresma

2012, capítulo 4), aunque los vasos finos de mesa africanos (Hayes 8A) lleguen a *Augusta Emerita* en la década de 80 del siglo I d.C (Bustamante 2013: 169).

La gran producción es la Sig-hisp de La Rioja, dominada por el binomio Drag. 15/17 y 27, con el primer tipo en claro dominio. Los diámetros del plato Drag. 15/17 varían entre 210 y 280mm y, en 19 bordes, solo dos tienen acanaladura inferior externa. Los restantes 17 bordes son lisos. El perfil de la Drag. 15/17 (Figura 19, **nºs 151-153**) presente en esta UE encuadra estos individuos en la morfología más tardía, hispánica, definida por Mayet (1984). La Drag. 27 (Figura 19, **nºs 154-155**) pertenece también a la morfología hispánica definida por Mayet (1984). Sus cuartos de círculos superiores son poco encurvados y los diámetros diagnosticados algo pequeños: 110 y 93mm (Figura 19, **nºs 154-155**).

La Drag. 37a es la única forma lisa y su decoración pertenece al estilo de círculos que surge en los años 60/70 del siglo I d.C., según Saénz Preciado (1998: 154-5). Un individuo presenta gran círculo; un segundo, con 180mm de diámetro y perfil ligeramente carenado (Figura 19, **nº 158**) tiene dos frisos de círculos concéntricos con motivo vegetal en el interior, alternados con motivo vegetal (hoja inferior y rosetas en la parte superior) (Bustamante 2013, est. 257, nº 4, para el motivo dentro del círculo); y un tercero (Figura 19, **nº 159**), de perfil esvasado, tiene friso superior de círculos con rosetas de cinco pétalos en el interior (Bustamante 2013, est. 223, nº 4 e est. 222, nº 3).

Dos formas predominantemente hispánicas están presentes: la Hisp. 17, con ruleta sobre la aba oblicua, 210mm de diámetro y asa ciega sobre el borde de la aba (Figura 19, **nº 157**). Pero más importante es la presencia de un individuo de Hisp. 77, copa ancha, con 340mm de diámetro (Figura 19, **nº 156**), que M. Bustamante (2013: 756) data de 110 al 180 d.C. en la estratigrafía del *suburbio norte* de *Augusta Emerita*. Este tipo situa esta UE inmediatamente en la primera mitad del siglo II, pero el análisis de marcas de La Rioja nos permite afinar la cronología del estrato.

En total se diagnosticó 6 marca de La Rioja. La primera es una cartela rectangular con marca ilegible en cuenco. La segunda tiene el texto OF[, con cartela de lados menores cóncavos, sobre Drag. 15/17; el tercer caso es un fragmento de copa, con cartela rectangular sinuosa de lados menores redondeados, con texto anepígrafo EX O IIIIIIA (?) (Figura 19, **nº 161**), de que sólo la parte clara es la expresión EX O(*fficina*) – nombre de alfarero indescifrable. Ninguna de las marcas anepígrafas del *suburbio del norte* de *Augusta Emérita* se asemeja a esta punción (Bustamante 2013).

El cuarto caso pertenece al alfarero *Sempronius* (Figura 19, **nº 157**), con marca OF.SE de la marca OF.SE[en cartela rectangular de Hisp. 17. Roca Romens y Fernández García (1999: 295) asignan este alfarero a La Rioja y Sáenz Preciado y Sáenz Preciado (1999: 124) inventarian las marcas de OF SEMP e OF SEM en Drag. 15/17, 27, 18, 35 y Hisp. 4, pero nunca en Hisp. 17. Las Hisp. 4 detectadas exhiben la marca SEMP y son consumidas en el centro y norte de la península (Astorga y Ciudad Real). La punción de Ammaia no surge en el *suburbio norte* de *Augusta Emerita*, donde este alfarero tiene 25 marcas y está fechado entre Vespasiano y mediados del siglo II (Bustemente 2013: 693).

El quinto caso respecta a *Valerius Paternus*, en Drag. 27, con cartela rectangular de lados más pequeños redondeados y texto OFVAPA con la letra A siempre sin el vástago (Figura 19, **nº 155**). Roca Romens y Fernández García (1999: 296) atribuyen este famoso alfarero a La Rioja y Sáenz Preciado y Sáenz Preciado (1999: 130) inventarian la punción OFVAPA impresa también en Drag. 27 con este tipo de cartela. En el *suburbio norte* de *Augusta Emerita*, el alfarero *Valerius Paternus* es por lejos el más representado, con 111 marcas, y en estas la punción OFVAPA es importante, como ocurre en otros lugares en la parte occidental de la península, donde surge normalmente en Drag. 27. Esta punción OFVAPA surge sólo a partir de Adriano en la estratigrafía del sector ya mencionado emeritense y, desde entonces y hasta principios del siglo III, representa 90% de las punciones del alfarero. Bustamante (2013: 697) considera que esta es la tercera etapa de la producción del alfarero, en que ocurre la simplificación de su nomenclatura. Esta cartela permite entonce fechar la UE "vala do estacionamento" en el segundo cuarto del siglo II.

El sexto caso es un fondo indeterminado con cartela rectangular y texto OFMANP (Figura 19, **nº 160**). En el *suburbio norte* de *Augusta Emerita*, sólo se identificó un alfarero *Manlius* con punción EX.OF.MNL, en *tabula ansata* sobre Drag. 15/17 de estrato de la década de 80 del siglo I d.C. (Bustamente 2010: 688). Saenz Preciado y Sáenz Preciado (1999: 110) inventarian 4 alfareros similares, pero diversos del alfarero presente en *Ammaia*:

- Un alfarero MAMILIVS PRAESENS (?) (= Mayet 1984, nº 346), con marca <u>MA</u>MILLI.P.OF, de cartela rectangular, en Drag. 27 de *Tarraco*.
- Un alfarero MANLIVS (= Mayet 1094, nºs 347-349) con punción E]X.O. <u>MAN</u>LI, de cartela rectangular, en Drag. 27 de *Segobriga*; punción EX.OF <u>MAN</u>[LI] em *tabula ansata* de León; punción EX OF <u>MA</u>NLI tambien em *tabula ansata* sobre Drag. 27 del Norte de Africa; y punción <u>MA</u>NLI [, en cartela rectangular sobre Drag. 27 del Norte de Africa.
- Um alfarero MANLIVS LVTEVS (?) (= Mayet 1984, nº 345), con punción MALVTI, en cartela rectangular de lados menores redondeados, sobre Drag. 27 de Troia.
- Un alfarero MANLIVS MATERNVS TRITIENSIS, con punción <u>MA</u>NLI.MAT.T, en cartela rectangular de lados menores redondeados, sobre Drag. 18 de Aramenha (= Comfort 1959, n ° 2, *apud* Preciado Sáenz y Sáenz Preciado 1999: 110).

La cartela OFMANP puede entonces pertenecer a un nuevo alfarero, hasta ahora no diagnosticado en la bibliografía.

Sugerimos la lectura (EX) OF(*ficina*) MAN(*lii*) P(*raesentis*) de un alfarero *Manlius Praesens*, cuya única prueba es este ejemplar ammaiense del segundo cuartel del siglo II.

El único graffiti de este contexto tiene el texto I VAL[sobre el **nº 157** (Figura 19), del alfarero *Sempronius*. Es probable que muestra el gentilício *Valerius* precedido por el *cognomen*: proponemos un genitivo]I VAL[ERI]I.

Todas las lucernas son de producción emeritense. El tipo de Deneauve 5G empieza su fabricación en el siglo anterior (Bussière 2000) y en *Augusta Emerita* surge en el *floruit* Nerón-Vespasiano, siendo muy importante a mediados del siglo II (Rodríguez Martín 2002: 212). El **nº 163** (Figura 19) presenta sobremoldagen evidente. El tipo de volutas es el más representado en una UE donde uno esperaría una presencia importante de lucernas de disco, que están completamente ausentes. El **nº 162** (Figura 19), con tres acanaladuras a separar la orla clásica (perfiles Loeschcke I-IVb: Bailey 1988: ix), también muestra sobremoldagen y un disco con *Victoria* frontal, con un disco en su mano derecha, bastante frecuente en *Augusta Emerita*, especialmente en Dressel 11 de GABINIA del siglo I, como dijimos anteriormente (Rodríguez Martín 2002: 72). El **nº 164** (Figura 19), con orla suave y voluta sobremoldada, tiene una sola acanaladura para separar la orla del disco.

Esta lucerna de volutas con hombro ablandado, tipo Loeschcke IV (perfiles Loeschecke V-VIIIb: Bailey 1988: ix), tipo citado en los niveles claudio-neronianos y flavios (Bussière 2000, nºs 321-499) (Figura 19, **nºs 6, 13 y** Figura 19, **nº 91**), demuestra una vez más que en los casos de fragmentos de orla ablandada con una única moldura, nos podríamos hacer frente a lucernas de volutas. De hecho, a lo largo de la estratigrafía, los pocos ejemplos que preservan la orla cerca del bico denuncian este tipo y no en el disco. La presencia de este tipo de moldura desde epoca claudio-neroniana y la ausencia de lucernas de disco en esta UE del segundo cuarto del siglo II nos hace pensar que tal vez una buena parte de los fragmentos de orla clasificados como lucernas de disco, con una sola acanaladura, son en realidad lucernas de volutas la orla cercana a la orla típica de lucernas de disco.

Al nivel decorativo, el **nº 164** muestra a un Sátiro tocando flauta dual, conocida en *Augusta Emerita* (Rodríguez Martín 2002: 61), pero no con esta punción en el que el Sátiro se mueve a izquierda y la flauta es perpendicular a la cabeza. Este ejemplar en buen estado tiene sin embargo alguna sobremoldage, que es muy grave en la parte inferior del reservatorio, donde leemos]OPI[, con reservas. El alfarero C.OPPI.RES habrá trabajado en *Augusta Emerita* desde la época flavia hasta mediados del siglo II según Rodríguez Martín (2002: 212), aunque sea originario de Italia, donde está fechado en la misma época. Además de la cucursa de *Augusta Emerita* es posible que también haya trabajado en África del norte (Casa i Genover; Soler i Fusté 2006: 48-49).

4. Notas para algunas conclusiones

La estratigrafía de *Ammaia* demostró ser una importante contribución al conocimiento de la evolución de los circuitos comerciales dentro de la *Lusitania* y una contradicción a los datos estratigráficos conocidos en *Augusta Emerita*, especialmente en su sector *suburbio norte* (Bustamante 2013), cuya publicación importante es la principal síntesis para la diacronía de la capital provincial.

Clase	Forma	Frags.	NMI	NMI Prod.	% NMI Producción	Obs.	Nº Figura
Sig-it	Ind.	2	1	1	2		
Sig-sg	Plato	1	1	1	2		
Sig-Andújar	Ind.	5	1	1	2		
Sig-La Rioja	D15/17	32	20	41	85,4		Fig.19, nºs 151, 152, 153
	D27	7	6			1 marca	Fig.19, nºs 154 155
	D37a	3	3				Fig. 19, nº 158, 159
	Hisp.17	1	1			1 marca, 1 grafito	Fig. 19, nº 157
	Hisp.77	1	1				Fig. 19, nº 156
	Cuenco	8	8				
	Bol	1	1			1 marca	Fig. 19, nº 161
	Ind.	44	1			1 marca	Fig. 19, nº 160
Luc-*Augusta Emerita*	Volutas	4	1	4	8,3		Fig. 19, nº 162
	Loeschcke IV	1	1				Fig. 19, nº 164
	Den. 5G	1	1				Fig. 19, nº 163
	Ind.	3	1				
Total		**114**	**48**	**48**	**100**		
Residualidad: 4,1%							
Intrusibilidad: 0%							

FIGURA 18. CUANTIFICACIÓN TOTAL DE LA UE VALA DO ESTACIONAMENTO.

Catálogo

151 AM-04-A-[Z19]-s/n inv. (Sig-hisp-La Rioja – Drag. 15/17)
152 AM-03-A-[A19]-1 (Sig-hisp-La Rioja – Drag. 15/17)
153 AM-04-A-[Z20]-6 (Sig-hisp-La Rioja – Drag. 15/17)
154 AM-03-A-[A2]-1 (Sig-hisp-La Rioja – Drag. 27)
155 AM-03-A-[B16-C16]-1 (Sig-hisp – La Rioja – Drag. 27 – alfarero *Valerius Paternus*)
156 AM-04-A-[Z19]-s/n inv. (Sig-hisp – La Rioja – Hisp.77)
157 AM-04-A-[Z21]-1 (Sig-hisp – La Rioja – Hisp.17 – alfarero *Sempronius*)
158 AM-04-A-[Z20]-3 (Sig-hisp – La Rioja – Drag. 37a)
159 AM-03-A-[A2]-9 (Sig-hisp – La Rioja – Drag. 37a)
160 AM-04-A-[Z20]-s/n inv. (Sig-hisp – La Rioja – ind. – alfarero *Manlius Praesens*?)
161 AM-03-A-[A4]-1 (Sig-hisp – La Rioja – bol)
162 AM-03-A-[A2]-8 (Luc-*Augusta Emerita* – Volutas)
163 AM-03-A-[A3]-5 (Luc-*Augusta Emerita* – Den.5G)
164 AM-04-A-[Z19]-10 (Luc-*Augusta Emerita* – Loeschcke IV. Alfarero C.OPPI.RES ?)

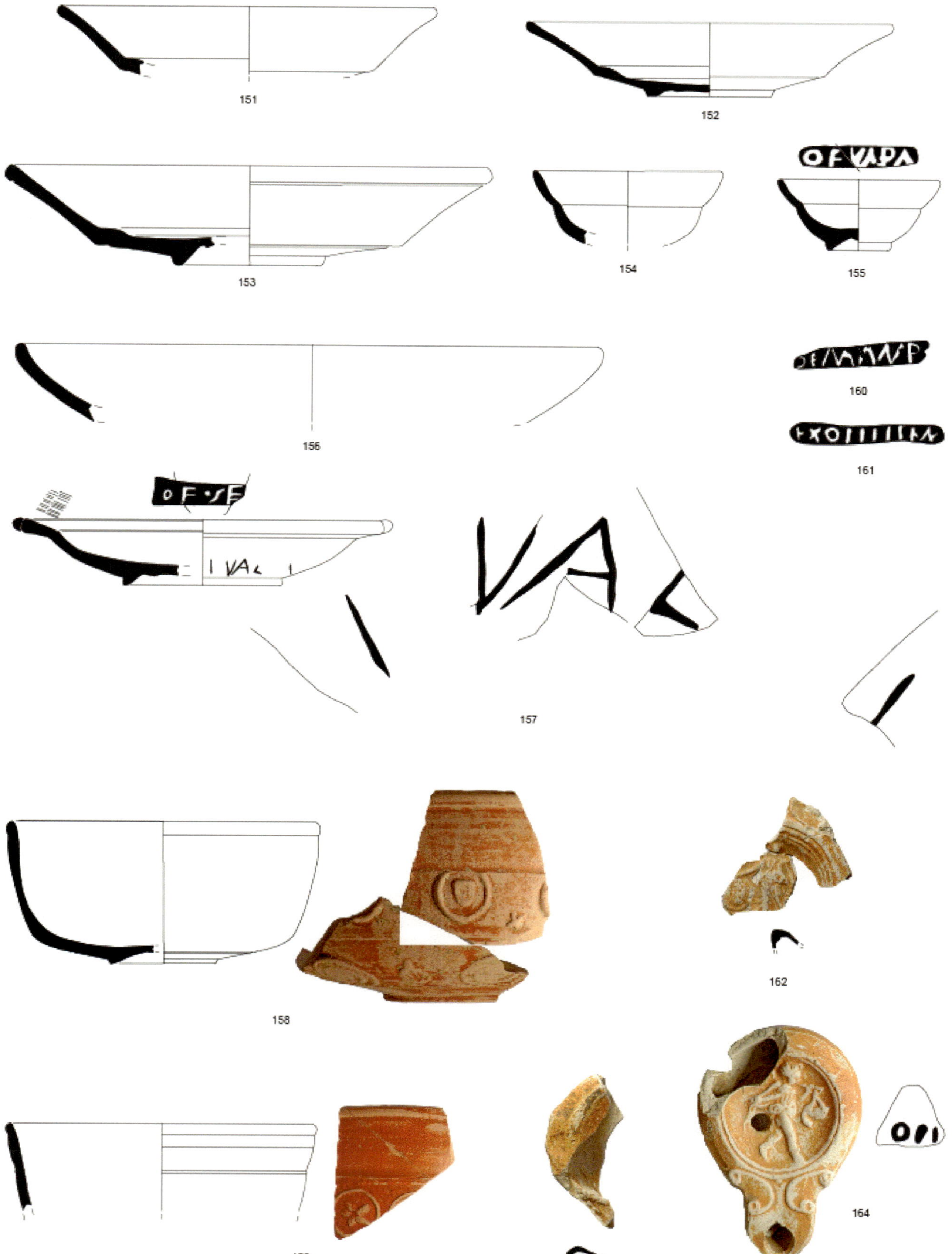

Figura 19. Materiales de la UE vala do estacionamento (segundo cuarto del siglo II).

La ausencia de las importaciones de *terra sigillata* hispánica en sus niveles pré-flávios, además de las situaciones conocidas en muchos otros sitios peninsulares tiene un contrapunto en otro lugar del litoral catalán, en *Baetulo* (Madrid Fernández 1999; Aquilué 1987; Montserrat Comas; *et al.* 1994), en la costa sudoeste, en *Mirobriga* (Quaresma 2012; en prensa) y en la propia área emeritense, en *Ammaia*. Los niveles de esta última ciudad, ahora presentados, son los más significativos, en el universo estadístico y en la variedad de tipos en contextos que permiten un análisis sincrónico con otros artículos comerciales, en particular las lucernas y paredes finas. Concluimos que la producción de los alfareros hispanos de *terra sigillata* tiene serias dificultades en la difusión de sus productos hasta c.70 d.C., como sostuvimos anteriormente (Quaresma 2012). Los 5,2% de La Rioja en los niveles claudio-neronianos (además de la escasa *sigillata* hispánica precoz) determinan um início de producción de esta área en esta época, aunque solo logre proporciones relevantes de mercado en época flavia.

Por otra parte, Andújar (siempre mal representado en las zonas del interior) aparece sólo en los niveles flavios, pero, en la costa, en *Mirobriga*, anticipa el valle del Ebro y es la única producción hispánica en el tercer cuarto del siglo I (Quaresma 2012; en prensa). Importante en época flavia sigue siendo La Graufesenque, que mantiene el liderazgo en el mercado ya vivido en la fase anterior. Ya en *Augusta Emerita*, a partir de c.70 d.C., la *sigillata* hispánica llega a ser dominante y termina en el principio de Trajano (Bustamante 2013). En *Ammaia*, la falta de niveles de Domiciano y Trajano permite decir que, al menos en el segundo cuarto del siglo II, la *sigillata* hispánica es la sola adquirida en este centro de consumo.

Las paredes finas emeritenses dominan esta tipología en las fases claudio-neroniana y flávia de *Ammaia* y su comercialización ya no puede llegar al mercado en el segundo cuarto del siglo II (como ninguna otra producción de paredes finas). Así, en la segunda mitad del siglo I, la concurrencia se hace, a distancia, por la *Baetica* y la *Baetica* litoral (el litoral sólo en época flavia?) y por las producciones que definimos como hispánicas regionales de pasta gris, con o sin superficie/ engobe naranja y con los tipos Mayet, 26, 37 y 38. Al nivel de la evolución estilística de *Augusta Emerita*, la estratigrafía ammaiense permite comprobar un aumento de la importancia de la ruleta, en función de una disminución de las decoraciones arenosa (Figura 16).

En las lucernas, el mercado ammaiense se divide entre por las cerámicas emeritenses y beticas litorales, en Claudio-Nerón y en los Flavios. En ambas fases, la *Baetica* es escasa y, en la fase flavia, se presentan las importaciones africanas, ausente sin embargo en el segundo cuarto del siglo II. El comercio africano, que nunca incluye la *terra sigillata* africana A o cerámica africana de cocina (aunque el primero se presenta en época flavia, en *Augusta Emerita*: Bustamante 2013), es una experiencia tímida en estos esapacios interiores del último cuarto del siglo I y la primera mitad (o más) del siglo II. En el segundo cuarto del siglo II, además de la ya mencionada exclusividad de la *sigillata* de La Rioja, las lucernas son exclusivamente emeritenses.

En estas regiones interiores donde la falta de importaciones de *terra sigillata* africana A o de cerámica africana de cocina dificulta grandemente la datación de contextos del siglo II y incluso la demarcación de la cronología final de los contextos flavios, que puede alcanzar hipotéticamente el primer cuarto del siglo II (y así, flavio-antoninos), la estadística de la importación de *sigillata* es una herramienta importante. La evolución de otras tipologías, como las lucernas y paredes finas, menos conocidas, es otro instrumento datante con necesidad urgente de conocimiento como complemento de la *sigillata*, hablando del universo cerámico.

Bibliografía

Amores, F. y Keay, S. J. (1999) Las sigillatas de imitación tipo Peñaflor. Una série de hispánicas precoces. In Roca Roumens, M. y Fernández García, M. I. (coords.) *Terra sigillata hispánica. Centros de fabricación y producciones altoimperiales*: 235-252. Málaga: Universidad de Jaén / Universidad de Málaga.

Aquilué Abadias, J. (1987) *Las cerámicas africanas de la ciudad romana de Baetulo (Hispania Tarraconensis)*. (BAR International Series 337). Oxford.

Aquilué Abadias, J. *et al.* (2005) Presencia de producciones sigillatas sudgálicas en las excavaciones realizadas en el foro de la ciudad romana de Empúries (L'Escala, Alt Empordà). In : Nieto, X. *et al.* (eds.) *La difusió de la terra sigillata sudgàl.lica al nord d'Hispania* (Monografies; 6): 199-239. Barcelona: Museu d'Arqueologia de Catalunya.

Beltrán Lloris, M. *et al.* (1998) *Colonia Victrix Iulia Lepida-Celsa (Velilla de Ebro, Zaragoza)*. III. 1 (*El Instrumentum Domesticum de la «Casa de los Delfines»*). Zaragoza: Institución Fernando El Católico.

Bémont, C. (1976) *Recherches méthodologiques sur la céramique sigillé. Les vases estampillés de Glanum* (Boletin de l'École Française à Rome 227).

Borges, S. (2002) Cidade romana de *Ammaia* – as termas do fórum. *Ibn Maruan. Revista cultural do concelho de Marvão* 12: 85-98.

Bussière, J. (2000) *Lampes antiques d'Algérie. Monographies Instrumentum* 16. Montignac: Éditions Monique Mergoil.

Bustamante Álvarez, M. (2013) *Terra Sigillata hispânica en Augusta Emérita (Mérida, Badajoz). Valoración tipocronológica a partir de los vertederos del suburbio norte* (Anejos de Archivo Español de Arqueologia 65).

Cailleux, A. (s.d.) *Notice sur le Code des Couleurs des Sols*. Boubée.

Casas I Genover, J. y Sole I Fusté, V. (2006) *Llànties romanes d'Empúries. Materiales augustals i alto-imperials.* Girona: Museu d' Árqueologia de Catalunya (Monografies Emporitanes 13).

Corsi, C. y Vermeulen, F. (2007) Elementi per la ricostruzione del paesaggio urbano e suburbano della città romana di *Ammaia* in *Lusitania*. *Archeologia Aerea* 3: 13-30.

Dannell, G.;Dickinson, B. y Vernhet, A. (1998) Ovolos on Dragendorff form 30 from the collections of Frédéric Hermet and Dieudonné Rey. In Bird, J. (ed.) *Form and fabric. Studies in Rome's material past in honour of B. R. Hartley* (Oxbow Monograph 80): 69-110.

Dupré I Raventos, X. y Carreté I Nadal, J. M. (1993) *La "Antiga Audiència". Un acceso al foro provincial de Tarraco*. Madrid: Ministerio de Cultura (Excavaciones Arqueológicas en España 165).

Encarnação, J. d' (1984) *Inscrições romanas do conventus pacensis*. Coimbra: Faculdade de Letras de Coimbra. Instituto de Arqueologia.

Escrivá Torres, V. (1989) *La cerámica romana de Valentia. La Terra Sigillata hispánica*. València: Ajuntament de València (Série Arqueológica Municipal 8).

Ettlinger, E.; *et al.* (1990-2002) – *Conspectus formarum terrae sigillatae italico modo confectae*. (Materialen zur römisch-germanischen Keramik Heft 10). Bonn: Habelt.

Farine, B. (1996) La Graufesenque: évolution d'une chaussée au cours du Ier siècle de notre ère : structures et céramiques sigillées. *SFECAG. Actes du Congrès de Dijon*: 209-236.

Fernandes, L. (2001) Capitéis romanos de *Ammaia* (S. Salvador de Aramenha – Marvão). *O Arqueólogo Português Série* IV.19: 95-158.

Fernández-Galiano, D. (1984) *Complutum. I. Excavaciones* (Excavaciones Arqueológicas en España 137). Madrid: Ministerio de Cultura.

Garabito Gomez, T. (1978) – Los Alfares Romanos Riojanos. Produccion y Comercializacion (Bibliotheca Praehistorica Hispana;16). Madrid: Consejo Superior de Investigaciones Cientificas.

Genin, M. *et al.* (2007) *La Graufesenque (Millau, Aveyron)*. Vol. II (*Sigillées lisses et autres productions*). Aquitania: Éditions de la Féderation Aquitania.

Genin, M. y Rascalou: (2004) Un ensemble homogène du milieu du Ier s. ap. J.-C.: le matériel céramique de la fosse 9003. In Thernot, R., Bel, V. y Maune, S. (dirs.) *L'établissement rural antique de Soumaltre (Aspiran, Hérault) terme, auberge, nécropole et atelier de potiers en bordure de la voie Cessero – Condatomagus (Ier Iie s. apr. J.-C.)* (Colléction Archéologie et Histoire 14): 133-168. Montagnac: Éditions Monique Mergoil.

Godard, C. (1992) Une réserve de céramiques de l'époque de Claude à Vienne (Isère). *SFECAG. Actes du Congrès de Tournai*: 239-264.

Guerra, A. (1995) *Plínio-o-Velho e a Lusitânia*. Lisboa: Edições Colibri.

Guerra, A. (1996) *Ammaia*, *Medobriga* e as ruínas de S. Salvador de Aramenha. Dos antiquários à historiografia actual. *A Cidade*. 11: 7-33.

Hermet, F. (1934) *La Graufesenque (Condatomago)*. 2 vols. Paris: Librairie Ernest Leroux.

Hesnard, A. (1998) Des amphores pour l'histoire du commerce. Que compter et pourquoi. In Arcelin, P. y Tuffreau-Libre, M. (1998) *La quantification des céramiques. Conditions et protocole. Actes de la table ronde du centre archéologique européen du Mont Beuvray (Glux-en-Glenne, 7-9 Avril 1998)* (Collection Bibracte 2): 17-22.

Hofmann, B. (s.d.), Catalogue des estampilles sur vaisselle sigillée. 1,2,3. *Notice Technique*. 21, 22, 23. Groupe d'Archéologie Antique du Touring Club de France.

Keay, S., Creighton, J. y Remesal Rodríguez, J. (2001) *Celti (Peñaflor). La arqueología de una ciudad hispanorromana en la Baetica: prospecciones y excavaciones. 1987-1992*. Junta de Andalucia/ Consejeria de Cultura.

López Mullor, A. *et al.* (1996) Un ensemble céramique du début de l'époque de Claude découvert dans la ville de Palma (Majorque, Espagne). *SFECAG, Actes du congrès de Dijon*: 237-252.

Madrid Fernández, M. (1999) Primers resultats de l'estudi de la ceràmica *terra sigillata* de Baetulo: Circulació ceràmica i aportacions cronològiques a la ciutat. *Pyrenae*. 30: 147-172.

Mantas, V. G. (2000) A sociedade luso-romana do município de *Ammaia*. In Gorges, J.-G. y Nogales Basarrate, T. (coords.) *Sociedad y cultura en Lusitania romana. IV mesa internacional* (Série Estúdios Portugueses 13): 391-420. Mérida.

Mantas, V. G. (2010) *Ammaia* e *civitas igaeditanorum*. Dois espaços forenses lusitanos. In Nogales Basarrate, T., ed. – *Ciudad y foro en Lusitania romana*. Mérida: Museo Nacional de Arte Romano (Studia lusitana; 4): 167-188.

Martínez Rodríguez, F. (1989) Las ceramicas beticas de imitación tipo Peñaflor: bases para el estudio de un nuevo grupo de epoca altoimperial, *Boletin de la Asociacion Española de Amigos de da Arqueologia*, 26: 60-65.

Mayet, F. (1975) *Les céramiques à parois fines dans la Péninsule Ibérique* (E.R.A. 552). Paris: du Bocard / Publication du Centre Pièrre Paris.

Mayet, F. (1984) *Les céramiques sigillées hispaniques. Contribution à l'histoire économique de la Péninsule Ibérique*. 2 vols. Paris: de Boccard.

Mees, A.W. (1995) *Modelsignierte Dekorationen auf Südgallischer Terra Sigillata* (Forschungen und Berichte zur Vor-und Frühgeschichte in Baden-Württemberg 54). Stuttgart: Kommissionsverlag / Konrad Verlag.

Monserrat Comas *et al.* (1994) Observations sur les sigillées du Sud de la Gaule à *Baetulo* (Badalone, Espagne). In *Actes du Congrès de Millau (12-15 Mai)* S.F.E.C.A.G.: 83-94. Marseille.

Nieto Prieto, J. *et al.* (1989) *Excavacions arqueològiques subaquàtiques a Cala Culip*. 1 (Sèrie Monogràfica 9). Girona: Centres d'Investigacions Arqueològiques de Girona.

Nieto, J. y Puig, A. M. (2001) Culip IV. *La terra sigillata decorada de La Graufesenque* (Monografies del Casc 3 / Série Monografica / Centre d'Investigacions de Girona 9). Girona: Museu d'Arqueologia de Catalunya.

Nolen, J. S. (1985) *Cerâmica comum de necrópoles do Alto Alentejo*. Lisboa: Fundação da Casa de Bragança.

Oswald, F. [(1931-1964) *Index of potters' stamps on terra sigillata (Samian ware)*.

Oswald, F. y Pryce, T. D. [(1920)1966] – *An introduction to the study of terra sigillata. With a preface and corrigenda & addenda by Grace Simpson*. London: Gregg Press.

Oxé, A., Comfort, H. y Kenrick, P. (2000) *Corpus vasorum arretinorum. A catalogue of the signatures, shapes and chronology of italian sigillata*. 2nd edition. Bonn: Habelt.

Passelac, M. y Vernhet, A. (1993) Céramique sigillée sud-gauloise. *Latara* 6: 569-580.

Pereira, S. (2009) *A cidade romana de Ammaia. Escavações arqueologias. 2000-2006.* (*Ibn Maruan*: nº especial II). Edições Colibri / C M. Marvão.

Pereira, V. (2006) Terra sigillata em três locais da Lusitânia: Ammaia, Idanha, Mileu. Dissertação de mestrado apresentada à Faculdade de Letras da Universidade de Coimbra. Edição policopiada.

Polak, M. (2000), *South Gaulish terra sigillata from Vechten.* (Rei Cretariae Romanae Fautorum Acta Supplementum 9). Nijmegen.

Quaresma, J. C. (2008) Les fabriques des sigillées hispaniques provennantes de La Rioja et Andújar (s. I-II d.C.) à Chãos Salgados, Santiago do Cacém – *Mirobriga*? – (Portugal). *Rei Cretariae Romanae Fautorum Acta* 40: 483-492.

Quaresma, J. C. (2010-2011) *Ammaia* (S. Salvador de Aramenha, Marvão, Portugal) no âmbito dos intercâmbios de bens e de gentes com o Norte peninsular durante o Alto-Império. *Oppidum* 6-7: 85-102.

Quaresma, J. C. (2012) Economia antiga a partir de um centro de consumo lusitano. Terra sigillata e cerâmica africana de cozinha em Chãos Salgados (Mirobriga?). Lisboa: UNIARQ (Estudos e Memórias, 4) (=Dissertação de doutoramento, revista e actualizada).

Quaresma, J. C. (2013) Cerâmicas finas e territorialidade no Baixo-Império e Antiguidade Tardia: o caso da *Ammaia* (São Salvador de Aramenha, Marvão). In Bernal, D. *et al.* (eds.) *I Congreso Internacional de la SECAH – EX OFFICINA HISPANA. Hornos, talleres y focos de producción alfarera en Hispania. Cadiz, 3- 4 de Março de 2011* (Monografías Ex Officina Hispana 1): 227-236.

Quaresma, J. C. (2014a) – The fine wares. *Forum*. Catalogue. In Corsi, C. (ed.) *Ammaia. II. The excavation contexts 1994-2011* (Archaeological Reports Ghent University 9): 55-56. Ghent: Academia Press.

Quaresma, J. C. (2014b) The fine wares. Baths. Catalogue. In Corsi, C.(ed.) *Ammaia. II. The excavation contexts 1994-2011* (Archaeological Reports Ghent University 9): 95-114. Ghent: Academia Press.

Quaresma, J. C. (2014c) The fine wares. Baths. Catalogue. In Corsi, C.(ed.) *Ammaia. II. The excavation contexts 1994-2011* (Archaeological Reports Ghent University 9): 151-164. Ghent: Academia Press.

Quaresma, J. C. (2014d) The fine wares. Baths. Catalogue. In Corsi, C.(ed.) *Ammaia. II. The excavation contexts 1994-2011* (Archaeological Reports Ghent University 9): 279-300. Ghent: Academia Press.

Quaresma, J. C. (2014e) Les contextes stratigraphiques des *thermae* de *Ammaia* (Portugal): IIe-Ve siècles. In Morais, R., Fernández Fernández, A. y Sousa, M. J. (eds.) *II Congreso internacional de la SECAH. As produções cerâmicas de imitação na Hispania. Braga, 3-6 de Abril de 2013.* (Monografias Ex Offiicina Hispana 2): 347-360.

Quaresma, J. C. (en prensa) – Contextos alto-imperiais de Chãos Salgados, Santiago do Cacém (*Mirobriga*?), na *Lusitania*. In Fernández García, M. I. (ed.) *La conFiguración de las facies cerámicas altoimperiales en el sur de la Península Ibérica (siglos I-II d.C.). Evolución tempo-espacial e implicaciones económico-culturales*.

Quaresma, J. C. y Dias, V. (en prensa) Tendências de consumo na *Ammaia*, entre os séculos III e V d.C.. *1º Congresso Internacional sobre Arqueologia de Transição. "Entre o Mundo Romano e a Idade Média"*. 3 a 5 de Maio. Universidade de Évora.

Raux, S. (1998) Méthodes de quantification du mobilier céramique. État de la question et pistes de réflexion. In Arcelin, P. y Tuffreau-Libre, M. (1998) *La quantification des céramiques. Conditions et protocole. Actes de la table ronde du Centre Archéologique Européen du Mont Beuvray (Glux-en-Glenne, 7-9 Avril 1998)* (Collection Bibracte 2):11-16.

Roca Roumens, M. (1991-92) A proposito de ciertas formas, en T.S.H., fabricadas en el centro de produccion de Los Villares de Andújar (Jaen), *Cuadernos de Prehistoria de la Universidad de Granada* 16-17: 389-400.

Rodríguez Martín, F. G. (1996) *Materiales de un alfar emeritense: paredes finas, lucernas, sigillatas y terracotas* (Cuadernos Emeritenses 11). Merida: Museo Nacional de Arte Romano.

Rodríguez Martín, F. G. (2002) Lucernas *romanas del Museo Nacional de Arte Romano (Mérida)*. Madrid: Ministerio de Educación, Cultura y Deporte (Monografías Emeritenses 7).

Rütti, B. (1991) *Die römischen Gläser aus Augst und Kaiseraugst.* (Forschungen in Augst Band 13). Augst: Römermuseum.

Saénz Preciado, M. (1998) El complejo alfarero de *Tritium Magallum* (La Rioja): alfares altoimperiales. In Fernández García, M. I. (ed.) *Terra sigillata hispánica. Estado actual de la investigación* (Colección Martínez de Mazas. Serie Estudios): 123-164. Universidad de Jaén.

Sanchez, C. y Silvèrèano, S. (2005) Le port de Narbonne et la difusion des sigillées de la Graufesenque : étude préliminaire de la Collection Bouscaras. In : Nieto, X.; *et al.*, eds. – *La difusió de la terra sigillata sudgàl. lica al nord d'Hispania* (Monografies 6): 163-177. Barcelona: Museu d'Arqueologia de Catalunya.

Taelman, D. *et al.* (2009) Granite and rock crystal quarrying in the *Civitas Ammaianesis* (north-eastern Alentejo,

Portugal): geoarchaeological study. *Babesh. Annual Papers on Mediterranean Archaeology* 84: 171-182.

Taelman, D. *et al.* (2011) Geoarchaeological Research in the Roman Town of *Ammaia* (Alentejo, Portugal), in Multdisciplinary Approaches to Classical Archaeology. *Approcci Multidisciplinari per l'Archeologia Classica. Proceedings of the 17th International Congress of Classical Archaeology, Rome 22-26 sept. 2008. Bollettino Archeologia.* http://151.12.58.75/archeologia/bao_document/poster/2_Corsi_1_e_altri.pdf

Tilhard, J.-L. (2004) *Les céramiques sigillées du Haut-Empire à Poitiers d'après les estampilles et les décors moulés.* SFECAG (Supplément 2).

Tyers (1993) The plain samian. In Manning, W.H. (ed.) *The Roman pottery. Report on the excavations at Usk. 1965-1976*: 127-62. Cardiff: University of Wales Press.

Vaquerizo, D., Garriguet, J. A. y Vargas, S. (2005) *"La Constancia". Una contribución al conocimiento de la topografía y los usos funerarios en la Colonia Patricia de los siglos iniciales del Imperio.* (Arqueología Cordobesa, 11). Córdoba: Servicio de Publicaciones. Universidad de Córdoba.

Vermeulen, F., Corsi, C. y De Dapper, M. (2012) Surveying the Townscape of Roman *Ammaia* in Portugal: An Integrated Geoarchaeological Investigation of the Forum Area. *Geoarchaeology: An International Journal* 27: 123–139.

Vermeulen, F. *et al.* (2005) Geoarchaeological observations on the Roman town of Ammaia. *Internet Archaeology.* 19. (http://intarch.ac.uk/journal/issue19/corsi_index.html).

Vermeulen, F. y Taelman, D. (2010) From cityscape to landscape in Roman *Lusitania*: the *municipium* of *Ammaia.* In Corsi, C. y Vermeulen, F. (eds.) *Changing Landscapes. The impact of Roman towns in the Western Mediterranean (Proceedings of the International Colloquium, Castelo de Vide – Marvão 15th-17th May 2008):* 311-324. Bologna.

Vernhet, A. (1976) Creation flavienne de six services de vaisselle a La Graufesenque. *Figlina* 1: 13-27.

Vernhet, A. (1981) Un four de La Graufesenque (Aveyron): la cuisson des vases sigillés. *Gallia* 39: 25-43.

Las cerámicas finas de *Arucci* (Aroche, Huelva)

Salvador Delgado Aguilar
Universidad de Huelva. salvador.delgado@dhis1.uhu.es
Juan M. Campos Carrasco
Universidad de Huelva. campos@uhu.es

1. Introducción[1]

La ciudad de *Arucci Turobriga* se sitúa en el área occidental de la sierra de Huelva a unos tres kilómetros al norte del núcleo urbano de Aroche, en los denominados "Llanos de la Belleza", una extensa llanura de dirección herciniana individualizada por el curso del río Chanza y encajada por distintas unidades geográficas, al Norte rodeada por los Picos de Aroche; al Sur por serranías de menor altitud como pueden ser Sierra Alcalaboza y Aserrador; y al Este conectada con el Valle del Ribera de Huelva lo que permitía su conexión con las tierras del Bajo Guadalquivir. Este territorio se conFigura como un fértil valle desde el punto de vista agropecuario en el que se encuentran igualmente significativos recursos mineros de carácter filoniano que no pasarán desapercibidos para la administración romana llegado el momento de desarrollar todo un plan de implantación que tendrá como base la fundación de un núcleo urbano y la colonización del territorio.

Tras más de una década de investigaciones, tanto en el yacimiento de San Mamés como en todo territorio, se puede esbozar un cuadro general sobre la fundación y evolución cronológica del sitio. La fundación de la ciudad data de momentos augusteos, probablemente de las últimas décadas del s. I a.C., como así se desprende de los niveles más antiguos constatados en el área del foro en los que aparecen asociados las primeras importaciones itálicas (Bermejo y Campos 2009: 187) y supone la culminación de un proceso que se inicia a mediados del s. II a.C. con la conquista de la *Baeturia Celtica,* en la cual se encontraba el territorio de la sierra onubense. A lo largo de todo este periodo las poblaciones de esta región mostrarán su insumisión al poder de Roma, actuando primero como bases de apoyo a las actuaciones de Viriato y de los caudillos lusitanos en sus ataques contra el Valle del Guadalquivir, para posteriormente en el s. I a.C. formar parte, en algunos de los bandos, en las guerras civiles sertoriana y pompeyana (Campos y Bermejo 2007: 254, 255). Así pues, tras la pacificación efectiva del territorio entre el 30/20 d.C., y como consecuencia de las políticas territoriales y administrativas desarrolladas por Augusto en el contexto de sus viajes a *Hispania*, se decide fundar mediante un proceso de sinecismo un establecimiento urbano con el aporte de las poblaciones del entorno *(celtici)* y colonos de procedencia itálica e hispana – fundamentalmente del NO- en el contexto de las fundaciones y deducciones de *Emerita* y *Pax Iulia* (Bermejo 2013; 2011a). Esta nueva ciudad se establecerá en un amplio meandro del Chanza y a escasos kilómetros de los núcleos célticos del Castillo de Aroche, Castillo de las Peñas, Maribarba, etc. Como se puede apreciar en el fondo de este proceso reside la fórmula de la *contributio* por la que se agregan poblaciones de un territorio con carácter rural y disperso en una nueva entidad que surge como cabeza administrativa, jurídica y política. De este proceso tan solo sobrevivirá *Arucci* – San Mamés – a la cual quedarán contribuidas de manera incolada las poblaciones de estos castros célticos entre los que encontramos a *Turobriga*, tal y como nos la cita Plinio rompiendo el orden alfabético en su lista de ciudades de célticos en la *Betica*. Ello explicaría la desaparición de este último topónimo de las posteriores fuentes grecolatinas epigráficas, escritas e *itineraria* (Campos y Bermejo 2012; 2013).

Desde los primeros momentos de su fundación y especialmente en momentos de Calígula o Claudio, la ciudad experimentará una profunda transformación urbanística que le llevará a dotarse de singulares edificios, destacando el foro con manifestaciones de adhesión a la *domus augusta* en las Figuras de príncipes Julio-Claudios como Germánico y Agripina y construido muy posiblemente para momentos del segundo tercio del s. I d.C. antes de la difusión de las producciones hispánicas (Campos y Bermejo 2010). Paulatinamente y a medida que avance la centuria se dotará de nuevos edificios como puede ser el caso de las termas, construidas en momentos flavios, o el *campus*. Igualmente en época antoniniana se sigue detectando una importante actividad constructiva que continua incluso con los severos con posibles refecciones o impulsos constructivos como así lo atestiguan elementos arquitectónico-decorativos (Bermejo 2007: 356, 357).

A comienzos del s. III la ciudad parece mantener aún su pulso, así se constatan para estos momentos manifestaciones de culto en los *sacella* del foro tal y como muestran los exvotos de terracota fechados para estos momentos, síntoma inequívoco de la continuidad funcional de estas dependencias (Bermejo 2010-2011: 130). Iniciado el segundo tercio de esta misma centuria parece constatarse el colapso de la vida municipal con el

[1] El presente trabajo se enmarca en el proyecto "EX OFFICINA MERIDIONALI: tecnología, producción, difusión y comercialización de cerámicas finas de origen bético en el Sur peninsular durante el Alto Imperio (HAR2010-17507)". Proyecto enmarcado dentro del Plan Nacional de I+D del Ministerio de Cien-cia e Innovación del Gobierno de España (I.P. Mª Isabel Fernández García).

FIGURA 1. UBICACIÓN DE LA CIUDAD DE ARUCCI TUROBRIGA (AROCHE, HUELVA).

abandono de salas tan representativas de la ciudad como la curia (Bermejo 2010) o la sala de los ediles, transformadas en ámbitos domésticos e industriales, caso de la primera la cual quedará convertida en un almacén o *expolia* de materiales de acarreo de otras zonas del foro (mármoles, bronces, etc.) (Bermejo 2011b). Ello no significó la pérdida o abandono ocupacional de la ciudad, dado que a partir de estos momentos se convirtió en cantera de materiales y siguió manteniendo una población, cada vez más residual, como así se constata en el cambio de funcionalidades de numerosos espacios públicos de la ciudad, algunos de los cuales parecen haber estado ocupados hasta fines del s. IV o V como así lo atestiguan algunos elementos cerámicos en el área del foro con presencia de Hayes 50 (Delgado 2008: 357). Con todo, paulatinamente la ciudad será despojada de sus materiales, proceso que pudo estar marcado primeramente con la edificación de las *villae* del entorno que se desarrollan en los momentos de inicios del Bajo Imperio (Fuenteseca, La Mazmorra, etc.). Posteriormente el siguiente golpe lo sufrirá con la construcción del Castillo y el núcleo del actual Aroche a partir de los siglos XI-XII. Finalmente será la construcción de la Ermita de San Pedro de la Zarza, conocida actualmente como de San Mamés y erigida sobre los restos de una estructura romana del área forense (Basílica?), el último episodio de reutilización masiva de materiales de la ciudad que poco a poco se iría sepultando hasta quedar prácticamente oculta propiciando que pasase inadvertida en la historiografía de los siglos XVII al XIX, no siendo hasta mediados del XX cuando los eruditos locales comienzan a interesarse por ella aunque sin identificarla con ninguna ciudad recogida en las fuentes grecolatinas.

A mediados de los años 90 la Universidad de Huelva comienza las primeras excavaciones en el yacimiento, aunque no será hasta el año 2004 cuando comience un programa ininterrumpido de investigaciones como consecuencia del definitivo impulso fruto de la colaboración del Ayuntamiento, la Consejería de Cultura y la Universidad de Huelva que ha permitido el desarrollo de un ambicioso programa de investigación que ha traído como principal consecuencia la recuperación social de un yacimiento de una extraordinaria potencialidad, así como su proyección internacional en el ámbito científico. La inmediata consecuencia de todo ello ha sido la declaración en 2008 del sitio como Bien de Interés Cultural (BIC) y su inclusión, ese mismo año, en la Red de Espacios Culturales de Andalucía (RECA), hitos que vienen a consolidar la importancia del Sitio y a impulsar de forma definitiva su proyección futura.

1.1. La estructura urbana

El Foro, por ser el espacio más investigado, es el que mejor muestra la evolución cronológica de la ciudad. Sobre los restos fechados en la primera mitad del siglo I d.C. se construye este recinto en el que pueden establecerse diferentes etapas en su evolución formal y arquitectónica, cuestión que se manifiesta claramente tanto en los distintos sistemas constructivos como en las diferencias de cotas de suelos y pórticos. Dicho conjunto se conFigura como una plaza triporticada presidida de manera axial por una *aedes* tetrástila *sine posticum* propia en la conFiguración de la arquitectura forense para estos momentos en las provincias. Bajo los distintos pórticos quedarán cobijadas las funciones propias de estos espacios, administrativas – sala de los ediles- , judiciales – tribunal y *porticus duplex* -, políticas – curia- y religiosas – *sacella*-. Los inicios de su construcción pueden remontarse a momentos del segundo tercio del s. I d.C periodo al que pueden adscribirse algunos capiteles conservados en la Colección Municipal y que presentan las características formales de este momento (Bermejo 2007: 355). A lo largo de todo el s. I y II se produciría una fase de consolidación y mantenimiento de este complejo con pocas variaciones en su conFiguración inicial pero en el que se siguen desarrollando las actividades para las que fue construido tal y como atestiguan exvotos procedentes de los *sacella* fechados para estos momentos, o piezas del instrumental del edilato, etc. (Bermejo y Campos 2009; Bermejo 2012).

Finalmente, en el segundo tercio del siglo III d.C. se producirían distintas reformas y ocupaciones del espacio, en la curia y sala de los ediles mencionado anteriormente, así como una compartimentación en el ángulo sureste del intercolumnio del pórtico doble con funciones domésticas y artesanales, cuyo uso podría haberse prolongado, de forma puntual, hasta los inicios del siglo IV.

Una secuencia similar se constata en otro de los sectores excavados, el *campus*, sede de un posible *collegium iuvenum* y uno de los espacios más significativos del trazado urbano de la ciudad (Bermejo y Campos 2011). En él se detecta una primera fase, previa a su construcción, de la primera mitad del siglo I d.C. con un uso artesanal que probablemente pertenezca a la fase previa de la ciudad como ocurre en el foro. Sobre ella se conforma, en época flavia, el recinto hoy visible cuyo uso debió extenderse, como poco, durante todo el siglo II, siendo posible alguna reforma o cambio de uso como delata la reforma realizada en la puerta de acceso. Las últimas excavaciones realizadas en el solar han puesto al descubierto una seria de compartimentaciones en su ángulo suroeste articuladas en torno a un patio tetrástilo así como los restos de una *aedes* de 10x5 m en la zona central en eje con la puerta de acceso al recinto. Todas estas estructuras, aún en estudio y que deberán ser excavadas en su totalidad, podrían estar haciendo alusión a la sede de un *collegium iuvenum* dado que estamos ante el espacio arquitectónico – *campus* – propio de estas corporaciones las cuales se adiestraban en la práctica gimnástica, así como en los valores del imperio (Campos *et al.* 2011).

En otro de los sectores excavados correspondiente al área doméstica-residencial, por el contrario, no se detectan niveles de la primera mitad del siglo I d.C. Así en la casa de la columna, de la que sólo hay un pequeño sector excavado, se identifican varias fases desde la segunda mitad del siglo I d.C. hasta inicios del III (Gómez 2008). Del mismo modo por el momento para la Casa Norte, la cual no ha sido excavada hasta agotar el registro, no se pueden establecer cronologías precisas, aunque si bien es cierto por sus características arquitectónicas -casa de atrio – así como por su ubicación ocupando un única *insula* quizás nos remitan a los primeros momentos del establecimiento urbano de la ciudad a comienzos del s. I d.C. (Gómez, Bermejo y Medina 2010).

Por lo que respecta al edificio termal, al menos en lo excavado hasta el momento, éste presenta un sólo momento de uso que se extiende desde su construcción en los inicios de época flavia hasta su abandono a fines del siglo II d.C. o comienzos del III.

Para el caso de las área cementeriales, se constatan dos necrópolis la Norte, con exclusividad en el rito de la incineración y una banda cronológica desde momentos Julio-Claudios tardíos hasta s. II, y la Sur descubierta recientemente y de la que apenas se documentaron unos 7 tumbas, de las que tan solo una se excavó constatándose parte de su ajuar y el rito de la incineración (Campos *et al.* 2009).

Todo lo anterior, muestra una secuencia ininterrumpida del yacimiento que comienza en las décadas finales del s. I d.C. y se extiende sin solución de continuidad hasta mediados del siglo III, con algún episodio de ocupación en el siglo IV del que aún está por definir si se trata de una continuidad en su uso o de un episodio de ocupación residual.

En lo que a la estructura urbana se refiere, sólo pueden esbozarse algunas hipótesis hasta tanto no se cuente con un mayor conocimiento del recorrido de la muralla y de la distribución interna del viario. La hipótesis barajada define un recinto irregular, adaptado a las curvas de nivel del terreno y condicionado por la existencia de la rivera del Chanza y su afluente el arroyo de la Villa. De su interior sólo conocemos, por el momento, el foro, al que se anexa un *macellum* en proceso de excavación; las termas, ubicados en el área sur de la ciudad muy próximo al lienzo de muralla y cerca de una de las puertas; y la Casa de la Columna y la Casa Norte en el área doméstica situada en el sector norte. El viario parece conformarse en torno a un eje que efectúa un quiebro de 150º en dirección sureste-noroeste que discurriría entre las puertas norte y sur, si bien este pormenor está todavía en una fase muy incipiente de investigación.

El perímetro definido está rodeado por las necrópolis, una ubicada al suroeste del recinto, en el espacio que forma la desembocadura del Barranco de la Villa en el Chanza, a la que se accede a través de un pequeño puente sobre el primero, y la otra al norte; y por la gran estructura cuadrangular, el *campus*, junto a una de las hipotéticas puertas en el lienzo norte del recinto. Nada más conocemos del espacio extramuros donde con toda probabilidad debieron instalarse actividades artesanales como los hornos de fabricación de cerámica y material constructivo.

El territorio inmediato estaría ocupado por una tupida red de *uillae rusticae*, cuya distribución esta por estudiar, que ocupan todo la vega del Chanza conformada paisajísticamente por la presencia dominante del género *Quercus* (Sánchez Hernando 2007)

1.2. Los estudios cerámicos previos

Finalmente, cabría hacer algunas consideraciones acerca de los materiales arqueológicos, a través de los cuales se plantea la hipótesis, como se ha indicado, de la existencia de una industria alfarera local, tanto de materiales de construcción como de cerámica común y sobre todo se

FIGURA 2. *ARUCCI TUROBRIGA* CON INDICACIÓN DE LAS DISTINTAS ÁREAS INTERVENIDAS DURANTE LAS CAMPAÑAS ANALIZADAS.

han podido establecer consideraciones cronológicas, funcionales y socioeconómicas, además de, a partir de las cerámicas finas, unos circuitos comerciales a los que nos referiremos en el apartado final de esta breve síntesis.

Los primeros análisis cerámicos se recogen en dos trabajos de Tercer Ciclo, uno dedicado a las cerámicas comunes (O'kelly Sendrós 2006) y otro, el que interesa a nuestros propósitos, a las cerámicas finas (Delgado Aguilar 2006), todas procedentes del yacimiento durante las campañas de 2004 y 2005. De este trabajo se derivan una serie de publicaciones tanto a nivel general de la ciudad (Delgado Aguilar 2008; O'kelly Sendrós 2008) como en el análisis de algún área funcional determinada como en el caso de la Casa de la Columna (O'kelly y Delgado 2011). Con posterioridad los estudios cerámicos se han recogido en las diferentes memorias de las campañas de excavación (Campos *et al.* 2008; 2010; 2012), de forma sumaria en los Anuarios Arqueológicos (Campos *et al.* 2010; e.p.a; 2010 e.p.b; 2010 e.p.c; 2010e.p.d) y en algunos artículos más específicos (Delgado Aguilar, e.p.) o generales (Delgado Aguilar 2010; 2013)

2. Estudio ceramológico

Presentamos en este trabajo una breve síntesis de las cerámicas finas exhumadas en todas las campañas del proyecto desde el año 2004 a la actualidad realizadas en el Foro, las Termas, el *Campus*, la Casa de la Columna, el *Macellum*, la Muralla y el Viario (Figura 2). La muestra total asciende a 12012 fragmentos (NFR).

En cuanto a la frecuencia de cerámicas obtenidas (Figura 3), la campaña de 2004 es la que mayor porcentaje cerámico aportó (49%) seguida de la campaña de 2006 (22%) mientras que el resto de intervenciones proporcionan porcentajes menores (2012-11%; 2011-9%; 2005-7%; 2008-2%), dependiendo éstos del volumen de excavación abordado en cada una de ellas.

En nuestro análisis ceramológico seguimos un sistema de cuantificación estadística donde calculamos una estimación mínima de 2960 recipientes recuperados en el yacimiento (NMI). Los porcentajes obtenidos, tras el

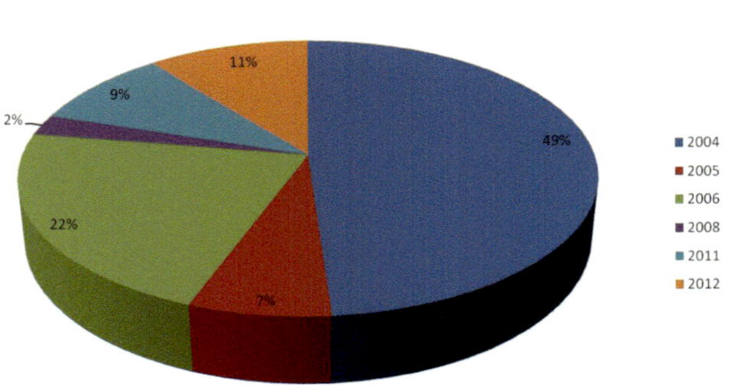

FIGURA 3. PORCENTAJES DEL NFR EN LAS DISTINTAS CAMPAÑAS.

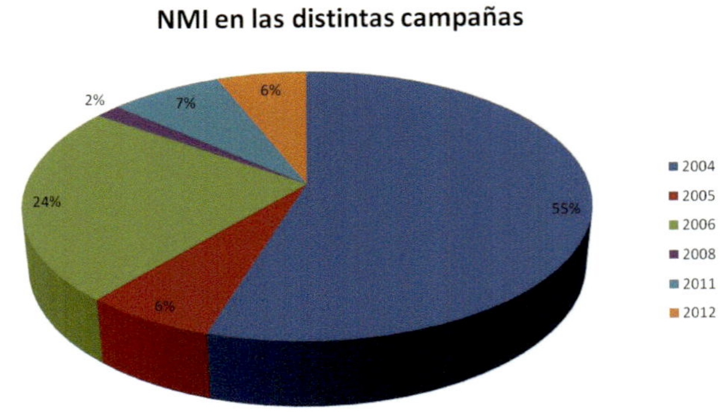

FIGURA 4. PORCENTAJES DEL NMI EN LAS DISTINTAS CAMPAÑAS.

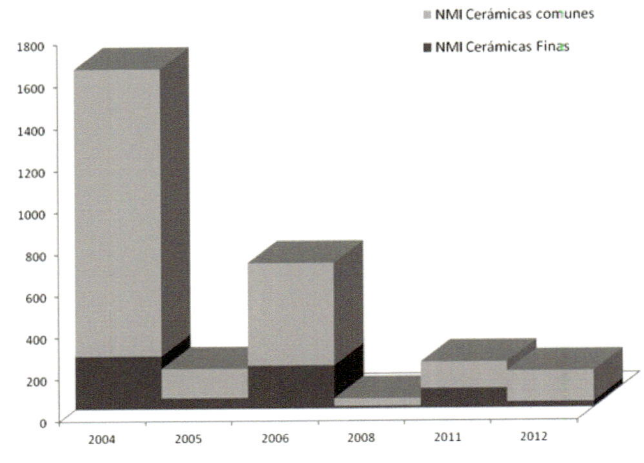

FIGURA 5. NMI CON IDENTIFICACIÓN DE CERÁMICAS FINAS Y LAS COMUNES EN CADA CAMPAÑA.

cómputo realizado, son semejantes debido a la relación existente entre los fragmentos recogidos y su estimación mínima. El reparto porcentual en las diferentes campañas se recoge en la Figura 4.

Las cerámicas finas han estado presentes en el registro arqueológico en todas las campañas, y constituyen un número determinado de individuos con respecto al resto de las cerámicas recuperadas. De este modo, el total de recipientes identificados como cerámicas finas constatados en el yacimiento es de 648, repartiéndose la mayoría de ellos entre las campañas de 2004 y 2006 con 253 y 206 individuos respectivamente, mientras que los 189 restantes se distribuyen entre el resto de intervenciones realizadas en la ciudad (2011-95; 2005-53; 2012-29; 2008-12) (Figura 5).

En un primer análisis general de estas cerámicas finas comprobamos como en el conjunto del yacimiento son mayoritarias las sigillatas, independientemente de los talleres de origen (itálicos, galos, hispanos o africanos), frente a los vasos de paredes finas, que se presentan en menor cantidad. Así las sigillatas constituyen el 94% de las cerámicas finas recuperadas mientras que tan sólo el

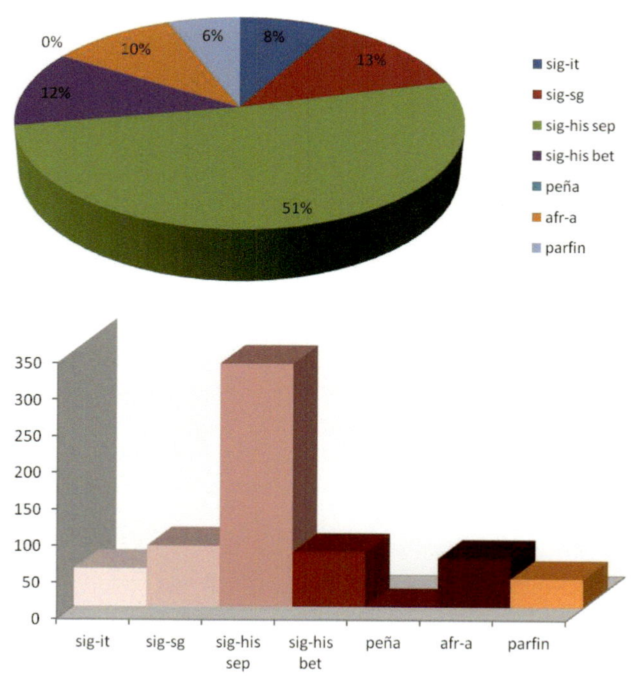

FIGURA 6. PORCENTAJES Y NÚMERO DE INDIVIDUOS SEGÚN SUS CARACTERÍSTICAS ARQUEOMÉTRICAS.

6% se corresponde con los ejemplares identificados como paredes finas. Entre las primeras a partir de los análisis morfológicos y arqueométricos comprobamos como existe una importante profusión de sigillatas hispánicas frente a las procedentes de otros talleres, ya que éstas copan el 63% del total de las cerámicas finas, independientemente de su procedencia bética o septentrional (Figura 6).

Tras este acercamiento general a las cerámicas finas constatadas en *Arucci Turobriga*, abordaremos el análisis morfológico y arqueométrico de todas las cerámicas finas recuperadas en cada una de las áreas intervenidas (foro, *campus*, casa de la columna, termas...).

2.1. El Foro

En la plaza pública *aruccitana* se han desarrollado hasta la fecha el mayor número de intervenciones arqueológicas tanto en su interior como al exterior de la misma. De esta forma, el conocimiento adquirido sobre este espacio es abundante. En este sentido, las distintas campañas de 2004 2005 2006 y 2011 han proporcionado un amplio registro arqueológico en el que se incluyen de forma abundante las cerámicas finas, y éstas proceden tanto del interior de este centro público como del espacio inmediatamente exterior, especialmente por su flanco oeste, ya que el espacio situado al norte del mismo se ha identificado con el *macellum*, y será abordado en otro apartado.

Los distintos sondeos establecidos durante estas campañas han proporcionado abundantes sigillatas de origen itálico, especialmente en los niveles con cotas profundas, aunque no siempre aparecen en contextos cerrados debido a la continuidad ocupacional del foro, incluso utilizado como huerta hasta época reciente, lo cual ha supuesto la alteración antrópica de los niveles superficiales. No obstante, las campañas de 2006 y 2011 proporcionaron algunos individuos que han sido identificados con recipientes itálicos, especialmente copas de tipo Conspectus 15, 17, 22, 24 y 32 o platos Conspectus 3, 18, 19, 20 y 21, todos estos ejemplares con cronologías que abarcan desde el último decenio del siglo I a.C. hasta las primeras décadas de la centuria siguiente. Entre estas piezas contamos con un sello *in planta pedis* del alfarero pisano *Zoilus* (O.C.K. 2544). En este mismo contexto arqueológico y con semejante cronología se recuperó una fuente norditálica que hemos identificado con el tipo Drag. 17a (Mazzeo Saracino 1985).

En este mismo espacio de la ciudad están presentes productos oriundos de los talleres del sur de la Galia, en especial los procedentes de La Graufesenque, y desde época claudia. Así constatamos piezas como platos Drags. 15, 16, 17, 18 y 36 especialmente así como copas Drags. 24/25, 27 y 35.

Contamos con dos recipientes en cuyo interior se conserva en perfecto estado sus correspondientes *sigilla*, ambos adscritos a un mismo momento de ocupación. Estos sellos pertenecen a los alfareros *Iucundus* y *Senecio*, cuyas manufacturas fueron producidas y distribuidas en momentos julio-claudios y primoflavios, y que podemos concretar para los recipientes *arucitanos* para época claudia a juzgar por la estratigrafía arqueológica. Algunos de los individuos localizados en el foro se presentaban en *marmoratas*. También se cuenta con un individuo con sello identificado con el alfarero *Passienus*, cuyas producciones se repartieron por el imperio durante los últimos emperadores julio-claudios y los primoflavios.

Entre los recipientes documentados en el foro también contamos con algunos decorados como los cuencos con formas Drags. 29, 30 y 37. Suelen presentarse con decoraciones Figurativas separadas con metopas así como elementos lineales. Entre los cuencos decorados destacamos un recipiente semicompleto que presentaba una Figuración con escena de caza, que se repetía en cada una de las metopas, divididas éstas por líneas ondulatorias. A través de este tipo ornamental nos ha sido posible adscribir la pieza a unos determinados alfareros galos, quienes utilizaban este tipo de moldes en sus producciones. Nos referimos a *Crocvrro* o *T. Flavivs Secvndvs II* (Mees 1995: t.53.5 y t. 181.1), quienes distribuyeron sus productos por el suroeste peninsular en momentos flavios.

La presencia de las sigillatas hispánicas en este recinto es cuantitativamente elevada, y son más frecuentes aquellas piezas producidas en los talleres septentrionales aunque también están presentes las de origen bético. A partir de los análisis arqueométricos se evidencia en el foro la existencia de algunos platos y copas de sigillatas de origen bético con morfologías adscritas a formas 15/17 y 27 respectivamente, e incluso se recuperó una base de este tipo de plato con sello del alfarero bético CAH, cuyas producciones se distribuyen desde *Isturgi* (Andújar, Jaén) por vía terrestre y fluvial/

marítima tanto por la Bética como por el sur de la Lusitania y el norte de África (Sotomayor, Roca y Fernández 1999: 34, 39). También se han documentado cuencos decorados de forma 37 principalmente, del que destacamos un fragmento que conserva la Figura de un guerrero con morrión o quizás la representación de algún dios guerrero como Marte o Minerva. Un paralelo inmediato a dicha pieza ha sido localizado en la costa africana en un ejemplar similar de origen bético (Alaoui 2007), zona habitual de distribución de los talleres de *sigillata* bética. Las sigillatas hispánicas procedentes de la *Tarraconensis* son mucho más frecuentes en el foro y presenten una mayor variedad formal con platos con tipos 4, 15/17, 18, y 36 y copas o vasos 8, 24/25, 27 y 35. También se documentan algún cuenco con forma 46, y una cantimplora Hermet 13 de la que sólo conservamos parte de su borde por lo que desconocemos si presentaba decoración o fue lisa en origen. Procedente del *Tritium Magallum* (Tricio, La Rioja) también es el sello correspondiente al alfarero *Abivs Ci (.)* (Mayet 1984; 115). En el foro también se cuenta con algunos cuencos decorados identificados con las formas drags. 29, 30 y 37, cuyos tipos ornamentales son geométricos, así como vegetales y animales principalmente.

Las sigillatas africanas altoimperiales, las producciones A principalmente, por tratarse del objeto de este estudio ceramológico, también están presentes en los niveles del área forense. De este modo, se han identificado cuencos Hayes 9 y platos Hayes 14.

Finalmente, las paredes finas están representadas en este espacio *aruccitano* con los vasos Mayet XXXIV, XXXVII, XXXVIII y XLII, todos ellos producciones de origen bético para momentos del siglo I d.C.

2.2. Las Termas

Durante la intervención realizadas en 2004 en las termas fueron recuperadas algunas cerámicas finas en este espacio destinado a la higiene y el ocio de los *arucitanos*.

Aquí se ha documentado algunos individuos de sigillata itálica insertas en niveles de relleno y abandono de la piscina principal. Estos individuos han sido identificados morfológicamente como un plato Conspectus 19 y una copa Conspectus 22. Las sigillatas procedentes del sur de la Galia también están presentes en esta unidad de análisis con formas Drags. 18 y 27 como plato y copa respectivamente. Sin duda, los recipientes mejor representados en las termas son los procedentes de los talleres tritienses con platos 15/17 y 18, y copas 24/25 y 27 entre los recipientes lisos y el cuenco de forma 29 entre los decorados.

Sin embargo, en el registro arqueológico de las termas están totalmente ausentes las sigillatas de origen bético, así como las de origen africano y los vasos de paredes finas.

2.3. La Casa de la Columna

En la campaña 2004 se exhumaron los restos parciales de un área doméstico-artesanal de la ciudad, la denominada Casa de la Columna. Este espacio proporcionó una importante cantidad de cerámicas finas cuyo estudio ofreció una información importante sobre aspectos cronológicos, funcionales, socio-económicos y comerciales.

En este espacio solo se ha localizado un individuo de origen itálico, identificado con una copa Conspectus 27, y documentada en un nivel de abandono en una de las estancias nobles de la *domus*.

En cuanto a las sigillatas gálicas fueron cuantitativamente más abundantes con respecto a las originarias de los talleres itálicos. Entre el repertorio formal recuperado son abundantes los platos Drags. 18 y 36 y la copa Drag. 27 entre las piezas lisas, mientras que entre los recipientes decorados se han constatado algún cuenco Drag. 37 con decoración de roleos y lineales. Algunos de estos tipos formales también se han presentado como *marmoratas*, aunque de forma escasa.

Las sigillatas hispánicas son, sin duda, las que en mayor número se contabilizan en esta área de la ciudad. Arqueométricamente son bastante más frecuentes las procedentes de los talleres tritienses aunque las de origen bético también están presentes en esta *domus*, siendo el lugar donde éstas cuentan con un mayor porcentaje con respecto a otras áreas de este enclave hasta este momento de la investigación. Morfológicamente los tipos constatados son los platos 15/17, 18 y 36 y las copas o cuencos 24/25, 27, 33 y 35 para los recipientes lisos, siendo las sigillatas béticas más habituales los platos 15/17 y las copas 27. Los tipos decorados con forma 37 a y b, cuyos motivos ornamentales más habituales son los lineales y circulares, así como las Figuraciones vegetales y animales principalmente así como motivos de separación de metopas y frisos. Algunas de estas piezas presentan su correspondiente sello de alfarero, identificados todos ellos con productores tritienses como *Attivs Britto*, *Nas [...] De [...]*, *Petronivs Eros* y *Pompeivs* (Mayet 1984; Mezquíriz de Catalán 1985; Saénz y Saénz 1999).

Las producciones A de sigillata africana también se han documentado, constatándose con un profuso elenco formal con respecto a otros espacios de la ciudad. De este modo, se han recuperado en el registro arqueológico platos Hayes 3, 6 y 14 así como cuencos Hayes 9, todos ellos de cronologías altoimperiales.

Con respecto a las paredes finas también están presentes, contando con vasos del tipo Mayet XXXIV o "cáscara de huevo", Mayet XXXVIII, XLII y XLIII de procedencias béticas y lusitanas. Todos estos tipos suelen presentar un engobe naranja o marrón en su superficie así como las frecuentes decoraciones a la barbotina.

2.4. El Campus

Las campañas de 2005 y 2011 fueron las más activas en el amplio recinto que conforma el identificado como *campus* desde los orígenes de la investigación en el yacimiento de San Mamés.

En el interior de este edificio cuadrangular se han constatado algunas cerámicas finas que hemos podido identificar arqueométrica y morfológicamente con distintos tipos. Las sigillatas itálicas están ausentes en este recinto extramuros de *Arucci Turobriga*.

Sin embargo, las producciones de origen galo sí se presentan en este área en niveles fundacionales así como en los de ocupación. Las formas documentadas son los platos Drags. 18 y 36 y las copas Drags. 24/25 y 27 para los lisos y los cuencos Drag. 37 para los decorados, y evidentemente algunos de estos tipos se presentan como *marmoratas*. En cuanto a las decoraciones éstas suelen presentar los motivos habituales ya constatados en el yacimiento como los frisos, roleos, motivos de separación de metopas así como representaciones vegetales y animales.

Las sigillatas hispánicas son porcentualmente mayoritarias, con especial incidencia de las tritienses con respecto a las de origen bético. El repertorio formal está compuesto por los platos 15/17 y 18 y vasos 24/25, 27 y 33, así como algunos ejemplares de cuencos decorados de forma 30 y 37.

Las producciones A originarias de la *Byzancea* (Túnez) también han sido contabilizadas en este entorno extramuros, y se presentan con formas Hayes 6 y 9, ambas de cronología altoimperial.

Los vasos de paredes finas constatados en este recinto han sido identificados con los tipos XXXIV, XXXVIII y XLIII de Mayet, con pastas bastante depuradas y de tonalidad beige, y engobe superficial naranja y marrón. Algunas de ellas presentaban las típicas decoraciones de las paredes finas con barbotina, arenilla y perlas en sus superficies exteriores.

2.5. El Macellum

Las intervenciones realizadas al exterior del foro por su flanco norte dieron como resultados la exhumación de una serie de construcciones, distintas habitaciones, interpretadas como el mercado *aruccitano*. Las distintas campañas han proporcionado cerámicas finas que hemos podido identificar con producciones hispánicas y africanas principalmente, estando ausentes hasta el momento el resto de procedencias de sigillatas y paredes finas. Sin embargo, la ausencia de ciertas cerámicas finas en este espacio como las itálicas, gálicas e incluso las paredes finas puede explicarse por el hecho de que hasta el momento tan sólo se han excavado los niveles más superficiales correspondientes a los momentos de abandono y/o último momento de uso de las estructuras exhumadas. En este sentido, se han localizado recipientes hispánicos de origen tritiense, que morfológicamente hemos identificado con platos 4, 15/17 y 18 o vasos 24/25 y 27.

Las producciones africanas A documentadas en este espacio junto al foro se corresponden con los platos de forma Hayes 14 de momentos altoimperiales.

2.6. El Viario y Muralla

Durante los sondeos abiertos con la finalidad de conocer el trazado del viario y el perímetro por el que discurría la muralla de la ciudad se exhumaron algunas cerámicas finas repartidas por el yacimiento. Dichas unidades de análisis proporcionaron algunas cerámicas finas en los niveles superficiales de abandono. Contamos entre los materiales un individuo con sello identificado con el alfarero *Crestus* (O.C.K. 698), afiliado a la *gens Ateia*, bastante profuso en la ciudad de *Onoba* (Delgado Aguilar 2012 e.p.b) así como en Augusta Emerita (Bustamante Álvarez 2009).

Asimismo, se cuenta con sigillatas hispánicas septentrionales y alguna bética con tipos frecuentes en la ciudad como los platos 15/17 y 18, y vasos 24/25 y 27, mientras que también existen algunos cuencos con decoración de forma 37.

CLASE	FORMA	TIPO	Nº Figura
sig-it	plato	Consp. 18	8.1
	plato	Consp. 21	8.2
	plato	Consp. 20	8.3
	plato	Consp. 19	8.4
	plato	Consp. 20	8.5
	copa	Consp. 27	8.6
sig-it tard	fuente	Drag. 17	8.7
sig-sg	plato	Drag. 16	9.1
	plato	Drag. 18	9.2
	copa	Drag. 24/25	9.3
	copa	Drag. 27	9.4
	copa	Drag. 35	9.5
	cuenco	Drag. 37	9.6
	cuenco	Drag. 37	9.7

CLASE	FORMA	TIPO	Nº Figura
sig-his sep	plato	4	10.1
	cuenco	8	10.2
	plato	15/17	10.3
	plato	18	10.4
	copa	24/25	10.5
	copa	27	10.6
	copa	35	11.1
	plato	36	11.2
	copa	46	11.3
	cantimplora	13	11.4
	cuenco	37	12.1-12.2
sig-his bet	plato	15/17	12.3
	copa	27	12.4
	cuenco	37	12.5
sig-afr a	plato	Hayes 3	13.1
	plato	Hayes 6	13.2
	cuenco	Hayes 9	13.3
parfin	vaso	Mayet XXXVIII	14.1
	vaso	Mayet XLII	14.2
	vaso	Mayet XLIII	14.3

FIGURA 7. TABLA TIPOLÓGICA DE LAS CERÁMICAS FINAS RECUPERADAS EN *ARUCCI TUROBRIGA*.

Entre las paredes finas documentadas en estos sondeos se documentan algunos vasos tipo Mayet XLIII de origen lusitano y otros Mayet XXXVIII de origen bético.

El análisis morfológico de las piezas recuperadas ha evidenciado la repetición de una serie de tipos procedentes desde sus talleres de origen demandados por la sociedad arucitana. Nos ha sido posible establecer cuadros tipológicos donde se recogen los tipos más frecuentes en los contextos

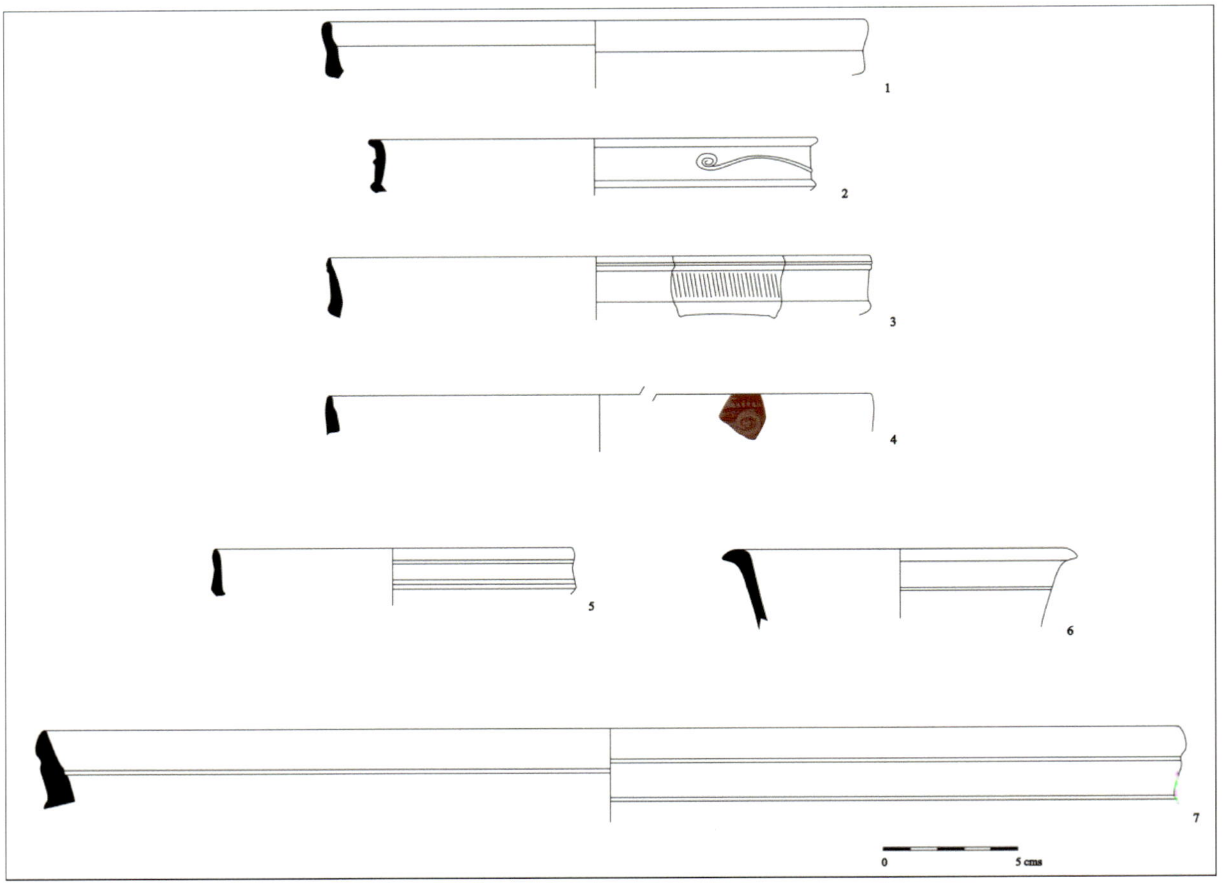

FIGURA 8. *SIGILLATAE* ITÁLICAS.

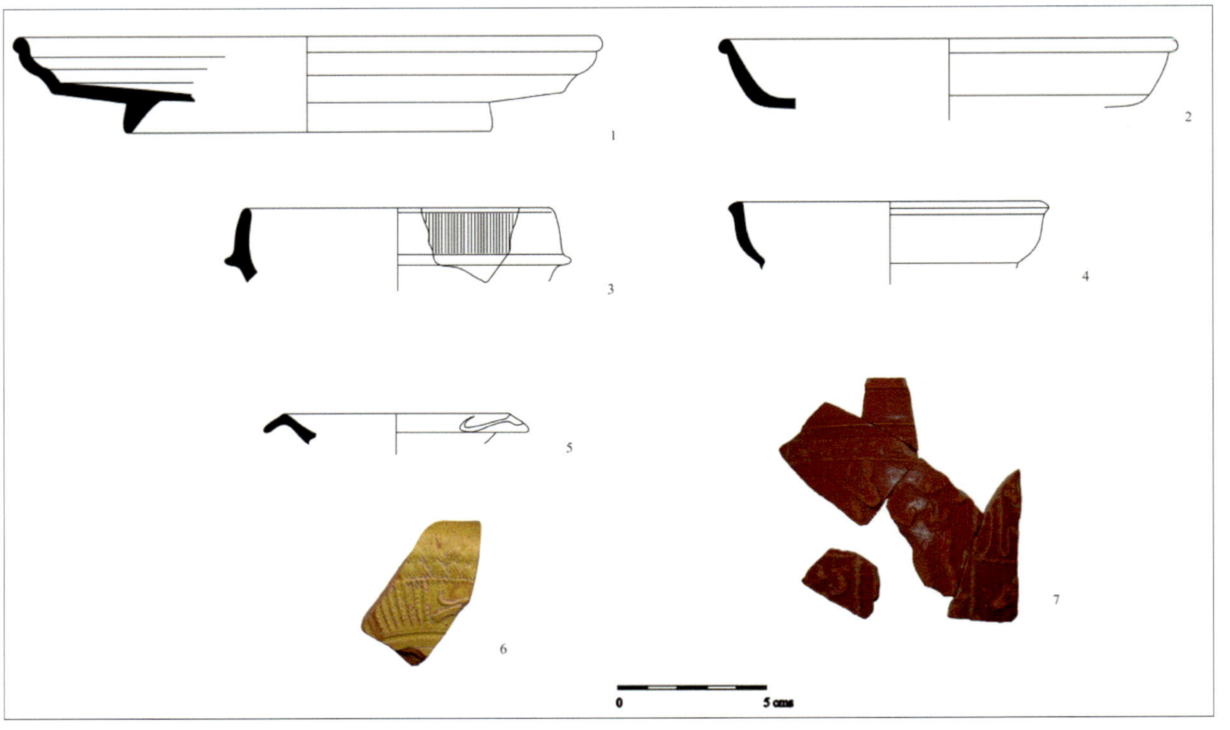

FIGURA 9. *SIGILLATAE* SUDGÁLICAS.

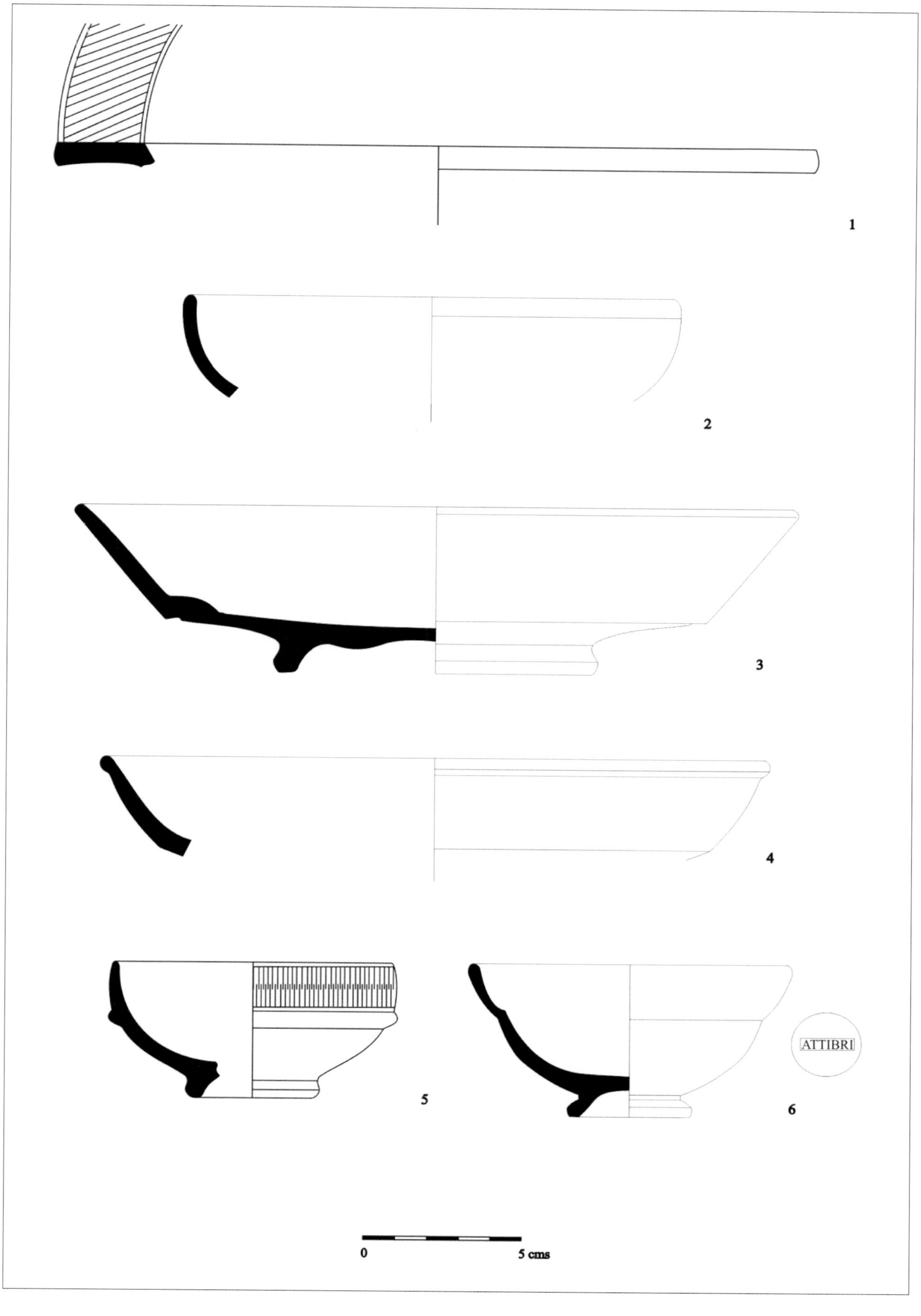

FIGURA 10. *SIGILLATAE* HISPÁNICAS DE ORIGEN SEPTENTRIONAL Y BÉTICO.

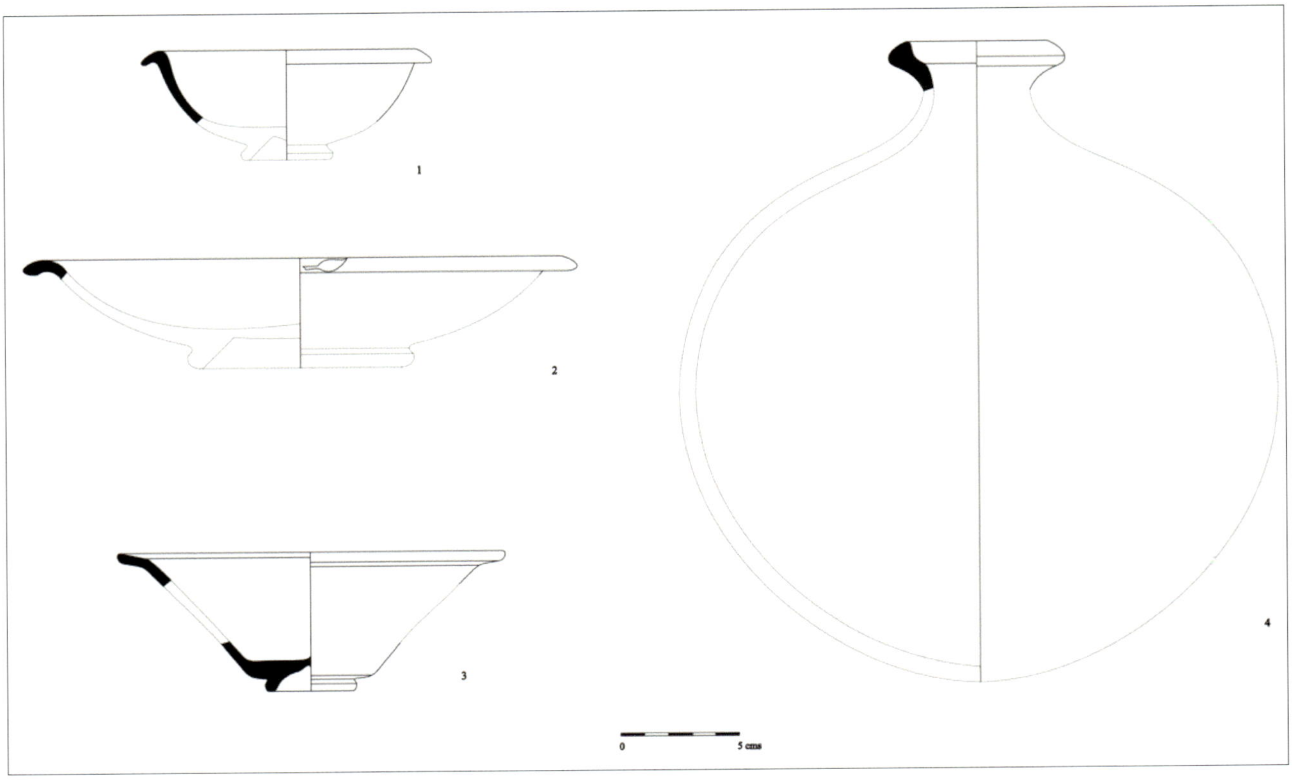

FIGURA 11. *SIGILLATAE* HISPÁNICAS DE ORIGEN SEPTENTRIONAL Y BÉTICO.

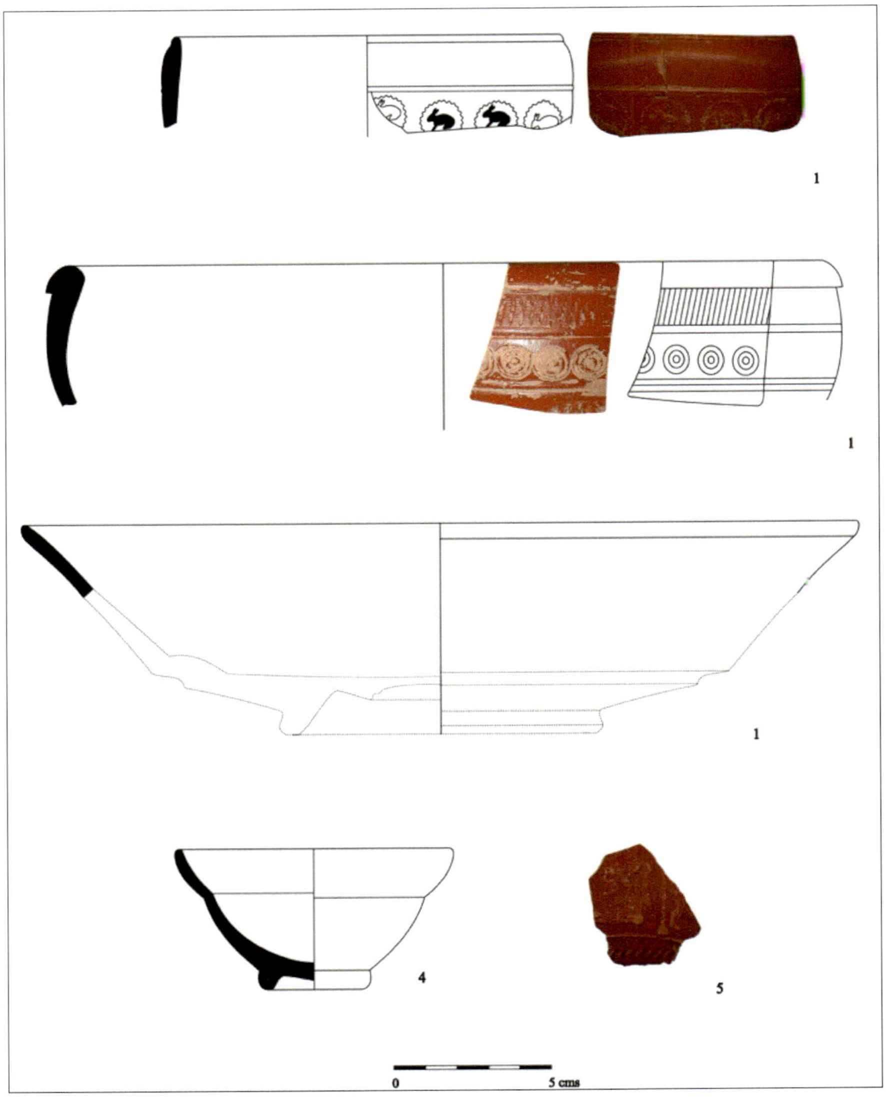

FIGURA 12. *SIGILLATAE* HISPÁNICAS DE ORIGEN SEPTENTRIONAL Y BÉTICO.

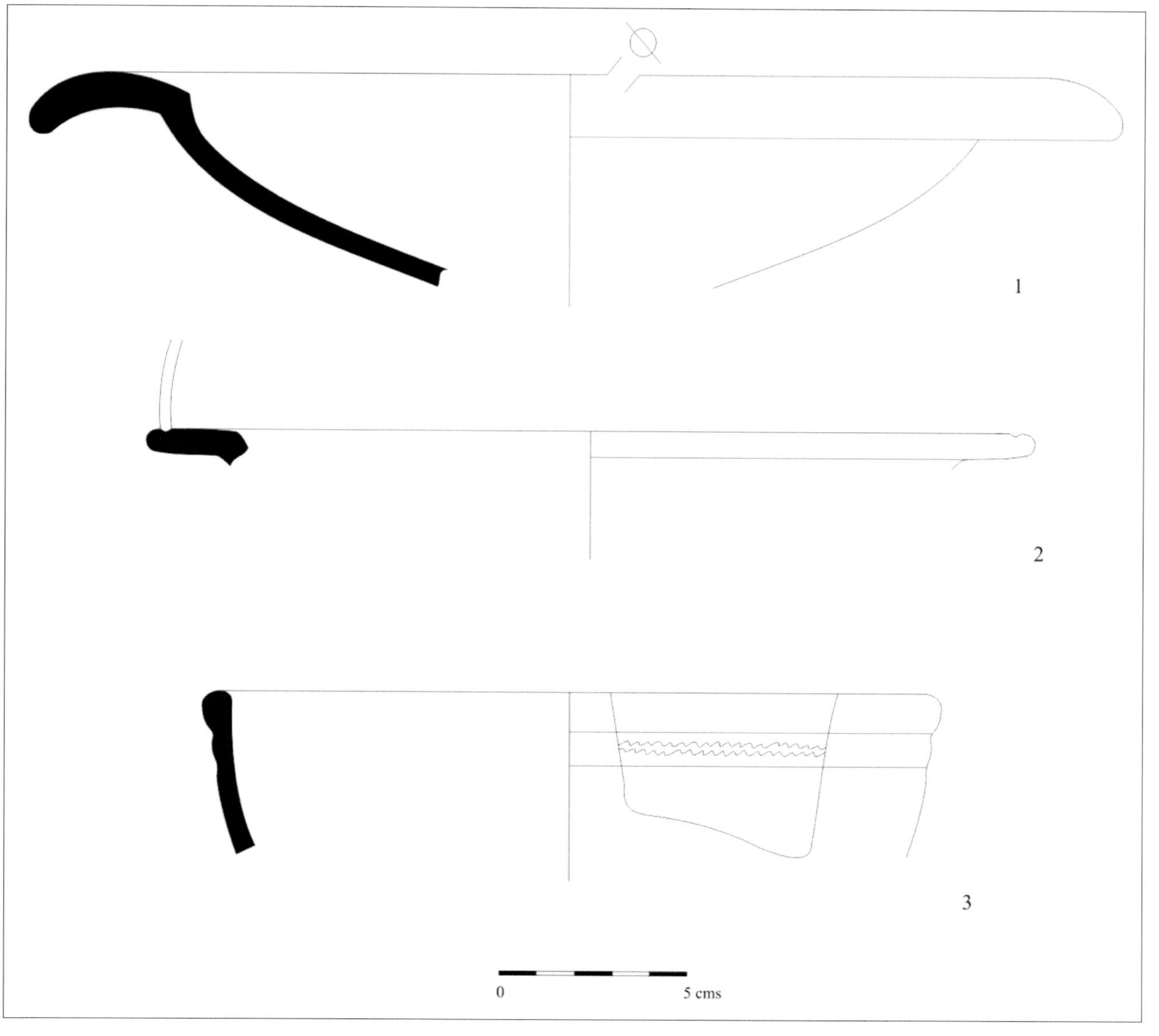

Figura 13. *Sigillatae* africanas.

altoimperiales, niveles que demuestran por otra parte la importancia de la ciudad en estos siglos, estando por ello las cerámicas de estas centurias bien atestiguadas en la ciudad de *Arucci Turobriga*. En este sentido, las sigillatas presentan un extenso elenco formal en todas sus clases, como se habrá podido observar en el análisis previo, no obstante, incluimos una tabla tipológica en las que se recogen todos aquellos modelos que de forma más frecuente se han documentado en el yacimiento (Figuras 7-14).

3. Discusión

A través del estudio ceramológico se han realizado una serie de conclusiones de tipo morfológico, cronológico, funcional y socieconómico que a continuación se sintetizan.

El análisis morfológico de todos los individuos recuperados en las distintas campañas abordadas en este trabajo permiten realizar una sistematización de las cerámicas finas en suelo *arucitano*. Contamos, pues, con un cada vez mejor conocido repertorio de sigillatas itálicas que cuenta con diversos platos (Conspectus 18, 19, 20 y 21) y vasos (15, 17, 22, 24, 27 y 32) entre los mejores representados en este yacimiento.

La presencia de las sigillatas gálicas es porcentualmente mayor a las de origen itálico y su repertorio formal estuvo compuesto por platos Drags. 15, 16, 18 y 36 principalmente y copas Drags. 24/25, 27 y 35, con servicio complementario decorado del tipo Drag. 37.

Pero, sin duda, las piezas que constituyen el repertorio formal mayoritario en toda la ciudad son las producciones hispánicas con platos 15/17, 18 y 36 y copas 27, 24/25 y 35, así como los cuencos decorados de forma 37 entre los ejemplares cuantitativamente mayoritarios.

Las africanas también se presentan entre las cerámicas finas con un elenco compuesto por platos/cuencos tipos Hayes 3, 6, 9 y 14 fundamentalmente.

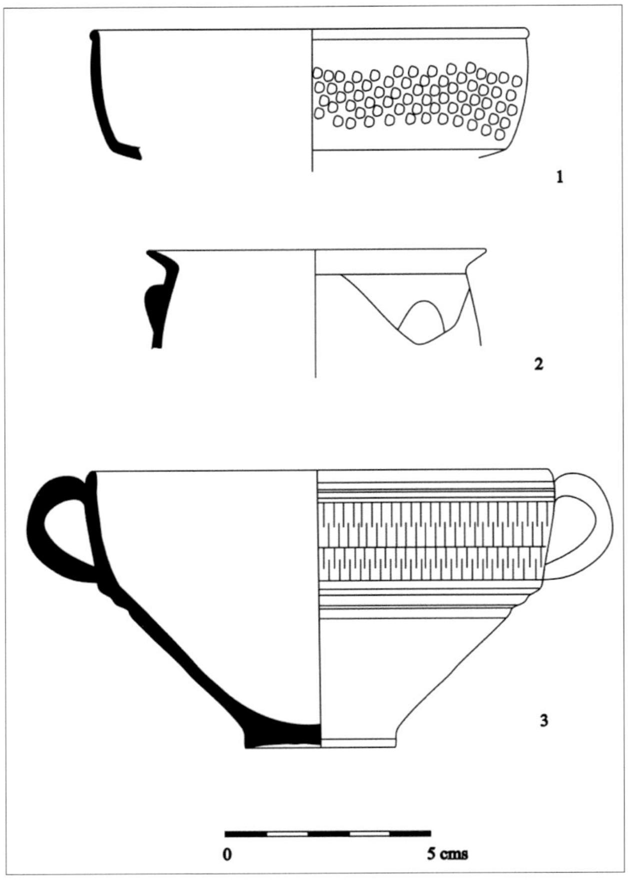

FIGURA 14. PAREDES FINAS.

Finalmente el repertorio de paredes finas estuvo compuesto por vasos de origen bético como los tipos Mayet XXXIV, XXXVII, XXXVIII y XLII o los Mayet XLIII de procedencia emeritense.

De este modo, existe un amplio catálogo de servicios de mesa en *Arucci Turobriga* para todo el Alto Imperio, atendiendo a su vez a las características arqueométricas que nos indican la procedencia de estas cerámicas finas.

Sin embargo, existe una particularidad en esta sistematización formal y arqueométrica, la ausencia absoluta en el registro arqueológico de las cerámicas tipo peñaflor. Un repertorio producido en el valle del Guadalquivir y que llega a difundirse hasta la propia capital de la Lusitania, pero que no se consume entre la sociedad arucitana, quizás por cuestiones de gustos más que de interacción comercial.

En este sentido, a través del análisis formal de las facies cerámicas nos ha servido para plantear dos posibles servicios de mesa para época altoimperial. La abundancia de unos tipos redundantes en el yacimiento nos esboza un uso culinario habitual en la sociedad arucitana. Por un lado proponemos un servicio compuesto por copa y plato, tipos 27 y 15/17 respectivamente; y por otro lado, un segundo formado por copa (forma 24/25) y plato (forma 18).

Del análisis ceramológico podemos también extraer aspectos cronológicos para la ciudad de *Arucci Turobriga.* Obtenemos, pues, fechas generales con las que establecer una evolución diacrónica en este asentamiento. De este modo, el repertorio de sigillatas itálicas aparece en los niveles fundacionales de la ciudad con presencia de un elenco producidos y distribuidos entre los últimos decenios del siglo I a.C y las primeras décadas del I d.C., estableciéndose el momento fundacional en torno a los últimos decenio del siglo I a.C., permaneciendo presentes estos materiales en el registro hasta época de Claudio, momentos en los que las cerámicas de procedencia gala comienzan a distribuir y producir sus productos de manera masiva. Sería, pues, en estos momentos claudios cuando se produciría el momento de monumentalización de la ciudad, donde los productos itálicos comienzan a cesar o son menos profusos en el registro arqueológico mientras que las producciones de origen galas comienzan a suplir este mercado arucitano. Correspondientes a este periodo fundacional y de monumentalización de la ciudad pertenecen todos aquellos alfareros itálicos y galos que se han constatado como *Zoilvs* o *Crestus* entre los primeros, cuya particularidad de ambos es su afiliación a la *gens Ateia* beneficiaria de la política de la dinastía julioclaudia, especialmente del *Princeps* (Bustamante 2008; 187-188), quizá por poseer facilidades tanto en las producciones como en las distribuciones de los productos gracias a la casa imperial, y *Senecio* o *Ivcvndvs* entre los segundos.

En cuanto al incremento de las producciones hispánicas procedente de los talleres tritienses y béticos significan una continuidad en la ocupación del núcleo durante todo el altoimperio, a las cuales se añadirían las producciones africanas A que datan de estos momentos así como algunos productos gálicos con presencia de alfareros como *Crocvrro* o *T. Flavivs Secvndvs II*, identificado por la decoración de sus piezas o *Passienus* por su sello (Delgado Aguilar, e.p.), para momentos flavios y la siguiente centuria. Con todo, todas estas producciones implican el auge experimentado en la ciudad desde mediados del siglo I hasta finales del II d.C.

El proceso de abandono de esta ciudad comienza en los inicios del segundo tercio del siglo III d.C., donde existirían ciertos espacios ocupados en el Bajo Imperio con presencia de cerámicas finas adscritas a estos momentos como las producciones africanas C y D, y que no incluimos en este estudio ceramológico por centrarse en las manufacturas altoinperiales.

En definitiva, la vida de la ciudad de *Arucci Turobriga* queda enmarcada a través de su cerámica fina desde época augustea hasta mediados del siglo III d.C. aunque exista una ocupación residual junto a la ermita en el espacio ocupado por el foro.

Asimismo, el análisis cerámico de cada uno de los espacios nos ha servido para aportar fechas más precisas y de la evolución de las distintas edificaciones. De este modo, las fases de fundación y monumentalización para momentos julio-claudios están bien atestiguadas en el foro o el *campus*. Sin embargo, las fases de auge y actividad desde mediados del siglo I d.C. y la siguiente centuria están bien representadas en el resto de espacios exhumados como las termas, la Casa de la Columna, el *macellum* así como la continuidad en el foro y el *campus*. Espacios todos habitados y en pleno rendimiento hasta mediados del siglo III d.C. con continuidad residual tan sólo en el foro cuya ocupación se mantiene hasta época moderno-contemporánea.

El estudio ceramológico también nos ha proporcionado aspectos funcionales de algunos de los espacios de la ciudad. De esta forma, el análisis de las cerámicas recuperadas en las distintas estancias de la Casa de la Columna ayudó a identificar las funciones que tuvieron sus estancias. Así las cerámicas no solo proporcionaron las cronologías de sus fases constructivas todas ellas enmarcadas en el Alto Imperio, sino que sirvieron para otorgar funcionalidades a las distintas habitaciones documentadas. La abundancia de cerámicas finas en algunas de ellas sirvió para interpretar un uso doméstico de las mismas mientras que otras por la profusión de recipientes destinados al almacenamiento y transporte, la presencia de aperos de labranza e incluso una *mola* de material pétreo en el registro arqueológico del interior de otras estancias nos indican una funcionalidad artesanal de las mismas (Delgado Aguilar 2008; O'kelly Sendrós 2008; O'kelly y Delgado 2011).

Finalmente, ha sido fundamental en el conocimiento de aspectos socio-económicos y comerciales de esta ciudad el análisis de las cerámicas finas. Las sigillatas y paredes finas recuperadas proceden de los distintos talleres repartidos por todo el Imperio, de modo que *Arucci Turobriga* se convierte en un centro de mercado de estos materiales destinados a servir las necesidades tanto de la población local como de los asentamientos repartidos por el territorio.

En primer lugar, el abundante registro de sigillatas hispánicas oriundas de los talleres tritienses nos ha llevado a plantear, siguiendo la propuesta de conexión comercial que F. Mayet realizara tras los estudios de las cerámicas finas de *Urium* –Riotinto- donde capital lusitana y el distrito minero de Riotinto quedarían conectados comercialmente (1970: 175), una posible ruta de inserción de estos productos a través de la capital de la *Lusitania, Augusta Emerita*. De este modo, *Arucci Turobriga* se convertiría en un nuevo lugar de mercado o centro de consumo de las sigillatas hispánicas septentrionales, siendo Mérida el centro distribuidor de estos productos. De este modo, la capital lusitana se convertiría en el centro receptor de estas cerámicas finas procedentes de los complejos alfareros hispano-septentrionales para distribuirlas con posterioridad por otros centros de consumo cercanos como el caso de *Arucci Turobriga*.

Además de los recipientes hispánicos constatados en ambas ciudades y que nos sugieren este tráfico comercial entre estas provincias hispanas, contamos con numerosos ejemplos de alfareros que distribuyen sus productos en Mérida y que también han sido constatados en *Arucci Turobriga*. Así existe una abundante representación de cerámicas itálicas y gálicas en *Augusta Emerita* (Bustamante Álvarez 2009) que también nos plantea una distribución hacia esta ciudad Bética desde la capital lusitana, siguiendo el planteamiento comercial expuesto con las sigillatas hispánicas septentrionales. Pues la presencia de las cerámicas gálicas abre unos posibles circuitos comerciales tanto marítimos como terrestres (Bustamante Álvarez 2009) en consonancia con nuestra propuesta comercial para el área occidental de la Bética. De este modo, contamos con la presencia en Mérida de ciertos alfareros que también se presentan en *Arucci Turobriga* como *Senecio* o *Ivcvndvs* entre los galos (Bustamante Álvarez 2009: 163) o *Attivs Britto* entre los hispánicos (Fernández Miranda 1970; 812), que nos confirma la importancia que tuvo la ruta emeritense en la comercialización de las cerámicas finas altoimperiales para esta ciudad hispanorromana. Entonces, el entramado comercial, con un perfecto engranaje organizativo por parte del Imperio romano, funcionaría a la perfección en este espacio del suroeste peninsular.

En este sentido, también existe una afluencia de personas de origen lusitano y galaico en el occidente bético desde momentos tempranos de la romanización (Pérez Macías 2009), una migración que se extendería a lo largo de los siglos, como demuestran otros muchos epígrafes de la actual provincia de Huelva (Luzón Nogué 1975: 281; González Fernández 1989: 89-ss.), vinculada en parte a la explotación minera y metalúrgica de la franja pirítica (Blanco y Luzón 1966: 84). No obstante, estos desplazamientos lusitanos no solo se producirían hacia las minas, y así lo indican algunos epitafios constatados en el área serrana donde las explotaciones metalíferas más cercanas están algo distantes (Pérez Macías 2009: 289). De tal modo que la interacción entre estos espacios en época altoimperial sería bastante frecuente, unas relaciones que se dejaron notar en las actividades comerciales entre estas zonas de *Hispania* y que, por supuesto, los alfareros tritienses supieron aprovechar para introducir sus productos tanto en la *Lusitania* como por el occidente bético a través de la misma. La migración atestiguada llega incluso a establecer a alfareros de origen lusitano en el área minera de Riotinto como evidencia el epígrafe del ceramista *Lvcivs Ivlivs Rebvrrinvs*, de origen lusitano, y que se ha identificado con el productor de lucernas mineras selladas con la marca LIR (Luzón y Ruiz 1970; Campos, Pérez y Vidal 2004: 140). De este modo la tradición alfarera y la interrelación entre estas provincias hispanas queda bien atestiguado y corroborado a través de las cerámicas y la epigrafía.

Con todo, la interacción socio-económica planteada en este espacio entre la Lusitania y el oeste Bético estaría más que corroborada a través de los muchos testimonios arqueológicos expuestos. Unas importantes relaciones que fueron aprovechadas por los complejos alfareros para introducir sus mercancías en estas ciudades, abriendo su mercado hacia el mediodía peninsular entrando en competencia con otros centros alfareros como el Bético.

Asimismo, a *Arucci Turobriga* arriban otros productos de origen bético y africano que nos llevan a plantear una segunda ruta comercial por la que distribuir los productos de la costa y de la provincia Bética hacia el interior. Una evidente interacción comercial entre costa e interior que se ha venido exponiendo de forma reciente con el devenir de las investigaciones en el territorio más occidental de la Bética (Vidal y Campos 2008).

De esta forma, el registro arqueológico en esta ciudad donde se presentan recipientes de origen africano, tanto sigillatas como las producciones africanas de cocina, nos sugieren otra ruta comercial procedente del litoral. Posiblemente este circuito quedara marcado desde el puerto atlántico de *Onoba* que quedaba bien comunicado por vía terrestre a través de la red viaria con esta ciudad a través de la ruta norte-sur que une *Onoba* con el área minera y serrana (Ruiz Acevedo 1998). Además junto a estos materiales de origen africanos viajarían productos derivados del mar, cuyos envases han perdurado en el registro arqueológico como el caso de las ánforas Dressel 14, Beltran IIA y IIB, y que tan sólo del área costera pudieron proceder proporcionando de estos productos a la sociedad arucitana.

Pero además de todos estos recipientes procedentes del área costera las sigillatas hispánicas de origen bético también arriban a *Arucci Turobriga* aunque lo hacen en menor porcentaje a las septentrionales. Para esta vía de comercialización de las sigillatas béticas parece que el arribo de las mismas se produciría desde otros centros distribuidores como *Onoba*, quién derivaría estos recipientes hacia el norte en su ámbito de influencia hacia la zona minera e incluso la serrana. Así hemos documentado en ambas ciudades los productos del alfarero bético CAH (Delgado Aguilar, e.p.), quién desde Los Villares de Andújar produce y distribuye sus recipientes desde época flavia por el norte de África, el occidente bético e incluso el sur lusitano (Sotomayor, Roca y Fernández 1999: 34, 39), de tal modo que dicho productor desarrolla todo un circuito comercial donde se introducen toda una serie de centros de mercado en los que se incluye la zona más occidental de la Bética.

En cuanto a las paredes finas de origen bético como los tipos Mayet XXXIV, XXXVII, XXXVIII y XLII parece que seguirían también esta ruta sur-norte desde *Onoba*, en cuyo registro arqueológico estos tipos también están presentes.

En definitiva, la red viaria terrestre fue vital para la comercialización en *Arucci Turobriga*, un eje norte-sur en el cual uniría esta ciudad con la capital lusitana, *Augusta Emerita*, primordial en el comercio y el abastecimiento de los arucitanos, así como con el puerto atlántico de *Onoba*, que también funcionaría como centro distribuidor al igual que la capital lusitana.

Los estudios ceramológicos realizados en esta ciudad hispanorromana han aportado datos concluyentes sobre la cronología, las funcionalidades de las estancias, aspectos socio-económicos y comerciales como ha quedado expuesto a lo largo de este trabajo. De este modo, comprobamos como la ciudad se encuentra enmarcada dentro de las rutas comerciales y redes viarias que el imperio articula para esta zona, un espacio que a nuestro juicio se encuentra mucho más integrado y volcado con la provincia lusitana que con la Bética a juzgar por la intensa relación comercial y social entre la capital lusitana y esta limítrofe ciudad en el occidente de la Bética.

Bibliografía

Alaoui, M. K. (2007) *Revisando Kuass (Asilah, Marruecos). Talleres cerámicos en un enclave fenicio, púnico y mauritano*. Valencia.

Beltrán Lloris, M. (1990) *Guía de la cerámica romana*. Zaragoza.

Bermejo, J. (2007) Materiales Arquitectónicos-decorativos de la Colección Municipal de Aroche. *Actas del III Encontro de Arqueología do Sudoeste peninsular, Vipasca Arqueología e Historia nº2, 2ª serie:* 354-365. Aljustrel.

Bermejo, J. (2010) La curia de la ciudad hispanorromana de *Arucci Turobriga*. *Actas del IV Encuentro de Arqueología del Suroeste (Aracena, Huelva)*: 999-1010. Huelva.

Bermejo, J. (2010-2011) Las terracotas femeninas del foro de *Arucci Turobriga*. ¿Testimonio de culto a las *Augustae et Divae*?. *Anales de Arqueología Cordobesa* 21/22: 127-146. Córdoba.

Bermejo, J. (2011a) El modelo de colonización en el *ager aruccitanus ¿centuriatio*?. *Agri Centuriati, International Journal of Landscape Archaeology:* 103-120.

Bermejo, J. (2011b) El fin del modelo urbano y municipal en Arucci Turobriga. La transformación hacía la antigüedad tardía (s.s. III-VII d.C.). *Arqueología y Territorio Medieval* 18: 55-70.

Bermejo, J. (2012) Nuevas inscripciones aruccitanas. *Actas del V encontro de Arqueologia do sudoeste peninsular, Almodóvar (Portugal)*: 433-439.

Bermejo, J. (2013) *Un modelo de implantación territorial y municipal en la Baeturia Celtica. Arucci Turobriga. Civitas et territorium.*

Bermejo, J. y Campos, J. M. (2009) La sala de los ediles de Arucci Turobriga. *Officina Ponderaria Aruccitana. Saguntum* 41:187-198.

Bermejo, J. y Campos, J. M. (2011) Il campus di Arucci/ Turobriga. Un nuovo esempio nelle province occidentali. *Atlante Tematico di Topografia Antica (ATTA)* 21: 56-68.

Blanco, a. y Luzón, J. M. (1966) Mineros antiguos españoles. *AEspA* XXXIX: 73-88.

Bustamante Álvarez, M. (2008) Cerámica y poder: el papel de la *terra sigillata* en la política romana. *Anales de Arqueología cordobesa* 19: 183-200.

Bustamante Álvarez, M. (2009) La terra sigillata gálica en *Augusta Emerita* (Mérida, Badajoz). *Saguntum* 41: 149-174.

Bustamante Álvarez, M. (2011) Redes de distribución cerámica en los poblados mineros de la Bética occidental: El caso de Riotinto. En Pérez, J.A., Delgado, A., Pérez, J.M. y García, F.J. (eds.) *Río Tinto. Historia, Patrimonio minero y Turismo Cultural*. 113-142. Huelva.

Campos J. M. y Bermejo J. (2007) Manifestaciones del culto imperial en la ciudad hispanorromana de *Turobriga*. *Actas del Congreso Internacional Culto Imperial: Política y poder*: 251-274. Roma: L'Erma di Bretschneider.

Campos J. M. y Bermejo J. (2010) *Arucci y Turobriga* y las promociones Julio-Claudias en la Baeturia Celtica. A propósito de una nueva aportación epigráfica. *AEspA* 83: 133-145.

Campos J. M. y Bermejo J. (2012) Augusto y el proceso de promoción y municipalización en la ciudad de *Arucci Turobriga*. Una nueva interpretación arqueológica e histórica. *Pyrennae* 43-1: 63-82.

Campos J. M. y Bermejo J. (2013) Arucci y Turobriga, su problemática y reducción. *AEspA* 86: 113-130.

Campos, J.M., Bermejo, J., Delgado, S. Medina, N. y Sánchez, L. J. (2010) Investigación y puesta en valor de la ciudad hispanorromana de Turobriga (Aroche, Huelva). Intervención sistemática 2006. *Anuario Arqueológico de Andalucía/2006*: 2218-2224. Sevilla.

Campos, J. M., Bermejo, J., Cortijo, V., Delgado, S., Gómez, A., Medina, N., O'kelly, J., y Vidal, N. O. (2008) *Proyecto general de investigación arqueológica: la ciudad hispanorromana de Turobriga (Aroche, Huelva).Memoria científica 2007.* Delegación Provincial de la Consejería de Cultura. Huelva: Documento interno.

Campos, J. M., Bermejo, J., Cortijo, V., Delgado, S., Gómez, A., Medina, N., O'kelly, J., Rodríguez, R. y Vidal, N. O. (2008a) Investigacion y puesta en valor de la ciudad hispanorromana de *Arucci/Turobriga* (Aroche, Huelva). Estudio de materiales y Prospección Geofísica. Campaña 2007. *Anuario Arqueológico de Andalucía/2007.* Sevilla.

Campos, J. M., Bermejo, J., Medina, N., Fernández, L., Toscano, C., Delgado, S. y O'Kelly, Y. (2009) Proyecto General de Investigación Arqueológica: la ciudad hispanorromana de Turobriga, Aroche (Huelva). Septiembre-Octubre 2008/Marzo-Abril 2009. Memoria Científica. Inédito.

Campos, J. M., Bermejo, J., Medina, N., Fernández, L., Toscano, C., O'Kelly, J. y Delgado, S. (2010) *Proyecto general de investigación arqueológica: la ciudad hispanorromana de Turobriga (Aroche, Huelva). Campaña 2009. Prospección geofísica y estudio de materiales de la campaña 2008. Memoria científica.* Delegación Provincial de la Consejería de Cultura. Huelva. Documento interno.

Campos, J. M., Bermejo, J., Medina, N., Fernández, L., Toscano, C., O'Kelly, J. y Delgado, S. (e.p.b) Investigacion y puesta en valor de la ciudad hispanorromana de *Arucci/Turobriga* (Aroche, Huelva). Campaña 2008. *Anuario Arqueológico de Andalucía/2008.* Sevilla.

Campos, J. M., Bermejo, J., Medina, N., Fernández, L., Toscano, C., O'Kelly, J. y Delgado, S. (e.p.c) Investigacion y puesta en valor de la ciudad hispanorromana de *Arucci/Turobriga* (Aroche, Huelva). Campaña 2009. Prospección geofísica y estudio de materiales de la campaña 2008. *Anuario Arqueológico de Andalucía/2009.* Sevilla.

Campos, J. M., Bermejo, J., Medina, N., Fernández, L., Robles, S. O'Kelly, J. y Delgado, S. (e.p.d) Investigacion y puesta en valor de la ciudad hispanorromana de *Arucci/Turobriga* (Aroche, Huelva). Campaña 2011. *Anuario Arqueológico de Andalucía/2011.* Sevilla.

Campos, J. M., Bermejo, J., Medina, N., Fernández, L., Robles, S. O'Kelly, J. y Delgado, S. (2012) *Proyecto general de investigación arqueológica: la ciudad hispanorromana de Turobriga (Aroche, Huelva). Campaña 2011. Memoria científica.* Delegación Provincial de la Consejería de Cultura. Huelva. Documento interno.

Delgado Aguilar, S. (2006) *Terra Sigillata y Paredes Finas en Turobriga (Aroche, Huelva). Campañas 2004 y 2005.* Trabajo de Investigación de Tercer Ciclo. Inédito. Huelva.

Delgado Aguilar, S. (2008) Terra Sigillata y Paredes Finas en *Turobriga* (Aroche, Huelva). Campañas 2004-2005. *Vipasca. Arqueologia e Historia. Nº 2. 2ª serie. Actas del III Encontro de Arqueologia do Sudoeste Peninsular.* Aljustrel. 354-363.

Delgado Aguilar, S. (2010) Restituciones virtuales de la vajilla de mesa romana (*Terra Sigillata). VAR. Virtual Archarology Review. Vol.1/Nº1.* http://varjournal.es/doc/varj01_001_31.pdf

Delgado Aguilar, S. (2012) Breve síntesis sobre la vajilla de mesa republicana y altoimperial romana en el oeste de la Bética en Haro, J. de, García, J. M., Gómez, F. y Linares, J.A. (eds.) *Arqueología en la Provincia de Huelva. Homenaje a Francisco Javier Rastrojo Lunar.* Huelva.

Delgado Aguilar, S. (e.p.a) Vajilla de mesa romana en *Arucci Turobriga* (Aroche, Huelva). Campañas 2006 y 2008. *XXVI Jornadas del Patrimonio de la Comarca de la Sierra. Hinojales (Huelva)*: 31-54. Huelva.

Delgado Aguilar, S. (e.p.b) *Index* de sellos sobre terra sigillata en *Onoba* (Huelva). Nuevas perspectivas sobre una ciudad portuaria Bética de la costa atlántica. *Mainake.* Málaga.

Fernández Miranda, M. (1970) Cerámica Sigillata en Mérida: Marcas de alfarero *Tirada aparte de la Crónica del XI Congreso Nacional de Arqueología.* Mérida.

Gómez, A. (2008) Arquitectura doméstica de la ciudad hispanorromana de *Turobriga* (Aroche, Huelva). *Actas del III Encuentro de arqueología del sur peninsular, Vipasca Arqueologia e Historia* nº2, 2ª serie: 330-340.

Gómez, A., Bermejo, J., y Medina, N. (2010) Nuevos datos para la intrepretación del urbanismo de la ciudad hispanorromana de Arucci/Turobriga: La casa Norte. *Romula* 9: 155-175.

González Fernández, J. (1989) *Corpus de inscripciones latinas de Andalucía. Vol. I. Huelva. CILA I.* Sevilla.

Luzón Nogué, J. M. (1975) Romanización. *Huelva: prehistoria y antigüedad*: 270-320. Madrid.

Luzón, J. M. y Ruiz, D. (1970) El poblado minero de Riotinto. *Habis* 1: 125-138.

Mezquíriz de Catalán, Mª. A. (1985) Terra Sigillata Ispanica Atlante delle forme ceramiche II, Ceramica fine romana nel bacino mediterraneo (tardo ellenismo e primo impero). *Enciclopedia dell' Arte Antica, Classica e Orientale.* Roma.

Mayet, F. (1970) Parois Fines et ceramique sigillée de Riotino (Huelva). *Habis* 1: 139-176.

Mayet, F. (1984) *Les ceramiques sigillées hispaniques.* 2. Vols. París.

Mazzeo Saracino, L. (1985) Terra sigillata nord-italica. *Atlante delle forme ceramiche II, Ceramica fine romana nel bacino mediterraneo (tardo ellenismo e primo impero). Enciclopedia dell'Arte Antica, Classica e Orientale*:175-230. Roma.

Mees, A. W. (1995) *Modelsignierte dekorationen auf südgallischer Terra Sigillata.* Stuttgart.

O'Kelly Sendrós, J. (2006) Cerámica común romana en Turobriga (Aroche, Huelva). Campañas 2004-2005. Trabajo de Investigación de Tercer Ciclo. Inédito. Huelva.

O'Kelly Sendrós, J. (2008) Cerámica común romana en *Turobriga* (Aroche, Huelva). Campañas 2004-2005. *Vipasca.Arqueologia e Historia. Nº 2. 2ª serie. Actas del III Encontro de Arqueologia do Sudoeste Peninsular.* Aljustrel. 346-353.

O'Kelly, J. y Delgado, S. (2011) La casa de la Columna de *Arucci Turobriga* (Aroche, Huelva) a través de su cerámica en OrJIA (coord.) *II Jornadas de Jóvenes en Investigación Arqueológica*: 105-111. Madrid.

Oxé, A., Comfort, H. y Kenrick. P. (2000) *Corpus vasorum arretinorum: a catalogue of the signatures, shapes and chronology of Italian sigillata.* Bonn.

Pérez Macías, J.A. (2009) Las inscripciones funerarias de comienzos del siglo I en Huelva, ¿migración o colonización?. *Anejos de AEspA XLVIII. Espacios, usos y formas de la epigrafía hispana en épocas antigua y tardoantigua. Homenaje al Dr. Armin Stylow*: 285-296. Madrid.

Ruiz Acevedo, J. M. (1998) *Las vías romanas en la provincial de Huelva.* Huelva.

Sáenz, M. P. y Sáenz, C. (1999) Estado de la cuestión de los alfares riojanos: la *terra sigillata* hispánica altoimperial en Roca, M. y Fernández, M. I. (coords.) *Terra Sigillata Hispánica. Centro de fabricación y producciones altoimperiales*: 61-136. Málaga.

Sánchez Hernando, L. J. (2007) Informe preliminar del estudio paleobotánico del yacimiento de Turóbriga (Aroche, Huelva). Análisis de Macrorrestos vegetales. Proyecto de Investigación y Puesta en Valor de la Ciudad Hispanorromana de Turobriga (Aroche, Huelva). Delegación Provincial de Cultura: 516-533. Inédito.

Sotomayor, M., Roca, M. y Fernández, M. I. (1999) Centro de producción de Los Villares de Andújar (Jaén). *Terra Sigillata Hispánica.Centros de fabricación y producciones altoimperiales*: 19-60. Málaga.

Vidal, N. O. y Campos, J. M. (2008) Relaciones costa-interior en el territorio onubense en época romana. *Mainake,* 30: 271-287. Málaga.

Las cerámicas finas de *Onoba Aestuaria* (Huelva)

Salvador Delgado Aguilar
Universidad de Huelva. salvador.delgado@dhis1.uhu.es
Juan M. Campos Carrasco
Universidad de Huelva. campos@uhu.es

1. Introducción[1]

La ciudad de Huelva (Figura 1) presenta una secuencia multifásica que abarca desde fines del II milenio-comienzos del I a.C. hasta el presente, sin solución de continuidad. Esta dilatada secuencia cronológica contiene algunos episodios de especial relevancia histórica, caso de la etapa tartésica, a la que se había dedicado casi la totalidad de los estudios arqueológicos sobre la ciudad y que han tenido como consecuencia negativa el olvido de otros periodos históricos. Es este el caso de la etapa romana, tan olvidada y poco conocida hasta el punto de haberse forjado una imagen negativa sobre ella que la definía como un núcleo de escasa importancia en el contexto de la Bética, como ponen de manifiesto las opiniones de algunos de los investigadores que se han ocupado de la arqueología en Huelva (Luzón 1975, 311; Amo 1976, 118; Blanco y Rothemberg 1981, 15; Fernández, Rufete y García 1992, 316; Fernández, García y Rufete 1997: 80).

Sin embargo, en la última década se ha dado un impulso decidido al estudio de la presencia en la ciudad de Roma y sus momentos inmediatamente precedentes que permiten afirmar que la ciudad de *Onoba* debió de jugar un papel relevante en el contexto del occidente de la Bética, merced a la existencia de su estratégico puerto hacia donde se dirigían las producciones de los tres sectores que conformaban la economía del área onubense, la minería,

FIGURA 1. UBICACIÓN DE LA CIUDAD DE *ONOBA* (HUELVA).

[1] El presente trabajo se enmarca en el proyecto "EX OFFICINA MERIDIONALI: tecnología, producción, difusión y comercialización de cerámicas finas de origen bético en el Sur peninsular durante el Alto Imperio (HAR2010-17507)". Proyecto enmarcado dentro del Plan Nacional de I+D del Ministerio de Cien-cia e Innovación del Gobierno de España (I.P. Mª Isabel Fernández García).

la agricultura y las salazones. Esta circunstancia hizo posible que muy probablemente *Onoba Aestuaria* alcanzará el estatuto colonial quizás desde época de Augusto (Campos, Vidal y Ruiz 2010).

1.1. El urbanismo

Las peculiaridades de la paleotopografía de la ciudad de Huelva caracterizada por la existencia del puerto y del paleoacantilado de edad holocena sobre el que se desarrollan una serie de alturas medias, los cabezos, que configuran pasos angostos para acceder al espacio que la ciudad ocupaba en la Antigüedad, ha determinado sobremanera la estructura urbana del enclave y su periferia.

Los restos de ocupación de las zonas altas de la ciudad, que se han perdido para siempre pero que han quedado recogidos en los testimonios historiográficos, indican que gran parte de *Onoba* se extendía por los desaparecidos cabezos de El Molino de Viento y de San Pedro, heredando la ciudad romana-republicana el lugar ocupado ininterrumpidamente desde el segundo milenio a.C. (Campos 2002).

El estado actual de las investigaciones permite establecer la existencia de dos zonas, además de la ubicada en altura, más o menos definida. La primera en torno a las Plazas de San Pedro, La Soledad y Calle Pablo Rada con restos de viviendas y una plaza enlosada con grandes lastras. La otra, que aparece más nítida, se correspondería con un barrio portuario. Es decir se trata de un hábitat de cierta importancia que, además de en las alturas mencionadas, se extendía por las faldas del espacio llano situado entre dichos cabezos, fundamentalmente por el lugar ocupado por la villa de la Edad Moderna. Este recinto tendría una entrada por la actual calle de San Sebastián que perpetua el camino romano de salida de la ciudad y que conduce a Niebla, otra por la calle San Andrés, y especialmente por la cuesta empedrada existente entre el perdido Cabezo del Molino de Viento y el de San Pedro, donde debió de ubicarse una de las puertas de la ciudad. Hacia el sur, quizás el límite estaría en la prolongación de lo anterior hacia la actual Plaza de las Monjas, alcanzando la c/ Pérez Carasa donde han aparecido restos de edificaciones, probablemente de la zona portuaria. Más hacia el sur, en la c/ Vázquez López, se localiza una de las necrópolis de la ciudad en uno de los espigones (Campos 2011: 101-103)

Los cuatro puntos anteriores dibujan un recinto, en cuyo interior puede apreciarse el trazado de los principales ejes viarios de la ciudad y su continuación hacia el exterior. Aunque lógicamente, dada la topografía del solar ocupado por la ciudad romana, no es posible pensar en una ciudad organizada ortogonalmente, si que se aprecian en el urbanismo actual los dos ejes principales que articularon la ciudad en sentido aproximado norte-sur y este-oeste, aprovechando los pasos naturales entre los cabezos (Campos 2011:103)

Aunque los cabezos proporcionan defensas naturales, es lógico pensar que el recinto señalado se encontraría rodeado, al menos en parte, de una muralla. En favor de esta hipótesis puede apuntarse la opinión del geógrafo árabe al-Himyarī, en su obra *Kitāb Al-rawd al-mi tār*, (Huici 1964) escrita en el siglo XV y la existencia del gran muro de sillares, colocados a soga y tizón, en el solar de Plaza de San Pedro 4-5 (Campos 2011:103)

El límite meridional está definido por la existencia del área portuaria donde se ubican una serie de elementos característicos propios de estos espacios: las infraestructuras portuarias (embarcaderos, almacenes, etc.), el barrio con las estructuras doméstico-artesanales y finalmente las instalaciones de la industria pesquera.

En el norte, la periferia de la ciudad estaría ocupada por asentamientos de carácter rural y residencial ubicados en las proximidades de las calzadas que comunicaban la ciudad con territorios más alejados. Junto a algunos de estos asentamientos se localizan las *Figlinae* que fabricarían los contenedores para la comercialización de los productos agrícolas y pesqueros.

También en la zona norte se desarrolla el trazado del acueducto del que se beneficiarían sobre todo la *cetariae*, así como los huertos y campos de cultivo de la periferia de *Onuba Aestuaria* que como se ha señalado estaría rodeada de multitud de explotaciones agrícolas.

Como es habitual, este esquema se completa con la existencia de un cinturón de necrópolis ubicadas al norte, sur y este al borde de las calzadas y cercanas a los accesos a la ciudad (Campos 2010)

De las 301 intervenciones arqueológicas realizadas en la ciudad, desde 1945 hasta la actualidad, en 99 de ellas se han obtenido evidencias de la ocupación romana, siendo habitual la presencia, en una buena parte de ellas, de cerámicas finas altoimperiales cuyo estudio se presenta en este trabajo.

Sin embargo, antes de comenzar con el análisis de las cerámicas es preciso señalar una serie de circunstancias que limitan, en parte, el análisis ceramológico.

Ya hemos puesto de relieve que las peculiaridades de la paleotopografía de la ciudad de Huelva han condicionado históricamente su estructura urbana. Pero además, y es lo que más interesa a nuestros propósitos, dada la alta dinamicidad de la zona, en la investigación arqueológica de Huelva es imprescindible tener en cuenta el sustrato geológico y la topografía que constituyen el marco geográfico que se ocupa, un medio en el que los procesos erosivo-sedimentarios naturales producirían fácilmente la movilización de sedimentos superficiales, dando lugar a complicadas transformaciones morfo-topográficas por abarrancamientos y desplomes que conllevarán inversiones, solapamientos y destrucciones estratigráficas, sin contar con la incidencia efectiva, compleja y pertinaz del manejo antrópico, que ha podido acelerarlos, interrumpirlos o aumentarlos de forma drástica. Su confirmación actual es la continuada mención por los autores que han excavado en Huelva de procesos de evolución de ladera, en especial de arroyadas de diferente escala, definidas en algún caso y por su magnitud como *inundaciones*. No es raro, pues, que en la mayoría de los cortes estratigráficos siempre aparezcan elementos antiguos -descontextualizados- junto con otros más recientes. Ello significa que, en la formación de los estratos, continuamente se tuvieron que producir y reproducir multitud de remodelaciones de tipo postdeposicional, un hecho que tiene que influir, necesariamente, en su interpretación, sin olvidar que cómo las cimas de los cabezos también fueron ocupadas, resulta evidente que, para no perder de vista la realidad, también en ellas tuvieron que producirse ciertas interferencias estratigráficas (Campos 2011: 72). Es decir, la inversión estratigráfica es una constante presentando niveles con materiales heterogéneos con cronologías dispares. Un hecho agravado por su ocupación continuada desde la prehistoria reciente, una problemática habitual en las ciudades históricas (Gómez, Beltrán y Rastrojo 2007).

A lo anteriormente señalado hay que sumar la enorme variedad de métodos y técnicas utilizados en la recuperación del pasado de la ciudad, casi tantas como equipos han intervenido durante los más de seis decenios de actividades arqueológicas realizadas en Huelva, que ha propiciado que el registro de los materiales cerámicos, el que nos ocupa en este estudio, presente características muy dispares, lo que a todas luces supone una limitación a la hora de establecer análisis por unidades estratigráficas e incluso plantear número mínimo de individuos o fragmentos adscritos a las mismas. Ello nos ha obligado a seguir otros criterios de evaluación para evitar pérdidas de información y poder realizar un estudio ceramológico lo más completo posible que nos permita conocer nuevos aspectos económicos de la ciudad que hasta ahora habían pasado desapercibidos a falta de un análisis exhaustivo y de conjunto de los materiales exhumados en Huelva.

De este modo, hemos establecido como unidad de análisis la propia intervención donde aparecen cerámicas finas, y de ellas hemos extraído un número mínimo de individuos, sin olvidarnos de los sellos de alfareros recuperados en sus matrices sedimentarias. Como es lógico el estudio de las cerámicas finas se ha realizado en el contexto general de la unidad de excavación relacionándolas con el resto de indicadores localizados junto a ellas.

1.2. Los estudios cerámicos previos

Nos referiremos, por último, a los escasos estudios previos de cerámicas finas para la ciudad de *Onoba*. El primer trabajo que conocemos se remonta a mediados de la década de los 80 del siglo pasado, momento en el que se produce la lectura de un trabajo de licenciatura en la Universidad de Valladolid sobre los hallazgos de sigillata itálica procedentes del solar que había ocupado el palacio de Los Garrocho, actual calle La Fuente de Huelva. Como conclusión dicho análisis revelaba la importancia y el impulso alcanzado por la ciudad en momentos augusteos y tiberianos, donde la actividad comercial quedaba evidenciada a través de la presencia de estos materiales importados (Mielgo Blanco 1986: 40-42). Desde entonces, apenas contamos con la parca información contenida en los informes inéditos de las excavaciones, que presentan numerosas confusiones en cuanto a la identificación arqueométrica y morfológica de los ejemplares. Hasta la presente década no se han publicado los primeros trabajos sobre las cerámicas finas de Onoba (Delgado Aguilar 2010), en algunos casos insertos en trabajos más generales en las cerámicas finas republicanas y altoimperiales en el sector más occidental de la *Baetica*, centrándose en la actual provincia de Huelva (Delgado Aguilar 2012), a los que hay que añadir un estudio sobre los sellos de alfareros documentados en Huelva (Delgado Aguilar e.p.a).

2. Estudio ceramológico

Entre todas las intervenciones realizadas, repartidas tanto por la ciudad como por el *territorium*, hemos seleccionado para este estudio sobre la cerámica fina sólo aquellas recuperadas en el solar que ocupó la antigua ciudad durante el Alto Imperio, excluyendo su *ager*, que será abordado en posteriores estudios cuando concluyamos con estos primeros resultados. Hemos estudiadoun total de 787 individuos insertos en 30 unidades de análisis o intervenciones arqueológicas, seleccionando sólo bordes y bases identificables con la tipología tradicional, pero cuando éstos están ausentes son incluidos los galbos para evitar que el número de individuo en la unidad de análisis nunca sea 0, así siempre tendremos como mínimo un fragmento para analizar.

En este muestreo seguiremos un orden espacial comenzando desde el norte de la ciudad de *Onoba*, correspondiente al área necropolitana identificada entre las plazas Ivonne Cazenave y San Pedro, y el mediodía urbano marcado por el cementerio sito en la calle Vázquez López 25-27. En este eje norte-sur que evidencia el urbanismo antiguo, identificado con uno de los *cardines* de *Onoba* (Campos Carrasco 2011; Delgado Aguilar e.p.b), se localizan la mayoría de las intervenciones que han presentado insertas en sus matrices sedimentarias las importaciones cerámicas destinadas a cumplir con el servicio de mesa doméstico para la población de esta ciudad portuaria.

A continuación, enumeraremos estas unidades de análisis donde se encuentran estas cerámicas finas altoimperiales e incidiremos en las clases y formas de las mismas (Figura 2):

1. En la plaza Ivonne Cazenave 1, donde se ubicó la antigua escuela francesa, se exhumaron los restos de la necrópolis septentrional de *Onoba*. Aquí se han recuperado algunos individuos de sigillatas y paredes finas, sin embargo, ninguno de estos tipos estuvieron incluidos en las tumbas. Los fragmentos recuperados han sido identificados con copas

y platos de origen sudgálico (Drags. 24/25, 27, 18 y 36) e itálico (Consp. 18, 19 y 50.2) principalmente, aunque también están presentes algunas formas procedentes de los talleres riojanos del norte de *Hispania,* clasificados como tipos 24/25 y 27. Entre los individuos rescatados en estos niveles se recuperó una base con su correspondiente sello de alfarero, identificado con el *figulus* de La Graufesenque *Scotnvs* cuyas manufacturas fueron producidas entre los gobiernos de Tiberio a Vespasiano (Oswald 1931: 284).

2. En el solar contiguo en la calle Plácido Bañuelos también fueron recuperados algunos individuos de cerámicas finas, no obstante, bajo dicho solar quedó al descubierto la continuación de la necrópolis pero en su sector bajoimperial. Sin embargo, las cerámicas localizadas fueron todas altoimperiales producto de la dinámica en la conformación del sitio arqueológico de Huelva, ya que las tierras que habían cubierto este sector de la necrópolis procedían de las laderas medias y altas del cercano cabezo de San Pedro. En este sentido, entre los sedimentos que rodeaban estas tumbas fueron exhumados algunos fragmentos de sigillatas, que por sus características arqueométricas han sido identificadas como originarias de los principales talleres presentes en la ciudad. Así, se recuperó un individuo itálico que morfológicamente se corresponde con una copa Consp. 15, un vaso decorado sudgálico con forma Drag. 37 y otro hispánico de los talleres tritienses de idéntica forma.
3. Durante las labores de limpieza de la ladera noroeste del cabezo de San Pedro a finales de la década de 1960 se constataron algunos fragmentos de sigillata itálica así como abundantes campanienes (Blázquez *et al.*. 1970). Entre las cerámicas finas altoimperiales de origen itálico hemos identificado platos y copas con formas Consp. 5, 14, 17, 22 ó 36, e incluso algunos de los fragmentos poseía su correspondiente sello de alfarero identificados con *A. Titivs Figvlvs*, *A. Vibivs Scrafv(la)* e *Hila (·)* esclavo de *C. Valerivs (Tyrannvs)* (Oxé, Comfort y Kemrick 2000), todos ellos productores itálicos del último tercio del siglo I a.C.
4. En las intervenciones realizadas en la cima del cabezo de San Pedro durante los veranos de 1977 y 1978 las evidencias romanas fueron bastante escasas. En la primera de estas intervenciones quedó al descubierto un pavimento de *opus signinum*, al cual se encontraban asociadas cerámicas turdetanas y un solo fragmento de TSI, que databa la construcción en la primera mitad del siglo I d.C. (Blázquez *et al.*. 1979; 179-181). Sin embargo, éste no ha podido ser analizado ni morfológica ni arqueométricamente por nosotros por lo que optamos por no incluirlo en nuestro estudio. Pero, sí lo hacemos con un segundo fragmento, que fue hallado en la segunda de las campañas donde el hábitat protohistórico de la ciudad quedaba bien atestiguado (Ruiz, Blázquez y Martín 1981), entre sus materiales más superficiales se documentó un único individuo de sigillata sudgálica con marca de alfarero. Éste sello correspondía al *figulus Balbus*, productor de La Graufesenque en momentos tiberio-neronianos (Oswald 1931: 37).
5. En los distintos sondeos practicados en San Pedro, ahora en la ladera este de la popular elevación de Huelva, fueron recuperadas algunas cerámicas finas identificadas con tipos itálicos consp. 12, 14, 17, 20, 21, 22 ó 31, y algunas bases B.4.2. y R.9 con marcas como las firmas de *Ancharivs*, *Q. Pompeivs Serenvs, Petillivs*, esclavo de *Primvs*, o *M. Aemilivs* (Oxé, Comfort y Kemrick 2000), todos ellos productores del cambio de Era. Pero las producciones itálicas no son las únicas documentadas en esta unidad de análisis, pues también se presentan las cerámicas finas de origen gálico como la copa Drag. 27 y el plato Drag. 18 y algún plato de las producciones hispánicas precoces de origen bético catalogado como Martínez II. Para este solar también se recuperó un individuo de Paredes Finas, identificado con la forma Mayet XXXVII con engobe naranja metálico y decoración de rombos al exterior.
6. En el callejón de San Andrés 2-4 junto a materiales romanos como estucos de distintos colores y un ánfora olearia de origen bético – Dressel 20- se recuperaron algunos fragmentos de sigillatas sudgálicas correspondientes a bases que no han sido posible identificar morfológicamente con claridad, así como un individuo de Paredes Finas correspondiente al tipo XXXVII de Mayet.
7. La intervención en los solares 4 y 5 de la Plaza de San Pedro proporciono un elevado número de indicadores entre los que debemos destacar las cerámicas finas objeto de nuestro estudio. Se trata de una de las unidades de análisis con mayor porcentaje de sigillatas y paredes finas exhumadas, siendo el total de individuos recuperados de 179, repartidos del siguiente modo según el análisis arqueométrico de los mismo: 84 son sudgálicos, 53 itálicos, 22 hispánicos béticos precoces, 18 hispánicos septentrionales y 2 paredes finas. Asimismo, entre las formas recuperadas distinguimos entre las más numerosas, los platos Drags. 18, 15 y 36, y las copas Drags. 27 y 24/25, así como los cuencos decorados Drag. 37, para las oriundas del sur de la Galia. Entre las producciones itálicas debemos destacar las Consp. 18, 20, 19 y 12, para los platos más profusos, acompañados por los vasos Consp. 15 y 22, sin olvidarnos de aquellos vasos Consp. 27 y 32, cuyas producciones alcanzan mediados del siglo I d.C., mientras que los anteriores cesan en época tiberiana. De las sigillatas precoces de origen bético son las copas Martínez I y los platos Martínez II las que alcanzan mayor cuantía en esta intervención. Con respecto a las sigillatas de origen tarraconense son el plato con forma 15/17 y la copa

24/25 las que mayor porcentaje presentan, aunque como en los casos anteriores no son los únicos tipos presentes en esta unidad de análisis, así se cuenta con cuencos decorados forma 37 o platos tipo 18 y copas 27 entre otros de los recipientes presentes. Entre todas estas sigillatas recuperadas en este solar se han contabilizado un elevado número de sellos de alfareros hasta un total de 24, entre ellos algunos de origen itálico como *Crestvs, Ateivs, Cispivs, P. Cornelivs, Rasinivs* esclavo de *Anteros*, *L. Ple() Amar()*, *Ivcvndvs* y *Agathemervs* (Oxé, Comfort y Kemrick 2000), otros son de procedencia gala como *Ater, Favnvs, Aeno/Aenvs, Attivs, Bassvs, Ivcvndvs, Iabivs, Catvs* y *Secvndvs* (Oswald 1931; Hofmann 1971). Finalmente, las paredes finas son, sin duda, cuantitativamente más escasas, pues, tan sólo contamos con dos individuos identificados con las formas XXXVII y XXXVIII de Mayet, presentando el típico engobe naranja metálico y decoración a la arenilla y con perlitas al exterior, respectivamente. Asimismo, el examen ceramológico pormenorizado de estas parcelas aportó otros recipientes como ánforas tipos Dressel 1, 2/4, 7/11, 14 y 20, Lamboglia 2 o Beltrán IIb entre otras, algún mortero de origen itálico Dramont D.2. o algunos plato tapaderas tipo Ostia I, 261 entre otras cerámicas de origen local posiblemente.

8. Fuera de los solares anteriores en 1986 se realizó una intervención en las confluencias de las calles La Fuente, Jesús de la Pasión y la propia plaza de San Pedro donde se exhumaron restos de cerámicas finas que hemos podido identificar durante nuestro estudio con producciones itálicas con formas Consp. 2, 12, 17, 18, 27 ó 32 y sudgálicas Drags. 15, 24/25 y 27, así como un sello del alfarero *Cvcilvs* ó *Cvccillvs* afincado en Lezoux donde produjo a mediados del siglo II d.C. (Oswald 1931: 99).
9. Unos pocos recipientes fueron exhumados en San Pedro 1, otra de nuestras unidades de análisis, donde se recuperaron cuatro individuos de sigillata: dos de ellos itálicos con formas Consp. 20 y 22, uno sudgálico forma Drag. 30 y un tercero de origen bético de barniz julio-claudio tipo Martínez I. No obstante, entre los restos recuperados se hallaron también dos bases con *sigilla*, ambos correspondientes a los *figuli* itálicos, *Crestus* y *Rasinus*, que producen sus recipientes en momentos augusto-tiberianos (Oxé, Comfort y Kemrick 2000).
10. Algo más al sur de la ciudad se ubica el solar nº 20 de calle La Fuente esquina con Almirante Garrocho. Nos sorprende de este solar que los recipientes de origen itálicos copen prácticamente la totalidad de los individuos recuperados. De este modo, éstos alcanzan la cantidad de 55 mientras que los hispánicos precoces (7), sudgálicos (5) y paredes finas (2) suman entre todos 14 ejemplares. En cuanto a la tipología es bastante variada, sin embargo, entre los itálicos las formas más frecuentes en esta unidad de análisis fueron los platos Consp. 18, 12 y 20 mientras que entre las copas contamos con un grupo más heterogéneo, aunque podemos destacar por su cantidad algunos tipos como las Consp. 23, 22 y 14, o las Consp. 24, 31, 33 y 36 constatadas por partida doble cada una de ellas. Asimismo, fueron profusos los sellos de alfarero contabilizándose hasta un total de 8 *figuli*, todos ellos itálicos de los talleres de Arezzo, Pozzuoli o Pisa. Éstos han sido identificado con *A. Titivs Figvlvs* y *Crestus*, ya documentados en otras unidades de análisis en Huelva, y *Ateius, Heraclida, C. Sertorius Proculus, Agathemerus*, esclavo de *Naevius Hilarius*, y *Soter*, esclavo de *A. Sestius* (Oxé, Comfort y Kemrick 2000). Entre las hispánicas precoces contamos con varios individuos de Martínez II (4) y I (3), las sigillatas sudgálicas han sido identificadas con las formas Ritt. 8 y Drags. 15, 18 y 24/25, y las paredes finas en sus tipos XXXVI y XXXVII de Mayet.
11. Las cerámicas finas de la plaza de la Soledad 1, a falta de un estudio en profundidad de sus materiales, son escasas con respecto a otras unidades de análisis cercanas. En este sentido, tan solo hemos podido contabilizar un sello itálico identificado con el alfarero *Crestus* (Oxé, Comfort y Kemrick 2000: 698) y un plato de sigillata hispánica precoz tipo Martínez II.
12. En la unidad de análisis de calle La Fuente 13-15 se han documentado tres individuos de cerámicas finas, correspondiéndose, cada uno de ellos, según la identificación arqueométrica con un ejemplar de sigillata de origen itálico, sudgálico e hispánico septentrional, que respectivamente han sido tipificado con perfiles Consp. 18, Drag. 17 y forma 18.
13. En la ladera media-baja del cabezo de la Esperanza, en el entorno de la actual cuesta de las Tres Caídas, se realizó una intervención en 1966 que proporcionó algunos fragmentos de cerámica romana. Nosotros destacamos un solo ejemplar correspondiente a un cuenco decorado de sigillata sudgálica con forma Drag. 37.
14. Las sigillatas sudgálicas han sido cuantitativamente superiores en el solar de la calle Palos 1-3, alcanzando los 32 recipientes contabilizados entre los que destacamos los cuencos decorados Drag. 30 y las copas 27 y 24/25, mientras que los platos son en número algo inferiores aunque a pesar de ello se han identificado los tipos Drags. 18 y 36. Los recipientes de origen itálico e hispánico son porcentualmente algo menor en número en esta unidad de análisis, no obstante, contamos con algunas copas itálicas Consp. 17 y 24, así como formas 27 y 24/25 o el ejemplar casi completo de forma 12 para el caso de las hispánicas todas ellas de origen tritiense. Entre los fragmentos recuperados hemos examinado algunas marcas de alfareros, y contamos para este solar con *sigilla* itálicos, sudgálicos e hispánicos de la tarraconense. De los primeros hemos identificado a los ceramistas *Ateivs, Corinthvs, Cn. Ativs Eros, Crestvs, Memmivs* esclavo de *Apolonivs*, *Crispini*

y *C. Vibienvs Favstvs* (Oxé, Comfort y Kemrick 2000: 270, 608.3, 290, 698.62 1140, 702 y 2377), los alfareros del sur de la Galia son *Patricivs, Avfvs* o *Alfinvs, Plevevs, Ater, Vitalis, Naevivs, Ivlivs* y *Calvvs* (Oswald 1931; Hofmann 1971), mientras que para los de origen hispano contamos con los recipientes de *Cantvsinvs* y *Paternvs* (Mezquíriz 1985) en *Onoba*. Unas producciones que abarcan la totalidad de las dos primeras centurias imperiales. Asimismo, en sus sedimentos también se recuperaron un recipiente de paredes finas del tipo Mayet XXXVIII, y un plato de hispánica precoz bética de tipo Martínez II.

15. En el solar contiguo se hallaron también cerámicas finas, entre las que hemos reconocido varias bases identificados con las formas Consp. B.2., B.3. y B.4., alguna de ellas presentan sellos de alfareros en los que hemos reconocido a los *figuli Eros, Hila* -esclavo de *C. Valerivs (Tyrannvs)-, Anthvs, Crestvs* y *Nicos(tratvs)* (Oxé, Comfort y Kemrick 2000), ceramistas que concentran sus producciones en momentos augusto-tiberianos. En esta unidad también ha sido recuperado un plato de sigillata hispánica precoz con forma Martínez II.
16. En la calle Tres de agosto 4-8 durante la intervención de rescate de un sector de la factoría de salazones *onobensis* se pudieron rescatar algunos recipientes de cerámicas finas altoimperiales de distintos orígenes según sus análisis arqueométricos. De este modo, entre las sudgálicas, que son las más cuantitativas, hemos localizado copas Drags. 27 y 24/25 o platos Drags. 18 y 15 y un cuenco decorado Drag. 29. Pero, las hispánicas de origen tritiense también están representadas con platos forma 15/17 y copa 27. Finalmente, en este solar se documenta, por primera vez entre los sectores analizados hasta ahora, el primer ejemplar de sigillata africana, una producción A, una forma abierta tipo Hayes 6/Lamboglia 23, con fechas de elaboración entre finales del siglo I hasta finales de la siguiente centuria.
17. Entre los materiales cerámicos recuperados en la calle Tres de Agosto 9-11 existen algunos ejemplares correspondientes a vajilla de mesa altoimperial. Contamos con tres individuos originarios del sur de la Galia, en concreto, dos platos tipos Drags. 15 y 16, y un cuenco decorado Drag. 37. Los tipos hispánicos también están presentes, procedentes todos ellos del norte peninsular, y morfológicamente han sido identificados con los platos 15/17 y 36, y la copa 27. Asimismo, se recuperó un fragmento itálico que conservaba íntegramente su marca correspondiente al alfarero aretino *P. Hertorivs* (Oxé, Comfort y Kemrick 2000), que produjo sus cerámicas en momentos tardorrepublicanos y augusteos.
18. Sin duda, el solar nº 12 de la calle Palos en Huelva es el que mayor cantidad de cerámicas finas ha presentado hasta la fecha. En él se documentaron distintas construcciones de distintas funcionalidades todas ellas de cronología romana desde momentos republicanos hasta el Bajo Imperio (Campos Carrasco 2011; Delgado y Campos 2011; Delgado Aguilar e.p.b. Han sido recuperado un total de 203 individuos, entre los que hemos identificado arqueométricamente las producciones de sigillatas procedentes de los más importantes alfares imperiales. De este modo, se exhumaron de forma mayoritaria los recipientes de los talleres galos (134), seguidos de las producciones hispánicas septentrionales (30), las itálicas (20) y en menor proporción las hispánicas de origen bético (9), las precoces o de barniz julio-claudio (4), las producciones A africanas (4) y las paredes finas (2). El análisis morfológico de los individuos rescatados ha proporcionado un amplio elenco de vajilla de mesa para esta unidad de estudio. Así, entre las formas sudgálicas destacan cuantitativamente los platos Drags. 18, 15 y 36 y las copas Drags. 27, 24/25, también aparecen copiosamente los cuencos decorados con tipología Drag. 37. Otras piezas están presentes, aunque en menores cantidades, como las copitas Drag. 22, los cuencos Drag. 29 y 35, y algunos individuos de los que tan sólo se ha documentado un ejemplar, caso de platos Vernhet C2 y D2, copa Ritt. 8 y cuenco Ritt. 12. Entre los tipos hispánicos debemos diferenciar los procedentes de los talleres del *Tritium Magallum* desde donde proceden los platos con forma 15/17 y 18 o las copas 27 y cuencos decorados tipo 37 de forma habitual, algo más escasos en esta unidad de estudio son los platos forma 36 y las copas 24/25. En cuanto a las hispánicas precoces se documentan entre los recipientes recuperados principalmente los platos Martínez II y las copas Martínez I, algo habitual en *Onoba*. Con respecto a las hispánicas procedentes de *Isturgi* tan sólo hemos recuperado los platos 15/17 y las copas 27. En cuanto a las cerámicas finas procedentes de la costa africana, tan sólo hemos seleccionados aquellas producidas durante el Alto Imperio, las producciones identificadas con los tipos Hayes 3 y 6. Los sellos de alfareros también han sido constatados en calle Palos 12, estando representados todos los grandes talleres que distribuyeron sus producciones de sigillatas en la Huelva romana. En este sentido, hemos identificado dos sellos de procedencia aretina correspondiente a los alfareros *L. Titius* o el esclavo *Rufio*, emancipado del productor *T. Rufrenus* (Oxé y Confort 2000), este último *sigillum* presenta una particularidad y es que fue resellado en ese mismo recipiente al menos en dos ocasiones, un fallo de producción que de ningún modo impidió su comercialización posterior. Ambos son producidos entre los últimos y primeros decenios en el cambio de Era. Otros sellos registrados proceden del complejo alfarero sudgalo como aquellos de los *figuli Rogatus* y *Licinus*, para momentos julio-claudios, o *Cabiatus* y *Sabinus* (Oswald 1931; Hofmann 1971), alfareros de época flavia. Asimismo,

contamos con dos individuos marcados con el sello del ceramista productor, ambos son de origen hispano, uno corresponde a *Saturninus* (Mayet 1984: 168-170) procedente de los talleres del *Tritium Magallum*, mientras que el otro es del *figulus* bético PT, de los talleres de Andújar -Jaén- (Sotomayor, Roca y Fernández 1999: 42). Finalmente, se recuperaron algunos individuos de copas de paredes finas catalogadas como los tipos XXXIV y XXXVI de Mayet. En el registro cerámico de esta intervención fueron frecuentes otras producciones africanas de cocina identificada con las formas Ostia I, 261; Ostia II, 261/Ostia III, 332 o Lamboglia 10 entre otras, también las de procedencias itálicas como los platos Luni 5 y, evidentemente las ánforas para el transporte, que evidencian junto a las cerámicas finas la intensa actividad del puerto de *Onoba*, en este sentido contamos con abundantes individuos de ánforas vinarias (Haltern 70), salsarias (Dressel 7/11 y Beltrán II a y b) y olearias (Dressel 20) entre otras.

19. En el solar 15-17 de la calle Palos también se recuperaron algunas piezas de cerámica fina, siendo frecuentes aquellas de origen itálico con una cierta diversidad de formas entre las que destacamos los platos Consp. 4, 19 y 20 y las copitas 17, 36, 30 y 32. Algunos de los fragmentos de bases recuperados durante esta intervención presentaron su correspondiente sello de alfarero, que fueron identificados con los ceramistas *L. Alfius*, *Hy*, esclavo de *L.TI*, o *Surus* (Oxé, Comfort y Kemrick 2000). También estan presentes las producciones sudgálicas como los platos Drags. 15 y 18 y las copas Drags. 27 y 24/25. Para el caso de las manufacturas precoces de sigillata hispánica, de nuevo, como en las unidades de análisis precedentes, se localizaron el plato y copa de tipo Martínez II y I, respectivamente. Asimismo, también se constató un ejemplar de bol de producción A africana de forma Hayes 9.
20. Una de las primeras intervenciones realizadas en Huelva fue la excavación de rescate realizada en la calle Palos 21, donde se localizó un sector de la factoría de salazones *onobensis*. Entre las cerámicas recuperadas debemos destacar aquellas piezas de vajilla de mesa, un total de 17 individuos, cuyas producciones se repartieron del siguiente modo: hasta 8 recipientes procedían de los talleres afincados en el valle del Ebro, y uno de producción bética, mientras que cinco individuos procedían del sur de la Galia y tres del norte de África. Con el análisis morfológico de las piezas hemos podido identificar copas formas 27 principalmente, y también otras piezas para la mesa como los platos 15/17 y 36 o el cuenco 35 y el decorado 37. Entre los productos galos se localizaron copas Drags. 27 y 24/25, plato Drag. 18 y cuenco decorado Drag. 37. Las manufacturas norteafricanas las componen los platos Hayes 3 y 6 y el cuenco Hayes 8, todas ellas producciones A elaboradas durante el Alto Imperio.
21. En Palos 23 asociado a las construcciones romanas, relacionadas éstas con aquellas descubiertas en el solar contiguo, se recuperó un solo individuo de copa Drag. 24/25 y dos Drag. 27, en cuyos fondos se presentaban sus correspondientes sellos de alfarero, identificados con *Secvndvs* y *Tabvs* afincados en La Graufesenque durante las postrimerías de la dinastía julio-claudia y los primoflavios (Oswald 1931). Juntos a estos materiales se recuperaron algunas cazuelas de origen itálico y ánforas de salazones Beltrán IIa.
22. En la calle Cardenal Cisneros 11, donde se exhumaron restos de piletas de salazones correspondientes al complejo industrial *onobensis* en este sector de la ciudad, junto al algunos fragmentos de vidrios y cerámicas protohistóricas procedentes de las zonas más elevadas de la ciudad, producto de los procesos postdeposicionales naturales, ha sido recuperado un solo individuo de cerámica fina. Éste ha sido identificado por sus características arqueométricas con un recipiente de origen itálico, y por su morfología con un plato Consp. 20.
23. En el espacio suroriental de la ciudad antigua, en la zona más baja del cabezo de La Esperanza, concretamente en el solar nº 9 de la calle Fernando el Católico, se constataron niveles de ocupación romana. En ellos se localizaron varios individuos de cerámica fina. Uno se identifica con una copa con forma Consp. B.4. en cuyo interior presentaba su correspondiente sello *in planta pedis* identificado con el alfarero *Ateivs* (Oxé, Comfort y Kemrick 2000), cuyos productos fueron ampliamente difundidos por la Península Ibérica desde su asentamiento en los talleres pisanos. Asimismo, se han documentado dos vasos de paredes finas, cuya morfología los identifica con las formas Mayet XXXVIIa y XXXVIII, ambos presentan decoración a base de engobe metálico de color naranja mientras que uno posee hojas de piña el otro ostenta pequeñas perlas en sus exteriores.
24. De la unidad de análisis situada en la calle Fernando el Católico 10 tan solo contamos con un ejemplar correspondiente a un plato de forma 15/17 de los talleres hispánicos septentrionales, asimismo en los niveles asociados a la estructura muraria de esta intervención se localizaron otros materiales procedente de la *Tarraconensis*, como la boca de un ánfora Dressel 2/4.
25. Una de nuestras unidades de análisis se localiza en plena Plaza de la Monjas, intervención realizada en 2006 donde se localizaron diversos recipientes de cerámica fina Alto Imperial. La mayoría de los individuos son procedentes del complejo alfarero de la Hispania septentrional, se trata de platos con formas 18 y 15/17 así como vasos con perfil del tipo 27 o cuencos decorados tanto 29 como 37. No obstante, de origen galo son algunas piezas como los cuencos Drags. 30 y 37 o las copas Drag. 27, las más profusas en este espacio. De procedencia

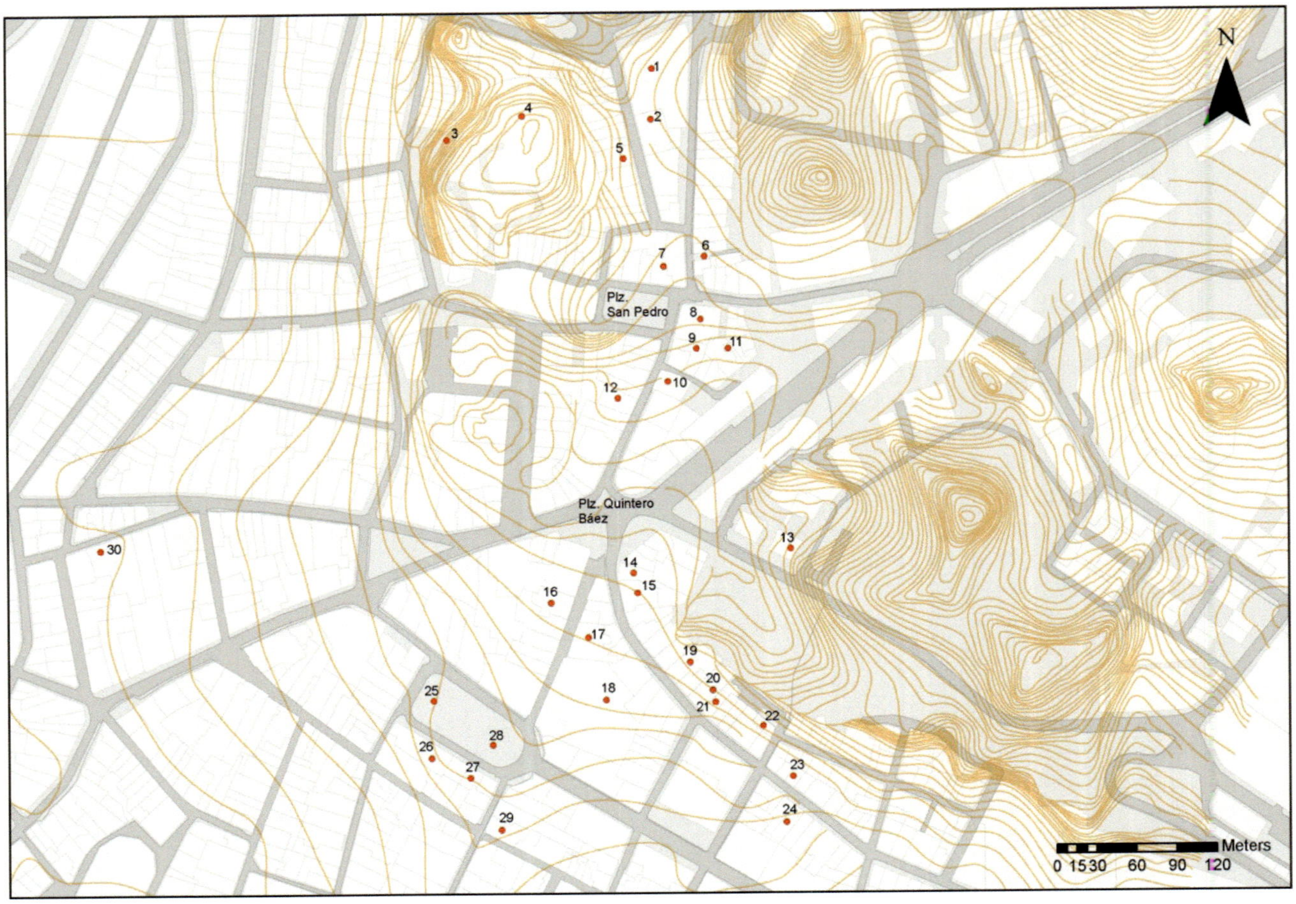

FIGURA 2.

africana son algunas de las piezas presentes aquí como los platos de producción A tipos Hayes 3 y 6. Entre los fragmentos de paredes finas hemos recuperado un vaso de forma XXXVIII según la tipología de Mayet, ejemplar que presenta una decoración a base de engobe naranja metálico y perlas en su superficie exterior. Asimismo, sobre su asa presentaba una aplicación en la cual pueden leerse los caracteres P.C.S., que pueden identificarse con el sello de algún alfarero de paredes finas.

26. Al año siguiente 2007 se produjo una nueva intervención que para nosotros supone una nueva entidad de estudio en la plaza de las Monjas sobre la cerámica fina recuperada aquí. Los individuos hallados suponen un total de 28 que se corresponden con 13 recipientes hispánicos septentrionales, 1 bético, y 1 hispánico precoz, 7 proceden del sur de la Galia, y 4 itálicos, también está alguna pieza africana y dos vasos de paredes finas. Sus formas más habituales son los platos formas 15/17 y 18, y copas 27 y 24/25, así como algún cuenco 35 y los bols decorados tipo 37. Con respecto al individuo originario de los testares béticos se corresponde con una copa 27 en cuyo interior conserva su *sigillum* en cartela rectangular correspondiente al *figulus* C.S. (Mayet 1984: 131, nº 161). El ejemplar bético precoz se corresponde con un plato tipo Martínez II, habitual en el registro cerámico onubense de momentos julio-claudios. Con respecto a las piezas sudgálicas rescatadas han sido catalogadas como platos Drag. 15, vasos Drag. 24/25 y cuencos Drags. 37 y 35. Los ejemplares itálicos se presentan con perfiles de platos Consp. 18, 20 y 21 así como copa Consp. 17. Entre las producciones norteafricanas se han podido recuperar dos individuos que morfológicamente se corresponden con un plato tipo Hayes 6 y un cuenco Hayes 9.

27. En el solar plaza de las Monjas 2 se contabiliza hasta un total de 49 piezas de cerámicas finas. Muchas de ellas por su estudio arqueométrico se han identificado con recipientes procedentes de los talleres del norte peninsular hispano, otras cuantitativamente menores son sudgálicas, seguida de las hispánicas de origen bético, algunas itálicas, y tan sólo un ejemplar africano, además de algunos vasos de paredes finas. Sus formas se presentan en un variado elenco, del modo que entre las profusas hispánicas septentrionales se han identificado platos 15/17 y 18 que acompañan a las copas 27 y 24/25, asimismo los cuencos decorados también se presentan en su tipo más habitual la forma 37. Entre los ejemplares de origen bético se cuentan unos pocos ejemplares de platos forma 15/17 y copa 27. Las producciones galas forman un servicio de platos Drag. 18 y vasos Drag. 24/25. Los tipos elaborados al modo itálico se representan con las formas Consp. 31 y R. 3.3.1. y, finalmente, un ejemplar de cuenco de producción A de origen af-

ricano con forma Hayes 8. Con respecto a las paredes finas recuperadas en esta unidad de estudio se corresponden con los vasos tipos XXX, XXXVII y XXXVIII de la tipología de Mayet.

28. En el número 4 de la plaza de las Monjas se han contabilizado tan sólo unos pocos individuos correspondientes a cerámica fina romana de momentos altoimperiales. Tan sólo dos individuos de origen hispánico septentrional se exhumaron de esta intervención correspondiente a un plato forma 15/17 y una copa tipo 27. También se recuperó un vaso de paredes finas Mayet XXXVII con engobe naranja metálico y barbotina a base de perlas y hojas de agua.
29. Durante el análisis del solar de la calle Arquitecto Pérez Carasa esquina con Vázquez López se han recuperado, asociado a restos murarios de la *Onoba* altoimperial, algunas cerámicas de mesa. De entre todas ellas tan sólo se ha identificado una base de alguna copa de origen itálico, con *sigillum* del alfarero productor *Cn. Atei Euryalus* afincado en Pisa durante los primeros decenios de la Era (Oxé, Comfort y Kemrick 2000). Sin embargo, el porcentaje más elevado es de origen galo procedentes del mayor centro alfarero de época altoimperial, La Graufesenque, alcanzando hasta un total de 40 individuos contabilizados en esta unidad de análisis de este espacio meridional de la ciudad de *Onoba*. Son abundantes los platos del tipo Drag. 17 y en menor porcentaje los Drags. 18, 15 y 36. Las copas vienen representadas por las formas Drags. 24/25 y 27, y entre los cuencos decorados se cuenta con los perfiles Drags. 37 y 30. Algunas de estas piezas presentaron sellos de alfareros identificados con *Donatvs* y *Passienvs* (Oswald 1931), cuyas producciones se distribuyen desde momentos neronianos hasta las postrimerías del reinado de Tito. El único ejemplar identificado por su análisis arqueométrico con un tipo hispánico septentrional, cuyo perfil se presenta como un plato de forma 15/17, pero su valor radica en la conservación del *sigilla* correspondiente con el alfarero tritiense, *Pompeivs* (Mayet 1984: 164).
30. Finalmente, situado en el espacio más suroccidental de la ciudad de *Onoba*, posiblemente en un área dedicada a las actividades portuarias, se encuentra nuestra última unidad de análisis para este trabajo sobre las cerámicas finas altoimperiales. Se trata de la intervención realizadas en el solar nº 9 de la calle Cardenal Albornoz, donde se constataron niveles con cronologías romanas en cuyas matrices sedimentarias fueron localizados algunos individuos de cerámica fina. En el estudio arqueométrico y morfológico hemos identificado dos recipientes procedentes del sur de la Galia, correspondientes a un plato Drag. 18 y una copa Drag. 27. Asimismo, se contabilizó un vaso de paredes finas del tipo Mayet XXXVIII con engobe naranja brillante y decoración exterior con representación de hojas de agua.

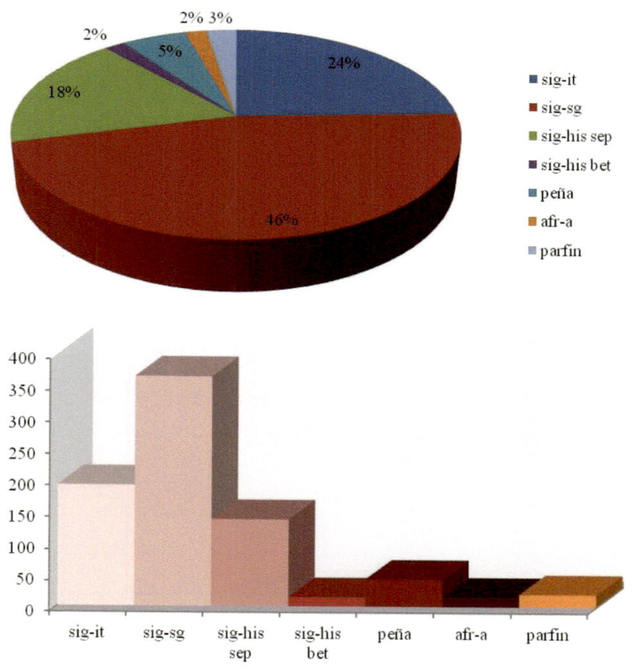

Figura 3. Porcentajes y número de individuos según sus características arqueométricas.

Como avanzábamos al principio de este apartado, el cómputo total de recipientes identificados con cerámicas finas de época altoimperial romana asciende para la ciudad de Onoba a 787 individuos. En el reparto (Figuras 3-5) según sus características arqueométricas observamos como aquellas sigillatas procedentes del sur de la Galia son, con diferencia, las más profusas en Huelva con 46% (365) de los ejemplares localizados después de haber establecido el NMI, tras ellas son las itálicas las más frecuentes en los contextos altoimperiales de Huelva con el 24% (192), seguidas de las producciones hispánicas que alcanzan el 20% (153), no obstante, se distinguen entre las producciones septentrionales, que son cuantitativamente superiores (18% -139-) frente a las producciones de origen bético (2% -14-). Sin embargo, las producciones hispánicas precoces son también habituales entre este elenco de cerámicas finas, de tal modo que estás llegan a alcanzar el 5% (43) del total de la analizadas en este trabajo. Las oriundas del norte de África, las de cronologías altoimperiales también hacen su aparición en estos contextos alcanzando estos recipientes un porcentaje del 2% (16). Por último, los vasos de paredes finas destinados para beber también han sido identificados, siendo habituales en los servicios de mesas de los *onobensis*, así éstos han supuesto un 3% (18) del total de los individuos recuperados.

El análisis morfológico de las piezas recuperadas ha evidenciado la repetición de una serie de tipos procedentes desde sus talleres de origen demandados por la sociedad *onobensis*. Así, nos ha sido posible establecer cuadros tipológicos donde se recogen los tipos más frecuentes en los contextos altoimperiales, niveles que demuestran por otra parte la importancia de la ciudad en estos siglos,

	sig-it	sig-sg	sig-his sep	sig-his bet	peña	afr-a	parfin	Total
Ivonne Cazenave 1	7	8	2	0	0	0	1	18
Plácido Bañuelos	1	1	1	0	0	0	0	3
Ladera NW San Pedro	5	0	0	0	0	0	0	5
San Pedro 1977 cima	0	1	0	0	0	0	0	1
San Pedro ladera Este	10	3	0	0	3	0	1	17
San Andrés 2-4 (callejón)	0	2	0	0	0	0	1	3
San Pedro 4-5	53	84	18	0	22	0	2	179
San Pedro 1986	6	3	0	0	0	0	0	9
San Pedro 1	2	1	0	0	1	0	0	4
La Fuente 20-Almirante Garrocho	55	5	0	0	7	0	2	69
La Soledad	1	0	0	0	1	0	0	2
La Fuente 13-15	1	1	1	0	0	0	0	3
Cabezo la Esperanza	0	1	0	0	0	0	0	1
Palos 1-3	3	32	4	0	1	0	1	41
Palos 1	5	0	0	0	1	0	0	6
Tres de Agosto 9-11	1	3	3	0	0	0	0	7
Tres de Agosto 4-8	0	11	3	0	0	1	0	15
Palos 12	20	134	30	9	4	4	2	203
Palos 15/17	13	7	0	0	2	1	0	23
Palos 21	0	5	8	1	0	3	0	17
Palos 23	0	3	0	0	0	0	0	3
Cardenal Cisneros 11	1	0	0	0	0	0	0	1
Fernando el Católico 9	1	0	0	0	0	0	2	3
Fernando el Católico 10	0	0	1	0	0	0	0	1
Plaza de las Monjas 2006	0	6	17	0	0	4	1	28
Plaza de las Monjas 2	2	5	35	3	0	1	3	49
Plaza de las Monjas 4	0	0	2	0	0	0	1	3
Plaza de las Monjas 2007	4	7	13	1	1	2	0	28
Arquitecto Pérez Carasa esq. Vázque López	1	40	1	0	0	0	0	42
Cardenal Albornoz 9	0	2	0	0	0	0	1	3
Total	**192**	**365**	**139**	**14**	**43**	**16**	**18**	**787**

FIGURA 4. DISTRIBUCIÓN EN LAS UNIDADES DE ANÁLISIS SEGÚN SUS CARACTERÍSTICAS ARQUEOMÉTRICAS.

estando por ello las cerámicas de estas centurias bien atestiguadas en la ciudad de Huelva. En este sentido, las sigillatas presentan un extenso elenco formal en todas sus clases, como se habrá podido observar en el análisis previo a través de las tres decenas de unidades de estudio seleccionadas, no obstante, incluimos a continuación una serie de tablas tipológicas en las que se recogen todos aquellos tipos que de forma más frecuente se han documentado en la ciudad de Huelva.

3. Discusión

El estudio ceramológico inicial que presentamos nos ha ayudado a obtener una visión mucho más completa de la ciudad para momentos altoimperiales. De este modo, hemos podido concretar cronologías, también nos han ayudado a establecer los flujos comerciales en los que quedaba inmersa *Onoba* como un importante centro de consumo de estas cerámicas, un ámbito de mercado donde los talleres introducirían los productos demandados, lo cual nos ayuda a obtener distintas propuestas socioecnómicas para la ciudad, y finalmente, proponemos unos posibles servicios de mesas utilizados por los *onobensis* según los distintos periodos cronologicos.

Un estudio pormenorizado de las cerámicas nos ha llevado a definir la ocupación de la ciudad desde momentos republicanos, a juzgar por las cerámicas campanienses o de barniz negro procedentes de la península itálica (Campos Carrasco 2011; Delgado Aguilar 2012) hasta momentos tardíos según nos confirman tipos de sigillata lucente, focense o ánforas norteafricanas o suditálicas, e incluso aquellas de producción local como las tipo La Orden o Huelva (O'Kelly Sendrós, e.p.).

Sin embargo, la circunscripción de este trabajo a las cerámicas altoimperiales, ha supuesto el establecimiento de una serie de fases ocupacionales para el Alto Imperio en *Onoba,* obtenido gracias al análisis escrupuloso de todos los individuos localizados en las unidades de estudio propuestas. En este sentido, reconocemos varias fases en la economía de la ciudad a través de los hallazgos de cerámicas finas.

Una primera marcada por el arribo masivo de las sigillatas itálicas en torno al cambio de Era y momentos tiberianos. Sin embargo, comprobamos como desde el reinado de Tiberio y durante toda la dinastía julio-claudia el mercado *onobensis*, en cuanto a las vajillas de mesa se refiere, fue prácticamente monopolizado por los talleres del sur de la Galia. Pero, para estos momentos de la primera mitad del siglo I d.C. no podemos olvidarnos de la existencia de un comercio regional, que viene marcado por las sigillatas hispánicas precoces de origen bético, que llegan a *Onoba* desde el interior de la Bética. La tercera de estas fases, en época flavia, viene marcada por la continuidad en el

CLASE	FORMA	TIPO	Nº Figura
sig-it	plato	Consp. 12	6.1
	copa	Consp. 14	6.2
	copa	Consp. 15	6.3
	copa	Consp. 17	6.4
	plato	Consp. 18	6.5
	plato	Consp. 19	6.6
	plato	Consp. 20	6.7
	plato	Consp. 21	6.8
	copa	Consp. 22	6.9
	copa	Consp. 31	6.10
	copa	Consp. 32	6.11
sig-sg	cuenco	Ritt. 8	7.1
	plato	Drag. 15	7.2 - 7.3
	plato	Drag. 17	7.4
	plato	Dra. 18	7.5
	copa	Drag. 24/25	7.6 - 7.7
	copa	Drag. 27	7.8 - 7.9
	cuenco	Drag. 35	8.1
	plato	Drag. 36	8.2
	cuenco	Drag. 29	8.3
	cuenco	Drag. 37	8.4 a, b - 8.5

CLASE	FORMA	TIPO	Nº Figura
sig-his sep	cuenco	12	9.1
	plato	15/17	9.2
	plato	18	9.3
	copa	24/25	10.1
	copa	27	10.2
	cuenco	37	10.3
sig-his bet	plato	15/17	11.1
	copa	27	11.2
sig-afr a	plato	Hayes 3	12.1
	plato	Hayes 6	12.2
	cuenco	Hayes 8	12.3
	cuenco	Hayes 9	12.4
peña	copa	Martínez I	13.1 - 13.2
	plato	Martínez II	13.3
parfin	vaso	Mayet XXXIV	14.1
	vaso	Mayet XXXVII	14.2 - 14.3

FIGURA 5. TABLA TIPOLÓGICA DE LAS CERÁMICAS FINAS RECUPERADAS EN *ONOBA*.

monopolio de los talleres galos, cuyas producciones siguen arribando de forma masiva, no obstante, a estas producciones presentes en *Onoba* debemos añadir la presencia de las cerámicas finas de origen hispano, estando bien representadas las *tarraconensis* y en menor medida las del taller de *Isturgi*. En este sentido, parece que en época flavia se abre *Onoba* como centro de recepción de los productos de los talleres hispanos. Una cuarta, y última, fase cronológica viene marcada por la continuidad de Huelva como centro de consumo de aquellos productos que ya se comercializaban en la centuria anterior, sin embargo, durante los primeros decenios del siglo II d.C. comienzan a introducirse aquellos recipientes manufacturados en la costa norteafricana. Comprobamos como a las sigillatas sudgálicas e hispánicas se incorporan las africanas más tempranas que se mantienen en el registro hasta finales de dicha centuria.

A este respecto, la presencia de estas cerámicas finas también nos proporciona información sobre las intensas relaciones comerciales existentes entre los centros productores y este centro de consumo al occidente de la Bética. Un enclave, que a nuestro juicio, se convertiría en un importante centro distribuidor de los productos que arribaban a su puerto hacia las ciudades o núcleos poblacionales del interior como *Ilipla* –Niebla-, *Urium* –Riotinto-, *Ostur* –Manzanilla- e incluso la más alejada *Arucci Turobriga* –Aroche-.

Pero no sólo estos indicadores nos dibujan las rutas comerciales existentes para el Alto Imperio sino que también nos ayudan a intuir otros aspectos socio-económicos de la ciudad. En cuanto al comercio es evidente que al tratarse de producciones importadas éste fue bastante intenso durante las dos primeras centurias de la Era. Asimismo, el propio Estrabón en su obra redactada en época augustea afirmaba la importancia del comercio de esta zona con la propia *Urbs*, de tal modo que *todo el comercio se dirige hacia Italia y Roma* (III, 2,5; Ruiz Acevedo 2010: 281-283; Campos Carrasco 2011: 160). De este modo, con tal afirmación realizada por el propio Estabón la profusa presencia de sigillatas itálicas no supone ninguna sorpresa, lo cual nos indica la perfecta inclusión del puerto atlántico de *Onoba* en las rutas comerciales mediterráneas dirigidas por la propia Roma. Sin embargo, el elevado porcentaje de estas sigillatas aretinas no sólo implican esta fluidez en el comercio, sino una intensa demanda de estos recipientes por parte del puerto de Huelva que sólo los talleres itálicos pudieron hacer frente en estos momentos augusteos, una situación similar apreciada en otros puertos peninsulares hispanos (García Marcos 2005: 87).

Asimismo, el incremento de estas cerámicas podría explicarse gracias a un aumento en la demanda ciudadana de estos recipientes, sin embargo, la apertura de *Onoba* como un importante ámbito de mercado para estos talleres itálicos pudo deberse al crecimiento de la población, posiblemente contingentes itálicos, ya fuesen militares o civiles, que se asientan en estos momentos en esta ciudad impulsados por Augusto. De este modo, esta nueva sociedad *onobensis* demandaría aquellos productos de los que era oriunda, explicándose por tanto el aumento de estas cerámicas finas de los talleres itálicos en esta ciudad atlántica (Delgado Aguilar e.p.a). De este modo, a estas interpretaciones sociales y económicas podría añadírsele por tanto las de índole política, pues el asentamiento de gentes itálicas en *Onoba* no sería arbitrario sino un plan político y de control ideado desde la propia Roma, por el propio *princeps*, con la finalidad de controlar el puerto exportador de los minerales de la faja pirítica.

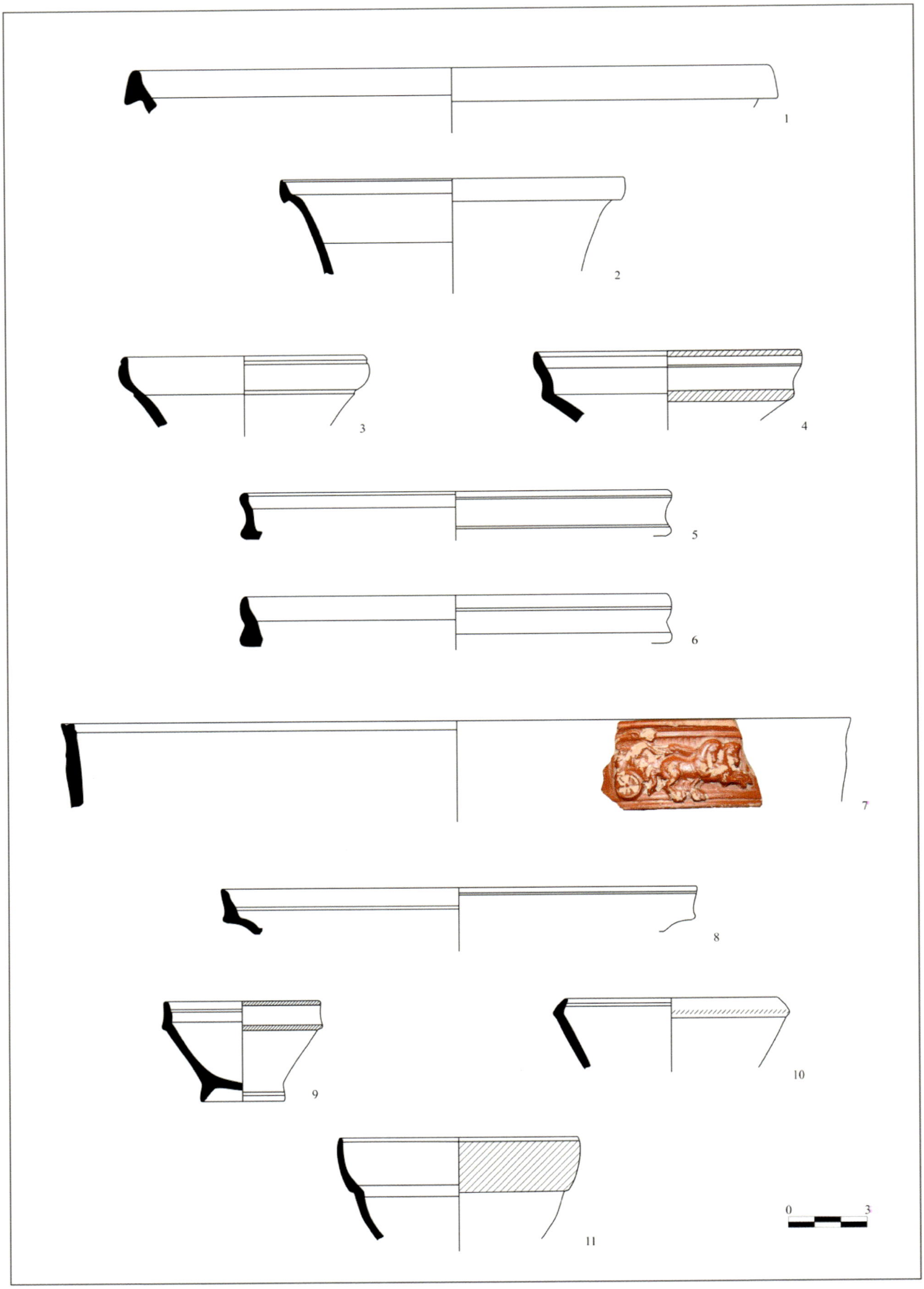

Figura 6. *Sigillatae* itálicas.

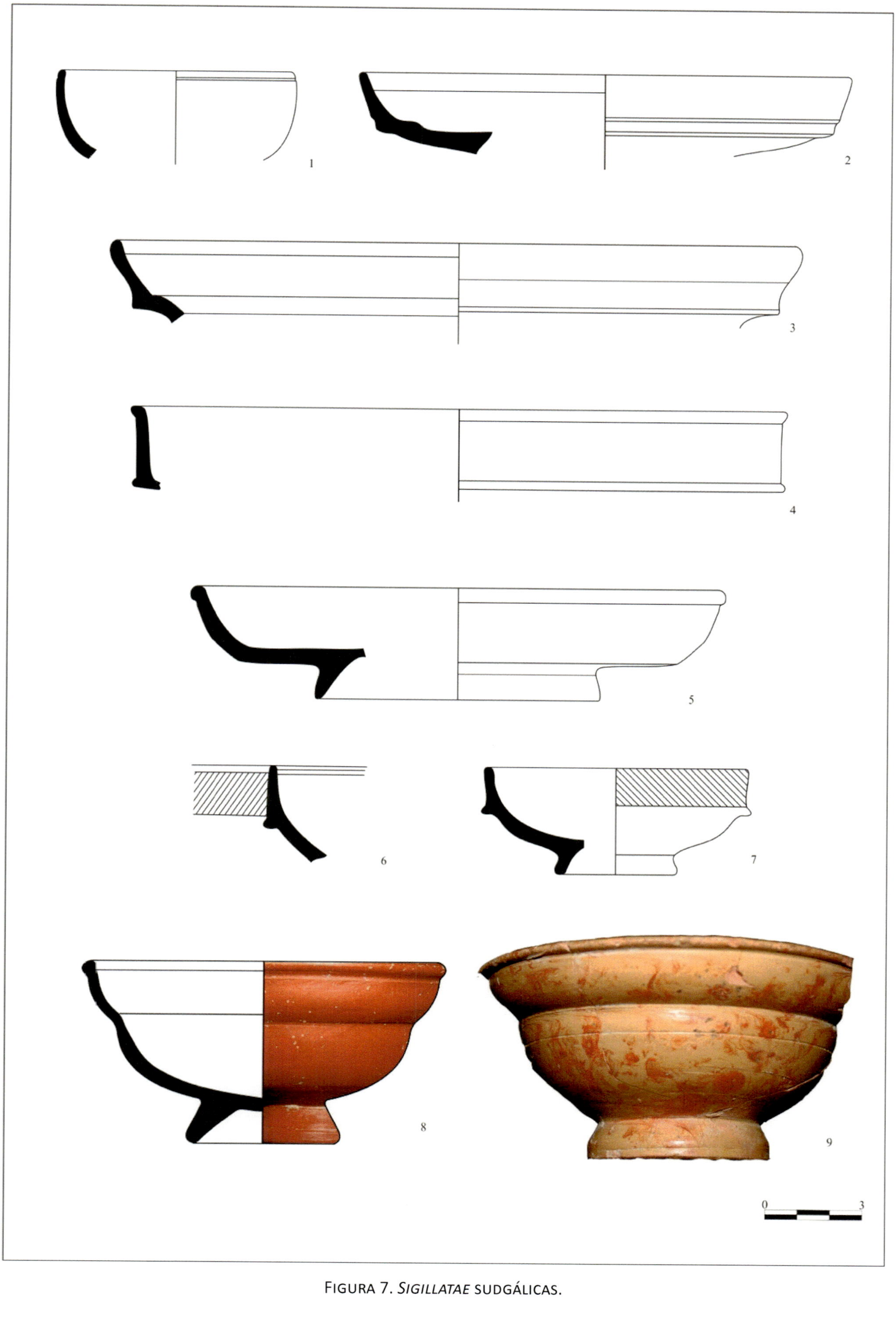

Figura 7. *Sigillatae* sudgálicas.

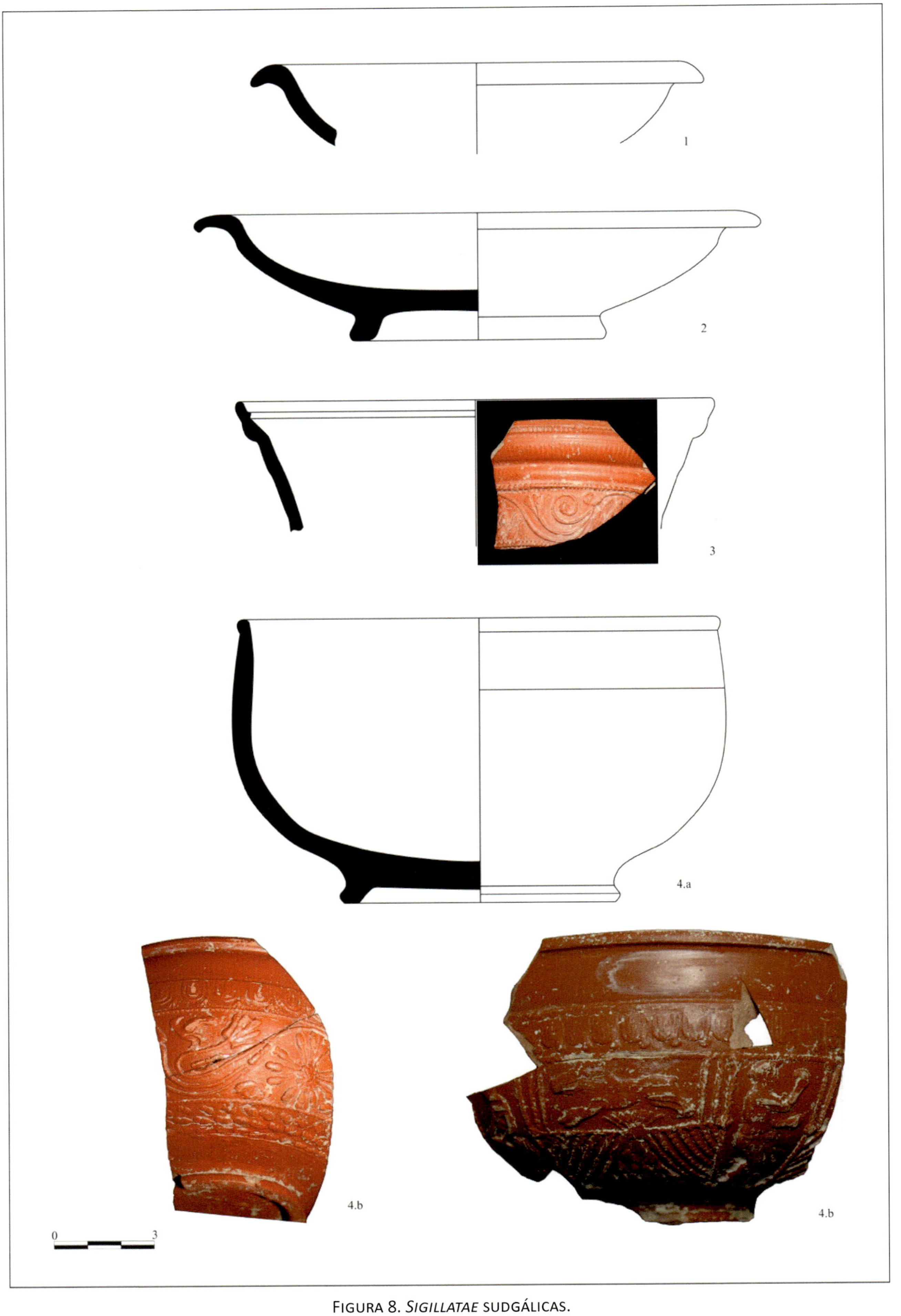

Figura 8. *Sigillatae* sudgálicas.

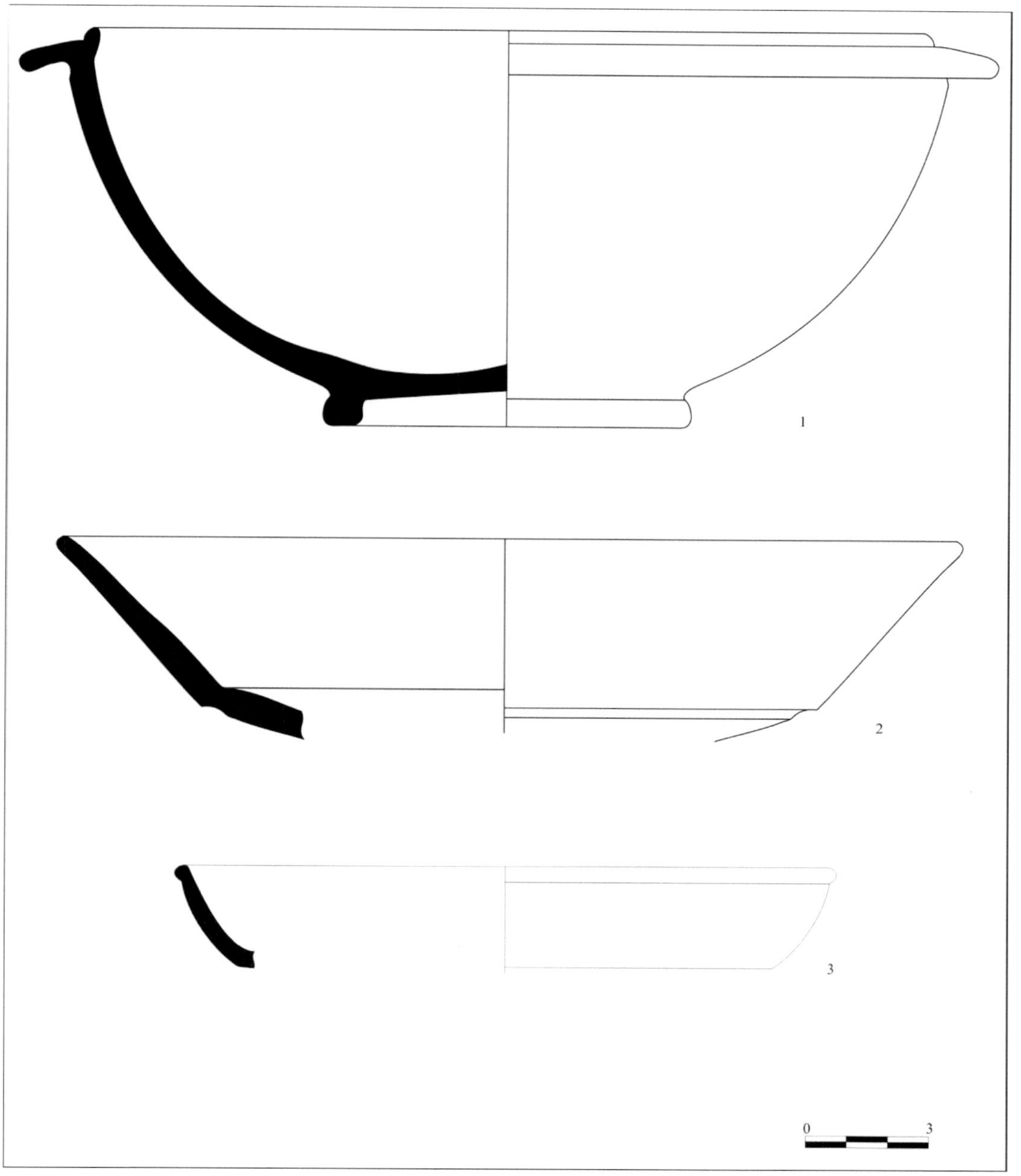

FIGURA 9. *SIGILLATAE* HISPÁNICAS DE ORIGEN SEPTENTRIONAL Y BÉTICO.

Tras este primer impulso otorgado en momentos augusteos el comercio mediterráneo continúa siendo prioritario para este puerto atlántico, último bastión portuario de la Bética entre la ruta atlántica y la mediterránea. Así, desde momentos tiberianos hasta los antoninos la presencia de sigillatas sudgálicas en la ciudad está bien atestiguada. El arribo de estas cerámicas continuaría hasta época tiberiana, momento en el que estas producciones itálicas comienzan a decrecer otorgándole protagonismo, desde estos momentos hasta finales del siglo II d.C., a aquellas producciones cerámicas oriundas del sur de la Galia. La actividad portuaria de la ciudad estaría durante todo el periodo altoimperial a pleno rendimiento, por esta razón el incremento de la demanda inicial perdurará a lo largo de las décadas en una constante. Se observa como la demanda de cerámicas finas, las sigillatas sudgálicas, es continua, y el arribo de sus productos se mantiene durante todo este amplio periodo. De tal modo, que los circuitos comerciales en uso en el periodo inmediatamente precedente ahora se consolidad durante todo el siglo I y II d.C. Unas rutas principalmente marítimas que parten desde los puertos más importantes del Mediterráneo cargados con los productos que serán desembarcados en *Onoba*, tanto para el consumo propio de la ciudad como para el mercado del interior de la actual provincia. En este sentido, desde los puertos de Pozzuoli, Ostia o Pisa se cargarían las naves con productos itálicos, de igual forma lo harían en los puertos de la *Galia Narbonensis* como *Arelate, Massalia* o *Narbo*, por lo que el empuje romano inicial de este comercio naval sería continuado durante los siglos I y II d.C., donde se establece una importante escala en estos fondeaderos desde los que se exportarían estas sigillatas gálicas hacia otros enclaves tanto del Mediterráneo como del Atlántico, entre ellos *Onoba*.

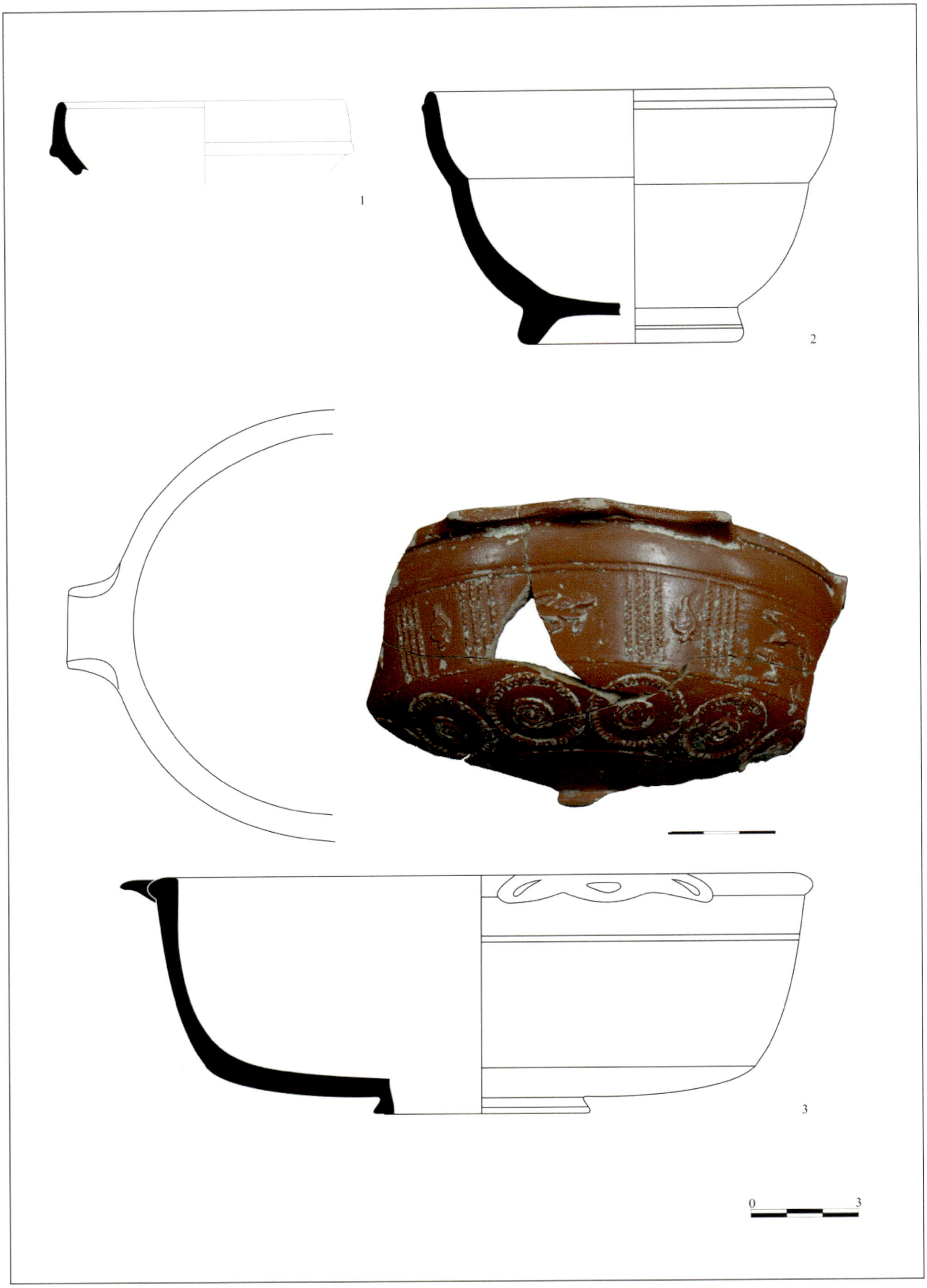

FIGURA 10. *SIGILLATAE* HISPÁNICAS DE ORIGEN SEPTENTRIONAL Y BÉTICO.

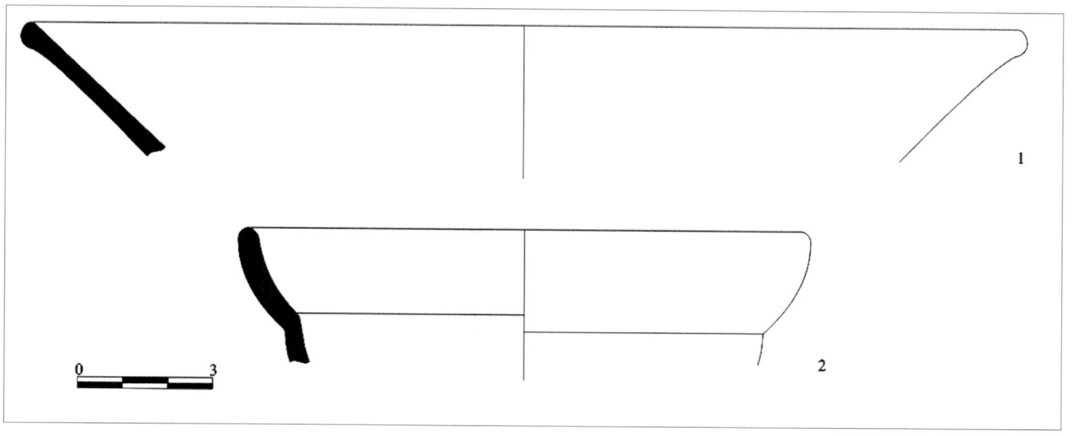

Figura 11. *Sigillatae* hispánicas

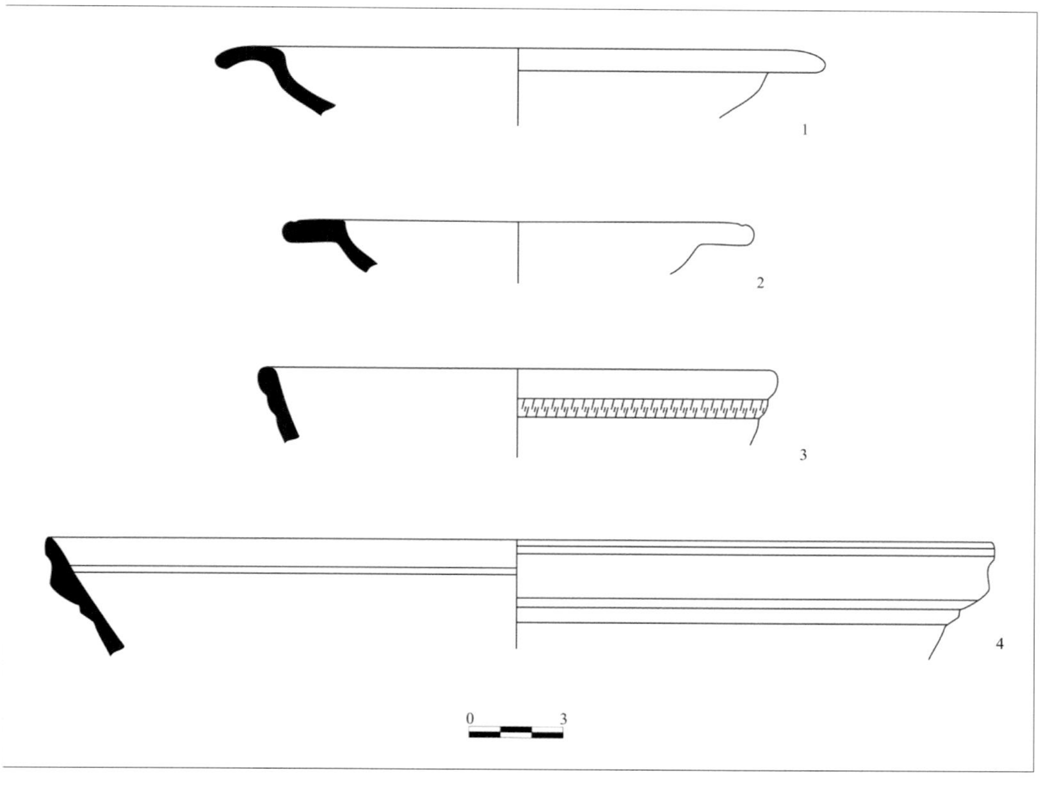

Figura 12. *Sigillatae* africanas. de origen septentrional y bético.

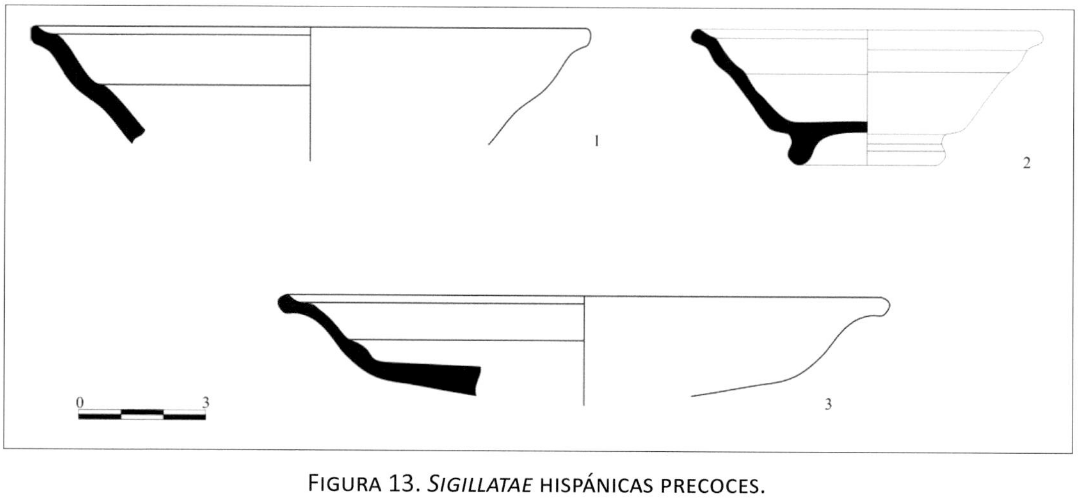

Figura 13. *Sigillatae* hispánicas precoces.

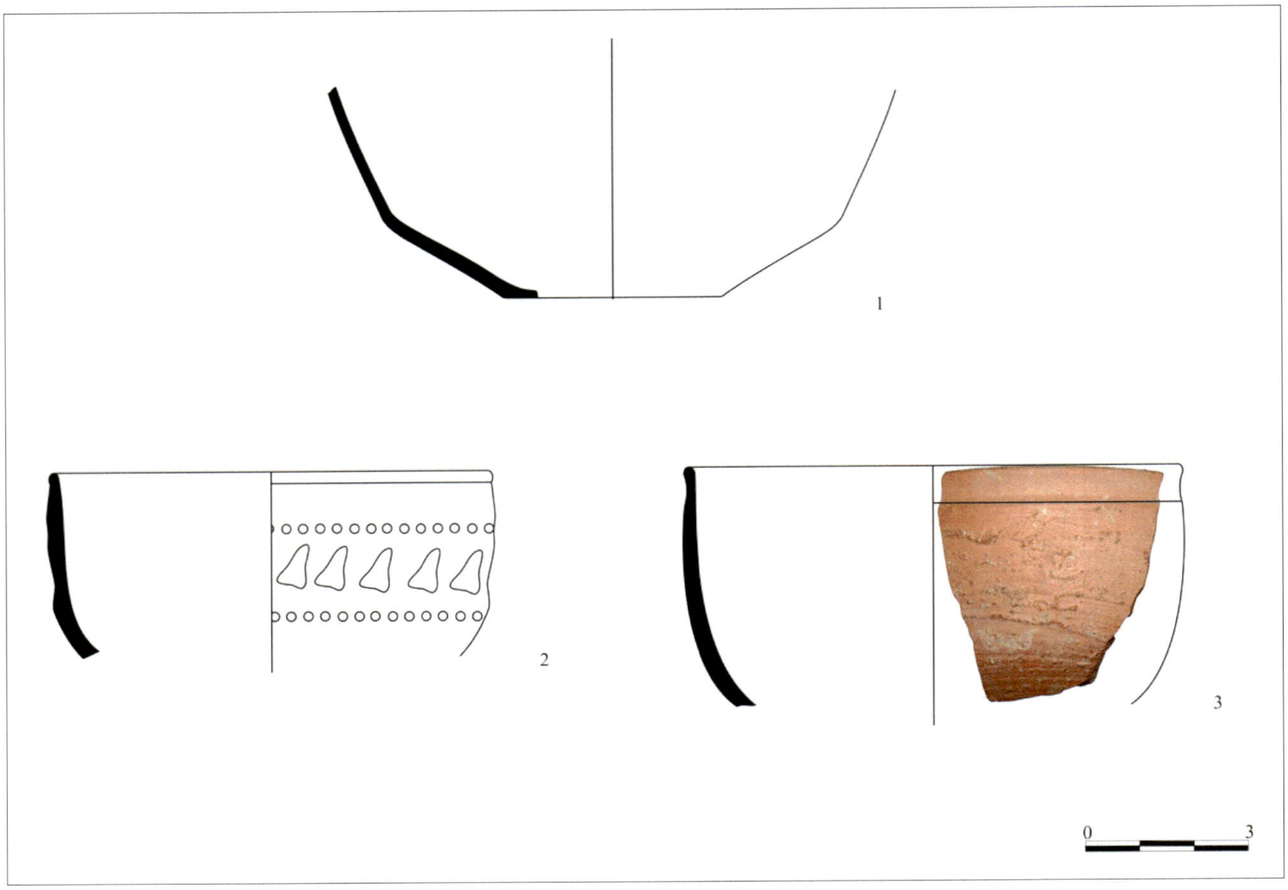

FIGURA 14. PAREDES FINAS.

Desde época flavia a estas cerámicas finas de producción gala habrá que unir los recipientes de la *Hispania Tarraconensis*, aquellas piezas de la vajilla de mesa elaborada en los talleres del *Tritium Magallum* –Tricio, La Rioja-. El medio utilizado para su comercialización sería, como en caso anterior, la exportación a través de las diferentes rutas marítimas establecidas para el Alto Imperio, posiblemente a través de los puertos de *Tarraco*-Tarragona- y *Barcino* –Barcelona- desde donde se cargarían estos productos del interior para su distribución en otros centros de mercado como lo sería *Onoba*. La conexión entre los puertos del área centro-mediterránea y los atlánticos queda constatada a través de pecios como *Culip IV*, para época de Vespasiano, con cargamentos provenientes de las distintas áreas del Imperio, lo que supone una organización comercial con importantes embarcaderos redistribuidores de los distintos productos procedentes de diversas zonas imperiales (Nieto Prieto 1986). La continuidad para el siglo II d.C. de este intenso tráfico comercial marítimo, en el cual el puerto *onobensis* participaría de forma intensiva, viene corroborada por el hallazgo del pecio Planier B –Planier IV- en el cual se exhumó, junto a ánforas béticas Beltrán IIB y Dressel 20, un lingote de cobre procedente de la faja pirítica onubense (Klein *et al.*. 2007: 218) datado en época antonina (Benoît 1962; Parker 1992).

Asimismo, esta intensa actividad comercial marítima por el Mediterráneo conllevaría el arribo de aquellas manufacturas norteafricanas embarcadas en alguno de los puertos principales de la *Byzancea* –Túnez- como Cartago o Utica. En este sentido, la dinámica comercial y las rutas establecidas por todo el Mediterráneo en ambas orillas suponen el perfecto advenimiento de todas estas cerámicas finas durante los dos primeros siglos de nuestra Era.

No obstante, además de todas estas importaciones habituales en el registro altoimperial de Huelva propiciado por el intenso tráfico comercial marítimo, existen otras cerámicas finas propiciadas por unas relaciones algo más regionales, pero que implican el uso de todos los medios disponibles de los talleres de origen para la difusión de sus productos en otros mercados. Nos referimos a las sigillatas hispánicas precoces, aquellas de origen bético producidas en *Isturgi* y a las paredes finas originarias de la Bética según Mayet (1975), todas ellas inducen a un comercio regional entre este núcleo atlántico y sus centros productores, distribuidos por la provincia desde la cercana *Celti* –Peñaflor, Sevilla- a la más alejada *Isturgi* –Andújar, Jaén-. El trasvase de todos estos productos béticos pudo producirse bien a través del transporte por vías terrestres (Sillières 1990) o por el *Baetis* como eje de comercialización y comunicación de la Bética (Chic García 1990). Proponemos, entonces, dos vías para la llegada de estos productos béticos a la ciudad de *Onoba*, pues

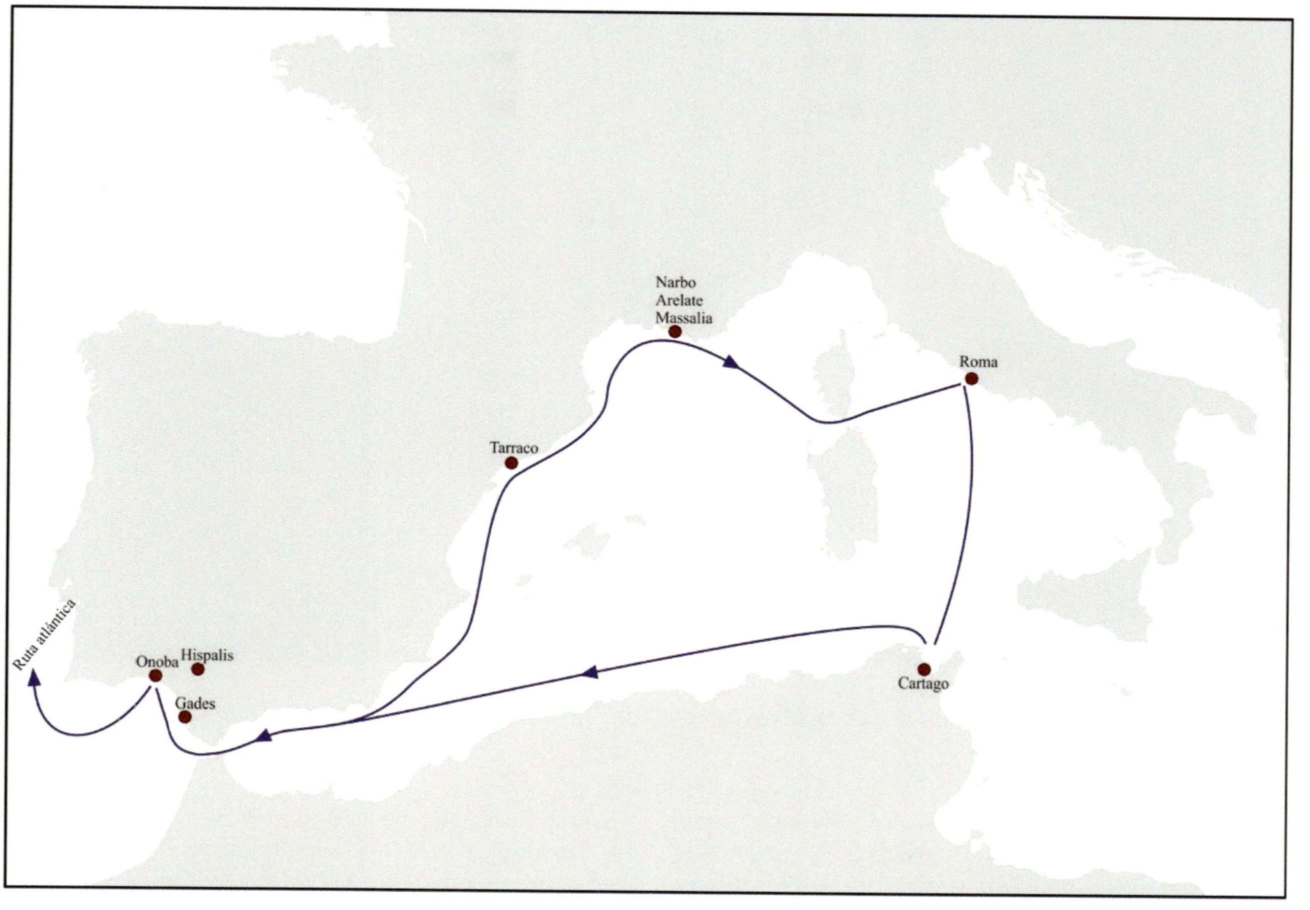

Figura 15. Rutas comerciales mediterráneas hasta *Onoba*.

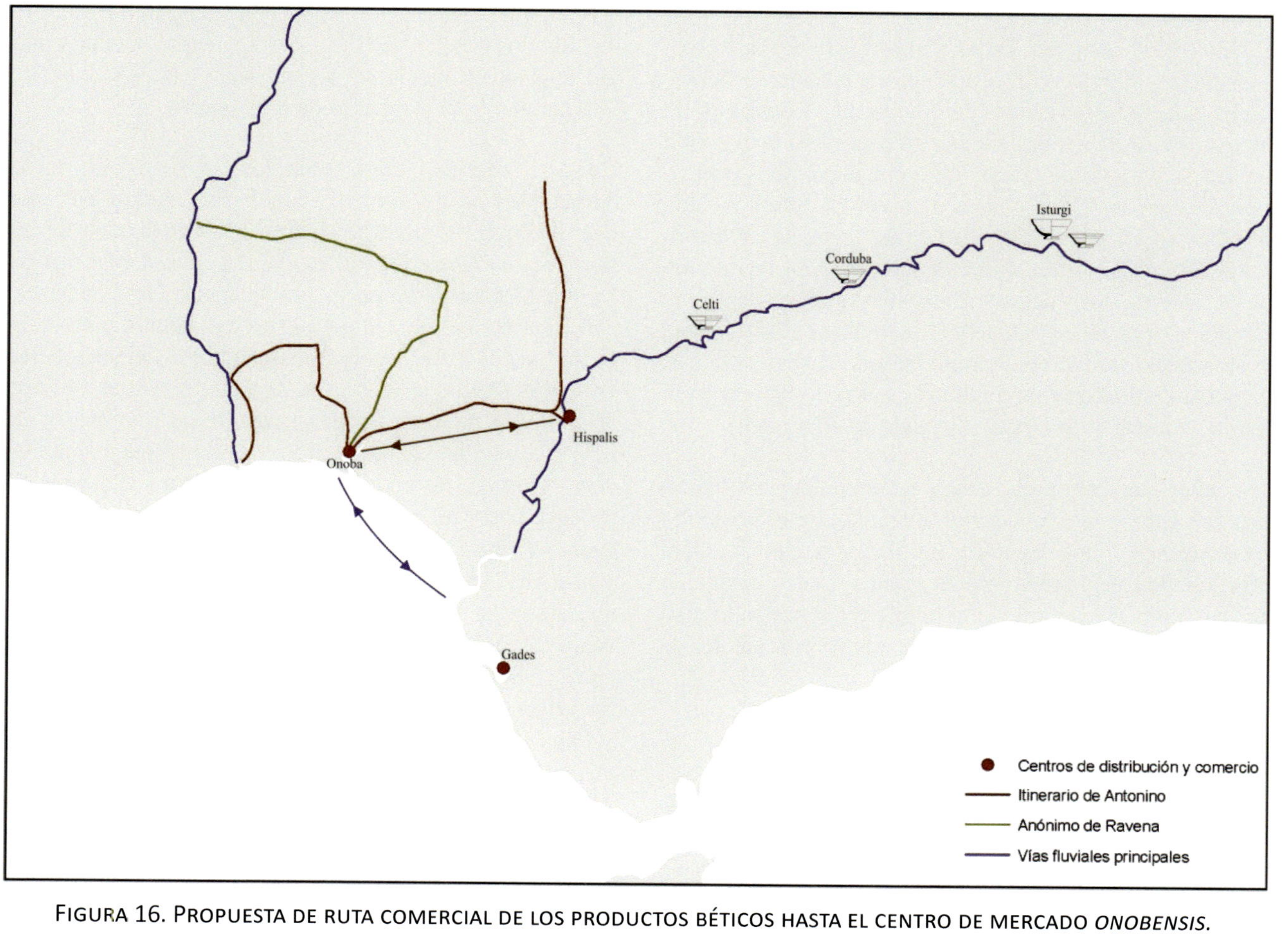

Figura 16. Propuesta de ruta comercial de los productos béticos hasta el centro de mercado *onobensis*.

FIGURA 17. RESTITUCIONES EN 3D DE ALGUNAS DE LAS FORMAS MÁS HABITUALES EN *ONOBA*.

posiblemente éstos arribarían a *Hispalis* –Sevilla-, como decimos utilizando las vías terrestres o la fluvial a través del Guadalquivir hasta alcanzar el puerto donde satisface la demanda hispalense y difundiría el resto hacia otros lugares ya fuese la *Mauritania Tingitana*, ayudada por otros puertos como *Malaca* –Malaga-, *Carteia* –Algeciras, Cádiz- o *Belo* –Bolonia, Tarifa, Cádiz- (Sotomayor, Roca y Fernández 1999: 34) o el resto de la costa atlántica bética. La llegada de los productos del interior de la Bética desde el *portus hispalensis* hasta el *portus onobensis* bien podría realizarse a través de la red viaria que une ambos puertos (Ruiz Acevedo 1998) o bien a través de una conexión marítimo-portuaria *Hispalis-Onoba versus Onoba-Hispalis*, que no sólo se deduce a partir de estos recipientes de cerámicas finas béticas (Delgado Aguilar e.p.a) sino también por aquellos recipientes de transporte olearios tan profusos en los niveles altoimperiales de Huelva, y que se presentan prácticamente ausentes en el resto del territorio más occidental de la Bética (Delgado Aguilar e.p.b).

Por ello, las cerámicas finas recuperadas en *Onoba* nos presentan una ciudad bien integrada en el comercio mediterráneo, un bastión portuario atlántico bien relacionado con el Mediterráneo gracias al establecimiento de unas importantes rutas marítimas y terrestres, lo cual supone la llegada profusa de los productos procedentes de diferentes ámbitos de todo el Imperio.

A la vista del análisis tipológico y cuantitativo de las piezas recuperadas proponemos a modo de hipótesis algunos posibles servicios de mesa utilizados por los *onobensis* durante el Alto Imperio. De este modo, durante los primeros decenios de la Era el registro arqueológico evidencia un predominio de platos tipo Consp. 18, 20 y 12, que bien pudieron utilizarse de forma conjunta con aquellas copas o vasos que han sido más profusos en Huelva con formas Consp. 22, 17 y 15, servicios que podrían alternarse según los gustos de los comensales *onobensis*, sin embargo, si atendemos a criterios cuantitativos los servicios compuestos por plato y copa estarían constituidos por los tipos 18/22, 20/17 y 12/15, aunque optamos más por la primera opción en la que dichos platos y copas se alternarían según los gustos de los usuarios.

En este sentido, estos primeros servicios de mesa darían paso a las formas sudgálicas e hispánicas que compondrían los utensilios habituales para la mesa de las familias *onobensis*. De este modo, debemos contar con las formas hispánicas precoces producidas en la Bética que abastecerían a la ciudad de un servicio común en toda la ciudad, según se desprende de los ejemplares documentados en la mayoría de las unidades de análisis propuestas, nos referimos al conjunto de copa y plato tipos Martínez I y II, respectivamente. Un servicio que acompañaría a aquellos compuesto por las piezas itálicas así como a las primeras producciones julio-claudias de los talleres galos. En cuanto a los tipos de plato y copa mas profusos en Huelva, y que se corresponderían con los posibles servicios de mesas son los platos 18, 15/17 y 36 acompañados por los vasos 27, 24/25 y 35 respectivamente entre los productos galos. Mientras que los hispánicos independientemente del origen de los mismo estaría compuesto por plato 15/17 y copa 27, igual que en el servicio de mesa propuesto por nosotros en la cercana ciudad de *Arucci Turobriga* – Aroche, Huelva – en la sierra norte onubense (Delgado Aguilar 2008; 2010; 2012; e.p.c; O'kelly y Delgado 2011). Asimismo no podemos olvidar la profusión de estos tipos (15/17 y 27) en los yacimientos altoimperiales, e incluso en su centro productor que si bien no se originaron como servicio de mesa, posiblemente terminaron formándolo de modo complementario debido a su profusa producción (Romero y Ruiz 2005: 189).

En síntesis, el presente trabajo sobre la cerámica fina en *Onoba* supone un nuevo paso en la investigación de esta ciudad romana del occidente bético. Pues, a través de la revisión de todas estas cerámicas hemos podido afinar unas cronologías que se presentaban hasta ahora bastante imprecisas. Pero además de poder concretar distintos periodos de la vida de la ciudad hemos podido establecer a la antigua Huelva como un importante centro de mercado de aquellos grandes talleres de cerámicas finas, ya que este puerto no sólo demandaría estos productos con el fin de ser consumidos por sus ciudadanos sino también para distribuirlos hacia el interior. Igualmente, la inclusión de *Onoba* en los circuitos comerciales marítimos y su relación con los puertos mediterráneos es algo vital para la ciudad, sin embargo, también se evidencia a través de este análisis una conexión o comercio regional, que entra en comunión con la dinámica de puertos principales y secundarios o las rutas de redistribución utilizadas en muchas de las relaciones comerciales y económicas en época romana (Pomey 1997: 154-159).

Y, por último, destacamos también como a través del estudio de estas cerámicas finas podemos leer entre líneas otros aspectos sociales y políticos de la ciudad, caso del incremento de las piezas itálicas en momentos augusteos que pueden relacionarse, a nuestro juicio, con un importante cambio social y político de la ciudad.

Bibliografía

Amo, M. del (1976): Restos materiales de la población romana de *Onuba*, *Huelva Arqueológica* II: 21.

Benoit, F. (1962): Nouvelles épaves de Provence. III. *Gallia* XX: 147-176.

Blanco, A. y Rothenberg, B. (1981) *Exploración Arqueometalúrgica de la provincia de Huelva*/ Barcelona.

Blázquez, J. M., Luzón, J. M., Gómez, F. y Clauss, K. (1970) Las cerámicas del Cabezo de San Pedro. *Huelva Arqueológica I*. Huelva.

Campos Carrasco, J. M. (2002) La ciudad romana de Onuba (Huelva), una revisión arqueológica. *AnMurcia* 17-18: 329-340.

Campos Carrasco, J. M. (2010) Los suburbios de *Onoba Aestuaria*, en D. Vaquerizo (ed.) *Las Áreas Suburbanas en la ciudad histórica Topografía, usos, función*: 267-288. Córdoba.

Campos Carrasco, J. M. (2011) *Onoba Aestuaria. Una ciudad portuaria en los confines de la Bética*. Huelva.

Campos, J.M., Vidal, N. y Ruiz, J. (2010) Acerca de la condición jurídica de Onuba Aestuaria. *Pyrenae* 41-1: 57-69.

Chic García, G. (1990) *La navegación por el Guadalquivir entre Córdoba y Sevilla en época romana*. Sevilla: Écija.

Delgado Aguilar, S. (2008) *Terra Sigillata* y Paredes Finas en *Turobriga* (Aroche, Huelva). Campañas 2004-2005. *Vipasca. Arqueologia e Historia*. Nº 2. 2ª serie. *Actas del III Encontro de Arqueologia do Sudoeste Peninsular*. Aljustrel: 354-363.

Delgado Aguilar, S. (2010) Restituciones virtuales de la vajilla de mesa romana (terra sigillata). *VAR, virtual archaeology review* 1: 70-73.

Delgado Aguilar, S. (2012) Breve síntesis sobre la vajilla de mesa republicana y altoimperial romana en el oeste de la Bética, en Haro, J., García, J. M., Gómez, F. y Linares, J. A. (eds.) *Arqueología en la provincia de Huelva. Homenaje a Francisco Javier Rastrojo Lunar*. Huelva.

Delgado Aguilar, S. (e.p.a) *Index de sellos sobre terra sigillata en Onoba (Huelva). Nuevas perspectivas sobre una ciudad portuaria Bética de la costa atlántica*. Mainake.

Delgado Aguilar, S. (e.p.b) Onoba Aestuaria. Tesis doctoral en preparación. Huelva.

Delgado Aguilar, S. (e.p.c) Vajilla de mesa romana en *Arucci Turobriga* (Aroche, Huelva). Campañas 2006 y 2008. *XXVI Jornadas de Patrimonio de la Comarca de la Sierra. Hinojales (Huelva)*. Huelva.

Fernández, J. Garcia, C. y Rufete, P. (1997) *De Tartessos a Onuba. 15 años de arqueología en Huelva*. Huelva.

Fernández, J. Rufete, P. y Garcia, C. (1992) Nuevas evidencias de Onuba. *Cuadernos de Prehistoria y Arqueología de la Universidad Autónoma de Madrid* 19: 289-317.

García Marcos, V. (2005) Importación de *Terra Sigillata* Itálica y producciones locales de tradición itálica en la meseta norte y el noroeste peninsular en Fernández, C. y García, P. (eds.) *Unidad y diversidad en el Arco Atlántico en época romana. III Coloquio Internacional de Arqueología en Gijón*. (BAR International Series 1317): 87-108. Oxford.

Gómez, F., Beltrán, J.M. y Rastrojo, F.J. (2007) La conformación del sitio arqueológico de Huelva. Procesos naturales y actividad humana. *Spal* 16: 155-172.

Hofmann, B. (1971) *Catalogue des estampilles sur vaisselle sigillée*. París.

Huici Miranda, A. (1964) *Rawd al-Quitas*. Valencia.

Klein, S., Rico, C. Lahaye, Y., Von Kaenel, H.-M. Domergue, C. y Brey, G.P. (2007) Copper ingots from the western Mediterranean sea: chemical characterisation and provenance studies through lead-and copper isotope analyses. *JRA* 20: 202-222.

Mayet, F. (1975) *Les céramiques à parois fines dans la Péninsule Ibérique*. París.

Mayet, F. (1984) *Les ceramiques sigillées hispaniques*. 2. Vols. París.

Mielgo Blanco, M.P. (1986) Terra sigillata en Huelva (itálica). Trabajo Fin de Licenciatura. Valladolid. Inédito.

Luzón Nogué, J.M. (1975) Antigüedades romanas de la provincia de Huelva. *Huelva Prehistoria y Antigüedad*: 271-320.

O'Kelly Sendrós, J. (e.p.) Las ánforas onubenses de época tardorromana. *Cerámicas hispanorromanas II.*

O'Kelly, J. y Delgado, S. (2011) La casa de la columna de Arucci/Turobriga (Aroche, Huelva) a través de su cerámica. *Actas de las II jornadas de jóvenes en investigación arqueológica*: 105-111. Madrid.

Oswald, F. (1931) *Index of potters' stamps on terra sigillata Samain ware: With a supplement, to be consulted in conjuncution with the index, of stamps obtained or recorded during the period of printing the index (with correction)*. Londres.

Oxé, A., Comfort, H. y Kenrick, P. (2000) *Corpus vasorum arretinorum: a cataloque of the signatures, shapes and chronology of italian sigillata.* Bonn.

Parker, A.J. (1992) *Ancient shipwrecks of the Mediterranean and the Roman provinces.* (BAR International Series 580). Oxford.

Pomey P. (dir.) (1997) *La navigation dans l'Antiquité.* Aix-en-Provence.

Romero, M.V. y Ruiz, P. (2005) Los centros productores de TSH en la zona septentrional de la Península Ibérica, en Roca, M. y Fernández, M.I. (coords.) *Introducción al estudio de la cerámica romana*: 183-223. Málaga.

Ruiz Acevedo, J. M. (1998) *Las vías romanas en la provincial de Huelva.* Huelva.

Ruiz Acevedo, J. M. (2010) *El suroeste peninsular en las fuentes literarias grecolatinas: el territorio onubense.* Huelva.

Ruiz, D., Blázquez, J.M. y Martín, J.C. (1981) Excavaciones en el Cabezo de San Pedro (Huelva) Campaña de 1978 *Huelva Arqueología* V.

Sillieres, P. (1990) *Les voies de communication de l'Hispanie meridionale.* Paris.

Sotomayor, M., Roca, M. Y Fernández, M.I. (1999) Centro de producción de Los Villares, Andújar (Jaén) en M. Roca y M.I. Fernández, (Coords.) *Terra Sigillata Hispánica. Centros de fabricación y producciones altoimperiales.* Jaén/Málaga.

Contextos cerámicos de *Hispalis c.* 50 a.C. al 225 d.C. Excavaciones arqueológicas en el Patio de Banderas del Real Alcázar de Sevilla (2012-2014)

Jacobo Vázquez Paz
Departamento de Prehistoria y Arqueología de la Universidad de Sevilla
Enrique García Vargas
Departamento de Prehistoria y Arqueología de la Universidad de Sevilla, egarcia@us.es
Cinta Maestre Borge
Departamento de Prehistoria y Arqueología de la Universidad de Sevilla
Elise Arnold
Departamento de Prehistoria y Arqueología de la Universidad de Sevilla

1. Introducción

Las excavaciones realizadas en el Patio de Banderas del Alcázar de Sevilla entre los años 2009 y 2014 (Tabales 2015) han proporcionado un relativamente amplio elenco de materiales cerámicos romanos fechados entre fines del siglo II a.C. y mediados del VI d.C. Para estos más de setecientos años se han distinguido en el área excavada hasta ocho fases estratigráficas desde la Edad del Hierro I hasta la actualidad, si bien con notables hiatos para algunos períodos.

Los contextos cerámicos tratados en este trabajo corresponden a las fases 2ª a 5ª de la estratigrafía romana de la intervención en el Patio de Banderas (Tabales *et al.* 2012: 23-32) y contribuyen al establecimiento de una cronología fiable para cada una de ellas. Los repertorios hallados permiten, además, un acercamiento a cuestiones arqueológicas complejas, como la evolución en el tiempo de la composición de la vajilla cerámica en el sector meridional de la ciudad antigua de *Hispalis*, la procedencia y el volumen relativo de las importaciones mediterráneas y la funcionalidad de los repertorios locales e importados en cada momento. Dada la amplitud del repertorio documentado en las intervenciones y el alto número de piezas cerámicas de que éste se compone, hemos preferido en esta aproximación ceñirnos a un período abarcable del registro (tercer cuarto del I a.C. – primer cuarto del III d.C.) y analizarlo en profundidad, aunque sólo con respecto a la morfotipología y a función de las piezas, mejor que presentar la totalidad de las fases (fines el II a.C.-VI d.C.) en un trabajo somero del que poco se pueda extraer a efectos tipo-cronológicos y funcionales. Con ello, pretendemos mostrar también la potencialidad de un estudio exhaustivo de los repertorios cerámicos para el conocimiento científico de los contextos excavados.

La sistematización de los datos aportados por el registro cerámico del Patio de Banderas seguirá de cerca, pues, el faseado estratigráfico de la intervención arqueológica. Por ello, agrupamos los contextos presentados en función de las fases constructivas establecidas durante las intervenciones de campo. Procederemos desde las fases más antiguas a las más recientes, de modo que nuestra atención se centrará en primer lugar en los contextos cerámicos correspondientes a la facies Republicana II (fase 2), para continuar con el estudio de las vajillas de la facies Imperial I (fase 3) y finalizar con la correspondiente a las facies Imperial II y III (fases 4 y 5).

La facies Republicana II (*c.* 50-25 a.C.) corresponde a la edificicación y puesta en uso de una serie de estructuras de almacenamiento portuario (*horrea*) en *opus africanun* y *opus quadratum* organizadas en torno a un espacio central en el que se conservan las huellas de cuatro pilares de gran tamaño. Estos edificios tardorrepublicanos continuaron en uso durante la facies Imperial I (*c.* 15 a.C.-20 d.C.), en la que se detectan algunas reformas de los mismos que consistieron en subida de cotas de uso, y la facies Imperial II (60-90 d.C.), en la que se realizaron reparaciones de sus paramentos y se verifica la reestructuración interna de algunos de sus espacios. Finalmente, se documenta una quinta facies Imperial III (*c.* 200-225 d.C.) de anulación y amortización del conjunto que se fecha en época severiana.

2. Contextos cerámicos del Patio de Banderas de Sevilla (ss. I a.C-III d.C.)

2.1. Las producciones cerámicas en la facies Republicana II (c. 50-25 a.C.)

2.1.1. Cerámica de tradición turdetana

Las urnas pintadas responden a la tipología propia de las producciones tardoturdetanas de la forma IX de Escacena (1987), fijada hacia los decenios finales del siglo II a.C. y que perdura hasta los primeros decenios del siglo I d.C. Se documentan los típicos bordes triangulares o subrectangulares que definen a nivel formal a las variantes tardías y las líneas rojizas en el exterior del borde, sobre los hombros y en la panza del recipiente que las caracterizan a nivel decorativo presentando pastas del valle del Guadalquivir (Figura 1.1). Entre los platos, uno conserva el borde indiferenciado, la pared, y el arranque de un fondo plano que lleva una amplia banda roja pintada sobre el borde engobado que se extiende ligeramente hacia el exterior y hasta la mitad del cuerpo en el interior. La pasta es no calcárea, siendo roja con pequeñas inclusiones calizas (¿Alcores?).

Los cuencos son simples de borde indiferenciado (Figura 1.2) y de cuerpo hemisférico a modo de cuenco-lucerna (Figura 1.3). Singulares son un fragmento de cuenco de borde entrante con engobe rojo que cubre toda la superficie y pasta no calcárea con inclusiones calizas y un par de bordes de plato con ala que marca una línea de ruptura en la transición con el interior del recipiente (Figura 1.4). Ambos están pasados de cocción, siendo el primero gris local y el segundo de pasta verdosa y porosa con pequeñas inclusiones negras. Los lebrillos son de cuerpo estrangulado con bordes triagulares vueltos o redondeados con pastas del Guadalquivir (Figura 1.5).

2.1.2. Cerámica común local y de importación

La fase que nos ocupa supone la del momento de mayor recepción de cerámicas de importación de origen itálico, muestra de la aceptación y adopción de nuevos gustos culinarios por parte de la población. En esta fase se documenta la importación de los platos Vegas 14 (Figura 1.6) de diámetro amplio (Vegas 1973), presentes en la ciudad desde los años finales del siglo II a.C. (contextos de la calle Argote de Molina, nº 9 y del propio Patio de Banderas en su fase Republicana I), junto a los que vemos aparecer otros platos de borde bífido como Torre Tavernera 4.10 (Figura 1.7), fechado entre fines del s. II y primera mitad del I a.C. Se registran también cazuelas del tipo Celsa 79.28 (Figura 1.8), que se corresponde ya con el típico *caccabus* itálico, muy popular en los contextos del s. I a.C. del Mediterráneo occidental. Continúan además llegando desde la península itálica ollas Vegas 2 (Vegas 1973), tanto en tamaño grande como en un formato más reducido (Figura 1.9). A su vez, se ha documentado la olla correspondiente a la forma Olcese tabla X tipo 7 (Olcese 2003), que en este caso presenta además al exterior una pequeña moldura bajo el borde (Figura 1.10) y cuya cronología se enmarca desde época tardorrepublicana hasta los Flavios.

Es remarcable también la presencia de platos de engobe rojo pompeyano Luni 1 (Figura 1.11), cuya producción en época augustea, y Luni 2-4 (Figura 1.12), forma producida desde fines del siglo II a.C. (Aguarod 1991: 68) pero que no se populariza en contextos del sur peninsular hasta mediados del I a.C. Las tapaderas, por su parte, responden a los tipos Burriac 38,100 (Figura 1.13) y Celsa 80.7056 (Figura 1.14), con cronologías similares, encuadradas entre fines del II y I a.C. Todas estas producciones itálicas, en su mayoría de origen campano, presentan unas características de composición y tecnológicas muy similares a las documentadas en la fase anterior Republicana I, del Patio de Banderas, donde ya estaban presentes.

En el conjunto de cerámicas locales vemos empezar a configurarse dentro de las cerámicas comunes un nuevo repertorio, ya de carácter romano. Así, entre la cerámica de mesa comenzamos a encontrar algunas jarras con borde exvasado y moldurado, algunas de pequeño formato (Figura 1.15), de pastas tanto calcárea, de color amarillento y bien depurada, como de color rojizo. Pueden llevar engobe amarillento al exterior. En el grupo de los lebrillos aparecen también nuevas formas, compuestas por un borde desarrollado al exterior y un pequeño escalón al interior. En el caso documentado la pasta es de color naranja y presenta un engobe amarillento al exterior. Dentro de la cerámica de cocina también se documentan nuevas formas de cazuelas. Se trata de una cazuela alta, de perfil sinuoso y borde horizontal y recto, que recuerda a algunas producciones de origen itálico y cuya pasta es de color marrón (Figura 1.16).

Por otro lado, empiezan ya a producirse, durante el siglo I a.C. y hasta bien entrado el siglo I d.C., las primeras imitaciones de los morteros itálicos Emporiae 36.2, también conocidos como morteros dediles, de los cuales aquí se ha hallado dos ejemplares (Figura 1.17), fabricados con pasta del Guadalquivir de color amarillento. Estas imitaciones no presentan la decoración dedil al exterior del borde, pero una de ellas lleva las características estrías al interior de la pared de los morteros béticos de cronología romana. Si presenta decoración dedil otro mortero con borde caído al exterior y pared convexa (Figura 1.18). En esta pieza el sistema de abrasión se consigue al modo de los morteros itálicos, mediante pequeñas piedras incrustadas en la superficie interior de la pared.

Acompañando a las jarras y también a las ánforas (*infra*) se registran sus correspondientes tapaderas (Figura 1.19 y 1.20). Se trata de tipos tardorrepublicanos, con pastas del Guadalquivir de colores amarillento, verdoso o marrón, que pueden presentar un nervio de cocción gris o marrón. En ocasiones se les aplica un engobe amarillento tanto al exterior como al interior.

La cerámica de cocina gris local está representada en estos contextos por cazuelas de borde ranurado (Figura 1.21) de cuerpo troncocónico invertido y estrecha base con pie anular y lebrillos grises de borde redondeado con ligero estrangulamiento bajo éste (Figura 1.22), así como ollas de borde redondeado (Figura 1.23). Las pastas son las características de estas producciones: reductoras groseras con abundante cuarzo y mica, algo más depurada en el último ejemplar citado que, además, lleva alisadas las superficies exterior e interior. Los platos-tapadera en cerámica gris local llevan borde indiferenciado.

2.1.3. Producciones de mesa tardo-helenísticas

En esta fase se documentan varios fragmentos de producciones en *sigillata* oriental A (Hayes 1985). Su exportación a la Península ibérica está documentada para el s. I a.C., siendo sin embargo pocas veces identificada por su semejanza con producciones itálicas posteriores. Concretamente se ha podido identificar tres indeterminados, un borde de plato del tipo Atlante 3 Tav. 7-8 (Figura 2.1) del s. I a.C., y un fondo de plato con sellos

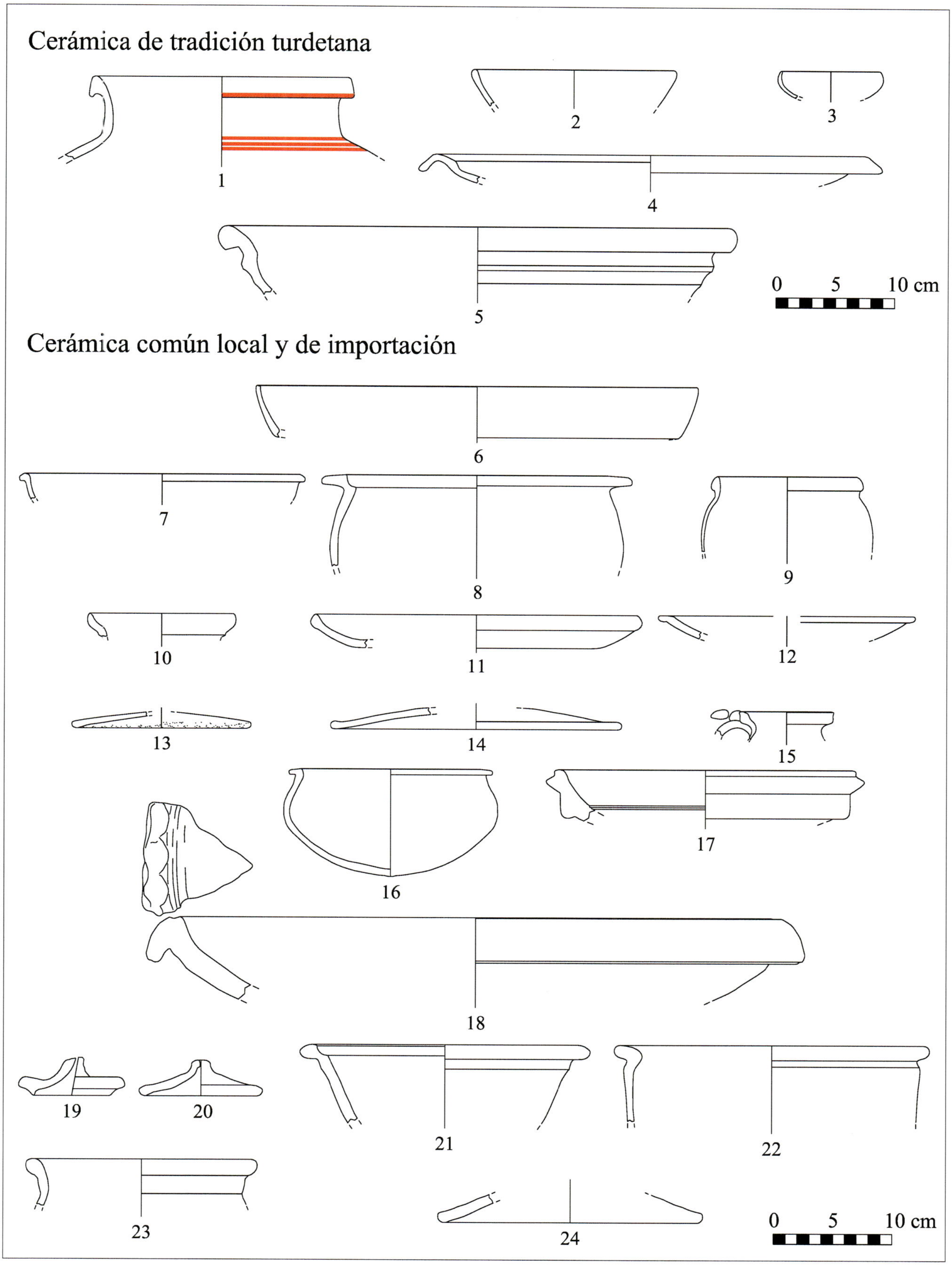

FIGURA 1. FASE 2 REPUBLICANA II (PATIO DE BANDERAS, SEVILLA)

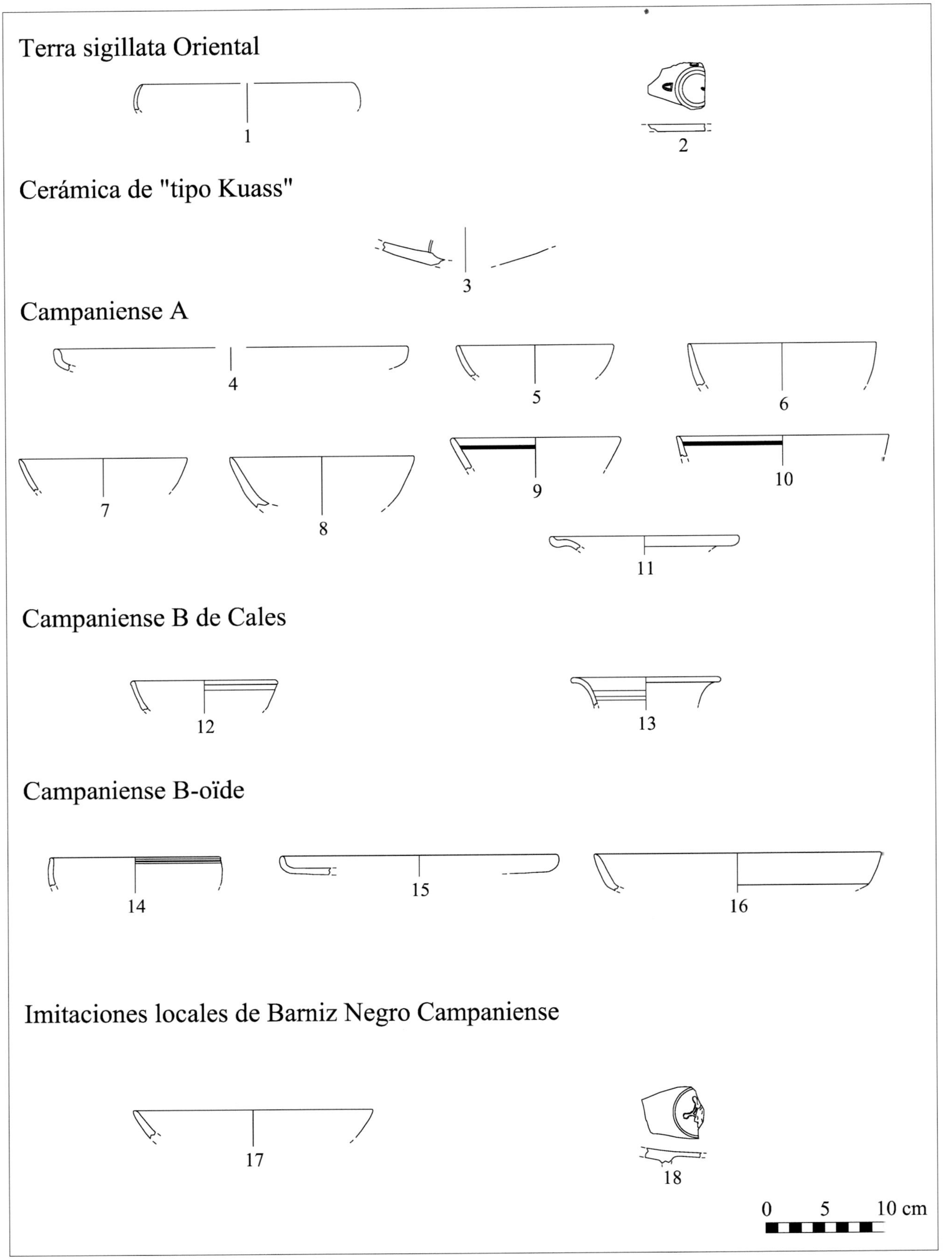

Figura 2. Fase 2 Republicana II (patio de Banderas, Sevilla)

en posición radial y central y ruedecilla impresa interior (Figura 2.2). Finalmente en cerámica de tipo Kuass (Niveau 1999; Niveau 2014) se documenta un fondo de plato de la forma Lamboglia 26 (Figura 2.3).

2.1.4. Cerámica de mesa campaniense y sus imitaciones

En esta fase las producciones en barniz negro de mesa campaniense (Lamboglia 1952; Morel 1981) están representadas ampliamente mostrando una gran variedad. El grupo de las Campaniense A clásica y tardía está muy presente con abundantes fragmentos de galbos indeterminados. En lo que respecta a las formas identificadas el repertorio es similar al que se conoce para la fase Republicana I, aunque algo más numeroso y variado. En concreto se identifican el plato Lamboglia 5 (Figura 2.4) y los cuencos Lamboglia 27 A-B (Figura 2.5), 27 B (Figura 2.6), y 8 B (Figura 2.7 y 2.8). En estos contextos se ha identificado a su vez el vaso Lamboglia 31 B (Figura 2.9 y 2.10). Con ciertas dudas se ha atribuido a la forma Lamboglia 36 un fragmento de borde de plato (Figura 2.11).

Las producciones de barniz negro calenas y otras del grupo B-oïde son en este momento muy numerosas, estando representadas las primeras en el registro por varios fragmentos de copas y platos de tipología indefinida, así como por la forma cuenco Lamboglia 1 (Figura 2.12), y por la copa tipo Lamboglia 2 de la cual se identifica un borde (Figura 2.13). El grupo de las B-oïde está muy bien representado documentándose fragmentos de galbos de cuencos y platos de tipología indeterminada, así como los tipos Lamboglia 1, Lamboglia 5, 7 y 8 B. El cuenco Lamboglia 1 (Figura 2.14) es el que presenta un mayor número de ejemplares, seguido de la forma de plato Lamboglia 5 (Figura 2.15). Los tipos plato Lamboglia 7 y cuenco Lamboglia 8 B (Figura 2.16) presentan respectivamente un único ejemplar. Las producciones etruscas de barniz negro son poco significativas estando representadas por un fragmento de pie de una forma Lamboglia 4, así como por un borde del tipo Lamboglia 5/7.

En esta fase se documentan imitaciones locales de Cerámicas de Barniz Negro Campaniense (Ramos y García 2014) siendo su número bastante significativo. Concretamente se registra un fragmento de galbo de cuenco, atribuido con reservas a la forma Lamboglia 8; platos de la forma Lamboglia 7 (Figura 2.17) y Lamboglia 6; un fondo de copa con decoración de Losange (Figura 2.18), así como galbos indefinidos. Igualmente se documenta un fragmento de base de cuenco con dos acanaladuras en el fondo interno atribuido a la forma Lamboglia 8 con tratamiento interior y exterior de barniz/engobe rojizo claro y pastas oxidantes.

2.1.5. Las ánforas

Las ánforas itálicas del versante tirrénico están representadas en su mayoría por fragmentos de Dressel 1 (Figura 3.1 a 3.4) algunas de las cuales deben ser residuales de la facies anterior. Pueden señalarse dos subgrupos de pastas, caracterizados ambos por inclusiones dispersas, medianas y angulosas de cuarzo, calcita y microfósiles, y redondeadas rojas – óxido de hierro y piroxenos -. Las diferencias estriban en la existencia en el segundo grupo de restos muy escasos de mineral verde – olivina – y una relativa abundancia de inclusiones blancas – calcita -, mientras que en el primero predominan, después de las negras, las inclusiones amarillentas de relativo tamaño. Ambos grupos deben considerarse producciones del área vesubiana. Un borde de Dressel 1A (Figura 3.1) presenta una pasta asimilable a la de las producciones campanas, pero de color anaranjado, con minerales negros abundantes muy pequeños y también abundantes inclusiones calizas blancas de mayor tamaño. Los componentes de hierro y cuarzo son pequeños y dispersos. Lleva un engobe exterior marrón claro regularmente distribuido que sobrepasa ligeramente el interior del borde. Similar en composición de pasta es un fragmento de Dressel 1C (Figura 3.2). El tipo Dressel 2-4 con pasta campana está documentada en este contexto, siendo una forma presente en los contextos de consumo occidentales desde el primer tercio del siglo I a.C., si bien su exportación en masa no es anterior a época de Augusto, momento en el que sustituyen claramente a las Dressel 1.

Al versante adriático de la Peninsula Italiana corresponde un borde triangular de Lamboglia 2 (Figura 3.5) se presenta con características técnicas frecuentes en las producciones de la zona oriental de Italia: matriz amarillenta extremadamente fina con minúsculas inclusiones de cuarzo redondeado y muy esporádicas de óxido de hierro.

Las producciones béticas propias del tercio central del siglo I a.C. presentan una morfología compleja y articulada que coincide con la de los contextos documentados en el sur peninsular y en el norte de Marruecos para las fechas citadas y que está compuesta por contenedores de tradición turdetana y, sobre todo, de ánforas de tipología romanizada. Las ánforas de tradición local constituyen un repertorio que tiende a simplificarse y a desaparecer progresivamente de la circulación, mientras que la variabilidad formal del repertorio de tipología romanizada denuncia un estadio aún inicial y no consolidado a efectos formales.

Las ánforas del tipo Pellicer D (Figura 3.6) forman parte del repertorio local de tradición turdetana. Esta forma en el siglo I a.C. se caracteriza por la pérdida casi generalizada del resalte exterior del borde que caracterizaba a los ejemplares de los siglos III y II a.C., mientras que en la segunda mitad del siglo I a.C. el labio pierde igualmente el ligero engrosamiento interior y se hace indiferenciado de la pared del cuerpo, cuya parte superior tiene por lo general paredes más delgadas cuanto más se avanza en la centuria. Las pastas amarillentas o anaranjadas porosas con desgrasantes relativamente abundantes de cuarzo anguloso son las propias de las producciones del valle del Guadalquivir.

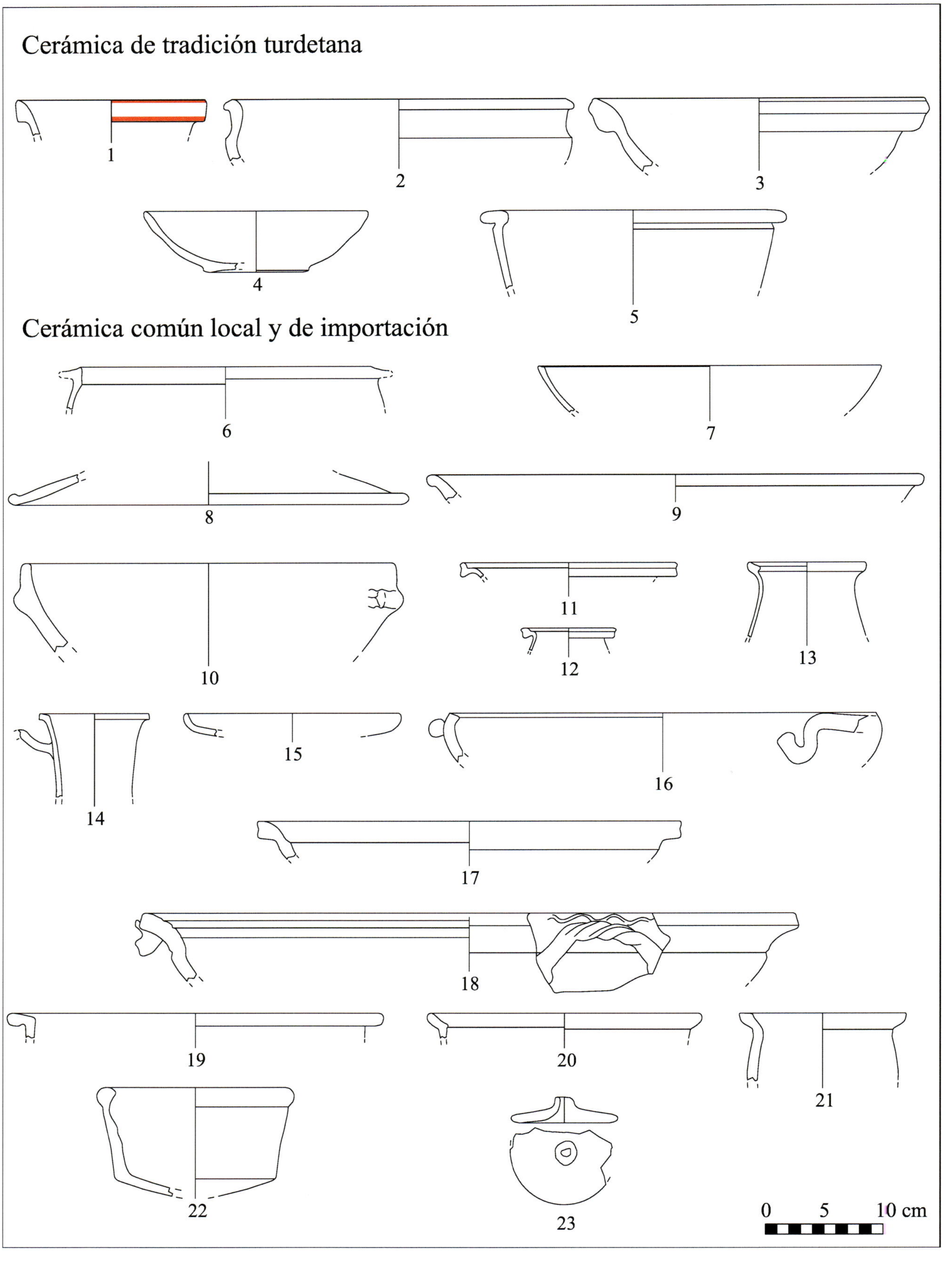

FIGURA 3. IMPERIAL I (PATIO DE BANDERAS, SEVILLA)

Un par de fragmentos que casan entre sí corresponden a una imitación local de Dressel 1 B (Figura 3.7) con borde corto y rectangular y la pasta característica de los talleres del valle del Guadalquivir: desgrasantes abundantes de cuarzo anguloso y escasos hematites. Destaca por su singularidad un conjunto de cuellos con bordes bien conservados en su diámetro y pastas del valle del Guadalquivir que presentan las características formales de alguno (Figura 3.8) de los contenedores del Grupo II de Almeida (2008: 68, fig. 16, nº 2350).

Ejemplares asignables a la forma Ovoide 4 del Patio de Banderas comparecen con cierta frecuencia en nuestra excavación, pero casi siempre como material residual en contextos de cronología posterior. El único fragmento destacable en contexto primario presenta un borde rectangular corto asimilable al del cuello de la Lomba do Canho catalogado por C. Fabiao (2001, fig. 1.1) como asimilable a su Classe 24. El tipo Ovoide 5 del Guadalquivir (Figura 3.9 y 3.10) está relativamente bien representado en los contextos de esta época del Patio de Banderas por ejemplares de bordes y cuellos que se caracterizan por presentar labios triangulares cortos y altos, siempre con baquetón o moldura en la transición entre el borde y el cuello. Las pastas amarillentas porosas o cremas no porosas con inclusiones angulosas de cuarzo de mediano tamaño relativamente abundantes son las características de estas producciones, cuya distribución es amplia en todo el SO Peninsular (Almeida 2008) y Norte de Marrucecos (Izquierdo Peraile *et al.*: fig 3, consideradas LC 67) para una cronología centrada en el tercio central del siglo I a.C. Igualmente presentes están las primeras ánforas olearias locales de la forma Ovoide 6. La forma Haltern 70 antigua (Figura 3.11) está representada aquí por un fragmento de borde (UE 1807, nº inv. 865) asimilable al tipo VI d de Almeida (2008: 118) con pasta propia del Guadalquivir, de color marrón y con abundantes inclusiones angulosas de cuarzo de tamaño medio. Oros tipos minoritarios ovoides del Guadalquivir están igualmente presentes, como las ovoides 8 y 9.

De producción gaditana aparecen en esta facies las formas 7.4.3.3. o Mañá C2b de borde "de trompeta" (Ramón 1995), con amplios labios salientes y moldurados (Figura 3.12). Todos los fragmentos de ánforas púnicas gaditanas presentan las típicas pastas arenosas de la Bahía con desgrasantes de cuarzo redondeado, microfósiles e inclusiones dispersas de óxido de hierro, hematites, y colores predominantemente amarillentos que en las 7.4.3.3 se tornan anaranjados o rojizos en el interior de la pieza. Igualmente gaditana pero de tipo morfología romanizada, se documenta un fragmento de borde (Figura 3.13) asignable al tipo Dressel 7-11 (García 1998), aunque dada la cronología de estos contextos, tal vez habría que clasificarla más propiamente como un ánfora ovoide gaditana.

Tan activa como Cádiz en la producción afórica desde época fenicia, la isla de Ibiza produjo y exportó un elenco anfórico peculiar de tipología púnica que comienza también romanizarse desde el siglo II a.C. (Ramón 1991), si bien mantiene por más tiempo sus tipos de tradición local, exportados al menos hasta época flavia. En nuestros contextos documentamos fragmentos de pared acanalada al exterior, característica recurrente de las producciones ibicencas hasta época tardoantigua, lo que impide asignarle un tipo concreto (Figura 3.14). Por cronología puede tratarse de ánforas de las formas PE 17, PE 18 o PE 25, siendo las primeras producciones de morfología local púnica y la última un tipo ya romanizado e inspirado en las Dressel 2-4 itálicas. Las pastas son calcáreas depuradas, de matriz arenosa con escasas inclusiones de cuarzo y abundante mica plateada.

De procedencia africana se documenta un fragmento de borde en la que puede asignarse al tipo Tripolitano antiguo (Figura 3.15), presente desde fines del siglo II a.C. en contextos de consumo de Italia y el Mediterráneo Occidental. Presenta pasta rojo ladrillo con minúsculas inclusiones muy abundantes de cuarzo eólico y dispersas redondeadas blancas y amarillentas. La superficie es blanquecina, característica común a las producciones norteafricanas del Mediterráneo central.

2.2. Las producciones cerámicas en la facies Imperial I (c. 20 a.C.-37 d.C.)

2.2.1. Cerámica de tradición turdetana

Siguen siendo frecuentes en estos contextos las urnas pintadas del tipo Escacena IX de borde en este caso rectangular y con líneas rojas en el mismo borde y en la transición con el cuello (Figura 4.1), siempre con pastas del Guadalquivir. Los lebrillos estrangulados (Figura 4.2 y 4.3) son de borde triangular, redondeado o almendrado. Los primeros, de pasta no calcárea (¿Alcores?) o del Guadalquivir, llevan decoración de banda roja al exterior del borde; los segundos con ondas de agua verticales rojas en el interior, y los terceros, liso y de tamaño mayor ambos con pastas del valle del guadalquivir. Mientras que la primera forma parece característica de momentos más antiguos del repertorio turdetano, por lo que es tal vez residual en estos contextos, la segunda y la tercera corresponden claramente al repertorio final turdetano, que incluye decoraciones nuevas, como las ondas de agua o las líneas verticales y presentan ya bordes de tipología romanizada. Un cuenco pintado lleva una ancha banda roja en el interior, lo que es característico de producciones antiguas del valle del Guadalquivir, aunque no exclusivo, por lo que no se trata necesariamente de un fragmento residual en estos contextos. Junto a éste continúan produciéndose cuencos hemisféricos con borde indiferenciados (Figura 4.4). En cerámica gris de cocina, se documenta sólo una orza u olla de perfil cilíndrico y de paredes verticales, con grandes dimensiones y borde triangular exvasado (Figura 4.5).

2.2.2. Cerámica común local y de importación

Durante esta fase continúan llegando en gran cantidad importaciones de cocina itálica. Así, encontramos de nuevo la forma de cazuela Celsa 79.28 (Figura 4.6), el plato de borde bífido (Figura 4.7) forma Vegas 14 (Vegas 1973), y las tapaderas Celsa 80.7056 (Figura 4.8) y Celsa 80.8145 (Figura 4.9), menos frecuente que la anterior. Su cronología

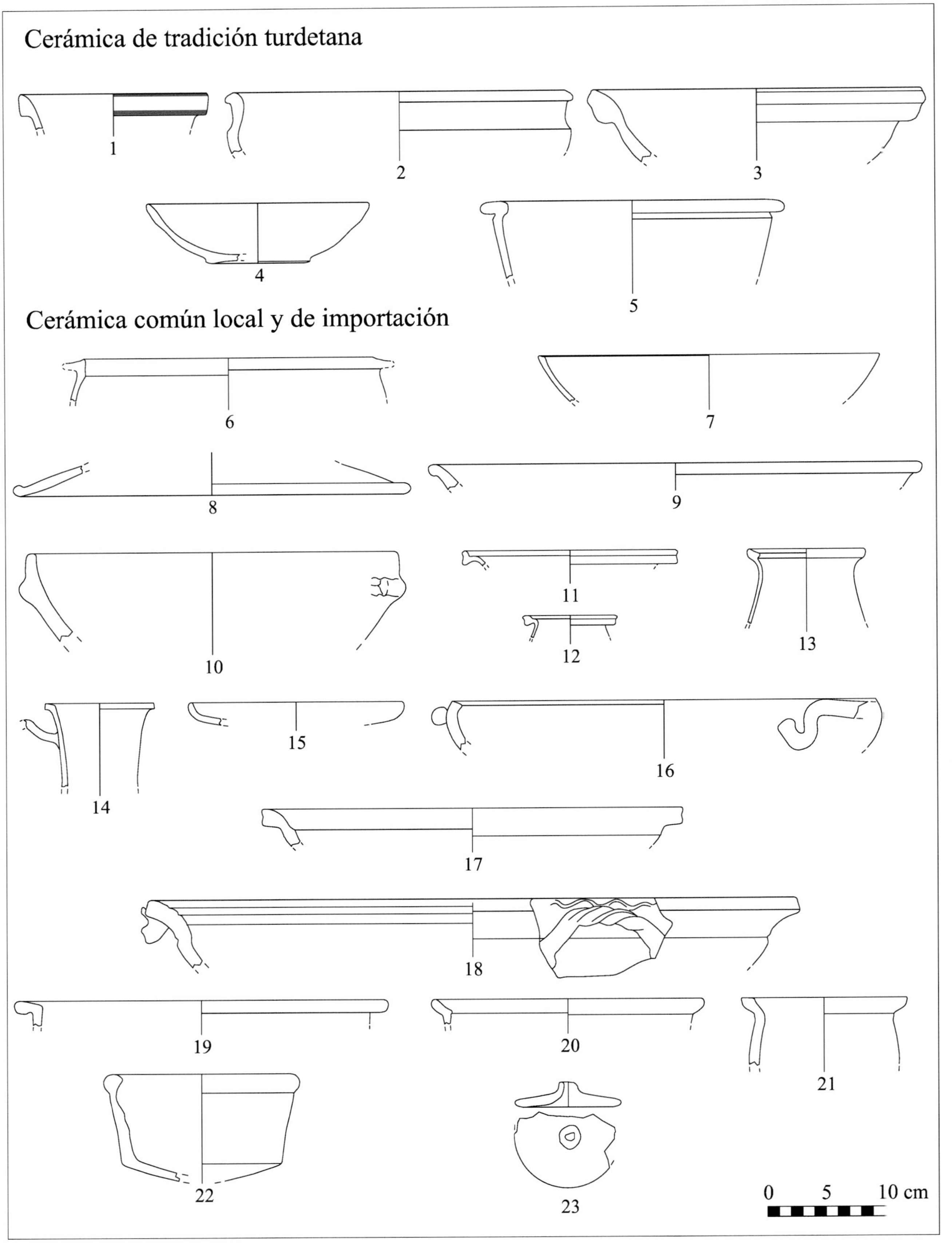

Figura 4. Fase 3 Imperial I (patio de Banderas, Sevilla)

en los yacimientos de la Tarraconense se enmarca entre fines del II a.C. hasta la primera mitad del siglo I d.C. Se ha registrado a su vez un mortero con pasta itálica (Figura 4.10) que recuerda al tipo Emporiae 36.2. Aguarod (1991) plantea que esta forma se sigue produciendo aún durante la segunda mitad del siglo I a.C. Se mantienen también las imitaciones de productos itálicos importados, como el plato de engobe rojo pompeyano Luni 1. Las dos primeras piezas están realizadas en una arcilla de color marrón oscuro y se les ha aplicado al interior un engobe rojizo, opaco y que se descascarilla con facilidad. El mortero está realizado en pasta Guadalquivir de color amarillenta, y presenta un pico vertedero aplicado.

El repertorio de cerámica común local romana se va haciendo en esta fase más complejo a medida que las producciones de tradición turdetana van perdiendo importancia. La cerámica de mesa está compuesta por una abundante cantidad de jarras, de diversa tipología: jarras con borde en forma de L y moldurados al exterior (Figura 4.11 y 4.12), muy característicos del periodo augusteo, y que ya se empezaban a producir en la fase anterior; jarras de cuerpo piriforme y borde exvasado e indiferenciado; jarras con borde engrosado al interior formando una pestaña (Figura 4.13), que empiezan a fabricarse en época augustea y continuarán durante todo el siglo I y II d.C. Sin embargo, el tipo proporcionalmente más significativo es del jarro con cuello alto y cilíndrico y borde exvasado y horizontal, con una o dos asas bajo éste (Figura 4.14). Esta forma se conoce también en la península itálica y comienza a elaborarse en torno al cambio de era, siendo muy popular durante todo el siglo I d.C. El resto de la cerámica de mesa está formado por un plato con borde redondeado de tendencia vertical (Figura 4.15), y un cuenco de gran tamaño con asa de cesta que presenta un engobe interior y exterior de color beige (Figura 4.16). En referencia a los lebrillos, es interesante remarcar la presencia de varios ejemplares con decoración digitada impresa al exterior del borde. Uno de ellos con el borde triangular (Figura 4.17) y el otro con borde exvasado y moldurado al interior y con un asa de cesta al exterior (Figura 4.18).

La cerámica de cocina está compuesta por ollas de diversos tipos: bordes exvasados simples (Figura 4.19); borde exvasado y convexo formando un escalón al interior (Figura 4.20), cuya cronología abarca todo el siglo I d.C.; y olla de borde engrosado (Figura 4.21). Estas piezas han sido fabricadas en un horno con cocción reductora, lo que les da una coloración gris, usando arcillas locales a las que se les ha añadido mica. No suelen llevar además ningún tipo de tratamiento. El grupo de las cazuelas está formado por una pieza fabricada también en arcilla local, con cocción reductora y de color gris, cuyo tipo, de borde engrosado de sección ovalada y pared con carena (Figura 4.22), es muy frecuente en los contextos del Guadalquivir durante el siglo I d.C. En pasta local de cocina gris hay también una tapadera, con borde ligeramente exvasado y de formato pequeño.

La cerámica de almacenamiento está representada por una única orza, de borde exvasado y engrosado al exterior y con un pequeño escalón al interior para el asiento de la tapadera. Por último, incluimos aquí una serie de tapaderas de ánfora, compuestas en su totalidad, y a diferencia de las de fases anteriores, por un borde simple, redondeado e indiferenciado (Figura 4.23), que se mantendrá prácticamete igual durante todo el alto imperio.

2.2.3. Cerámica de mesa en sigillata itálica y sus imitaciones

En esta fase la cerámica de barniz negro Campaniense aunque se encuentra representada es escasa y residual, siendo significativa la presencia de sigillata itálica con acabado en rojo (Ettlinger *et al.* 1990). Sin embargo las producciones de *terra sigillata* itálica negra están presentes en este contexto con la forma Conspectus 1. Con acabados en rojo (Figura 5.1 a 5.6) se documentan las formas plato Conspectus 1 (Figura 5.1), en sus variantes 1.1.1, y 1.1.3 de época tempranoaugustea. Otro de los tipos antiguos documentados en el registro, son los platos Conspectus 4 (Figura 5.2), con la variante Consp. 4.2.1, así como ejemplares de la variante, algo más reciente, Consp. 4.3.1. El resto de las formas documentadas se corresponden con tipos principalmente de fines del último cuarto del I a.C.- inicios del primer cuarto del I d.C., identificándose formas que se prolongan hasta mediados-fines del primer cuarto del s. I d.C. En concreto se registran los tipos Conspectus 12 (Figura 5.3) variantes 12.1 y 12.5; Conspectus 18 (Figura 5.4) variantes 18.1 y 18.2; Conspectus 20 (Figura 5.5) variantes 20.3.2; y Conspectus 22.5.2 del primer cuarto del s. I d.C., así como una marca de alfarero cuadrangular SIMO / SCRO Junto a estos materiales se registran algunos fragmentos pertenecientes a formas decoradas. Es el caso de un borde R.10.2.1 *similis* probablemente tiberiano, y de un galbo probablemente de una forma R2 con decoración indefinida a molde.

Se documenta la presencia en algunos de los estratos de esta fase de producciones de barniz rojo asimilables a las imitaciones de cerámicas foráneas englobadas bajo el término Tipo Peñaflor o *sigillata* precoz (Amores y Keay 1999), es escasa.

2.2.4. Las ánforas

El repertorio anfórico es menos abundante, complejo y articulado que el de las fases anteriores, lo que parece lógico con el estado relativamente simplificado de las tipologías tempranoimperiales con respecto a las tardorrepublicnas.

Las ánforas itálicas del versante tirrénico están presentes con la frma Dressel 1 itálica con algunos fragmentos residuales. Más significativas son las producciones del valle del Guadalquivir con un fragmento quizá residual de Pellicer D de borde indiferenciado de la pared del recipiente (Figura 5.7). Entre las producciones béticas de tipología romana destaca un fragmento de cuello con parte del borde y de un asa de una Haltern 70 (Figura 5.8), así como uno de borde de Oberaden 83 (Figura 5.9), ambos en pastas del Guadalquivir. Procedentes de la bahía gaditana se documenta probablemente residual

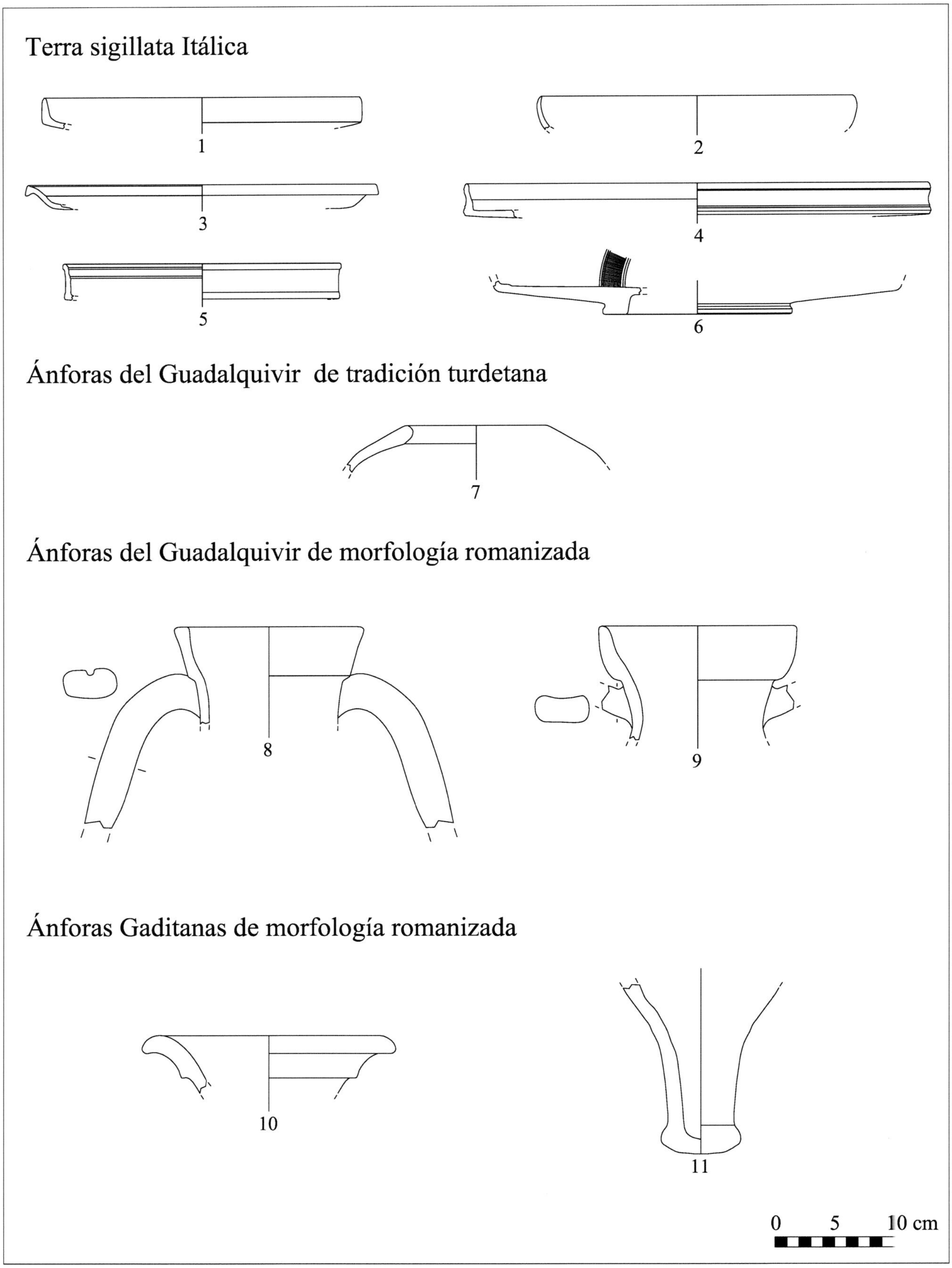

FIGURA 5. FASE 3 IMPERIAL I (PATIO DE BANDERAS, SEVILLA)

un borde de 7.4.3.3. (Ramón 1995), mientras que las de tipología romana están representadas por bordes y pivotes de Dressel 7-11 (Figura 5.10 y 5.11) con pastas amarillas depuradas con desgrasantes de cuarzo y hematites (García 1998). De importación insular se documenta de talleres ibicencos un fragmento de PE 25 con la característica pasta beige muy depurada y con inclusiones micáceas puede considerarse una importación ibicenca de época tempranoimeprial; mientras que de procedencia africana se registra un fragmento de asa de sección circular, con superficie blanquecina y pasta roja con cuarzo eólico e inclusiones blancas redondeadas y rojas alargadas muy dispersas responde a las características macroscópicas de las producciones antiguas de la Tripolitania.

2.3. Las producciones cerámicas en la facies Imperial II (c. 60-90 d.C.)

2.3.1. Cerámica común local

En esta fase, se observa ya la completa implantación de una tipología de cerámicas comunes plenamente romanas, diversificándose a su vez las producciones, que formarán parte del repertorio habitual de época imperial. Podemos diferenciar en este periodo también la presencia de algunas importaciones, especialmente de cerámicas de cocina, aunque en menor cantidad que en momentos anteriores, ya que este periodo se sitúa entre las últimas importaciones de cocina itálica y las primeras de cerámicas de cocina africana. En cuanto a las producciones comunes locales, se ha registrado un amplio abanico de formas, algunas de ellas conocidas desde época augustea y otras que comienzan a fabricarse a partir de mediados del siglo I d.C. Frente a estas producciones, la fabricación de cerámicas de tradición turdetana ha cesado completamente y los ejemplares documentados en este periodo deben ser considerados de carácter residual.

Al igual que en el periodo anterior, la cerámica común de mesa está formada por un abundante conjunto de jarros y jarras, que se ha diversificado aún más. Así, entre los primeros podemos identificar jarros con bordes moldurados, jarros con bordes engrosados, y jarros de borde exvasado (Figura 6.1 a 6.4), ya documentados en la Encarnación en contextos del siglo I d.C. (Amores et alli 2007); jarros de borde exvasado que se están produciendo en el alfar del Parlamento desde mediados del siglo I d.C. (Huarte 2003) y en los alfares malagueños (Serrano Ramos 2000: 101). Además, se han documentado jarros con cuello moldurado (Figura 6.5), los cuales al igual que los anteriores se están produciendo en el alfar del Parlamento desde mediados del siglo I d.C. y se registraron en La Encarnación en contextos fechados a partir de ese periodo (Amores et alli 2007). A ellos se suman los jarros con borde exvasado y pestaña al interior (Figura 6.6), forma similar a las aparecidas en contextos de mediados del I d.C. en adelante en La Encarnación o de los alfares malagueños (Amores et alli 2007; Serrano Ramos 2000: 101 y 128); los jarros con borde biselado (Figura 6.7) y jarros trilobulados (Figura 6.8). Estos últimos, realizados en pastas de color gris o negro, son imitaciones de las importaciones de jarros narbonenses elaborados con arcilla caolinítica, que llegan al suroeste de la península a partir del primer tercio o mediados del I d.C.

Las jarras presentan igualmente una gran variedad de formas, entre las que se han documentado jarras con bordes engrosados (Figura 6.9), jarras con bordes exvasados (Figura 6.10), jarras con bordes moldurados (Figura 6.11), jarras con borde acanalado (Figura 6.12), jarras con pestaña al interior del borde (Figura 6.13), que se conocen desde época augustea y la jarra tipo VI (Figura 6.14), del Parlamento de Andalucía (Huarte 2003). Esta última se produce también en el alfar del Parlamento y se pueden relacionar con las formas de pared fina de los tipos Ricci I y Mayet III A (Huarte 2003: 222). En cuanto al desarrollo del cuerpo de jarros y jarras, se documentan principalmente tres formas: piriforme (Figura 6.15), globular y cuadrangular, mostrando en ocasiones decoración a base de una o dos acanaladuras en la parte superior del cuerpo. Igualmente, a veces puedes presentar un colador en el cuello.

El resto de cerámicas de mesa, platos y cuencos, es mucho menos abundante y responde a formas generalmente simples. Los platos están representados por tipos habituales y de cronologías amplias como los de borde indiferenciado (Figura 6.16) y por otros decorados principalmente a base de pellizcado o digitaciones en el borde (Figura 6.17). Los cuencos pueden ser divididos en dos grandes grupos: los de pequeño formato y otros de gran tamaño que llevan asas. El conjunto de cuencos de pequeño formato está compuesto por los siempre presentes cuencos hemisféricos (Figura 6.18 y 6.19), y por otras tipologías, cuencos carenados (Figura 6.20), menos abundantes pero también producidos durante el siglo I d.C. Los cuencos, o fuentes, de gran tamaño se conocen desde el siglo I d.C. hasta, al menos, el III d.C., como atestiguan las cerámicas documentadas en el Alfar del Cortijo del Río (Marchena), en Sevilla (García *et al.* 2013) o en Málaga. Los documentados para este momento no son muy abundantes, estando presente uno de borde indiferenciado con asa de lazo (Figura 6.21), aunque éste no es el tipo más habitual y otros dos de borde engrosado al interior con asa de cesta (Figura 6.22). En cuanto a las arcillas usadas para este grupo de las cerámicas de mesa, las más frecuentes son las arcillas calcáreas del Guadalquivir, con desgrasantes de tamaño pequeño o medio, que adoptan tonos que van desde el beige al verdoso. En ocasiones las piezas presentan pastas cuyo origen debe situarse en la costa bética. El tratamiento, cuando lo hay, suele ser un engobe en tono amarillento.

Frente a estas producciones se producen morteros y lebrillos, aunque en este caso los desgrasantes serán de gran tamaño y las pastas menos depuradas. Los morteros registrados en esta fase son escasos, pero recogen las formas que se conocen para otros contextos sevillanos de la misma época. Así, se ha identificado un mortero con "cabeza de martillo" (Figura 6.23 y 6.24), interior estriado y ya sin el baquetón exterior. Se trata del mismo tipo que

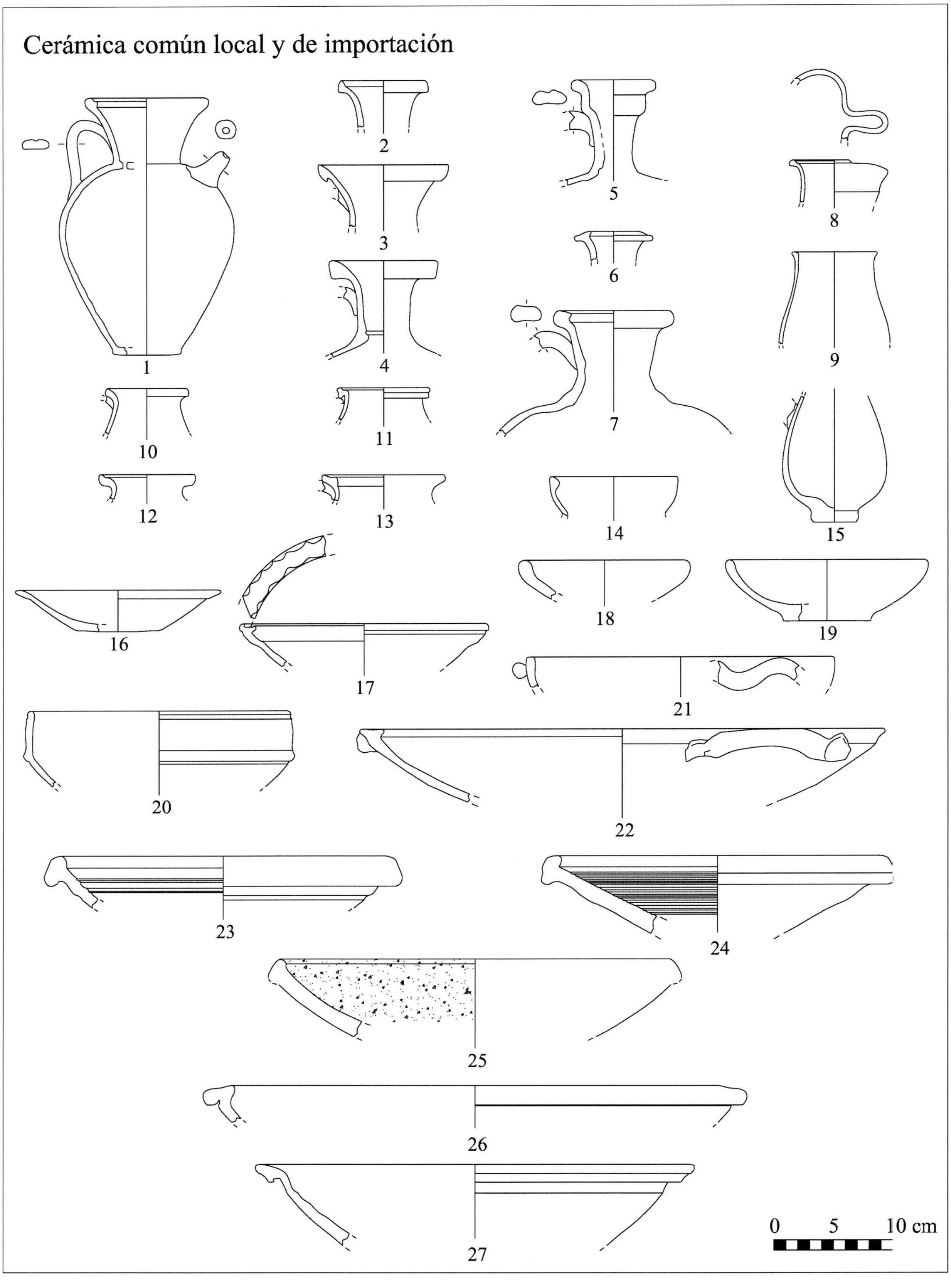

FIGURA 6. FASE 4 IMPERIAL II (PATIO DE BANDERAS, SEVILLA)

los producidos en el alfar del Parlamento (Huarte Cambra 2003:231). Menos habitual es la presencia de un mortero con "cabeza de martillo" con pequeñas piedrecitas incrustadas en la cara interna de la pared (Figura 6.25) al modo de los morteros itálicos. Los lebrillos son más abundantes que los morteros en esta fase. Se han registrado diversos tipos, como los lebrillos con borde plegado (Figura 6.26), en ocasiones con una pequeña carena bajo éste, detalle heredado posiblemente de los lebrillos tardorrepublicanos. Este tipo se documentado también en La Encarnación en contextos del siglo I d.C. También se constata la presencia de otros tipos, como un lebrillo con borde engrosado y ligeramente caido al exterior (Figura 6.27), muy parecido a los producidos en el alfar del Parlamento desde mediados del I d.C. (Huarte Cambra 2003: 232), un lebrillo de borde vertical y ligeramente engrosado (Figura 7.1) y lebrillos con borde exvasado y acanalado con borde decorado con digitaciones y bajo ésta asas de cesta (Figura 7.2).

Dentro del grupo de las cerámicas de cocina se incluyen ollas, cazuelas, sartenes y tapaderas. De todas estas formas, la más abundante es la olla. Junto a los tradicionales tipos de bordes exvasados e indiferenciados (Figura 7.3) y de bordes convexos (Figura 7.4) se han registrado otros tipos nuevos, que también aparecen en los contextos sevillanos de la época, como son las ollas de pared entrante y borde plegado al exterior (Figura 7.5), o las ollas con bordes horizontales (Figura 7.6), cuyo prototipo parece encontrarse en Italia en la forma Olcese Tav. II tipo 2a (Olcese 2003: Tav. II), fechado entre época Augustea y flavia. Habría que añadir aquí otros tipos de ollas como las que presentan el borde escalonado al interior (Figura 7.7), algo engrosado (Figura 7.8) o moldurado al exterior (Figura 7.9). Mención especial merecen unas pequeñas ollas de paredes muy finas que imitan formas itálicas (Figura 7.10), y las ollas con bordes engrosado al interior y al exterior (Figura 7.11), que se documentan durante el siglo I d.C. en diversos puntos de la Bética.

Las cazuelas se engloban básicamente en dos tipos. Una de las más frecuentes es la cazuela de borde escalonado (Figura 7.12), evolución local del tipo Vegas 14 (Vegas 1973), producida durante el siglo I d.C., no extendiéndose más allá de época flavia. Junto a ella se encuentra la cazuela de borde engrosado y ovalado (Figura 7.13), documentada tanto en La Encarnación como en el alfar del Parlamento a partir de mediados del siglo I d.C. Otro tipo menos frecuentes son las cazuelas con borde exvasado y ligeramente caído (Figura 7.14). Ollas y cazuelas están realizadas en pastas locales similares: grises o negras, en ocasiones marrón oscuro, con desgrasante de tamaño grande o mediano y muy abundante. Es característica además la mica en superficie. Rara vez presentan tratamiento y suelen aparecer marcas de fuego al exterior.

Las tapaderas presentan prácticamente un único tipo, de borde indiferenciado (Figura 7.15). No todas las tapaderas están realizadas en pastas de color negro, marrón o gris. En algunas ocasiones se ejecutan en arcillas calcáreas del Valle del Guadalquivir y en cocciones oxidantes, dando lugar a tonalidades que van del beige al amarillento y verdoso. Existe además un pequeño conjunto de piezas que han sido identificadas como sartenes (Figura 7.16) que presentan arcillas del tipo Guadalquivir, de color beige o marrón.

Dentro de la cerámica de almacenamiento hemos diferenciado orzas y dolia. Las orzas documentadas presentan una morfología muy simple, que se repite a lo largo de todo el periodo romano. Se trata de orzas con bordes engrosados (Figura 7.17), exvasados (Figura 7.18), moldurados (Figura 7.19), o acanalados (Figura 7.20). Respecto a los *dolia*, sólo se han registrado dos en esta fase, de borde engrosado ambos (Figura 7.21). Incluimos aquí además una serie de tapaderas de gran tamaño, destinadas probablemente a cubrir los *dolia*, que suelen estar decoradas con digitaciones en el borde (Figura 7.22). Las pastas de estas producciones son del Valle del Guadalquivir, con desgrasante grande o medio y muy abundante. El color de éstas suele variar del beige al amarillento. Otras producciones que no se enmarcan dentro de ninguno de los grandes grupos anteriormente descritos son una ampolla (Figura 7.23), una pequeña ollita de juguete (Figura 7.24) y varias tapaderas de ánfora del mismo tipo que en la fase anterior (Figura 7.25).

2.3.2. Cerámica de cocina de importación

Respecto a las cerámicas de importación itálica, se registran las últimas producciones de barniz rojo pompeyano, en la forma de la fuente Luni 5 (Figura 8.1 a 8.3), documentada desde época de Augusto hasta finales del siglo I d.C. (Aguarod Otal 1991: 77). Se trata de la producción de rojo pompeyano más abundante en el Valle del Guadalquivir y está producida en la pasta refractaria habitual de la zona del Vesubio, de color marrón y con inclusiones negras brillantes. Presentan barniz de color rojizo al interior y en ocasiones al exterior en el borde. Pueden estar decorados además con líneas concéntricas en el fondo.

También de origen itálico es un plato de borde bífido (Figura 8.4) del tipo Vegas 14 (Vegas 1973), cuya producción abarca desde contextos tardorrepublicanos, hasta el siglo I d.C., y las tapaderas Celsa 80.7056 (Figura 8.5) y 80.8145 (Figura 8.6), presentes en contextos sevillanos hasta fines del siglo I d.C. (Sánchez 1995: 263). A estas formas se suman dos ollas de bordes plegados del tipo Luni 31 (Figura 8.7), habituales en contextos del siglo I d.C. igualmente. Se trata de producciones que en muchos casos presentan las mismas pastas que los platos de barniz rojo pompeyano, como ocurre con las tapaderas, aunque en este caso, en lugar del barniz, llevan un engobe marrón o un ahumado en el borde.

Las cerámicas africanas de cocina, aunque escasas, están presentes en este contexto perteneciendo probablemente a los momentos finales de la fase Imperial II. Se corresponden con la tapadera Hayes 196 (Figura 8.8), la cazuela Hayes 23A (Figura 8.9) y la cazuela Cazuela Hayes 197 (Figura 8.10). Se trata de formas producidas en un amplio periodo

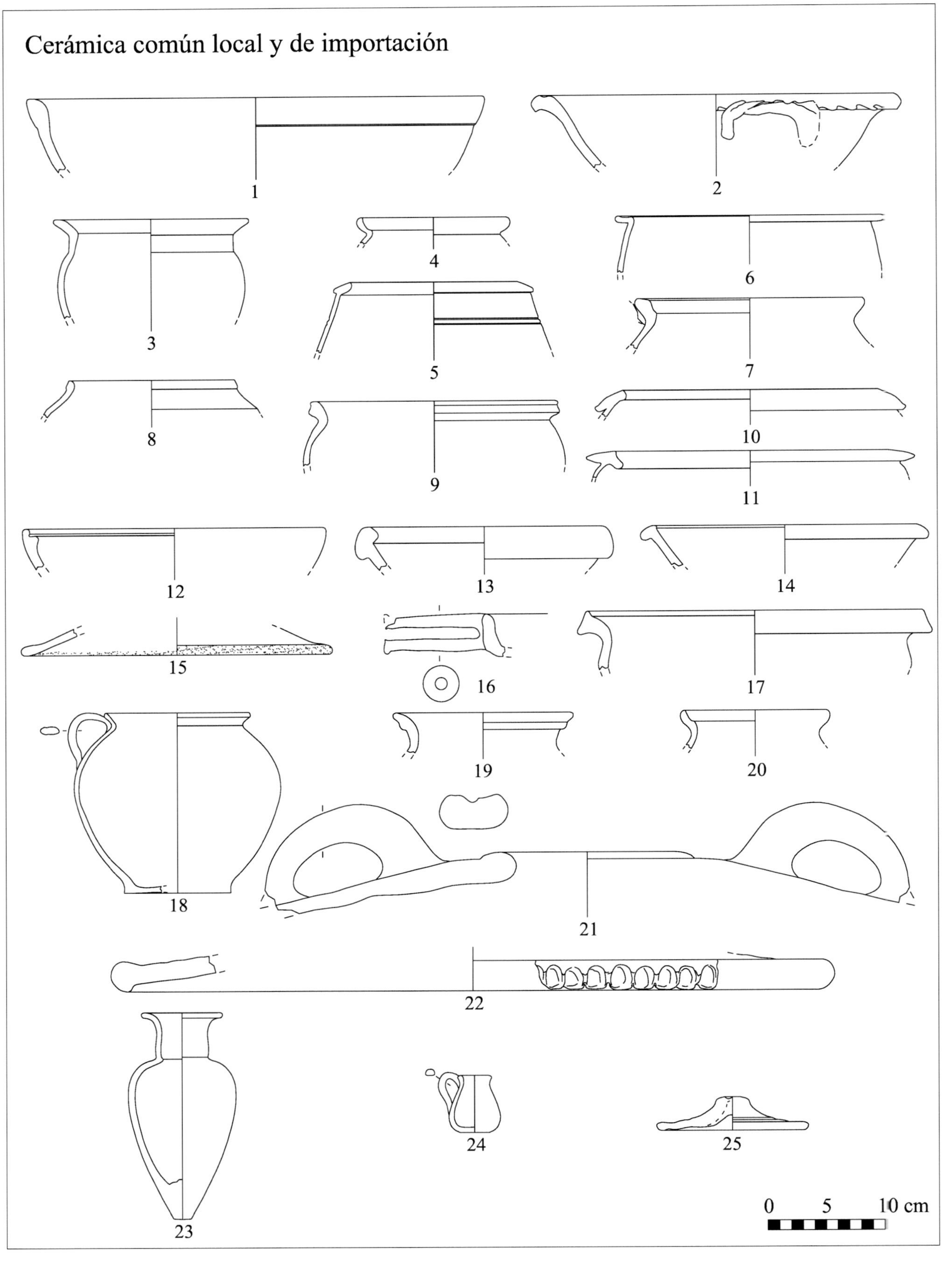

FIGURA 7. FASE 4 IMPERIAL II (PATIO DE BANDERAS, SEVILLA)

de tiempo, entre fines del I y el V d.C. A ellas se suma la cazuela Ostia II, 303 (Figura 8.11), forma escasamente difundida en la península Ibérica y fechada entre Tiberio y mediados del siglo II d.C.

2.3.3 Cerámica de mesa en sigillata *gálica, hispánica y africana*

En este contexto cerámico las importaciones de *sigillata* gálica (Passelac y Vernhet 1993) son mayoritarias frente a otro tipo de producciones de *sigillata*, caso de las itálicas, aún presentes aunque residuales, y de las hispánicas y africanas. El repertorio documentado es amplio estando formado por servicios de mesa con representación de copas, platos y cuencos decorados. Los tipos principales son las copas la Drag. 24/25 con decoración a ruedecilla (Figura 8.12 y 8.13), presentando una de ellas parte de una marca de alfarero, y otros dos sellos de difícil lectura. Esta forma datada en su producción desde época julio-claudia en adelante, es mayoritaria frente a la forma Drag. 27 (Figura 8.14) que se encuentra muy escasamente representada en esta fase si la comparamos con la fase anterior, o con el propio tipo Drag. 24/25. Esta diferente cuantificación entre las copas Drag. 24/25 y Drag. 27 también la encontramos en los platos Drag. 18 y Drag. 15/17. En este segundo caso se llegan a identificar diecisiete platos Drag. 18 (Figura 8.15) mostrando dos de ellos marca de alfarero, mientras que del plato Drag. 15/17 (Figura 8.16) solamente presentamos dos ejemplares hallados en las unidades estratigráficas tratadas en este apartado. Esta diferencia tan amplia entre estos cuatro tipos podría reflejar un cambio del servicio Drag. 27-Drag. 15/17 por el servicio Drag. 24/25-Drag. 18. Esa prevalencia de los cuencos Drag. 24/25 hasta muy avanzado el siglo I d.C. – mientras que en otras zonas del imperio pasa a predominar el tipo Drag. 27 – se constata en diferentes contextos sevillanos, y parece dictado por la existencia en el sur hispano de gustos "itálicos" (Arnold 2015). Sin embargo, el predominio de los platos de tipo Drag. 18 (32 ejemplares) frente a los de tipo Drag. 15/17 (12 ejemplares), parece por su parte más conforme a la evolución de los repertorios constatada en el resto del mundo romano.

Otras formas bien documentadas son la copa Drag. 35 y el plato Drag. 36 ambos con decoración de hojas de agua a la barbotina. Estas formas típicamente flavias presentan una datación genérica que se encuadra entre el 60 d.C. aproximadamente y el primer cuarto del s. II d.C., identificándose la copa Drag. 35 con decoración de gotas de agua a la barbotina (Figura 8.17), así como seis fragmentos de Drag. 36 también con decoración a la barbotina (Figura 8.18). Con menor presencia en el registro estratigráfico se encuentran el plato Drag. 17 (Figura 8.19) con barniz en rojo, y la variante Drag. 17b (Figura 8.20) con barniz en marmorata; así como distintos fragmentos Indeterminados mostrando dos de ellos marca de alfarero. Con menor presencia en el registro estratigráfico se encuentran los cuencos de tipo Ritt. 8 y Ritt. 9, así como los platos Drag. 16 y Drag. 4/22 y las fuentes Drag. 15A, estos tres últimos con solamente un ejemplar documentado por tipo.

En el caso de las formas decoradas se documenta de manera mayoritaria la forma de cuenco Drag. 29B (Figura 8.21 a 8.23) que principalmente se pueden datar en momentos avanzados de la dinastía julio-claudia inicios de la flavia, seguida de la forma Drag. 37 presentando ambas una decoración principalmente vegetal y zoomorfa. La datación más reciente del material galo la aporta, al igual que ocurre con el servicio Drag. 35-36, los distintos fragmentos de cuenco decorado de la forma Drag. 37 (Figura 8.24) con decoración vegetal y zoomorfa según el caso. Es esta forma, unido al repertorio de sellos, la que permite datar la fase principalmente en momentos posteriores al 60 d.C. La presencia del tipo Drag. 3, junto con la aparición del servicio Drag. 35/36 y de dos piezas de tipo Knorr 78 y Hermet 9 – ambos datados de época flavia –permite datar la fase en momentos posteriores al 60 d.C. Asimismo, el repertorio de sellos hallados en estos niveles y en particular las marcas intradecorativas de *M. Crestio*, *C. Iulius Sabinus* y *Patricius* (Figura 9), podrían llevar a precisar la cronología del contexto en momentos finales de la época flavia, en torno a 70-80/90 d.C.

En sigillata hispánica principalmente de La Rioja (Roca 1976; Garabito 1978; Mezquiriz 1985), los tipos que se han podido identificar no son muy numerosos, estando básicamente presentes en la secuencia flavia el cuenco tipo 37 (Figura 8.25) con decoración de medallón con palmeta inscrita y círculos punteados, y el cuenco tipo 30 (Figura 8.26) con decoración de bastones y círculos entrelazados, y tipo 29 (Figura 8.27) con decoración de metopas y posible zoomorfo Menos numerosa es la copa 27 (Figura 8.28), la copa Ritt. 8 (Figura 8.29) y el plato 15/17.

Es en este contexto cuando comienzan a documentarse en la secuencia estratigráfica las primeras importaciones de mesa en sigillata africana A (Hayes 1972 y 1980; Carandini y tortorella 1981), aunque en escasa proporción, ya que será en la posterior facies Imperial III cuando se documenten como importaciones prioritarias. Los ejemplares son poco numerosos, principalmente la forma Hayes 3 B (Figura 8.30).

2.3.4. Las ánforas

Las ánforas béticas están muy bien representadas en este contexto. Del valle del Guadalquivir se documenta la forma olearia Dressel 20 con bordes con la cara exterior redondeada (Figura 10.1), sin la carena triangular que será característica desde época flavia, y el interior ligeramente cóncavo. Puede fecharse, por lo tanto, en época julio-claudia final (Claudio-Nerón). Igualmente se registra en estos contextos bordes de sección triangular y la arista exterior claramente marcada (Figura 10.2), tratándose de un ejemplar asignable con claridad ya a época flavia. El resto de los fragmentos de Dressel 20 ilustrados corresponden a pivotes, y asas. Las Haltern 70 están presentes en las formas clásicas (Figura 10.3), pero igualmente con un borde alto (Figura 10.4), característico de momentos julio-claudios tardíos y flavios, un pivote de sección cónica, alto y macizo rematado por una bola de arcilla, y dos asas

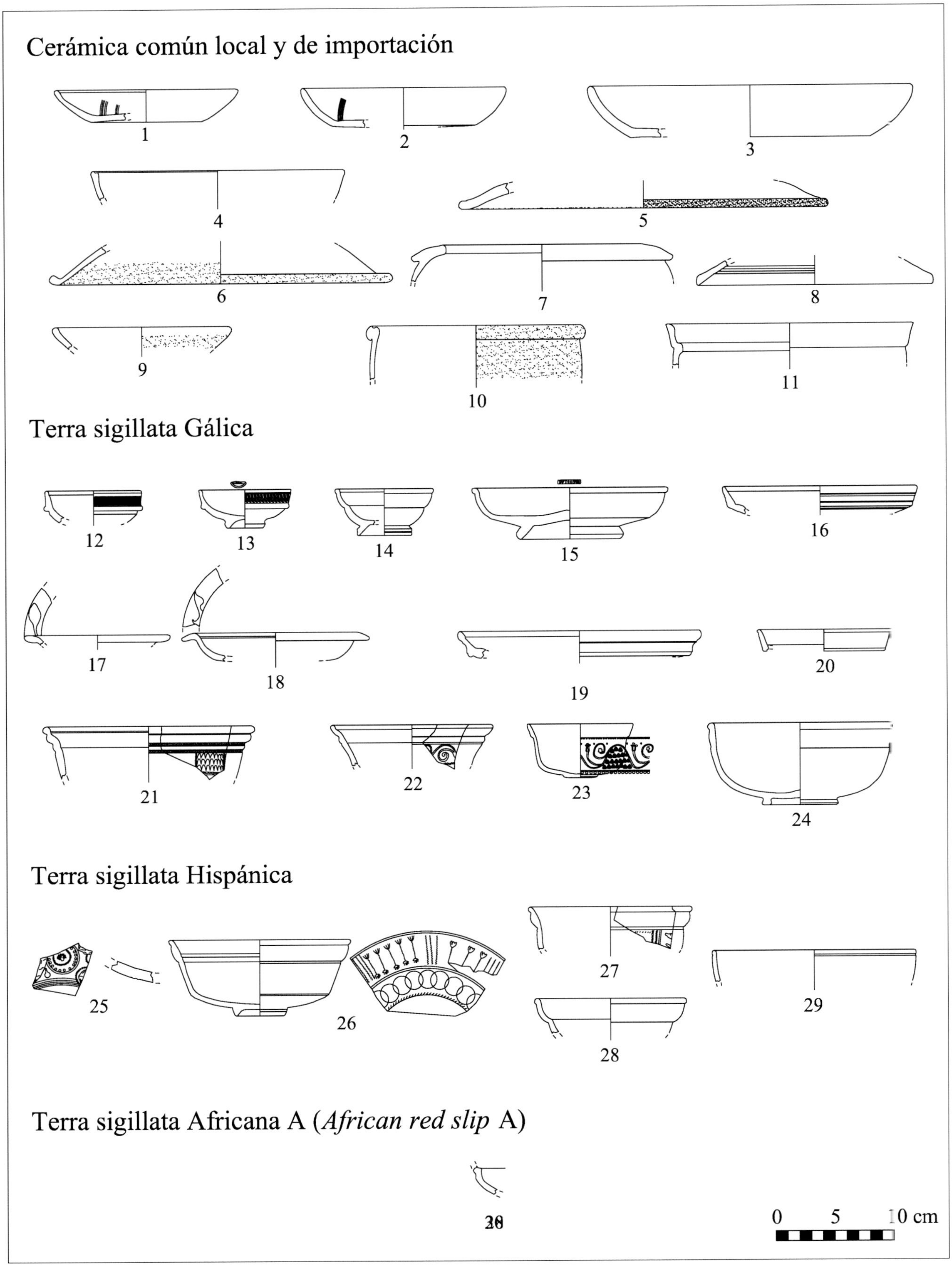

FIGURA 8. FASE 4 IMPERIAL II (PATIO DE BANDERAS, SEVILLA)

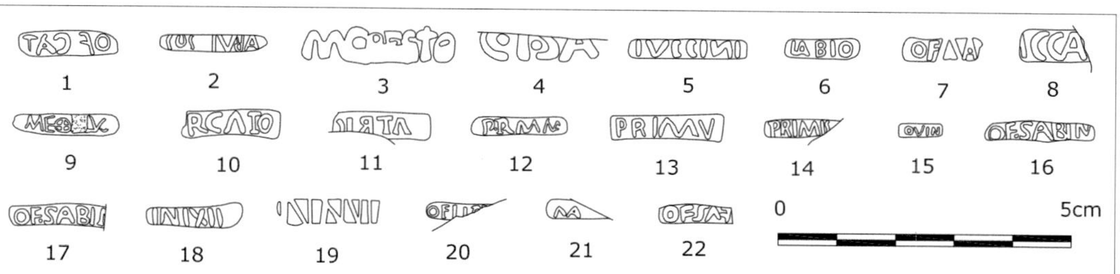

Nº	ALFARERO	GRAFÍA DEL SELLO	FORMA	POSICIÓN EN EL VASO	DATACIÓN
1	*¿Catus/Catlus?*	OF CAT (retrogrado)	Plato	Fondo interno	65-95 d.C.
2	*Cosius Urapus*	COS[O]IVRA	Drag. 27	Fondo interno	45-70 d.C.
3	*M. Crestio*	MCRESTO	Drag. 37	Infradecorativo	80-110 d.C.
4	*C. Iulius Sa(binus)*	C.I.SA	Drag. 37	Intradecorativo (2 ejemplares)	70-90 d.C.
5	*Iullinus*	IVLLINI	Drag. 18	Fondo interno	65-110 d.C.
6	*Labio*	LABIO	Ritt. 8	Fondo interno	45-75 d.C.
7	M-II	OF MA	Cuenco	Fondo interno	55-85 d.C.
8	*Maccarus*	[MA]CCA[RVSF]	Plato	Fondo interno	60-85 d.C.
9	*Meddillus*	MEDD[IL]LV[S]	Drag. 29	Fondo interno	55-80 d.C.
10	*Mercator*	RCATO	Cuenco (¿Drag. 27?)	Fondo interno	70-110 d.C.
11	*Patricius*	[P]ATRIC (retrogrado)	Drag. 37	Intradecorativo	65-90 d.C.
12	*Primus I*	P.RIMI MA	Cuenco (¿Drag. 27?)	Fondo interno	40-80 d.C.
13	*Primus II*	PRIMV	Drag. 27	Fondo interno	40-80 d.C.
14	*Primus-Scottius*	PRIMIS[CO]	Cuenco	Fondo interno	50/60-90/100 d.C.
15	*Quintanus*	QVIN	Drag. 27	Fondo interno	50-65 d.C.
16	*Sabinus II*	OF.SABIN	Drag. 15/17	Fondo interno	50-80 d.C.
17	*Sabinus II*	OF.SABI[N]	Drag. 15/17	Fondo interno	50-80 d.C.
18	Indeterminado	Anepigráfico	Drag. 27	Fondo interno	Indeterminada
19	Indeterminado	Anepigráfico	Drag. 29	Fondo interno	Indeterminada
20	Indeterminado	OF LI[...]	Drag. 27	Fondo interno	Indeterminada
21	Indeterminado	MA[...]	Drag. 29	Fondo interno	Indeterminada
22	Indeterminado	OF SA[...]	Drag. 24/25	Fondo interno	Indeterminada

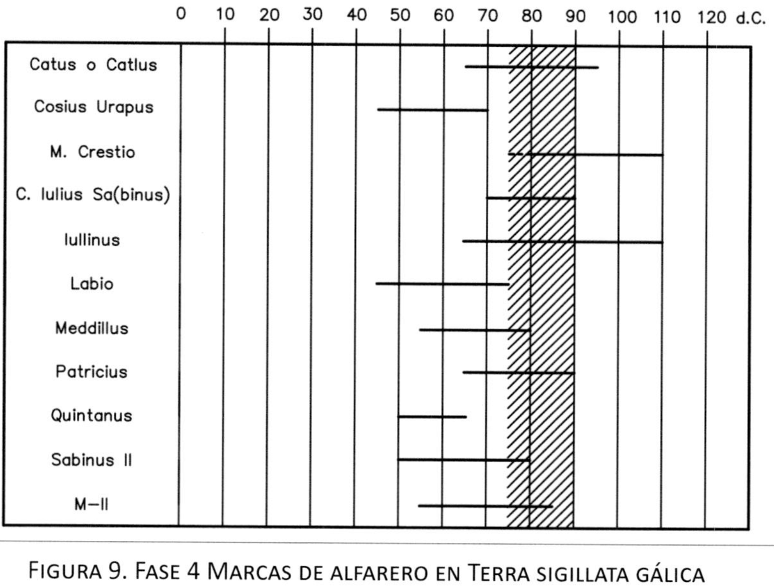

Figura 9. Fase 4 Marcas de alfarero en Terra sigillata gálica

con acanaladura dorsal marcada. Se trata de ejemplares característicos de las producciones de Haltern 70 del siglo I d.C. Otra de las formas béticas halladas en estos contextos es la Dressel 28 (Figura 10.5) con borde moldurado con apéndices superior e inferior proyectados hacia el exterior de la boca, que puede fecharse en los decenios centrales del siglo I d.C. Un borde recto y de sección cuadrada puede asignarse a Dressel 2-4 bética.

De la bahía gaditana se identifica el tipo Dressel 7-11 (García 1998). Los fragmentos predominantes en el Patio de Banderas presentan pastas características de la Bahía de Cádiz, si bien se trata de una "familia" anfórica cuya producción se realizó a lo largo de prácticamente toda la costa bética, atlántica y mediterránea. Se conserva un ejemplar bastante completo de tercio superior de una Dressel 7-11 tardía (Figura 10.6) que presenta las características propias de los ejemplares conocidos como Dressel 11, una forma terminal del grupo en "transición"

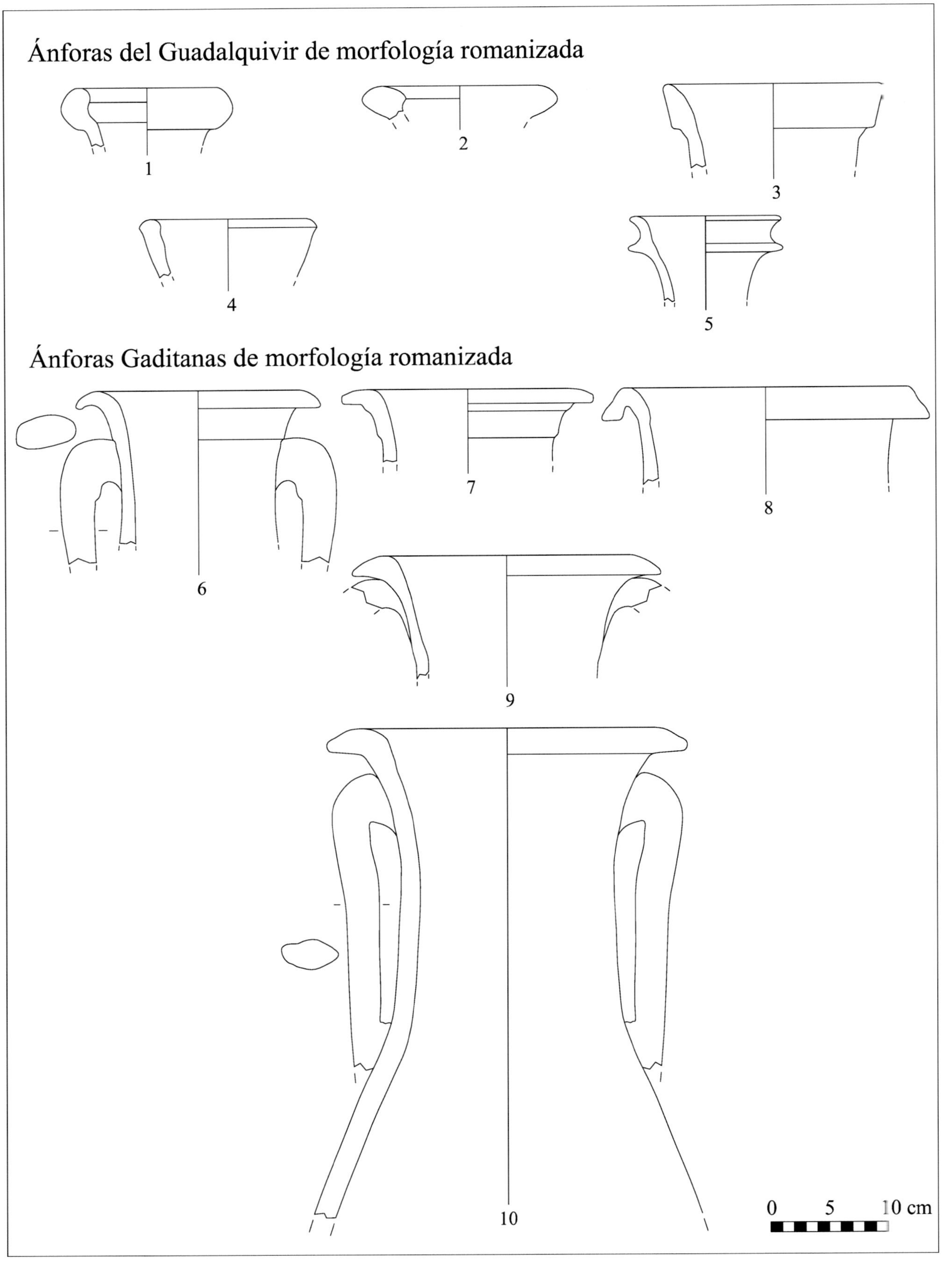

Figura 10. Imperial II (patio de Banderas, Sevilla)

hacia el grupo de las Beltrán II B. Las Dressel 11 se fechan entre época julio-claudia avanzada y época antonina temprana, siendo una forma característica de los contextos flavios del Mediterráneo occidental. Más próxima, en cambio, a las producciones julio-claudias finales o flavias de Dressel 9, se documenta un contenedor con el característico cuello corto (Figura 10.7). Las Beltrán II A (García 1998) se registran con un ejemplar de amplia boca y borde triangular caído que podríamos clasificar como Dressel II A variante B (Figura 10.8), es decir, como una variante de Beltrán II A propia del tercer cuarto del siglo I d.C. Las Beltrán II B (Figura 10.9 y 10.10), próximas morfológicamente a las anteriores, se caracterizan por una boca ancha y un borde caído de perfil triangular, un alto cuello troncocónico unido sin solución de continuidad a un cuerpo piriforme que se remata en alto pivote cilíndrico hueco. Es el tipo gaditano más frecuente en *Hispalis* (García Vargas 2007) y presenta escasa variabilidad morfológica a lo largo de la segunda mitad del siglo I y los primeros decenios del II d.C. Se observa, no obstante, la presencia de diversos estándares de capacidad, con una serie de ejemplares de boca amplia (20-22 cm) y cuerpo piriforme muy desarrollado, y otra (Beltrán IIB *parvae*) con bocas de menor diámetro (16-18 cm) y cuerpos más pequeños. Entre las primeras, un ejemplar de borde característico de la forma y una boca con borde y arranque de ambas asas. Entre las segundas, puede señalarse, ambos ejemplar de reducidas dimensiones y cuello relativamente corto de los que se conserva el tercio superior, un cuello sin asas conservadas de un ejemplar de tamaño muy reducido, incluso con respecto a las Beltrán II B *parvae*, que presenta un extraño estrangulamiento en la base del borde.

Procedentes de la zona lusitana del Tajo-Sado (Mayet *et al.* 1996) se documenta escasamente la forma Dressel 14 con pastas rojizas con abundantes desgrasantes cuarcíticos destacando un fragmento de borde.

Ya fuera del área peninsular ibérica se documentan producciones vinarias de la Galia Narbonense, región de Narbona, con la forma Gauloise 4 con un asa (Figura 11.1), y Gauloise 5 (Laubenheimer 1985) con asas menos desarrolladas, bordes rectos y exvasados con sección de tendencia rectangular y largos cuellos cilíndricos (Figura 11.2).

De la región del Vesubio procede un número exiguo de fragmentos de ánfora correspondientes a asas de ánforas del tipo Dressel 2-4 (Figura 11.3 y 11.4). Se trata de las características asas dobles de bastón con alto codo en la parte superior. De procedencia griega se identifica la forma Dressel 43 (Figura 11.5) en escaso número con pastas claras y depuradas que responden a la morfología propia de las ánforas cretenses que transportaron vino dulce a lo largo de los siglo I y II d.C. De las dos variantes señaladas por Panella (1986: 615) se documenta un fragmento de cuello y asa de la primera variante en la que el apéndice que prolonga el codo de las asas no sobrepasaría el plano del borde.

Hacen su presencia por primera vez en *Hispalis*, aunque aún en cantidades anecdóticas, las ánforas efesias que serán tan frecuentes en niveles tardoantiguos de la ciudad, concretamente se documenta ahora algún fragmento aislado de F 65/66.

2.4. Las producciones cerámicas en la Facies Imperial III (c. 200-225 d.C.)

2.4.1. Cerámica común local

En cuanto a las cerámicas comunes de producción local, dentro del grupo de las cerámicas de mesa, se observa la continuación de algunas formas documentadas ya en la fase anterior, como los jarros con borde moldurado (Figura 12.1), engrosado (Figura 12.2), exvasado (Figura 12.3) o de cuello moldurado (Figura 12.4). Así mismo se conocen ya en el periodo anterior las jarras del tipo VI (Figura 12.5) del Parlamento; los cuencos/fuente de gran formato que empiezan a documentarse con acanalado en su pared exterior (Figura 12.6); y los cuencos hemisféricos (Figura 12.7). Formas como jarras de borde engrosado (Figura 12.8) o cuencos carenados (Figura 12.9). Los lebrillos de esta fase muestran una clara tendencia a los tipos de borde exvasado en ocasiones horizontal (Figura 12.10), aunque aún se producen lebrillos con borde vuelto y una pequeña carena bajo (Figura 12.11). Estos lebrillos fabricados con arcillas calcáreas del Guadalquivir, presentan desgrasantes medios y grandes y tonalidades que van del beige al amarillento, siendo raros los tratamientos superficiales.

En cuanto a las cerámicas de cocina, predominan las ollas de borde moldurado (Figura 12.12), o exvasado (Figura 12.13), y se constatan algunas cazuelas de borde escalonado (Figura 12.14), que deben ser ya de carácter residual y un pomo de tapadera (Figura 12.15). Finalmente, entre las cerámicas de almacenamiento se han identificado varias orzas, una de ellas con el borde convexo (Figura 12.16), otra con pestaña al interior del borde (Figura 12.17) y una forma abierta con borde acanalado y pitorro (Figura 12.18).

2.4.2. Cerámica de cocina africana y sus imitaciones

Dentro del mundo de las importaciones, desaparecen en su totalidad las de origen itálico, dando paso a una importación a gran escala de cerámicas de cocina africanas. Tal es la aceptación de estas vajillas que éstas comenzarán a ser imitadas en los alfares locales, aunque la calidad no se iguale a las primeras. Los tipos que se documentan en esta fase son prácticamente los mismos que los de la fase anterior, aunque incluyendo alguna forma nueva: las cazuelas Lamb. 9 A (Figura 12.19), Hayes 23 A (Figura 12.20), Hayes 23 B (Figura 12.21), Hayes 197 (Figura 12.22), Raqqada 1973, Tav. LIII, D1 (Figura 12.23) y Ostia I, 270 (Figura 12.24). También se documenta las tapaderas Hayes 196 (Figura 12.25), Ostia I, 264 (Figura 12.26), así como pomos de tapadera africanas cuyo tipo no se puede identificar (Figura 12.27). En cuanto a las producciones locales que imitan las cerámicas de cocina africana, los tipos documentados son los siguientes: las cazuelas Hayes

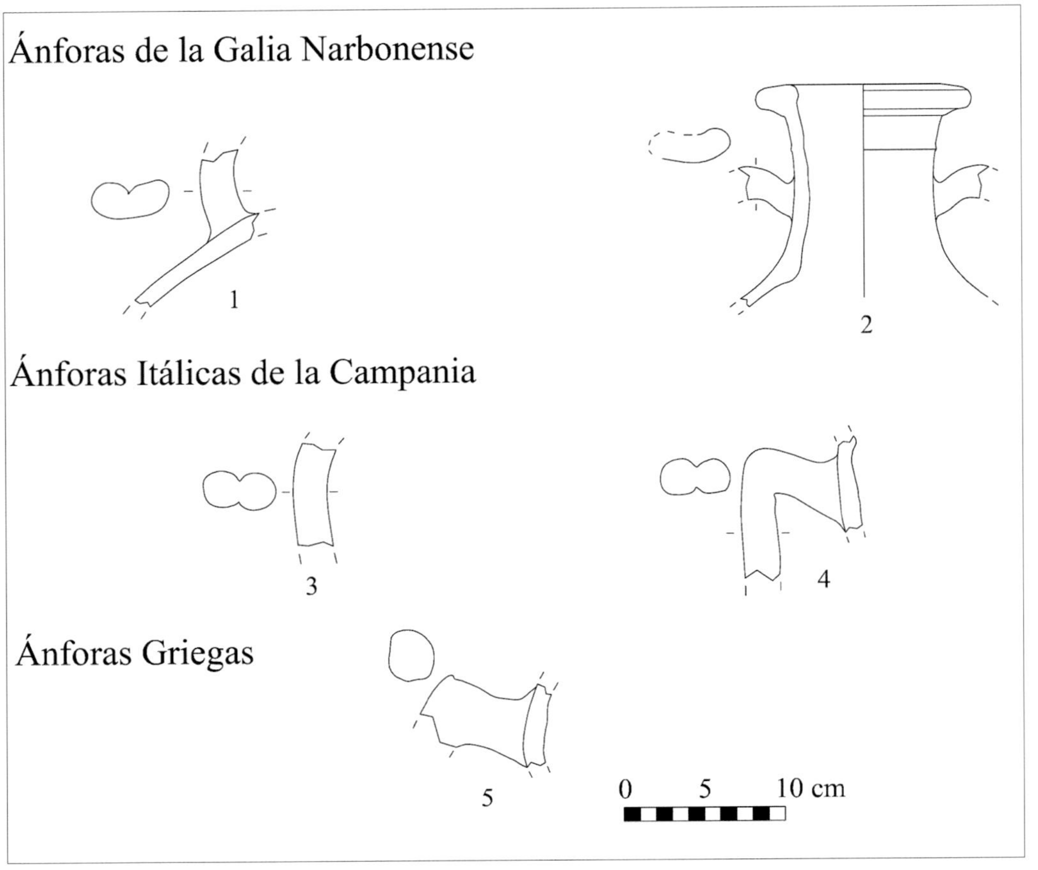

FIGURA 11. FASE 4 IMPERIAL II (PATIO DE BANDERAS, SEVILLA)

197 (Figura 12.28), Hayes 23 B (Figura 12.29), Lamb. 9 A (Figura 12.30), Ostia I, 270 (Figura 12.31) y una cazuela (Figura 12.32) que se asemeja a la forma Hayes 198. Las pastas de estas piezas son diferentes a las originales africanas, ya que contienen abundante mica en superficie y los colores que adoptan suelen ir de marrón al rojizo.

2.4.3. Cerámica de mesa en sigillata hispánica y africana

Las producciones en *terra sigillata* hispánica (Roca 1976; Garabito 1978; Mezquiriz 1985) son muy escasas en los contextos severianos que presentamos, aunque su presencia es significativa respecto de los datos arrojados para este grupo cerámico durante el estudio de las fases anteriores. De la visualización de las piezas se extrae que los productos del norte y centro de la península ibérica no están representados en los niveles severianos, estando presentes las manufacturas béticas del alto valle del Guadalquivir. Se documentan tres fragmentos de *terra sigillata* hispánica de la forma 37 (Figura 13.1 a 13.3) atribuibles al centro alfarero de Los Villares de Andújar (Jaén). Las decoraciones que presentan estos ejemplares son motivos de círculos separados, a modo de metopas, por bastones de ángulos o bifoliáceas, salvo en uno de los casos en el cual además de los ángulos se emplean líneas verticales compuestas por pequeñas circunferencias. Un cuarto ejemplar de la forma 37 de Los Villares de Andújar, del que se conserva la base y parte del cuerpo (Figura 13.4) conserva un esquema decorativo compuesto por círculos concéntricos con botón central. También procedentes de los mismos talleres se ha documentado un fragmento de borde de copa de la forma 27, así como dos bases de copa indeterminadas, mostrando el último caso un acabado exterior e interior en tonalidad marrón-rojizo.

En este contexto asistimos al predominio de las importaciones africanas para la mesa, estando muy presentes la sigillata africana A (Hayes 1972 y 1980; Carandini y tortorella 1981), y en menor medida la sigillata africana C (Hayes 1972 y 1980; Carandini y Sagui 1981) con muy escasos ejemplares que quizás pudieran considerarse como intrusiones. Las formas mejor documentadas hacen referencia principalmente a modelos inspirados en tipos de *sigillata* gala, estando también presentes tipos más tardíos en A2. De los ejemplares iniciales los mejor representados son la forma Hayes 3 B/C (Figura 13.5) en african red slip A1, dos bordes de la variante B (Figura 13.6) y un fragmento de la variante de plato forma Hayes 3 C (Figura 13.7) sin decoración de gotas de agua a la barbotina; así como la forma de cuenco Hayes 8 A con decoración de ruedecilla exterior (Figura 13.8). En lo que se refiere a tipos más recientes se identifican los cuencos/platos del tipo Hayes 14 (Figura 13.9), así como la forma Hayes 26 (Figura 13.10), y un fragmento de vaso tipo Hayes 136 con decoración de ruedecilla y barniz exclusivamente al exterior.

2.4.4. Las ánforas

Las ánforas béticas del valle del Guadalquivir (Figura 13.11 y 13.12) están presentes con formas Dressel 20 severianas, con bordes de sección triangular con carena marcada en la cara exterior, sus asas cortas y redondeadas de sección circular y sus pivotes reducidos de forma cónica. De igual procedencia se constatan Dressel 28 tardías (Figura 13.13)

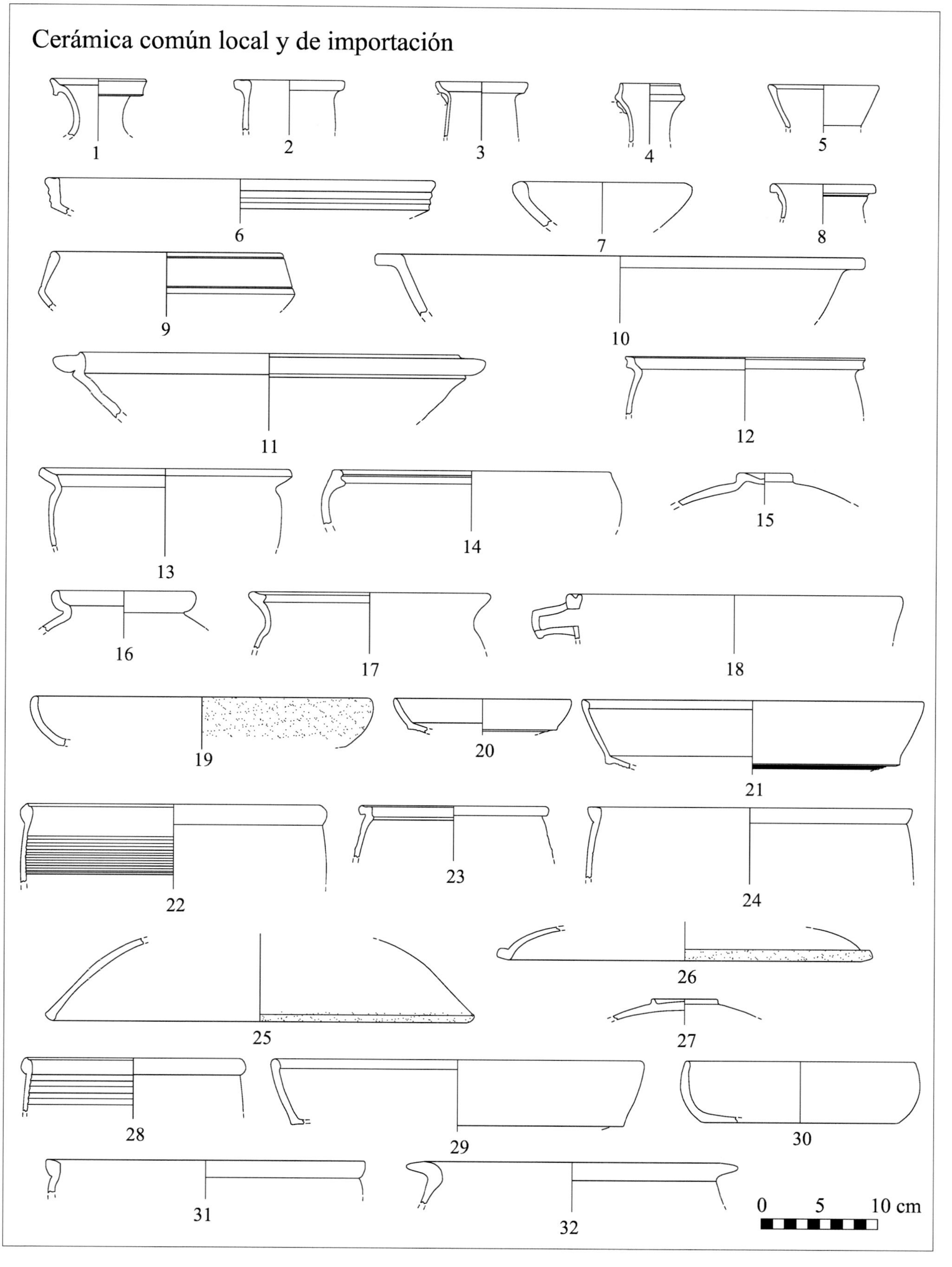

FIGURA 12. FASE 5 IMPERIAL III (PATIO DE BANDERAS, SEVILLA)

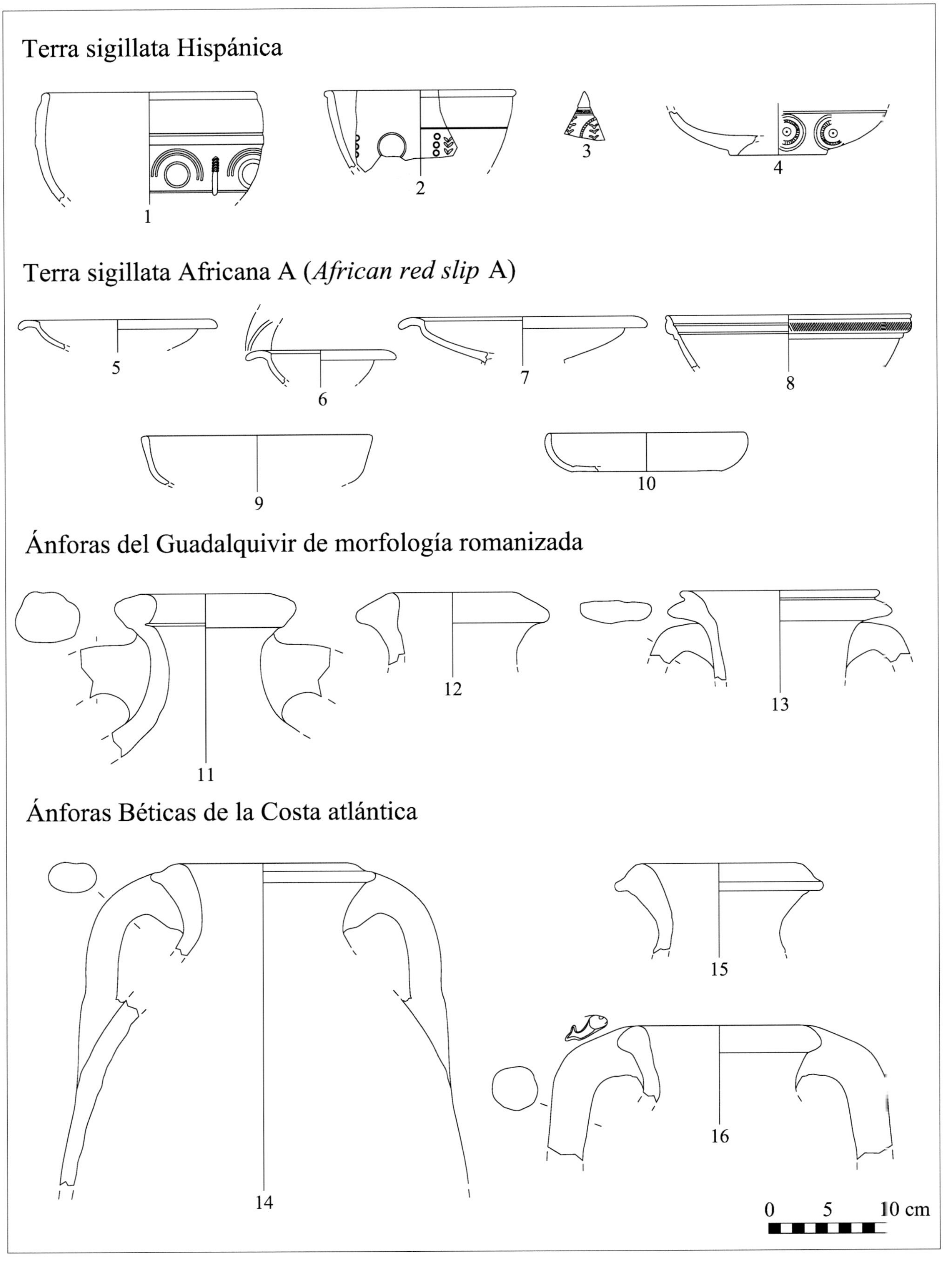

FIGURA 13. FASE 5 IMPERIAL III (PATIO DE BANDERAS, SEVILLA)

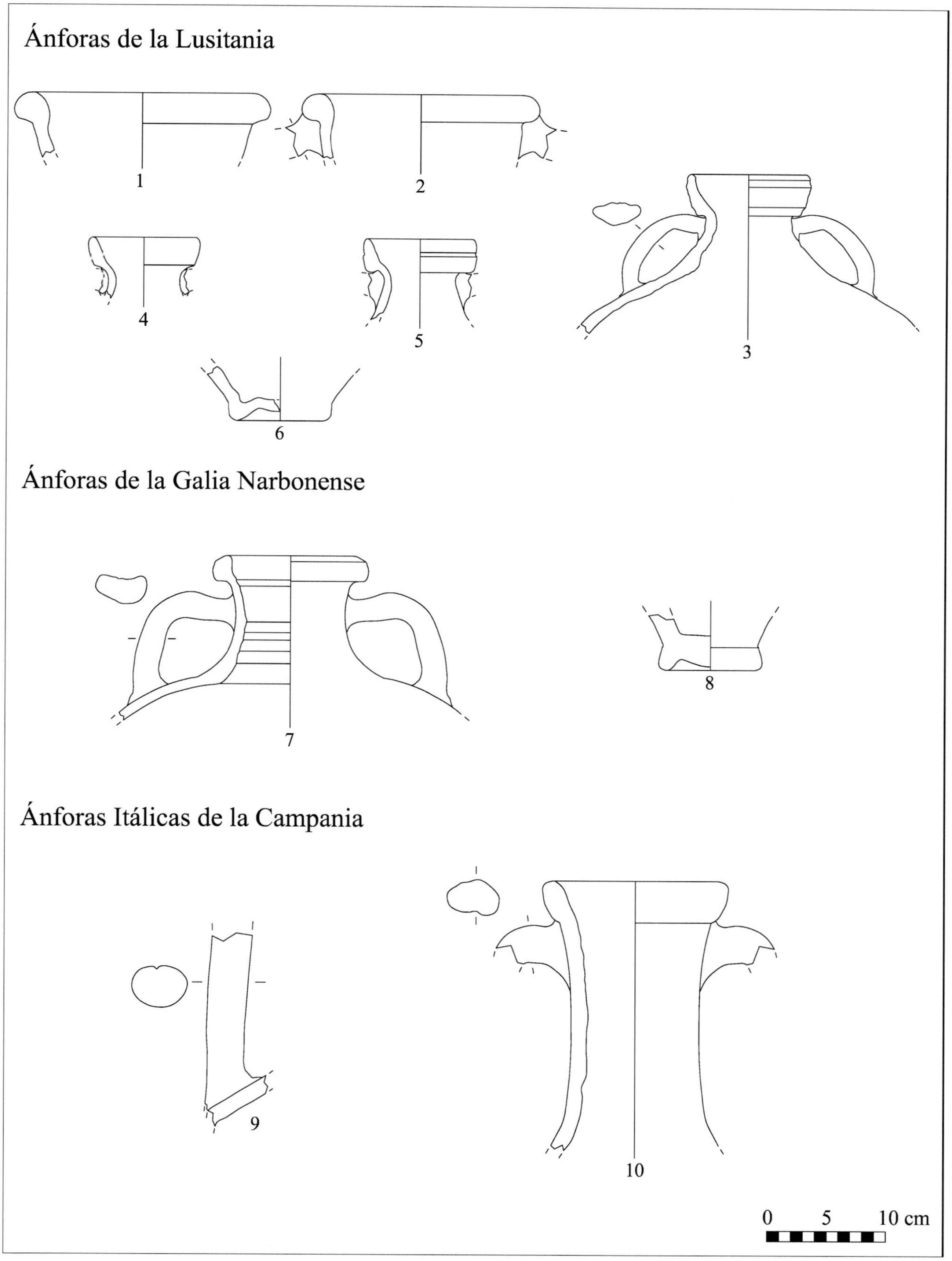

Figura 14. Fase 5 Imperial III (patio de Banderas, Sevilla)

de la segunda mitad del siglo II y primeros decenios del III d.C., que se caracterizan por unas bocas anchas con el característico estrangulamiento medial en la pared del borde que delimita dos apéndices proyectados hacia el exterior, el inferior ahora muy desarrollado, mientras que el superior se encuentra atrofiado con respecto al mismo elemento de los ejemplares más antiguos, consistiendo apenas en un resalte o cordón superior. Las asas arrancan por debajo del borde y presentan perfil oval con acanaladuras dorsales muy tenues y las pastas son blanquecinas y muy porosas.

De la costa atlántica se registran formas Keay XVI A (Keay 1984) con producciones béticas (Figura 13.14 a 13.16), una de ellas con marca en el asa en forma de pez (Figura 13.16). De la zona lusitana del Tajo-Sado (Mayet *et al.* 1996) se documentan producciones tardías de Dressel 14 (Figura 14.1 y 14.2) con las características pastas rojizas de la desembocadura de los ríos Tajo y Sado; así como la forma Lusitana 3 (Fabião 2008). Las Lusitanas 3 (Figura 14.3 y 14.6), son ubicuas en los contextos de esta fase que corresponde a la de amortización del edificio o edificios de *africanum* del Patio de Banderas, distinguiéndose tradiciones formales que incluyen bordes lisos al exterior, bordes con una o dos ranuras marcadas en la superficie externa y bordes con la cara externa muy moldurada, siendo los fondos de base anular.

Procedentes de fuera del área de la Península Ibérica se registran en este contexto ánforas de la Galia Narbonense (Figura 14.7 y 14.8) del tipo Gauloise 4 (Laubenheimer 1985). Éstas continúan, pues, recibiéndose en estos momentos en el puerto de Sevilla, donde llegan los ejemplares evolucionados que se caracterizan por bordes más masivos y de perfil menos curvo fondos más reducidos (8-10 cm de diámetro). De la península ibérica, área campana, se identifica la forma Dressel 2-4 tardía con asas Del área campana, se identifica la forma Dressel 2-4 tardía con asas geminadas y formas similares con asas de cinta incluidas en el tipo denominado "*Campanian almond rim type*" (Figura 14.9 y 14.10). De procedencia siciliana, se identifica el ánfora (Figura 15.1) Ágora M254 (Robinson 1959) MRA 1b variant (Riley 1979) u Ostia VI 71 caracterizado por un cuerpo globular con hombros carenados, un fondo plano, un cuello alto y cilíndrico, asas de sección circular y boca bitroncocónica con carena medial marcada (Bonifay 2004, 147-148). De procedencia africana y tripolitana son las ánforas Africana II (Figura 15.2) y Tripolitana II (Figura 15.3) con Gradino (Bonifay 2004).

Las importaciones orientales (Figura 15.4 a 15.7) están representadas ahora por ánforas egeas de la isal de Cos, efesias del tipo J46/47 y Kapitän II de pasta roja, y cilicias de la forma *Agora* G199 (*Pinchend-handle Amphora*).

3. Conclusiones

Los repertorios que presentamos en este trabajo constituyen un primer acercamiento al estudio contextual en diacronía de las cerámicas romanas de *Hispalis* entre los siglos I a.C. y III d.C., con especial atención a cuestiones arqueológicas complejas como la evolución en el tiempo de la composición del repertorio cerámico en el sector meridional de la ciudad antigua, la procedencia de las importaciones mediterráneas y la funcionalidad de los repertorios locales e importados en cada momento.

El conjunto documentado en la fase Republicana II es muy homogéneo desde el punto de vista tipo-cronológico y procede de los rellenos constructivos de una serie de edificios de almacenamiento ubicados en el área portuaria de la ciudad romana que se fechan en función de la cerámica entre 50-25 a.C. Las producciones que permiten concretar esta cronología son las ánforas, las cerámicas campanienses y sus imitaciones locales y las *sigillatas* de producción oriental A (Hayes 1985). Estos contextos se caracterian por un alto grado de pervivencia de las cerámicas de tradición turdetana y un predominio casi absoluto de las importaciones regionales (gaditanas) y, sobre todo, itálicas (ánforas y cerámica de mesa).

Durante la fase Imperial I las subidas puntuales de cota de los edificios republicanos están fechadas por un conjunto no muy abundante de materiales cuya tipología general remite ya a momentos imperiales tempranos entre el 20 a.C. y el 37 d.C. Las cerámicas que permiten establecer esta cronología son fundamentalmente las ánforas, y las sigilatas y comunes itálicas. En el contexto están presentes formas tempranas de platos en sigilatas negra y roja, pero también fragmentos de platos de tipología más avanzada. Se trata por tanto de un repertorio más avanzado en el tiempo que el de los contextos de fundación del edificio, pero aún dentro de la época imperial temprana augusteo-tiberiana.

Al contrario de lo que se supondría esperar, en la fase Imperial II datada entre el 60-90 d.C., la *sigillata* hispánica de la bética está escasamente representada, siendo predominante la gálica. Esta circunstancia podría corresponder con una escasa importación de importaciones hispánicas de mesa a la ciudad, con aspectos puntuales ligados a la dinámica estratigráfica local, o bien ser reflejo de que los talleres de Los Villares de Andújar (Jaén), aún no hubieran iniciado una ratio de comercialización amplia, siendo en época flavia una producción orientada a un mercado regional y no a la exportación masiva. Las producciones de *sigillata* hispánica septentrional, generalmente riojana, en activo en estos momentos en lo que se refiere a su exportación a centros receptores lejanos como Mérida o Itálica, están presentes en el registro aunque en escasa proporción respecto de las importaciones galas. Igualmente en esta fase se asiste a la llegada de las primeras importaciones africanas de mesa y de cocina y se documenta un cambio importante en las líneas lejanas de abastecimiento anfórico, dominado ahora por las importaciones vinarias galas y en el que hacen aparición por primera vez las producciones orientales (rodias y efesias).

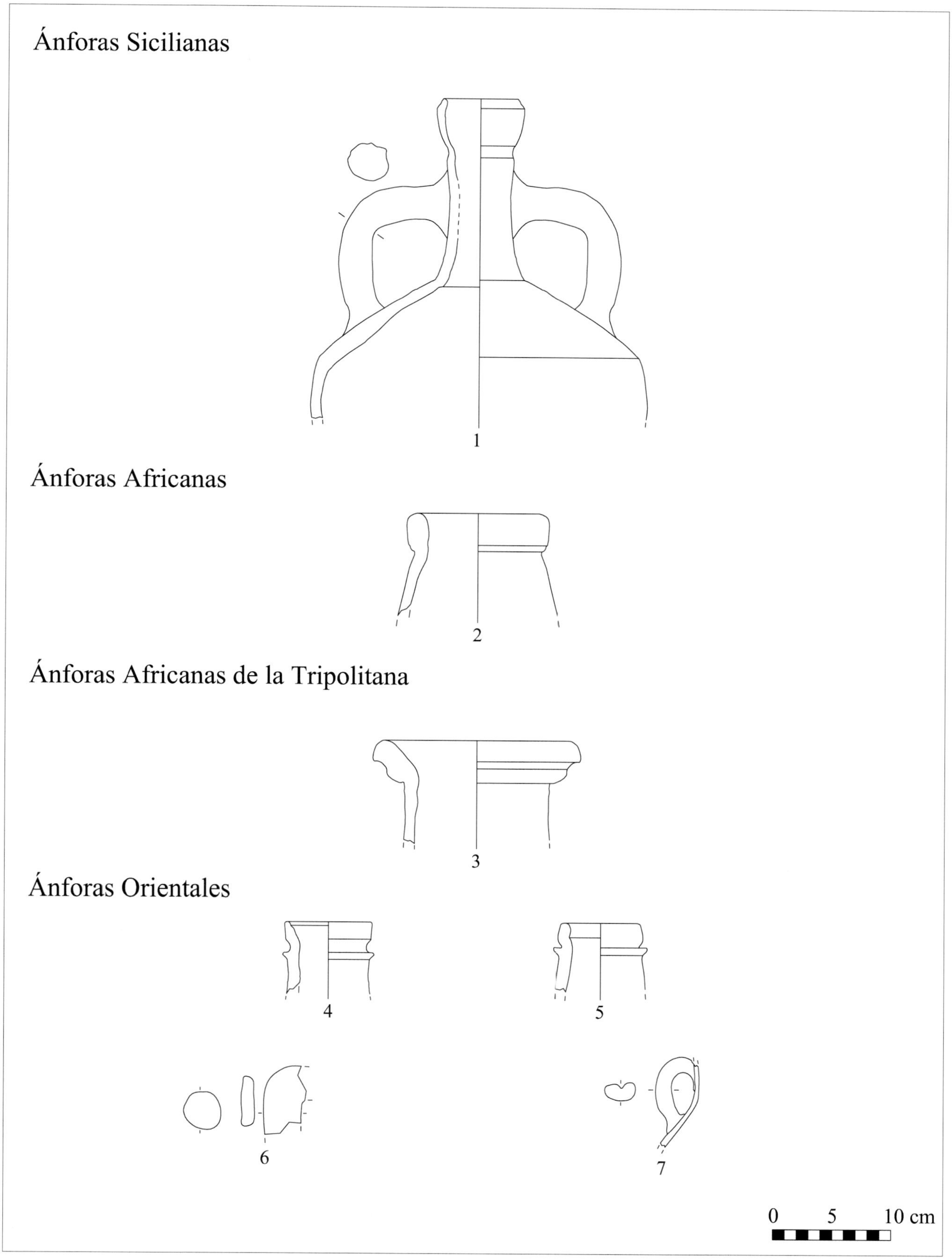

Figura 15. Fase 5 Imperial III (patio de Banderas, Sevilla)

La fase Imperial III, 200-225 d.C., supone el abandono y amortización de los edificios a los cuales pertenecen los contextos cerámicos presentados en este trabajo. Corresponden a los contenidos en los derrumbes de éstas estructuras, por lo que fechan el momento de colapso de las mismas, a techo de las fases de actividad portuaria imperial, y sellan los paquetes estratigráficos, constructivos y sedimentarios, que se relacionan con los edificios que en origen son tardorrepublicanos, pero que se mantuvieron en servicio a lo largo de durante unos trescientos años hasta su total amortización después de mediados del siglo III d.C. Estos contextos presentan junto al abundante material anfórico, con un incremento considerable de las importaciones lusitanas y sicilianas (pero no africanas), común local e importado, y de las sigilatas hispánicas, se documenta el afianzamiento de las importaciones de mesa africanas en A, con presencia de algún fragmento en C.

Bibliografía

Aguarod Otal, C. (1991) *Cerámica romana importada de cocina en la Tarraconense.* Zaragoza: Institución Fernando el Católico.

Almeida, R. (2008*) Las ánforas del Guadalquivir en Scallabis (Santarém, Portugal) una aportación al conocimiento de los tipos minoritarios*. Barcelona.

Amores Carredano, F. y Keay, S.J. (1999) Las Sigillatas de Imitación Tipo Peñaflor o una serie de Hispánicas Precoces. *Terra Sigillata Hispánica: Centros de fabricación y producciones altoimperiales*: 235-252. Málaga:Universidad de Jaén / Universidad de Málaga.

Amores Carredano, F., García Vargas, E. y González Acuña, D. (2007). *LRCW 2. Late Roman Coarse Wares, Cooking Wares and Amphorae in the Mediterranean*, Oxford: BAR International Series 1662): vol. I: 33-146. Oxford: Archaeopress.

Arnold, E. (2015) Trois lots de sigillée de la Graufesenque découverts dans le port d'*Hispalis* (Séville, Espagne): nouvelles perspectives de recherche pour sa diffusion et l'évolution de sa consommation en Bétique. *SFECAG, Actes du congrès de Nyon*: 411-433. Marsella.

Baudoux, J. (1996) *Les amphores du nord-est de la Gaule* (Documents d'Archéologie Française 52). París.

Bonifay, M. (2004) *Études sur la céramique romaine tardive d'Afrique* (BAR International Series 301). Oxford: Archaeopress.

Carandini, A. y Sagui, L. (1981) Produzione C, *Atlante delle forme ceramiche I. Ceramica fine romana nel bacino mediterraneo (medio e tardo impero) (*Enciclopedia dell´Arte antica classica e orientale: 58-78. , Roma,

Carandini, A. y Tortorella, S. (1981a) Produzione A, *Atlante delle forme ceramiche I. Ceramica fine romana nel bacino mediterraneo (medio e tardo impero).* (Enciclopedia dell´Arte antica classica e orientale): 19-58. Roma.

Escacena Carrasco, J.L. (1987) Cerámicas a torno pintadas andaluzas de la segunda Edad del Hierro (Tesis Doctoral microfilmada). Cádiz.

Ettlinger, E. *et al.* (1990) *Conspectus Formarum Térrea Sigillatae Italico Modo Confectae.* Bonn: Römisch-germanische Comisión des deutschen archäologischen Instituts zu Frankfurt a.M.

Fabião C. (2008) *Las ánforas de Lusitania*, en D. Bernal Casasola y A. Ribera Lacomba (eds), *Cerámicas hispanorromanas. Un estado de la cuestión*: 725-748. Cádiz.

Garabito Gómez, T. (1978) *Los alfares romanos riojanos. Producción y comercialización* (Bibliotheca Praehistorica hispana, vol. XVI). Madrid.

García Vargas, E. (1998) *La producción de ánforas en la bahía de Cádiz en época romana (siglos II a.C.-IV d.C.).* Écija.

García Vargas, E., Conlin Hayes, E. y Maestre Borge C. (2013) El horno altoimperial del Cortijo del Río (Marchena). Tipología y producciones cerámicas, en *Hornos, talleres y focos de producción alfarera en Hispania*: 257-294. Universidad de Cádiz.

Huarte, R. (2003) Las Producciones de la figlina. Cerámicas comunes, en A. Vázquez Labourdette y M.A. Tabales (eds.) *Arqueología y rehabilitación en el Parlamento de Andalucía: investigaciones arqueológicas en el Antiguo Hospital de las Cinco Llagas de Sevilla.* Sevilla: Parlamento de Andalucía.

Hayes, J. W. (1972) *Late Roman Pottery. A Catalogue of Romanfine Wares.* Londres: The British School at Rome.

Hayes, J. W. (1980) *Supplement to Late Roman pottery.* Londres: The British School at Rome.

Hayes, J. W. (1985) Sigillate Orientali. *Enciclopedia classica antica dell'arte e orientale. Atlante delle Forme Ceramiche II, Ceramica Bellas Romena nel Bacino Mediterraneo (Tardo Ellenismo e Primo Impero)*: 1-96. Roma.

Keay, S. (1984) *Late Roman amphorae in the western mediterranean: a typology and economic study : the Catalan evidence.* (BAR International Series 196). Oxford.

Lamboglia, N. (1952) Per una classificazione preliminare della ceramica campana. *Istituto internazionale di studi liguri*: 139-206.

Laubenheimer, F. (1985) *La production des amphores en Gaule narbonnaise, sous le haut-empire.* (Centre de Recherches d'Histoire Ancienne de Besançon 166). París.

Martínez Rodríguez, F. (1989) Las cerámicas béticas de imitación tipo Peñaflor: bases para el estudio de un nuevo grupo cerámico de época altoimperial. *Boletín de la Asociación Española de Amigos de la Arqueología* 26: 60-15.

Mayet, F., Schmitt, A. y da Silva, C. (1996) *Les amphores du Sado (Portugal) prospection des fours et analyse du matériel.* Paris.

Mezquiriz de Catalán, Mª A. (1985) Terra sigillata ispanica, en *Atlante delle forme ceramiche II. Ceramica fine romana nel bacino mediterraneo (tardo ellenismo e primo impero). Enciclopedia dell'Arte antica classica e orientale*: 97-174. Roma.

Morel, J.P. (1981) *Céramique campanienne: les formes* (Bulletin des Ecoles Françaices dátense et de Rome 244). Roma.

Niveau de Villedary, A. Mª. (1999) La cerámica Tipo *Kuass*. Avance a la sistematización del taller gaditano, *Spal* 8: 115-134.

Niveau de Villedary, A. Mª. (2014) El éxito de la vajilla helenística tipo Kuass ¿Resultado de la adopción de una moda estética o reflejo de transformaciones culinarias y comensales?. *Comer a la moda. Imitaciones de vajilla de mesa en turdetania y la Bética occidental durante la antigüedad (s. VI a.C.-VI d.C.)* (Col. Instrumenta 46): 119-173. Barcelona: Universitat de Barcelona.

Olcese G. (2003) *Ceramiche comuni a Roma e in area romana: produzione, circolazione e tecnologia*. Padua: Società Archeologica Padana.

Passelac, M. y Vernhet, A. (1993) Céramique sigillée sud-gauloise en Py, M. (dir.) *Dictionnaire des Céramiques Antiques en Méditerranée nordoccidentale* (Lattara 6): 569-580. Lattes.

Panella, C. (1986) Oriente ed occidente: considerazioni su alcune anfore 'egee' di età imperiale a Ostia, en J.-Y. Empereur y Y. Garlan (eds), *Recherches sur les amphores grecques. Actes du colloque CNRS, L'Université de Rennes II et l'École Française d'Athènes. Athènes 10-12 septembre 1984*. (Bulletin de Correspondance Héllenique (Supplément 13): 609-36.

Ramón Torres, J. (1991) *Las ánforas púnicas de Ibiza*. Ibiza.

Ramón Torres, J. (1995) *Las ánforas fenicio-púnicas del Mediterráneo Occidental y central*. Barcelona.

Ramos Suárez, Mª.J., y García Vargas, E. (2014) Las imitaciones de vajilla de barniz negro en el valle del Guadalquivir. *Comer a la moda. Imitaciones de vajilla de mesa en turdetania y la Bética occidental durante la antigüedad (s. VI a.C.-VI d.C.)* (Col. Instrumenta 46): 239-269. Universitat de Barcelona.

Riley, J. A. (1979) The coarse pottery from Berenice. *Excavations at Sidi Khrebish Benghazi (Berenice)*. Vol. II (Supplement to Libya Antiqua 5): 91-467.

Roca Roumens, M. (1976) *Sigillata hispánica producida en Andújar*. Jaén: Instituto de Estudios Gienenses.

Sánchez, Mª A. (1995) Producciones importadas en la vajilla culinaria romana del Bajo Guadalquivir, en Aquilué, J y Roca Roumens, M. (eds.) *Ceràmica comuna romana d'època altoimperial a la península ibèrica: estat de la qüestió*: 251-279. Museu d'Arqueologia de Catalunya.

Serrano Ramos, E. (2000) *Cerámica común Romana: siglos II a.C. al VII d.C.: materiales importados y de producción local en el territorio malacitano*: Universidad de Málaga.

Tabales, M.A. (2012) El subsuelo del Patio de Banderas entre los siglos IX a.C. y XII d.C. Campañas 2009-2012. *Apuntes del Real Alcázar de Sevilla*: 8-53.

Tabales, M.A. (2015) *Excavaciones arqueológicas en el Patio de Banderas, Alcázar de Sevilla: memoria de*

Un avance al estudio de la *Terra Sigillata* Hispánica en *Colonia Patricia Corduba*[1]

Sonia Vargas Cantos
Arqueóloga. Universidad de Córdoba

1. Introducción[1]

Con este trabajo pretendemos ofrecer una muestra clara de la dinámica de la *sigillata* hispánica en nuestra ciudad a través de sus diferentes producciones. En este sentido, llevamos desde bastantes años percibiendo un comportamiento singular de la *terra sigillata* hispánica de Andújar en el comercio de nuestra ciudad. Una historia de relaciones comerciales que se torna de difícil interpretación y en auténtica incógnita, ante la evidencia de un importante volumen de importación de la manufactura astigitana durante los siglos II y III d. C., frente a los datos del propio centro productor, cuya evidencia arqueológica parece fenecer en el transcurso del siglo II d.C.

Con este trabajo pretendemos, entre otras cuestiones, poner orden a los datos recopilados durante años de intervenciones arqueológicas, y ofrecer un panorama esclarecedor sobre la causa de unos datos tan divergentes entre centro productor y centro receptor. Los datos parecen ser ilustrativos no sólo a nivel cuantitativo, sino también cualitativo, en el sentido de que se ha podido determinar en Córdoba alguna forma cerámica de barniz y pasta astigitana no documentada en el propio centro productor. Por todo ello queremos agradecer la oportunidad que se nos da de poder publicar en este marco, cuestiones tan interesantes para el estudio y análisis de la cerámica fina en el valle medio del Guadalquivir.

2. La *terra sigillata* hispánica en *Colonia Patricia Corduba*

2.1. Introducción

Un conocimiento profundo de la *sigillata* hispánica nos lleva a cuestionarnos y reflexionar sobre el origen de estas manufacturas y la dificultad de su singularización. Hasta ahora, *a priori,* no se había planteado problema en definir los dos grandes centros productores: Tricio y Andújar. La procedente del *Tritium Magallum* hacía que en ocasiones pasara como *sigillata* gálica gracias a la buena calidad de sus barnices y acabados. La *sigillata* procedente de Andújar en sus diferentes fases de producción y acabados, ha sido tradicionalmente la mejor definida, invadiendo prácticamente el mercado durante los siglos II y III d. C. Precisamente al amparo de este éxito nace en nuestra ciudad una producción propia con vocación de abastecer el mercado local durante este período, pero que apenas caló, como ha puesto de manifiesto la abrumadora presencia de la manufactura astigitana, que no hace sino indicar cómo estaba perfectamente establecido el circuito comercial con la llegada masiva de esta producción a través del cauce del valle alto del Guadalquivir, siendo más económico y rentable su importación que su propia producción. En este sentido Córdoba jugaría un importante papel en su distribución ya que sería el primer punto de destino receptor de la ruta comercial, realizándose en nuestra ciudad el transbordo de los productos astigitanos de mayor tamaño para darles salida al mar y completar así, su circuito comercial.

Tras estas reflexiones pasamos a ver de forma detallada la incidencia de la *sigillata* hispánica en sus diversas producciones – Tricio, Andújar, local y talleres no identificados – a través de los resultados de distintas intervenciones arqueológicas ubicadas en diferentes puntos de la ciudad. Abordamos en un mismo epígrafe las producciones que han tenido una menor incidencia como son las de la zona de la Rioja, las realizadas en la propia ciudad, y por último, un grupo de vajilla que sigue los tipos formales de la *sigillata* hispánica, cuyo origen se desconoce al no haberse podido identificar los centros productores. Pese al interrogante de su procedencia, no hemos querido obviar su existencia, aunque se hayan definido y singularizado recientemente.

La *sigillata* hispánica procedente de Andújar se ha analizado en el otro gran epígrafe que conforma este trabajo, su preeminencia ha hecho que se convierta prácticamente en elemento principal de la vajilla que componía el ajuar doméstico cordubense desde época flavia hasta prácticamente el siglo III d. C.

2.1.1. Terra Sigillata hispánica de Tricio, hispánica local y de centros manufactureros no identificados

La *sigillata* hispánica de Tricio llega en un momento ligeramente más temprano que las de origen bético, hacia época temprana de Nerón. La fecha de inicio del alfar se ha fijado hacia mediados del siglo I d. C. (Sáenz 1998: 135; Romero y Ruiz 2005: 186). A principios de este momento se comercializa como la única *sigillata* de origen hispánico, ello contrasta con un momento algo

[1] Los datos aquí aportados se han elaborado en el marco del antiguo Convenio de Colaboración que el Grupo de Investigación del P.A.I. HUM 236, integrado por los miembros del Área de Arqueología de la Universidad de Córdoba, mantuvo con la Gerencia Municipal de Urbanismo del Ayuntamiento de Córdoba hasta el año 2010. En este sentido, dedicamos a nuestros antiguos compañeros el resultado del presente trabajo. El recuerdo de su esfuerzo y dedicación ha sido un acicate para volver a desarrollar cuestiones arqueológicas, e intentar reconstruir el panorama de la sigillata hispánica en nuestra ciudad.

más avanzado, introducida ya la década de los 60, con la aparición de las de origen asitigitano, conviviendo ambas a partir de este momento. Esta circunstancia se aprecia en diversos contextos de la ciudad, donde aparecen estas últimas asociadas al tipo de paredes finas de origen local Mayet XXXVIII, y a formas clásicas de la segunda fase del alfar galo y riojano.

De este primer momento hemos recuperado un contexto, aunque exiguo de hispánica de Tricio procedente de la intervención arqueológica de urgencia que se desarrolló en la avenida de la Victoria en el año 92 con motivo de la construcción de un parking, y que puso al descubierto un *vicus* en esta zona ubicada extramuros de la ciudad. El material cerámico apuntaba un momento de ocupación hacia finales de época julioclaudia. De este modo, del relleno de la zanja de excavación de una de las cloacas del *vicus* se recuperó un borde de una copa que sigue los modelos formales de la Ritterling 12 (Corte F[2], Vargas 2000: 80).

En época neroniana más avanzada, introducida la década de los 60, distinguimos en relación con el circo cordubense[3], la convivencia de *sigillata* hispánica de Tricio y de Andújar. De este modo en relación con el circo (Jiménez, Moreno y Ruiz 2001) detectamos dicha asociación con paredes finas Mayet XXXVII y XXI, cerámica de imitación tipo Peñaflor – pátera Martínez III/ *Celti* 1 – *sigillata* gálica – copas Drag. 24/ 25, 27, 29[4], 30 en *marmorata*[5], y Ritterling 14 a[6], los platos Drag. 18 y un posible Drag 17 a; y por último ánforas Dressel 7-11, 14[7] y Haltern 70. Un nivel similar – UE 203 – presenta algunos atípicos de cerámica de Tricio, cerámica de tradición ibérica, barniz negro "B" de forma residual, cerámica de paredes finas decorada a la barbotina – posible tipo Mayet XXXVIII-, y con ruedecilla, cerámica itálica de cocina – ejemplar en barniz rojo pompeyano-, atípicos de *sigillata* itálica, *sigillata* gálica – copa 24/ 25 – hispánica precoz y cerámica común, entre la que sobresale ejemplares alisados al exterior, caso de un bacín, cazuelas y jarros. Otro ejemplo es la UE 248, asociada a esta misma fase, donde detectamos varios atípicos de hispánica de Tricio e hispánica de Andújar – galbo y borde de una copa Forma 29 – todo ello asociado a *sigillata* itálica, gálica – Drag. 24/ 25 y 27, *marmorata* Drag. 27 y un plato Drag.18. Destaca en esta última producción un galbo decorado con un gladiador[8]. Finalmente se distinguen algunos ejemplares de páteras Martínez III en cerámica de imitación tipo Peñaflor, y paredes finas con una base de una Mayet XXXVIII. En relación a las ánforas distinguimos una Dressel 12, fechada desde mediados del siglo I a. C. hasta algo más tarde del siglo II d. C. (Peacock y Williams 1986: 114), y Haltern 70. Entre la cerámica común se aprecian lebrillos, tapaderas, cazuelas y jarros. Otro nivel de la misma fase es la UE 165 donde de nuevo apreciamos la convivencia de *sigillata* hispánica de Tricio – plato 15/17 y un atípico decorado con motivo de círculos concéntricos sogueados-, y de Andújar mediante otro atípico decorado con una hoja. El resto de materiales que componen el conjunto se trata de paredes finas, dolia, páteras en cerámica de imitación tipo Peñaflor Martínez III/ *Celti* 1 (*vid. supra*), ánforas itálicas y un asa correspondiente a un ánfora vinaria Dressel 1.

Asociado también al circo – Corte 4 de la Campaña de 1998, UUEE 109 y 185 – se han recuperado del primer nivel, *sigillata* itálica y gálica, dos ejemplares de hispánica de Andújar – Forma 29 – y una de Tricio. Del segundo nivel, *sigillata* hispánica de Tricio – forma 29 – asociado a cerámica de tradición ibérica, *sigillata* itálica (*Conspectus* 14 y 22.1.4), *sigillata* hispánica precoz, un atípico de lucerna, paredes finas con decoración arenosa, y un galbo con decoración de ruedecilla que podría pertenecer a una Mayet XXXVIII B.

De la zona aledaña del circo se han recuperado muestras cerámicas compuestas por la copa 35[9], *sigillata* gálica de la primera fase del alfar – Drag. 18 – y de la segunda – Drag. 36 – paredes finas – Mayet XXXVII-. y un ejemplar en barniz rojo pompeyano que se puede adscribir a los tipos Luni 2 o 5. Otro contexto afín en la misma zona (Campaña Orive 97, Sondeo 1) presenta la convivencia de *sigillata* hispánica de Tricio – copas 27 y 35 – y de Andújar – copa 24/25 – estas sigillatas de origen hispano se ven acompañadas de ejemplares de *sigillata* gálica – plato Drag. 15/ 17 – y cerámica común mediante morteros, *sigillata* itálica – *Conspectus* 32 – así como paredes finas alisadas y barniz negro residuales.

En definitiva podemos decir que lo normal es la presencia de esta producción fundamentalmente en el siglo I d. C. No obstante se han recuperado algunos ejemplares, del siglo II y III d. C., en el *vicus* occidental de *Colonia Patricia* (Vargas 2000: 188), momento en que el barniz se vuelve anaranjado. De entre las muestras se distingue la copa 37[10], asociada a cerámica africana de cocina, caso de la cazuela Hayes 181.

[2] Este Corte F junto al E (*vid. infra*), aportó un material cerámico más temprano que el resto de cortes, por ubicarse en la zona más alejada a la puerta de entrada occidental de la ciudad, lo que propició una más temprana urbanización; produciéndose de forma paulatina la ocupación del resto de espacio extramuros inmediato al arroyo del Moro en una primera fase que continuó durante época flavia e inicios del siglo II d.C.

[3] Datos inéditos en proceso de elaboración.

[4] Copa ampliamente extendida, se desarrolla desde el año 10 al 40 d. C. en su variante a, y del 40 al 90 d. C. en su variante b. (Roca 2005: 29).

[5] Tradicionalmente fechada esta variedad decorativa de la *sigillata* gálica en época neroniana, hoy tiende a retrocederse su cronología hasta el 40 d. C., introduciéndose hasta Vespasiano (Roca 2005:118).

[6] Esta copa se fecha del 40 al 90 d. C. (Roca 2005: 127).

[7] Evolucionan originariamente del tipo augusteo Dressel 10 B, encontrándolas en época tiberiana en el pecio sud-Lavezzi 3. Éstas continúan exportándose en época flavia asociadas a la Beltrán II A y Dressel 17 (García Vargas 1998: 103).

[8] Cuya decoración metopada nos lleva hasta el período de transición de los años 60 y 80 d. C. (Roca 2005: 119) con algunos ejemplos constatados (Mínguez 2005: 126).

[9] La calidad del barniz de esta forma induce a pensar que se trata de un producto de Bezares de la segunda mitad del siglo I d. C. (Mezquiriz 2004: 486).

[10] Decorada con serie de círculos simples o concéntricos, que se encuadra en la tercera fase decorativa de esta producción y se desarrolla desde mediados- finales del siglo II d. C. al IV d. C. (Saenz 1998: 156).

	TSH Tricio	TSH Andújar	C.Tr. Ibér.	TSI	TSG	Cerám. itálica cocina	PF	Imitación Peñaflor	Lucerna	Ánforas
Avd. Victoria	Ritt.12 atípicos									
Circo	Forma 29 35 Atípicos	Forma 29	atípico	Consp. 14 22.1.4	Ritt. 14 a Drag. 15/17 18 24/ 25 27 29 30 36 posible 17 a	Luni 2 o 5	Mayet XXI, XXXVII XXXVIII	Martínez III/ *Celti* 1		Dressel 1 7-11 12 Haltern 70
Anfiteatro	Forma 36		atípico							
Necrópolis La Constancia	Forma 15/17 27						Mayet XVIII XLII		Dressel 17	
Necrópolis Avd. del Corregidor	Forma 15/17		copa						Dressel 3	

TABLA 1. ÉPOCA NERONIANA.

Correspondiendo también a un momento avanzado, posiblemente último cuarto del siglo II d. C./ inicios del III d. C., distinguimos la colmatación de las estructuras pertenecientes al circo con un material cerámico compuesto por *sigillata* hispánica de Tricio – copas 4, 35 y 37 y un plato forma 18 – asociada a hispánica de Andújar – copas 24/ 25, 27, 37, 29, 29/ 37 y plato 15/ 17 – cerámica africana de cocina – cazuela Hayes 23 B, tapaderas Ostia III.332 y Ostia I 261 – lucernas de disco, correspondientes posiblemente al tipo Dressel 11, junto a cerámica común – cazuelas, morteros, platos, lebrillos, ungüentarios-. Asociado también a esta fase de abandono del edificio, distinguimos *sigillata* hispánica Tricio – copas 27 y 37 – de Andújar – platos 15/ 17, copas 24/ 25, 37 y una posible forma 2 – cerámica africana cocina – Ostia II.312, III.332 y Hayes 197; *sigillata* africana "A", Hayes 9 B[11] y galbo de una Hayes 8 A[12]-, lucernas de disco decoradas, ánforas – Dressel 20, Beltrán II B y Dressel 14. Destaca el hecho singular de que ha aparecido una máscara de terracota, así como una figurilla – pies sobre peana-, y un relieve con un gallo. La capa final que lo cubre presenta *sigillata* hispánica de Tricio – formas 15/ 17, 24/ 25, 27, 36 y 37 – de Andújar – formas, 24/25, 15/ 17 y forma 2, muy poco frecuente en el solar cordobés-. Distinguimos también cerámica africana de cocina mediante la cazuela Hayes 23 A, y de nuevo restos de máscara de terracota. Pensamos que los materiales cerámicos de esta unidad estratigráfica mantienen una cronología centrada en la segunda mitad del siglo II d. C., pudiéndose adentrar en el siglo III d. C. como parece indicar en especial el material anfórico, en concreto las Dressel 14, que se fechan muy bien en Puente Melchor entre la mitad del siglo II y el siglo III d. C. (García Vargas 1998: 103).

En el yacimiento de Cercadilla la representación de la *sigillata* hispánica de Tricio es escasa. El único sello recuperado hace alusión al taller de *Sempronius* (Moreno 1998: 253), alfarero bien conocido en la ciudad a la que llegaron sus productos de forma mayoritaria. Entre las formas más singulares se ha recuperado una copa Mezquiriz 30, forma bastante poco frecuente en la ciudad.

En los contextos del anfiteatro se detecta en época neroniana avanzada un plato forma 36 (*vid. infra*), mientras que los estratos de colmatación y abandono del anfiteatro fechados en la segunda mitad del siglo V (Hernández y Vargas 2010: 323 y 324) ofrecen material residual. No obstante la representación de las formas da idea de los tipos más consumidos, en concreto las copas 29, 35, 37, el plato 36; junto a la singular presencia de una jarra carenada que constituye la forma 1.

En general podemos decir que la incorporación de la vajilla en *sigillata* hispánica de Tricio, se realiza de forma natural, como ya lo hicieron con anterioridad la *sigillata* itálica y gálica. Señal de ello es su introducción en ambiente funerario. En la necrópolis de la Constancia aparece como ajuar de una cremación en fosa simple con cubierta de tégulas en horizontal, y restos óseos depositados en el fondo de un ánfora – enterramiento 34 – (Vaquerizo, Garriguet y Vargas 2001). El ajuar está compuesto además por paredes finas – Mayet XVIII y XLII-, un ungüentario de vidrio tipo Isings 8/ Vegas B.2, y una Lucerna Dressel 17. La *sigillata* hispánica de Tricio la componía un plato 15/17 y una copa 27. El plato presenta *sigillum OF SATVR*, corresponde a la *officina* de SATVRNINVS (*OF SATVR*),

[11] Desarrollado en la segunda mitad del siglo II d.C. (Hayes 1972: 37).
[12] Presenta una cronología tradicionalmente desarrollada desde los años 80-90, hasta el 160 d. C. (Hayes 1972: 35).

uno de los talleres riojanos más antiguos (Sáenz 1998: 137). Es frecuente hallar producciones de Tricio en la mayor parte de los núcleos costeros y principales enclaves urbanos a comienzos de la segunda mitad del siglo I d.C. (Pradales 1988. 143).

En este mismo momento, procedente de la necrópolis de la Avenida del Corregidor se ha recuperado el ajuar de la tumba 36 compuesto por un plato de *sigillata* hispánica de Tricio – forma 15/17[13]-, una copa en cerámica de tradición ibérica[14] y una lucerna – derivada de la Dressel 3 – fechándose el conjunto en época neroniana (Vargas y Gutiérrez 2006: 266). De esta tumba curiosamente se extrajeron dos individuos depositados uno encima de otro, sobre los que se dispuso una cubierta de tégulas horizontalmente, y un pequeño túmulo de tierra. El ajuar se colocó a los pies del primer individuo. Del relleno de tierra bajo las tégulas distinguimos también algunos fragmentos de cáscara de huevo que podrían pertenecer a los tipos Mayet XXXIII[15] o XXXIV[16]. Del relleno superior que cubrían las tegulas se pudo recuperar algunos fragmentos correspondientes a un ejemplar de *terra sigillata* hispánica – forma 27 – paredes finas, un clavo, una base de botella de vidrio y una aguja de hueso.

Por su parte, la *sigillata* hispánica local se realizaría en el momento de la llegada masiva de los productos astigitanos durante el siglo II. Ahora estamos en condiciones de pensar que pese a que no cuajaron estas producciones locales de *sigillata* fueron el precedente y ensayo de la producción de las imitaciones de cerámica africana de cocina, que sí inundaron el mercado cordobés.

Como ya hemos señalado, apenas cuajó en la ciudad, puesto que pese a que se han podido excavar tres hornos (Valera 2005), las muestras cerámicas son bastantes parcas en la estratigrafía de nuestra ciudad. No obstante conviene señalar que muchos fragmentos atípicos que pueden pertenecer a estas sigillatas locales se han singularizado tradicionalmente como imitaciones de cerámica africana, al tener la misma pasta y barniz, conviviendo la producción de ambas durante la segunda mitad del siglo II. No en vano, es precisamente la zona donde aparecieron estos hornos, el lugar destinado en época romana a la producción alfarera, dada las condiciones topográficas del terreno y la calidad de las arcillas, que la hacían de un lugar excepcional para el desarrollo de estas labores fabriles. De este modo se constatan hornos y, en especial, vertederos con numerosos fallos de cocción de imitaciones de cerámica africana. Así las cosas, es a partir de la documentación de los referidos hornos, y la recuperación de un número reducido de bordes y galbos, cuando se ha podido determinar esta producción de *sigillata* hispánica local. Por su parte, la abrumadora presencia de estas imitaciones permite inferir cómo la actividad alfarera se centró prácticamente en la fabricación de esta última manufactura, que junto a la sigillata hispánica de Andújar copa el mercado con una preeminencia cuantitativa a lo largo de todo el siglo II y III. d.C. (*vid. infra.*).

Siguiendo los gustos y tendencias de la época, hemos podido detectar algunos ejemplares en ámbito urbano y funerario a lo largo de la segunda mitad del siglo II d. C. De este modo asociado a niveles de abandono y colmatación de las estructuras del circo, detectamos (Sondeo 4) *sigillata* hispánica local – plato 15/ 17, tapadera forma 7[17], copa forma 4[18], baquetón de una posible forma 44[19] y el borde de una posible pátera 72 de pequeño diámetro (UE 15)-. Este material se encuentra asociado a *sigillata* africana "A" Hayes 9 A[20] (UUEE 24 y 19), cerámica africana de cocina – tapaderas Ostia III.332 (UUEE 15, y 20) cazuela Hayes 181[21] y tapadera Hayes 182/ Ostia I. 264[22] (UE 15)-, una muestra de lucerna con la *margo* sin decorar y recubierta de engobe metalizado (UE 15), y algunos fragmentos de ánforas (UUEE 24, 19 y 15), entre las que destaca un pie de ánfora de una probable Lusitana 3[23] (UE 15) a todo ello se le añaden diversas muestras de cerámica común tales como tapaderas, ollas, cazuelas o jarros (UUEE 23 y 18).

En ambiente funerario, en la necrópolis del Corregidor distinguimos estas muestras asociadas a la estratigrafía, en concreto a un posible suelo de grava que enmarcaba tres tumbas – 22, 23 y 25 – y del que se pudo recuperar además un atípico en *sigillata* africana "A" y diversos fragmentos de lucernas (Vargas y Gutiérrez 2004).

Por último queremos hacer una breve referencia a aquellas producciones de *sigillata* hispánica de origen indeterminado, cuya pasta y barniz no pertenecen a ninguno de los dos grandes centros alfareros. Como botón de muestra tenemos los propios hornos excavados en nuestra ciudad y que no hacen sino indicar el interés que existió en el siglo II d. C. por producir la vajilla más consumida del momento. Debió existir por tanto un crisol de pequeños talleres que abastecieron local o regionalmente a una población con una continua demanda de un material tan perecedero. En muchas ocasiones se catalogaron como *sigillata* hispánica, sin reflexionar el lugar de procedencia o singularizar determinados grupos por tipos de pastas y características técnicas.

---

13 El plato presentaba *sigillum*: *OF.D.RVT*.

14 Se trata de un ejemplar singular, puesto que recuerda la forma del vasito de paredes finas Mayet XXXVIII y se decora con bandas de engobe rojo vinoso y otros trazos del mismo color.

15 Se data en época augusteo-tiberiana (López Mullor 1989: 161).

16 Esta forma se produce a principios de época de Tiberio, siendo muy frecuentes en época de Claudio, alcanzando los más tardíos la época de Nerón e incluso flavia (López Mullor 1989: 163).

17 Esta tapadera se elaboran durante toda la etapa productiva del alfar (Fernández y Ruiz 2005: 142).

18 Con la particularidad de que presenta el arranque de un asa

19 Pese a que se inicia su producción a fines del s. I d. C., se constata en el s. III y IV d. C. (*Atlante* II 1985: 157).

20 Presentan una cronología que se desarrolla desde los años 80 hasta el 160 d. C.

21 Mediados del s. II – comienzos del V (*Atlante* I 1981 I, 215).

22 Documentado desde época severiana hasta el siglo IV d. (*Atlante* I 1981: 214).

23 Este tipo de ánfora de fondo plano se fabricó a partir del siglo II d. C., inspirándose en modelos de la Galia (Fabiao 2004: 390).

	TSH Tricio	TSH Andújar	TSH Local	TSA "A"	Africana de Cocina	Lucernas	Ánforas
Avd. Victoria	Forma 37				Hayes 181		
Circo	Forma 4 15/17 18 24/25 27 35 36 37	Forma 2 7 15/17 24/25 27 29 29/37 37 Posible 44 y 72	Forma 15/17	Hayes 8A 9 A y B	Hayes 23B 23A 181 182 197 Ostia I.261 I,264 III.312 III.332	Dressel 11	Dressel 20 14 Beltrán IIB Posible Lusitana 3
Avd. Corregidor			atípico	atípico			

TABLA 2. SIGLOS II Y III D.C.

2.1.2. *Terra Sigillata hispánica de Andújar.*

Desde el principado de Nerón, introducida la década de los 60, se detecta la *sigillata* hispánica procedente de Andújar de forma tímida y no generalizada. Diversas excavaciones apuntan este panorama, así en el *vicus* occidental (*vid. supra)* previo a su construcción se detecta la presencia de *sigillata* hispánica con unos valores ínfimos en comparación con la recuperación de *sigillata* gálica. De este modo aparece asociada la copa 27 con las formas galas Dragendorff 24/25 y Riterling 13. Esta *fascie* cerámica queda conformada además por una cazuela en barniz rojo julioclaudio, o también conocida como cerámica de imitación tipo Peñaflor – Martínez IIIb (Corte H)-. Asociado propiamente al nivel de construcción de estructuras correspondientes al *vicus* (Corte E) se han recuperado *sigillata* gálica – Drag. 19 – hispánica y paredes finas con formas que nos llevan a un momento de finales de época julioclaudia e inicios flavia. El ejemplar hispánico se trata de un atípico que acompaña a la *sigillata* gálica, decorado a la barbotina; decoración que se desarrolla a partir de los años 60 y 70. Por su parte, las paredes finas se reducen a una base son decoración arenosa, fácilmente encuadrable en los tipos Mayet XXXV y XXXVII. Esta decoración no se extendería más allá del comienzo de la dinastía flavia (López Mullor 1989: 174). En este período se constata todavía la supremacía de la *sigillata* gálica sobre la hispánica, cuyo *flourit* se produce en época flavia, momento para el que se diversifica los productos comercializados debido a su elevada demanda (Fernández 1998: 95).

Un contexto similar procede de los niveles constructivos del anfiteatro de Córdoba, en concreto de los procedentes de las estructuras que conformaron el cuarto anillo del anfiteatro (Rodríguez *et al.* 2010: 74) fechados en época neroniana. En este caso la *sigillata* hispánica va acompañada de *sigillata* itálica – *Conspectus* 14, 17, 18, 30, 31 y 32 – gálicas, e hispánicas precoces, lucernas, abundantes ánforas, cazuelas itálicas de barniz rojo pompeyano, cerámica de paredes finas, cerámica de tradición ibérica – cuencos-tapadera y urnas, cerámica común y material residual compuesto por cerámica de barniz negro – atípicos del tipo "A" y "C" (Hernández y Vargas 2010: 318).

En uno de los sondeos efectuados de la campaña 2006/2009, se recuperaron unos atípicos de *sigillata* hispánica de Andújar que acompañan a cerámica de tradición ibérica, paredes finas, *sigillata* itálica – *Conspectus* 8.2, 8.1.3, 18, 19, 20.4, 33 y 36, *sigillata* gálica, hispánica precoz, hispánica de Tricio – borde de Drag. 36–, y una lucerna de disco encuadrable tanto en el tipo Dressel 9, como en el 11. Otros niveles constructivos son los rellenos de colmatación correspondiente a la nivelación del terreno, de un lado; y a niveles de estratificación correspondientes a preparaciones de suelo, de otro; fechados en un momento avanzado de Nerón (Hernández y Vargas 2010: 320). En el primer caso la *terra sigillata* procedente de Andújar se identifica con las copas de la primera fase del alfar 24/25 y 27, asociadas a *sigillata* itálica – *Conspectus* 3 – *sigillata* gálica – Ritterling 8 – *sigillata* hispánica precoz – Martínez I-, cerámica de imitación tipo Peñaflor Martínez III, cerámica de tradición ibérica, ánforas – Haltern 70 – y cerámica común. En el segundo, el plato 15/17 acompaña de nuevo a *sigillata* itálica, a la copa gálica de la segunda fase del alfar Dragendorff 37, *sigillata* hispánica precoz, paredes finas – Mayet XXXV o XXXVII, cerámica de tradición ibérica y cerámica común.

Por su parte otros niveles asociados al circo arrojan luz sobre este proceso que se inicia como ya hemos referido en época Neroniana, introducida la década de los 60, como parece inferirse de su asociación con paredes finas de producción local – Mayet XXXVIII- y sigillatas gálicas. De este modo traemos a colación un conjunto cerámico (UE 110) correspondiente a los niveles referidos y conformado por cerámica itálica de cocina, *sigillata* itálica, gálica, hispánica precoz, cerámica de imitación

	TSH Tricio	TSH Andújar	C.Tr. Ibér.	TSI	TSG	Cerám. itálica cocina	PF	TSHP/ Imitación Peñaflor	Lucerna	Ánforas
Avd. Victoria		Forma 27			Ritt. 13 Drag. 19 y 24/ 25		Mayet XXXV/ XXXVII	Martínez III/ *Celti* 1		
Circo		atípico	Atípi- cos	Consp. 14 20.4 33	Ritt. 14 a Drag. 18 24/ 25 27 y30	Dramont 2	Mayet XXI, XXXVII XXXVIII	Martínez III/ *Celti* 1		Dressel 20
Anfiteatro	Forma 36	Forma 24/25 27	Atípico	*Consp.* 3 8.2, 8.1.3 14 17 18 19 20.4 30 31 32 33 y36	Ritt. 8 Drag.37	atípico	Mayet XXXV/ XXXVII	Martínez I III/ *Celti* 1	Dressel 9 u 11	Haltern 70
Templo Romano			Atípico		Drag. 24/25 Atípicos		Mayet XXI, XXXVII XXXVIII	Atípico		Dressel 7-11
Necrópolis La Constancia		Forma 15/17						Martínez I c II c		

TABLA 3. ÉPOCA NERONIANA.

tipo Peñaflor, ánforas y cerámica común. Destaca el hecho de que la presencia de sigillata astigitana se reduce a un solo ejemplar. Entre la cerámica itálica de cocina reseñamos la presencia de un mortero itálico Dramont 2, cuyas características nos llevan desde finales de época de Claudio hasta los primeros Antoninos (Aguarod 1991: 141). La *sigillata* itálica aparece con algunas formas avanzadas. Se reconocen los tipos *Conspectus* 14, 20.4 y 33. El plato *Conspectus* 20.4 es un plato muy común a mediados del siglo I d. C., siendo todavía frecuente en contextos de Domiciano en Ostia (*Conspectus* 1990: 86). La *sigillata* gálica aparece a través de las formas Dragendorff 18, 27 y 30, siendo frecuentes los ejemplares en *marmorata*, caso de la copa Ritterling 14 a. La cerámica de imitación tipo Peñaflor hace acto de presencia con la pátera Martinez III B. Los ejemplares de paredes finas comprenden los tipos Mayet XXI, XXXVII y XXXVIII. El segundo y tercer ejemplar nos interesa especialmente, en tanto en cuanto proporciona una cronología más dilatada al contexto cerámico. En este sentido el tipo XXXVII pese a extenderse hasta época flavia (*vid. supra*) debió ocupar principalmente el período de Claudio-Nerón. (López Mullor 1989: 174); mientras que el segundo se fecha también desde el principado de Claudio hasta época flavia (*Ibid.* 1989: 192) con un especial predominio en época neroniana y especialmente flavia en nuestra ciudad, tratándose ambos tipos de una producción local. Por último distinguimos ánforas Dressel 20 y cerámica común mediante algunos ejemplares con la superficie al exterior alisada y cazuelas.

De igual modo, los contextos procedentes del templo romano de la calle Claudio Marcelo sitúan también en época avanzada de Nerón, la introducción de la *sigillata* hispánica de origen astigitano. En el Corte 5 realizado en el contrafuerte norte del templo, encontramos algunos niveles fechados en época neroniana mediante la asociación de cerámica itálica de cocina, paredes finas – formas Mayet XXI, XXXVII[24] y XXXVIII decoración arenosa y de perlitas, y *sigillata* hispánica precoz. También se distinguen *sigillata* itálica, gálica – Drag. 24/ 25 – e hispánica con tan sólo un ejemplar. Entre las ánforas hallamos algunos ejemplares vinarios itálicos y de salazón – Dressel 7-11[25].

En ambiente funerario distinguimos la presencia de sigillata hispánica incorporada a los ajuares en un momento similar al constatado en ambiente urbano, hacia época neroniana. De este modo en la necrópolis de

[24] Su expansión se centra desde mediados del siglo I d. C. y desaparece por completo hacia el imperio de Vespasiano (López Mullor 1989: 174).
[25] Finales del siglo I a. C./s. I d. C. (Peacock y Williams 1986: 119).

	TSH Tricio	TSH Andújar	C.Tr. Ibér.	TSI	TSG	PF	TSHP Imitación Peñaflor	Lucerna	Ánforas
Circo	Forma 27 y 35	Forma 24/25	Urnas Tapaderas Contene dores lebrillos	Consp. Atípicos	Drag. 17 a 18 24/ 25 27 29 30	Mayet XXI, XXXIII XXXV XXXVII	Martínez III/ *Celti* 1	Dressel 3 5 A-B	
Anfiteatro		Forma 15/17 37 Posible 35			Ritt. 9 Drag. 18 Hermet 31		Martínez III/ *Celti* 1		Haltern 70 Dressel 2-4
Necrópolis La Constancia		Forma 15/17				Mayet XXXVIII			

TABLA 4. ÉPOCA FLAVIA.

la Constancia aparece presente en el momento señalado. Una de las tumbas, Enterramiento 42, realizada en una fosa con forma rectangular y una cubierta de tégulas a dos aguas, presentaba en su interior, los huesos quemados mezclados con los restos del ajuar compuesto por *sigillata* hispánica – forma 15/17 – asociada a dos platos, dos copas y dos copitas en *sigillata* hispánica precoz[26] (Vaquerizo, Garriguet y Vargas 2001).

Si bien en época neroniana hacía acto de presencia la *sigillata* hispánica de Andújar de forma tímida, en época flavia se produce un auge sin precedentes del consumo de esta manufactura acaparando prácticamente el consumo de cerámica fina de mesa del mercado. Los contextos del anfiteatro de Córdoba así lo reflejan. Los primeros niveles deposicionales de uso del entorno reflejan el comienzo de una importante presencia de la *sigillata* hispánica de origen astigitano con formas propias de la segunda fase del alfar, en concreto la copa decorada 37 y una posible copa 35, que acompañan al plato 15/17. Todo ello asociado a *sigillata* gálica – Dragendorff 18, Ritterling 9 y Hermet 31 – con un atípico en *marmorata*, ánforas – Haltern 70 y Dressel 2/4 – cerámica de imitación tipo Peñaflor – cazuelas Martínez III- y cerámica común (Hernández y Vargas 2010: 315 tab. 6).

En la zona aledaña al circo de la *Colonia* se han estudiado unos contextos fechados igualmente en época neroniana avanzada o inicios de época flavia (Campaña Orive 97, Sondeo 1), en los que la *sigillata* hispánica – copa 24/ 25 – va acompañada de algunos ejemplares de *sigillata* gálica – plato Drag. 15/ 17 – fragmentos de *sigillata* hispánica de Tricio – copas 27 y 35 – y cerámica común, junto a algunas muestras residuales de *sigillata* itálica, paredes finas alisadas y barniz negro. Relacionado propiamente con el circo distinguimos un nivel (UE 115) compuesto por una base de hispánica de Andújar asociada a cerámica de tradición ibérica – urnas, tapaderas, contenedores y lebrillos-, paredes finas – Mayet XXI, XXXIII y XXXV-, *sigillata* itálica, gálica – copas Drag. 24/ 25, 27 y 29, los platos Drag. 18 y Drag 17 a-, hispánica precoz e imitación de páteras de barniz rojo pompeyano Martínez III/ *Celti* I-. Entre las paredes finas merece señalarse la constatación de varios cubiletes fechados desde época augustea y julioclaudia (Mínguez 1991-1992: 155 ss)-, pudiéndose extender algunos de ellos hasta época flavia – Mayet XXXVII (López Mullor 1989: 182)-. Entre las lucernas distinguimos las casi omnipresentes en nuestra ciudad Dressel 3[27] y un ejemplar muy temprano de Loeschcke IX/ Dressel 5 A-B[28], que en contextos de Nerón tardío y flavios la encontramos en Asturica (Morillo y Amaré 2005: 129).

En lo que atañe al ambiente funerario en época flavia se sigue incorporando al ajuar funerario vajilla procedente de los alfares de Andújar, si bien se consolida este fenómeno. Así las cosas, en la Constancia documentamos de nuevo para este momento una tumba – enterramiento 5 bis – de la que se pudo recuperar únicamente el ajuar compuesto por el plato de *sigillata* hispánica – tipo 15/17 – una forma de cerámica de paredes finas – Mayet XXXVIII, dos ungüentarios de vidrio – tipo Isings 8/Vegas B.2 – un jarro de cerámica común, la mitad de una *bulla* y un punzón. Conviene señalar que en este momento se convierte en una asociación clásica el plato 15/17 y la copa en paredes finas Mayet XXXVIII, producida ésta última en nuestra ciudad. Por su parte, en relación al plato, el borde liso, exvasado y oblicuo, así como la acanaladura al exterior correspondiente al baquetón interno, nos remiten a época flavia; estas características lo alejan de las primeras producciones hispánicas, más afines a los modelos gálicos (Fernández 1998: 53). Presenta a su vez *sigillum* prácticamente ilegible en cartela rectangular.

A fines de época flavia/ inicios del siglo II d. C. la *sigillata* hispánica de Andújar aparece ya acompañada de cerámica

[26] Dos tipos *Celti* 13 (Martínez II c) y cuatro tipos *Celti* 14 (Martínez I c).

[27] Su cronología arranca desde fechas julioclaudias, perviviendo hasta época flavia (Amaré 1988: 57).

[28] La producción norditálica de este tipo de lucernas puede situarse alrededor del 50 o 60 d. C., iniciándose las imitaciones de la zona del Rhin y Danubio hacia el 70 d. C. (Amaré 1987: 17).

	TSH Andújar	TSG	TSHP/ Imitación Peñaflor	TSA "A"	Africana Cocina	Imitac Afric	Lucernas	Ánforas
Avd. Victoria	Forma 37	Atípi-cos	Martínez III/ *Celti* 1	Hayes 8A	Hayes 23B 197	Hayes 181		
Vertedero de Orive	Forma 15/17 24/25 27 29 y 37			Hayes 3B 3C 9A	Hayes 23B y 181 Ostia I.261 III.332			
Domus del Parque Infantil de Tráfico	Forma 4				Hayes 181			Dressel 7-11
Necrópolis del Avellano	Forma 15/17 27			Hayes 9B			Dressel 3	
Avd. Corregidor	Forma 15/17 46						Dressel 5C	

TABLA 5. SIGLO II D.C.

africana de mesa y cocina. En el *vicus* occidental acontece la urbanización del espacio, próximo a la zona de entrada, con la construcción de dos canalizaciones cuyo fin es drenar el nuevo espacio ocupado (Cortes B y C). En uno de los Cortes – B, la *sigillata* hispánica recuperada responde a formas pertenecientes a la segunda fase del alfar de Andújar mediante la copa 37, asociada a un galbo de *sigillata* africana A – Hayes 8 A – y cerámica africana de cocina Hayes 23 B, acompañando a estas producciones se han recuperado *sigillata* gálica y cerámica de imitación tipo Peñaflor Martínez IIIb (Vargas 2000: 182). En el Corte C carecemos de material asociado a la citada canalización. No obstante, su cercanía al arroyo que discurría paralelo a la muralla y que había servido de límite natural a la misma en su trazado fundacional, aporta la colmatación parcial del arroyo mediante la deposición de material procedente del uso del *vicus* a lo largo de la primera mitad del siglo II d. C., y que refleja el ajuar doméstico de este momento con la asociación de la copa astigitana forma 37 y cerámica africana de cocina con la cazuela Hayes 197/ Ostia III. 267 (Vargas 2000: 183).

En la segunda mitad del siglo II d. C. se producen una serie de transformaciones en el *vicus* que responden a una reforma constructiva del mismo. En este momento la *sigillata* hispánica procedente de Andújar, es la producción más consumida en nuestra ciudad dentro del repertorio de cerámica fina de mesa. Ésta aparece asociada a cerámica africana de cocina y a imitaciones de las mismas, en concreto al tipo de cazuela Hayes 181 (Vargas 2000: 186).

En el yacimiento de Cercadilla (Moreno 1998: 247ss), el porcentaje de *sigillata* hispánica de Andújar es también elevado en comparación con otras producciones de cerámica fina de mesa como la *sigillata* hispánica de Tricio, gálica e itálica. De dicho yacimiento se ha recuperado un conjunto de sellos del taller astigitano (Moreno 1998: 252). Este hecho contrasta con la escased de sellos recuperados en la ciudad. De igual modo que en el *vicus* occidental, su presencia a lo largo del siglo II es importante. El repertorio es el habitual, incluyéndose algunas formas más singulares debido a su rareza, tales como Hermet 13, Mezquiriz 70 y una forma asimilable a la itálica *Conspectus* 32 (Moreno 1998: 253).

Para conocer el comportamiento de esta producción en un momento avanzado, el último cuarto del siglo II d. C. es fundamental los datos proporcionados por el estudio de un vertedero asociado al abandono del circo cordubense (Carrillo y Murillo 1996: 1301-1319). El material cerámico se componía principalmente de *sigillata* hispánica – formas 15/17, 25/25, 27, 29 y 37 – africana "A" – Hayes 3 B, 3 C, 9 A, y cerámica africana de cocina – Hayes 23 B, Ostia III.332, Hayes 196/ Ostia I. 261 y Hayes 181. En este momento el porcentaje de *sigillata* hispánica de Andújar es equiparable al de cerámica africana de cocina, siendo el volumen de *sigillata* africana "A" muy bajo. De dicha circunstancia se podría inferir en nuestra ciudad, el escaso eco que tuvo esta producción fina en contraste con su homóloga de cocina; y da una idea de la competencia que supuso la comercialización de la *sigillata* astigitana tal como apuntó M. Moreno en el análisis de las importaciones del yacimiento arqueológico de Cercadilla (Moreno 1998: 256), anulando prácticamente el consumo de este producto norteafricano.

Así las cosas, podemos decir que el volumen de la *sigillata* hispánica de Andújar a lo largo del siglo II d. C. es muy importante. Además hacen acto de presencia algunas formas, que ya habían sido fabricadas desde el I en los Villares de Andújar. Este es el caso de la copa 4 constatada en la segunda mitad del siglo II en la *domus* del Parque Infantil de Tráfico, muy próxima al ya referido *vicus* occidental. La copa se encuentra asociada a un ejemplar de cerámica africana de cocina Hayes 181 y un borde de ánfora de salazón Dressel 7-11, junto a material residual.

	TSH Tricio	TSH Andújar	TSHP/ Imitación Peñaflor	TSA	Africana de Cocina	Imitac Afric	Lucernas	Ánforas
Domus del Parque Infantil de Tráfico		Forma 15/17		Atípico en A/C	atípicos	atípicos		
Cloacas Circo	atípicos	Forma 15/17			Ostia I.261		Dressel 3	Dressel 20 G
Circo		Forma 15/17 24/25 27 29 37 44		Hayes A 3B 9A C 44 45	Hayes 23B 23A 181 182 Ostia I.261 I,264 II.312 III.332		Dressel 5 C 28	Ánforas Keay XII XVI XXVIIA

TABLA 6. SIGLOS III Y IV D.C.

Todo ello correspondió a labores de reforma de la vivienda, con la anulación de un muro y ampliación de la estancia (Vargas 2010: 461).

Este elevado consumo de los productos astigitanos tiene también su correlación en ambiente funerario, como se evidencia al menos en la necrópolis del Avellano o la del Corregidor. En el primer caso la tumba se selló herméticamente junto al *bustum* por cantos de cuarcita y se componía de dos copas 27 y un plato 15/17, una representación de Minerva en terracota, una lucerna de venera derivada de la Dressel 3, cerámica africana "A" – forma Hayes 9 b/Lamboglia 2 b-, y vidrio de fechas avanzadas – Isings 97a y 82b 2 – todo ello con una cronología en torno a la segunda mitad del siglo II d.C. (Penco 1998: 68-69). En la necrópolis de la Avenida del Corregidor constatamos una tumba – 56 – de este mismo período. Realizada la cremación en fosa simple, sin ningún tipo de cubierta, presenta como ajuar un plato forma 15/17, un vaso forma 46, una lucerna de canal abierto Dressel 5 C y una aguja de hueso trabajado.

Hacia el primer tercio del siglo III d. C. continua con normalidad el consumo de los productos astigitanos. De este modo, correspondiendo a una fase de abandono de la *domus* arriba reseñada, – primer tercio del siglo III d. C.- vuelven a recuperarse ejemplares de *sigillata* hispánica entre los que se distingue el plato 15/17, asociado a cerámica africana de cocina, imitaciones de esta producción y *sigillata* africana "A/C" (Vargas 2010: 462). Igualmente en los niveles de colmatación de las cloacas del circo – UE 258, Campaña de Orive de 1998 – se recuperó fragmentos en *sigillata* hispánica de Tricio, hispánica de Andújar – plato 15/ 17 – cerámica africana de cocina Ostia I.261[29], ánforas Dressel 20[30] y una lucerna Dressel 3. El material anfórico, es el que nos permite aquilatar un poco más la cronología, con la constatación de lo que parece una Dressel 20 G (Figura7 nº 2) fechada entre el 210 y el 280 d. C. (Raynaud 1993: 26). La ausencia de *sigillata* africana "C", y la presencia del ejemplar africano Ostia I.261, tan frecuente en época severiana[31], parece indicar que estaríamos al menos en las primeras décadas del siglo III d. C.

A partir del segundo tercio del siglo III d. C. es habitual la constatación de *sigillata* hispánica de Andújar con muestras norteafricanas, en concreto *sigillata* africana "C", cerámica africana de cocina e imitaciones locales de cerámica africana de mesa y cocina en prácticamente todas las intervenciones arqueológicas desarrolladas en la ciudad. No obstante, por aquilatar algo más el cerco geográfico, subrayamos un dato muy interesante también constatado en la ciudad y traído aquí para su estudio, y es el de la situación de la *sigillata* astigitana en el siglo IV d. C., a través del análisis de los contextos del circo cordubense. En este sentido las muestras cerámicas de esta producción evidencian una calidad técnica y decorativa muy inferior, con unas pastas muy calcáreas y una mala decantación y acabado. La nota característica en estos niveles es el importante volumen de material residual. Entre los materiales más recientes podemos nombrar en *sigillata* hispánica las copas 24/ 25, 29, 37 y 44, un plato 15/ 17, *sigillata* africana "A" – Hayes 9 A, Hayes 3 B, un *oiskos* –, *sigillata* africana "C" – tipos Hayes 44[32], 45 A[33] cerámica africana de cocina – Hayes 23 A, 23 B, Hayes 182/ Ostia I.264, Hayes 196/ Ostia I. 261, Hayes 197, Ostia II. 312 – imitaciones de cerámica africana de mesa –

[29] Atestiguada desde época antonina y más frecuentemente en época severiana hasta el final del siglo IV o inicios del V d. C. (*Atlante* I 1981: 212).

[30] Desarrolladas desde época augustea (Berni 1998: 27), hasta finales siglo III d. C. (Peacock y Williams 1986: 136).

[31] Tiene una difusión acentuada desde época severiana hasta esta última centuria (*cf. Atlante* I 1981: 212: Aquilué 1995: 67), en *Ilerda*, hay un especial predominio de este tipo hacia mediados del siglo II y primera mitad del III (Miró 1991: 313).

[32] Se desarrolla desde el 230/240 hasta finales del siglo III d. C. (Hayes 1972: 62).

[33] 230/240-320 d. C. (Hayes 1972: 62).

Hayes 9 B y una base de una Hayes 8 – de cocina – Hayes 181 y 182/ Ostia I.264 – lucernas – Dressel 5 y 28 – y un importante volumen de cerámica alisada. El material más coetáneo lo aportaría un ejemplar en ánfora afín a la forma Keay 27 A, fechada en la segunda mitad del siglo IV (Bonifay 2004: 132), Dressel 23 A, fechadas desde el 270 al 400 d. C. (Raynaud 1993: 26), Keay XVI y Almagro 50/ Keay XII, que comienza a producirse en los inicios del siglo IV y durante todo el V (Peacock y Williams 1986: 130-131), junto con otras muestras residuales – Beltrán II B, 14, 7-11. Junto al material anfórico tardío debemos reseñar la presencia de un fósil guía frecuente en la estratigrafía cordubense para estratos del siglo IV y V, y es la singular presencia de abundante malacofauna – ostiones.

3. Conclusiones

La *sigillata* hispánica se incorpora al ajuar doméstico cordobés en época neroniana, y se desarrolla hasta el siglo III d. C., e incluso inicios del IV; momento este último para el cual comienza a ser residual.

El punto de partida o referencia a nivel estratigráfico serían los rellenos de la *cella* del templo romano de la calle Claudio Marcelo, donde en época de Tiberio-Claudio se constata un bajo porcentaje de *sigillata* gálica (Jiménez 1996: 142) y una total ausencia de *sigillata* hispánica. Apareciendo por primera vez y de forma tímida en época neroniana en diversos contextos cerámicos de la ciudad.

En el caso de la *sigillata* hispánica de Tricio, teniendo en cuenta los tres períodos establecidos a nivel decorativo[34], podemos decir que la encontramos prácticamente en sus dos primeras fases de producción, asociada a manufacturas realizadas en nuestra ciudad, caso de paredes finas Mayet XXXVII o productos importados, como cazuelas en barniz rojo pompeyano – tipos Luni 2 o 5 –; siendo menos frecuente su constatación en un momento tardío.

La *sigillata* procedente de Andújar se introduce en época neroniana, avanzada ya la década de los 60. Se generaliza en época flavia y se convierte desde este momento en un elemento básico del ajuar cordobés, percibiéndose un importante volumen de consumo a lo largo del siglo II y III d. C. De estos datos se puede inferir una producción más dilatada de lo que inicialmente se había establecido para la manufactura astigitana.

Hasta ahora sabíamos que al menos tres generaciones de alfareros trabajarían con seguridad en los alfares de Andújar. En un primer momento se constató además indicios de fabricación de cerámica de barniz rojo tipo julioclaudio e imitaciones de cazuelas de barniz rojo interno pompeyano, fechado en época Tibero-Claudia. La segunda generación habría producido fundamentalmente en época flavia, continuando también durante este momento la producción de cerámica común, ibérica y paredes finas. La tercera generación abarcaría los últimos años del siglo I d. C. hasta la extinción del alfar, que en principio cesaría siendo un factor, entre otros, la posible competencia de la *sigillata* africana "A" (Fernández 1998: 94-96). Estos datos hacen reflexionar sobre el momento final de su producción, establecido en el siglo II d. C. (Fernández y Ruiz 2005: 141), si consideramos detenidamente el estudio del vertedero del Palacio de Orive, que es clave para la comprensión de esta manufactura en un momento tardío del siglo II d. C. En dicho vertedero la *sigillata* hispánica de Andújar junto a la cerámica africana de cocina, copan el lugar principal de producciones cerámicas allí representadas, por detrás y en menor porcentaje le seguiría la *sigillata* africana de mesa en su variante "A" (Carrillo y Murillo 1996: 1307). Ya en su momento J.M. Alonso de la Sierra apuntó cómo la importación de estas producciones en "A" se vieron frenadas por el dominio de las cerámicas locales, en concreto la *sigillata* hispánica de Andújar (Alonso de la sierra 1995: 158). Una situación similar se observó en Mérida, con una presencia muy reducida en el período comprendido entre finales del siglo I d.C. y la primera mitad del II, en que el mercado era abastecido prioritariamente por las sigillatas hispánicas; siendo en el siglo III cuando protagonizaron un mayor auge las sigillatas africanas (Vázquez de la Cueva 1985: 90).

Por el contrario, en Córdoba, si bien inicialmente se relacionó el final del alfar con la competencia y auge de la *sigillata* africana, la preeminencia de la primera sobre la segunda a lo largo de todo el siglo II y III, parece indicar una dilatada fabricación en la que no fue obstáculo alguno la comercialización de los productos africanos, en especial los de cocina, que rápidamente fueron copiados. De este modo en el siglo II y III d. C. se dibuja, a nivel doméstico, un panorama conformado por una vajilla de mesa, donde convive mayoritariamente la *sigillata* hispánica de Andújar, y de cocina, mediante cerámica africana, sin perjuicio de la presencia de vajilla en *sigillata* africana "A", "A/D" y "C".

Si bien el vertedero de Orive es un elemento clave para interpretar la dinámica comercial de la *sigillata* hispánica procedente de los Villares de Andújar en las postrimerías del siglo II d. C.; para el siglo III d. C. disponemos de una pieza singular procedente de la Terraza Media del teatro cordobés. Se trata de una imitación isturgitana del plato Hayes 48. Este particular hallazgo lleva a cuestionar de nuevo el final de la vida del alfar, que bien pudo prolongarse hasta mediados del siglo III, o incluso IV (Monterroso 2002: 284). Curiosamente en los contextos cerámicos cordubenses de este período se aprecia un importante volumen de *sigillata* hispánica de Andújar, que en ocasiones presenta una escasa calidad técnica.

Otro dato singular que se deriva del análisis de los talleres de sigillata hispánica de origen bético, es el amplio espectro de talleres diseminados por el territorio, muchos de ellos sin estudiar o definir. En este marco debemos

[34] Mediados del siglo I y época flavia, un segundo momento que arranca desde época flavia hasta el siglo II d.C., y por último mediados/fines del siglo II hasta el siglo IV (Sáenz 1998: 155 y 156).

entender nuestras propias manufacturas locales. En el caso de la *sigillata* hispánica procedente de los Villares de Andújar, se ha estudiado fundamentalmente a partir de los vertederos generados de su fabricación. Estos vertederos pusieron de manifiesto la producción a gran escala de *sigillata,* cerámica de tradición ibérica, paredes finas, cerámica común y lucernas (Fernández 1998: 52). Por el contrario, otros talleres, bien estudiados, en concreto los procedentes de la Depresión de Antequera, muestran una producción más reducida, con objeto de abastecer un comercio de interior, desarrollándose su producción a lo largo de la segunda mitad del siglo I d. C., cesando en el II d. C. (Serrano 1998). Analizados estos datos podemos inferir una serie de cuestiones obvias, pero que no queremos dejar pasar y sobre las que queremos reflexionar y es la existencia de dos tipos de talleres. De un lado los grandes centros productores creados para la producción y comercialización a gran escala, concebidos desde el principio con la vocación de producir y abastecer a un amplio territorio por lo que desde su inicio establecen la infraestructura necesaria para su desarrollo. Y de otro, la existencia de numerosos alfares locales que se atreven con la fabricación de *sigillata,* pero destinada esencialmente a un autoconsumo con un bajo radio de exportación.

En este marco insertaríamos los hornos excavados en nuestra ciudad, cuya producción de *sigillata* apenas cuajó, presentando, paradójicamente, una escasa incidencia en el consumo local. No ocurriría lo mismo con la manufactura astigitana, donde el papel redistribuidor de nuestra ciudad, ocasionó que inundara el mercado a lo largo de los siglos II y III d. C., convirtiéndose en el elemento básico del ajuar doméstico cordubense para el período reseñado.

Bibliografía

Aguarod, Mª C. (1991) *Cerámica romana importada de cocina en la Tarraconense.* Zaragoza.

Alonso de la Sierra, J. (1995) Cerámicas africanas de Córdoba. *AAC* 6: 145-173.

Amaré, Mª T. (1987) Lucernas romanas del extremo sur del convento cesaraugustano: provincias de Guadalajara y Madrid. *Wad-Al-Hayara*: 9-34.

Amaré. Mª.T. (1988) *Lucernas romanas de Aragón.* Zaragoza.

Arqueología Urbana (1991). Catálogo de la Exposición, Córdoba.

Atlante I (1981) *Atlante delle forme ceramiche* I (Enciclopedia dell´Arte Antica). Roma.

Atlante II (1985) *Atlante delle forme ceramiche* II (Enciclopedia dell´Arte Antica). Roma.

Bonifay, M. (2004) *Etudes sur la cerámique romaine tardive d'Afrique* (BAR International Series 1301) Oxford: Archaeopress.

Carrillo, J.R. y Murillo, J.F. (1996) Un vertedero con cerámica africana de cocina en Colonia Patricia, en *XI Congreso Internacional L'Africa Romana,* Cartago:1301-1319.

Conspectus (1990) *Conspectus Formarum Terrae Sigillatae Italico Modo Confectae.* Bonn.

García Vargas, E. (1998) *La producción de ánforas en la bahía de Cádiz en época romana (s. II-IV d. C.),* Sevilla.

Fernández, Mª I. (1998) Características de la *Sigillata* fabricada en Andújar, en Mª I. Fernández (ed.), *Terra Sigillata Hispánica: Estado actual de la investigación*: 49-104. Jaén.

Fabiao, C. (2004) *Centros oleiros da Lusitania. Balanço dos conhecimentos e perspectivas de investigação,* en Bernal, D. Lagóstena, L. (eds.) *Figlinae Baeticae. Talleres alfareros y producciones cerámicas en la Bética romana (s. II a. C.-s. VII d. C.)*: 379-410. Oxford.

Fernández, Mª.I. y Ruiz, P. (2005) *Sigillata* Hispánica de origen bético, en Roca, M., Fernández, Mª. I. (Coords.) *Introducción al estudio de la cerámica romana*: 139-182. Málaga.

Hayes, J.W. (1972) *Late Roman Pottery. A catalogue of Roman fine wares.* Londres.

Hernández, L. y Vargas, S. (2010) Los complejos cerámicos del anfiteatro de *Colonia Patricia Corduba,* en Vaquerizo, D. y Murillo, J.F. (eds.) *El Anfiteatro Romano de Córdoba y su entorno urbano. Análisis Arqueológico (s. I-XIII d.C.)* (MgAC 19, vol. I): 311-328. Córdoba.

Jiménez, J. L. (1996) El templo romano de la calle Claudio Marcelo en Córdoba: aspectos cronológicos y funcionales en León, P. (ed.) *Colonia Patricia Corduba: una reflexión arqueológica (Córdoba 1993)*: 129-154. Sevilla.

Jiménez, J.L., Moreno, M., Ruiz, Mª.D. (2001) El circo oriental de *Colonia Patricia,* en *El Circo en Hispania Romana*: 57-74. Mérida.

López Mullor, A. (1989) *Las cerámicas romanas de Paredes Finas en Cataluña.* Barcelona.

Mezquiriz, Mª A. (2004) *Terra sigillata* hispanica. *Trabajos de Arqueología de Navarra* 17*:* 419-553.

Miró, B. (1991) La *Terra Sigillata* Africana a *Ilerda. Revista d'Arqueologia de Ponent* 1: 223-237.

Monterroso, A. (2002) Plato de cerámica, posiblemente producido en Andújar, en Ventura, A., Márquez, C., Monterroso, A. y Carmona, M.A. (ed.) *El teatro romano de Córdoba. Catálogo de la Exposición*: 281-283. Córdoba: Universidad de Córdoba.

Moreno, M. (1998) Importaciones e imitaciones de cerámica romana en el yacimiento de Cercadilla (Córdoba) siglos I al III d. C. *AAC* 9: 247-272.

Morillo, M.A. y Amaré, Mª.T. (2005) *Asturica Augusta* como centro de producción y consumo cerámico en Fernández, C. y García, P. (eds.) *Unidad y diversidad en el Arco Atlántico en época romana. III Coloquio internacional de arqueología en Gijón 28, 29 y 30 Septiembre 2002*: 121-143. Gijón.

Peacock, D.P.S y Williams, D.F. (1986) *Amphorae and the Roman Economy. An introductory guide.* London: Longman .

Penco Valenzuela, F. (1998) Un conjunto funerario de libertos y esclavos de Época Altoimperial excavado en la calle El Avellano nº 12 de Córdoba. Una nueva aportación a la *Colonia Patricia Corduba. Antiquitas* 9: 61-77.

Pradales, D. (1988) Orígenes y distribución de la *Terra Sigillata* en Andalucía. Nuevos datos para el comercio cerámico en la Antigüedad, en *Actas del I Coloquio de Historia Antigua de Andalucía,* tomo II: 143-169. Córdoba.

Raynaud, C. (1993) Amphores de Bétique. *Lattara*: 23-27.

Roca, M. (1998) Historia de la investigación de la *terra sigillata* hispánica, en Fernández García, Mª.I. (ed.) *Terra Sigillata Hispánica: Estado actual de la investigación*: 12-30. Jaén .

Roca, M. (2005) La *Terra Sigillata* Sudgálica, en Roca, M., Fernández, Mª. I. (coords.) *Introducción al estudio de la cerámica romana*: 116-137. Málaga.

Rodríguez, Mª. C., Murillo, J.F., Gutiérrez, Mª.I., Vargas, S., Hernández, L., Martagón, M. y Vaquerizo, D. (2010) Informe-Memoria preliminar de la A.A.Punt. para la puesta en valor y musealización del anfiteatro de *Colonia Patricia Corduba.* Córdoba.

Romero, Mª.V. y Ruiz, P. (2005) Los centros de producción de T.S.H. en la zona septentrional de la Península Ibérica, en Roca, M., Fernández, Mª. I. (coords.) *Introducción al estudio de la cerámica romana*: 183-223. Málaga.

Sáenz, Mª.P. (1998) El complejo alfarero de *Tritium Magallum* (La Rioja) alfares altoimperiales, en Fernandez García, Mª.I. (ed.) *Terra Sigillata Hispánica: Estado actual de la investigación*: 123-164. Jaén.

Serrano, E. (1998) La producción cerámica de los talleres romanos de la Depresión de Antequera, en A.A.V.V. *Figlinae Malacitanae*: 217-232. Málaga.

Valera, R. (2005) Producciones realizadas en el alfar localizado en la parcela 2.12 del Plan parcial Renfe. *Arte, Arqueología e Historia* 5: 67-76.

Vaquerizo, D., Garriguet, J.A. y Vargas, S. (2005) *La Constancia. Una contribución al conocimiento de la topografía y los usos funerarios den la Colonia Patricia de los siglos iniciales del Imperio.* Córdoba.

Vargas, S. (2000) El *vicus* occidental de *Colonia Patricia*, bases para su estudio: la cerámica romana, *AAC* 11: 177-201.

Vargas, S. (2010) El *vicus* del *Suburbium* occidental de *Colonia Patricia* visto a través de sus conjuntos cerámicos, en Vaquerizo, D. y Murillo, J.F. (eds.) *El Anfiteatro Romano de Córdoba y su entorno urbano. Análisis Arqueológico (s. I-XIII d.C.)* (MgAC 19, vol. 2): 450-466.

Vargas, S. y Gutiérrez, Mª I. (2004) *Informe técnico preliminar de la Intervención Arqueológica de Urgencia en la Avenida del Corregidor* (Trazado del nuevo colector de Vistalegre, Córdoba). Informe administrativo inédito.

Vargas, S. y Gutiérrez, Mª I. (2006) La necrópolis romana de la Avenida del Corregidor de Córdoba. *AAC* 17: 259-278.

Vázquez de la Cueva, A. (1985) *Sigillata africana en Augusta Emerita*. Monografías Emeritenses 3. Mérida.

Un contexto cerámico de época de Claudio del santuario iberorromano de Torreparedones, colonia *Ituci Virtus Iulia* (Baena, Córdoba)

José Antonio Morena López
Arqueólogo Municipal y Director del Museo Histórico de Baena, museohistorico@ayto-baena.es

Manuel Rubio Valverde
Arqueólogo. Universidad de Granada, kapi1986@hotmail.com

1. Introducción

En la primavera de 2012 recibimos la invitación, desde el proyecto I+D "*EX OFFICINA MERIDIONALI*"[1] para participar en esta iniciativa que ahora presentamos con un conjunto de cerámicas procedente de estratos datables entre los siglos I y II d.C. del yacimiento de Torreparedones, en Baena (Córdoba). Aprovechamos para agradecer enormemente esta invitación a sus promotores, en especial a la catedrática de arqueología Mª Isabel Fernández García[2].

Al recibir esta invitación, la primera duda que nos asaltó fue qué unidades estratigráficas serían las más adecuadas para este trabajo. Aunque el yacimiento es bastante amplio, como más tarde comentaremos, apenas ha sido excavado un 5% de su extensión, y solamente se han exhumado restos en algunos puntos concretos. Tras repasar concienzudamente todos los informes, coincidimos en elegir una unidad estratigráfica de uno de los lugares más emblemáticos, y probablemente el más importante del yacimiento, su santuario iberorromano.

2. Caracterización del yacimiento

El yacimiento de Torreparedones, identificado como la *Colonia Virtus Iulia Ituci* (Ventura 2012: 42; Morena 2011b; Morena, Moreno y Martínez 2012: 189-192), se sitúa en plena campiña cordobesa, concretamente entre los municipios de Baena y Castro del Río (Figura 1). Fue el Exmo. Ayuntamiento de Baena el impulsor de la creación en este yacimiento de un parque arqueológico dentro de su proyecto "*BaenaCultura*", que aglutina una serie de actuaciones en el patrimonio histórico y natural del municipio (Morena 2012: 251). Se trata de un asentamiento cuya ocupación se inicia en la segunda mitad del IV milenio a.C. y que permanecerá ocupado hasta la Baja Edad Media, alcanzando su mayor esplendor en época iberorromana.

Aunque el yacimiento era conocido desde la Edad Moderna por la aparición casual de elementos escultóricos o arquitectónicos, fue en el siglo XIX cuando adquirió una gran relevancia. Y es que en el año 1833, mientras unos labradores trabajaban la tierra, se produjo el hallazgo casual de una tumba hipogea en el entorno de Torreparedones. En concreto se trataba de un sepulcro colectivo que albergaba 14 urnas que contenían los restos incinerados de la familia de los *Pompeyos*, hecho conocido porque 12 de las urnas estaban grabadas con el nombre del difunto. Este hallazgo hizo que el yacimiento fuese conocido por toda la Península Ibérica e incluso fuera de ella[3].

En la década de los 80 del siglo XX se produjo otro momento de inflexión con la publicación del libro "*El santuario ibérico de Torreparedones (Castro del Río – Baena, Córdoba)*" (Morena 1989), que originó la puesta en marcha de un proyecto de investigación denominado "*The Guadajoz Proyect*". Dirigido por los profesores Mª Cruz Fernández Castro, de la Universidad Complutense de Madrid, y Barry W. Cunliffe, del Instituto de Arqueología de la Universidad de Oxford, las campañas de excavación se centraron en la puerta oriental, en algunos tramos de muralla, y en el santuario. Aunque los resultados de estas campañas fueron realmente espectaculares[4], el proyecto se interrumpió y el yacimiento quedó en un estado de abandono.

Ya en los primeros años de este siglo Torreparedones vuelve a ser objeto de atención, concretamente por parte del Ayuntamiento de Baena, que decide crear un parque arqueológico como antes señalábamos, proyecto que hoy día es una realidad. Las primeras actuaciones llevabas a cabo desde el consistorio consistieron en la exhumación de la totalidad de la superficie del santuario y de la puerta oriental, continuando con la excavación del centro monumental de la ciudad romana, actuación que comenzó

[1] En concreto, se trata del proyecto I+D "*EX OFFICINA MERIDIONALI*: tecnología, producción, difusión y comercialización de cerámicas finas de origen bético en el Sur peninsular durante el Alto Imperio" (HAR2010-17507).

[2] Por supuesto también a Pablo Ruiz Montes y Mª Victoria Peinado Espinosa, del Departamento de Prehistoria y Arqueología de la Universidad de Granada, a los que agradecemos su disponibilidad y ayuda para la realización de este trabajo.

[3] Sobre este hallazgo el Exmo. Ayuntamiento de Baena editó un monográfico, VV.AA. 2010 *El Mausoleo de los Pompeyos de Torreparedones (Baena, Córdoba): análisis historiográfico y arqueológico*. Salsum, 1. Monografías del Museo Histórico de Baena.

[4] Estos resultados aparecieron publicados en Cunliffe, B.W. y Fernández, Mª C. (1999) *Guadajoz Project. Andalucía in the first millenium BC. Volume 1. Torreparedones and its hinterland*. Una versión en castellano puede consultarse en Fernández, MaC. y Cunliffe, B. W. (2002): *El yacimiento y el santuario de Torreparedones. Un lugar arqueológico preferente en la campiña de Córdoba*. BAR. International Series 1030

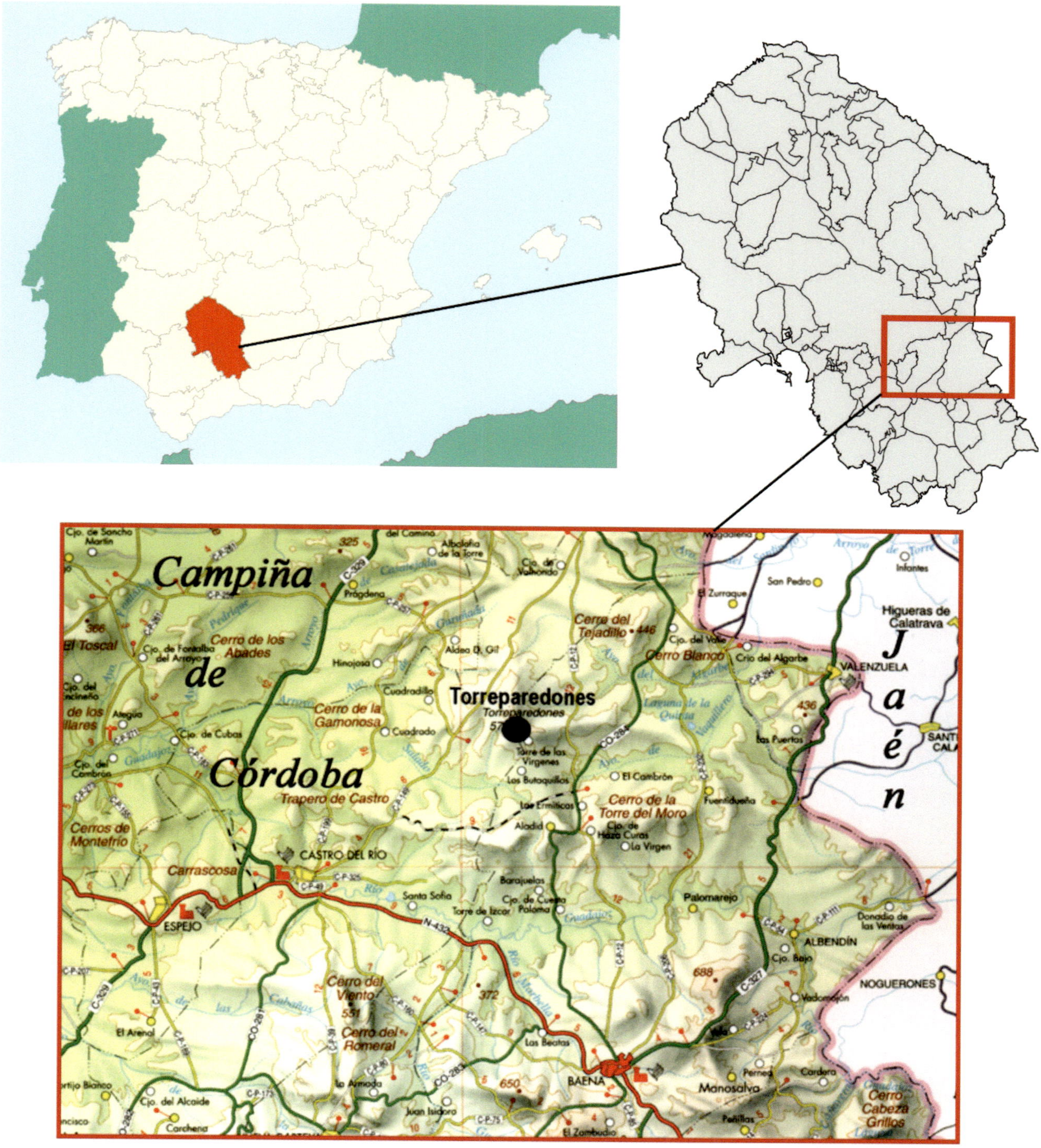

Figura 1. Situación del yacimiento de Torreparedones.

en 2009. Los primeros resultados de esta excavación ya fueron dados a conocer (Morena *et al.* 2011), aunque los últimos hallazgos aún permanecen inéditos, pues ésta se ha desarrollado hasta hace pocos meses. Entre los elementos exhumados en esta excavación, destacan el *macellum* de la ciudad[5], unas termas tardorrepublicanas, y la plaza forense (Figura 2), donde se ha localizado cada uno de los espacios que suelen repetirse en este tipo de ámbitos, tales como el templo, la curia o la basílica civil. También muy importantes han sido los hallazgos escultóricos que esta actuación ha deparado, destacando una *thoracata* o los retratos de los emperadores Claudio y Augusto[6], y las esculturas sedentes localizadas en la curia. También se han llevado a cabo actuaciones en una de las necrópolis de la ciudad, concretamente en la situada a las afueras de la puerta oriental[7], en la que

[5] En este caso también se ha publicado un monográfico al respecto, Morena, J. A., Moreno, A. y Martínez, R. M. (2012) *El Macellum de la colonia Ituci Virtus Iulia (Torreparedones. Baena, Córdoba)*, Salsum, 3. Monografías del Museo Histórico de Baena.

[6] Para profundizar más sobre estos hallazgos, Morena *et al.* 2011: 162 y ss; Márquez et al., en prensa; y Márquez 2012.

[7] Sobre la excavación de la misma, Tristell 2012.

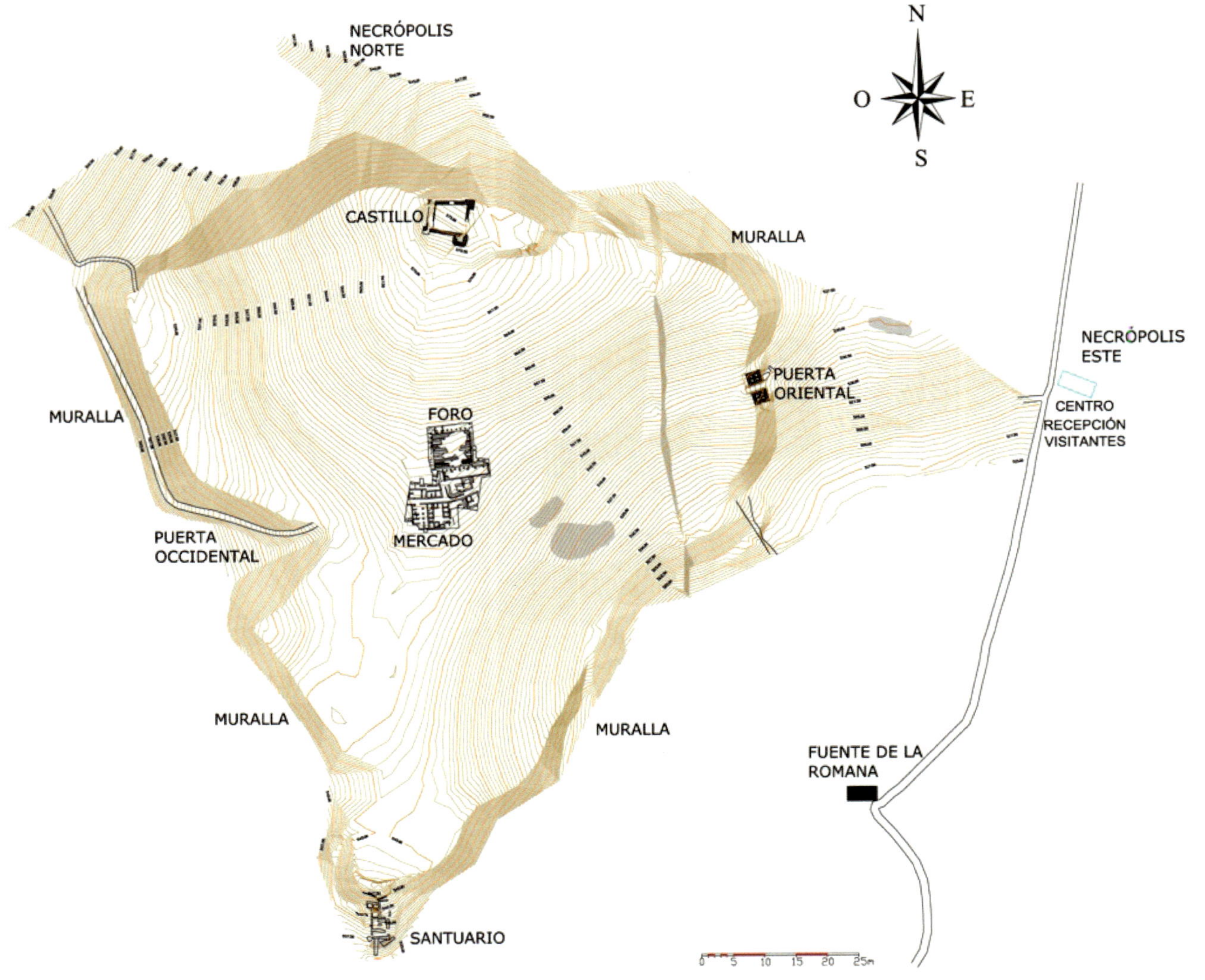

FIGURA 2. PLANO DEL YACIMIENTO DE TORREPAREDONES CON INDICACIÓN DE LOS PRINCIPALES VESTIGIOS EXHUMADOS.

se han documentado más de un centenares de tumbas, la mayor parte pertenecientes a época romana (siglos I-IV d.C.), aunque también se han localizado algunas con una cronología bastante posterior (siglo XI d.C.). Así, de un total de 105.000 metros cuadrados intramuros que tiene el yacimiento, tan solo se ha excavado aproximadamente un 5%, lo que da una idea del potencial de este enclave, y todo lo que aún puede deparar.

3. Contexto arqueológico del conjunto

El conjunto cerámico que nos disponemos a analizar nos lleva a la campaña de excavación llevaba a cabo en el yacimiento durante los años 2006-2007, que tenía como objetivo culminar la excavación del santuario y de la puerta oriental, que ya habían sido investigados parcialmente dentro del proyecto dirigido por B. W. Cunliffe y M. C. Fernández en 1988 y 1990 respectivamente (Morena 2011a: 241).

En el caso del santuario, se plantearon 4 cortes (Figura 3), cuya excavación permitió la documentación completa del mismo, excavándose una superficie total de 763 metros cuadrados. Se distinguieron dos fases en el santuario, denominándose templo A y templo B respectivamente (Figura 4), siendo este último el más reciente cronológicamente hablando. No se pudo determinar el momento de construcción del primer templo, aunque muy probablemente se levantara en época romana republicana (siglo II a.C.), indicando los restos materiales recuperados un uso importante de este primer templo durante los siglos II-I a.C. (Morena 2010: 181 y 2011a: 242). El hallazgo, en la colmatación de un contrafuerte del templo B, de muchos exvotos que presentaban huellas térmicas como consecuencia de una exposición directa al fuego, plantea la posibilidad de que el templo A se incendiara (Morena 2010: 185 y 2011a: 247). Del templo B sí se obtuvo una cronología más exacta, precisándose el momento de su construcción a mediados del siglo I d.C.[8], y el de su destrucción a finales del siglo

[8] Cronología propuesta a partir del hallazgo de una moneda de Claudio en los niveles de colmatación realizados *ex professo* tras la construcción del templo B (Morena 2010: 185 y 2011a: 248

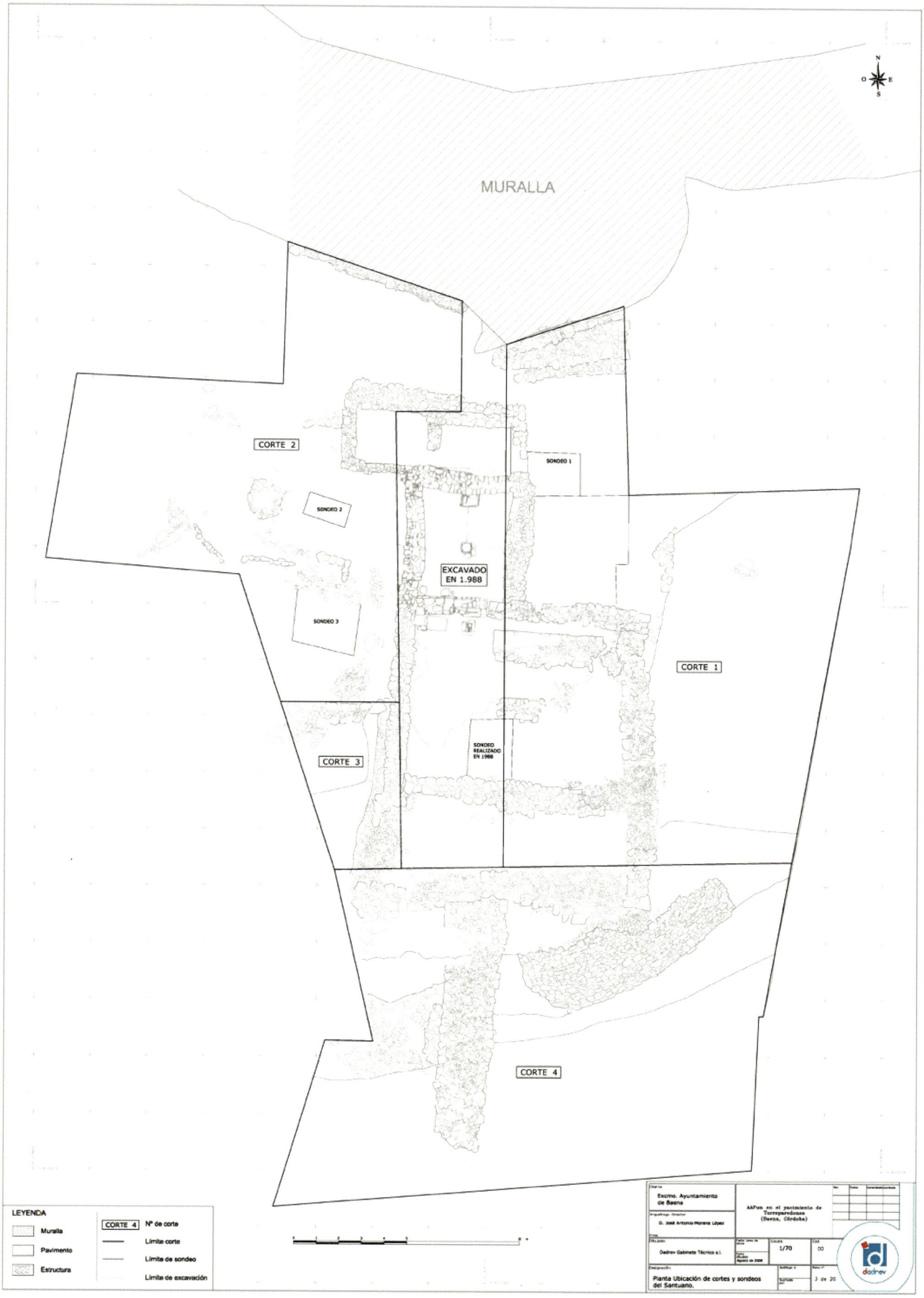

Figura 3. Plano de los cortes de la excavación del Santuario.

FIGURA 4. VISTA GENERAL DEL SANTUARIO DESDE EL SUR.

II d.C., no habiéndose podido concretar el momento de abandono. Se trata de un edificio con tres espacios bien definidos: vestíbulo, patio y cella, al que se accedería mediante una rampa (Figura 5), y en el que se rendía culto a una divinidad denominada *Dea Caelestis – Iuno Lucina* (Morena 2010: 189-190 y 2011a: 253).

El conjunto cerámico elegido para su análisis ha sido el perteneciente a la UE 23 del Corte 4 (Figuras 6 y 7), un gran derrumbe de sillares, sillarejos, mampuestos y trozos de *opus signinum*, además de una gran cantidad de fragmentos cerámicos, interpretado como el derrumbe del templo B, y se extendía a ambos lados de la rampa de acceso al santuario.

4. Análisis morfológico y tipocronológico del conjunto

El conjunto de materiales que aquí se presenta se reduce solamente a las producciones cerámicas, dejando a un lado el resto de materiales también localizados en esta unidad estratigráfica a los que aludíamos más arriba. Se compone de un total de quinientos noventa y siete ejemplares, que conforman un número mínimo de individuos estimado de doscientos uno. Éstos se han distribuido por producciones en la Tabla 1. A continuación se detalla cada una de las clases distinguidas.

4.1. Cerámicas pintadas de tradición ibérica

Hasta 106 fragmentos de cerámica pintada se recuperaron en este contexto, lo que la convierte en el segundo grupo más abundante del conjunto, suponiendo un 17.75% del total. Se estimaron un número mínimo de individuos de 26 (mayor número de bordes), destacando sobre todo jarras y vasos. Mayoritariamente presentan una decoración pintada geométrica monocroma, destacando las líneas y bandas horizontales, los círculos y semicírculos concéntricos, y las líneas onduladas verticales. Esta decoración suele

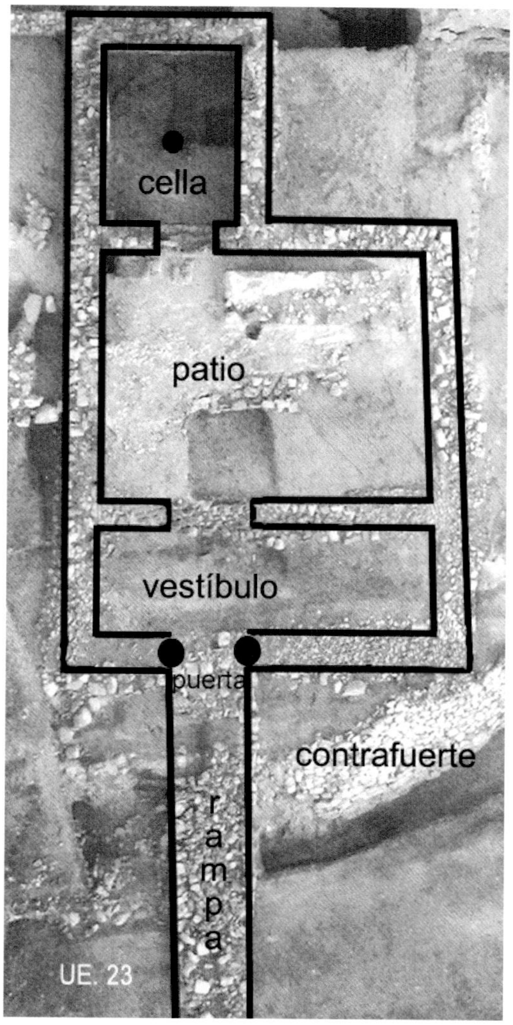

Figura 5. Planta del Santuario con indicación de las distintas estancias.

presentarse en la parte exterior de la pieza, aunque la parte interior de la boca también suele aparecer pintada.

En los vasos se distinguen varias formas: vasos de perfil en S (Figura 8, 1), o vasos de borde vertical, con variabilidad en los bordes, presentándose engrosados y apuntados al exterior (Figura 8, 2), o bien engrosados y vueltos (Figura 8, 3). En este último caso, existe una correspondencia formar con el tipo PIN-TRAD 9.1a producido en Los Villares de Andújar (Ruiz y Peinado 2013: 167, 171) Con respecto a las jarras, abundan las de cuello vertical y borde horizontal (Figura 8, 4), que también presentan una correspondencia formal con un tipo producido en *Isturgi*, en este caso con el tipo PIN-TRAD 9.1b (Ruiz y Peinado 2013: 167-171).

También resulta interesante un ejemplar de plato de borde vertical, de unas dimensiones bastante reducidas, cuya forma se repite mucho en cerámica común, e incluso en *terra sigillata* sudgálica, como más adelante se apuntará.

4.2. Cerámicas tipo Peñaflor

Este tipo cerámico presenta 5 ejemplares, que suponen un 0.83% del total de fragmentos contabilizados. Se han reconocido 3 individuos (mayor número de bases). Las copas son las más numerosas, distinguiéndose dos bordes de dos copas correspondientes al tipo Martínez Ic (Figura 8, 5), con cronologías propias del periodo claudio-neroniano (Bustamante y Huguet 2008: 298; Martínez 1989; Amores y Keay 1999; y Keay 2000). También cabría destacar una

Clase	NFR nb	NFR %/tot	NFR %/grp	NMI nb	NMI %/tot	NMI %/grp	Forma	Tipo	Elem. repr.	nº figuras
ib-pin trad	106	17.75	18.08	26	12.93	13.40	cuenco			
							plato		1b	8, 1
							jarra		3b	8, 2-4
							jarrita			
							vaso			
							olla			
peña	5	0.83	0.85	3	1.49	1.54	plato	Martínez Ic	1b	8, 5
							copa			
sig-it	1	0.16	0.17	1	0.49	0.51				
sig-sg	10	1.66	1.70	5	2.48	2.57	plato	Dr 15		
							cuenco	Dr 22b	1b	8, 6
gris bruñida	1	0.16	0.17	1	0.49	0.51	copa	Dr 33	1b	8, 7
comro	408	68.34	69.62	133	66.16	68.55	cuenco	Herm. 9	1b	8, 8
							plato		3b	9, 1-3
							lebrillo		1b	9, 4
							fuente		1b	9, 5
							jarra		1b	9, 6
cocr-red	55	9.21	9.38	25	12.43	12.88	jarrita			
VAJILLA	**586**	**98.15**	**100**	**194**	**96.51**	**100**	vaso			
a-bet	3	0.50	100	1	0.49	100	tapadera		1b	9, 7
ÁNFORAS	**3**	**0.50**	**100**	**1**	**0.49**	**100**	mortero	Dr. 9B		
DOLIUM	**3**	**0.50**	**100**	**1**	**0.49**	**100**	olla	Der. Dr. 3	1b	9, 8
LUCERNAS	**3**	**0.50**	**100**	**3**	**1.49**	**100**				
UNGÜENT.	**2**	**0.33**	**100**	**2**	**0.99**	**100**				
TOTAL	**597**	**100**		**201**	**100**		volutas			

Tabla 1. Tabla tipológica y cuantitativa de la cerámica de la UE 23.

Figura 6. Detalle del Corte 4 con las distintas UEs definidas.

Figura 7. Detalle de la rampa de acceso al Santuario con indicación de donde se localizaba la UE 23.

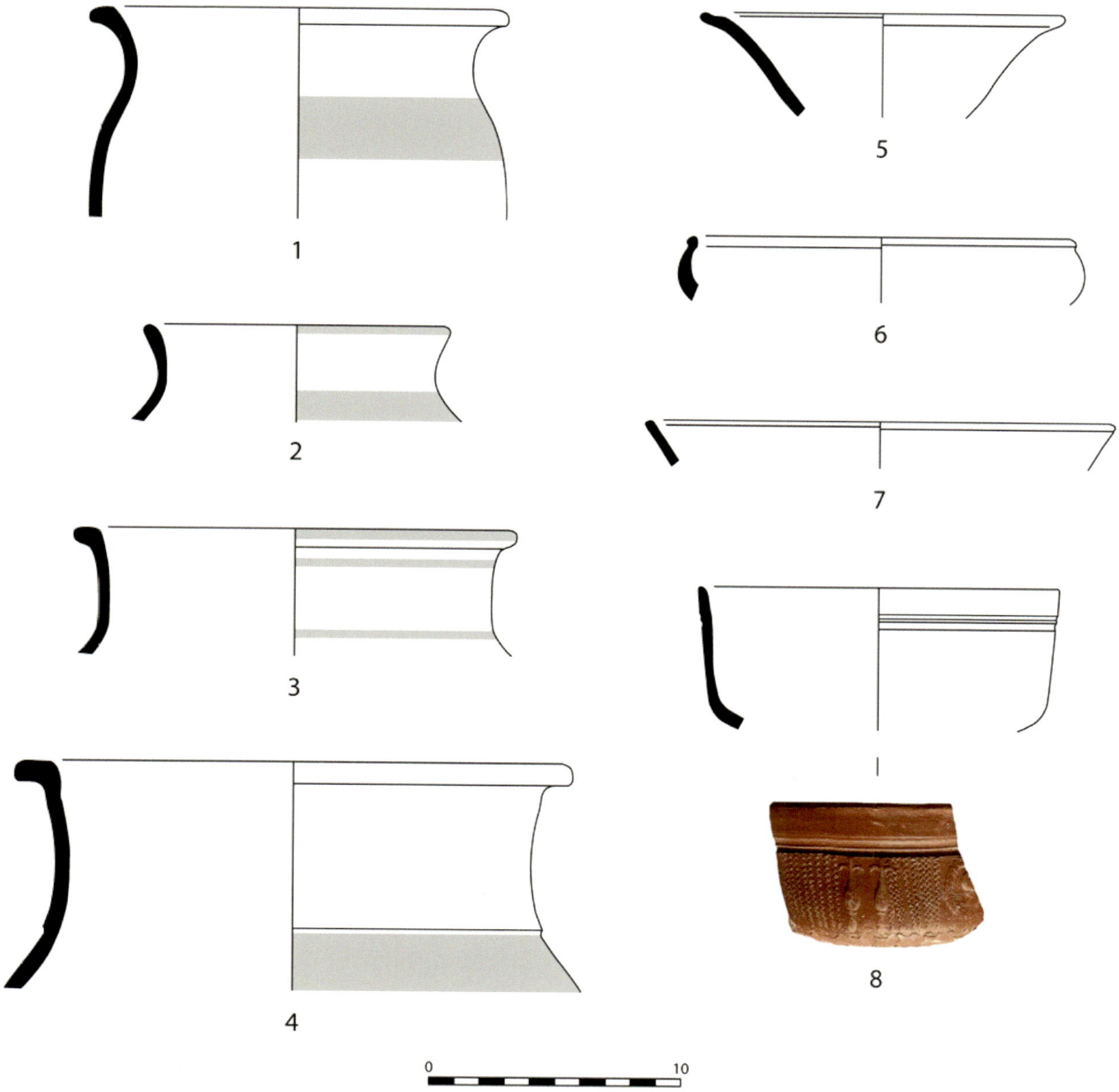

Figura 8. Cerámicas de la UE 23: pintadas de tradición ibérica (1-4), tipo Peñaflor (5) y sigillatae sudgálicas (6-8).

base, también de una copa, que podría pertenecer al tipo Martínez Ib, y que podría proceder de *Corduba*.

4.3. Terra sigillata *itálica*

Tan solo se ha recuperado un fragmento de este tipo cerámico, tratándose de un informe de amorfo, aunque con una marca anepígrafa. Constituye un 0.16% de los fragmentos totales, y un 0.49 % con respecto al NMI (un único individuo).

4.4. Terra sigillata *sudgálica*

Se cuenta con 10 fragmentos, que suponen el 1.66 % del total, aunque solo se han distinguido cinco individuos (mayor número de bases), un 2.48 % del total del NMI. Aunque los platos son mayoría, resulta complicado reconocer su forma, pues en la mayor parte de los casos apenas se cuenta con pequeños fragmentos de base, aunque podrían pertenecer a una forma Drag. 15. En el caso de los bordes, sí que se pueden hacer más precisiones en lo que respecta a su forma. Así, se han reconocido formas como la Drag. 22b (Figura 8, 6), cuya cronología oscila entre el 40 y el 70 d.C., una posible Drag. 33, sin poder especificar variante alguna (Figura 8, 7), de producción tipológica amplia y poco significativa entre los años 20 y 160 d.C., o la Hermet 9 (Figura 8, 8), cuya cronología de producción debe situarse, al igual que la Drag. 22b, y más tras los hallazgos en otras localizaciones como *Bracara Augusta* (Morais 2005: 271), Faro (Viegas 2011: 141) o Castro Marim (Viegas 2011: 451), durante los reinados de Claudio y Nerón, aunque con especial incidencia entre el 40 y el 55 d.C. De esta última destaca no sólo lo preciso y restringido de la cronología asignada, sino también, y como consecuencia, la rareza de estas formas en contextos de producción y consumo.

4.5. Cerámicas grises bruñidas republicanas

Al igual que en el caso de la *terra sigillata* itálica, tan solo se cuenta con un ejemplar de esta clase cerámica, por lo que también supone apenas un 0'16% del total del conjunto. Por desgracia, se trata de un galbo informe, por lo que poco más se puede decir de él, solamente que presenta las características que definen este tipo de producción, es decir, una tonalidad gris cenicienta, con escasos desgrasantes, superficie jabonosa donde los dedos se deslizan con suavidad, ya que ésta se engoba, y no presenta barniz alguno. La escasa presencia de este tipo en el conjunto de la vajilla es algo que se repite, no superando nunca un porcentaje del 5% de la vajilla (Adroher y Caballero 2012: 24), porcentaje que se reduce, como ya señalábamos, al 0'16% de nuestro conjunto. Con respecto a su cronología, su producción parece iniciarse entre los siglos II y I a.C., perdurando, residualmente, hasta la mitad del siglo I d.C. (Adroher y Caballero 2012: 33).

4.6. Cerámica común romana

Se trata, con diferencia, del grupo más abundante del conjunto, suponiendo un 68.34% del total del mismo. En cuanto al número mínimo de individuos, se han distinguido hasta 133 individuos (mayor número de bordes), entre los que se distinguen varias formas: cuencos, platos, fuentes, jarras, jarritas, tapaderas, ollas y morteros.

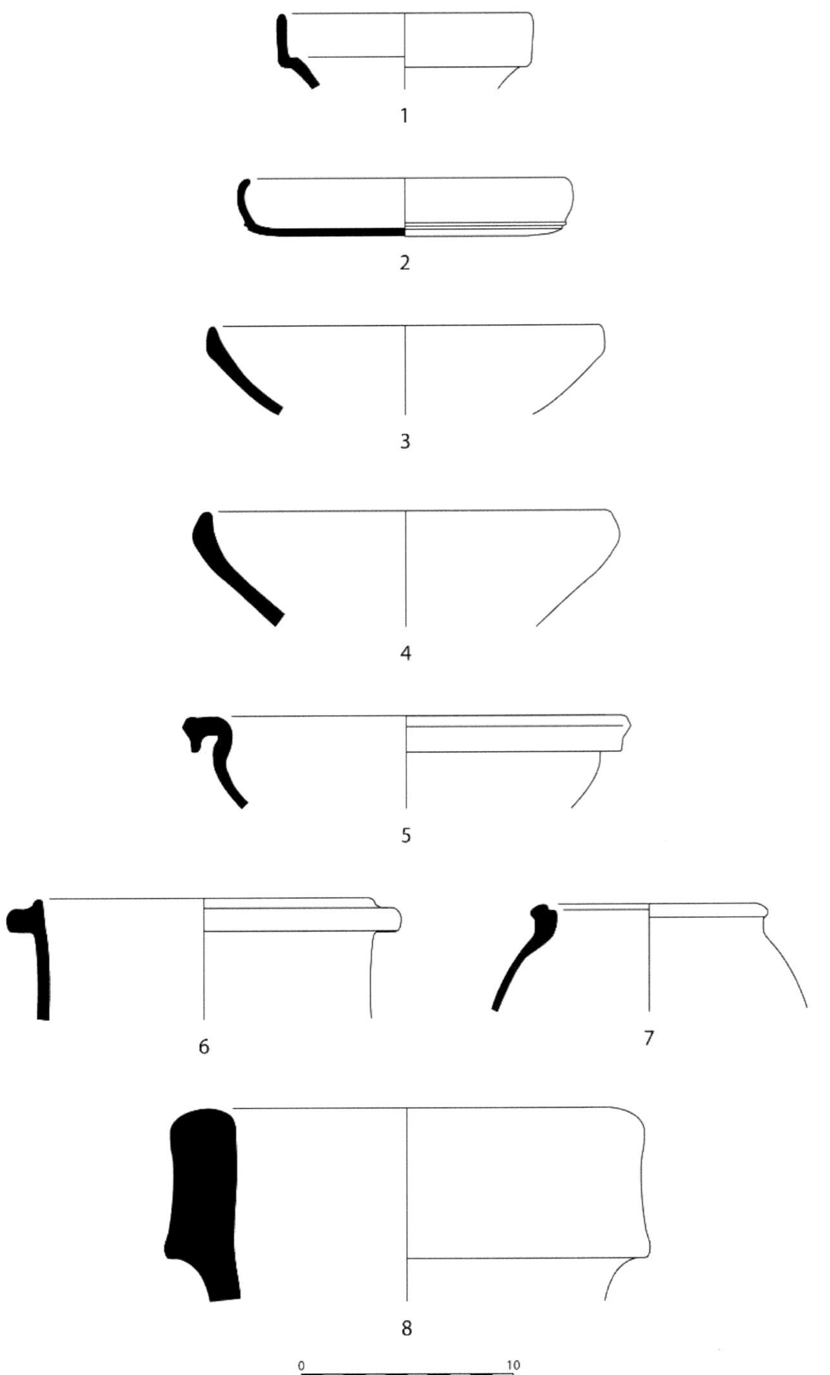

FIGURA 9. CERÁMICAS DE LA UE 23: COMÚN ROMANA (1-6), COCINA REDUCTORA (7) Y ÁNFORA SUDHISPANA (8).

Los cuencos son la forma más abundante, ya que 58 de los 133 individuos reconocidos pertenecen a esta forma. Se trata de formas con paredes de tendencia hemisférica, con pequeñas diferencias tanto en el remate de las mismas, como en el borde. Formalmente, podríamos adscribirlos en su mayoría a la formas COM-BET 2.2 (Figura 9, 1), COM-BET 2.3 y sobre todo COM-BET 2.4 (Figura 9, 3 y 4), ya que, además de la coincidencia en los bordes, la mayor parte de las bases presentan un pie diferenciado en corona de sección redondeada, característica propia de esta última forma (Peinado 2010: 134-135).

Los platos también son de las formas más abundantes, con 33 ejemplares, predominando los pequeños platos de borde vertical (Figura 9, 2), de los que se han distinguido hasta 24 individuos, que pueden presentar pequeñas variaciones en su tamaño, y también pueden estar o no carenados.

Se han distinguido dos ejemplares de lebrillos, o COM-BET 4.2 (Peinado 2010: 140), que destacan por su borde, que parece ser una modificación romana de los platos de borde vuelto de época ibérica (Figura 9, 5).

Otra de las formas a destacar son las jarras, de las que se cuenta con hasta 15 individuos. Las más numerosas son las de pared vertical y borde horizontal, que en algunos casos pueden presentar un asiento para tapadera (Figura 9, 6).

4.7. Cerámicas de cocina reductora

Se trata de la tercera clase más numerosa del conjunto, representando un 9.21% del total. Caracterizada por su pasta de color grisáceo, se han distinguido un total de 25 individuos, todos identificados como ollas (Figura 9, 7), o COC-RED 3.1 (Peinado 2010: 152), es decir, recipientes con un cuerpo de forma globular, de fondo plano y borde exvasado, pudiendo presentar o no asiento para tapadera. En uno de los ejemplares se ha detectado un defecto de cocción, aunque éste no fue inconveniente para que la pieza fuese usada en este ambiente de tipo votivo.

4.8. Ánforas

Tres fragmentos de ánfora se han documentado en el conjunto, que apenas suponen el 0'50% del total de fragmentos recogidos. Se ha distinguido un solo individuo, a partir de un borde de una forma Dressel 1C (Figura 9, 8). Formalmente, el borde de ésta es muy similar a una de las variantes de Dressel 1 del Guadalquivir documentadas en Mesas do Castelinho (García, De Almeida y González 2011: 197). Para esta producción se ha propuesto una cronología de producción y difusión entre el primer cuarto del siglo I a.C. y los años finales del mismo siglo (García, De Almeida y González 2011: 198).

4.9. Dolium

De estos grandes contenedores también se han recuperado tres fragmentos, por lo que, al igual que en el caso anterior, suponen un 0'50% del total de fragmentos recogidos. En este caso, se trata de tres informes, de paredes gruesas y color marrón oscuro, con pastas poco depuradas con gran presencia de desgrasantes. Ante estas circunstancias, resulta complicado poder concederles una cronología precisa,

4.10. Lucernas

Tres fragmentos de lucerna se han documentado en este conjunto, que apenas suponen un 0.50% del total de fragmentos recogidos, porcentaje que sube hasta el 1.49% del total de individuos distinguidos. El primero de ellos pertenece a una lucerna de volutas, y concretando más, a una forma Dressel 9B. El segundo de ellos también formaría parte de una lucerna de volutas, aunque su pequeño tamaño impide acercarnos más a su morfología, al igual que ocurre con el tercer fragmento, que parece ser una tipo Andújar, derivada de Dressel 3. En los tres casos nos moveríamos en una cronología altoimperial, desde época augustea hasta aproximadamente el 80 d.C. para las lucernas de volutas (Morillo y Rodríguez 2008: 294), y desde los reinados de Tiberio y Claudio para las derivadas de Dressel 3 (Ruiz 2013: 295). En este sentido, resulta interesante señalar el caso de un taller de lucernas altoimperiales documentado en *Hispalis* (Sevilla), en el que se producían de forma conjunta los dos tipos distinguidos en nuestro conjunto (tipo Andújar y Dressel 9B), y que fue fechado por los arqueólogos responsables de su excavación entre los años 40-70 d.C. (Vázquez 2012: 433), por lo que el inicio de su producción coincide con el reinado de Claudio.

4.11. Ungüentarios

Dos fragmentos de ungüentarios se han distinguido en el conjunto, suponiendo un 0'33% del total de fragmentos recogidos. En concreto, se trata de dos bases, una moldurada, y otra más simple, aunque resulta imposible reconocer sus formas. Por lo tanto, otorgarles una cronología resultaría un poco aventurado.

5. Discusión

El conjunto que aquí presentamos destaca, en primer lugar, por la homogeneidad, en lo que a cronología se refiere, de los materiales más significativos. Una datación que podría establecerse hacia fines del reinado de Claudio o, quizás, inicios del de su sucesor, Nerón, es decir, a mediados del siglo I d.C. En relación a los materiales que *a priori* parecen más extemporáneos, es decir, el ánfora Dressel 1C, el fragmento de gris bruñida republicana y los ungüentarios, podríamos considerarlos como residuales, y muy probablemente quepa relacionarlos con los niveles del templo A, aunque también podrían interpretarse, dado que son varios elementos, como un signo de arcaísmo del conjunto, lo que apuntalaría la datación plenamente claudia del conjunto. Además, también destaca la importante impronta indígena que denota, con una presencia importante de cerámica pintada de tradición ibérica (recordar que se trata del segundo grupo más abundante del conjunto), y de formas en cerámica común con una clara ascendencia ibérica, como los lebrillos de borde vuelto.

Al tratarse de un ambiente votivo, sagrado, es muy probable que determinadas categorías cerámicas se encuentren sobrerrepresentadas, debido a matices culturales, en los que estas categorías cerámicas son las elegidas para una determinada función. Es el caso de la cerámica común y los santuarios iberorromanos, en los que ésta suele ser la más representada, como ocurre por ejemplo en el santuario iberorromano de Las Atalayuelas (Fuerte del Rey – Torredelcampo, Jaén), donde la cerámica común y la cocina oxidante representan hasta un 89'5% de las muestras (Rueda 2011: 207 y 211), aspecto que se repite en nuestro conjunto, donde sólo la cerámica común supone un 68'34% del total de fragmentos recuperados. Estos matices, de tipo cultural, muy probablemente también se encuentren detrás de la aparición de un tipo muy concreto de ollas de cerámica de cocina reductora (COC-RED 3.1), que también es muy común en Las Atalayuelas, donde, junto a los cuencos, son las formas mayoritariamente representadas, formando el ajuar votivo básico del santuario (Rueda 2011: 214-215 y 231-234), hecho que se repite en nuestro conjunto, en el que cuencos y ollas son dos de los elementos más representados.

Este acerbo cultural creemos que también explica el hecho de que la vajilla fina de mesa apenas alcance el 2,65% de los fragmentos totales recogidos, tratándose quizás de un mecanismo de rechazo, una reticencia a usar un producto romano en un contexto de raigambre indígena. En cualquier caso, entre los escasos fragmentos de vajilla fina de mesa recuperados, predomina la *terra sigillata* sudgálica sobre las producciones tipo Peñaflor o sobre la *terra sigillata* itálica, rasgo inequívoco de los contextos de época de Claudio. En Arqueología, la ausencia puede ser tanto o más significativa que la presencia. Es el caso de la *terra sigillata* hispánica, que no aparece representada en este conjunto que nos ocupa, aunque en los niveles de colapso del santuario documentados por los ingleses, cuando éste está en proceso de destrucción, ésta sí que aparece, contando con ejemplares producidos en La Rioja, y también en el centro productor de Los Villares de Andújar, la *Isturgi* romana (Cunliffe y Fernández 1999: 121). En otras partes del yacimiento, la *terra sigillata* hispánica es muy abundante, como por ejemplo en el Foro, donde está muy presente en varias unidades estratigráficas, como por ejemplo en la UE 429, en la que, en la mayor parte de los casos, procede de los hornos isturgitanos (Fernández Cubero 2011: 12). Esto indica, por un lado, que en época flavia, cuando la producción de *Isturgi* está en pleno apogeo, sus cerámicas llegan a Torreparedones con mucha facilidad (hay que recordar que la distancia entre ambas ciudades es de apenas 60-70 kilómetros); y por otro, y éste es un dato relevante, que en época claudia, cuando tradicionalmente se ha situado el inicio de la primera de las tres grandes fases de producción que tuvo este centro productor, (Fernández García y Roca 2008: 312), la producción de *terra sigillata* hispánica de los talleres *isturgitanos* aún no ha llegado a Torreparedones, o al menos ésta no aparece representada en los niveles de derrumbe del templo B, de donde procede el conjunto que nos ocupa, y que fechamos en las postrimerías del reinado de Claudio, lo que podría ser indicativo de que el inicio de su producción aún no ha tenido lugar, aunque ésta es una afirmación que evidentemente requiere de confrontación con otros contextos de ese mismo momento. El resto de talleres béticos productores de *terra sigillata* hispánica (Cartuja, Granada), *Antikaria* (Antequera), *Singilia Barba*, Alameda y Teba comienzan su producción en época flavia, coincidiendo con el momento de máxima actividad de Los Villares de Andújar (Fernández García y Roca 2008: 312-313), por lo que la ausencia de sus producciones en nuestro conjunto está justificada.

Con respecto a los barnices rojos importados, la calidad de las fábricas sudgálicas induce a pensar que proceden del taller de *La Graufesenque*. No en vano, cabe recordar que en la excavación llevada a cabo en el santuario en el año 1988, la *terra sigillata* sudgálica recuperada tenía su origen en este taller del sur de la Galia (Cunliffe y Fernández 1999: 121). Por su parte, para el único fragmento de *terra sigillata* itálica documentado proponemos Pisa como lugar de producción.

La llegada de estas importaciones se produciría muy probablemente por la vía que uniría *Obulco* con *Ulia*, que pasa a unos tres kilómetros al sur de Torreparedones, y que conectaría con esta ciudad a través de un camino secundario (Melchor 1995: 139 y ss.), vía que también sería la que comunicaría *Ituci* con *Corduba*, capital de la Bética. Por lo tanto, la recepción de importaciones no resultaría demasiado compleja, pues la comunicación con *Colonia Patricia* era bastante sencilla. Una buena prueba de esto la encontramos en la pavimentación del foro de Torreparedones, realizada a partir de losas labradas en piedra caliza micrítica gris con algunas vetas blancas, extraída de afloramientos de la Sierra Morena cercanos a la capital, a unos 50 kilómetros de Torreparedones (Morena *et al.* 2011: 160) , o en la llegada, también desde la capital, y de producciones tipo Peñaflor de *Corduba*. En general, estamos ante un asentamiento en el que las élites cuentan con un gran poder económico (recordar la magnificencia del recinto forense y su ostentosa decoración), poder que queda reflejado en la llegada de productos importados desde diferentes partes del Imperio.

Para terminar, resulta difícil conocer la forma de aprovisionamiento de cerámicas en *Ituci*, aunque al respecto también se pueden hacer algunas consideraciones. Y es que se tiene constancia de la existencia, en un sector situado al sureste, fuera del recinto fortificado, de una zona destinada a la producción cerámica a la que se le asignó una cronología romano-republicana (Cunliffe y Fernández 1999: 37, fig. 2.4; Fernández y Cunliffe 2002: 12, fig. 3), aunque ésta no ha sido excavada. Así, las importaciones a las que aludíamos anteriormente se completarían con la producción cerámica de esta zona artesanal, que no sabemos si sería la única de la ciudad. De lo que sí se tiene seguridad es de que en el *macellum* de la misma no se comerciaba con cerámica, ya que este tipo de edificios se dedicaban a la venta especializada de productos alimentarios casi de manera exclusiva (Morena *et al.* 2012: 207), y en la excavación del mismo no se localizó ningún indicio que haga pensar en lo contrario. Así, la venta de cerámica se llevaría a cabo en otro punto de la ciudad, o incluso en las proximidades de los hornos cerámicos antes mencionados.

Bibliografía

Adroher Auroux, A.M. y Caballero Cobos, A. (2012): Imitaciones de campaniense en el mediodía peninsular. La cerámica gris bruñida republicana. *Cerámicas hispanorromanas II: producciones regionales*: 23-38.

Amores, F. y Keay, S. J. (1999) Las sigillatas de imitación tipo Peñaflor o una serie de hispánicas precoces. *Terra Sigillata Hispánica: centros de fabricación y producciones altoimperiales*: 235-252.

Bustamante Álvarez, M. y Huguet Enguita, E. (2008) Las cerámicas Tipo Peñaflor. *Cerámicas hispanorromanas I: un estado de la cuestión*: 297-306.

Cunliffe, B.W. y Fernández, Mª C. (1999) *Guadajoz Project. Andalucía in the first millenium BC.* Volume 1. *Torreparedones and its hinterland.*

Fernández, Mª C. y Cunliffe, B.W. (2002) *El yacimiento y el santuario de Torreparedones. Un lugar arqueológico preferente en la campiña de Córdoba.* (BAR International Series 1030).

Fernández Cubero, L. (2011) Informe preliminar: Estudio y dibujo de los materiales cerámicos extraídos en la excavación puntual realizada en el entorno del foro romano de Torreparedones. Disponible en: *http://www.baenacultura.es/index.php/baenacultura-id/doc_download/9-estudio-materiales-del-foro*

Fernández García, M.I. y Roca Roumens, M. (2008) Producciones de *Terra Sigillata* Hispánica. *Cerámicas hispanorromanas: un estado de la cuestión*: 307-332.

García Vargas, E., De Almeida, R.R. y González Cesteros, H. (2011) Los tipos anfóricos del Guadalquivir en el marco de los envases hispanos del siglo I a.C. Un universo heterogéneo entre la imitación y la estandarización. *SPAL* 20: 185-283.

Keay, S. (2000) Ceramic chronology and Roman rural settlement in the lower Guadalquivir valley during the Augustan period en R. Francovich y H. Patterson (eds.) *Extracting meaning from ploughsoil assemblates. The Archaeology of Mediterranean Landscapes* 5: 162-173. Oxford.

Márquez Moreno, C. (2012) Dos nuevos retratos de Augusto en la provincia de Córdoba. *Romula* 11: 205-221.

Márquez Moreno, C., Morena López, J.A. y Ventura Villanueva, A. (en prensa) Ciclo escultórico del Foro de Torreparedones (Baena, Córdoba). *Escultura Romana en Hispania VII.* Santiago de Compostela.

Martínez Rodríguez, F. (1989) Las cerámicas béticas de imitación tipo Peñaflor *Boletín de la Asociación Española de Amigos de la Arqueología* 26: 60-65.

Melchor Gil, E. (1995) *Vías romanas de la provincia de Córdoba.* Córdoba.

Morais, R. (2005) *Autarcia e comércio em* Bracara Augusta. *Contributo para o estudo eco- nómico da cidade no período Alto-Imperia* (Escavações arqueológicas 2). Braga.

Morena López, J.A. (1989) *El santuario ibérico de Torreparedones (Castro del Río-Baena, Córdoba).* Córdoba.

Morena López, J.A. (2010) Investigaciones recientes en Torreparedones: prospección geofísica y excavaciones en el santuario y puerta oriental. *El Mausoleo de los Pompeyos de Torreparedones (Baena, Córdoba) análisis historiográfico y arqueológico*, en *Salsum, 1.* (Monografías del Museo Histórico de Baena): 173-207.

Morena López, J.A. (2011a) Una nueva visión del santuario periurbano de Torreparedones (Baena, Córdoba), en J. Blanquez (ed.) *¿Hombres o Dioses. Una nueva mirada a la escultura del mundo ibérico*: 239-257.

Morena López, J.A. (2011b) *Ituci Virtus Iulia*: una colonia romana en el corazón de la campiña cordobesa. *Ituci. Revista de difusión cultural de Baena y su comarca,* 1: 12-21.

Morena López, J.A. (2012) El Parque Arqueológico de Torreparedones (Baena, Córdoba) un proyecto de desarrollo rural desde el patrimonio histórico. *Arte, arqueología e historia* 19: 249-258.

Morena López, J.A., Ventura Villanueva, A., Márquez Moreno, C. y Moreno Rosa, A. (2011) El foro de la ciudad romana de Torreparedones (Baena, Córdoba) primeros resultados de la investigación arqueológica (campaña 2009-2010). *Itálica,* 1: 145-264.

Morena López, J.A., Moreno Rosa, A. y Martínez Sánchez, R.M. (2012) *El macellum de la Colonia Ituci Virtus Iulia (Torreparedones. Baena-Córdoba). Salsum, 3. Monografías del Museo Histórico de Baena.* Córdoba.

Morillo, A. y Rodríguez Martín, G. (2008) Lucernas hispanorromanas. *Cerámicas hispanorromanas: un estado de la cuestión*: 291-312.

Peinado Espinosa, M.V. (2010) *Cerámicas comunes romanas en el Alto Guadalquivir: El alfar de Los Villares de Andújar.* Granada.

Rueda Galán, C. (2011) Imagen y culto en los territorios ibéricos: El Alto Guadalquivir (siglos IV a.n.e. – II d.n.e. Tesis doctoral. Universidad de Jaén.

Ruiz Montes, P. (2013) Lucernas Tipo Andújar, en I. Fernández (coord.) *Una aproximación a Isturgi romana: el complejo alfarero de los Villares de Andújar, Jaén, España*: 293-299.

Ruiz Montes, P. y Peinado Espinosa, M.V. (2013) Cerámica pintada de tradición ibérica, en I. Fernández (coord.) *Una aproximación a Isturgi romana: el complejo alfarero de los Villares de Andújar, Jaén, España*: 163-171.

Tristell Muñoz, F.J. (2012) La necrópolis oriental de Torreparedones. Una aproximación arqueológica. *Ituci. Revista de difusión cultural de Baena y su comarca* 2: 15-21.

Vázquez Paz, J. (2012) Producción de lucernas altoimperiales en Hispalis: el taller de la plaza de la Encarnación de Sevilla, en D. Bernal y A. Ribera: *Cerámicas hispanorromanas II: producciones regionales*: 419-434.

Ventura Villanueva, A. (2012) Nuevo descubrimiento epigráfico en Torreparedones. *Ituci. Revista de difusión cultural de Baena y su comarca* 2: 38-42.

Viegas, C. (2011) *A ocupação romana do Algarve. Estudo do povoamento e economia do Algarve central e oriental no período romano*, (Estudos & Memórias 3, UNIARQ). Lisboa: Centro de Arqueologia da Universidade de Lisboa.

VV.AA. (2010) *El Mausoleo de los Pompeyos de Torreparedones (Baena, Córdoba). Análisis historiográfico y arqueológico. Salsvm, 1.* (Monografías del Museo Histórico de Baena). Córdoba.

Producciones cerámicas de *Isturgi* en la antigua *Sisapo* (La Bienvenida, Almodóvar del Campo-Ciudad Real). Aportaciones a la conformación de las facies cerámicas altoimperiales en la vertiente norte de Sierra Morena[1]

Mar Zarzalejos Prieto
Dpto. de Prehistoria y Arqueología. Universidad Nacional de Educación a Distancia- UNED, mzarzalejos@geo.uned.es

Carmen Fernández Ochoa
Dpto. de Prehistoria y Arqueología. Universidad Autónoma de Madrid, melusfdezochoa@gmail.com

Germán Esteban Borrajo
Equipo de investigación *Sisapo*. Grupo de investigación UNED-454 *Paisajes, arquitecturas y cultura material en la Iberia antigua*, calendas@telefonica.net

Patricia Hevia Gómez
Dirección General de Cultura-Junta de Comunidades de Castilla-La Mancha. Dpto. de Prehistoria y Arqueología. Universidad Nacional de Educación a Distancia- UNED. Grupo de investigación UNED-454 *Paisajes, arquitecturas y cultura material en la Iberia antigua*, padihevia@gmail.com

1. Unas breves notas sobre el yacimiento de La Bienvenida y su contexto territorial en la Antigüedad

La antigua ciudad de *Sisapo* se localiza en la aldea de La Bienvenida (TM de Almodóvar del Campo, Ciudad Real) (Figura 1), junto al más oriental de los domos volcánicos de Los Castillejos, que representan las máximas elevaciones de la zona central del Valle de Alcudia. Este sitio arqueológico se configura como una meseta artificial situada a 620 m sobre el nivel del mar, que se yergue apenas una decena de metros sobre la mayor parte de los terrenos circundantes, aunque posee una marcada capacidad de control visual sobre un dilatado espacio de su entorno desde su cota más elevada. De acuerdo con las últimas mediciones, el yacimiento abarca una superficie superior a las 7 ha dentro de los límites constreñidos por el trazado de las estructuras perimetrales apreciables mediante fotografía aérea; si bien es cierto que su extensión original fue mayor, puesto que tenemos constancia de la presencia de restos arqueológicos de diversa índole fuera del recinto amurallado.

Las excavaciones sistemáticas en este lugar se iniciaron en 1980 y tuvieron un carácter discontinuo hasta 1995, año a partir del cual se han sucedido con periodicidad anual hasta 2010[2]. A lo largo de este tiempo, se ha intervenido en cinco áreas del yacimiento que han ofrecido información sobre la actividad del núcleo en el prolongado periodo que media entre fines del siglo VIII a.C. y el siglo V d.C. En el transcurso de estos trabajos también se han hallado restos de naturaleza epigráfica que permiten sostener, con la necesaria solvencia, que este yacimiento se corresponde con la *Sisapo* que mencionan Estrabón (III, 2, 3) y Plinio (XXXIII, 118) como núcleo gestor de las minas de cinabrio más afamadas en el mundo romano (Fernández Ochoa y Zarzalejos 2010; Zarzalejos, Fernández Ochoa y Hevia 2011: 36-40). A pesar de la gran importancia que tuvo este recurso en la Antigüedad, la riqueza metalogenética del Valle de Alcudia abarca otras posibilidades, como la galena argentífera, cuyo beneficio contribuyó a convertir esta región en un distrito minero de primera magnitud en el ámbito de *Hispania* (Fernández Ochoa *et al.* 2002: 33; Fernández Ochoa *et al.* 2003).

La bibliografía generada por el proyecto de investigación sobre el yacimiento es ya bastante copiosa y a ella remitimos para ampliar la información general sobre sus etapas de actividad, que ahora, por razones obvias, reduciremos a sus titulares esenciales. De este modo, los datos disponibles hasta la fecha permiten afirmar que la primera ocupación de este lugar pudo ser fruto de una fundación tartésica protagonizada por un grupo humano originario del suroeste andaluz (Zarzalejos 1995: 827; Zarzalejos, Esteban y Hevia, e.p.). El principal polo de atracción para estas gentes debió ser la explotación de los recursos minerales de la comarca, tal y como se infiere del hallazgo de útiles mineros y cinabrio en contextos datados a finales del siglo VIII y primera mitad del VII a.C.[3]

[1] Este trabajo se ha realizado en el marco de los proyectos de investigación financiados por el MINECO: "Territorio, jerarquías y relaciones socioeconómicas en la vertiente norte de Sierra Morena" (ref. HAR2012-34422), dirigido por M. Zarzalejos Prieto y "*EX OFFICINA MERIDIONALI*: tecnología, producción, difusión y comercialización de cerámicas finas de origen bético en el Sur peninsular durante el Alto Imperio" (ref. HAR2010-17507), dirigido por Mª I. Fernández García y en el que participa P. Hevia como investigadora.

[2] Estos trabajos se han incardinado en el Plan de Excavaciones sistemáticas de la JCCM, administración a la que agradecemos el apoyo económico e institucional dispensado a lo largo de todos estos años.

[3] De este asunto nos hemos hecho eco en diversas ocasiones desde que, a comienzos de los años '90, aparecieran varios fragmentos de "Cuarcita de criadero" en un contexto de transición Bronce Final-Hierro I (Fernández Ochoa *et al.* 1994: 145). A este indicio se sumó años después el hallazgo de dos mazos mineros reutilizados en un pavimento de época orientalizante (Fernández Ochoa *et al.* 2003). Otra línea de trabajo que contribuye a clarificar el peso de la actividad minera de la región donde se encuentra *Sisapo* en fechas tan antiguas es el seguimiento de los usos del cinabrio en la península Ibérica en tiempos pre y protohistóricos. Las primeras noticias sobre el hallazgo de este mineral empleado como pigmento o colorante en yacimientos de época neolítica y calcolítica se van concretando hasta confirmar, mediante la aplicación de procedimientos analíticos como los análisis de isótopos de plomo, un beneficio muy antiguo de los afloramientos de la comarca de Almadén

FIGURA 1. SITUACIÓN Y VISTA AÉREA DEL YACIMIENTO DE LA BIENVENIDA-*SISAPO*.

Desde fines del siglo VI a.C. y convertido ya en uno de los *oppida* ibéricos de la Oretania norte, el núcleo mantuvo una notable pujanza económica, situación que debió proseguir sin grandes sobresaltos hasta su incorporación en el conjunto de territorios que pasaron al control de Roma en la mitad sur peninsular. Este acontecimiento pudo tener lugar en los años centrales del siglo II a.C., según hemos deducido de las obras llevadas a cabo por los recién llegados en la muralla, junto a la puerta sur de la ciudad (Zarzalejos y Esteban 2007). A partir de este momento, *Sisapo* consolidó su papel dentro de las estrategias romanas de ocupación, convirtiéndose en el centro administrativo que drenaba la riqueza derivada de la explotación de los recursos mineros de la vertiente norte de Sierra Morena.

Aunque las fuentes literarias silencian los aspectos relacionados con su estatus, la información epigráfica aparecida hace pocos años en el yacimiento permite asegurar que ostentó el rango municipal y apunta posibilidades para deducir que gozó de esta condición con anterioridad a la época flavia, tal y como ya sospechaba G. Alföldy (1987: 54 ss.)[4].

Durante el periodo altoimperial, la ciudad proporciona abundantes argumentos materiales que hablan de una situación próspera y activa en lo que concierne a su desarrollo urbano y a las relaciones económicas y comerciales establecidas con diferentes ámbitos hispanos y extrapeninsulares (Zarzalejos, Arévalo y Fernández Ochoa 1999: 262 ss.). Los primeros signos de declive se perciben en momentos aún imprecisos del siglo III d.C., aunque tenemos constancia de ocupaciones de fechas más avanzadas, remontándose las más modernas a los últimos años del siglo V d.C. Las características de las últimas huellas de ocupación revelan que se había producido ya una total desagregación del tejido urbano y que la ciudad

(Hunt *et al.* 2011).

[4] Desde hace años se viene barajando la doble hipótesis de una promoción augustea o flavia, manejando, en ambos casos, argumentos indirectos como la potenciación del núcleo a cargo del emperador Augusto o bien la casi generalizada municipalización flavia de los *oppida non ignobilia* mencionados por Plinio (III, 14) en la lista de lugares de la Beturia Túrdula pertenecientes al *conventus Cordubensis* en la que incluye a *Sisapo* (Fernández Ochoa y Zarzalejos 2010: 363-364; Zarzalejos, Fernández Ochoa y Hevia 2011: 36-41). Sin embargo, el estudio en profundidad de los restos epigráficos que estamos acometiendo junto con I. Sastre y A. Ortega (CSIC) proporciona algún argumento que podría inclinar la balanza a favor de una municipalización preflavia.

de *Sisapo*, como tal, había dejado de existir. En relación con estas ocupaciones tardoantiguas del solar sisaponense podría ponerse la necrópolis excavada hace pocos años en Arroyo de La Bienvenida, a pocos metros del propio solar de la ciudad (Hevia 2013), por lo que debe inferirse que subsiste aún un patrón de habitación estable y no una mera frecuentación del lugar por parte de comunidades en tránsito por el Valle de Alcudia.

Desde hace ya más de una década, los estudios realizados sobre el yacimiento se complementan con el análisis de su territorio de explotación. En su conjunto, la zona en la que estamos actuando, como ya hemos adelantado, forma parte de una región metalífera de primera entidad, integrada en el ámbito occidental de la vertiente norte de Sierra Morena, con una marcada relación con las explotaciones mineras de cinabrio y galenas argentíferas de la región alcudiense (Fernández Ochoa *et al.* 2003).

La identificación y el estudio de detalle de diversos yacimientos relacionados con la explotación minera y minero-metalúrgica, permiten afirmar que Roma practicó desde tiempos republicanos una explotación a gran escala de los recursos mineros de la región en estudio, aunque la fase de máximo beneficio de la producción coincide con la etapa altoimperial (Zarzalejos *et al.* 2012). En estos momentos, se crea una red de establecimientos agropecuarios destinados a garantizar el mantenimiento de las comunidades mineras, al tiempo que se consolida el paso por estas tierras de un camino romano de primer orden: la vía 29 del Itinerario de Antonino (*Per Lusitaniam ab Emerita Caesarea Augusta*). Se trata de una de las rutas que enlazaban Mérida con Zaragoza, y que, procedente de *Mirobriga* (Capilla, Badajoz), atravesaba el sur de la provincia de Ciudad Real hasta Puebla del Príncipe, para ascender en dirección norte y pasando por *Laminium* (Alhambra), hasta alcanzar *Titultiam*, punto en el que convergían otras rutas en dirección a la capital del Ebro. La actividad altoimperial de este camino, en funcionamiento desde la época prerromana (Zarzalejos 1995: 108 ss.), favorece la aparición de aglomeraciones secundarias capaces de gestionar la producción y redistribuir el excedente, lo que permite vislumbrar una organización del espacio cada vez mejor estructurada. A través de la documentación epigráfica sabemos del funcionamiento de otras vías, como la que enlazaba el área minera sisaponense con Córdoba (Ventura 1993) o la que unía *Sisapo* con *Castulo*, la gran capital minera de la vertiente sur de Sierra Morena (Contreras 1965).

Los indicadores arqueológicos apuntan un marcado descenso en el número de lugares activos en el territorio gestionado por *Sisapo* durante la época tardorromana. No obstante, el hallazgo de cerámicas tardías en algún yacimiento de la comarca (Fernández Ochoa *et al.* 2002: 58) podría ser un indicio de un cierto mantenimiento de la actividad minero-metalúrgica, aunque debía tratarse ya de trabajos a una escala muy inferior. El declive de la actividad alcanza también a la mayor parte de pequeños establecimientos agropecuarios, por lo que se hace evidente su inserción en la red de poblamiento articulada con la actividad minera.

2. Los contextos estratigráficos

A partir de los datos expuestos en el parágrafo anterior, no es difícil deducir que el escenario en el que vamos a situar el presente estudio será el de una ciudad hispanorromana dinámica y próspera, como corresponde a una sede gestora de recursos mineros y, por tanto, a un núcleo con movimiento de bienes y personas, abierto a las relaciones comerciales e intercambios con lugares de su entorno provincial o geográficamente más alejados. En las líneas que siguen intentaremos secuenciar la llegada a *Sisapo* de diversas producciones de materiales cerámicos originarios del centro de producción de Andújar y caracterizar las esferas de comercio con las que conviven. De manera más concreta, en esta primera aproximación nos centraremos en la consideración de la TSH, la cerámica de imitación de *terra sigillata* de tipo Peñaflor y las lucernas producidas en Andújar. Estos materiales están siendo objeto de una caracterización arqueométrica[5], cuyos primeros resultados no manifiestan discordancias con las colecciones de referencia publicadas sobre las producciones isturgitanas (Ruiz Montes 2011).

En el curso de las intervenciones realizadas hasta el presente en La Bienvenida, una parte importante de los trabajos de excavación se ha desarrollado en el espacio central del yacimiento, denominado "área 1" dentro de la organización general de los ámbitos de intervención de nuestro proyecto. En este sector se han exhumado dos *insulae* casi completas, dispuestas a ambos lados del eje viario principal que vertebra el conjunto y que discurre en sentido norte-sur hasta alcanzar la puerta meridional de la ciudad, por lo que presumiblemente podría tratarse del *kardo maximus*. Para la realización de este estudio hemos seleccionado dos ámbitos pertenecientes a esta área en razón de su interés estratigráfico (Figura 2). El primero de ellos es el corte A1 (ab), practicado en el *kardo* y que proporciona una serie estratigráfica casi ininterrumpida desde el nivel fundacional del núcleo hasta la etapa tardía. El segundo ámbito elegido es la *domus* de las Columnas Rojas, donde hemos seleccionado para este análisis la secuencia obtenida en uno de los cortes que afectan a la estancia 16, identificada con la *culina*. Ambos contextos han sido elegidos por la coherencia de su serie estratigráfica pero es conveniente advertir de antemano que el material no es numéricamente abundante y que se encuentra bastante fragmentado, como corresponde a la naturaleza funcional y formativa de los lugares donde se han registrado[6].

[5] Los análisis, coordinados por A. Jorge García, se han realizado en el *Servicio de técnicas no destructivas: microscopía electrónica y confocal y espectroscopía* (Museo de Ciencias Naturales, CSIC) y se encuentra en curso la interpretación de los datos, que daremos a conocer en breve.

[6] Existen otras zonas del yacimiento que pueden ofrecer mayor riqueza de datos en lo que atañe al volumen y calidad de los materiales. Es nuestra intención abordar su estudio dentro del plazo de ejecución del proyecto HIS-2012 34422 en el que se inscribe esta misma aportación.

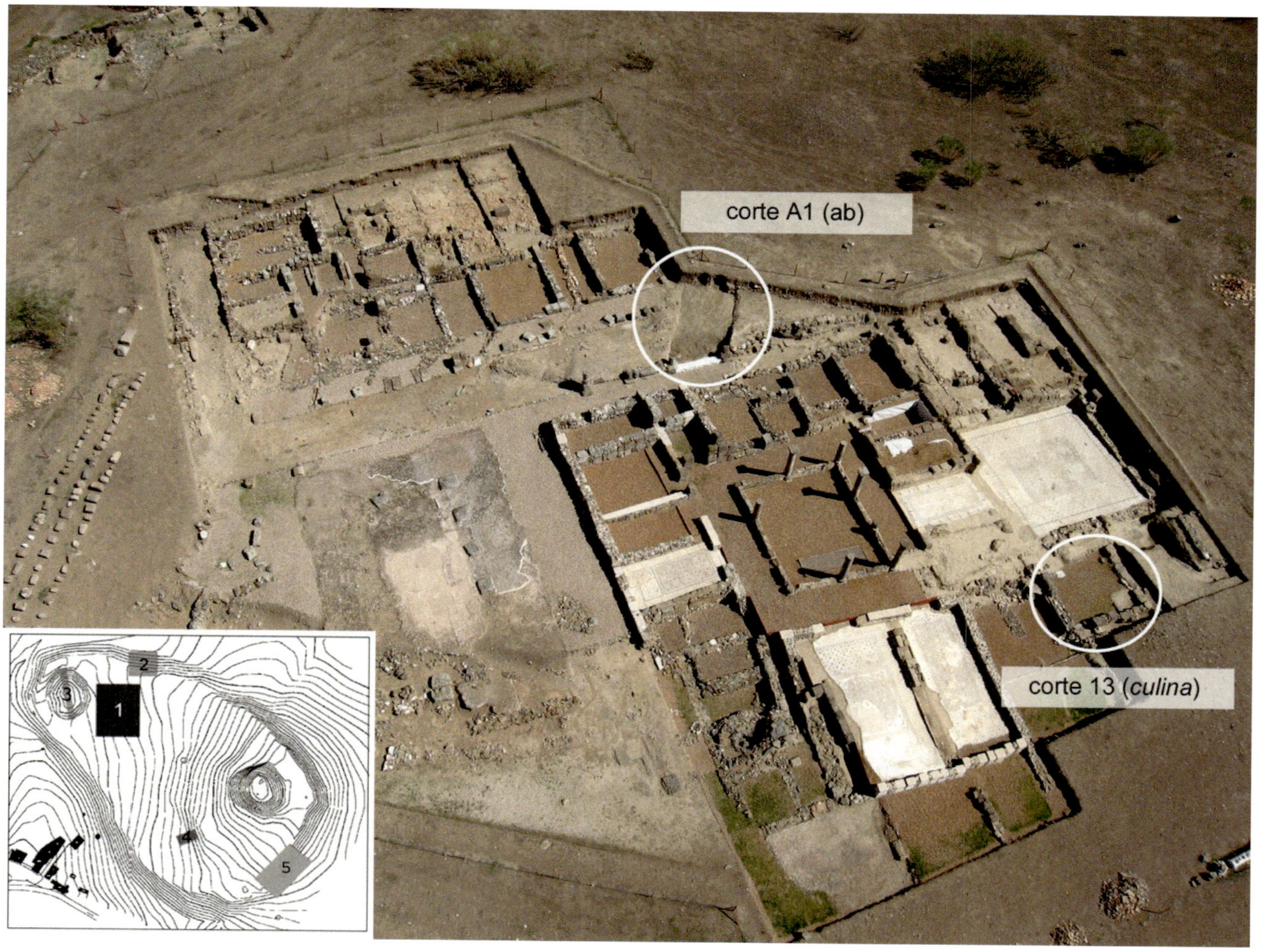

FIGURA 2. UBICACIÓN DE LOS CONTEXTOS ANALIZADOS EN EL ÁREA 1 DE LA EXCAVACIÓN. EN EL RECUADRO, SITUACIÓN DEL ÁREA 1 EN EL YACIMIENTO.

A continuación, presentamos una síntesis sobre cada uno de estos contextos incidiendo en sus respectivas secuencias estratigráficas, con el fin de que pueda vislumbrarse la fiabilidad de la seriación y la interpretación general de los estratos y UUEE que albergan los materiales objeto de estudio.

2.1. El corte estratigráfico A1(ab)

A comienzos de la década de los años 90' del pasado siglo, se retomaron los trabajos de excavación del corte A1(ab), cuyo estudio e interpretación estratigráfica dio a conocer no sólo parte de un importante espacio público de la ciudad romana, sino la evolución de la *Sisapo* protohistórica entre finales del Bronce Final (siglo VIII a.C.) y el periodo Ibérico Pleno (principios del III a.C.) (Fernández Ochoa *et al.* 1994). Los estratos correspondientes a época romana son los comprendidos entre los números 6 al 2. En ellos se inscribe una secuencia de cinco pavimentos correspondientes a otros tantos firmes de calle y, en algún caso de la acera, identificados en un punto del sector central del *kardo*, en las proximidades del flanco occidental de la *domus* de las Columnas Rojas y en su confluencia con el espacio porticado anexo. Aunque, como se ha indicado, esta estratigrafía ya ha sido publicada, sintetizamos aquí las líneas maestras de la dinámica, remitiendo para consultas de detalle a la publicación original (Fernández Ochoa *et al.* 1994: 34-38).

El estrato 6b integra la preparación o explanación para la construcción de la calle, la cimentación de los elementos sustentantes de la vía porticada y restos muy disgregados de la primera obra de pavimentación (pavimento 5) que se localizan en la zona central del corte. Inmediatamente sobrepuesto, se documenta el estrato 6a, de tierra amarillenta grisácea con manchas de carbones y de textura compacta, que se corresponde con la unidad de acumulación generada por el uso del pavimento 5.

Una nueva repavimentación (pavimento 4) se incluye en el estrato 5. Se trata de piedras menudas y fragmentos de cerámica trabados con tierra amarillenta. Se localiza en casi toda la superficie del *kardo*, aunque hacia el centro se conserva muy alterado hasta casi desaparecer en el sector occidental. En el momento de uso de este pavimento emergen los últimos sillares conservados de los tres pilares del pórtico de la vía.

En el estrato 4, se documenta un pavimento (3) de características similares al anterior pero con una trabazón de cal y arena. En este momento, se asocian a esta vía la construcción de tres canalizaciones constituidas por dos alineaciones paralelas realizadas con piedras de pequeño y medio tamaño sin labra. Asimismo, se documenta la continuidad del uso de los pilares del pórtico.

Una nueva refacción de la superficie de uso de la vía urbana y la pavimentación de la acera asociada se evidencian en el estrato 3. En este caso, el denominado pavimento 2 de la calle, de similar morfología al anterior, se ha conservado en la mitad occidental del sondeo, aunque también se pueden observar restos en el extremo sur. De manera sincrónica, se ha exhumado el pavimento de la acera (pavimento 2') con una estructura muy similar.

Una última pavimentación de la calle se evidencia en el estrato 2, que incluye los pavimentos 1, zona de vía, y 1' zona de acera. Por encima de este estrato, únicamente se ha levantado la capa de deposición vegetal del corte (estrato 1).

2.2. La estancia 16 de la domus de las Columnas Rojas (culina)

La excavación arqueológica de la *culina* de la *domus* de las Columnas Rojas (estancia 16), fue llevada a cabo casi por completo en el contexto espacial del corte 1/13, durante la campaña de 2002, aunque la extensión de algunas UUEE sedimentarias y estructurales relacionadas con la secuencia de dicho ambiente hacia otros espacios de intervención hizo necesario considerar la documentación de cortes anexos, así como una ampliación del propio corte 1/13 hacia el S para la documentación completa del muro meridional de la estancia.

La *culina* se localiza en el sector suroccidental de la casa, al O del pasillo de comunicación con el peristilo y el *triclinium*. La excavación de este ambiente ha proporcionado una de las series estratigráficas más completas de la *domus*, con un total de 16 fases que integran episodios previos a la construcción de la *domus*, las propias acciones relacionadas con la edificación de la misma, varias fases relacionadas con el uso de la *culina* en los primeros momentos de su desarrollo y, finalmente, episodios de amortización del espacio de la estancia 16 tras la desintegración del espacio doméstico (Figura 3).

En las fases XVI y XV se documenta la existencia de restos de muros de mampostería de piedra y tierra muy arrasados (UUEE 44-47), así como restos de un pavimento hidráulico (UE 17) relacionado con dichas estructuras arquitectónicas, que pertenecen a uno o varios momentos constructivos de la fase tardorrepublicana previa a la construcción de la *domus*. Han sido parcialmente reaprovechadas como apoyos de cimentaciones de los muros en el momento de edificación de la *domus* altoimperial.

La fase XIV está representada por las UUEE 28, 30 y 50, localizadas en un pequeño espacio entre el muro 40 y algunas de las estructuras de época tardorrepublicana de las fases XV y XVI. Su interpretación resulta compleja dado su volumen y características: bien pueden ser estratos originados tras la destrucción de las fases constructivas tardorrepublicanas o, con mayor probabilidad, rellenos relacionados con la explanación y acondicionamiento para la construcción de los muros altoimperiales.

Las siguientes fases están relacionadas con episodios de construcción y uso de la *domus* altoimperial, y resultan las más interesantes en el contexto del presente estudio. En este sentido, la fase XIII representa la construcción de los muros altoimperiales de la *domus* de las Columnas Rojas en el ámbito de la *culina* y está representada por los muros UUEE 40, 39 (muro E), 38 (muro S) y 37 (muro O). La fase XII acoge la construcción de la *culina* y está constituida por las UUEE 25, 43, 26, 27, 29, 31, 32 y 33. La UE 25 fue el hogar originario de la *culina*, situado en el centro de la estancia y conformado como una plataforma poco elevada, realizada en tapial y de área prácticamente cuadrangular (1,20 x 1,00 x 0,03 m). Se construyó sobre el pavimento UE 43, un suelo de tierra apisonada que constituía, en combinación con la UE 17, el solero de la *culina* en el contexto de su primera fase de construcción. Junto a estas dos UUEE estructurales, son representativas de esta fase un conjunto de unidades sedimentarias (26, 27, 29, 31, 32 y 33) interrelacionadas, de características diversas, que han sido interpretadas como rellenos para la nivelación de la superficie sobre la que se realizó la pavimentación original de la *culina*[7]. Por tanto, en la fase XII tuvo lugar la construcción de la *culina* de la *domus*, que adopta la forma de una estancia de tendencia rectangular de unos 5,80 x 4,10 m. En origen, el hogar se concibe como una estructura de calor centralizada, poco destacada sobre el pavimento. No se han podido documentar los accesos correspondientes a esta fase de construcción original, aunque cabe pensar que la entrada principal se encontraba, como en su posterior remodelación, en el muro UE 39, que limita con el pasillo que conecta esta estancia con el peristilo y con el *triclinium*[8].

La fase XI, representada por la UE 16 -un estrato de tierra suelta castaño cenicienta, ceniza y material arqueológico abundante-, puede interpretarse como el último momento de uso de la primera fase constructiva de la *culina*.

La fase X (UUEE 41, 19, 48, 20 y 42) agrupa las acciones relacionadas con la última reforma de la *culina*, que conserva su forma y dimensiones originales. La UE 41 era un umbral situado en la esquina NO de la estancia, construido con mampuestos y un sillar de toba con gorronera o gozne para el giro de la puerta de la estancia, realizado en sentido oblicuo entre el extremo N del muro 37 y el alzado S del muro 40. La UE 19 es el posible tapiado de un umbral preexistente,

[7] Como tales, aparecen vinculadas a espacios situados en fallas de los restos de muros tardorrepublicanos arrasados, o en huecos entre estas estructuras, bajo los restos de la *domus* altoimperial.

[8] No obstante, el importante estado de arrasamiento que presenta este muro debido a la zanja de saqueo UE 21, hace que sea imposible asegurar la hipótesis con total fiabilidad. Asimismo, este ambiente pudo contar en este momento con el acceso secundario de comunicación con posibles habitaciones auxiliares localizado en la parte central del muro N de la estancia (UE 40), cuyo tapiado fue documentado en el contexto de la fase X de la estratigrafía.

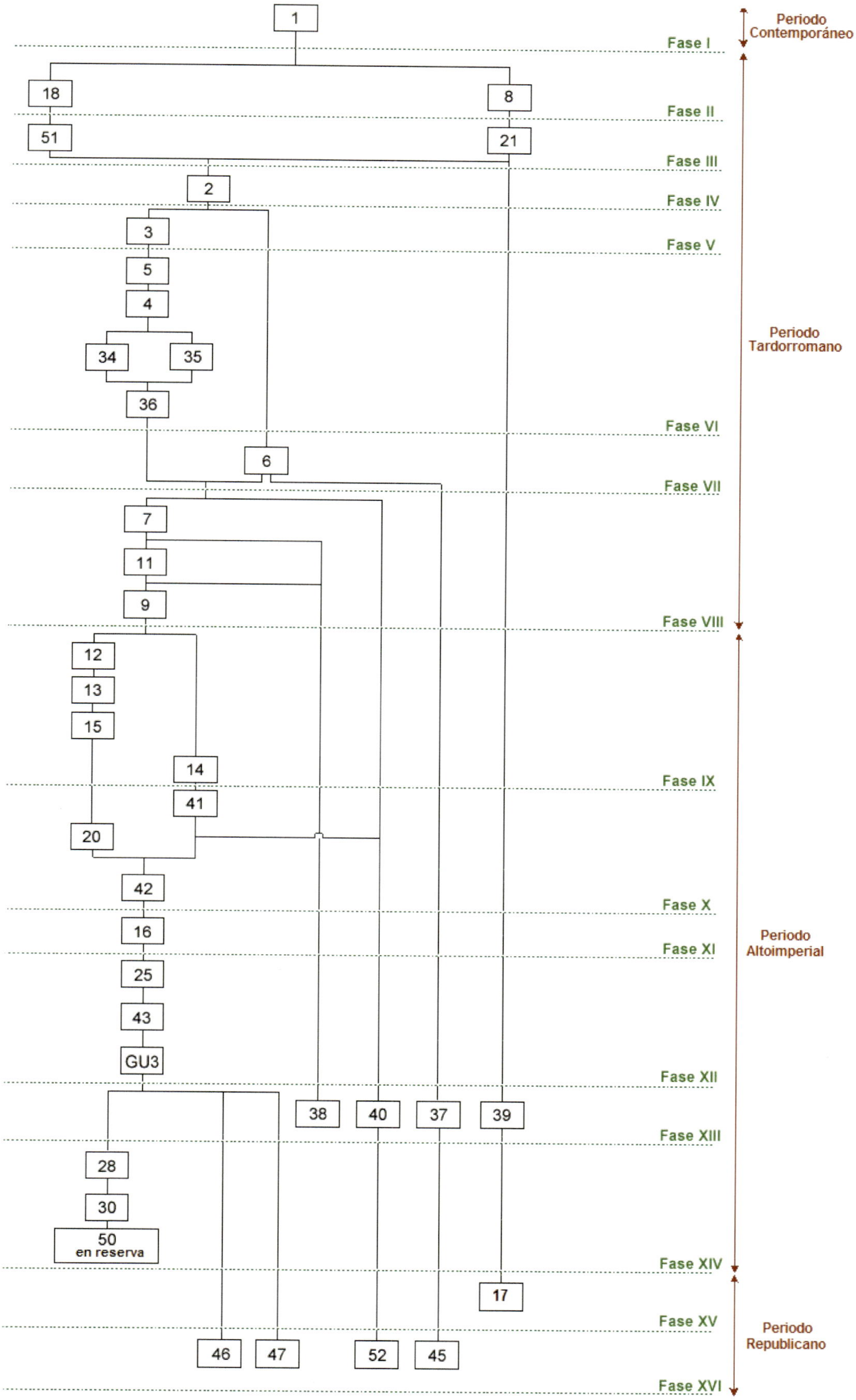

FIGURA 3. DIAGRAMA ESTRATIGRÁFICO DE LA *CULINA* DE LA *DOMUS* DE LAS COLUMNAS ROJAS.

situado hacia la mitad de la obra del muro UE 40. Se fabricó mediante un módulo de tapial y piedras de diversos tamaños. La UE 48 es parte de un muro de escasa entidad, que se adosa al extremo N del alzado O del muro 37, extendiéndose hacia el O fuera de los límites del corte 1/13; su obra es de mala factura, de mampostería irregular y sillarejo, y parece tener relación con la reforma arquitectónica de la *culina* y con la apertura del nuevo umbral, pudiendo ser una especie de tapiado para reconducir la circulación entre la *culina* y las habitaciones anejas, especialmente la estancia situada hacia el O. La UE 20 es el hogar más moderno que se construyó en la cocina, en el contexto de esta fase X de refacción o reforma. Se situó en la esquina SO del corte, adosado a los muros 37 y 38. Estaba formado por un zócalo o masa de tapial de planta de tendencia cuadrangular, con unas dimensiones de unos 1'50 x 1'45 x 0'15 m, rebajado en la zona más cercana a los muros de la estancia para formar un espacio contenedor, y con un pequeño parapeto de mampostería en su lado N. La UE 42 era un suelo de tierra apisonada (tierra castaño amarillenta muy compacta con algunas manchas de rubefacción) que constituía el solero de la *culina* en el contexto de esta fase de refacción o reforma.

Por último, la fase IX (UUEE 12, 13, 15 y 14) representa el último momento de uso de la segunda fase constructiva de la *culina*. Las UUEE 12, 13 y 15 tenían una característica común en su composición: la presencia abundante de cenizas y carbones, dada su relación con el hogar 20, a cuyo uso aparecen vinculadas. La UE 14 era una superficie horizontal de tierra castaña suelta, ceniza y material arqueológico diverso que se ha interpretado como el estrato o suelo de uso de la segunda fase constructiva de la *culina*, y aparecía en toda la estancia apoyándose en los muros y el hogar SO.

Las fases sucesivas de la estratigrafía de la estancia 16 corresponden ya a momentos de cronología avanzada e integran acontecimientos de diversa naturaleza, todos ellos posteriores al abandono y a la disolución del concepto unitario de la *domus* de las Columnas Rojas, por lo que no constituyen el objeto de atención de este estudio.

3. Las producciones cerámicas isturgitanas en *Sisapo:* el registro estratigráfico

3.1. Los patrones materiales en la secuencia del corte A-1(ab)

En esta serie estratigráfica, los primeros indicios de la llegada de productos fabricados en *Isturgi* se identifican tempranamente ya en el **estrato 6a**, que se corresponde con la acumulación depositada sobre la primera pavimentación del *kardo* datada en época augustea plena (Fernández Ochoa *et al.* 1994: 37-38). Se trata de una copa de imitación de *terra sigillata* de tipo Peñaflor perteneciente a la forma Martínez Ib (Figura 4, 1), que muestra la conformación suave y poco angulosa del perfil y las pautas de caracterización física que tipifican la producción de Andújar (Ruiz Montes 2012: 40 y 42). Este elemento convive con dos fragmentos de cerámica de barniz negro itálico del círculo de la campaniense B y dos platos de cerámica gris de imitación de campaniense, quizás inscribibles en el concepto de cerámica "gris bruñida republicana"[9], uno de ellos de forma 5-7 (Figura 4, 6-9), así como con varios vasos de cerámica de paredes finas de la forma Mayet 8B (Figura 4, 10-15), platos de TSI de las formas Consp.11.1 y 12.2 (Figura 4, 2-3) y platos de TSG de las formas Drag.17 y 18 (Figura 4, 4-5).

Los materiales más antiguos –la cerámica de barniz negro itálico y sus imitaciones- son coherentes con la fecha de formación del estrato, inmediatamente después de la construcción y primera pavimentación de la calle y, aunque podrían considerarse ya elementos residuales, materiales de este tipo están aún presentes en contextos augusteos de Córdoba (Vargas 2010: 374). El arranque en época augustea avanzada de este depósito está respaldado por la presencia de vasos de paredes finas de la forma 8B (López Mullor 1989: 122; 2008: 368), así como por el plato de TSI de forma Consp.12 (Ettlinger *et al.* 1990: 72). Los elementos más recientes -las piezas de TSG- podrían situarse a finales del primer tercio del siglo I d.C., por lo que la horquilla cronológica del estrato partiría de tiempos augusteos y englobaría todo el reinado de Tiberio. Otros materiales, como el cuenco de vidrio de forma Isings 3[10] (Figura 4, 19) o dos fragmentos de lucernas de forma Dressel 3 (Figura 4, 16-17), no son incompatibles con el arco temporal que proponemos (Berger 1960: 15 y 18; Morillo 1990: 153 y Celis 2005: 420, respectivamente). En el mismo sentido autoriza a pensar el borde de ánfora de forma Dressel 7-11 recuperado en este estrato (Figura 4, 18) y cuya fecha de arranque ha sido situada en el periodo augusteo (Beltrán 1970: 390-392) y conoce su periodo álgido de difusión en la primera mitad del siglo I d.C. (Járrega 2012).

En el **estrato 5** se registran las primeras evidencias de TSH procedente de Andújar (Figura 5, 3-5), que se concretan en vasos de forma Hisp.24/25, Hisp.29 y un posible ejemplar de forma Aj.1[11]. Es importante hacer constar que no se ha identificado en este estrato *terra sigillata* de adscripción triciense. Los materiales béticos pudieron llegar acompañados de lucernas derivadas de Dressel 3 o de tipo Andújar, como sugiere el hallazgo de un fragmento de disco con decoración de venera que posee los rasgos tecnológicos característicos de la producción del alfar giennense, a saber, pasta de tonalidad muy clara con abundantes inclusiones oscuras y algunas brillantes y carencia de engobe (Figura 7, 11). En este estrato, las

[9] Seguimos la denominación propuesta por A. Adroher y A. Caballero (2012) para designar estas producciones, si bien los materiales sisaponenses requieren un estudio específico dada la identificación de diferentes clases tecnológicas, unas con acabado bruñido y otras con un baño de engobe o revestimiento "barnizado".

[10] Aunque estos cuencos se hicieron muy abundantes en época claudio-neroniana, ya se registran en Vindonissa en época de Tiberio (Berger 1960: 18, 21 y 22) y en Mérida se han exhumado en contextos tibero-claudios (Caldera 1983: 30).

[11] Somos conscientes de que la ausencia de evidencias del campo decorativo impide que podamos sostener con certeza esta asignación, pero fundamentamos esta propuesta en razón del pequeño calibre que muestra la pieza -con un diámetro de 12 cm- (Fernández García 1988: 30) y de su propia posición estratigráfica.

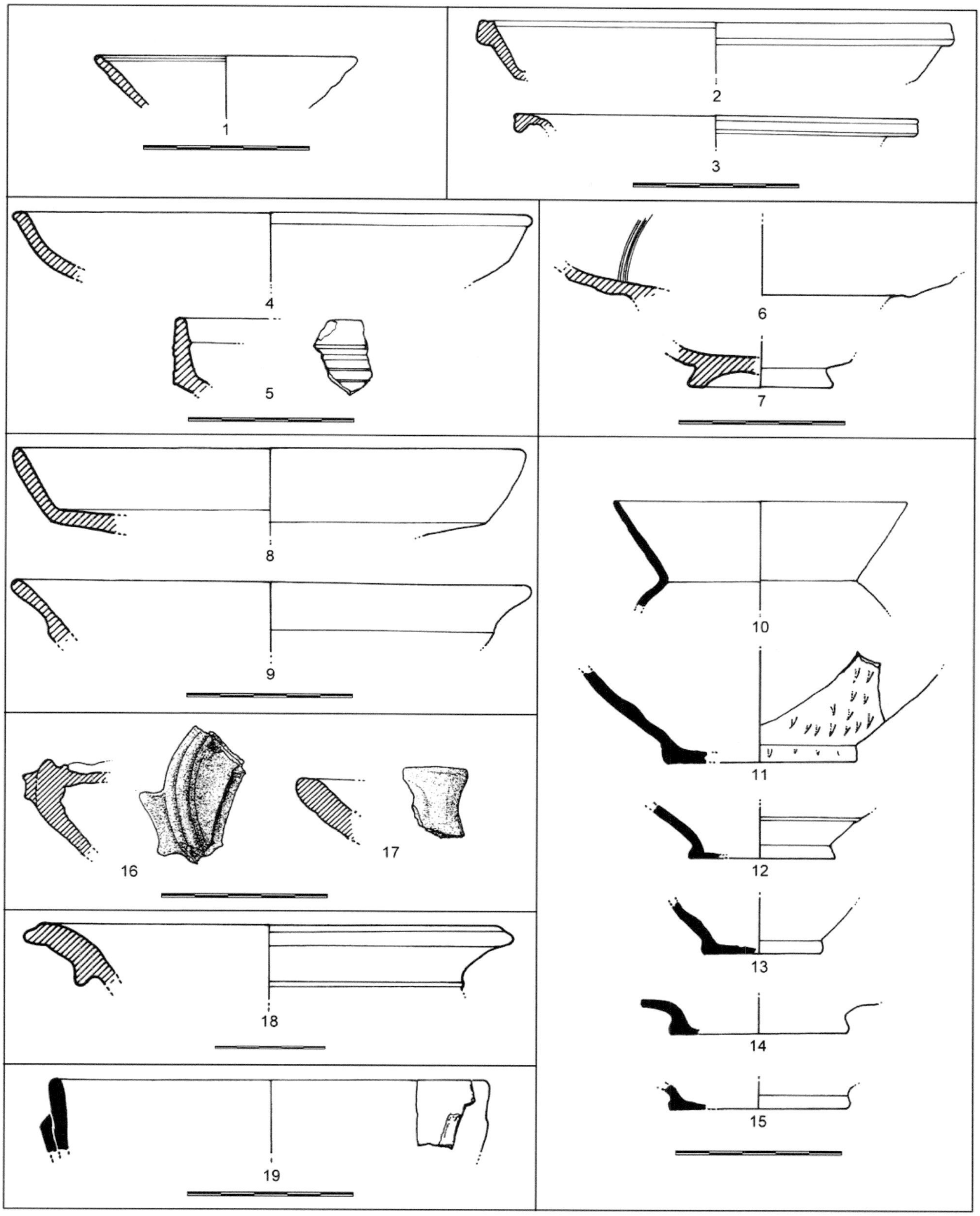

Figura 4. Corte A-1(ab), estrato 6a. 1: cerámica de imitación de *terra sigillata* de tipo Peñaflor; 2-3: TSI; 4-5: TSG; 6-7: barniz negro itálico; 8-9: cerámica gris de imitación campaniense; 10-15: cerámica de paredes finas; 16-17: lucernas; 18: ánfora; 19: vidrio.

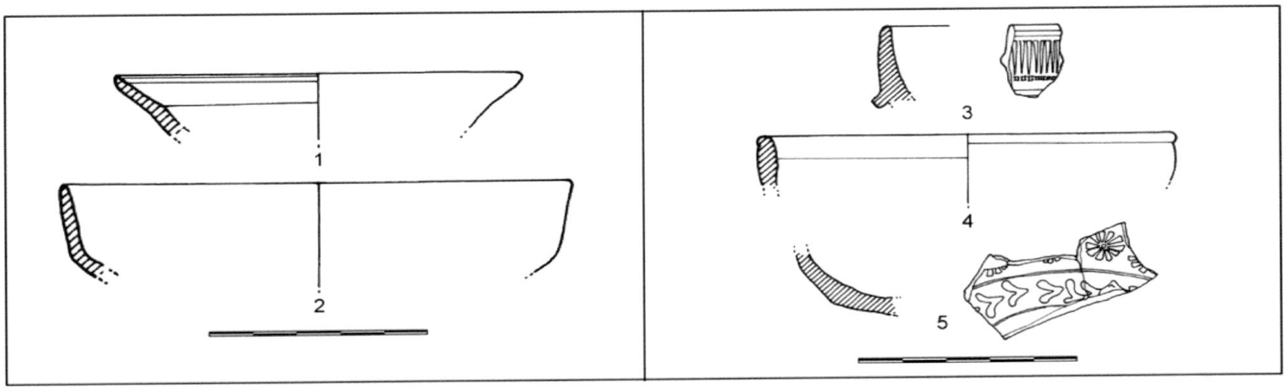

FIGURA 5. CORTE A-1(AB), ESTRATO 5. 1-2: CERÁMICA DE IMITACIÓN DE *TERRA SIGILLATA* DE TIPO PEÑAFLOR; 3-5: TSH ANDÚJAR.

importaciones isturgitanas conviven con imitaciones de tipo Peñaflor que, por sus rasgos tecnológicos parecen corresponder a producciones originarias de *Celti* o su entorno en el Bajo Guadalquivir (Fernández Ochoa, Morillo y Zarzalejos e.p.). Junto a la copa Martínez Ic (Figura 5, 1), aparece una pieza de forma Celti 3[12] (Figura 5, 2) que emula el perfil de los platos Consp.1.1 (Keay y Romo 2001: fig.2.38). Asimismo, se registran dos pequeños fragmentos de cerámica itálica de barniz negro de forma Lamb.5-7 y un fragmento de plato de imitación de la serie Morel 2282 (Figura 7, 1-3), dos pequeños fragmentos de TSI -un plato de posible forma Consp. 20.1 y una copa Consp.14.1 (Figura 6, 1-2) – y un conjunto más numeroso de TSG, integrado por platos de forma Drag.18, copas Drag.24/25 y Drag.27, entre los que están presentes cinco ejemplares de *marmorata* (Figura 6, 3-17). Cierra el conjunto de especies cerámicas significativas varios fragmentos de cerámica de paredes finas de forma Mayet 37A con decoración de barbotina, con los que conviven dos bordes de vaso de posible forma Mayet 8B (Figura 7, 4-10).

A la hora de perfilar la cronología de este estrato, las piezas más antiguas son las cerámicas de barniz negro itálico, aunque en este caso podrían considerarse intrusiones de época anterior, dado que el depósito en el que se localizan se superpone a un nuevo nivel de pavimentación del *kardo*, que se conserva en el área occidental del sondeo y prácticamente ha desaparecido en la zona central (Fernández Ochoa *et al.* 1994: 37). Quizás hubiéramos de pronunciarnos en el mismo sentido en lo que respecta a las imitaciones de cerámica de barniz negro itálico, aunque debe valorarse su aparición en otros contextos meridionales datados en pleno siglo I d.C., circunstancia que ha sido puesta de manifiesto en estudios generales sobre esta especie (Adroher y Caballero 2012: 33). Entre las piezas de TSI aparecidas en este estrato, el fragmento de plato Consp. 20.1 pudo alcanzar el periodo de Claudio (Ettlinger *et al.* 1990: 86), fecha que coincide con la data más reciente de fabricación de los vasos de paredes finas de la forma 8B (López Mullor 2008: 368), por lo que podríamos situar el comienzo de la formación del depósito en los primeros años del segundo tercio del siglo I d.C. Por su parte, el conjunto de TSG ilustra una actividad centrada en época claudia y que alcanzaría sin dificultad parte del reinado de Nerón. En efecto, este marco de referencia de deduce de las copas de forma Drag.24/25 con bordes rectos que acreditan su relación con la variante b[13] (Passelac y Vernhet 1993: 573), los platos Drag.18 de rasgos tempranos (labio de sección redondeada y perfil muy suave con arista poco marcada en el punto de articulación entre el fondo y la pared) (Oswald y Pryce 1920: 182) y un interesante conjunto de la variedad *marmorata*, elaborada en La Graufesenque y que también remite al periodo claudio-neroniano (Vernhet 1976: 15). Otro indicador que se suma a la valoración temporal de este estrato es el grupo de vasos de paredes finas de la forma 37A con decoración de barbotina, que pueden fecharse entre la época de Claudio y el último decenio del siglo I d.C., permitiendo aquilatar algo más esta data su decoración con hojitas de agua o helechos, que se situaría a mediados del siglo I d.C. (López Mullor 2008: 369). Asimismo, el vaso de vidrio de forma Isings 12 sin decoración puede estar presente en época de Claudio-Nerón[14] (Berger 1960: 44) y el cuenco Isings 20 es compatible con una datación claudia (Berger 1960: 24, 30, nº 47) y neroniana (Isings 1957: 37). El cierre del estrato en los primeros años del reinado de Nerón estaría avalado por la presencia de cerámica de imitación de *sigillata* de tipo Peñaflor de forma Celti 3, que se localiza en la propia Peñaflor en contextos de la fase 7a, fechados entre la época neroniana y el inicio de los flavios (Keay y Creighton 2001: 101).

El **estrato 4** se hace eco del afianzamiento de las producciones de TSH procedente de Andújar, que registran

[12] El hallazgo en *Sisapo* de este modelo de plato que no forma parte del repertorio más difundido de estas producciones y que se encuentra ausente del catálogo fabricado en Andújar, parece acreditar la afluencia a este yacimiento de materiales de esta producción originarios del valle medio del Guadalquivir.

[13] Una de las piezas parece más antigua al presentar un borde reentrante como el que caracteriza la variante Drag.24/25 a, datada ente los años 15 y 40 d.C. (Passelac y Vernhet 1993: 573).

[14] En Santomé (Orense) esta forma está presente en contextos fechados entre Tiberio y Nerón y desaparece en tiempos flavios (Rodríguez y Xusto 1994: 55).

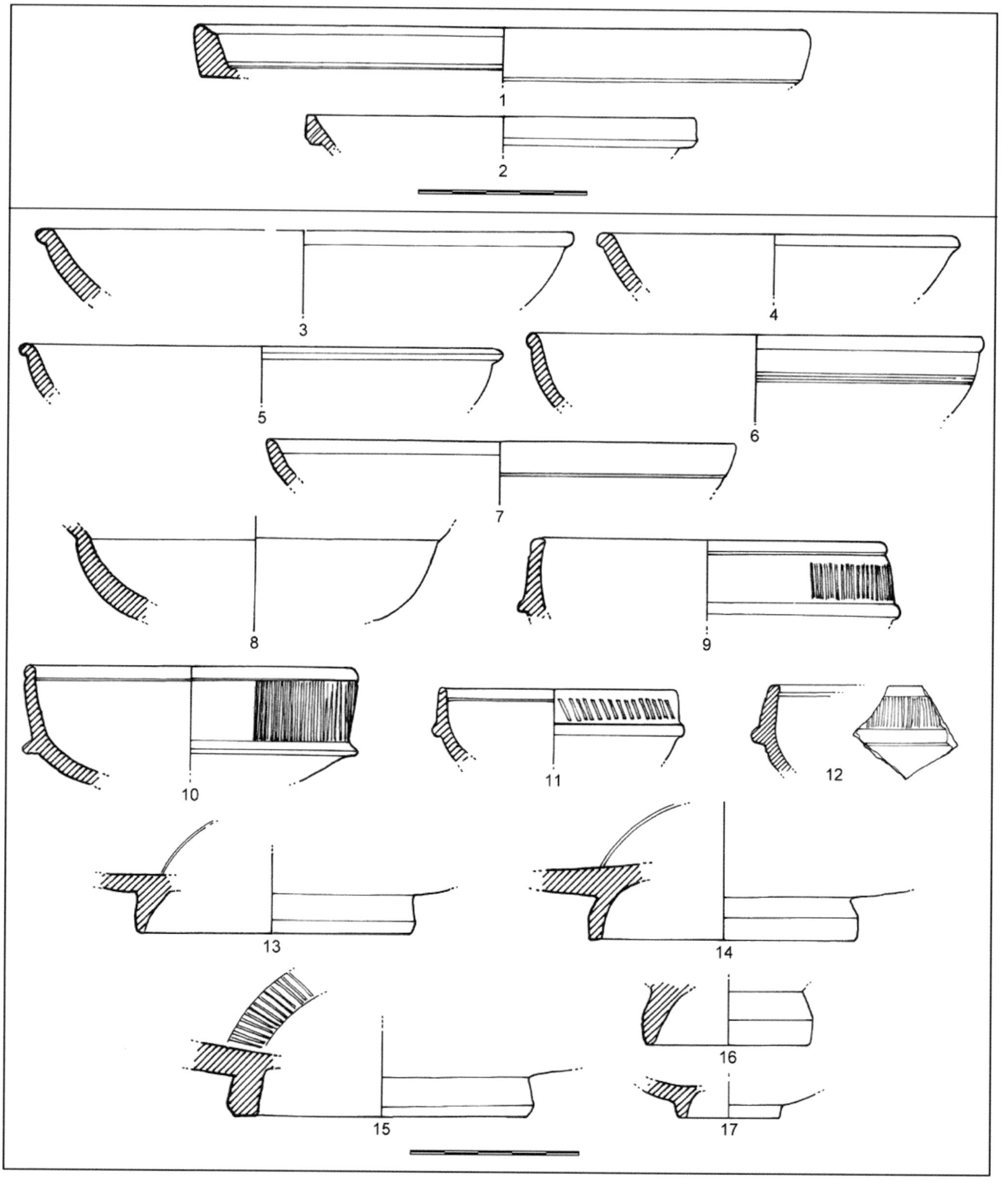

FIGURA 6. CORTE A-1(AB), ESTRATO 5. 1-2: TSI; 3-17: TSG.

una proporción del 72% en relación con los materiales originarios del área de *Tritium*, que se registran ahora por primera vez. Entre las piezas lisas se encuentra el plato de forma Hisp.15/17 y las copas de forma 27 y 35, mientras que el conjunto de vasos decorados está monográficamente representado por el cuenco de forma Hisp.37, en sus dos variantes de borde (Figura 8, 5-9). Estos elementos vasculares llegaron acompañados de lucernas derivadas de Dressel 3 o de tipo Andújar, de las que se han recuperado restos pertenecientes al menos a cuatro individuos (Figura 9, 19-22). Los materiales giennenses en este estrato entran en competencia con un todavía nutrido conjunto de TSG, integrado por platos de forma Drag.17 y Drag.18 y un repertorio variado de copas en el que se identifican los perfiles Drag.27, Drag.33, Drag.35 (o 36?), Ritt.8b y Ritt.9b, algunos de ellos realizados con técnica de

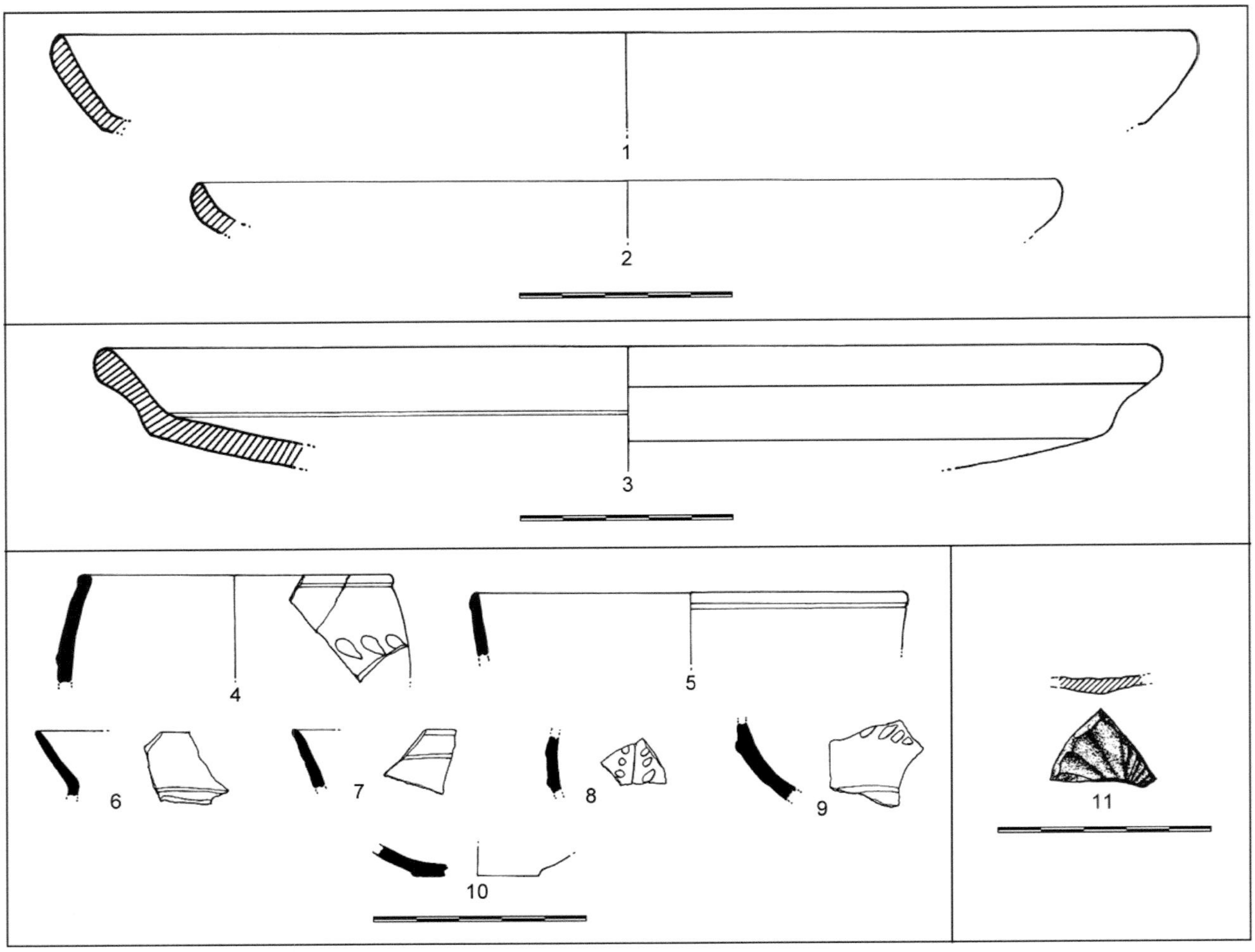

FIGURA 7. CORTE A-1(AB), ESTRATO 5. 1-2: BARNIZ NEGRO ITÁLICO; 3: CERÁMICA GRIS DE IMITACIÓN CAMPANIENSE; 4-10: CERÁMICA DE PAREDES FINAS; 11: LUCERNA DE TIPO ANDÚJAR.

marmorata (Figura 9, 1-10). A estos materiales se suman varias piezas de cerámicas de imitación de tipo Peñaflor, entre las que se encuentran las repetidas emulaciones de *terra sigillata* de la forma Martínez Ib (Figura 8, 1) junto a elementos más singulares como un ejemplar del tipo Martínez III[15] (Figura 8, 4) y una posible tapadera (Figura 8, 2-3). Por su parte, el conjunto de cerámica de paredes finas permite identificar varios vasos de forma Mayet 37B, 43, 34A y 42 (Figura 9, 11-18).

En el encuadre cronológico de este estrato hemos de hacer constar su formación en inmediata secuencia temporal con la anterior deposición, como pone de manifiesto la presencia significativa de producciones gálicas con técnica de *marmorata*, que da continuidad a la afluencia de estos materiales de La Graufesenque y permitiría fijar el arranque del estrato en momentos avanzados del reinado de Nerón. Hasta inicios de época flavia podrían llegar otras piezas de TSG de la forma Ritt.8b y Ritt.9b (Passelac y Vernhet 1993: 577) o los platos Drag.17 y 18 (Passelac y Vernhet 1993: 572), así como las producciones de paredes finas de forma Mayet 34A, también conocidas como vasos de cáscara de huevo, que pudieron alcanzar el año 80 d.C. (López Mullor 2008: 368). Ya en plena época flavia pueden ubicarse las piezas de forma Drag.27, Drag.33 y Drag.35 o 36 (Passelac y Vernhet 1993: 573 y 574), data que podría alcanzar el fin del siglo I d.C. en el caso de las formas de paredes finas Mayet 37B, 42 y 43 (Passelac 1993: 521). La cronología del estrato 4 entre el reinado de Nerón y el fin de los flavios estaría ratificada por la aparición de un cuenco de vidrio Isings 3, forma que puede llegar hasta el 100 d.C. (Cool y Pryce 1995: 213-214) y una base cuadrada de botella Isings 50, recipiente que comienza a fabricarse a mediados del siglo I d.C. y que conoce un especial florecimiento en época flavia (Isings 1957: 64-65).

En el **estrato 3** se advierte cómo la TSH de Andújar se equilibra con la procedente de los alfares del valle del Ebro. El material aparece muy fragmentado y no aporta una especial definición sobre la evolución de las formas, entre las que se identifican un posible plato Hisp.15/17, una copa Hisp.27 y un posible cuenco de forma Hisp.35 (Figura 10, 1-3). La TS

[15] Los excavadores de *Celti* consideran, sin embargo, que este perfil, al que denominan "tipo 7" y que cuenta con revestimiento de engobe tanto en el interior como en la pared externa, podría relacionarse más con la forma Consp.36.1 de TSI que con las fuentes de engobe rojo pompeyano (Keay y Romo 2001: 59).

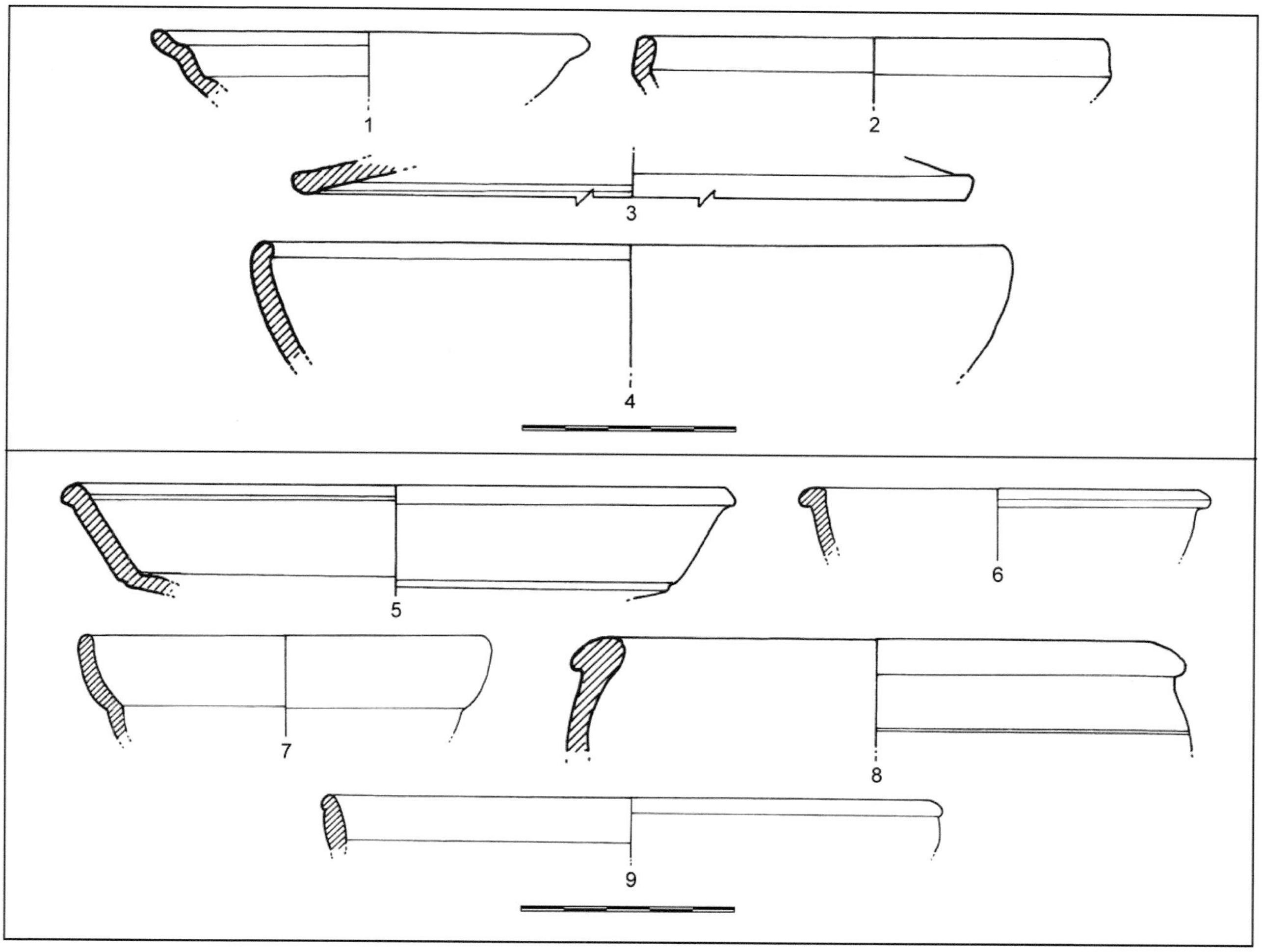

FIGURA 8. CORTE A-1(AB), ESTRATO 4. 1-4: CERÁMICA DE IMITACIÓN DE TIPO PEÑAFLOR; 5-9: TSH ANDÚJAR.

de origen extrapeninsular es ya episódica y se reduce a una base de TSI, claramente residual, y a tres fragmentos de TSG de forma indeterminada (Figura 10, 4-6). Acompaña a estos materiales un fragmento de cerámica de paredes finas de forma 37A (Figura 10, 7). Aunque el volumen de indicadores materiales hallados en este depósito es bastante inferior al de estratos anteriores, el nuevo pavimento del *kardo* y el nivel asociado a su primer uso podrían datarse a fines del siglo I e inicios del II d.C. Su inicio puede estar marcado por sendos fragmentos decorados de TSG, con trazas de guirnaldas cuyo diseño pudo tener inicio en época de Claudio y prolongarse a lo largo de toda la época flavia (Hermet 1934: 36-39). También el periodo flavio avanzado vio surgir la botella cilíndrica de vidrio de forma Isings 51, que será ya más frecuente en contextos del siglo II d.C. (Isings 1957: 67-69).

Por su propia naturaleza, el **estrato 2** presenta un conjunto exiguo de materiales, entre los que vuelven a encontrarse piezas de TSH de Andújar de forma Hisp. 27 y 37 (Figura 11, 1-2). Los especímenes cerámicos con los que conviven estos elementos isturgitanos no integran necesariamente el patrón material vigente en el momento de su deposición, ya que algunos se hallaron amortizados en el *rudus* del pavimento 1. Tal sería el caso de dos fragmentos de TSG (Figura 11, 3-4) o de un borde de ánfora Dressel 7-11 (Figura 11, 5), que pudieron originalmente haber formado parte de los indicadores materiales del estrato infrapuesto. El fragmento de TSHB correspondiente a una fuente de forma 9, sí parece estar más en consonancia con las fechas que la dinámica estratigráfica sugiere para este pavimento y podría situarse entre fines del siglo I y mediados del II d.C., como es frecuente en esta producción a juzgar por los múltiples casos ya conocidos (Fernández Ochoa y Zarzalejos 2008: 338 y 340).

3.2. Los patrones materiales en la secuencia de la estancia 16 (culina) *de la "*domus *de las Columnas Rojas"*

En la **fase XIV de la *culina***, se identifica la primera afluencia de productos originarios de los alfares de Andújar, plasmada en la producción de cerámicas de imitación de *sigillata* de tipo Peñaflor. Se trata de un fragmento de copa de la forma Martínez Ib o c (Figura 12, 1), que conserva evidencias en la superficie interna del característico acabado bruñido previo a la cocción (Ruiz Montes 2012: 40). Esta pieza se identifica en la UE 30 y está asociada a un fragmento amorfo de imitación de *sigillata* de tipo Peñaflor con los rasgos tecnológicos propios del

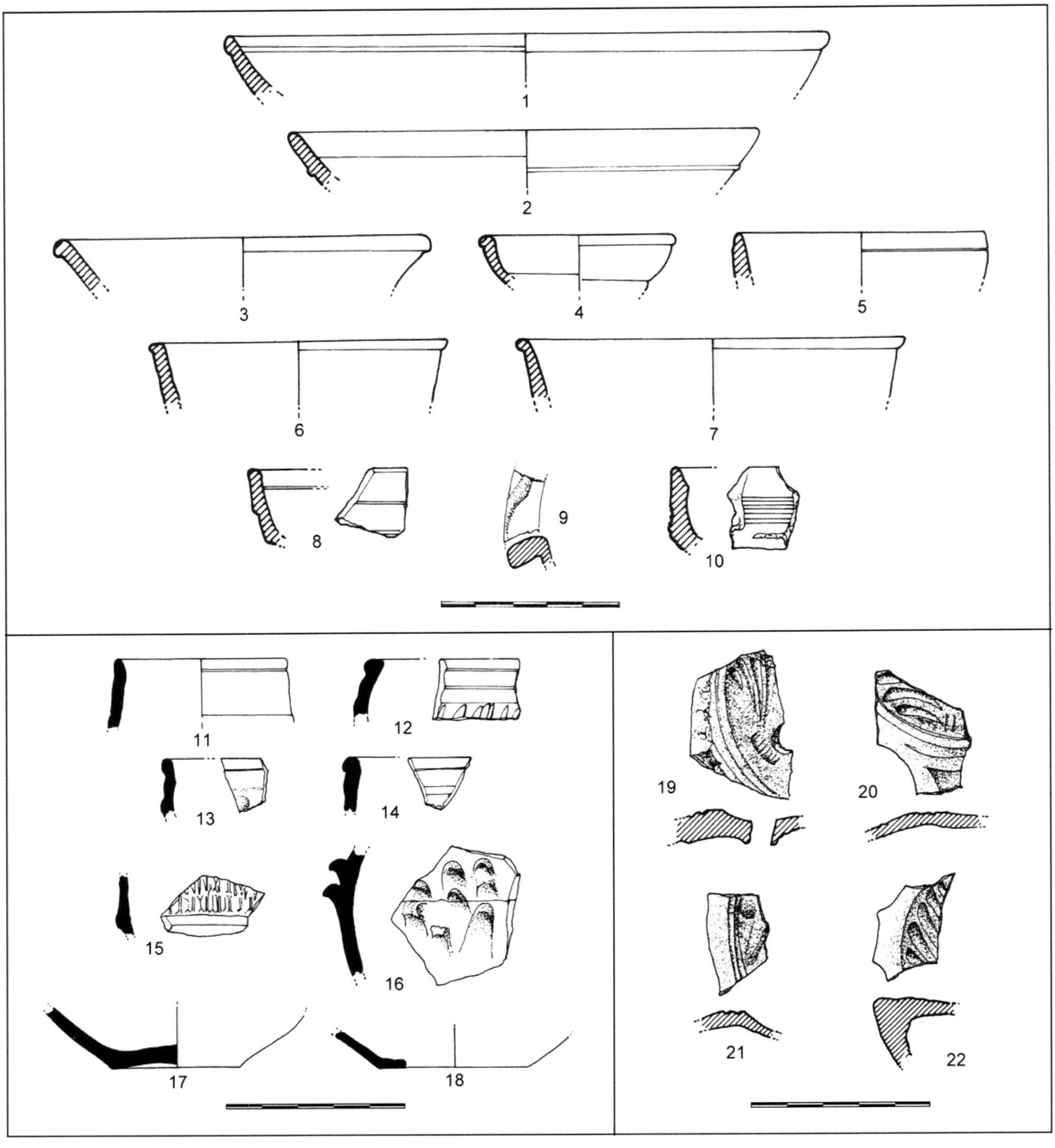

Figura 9. Corte A-1(ab), estrato 4. 1-10: TSG; 11-18: cerámica de paredes finas; 19-22: lucernas de tipo Andújar.

grupo del Bajo Guadalquivir. La UE 28, que representa una acción sincrónica a la de la UE 30, ha proporcionado algún elemento significativo para la datación de esta fase, como un fragmento de TSI de la forma Consp. 22.5 (Figura 12, 2), que posibilitaría su encuadre en tiempos tardoaugusteo-tiberianos, ya que este tipo se fabricó entre los años 10 y 30 d.C. (Passelac 1993: 561) y, en todo caso, la transición a la forma Consp.23 debió tener lugar antes del final del reinado de Tiberio (Ettlinger *et al.* 1990: 90), por lo que se trata de una forma con un desarrollo bien acotado en el tiempo. Esta pieza de procedencia itálica está acompañada de dos fragmentos de plato y posible copa de imitación de *sigillata* de tipo Peñaflor pertenecientes al grupo tecnológico del curso bajo del Guadalquivir.

Dentro de las acciones inscritas en la **fase XII de la *culina*** solo la UE 26, interpretada como un relleno de nivelación, ha proporcionado algo de material cerámico. El conjunto está integrado mayoritariamente por piezas de imitación de *sigillata* de tipo Peñaflor. Un fragmento de pared de posible plato de forma Martínez IIb o c, podría relacionarse con la producción de Andújar (Figura 13, 1) y quizás

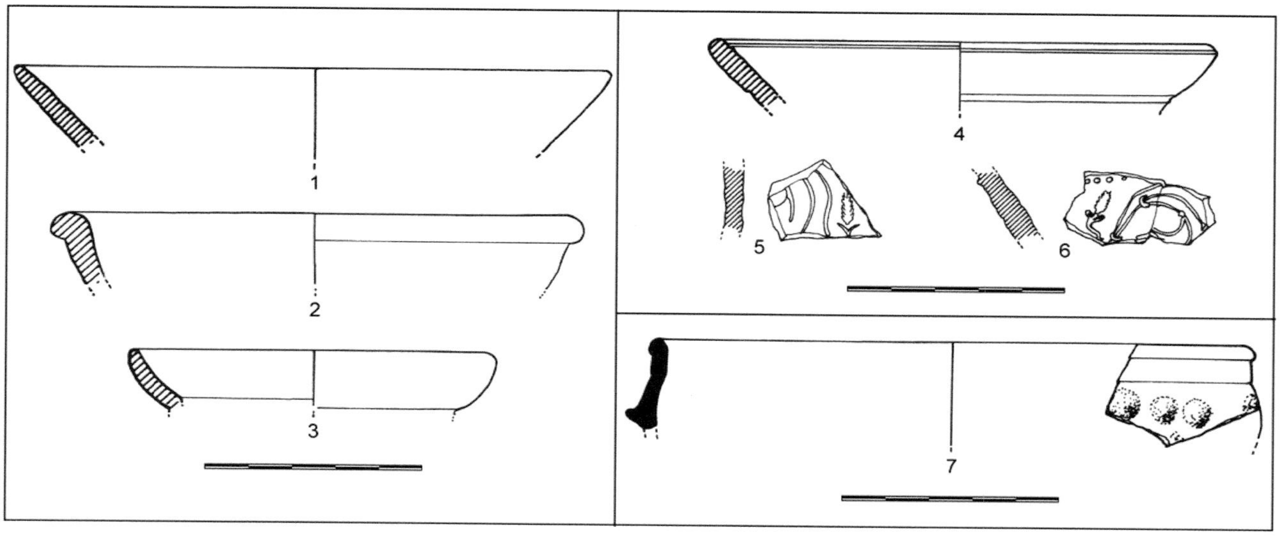

Figura 10. Corte A-1(ab), estrato 3. 1-3: TSH Andújar; 4-6: TSG; 7: cerámica de paredes finas.

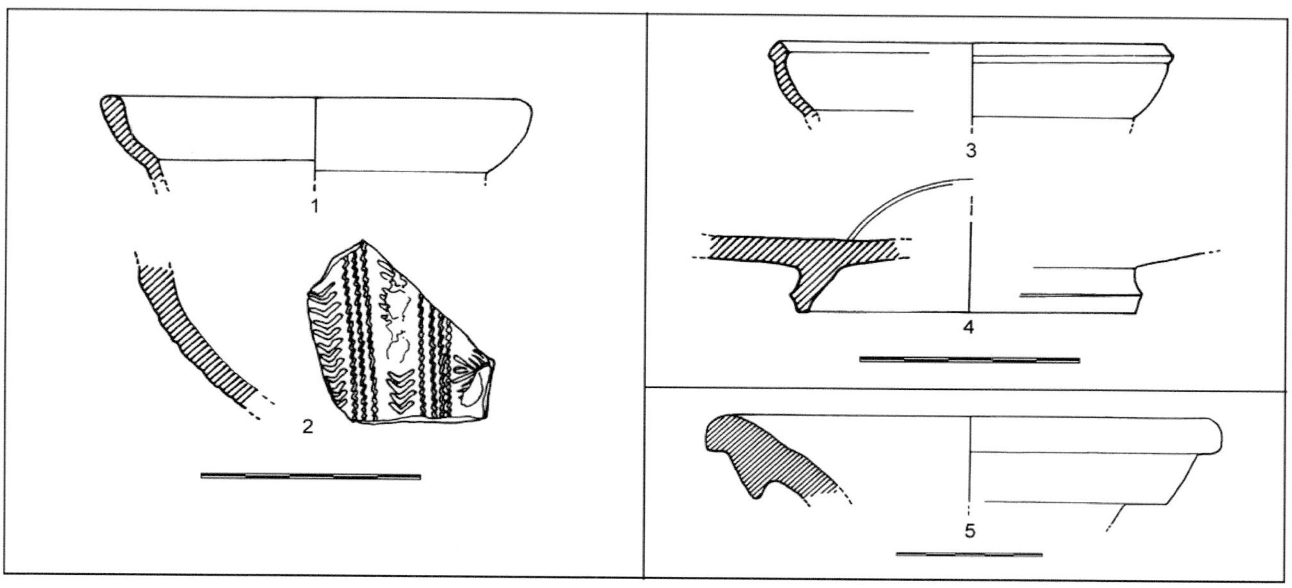

Figura 11. Corte A-1(ab), estrato 2. 1-2: TSH Andújar; 3-4: TSG; 5: cerámica de pare-des finas.

perteneciera a esta producción otro fragmento de borde de la misma forma, si bien esta pieza ha perdido parte de sus rasgos de caracterización por haber sido sometida al efecto del fuego (Figura 13, 2). Junto a ellas se documenta restos de un plato de forma Martínez IIb (Figura 13, 4) y un borde de forma Martínez IIb o c (Figura 13, 3). Este material está asociado a una muestra muy reducida de TSI integrada por un fragmento informe y un pequeño borde de copa de posible forma Consp.22 (Figura 13, 5). Este indicador nos situaría en la misma línea cronológica de la fase anterior, certificando que la construcción de la *domus* tuvo lugar en tiempos tardoaugusteo-tiberianos.

En la **fase XI de la *culina*** (UE 16), vuelven a registrarse materiales de ascendencia astigitana, materializados de nuevo en las producciones de imitación de *sigillata* de tipo Peñaflor, de la que se han recuperado un fragmento de pared de copa de forma Martínez Ib o c (Figura 14, 1) y un borde de plato Martínez IIb/c (Figura 14, 2). Junto a esta serie vascular se encuentran varios fragmentos de lucernas derivadas de Dressel 3 pertenecientes al menos a cuatro individuos, todos ellos inscritos en los parámetros tecnológicos y decorativos que caracterizan la producción de Andújar (Figura 15, 1-2). Estas lucernas se acompañan de otras producciones lychnológicas con revestimiento engobado de coloración castaña y negruzca y de tipología indeterminada. Estos materiales comparten posición estratigráfica con varios fragmentos de TSI, entre los que pueden reconocerse una copa de forma Consp.32 (Figura 14, 6), una posible copa de forma Consp.33, de variante indeterminada (Figura 14, 7), un borde de plato de forma Consp.12.2 (Figura 14, 8), un fragmento de pared perteneciente a una copa carenada de forma Consp.27.2 (Figura 14, 9) y otro de una copa de posible

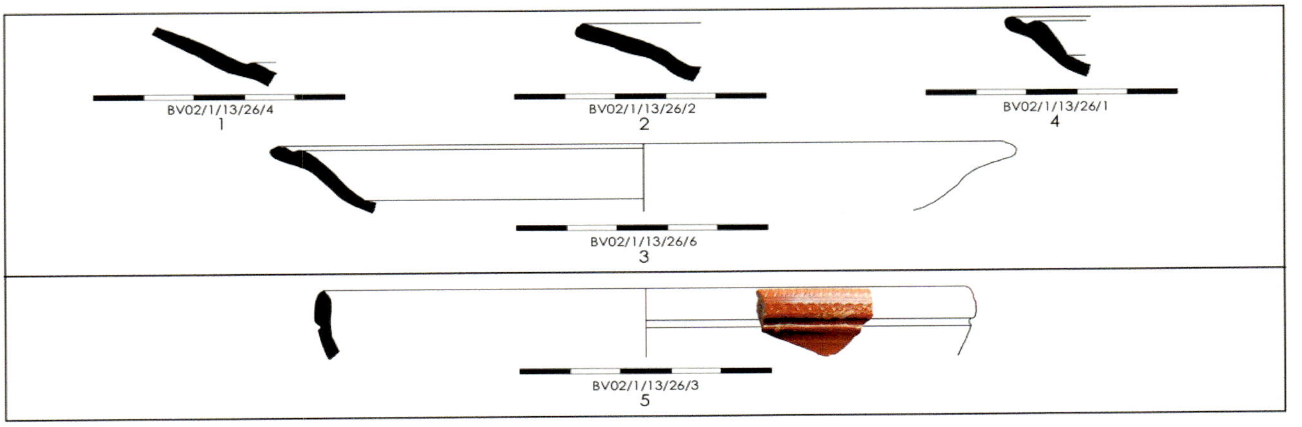

FIGURA 12. *CULINA* DE LA *DOMUS DE LAS COLUMNAS ROJAS*, FASE XIV. 1: CERÁMICA DE IMITACIÓN DE *TERRA SIGILLATA* DE TIPO PEÑAFLOR; 2: TSI.

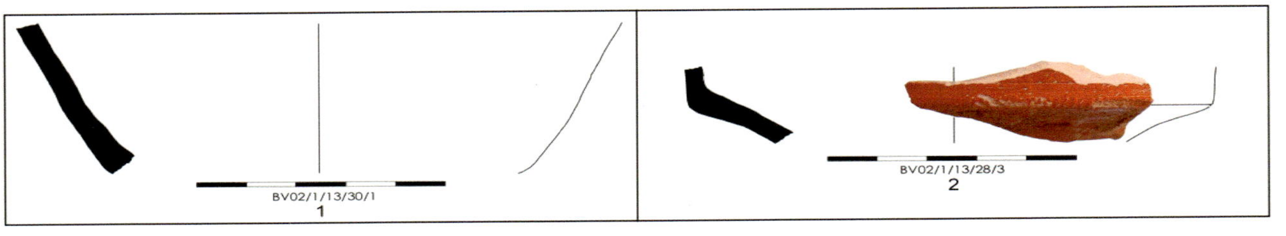

FIGURA 13. *CULINA* DE LA *DOMUS DE LAS COLUMNAS ROJAS*, FASE XIV. 1: CERÁMICA DE IMITACIÓN DE *TERRA SIGILLATA* DE TIPO PEÑAFLOR; 2: TSI.

forma Consp.23 de variante indeterminada (Figura 14, 10). También se ha recuperado en esta UE un conjunto de cerámicas de imitación de tipo Peñaflor inscribibles en el grupo tecnológico del Bajo Guadalquivir, representado por un plato del tipo Martínez IIb o c (Figura 14, 3), una copa de forma Martínez Ib o c (Figura 14, 5) y un plato o fuente del tipo Celti 7 (Figura 14, 4). Dentro de este conjunto productivo hemos de destacar el hallazgo de un plato de imitación de engobe rojo pompeyano de la forma Martínez III-Celti 1 (Figura 15, 3), que reproduce el perfil del prototipo Luni 5[16] (Keay y Romo 2001: 82, fig. 2.53, 1-3). Finalizaremos la referencia a los materiales con significación como vectores cronológicos con los vasos de paredes finas, especie muy bien representada en esta UE. Se han recuperado varios individuos de la forma Mayet 37A[17], con decoración arenosa en toda la superficie externa (Figura 16, 1) -, en la superficie externa salvo en una banda bajo el borde (Figura 16, 2-3) – y con aplicación de arena en ambas superficies, sin dejar una banda en reserva bajo el borde (Figura 16, 4-5). Asimismo, se documentan restos del cuenco hemisférico de forma Mayet 37A con indicios muy exiguos de decoración a barbotina (Figura 16, 6) y varios fragmentos amorfos con hileras de perlas realizadas con el mismo procedimiento ornamental. Este nutrido conjunto de *vasa potoria* se completa con un hermoso ejemplar de la forma Mayet 37B con decoración de escamas de piña a la barbotina (Figura 16, 7).

El elenco material que acabamos de referenciar ilustra unas fechas de formación de BV02/1/13/16 que cabría situar en época de Tiberio a juzgar por la presencia del plato Consp.12.2, cuya data final se situaría en torno al 20 d.C. (Ettlinger *et al.* 1990: 72; Passelac 1993b: 557) y la copa Consp. 32, cuya fabricación alcanza el año 30 d.C. (Passelac 1993b: 563). Un arranque en tiempos tiberianos y duración hasta el inicio de los flavios tuvieron las copas de TSI de forma Consp.23 y Consp.27.2 (Ettlinger *et al.* 1990: 92 y 100; Passelac 1993b: 561-562), por lo que acreditan la continuidad del arribo de productos itálicos durante la primera mitad del siglo I d.C. en confluencia con materiales de origen sudgálico, como testimonia la presencia de varios fragmentos amorfos de esta producción.

[16] La pieza presenta un engobe interno de buena calidad mientras que la pared externa y el fondo están completamente revestidos del engobe ligero y mate que caracteriza las producciones de tipo Peñaflor originarias de *Celti* y el Bajo Guadalquivir. No obstante, piezas de estas mismas características se han hallado también en Córdoba, donde se identifica un posible defecto de cocción que hace presumir a sus descubridores una fabricación local de estas fuentes en la capital bética (Vargas y Moreno 2004: 723). En la misma UE se han recuperado tres fragmentos correspondientes a un individuo importado de la forma Luni 5, con el engobe interior prolongado hasta la parte superior del borde externo y una pasta hojaldrada de coloración castaño-anaranjada con abundantes inclusiones negras y características físicas asimilables *de visu* a la pasta 2 de Aguarod (1991: 40).

[17] Según la nomenclatura establecida por A. López Mullor (2008: 368) para referir a las diferentes modalidades de aplicación de la decoración arenosa en estas formas tan características de la producción bética, estos vasos podrían encuadrarse en las variantes 37.1b; 37.1a y 37.1c, respectivamente.

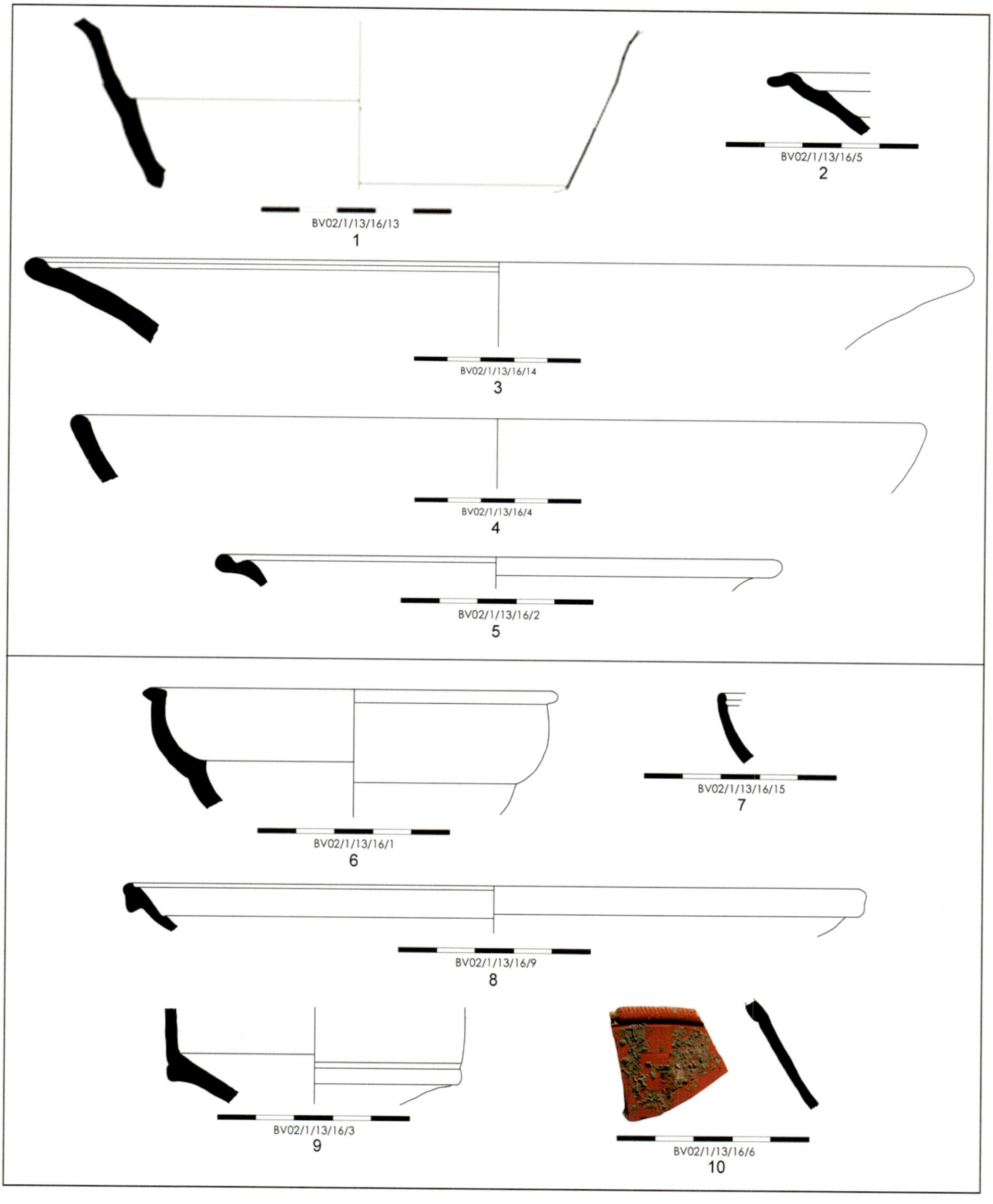

FIGURA 14. *CULINA* DE LA *DOMUS* DE LAS COLUMNAS ROJAS, FASE XI. 1-5: CERÁMICA DE IMITACIÓN DE *TERRA SIGILLATA* DE TIPO PEÑAFLOR; 6-10: TSI.

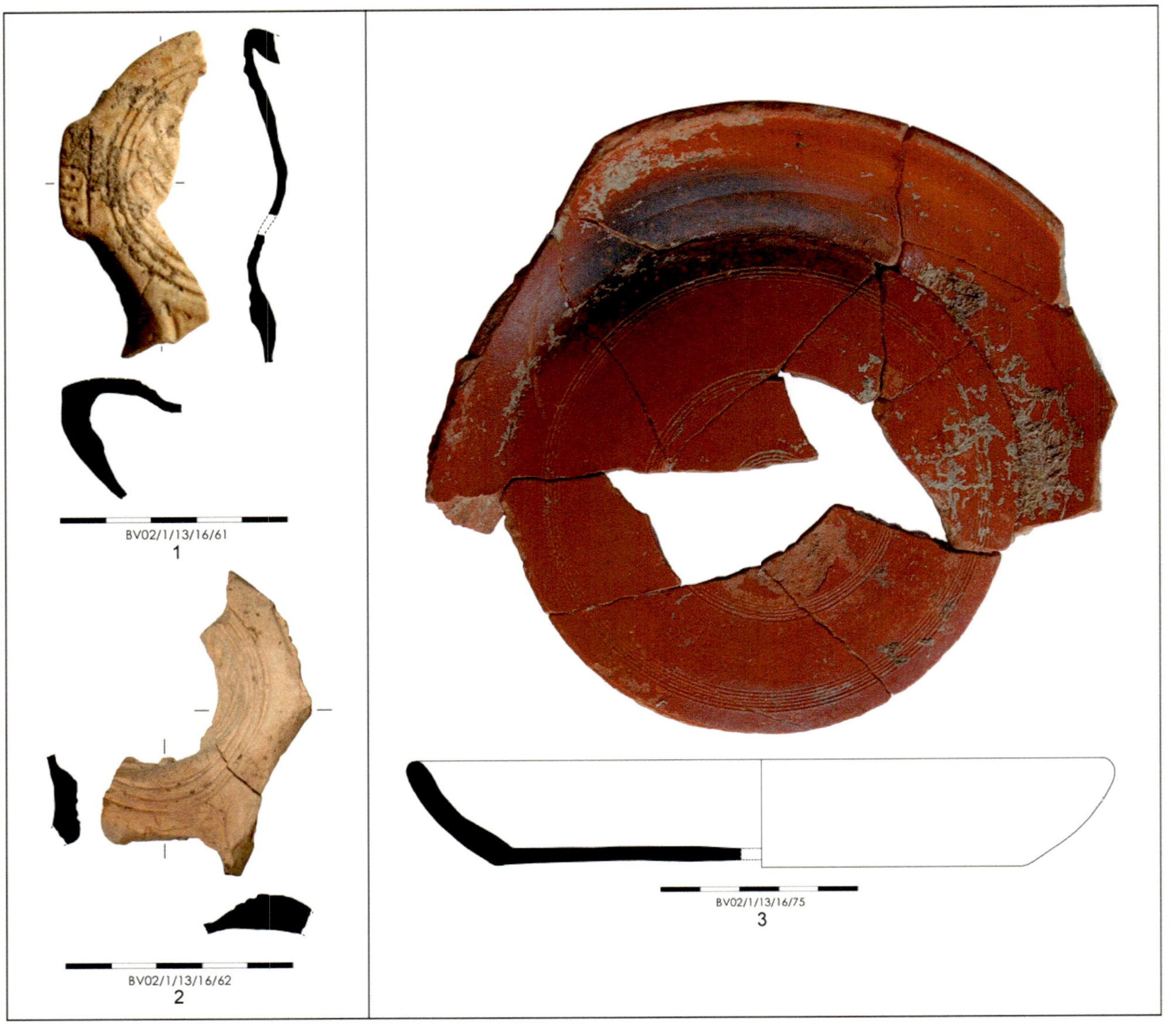

FIGURA 15. *CULINA* DE LA *DOMUS* DE LAS COLUMNAS ROJAS, FASE XI. 1-2: LUCERNAS DE TIPO ANDÚJAR; 3: CERÁMICA DE IMITACIÓN DE TIPO PEÑAFLOR.

Precisamente, un margen temporal que alcanzaría en su fase final el año 50 d.C. es el que ilustra la forma Consp.33 (Ettlinger *et al.* 1990: 110). Por su parte, el conjunto de vasos de paredes finas proporciona un marco cronológico muy coherente con el descrito, ya que la forma Mayet 37A, en sus diferentes versiones de decoración arenosa, pudo empezar a fabricarse en la segunda década el siglo I d.C., aunque su momento álgido de expansión coincide con los años 40-50 d.C., si bien, precisa A. López Mullor (2008: 369) que aún se registra en fechas más avanzadas, como testimonian los hallazgos del pecio Culip IV (69-79 d.C.). Por lo que respecta a las restantes técnicas y motivos decorativos identificados, las alineaciones de perlas son características del periodo Claudio-Nerón y las escamas de piña serán un motivo extendido también a partir de Claudio (López Mullor 2008: 369), prolongando su data final con la propia de la forma 37B en que se documenta este recurso ornamental en la UE en estudio y que alcanza el fin del siglo I d.C. (Passelac 1993: 520). En contextos cerrados de carácter funerario como los descubiertos en la Constancia (Córdoba), este tipo de cuenco se convierte en el fósil guía que fecha los enterramientos en época de Claudio (Vargas 2002). A estas precisiones podemos añadir la orientación que proporciona la fuente de engobe rojo pompeyano de forma Luni 5[18], presente en niveles del Occidente del Imperio datados entre fines del siglo I a.C. y mediados del siglo I d.C. hasta alcanzar el 79 d.C., aunque será especialmente frecuente en época de Claudio en ciudades del valle del Ebro como *Celsa* (Aguarod 1991: 78). En Córdoba se localiza en contextos tardoaugusteo-tiberianos, en asociación con TSI de forma Conspectus 12.2 y un vaso de paredes finas de forma 37 (Vargas y Moreno 2004: 722). Un último apunte sobre la cronología de la UE 16 del corte BV02/1/13 viene dado por sendos fragmentos de cuencos de vidrio de la forma Isings 3 de variante imprecisable, aunque su coloración monócroma en azul oscuro y azul verdoso claro permitiría ubicarles en la primera mitad del siglo I d.C. (Marcos 2002: 65).

[18] *Vid.* nota 19.

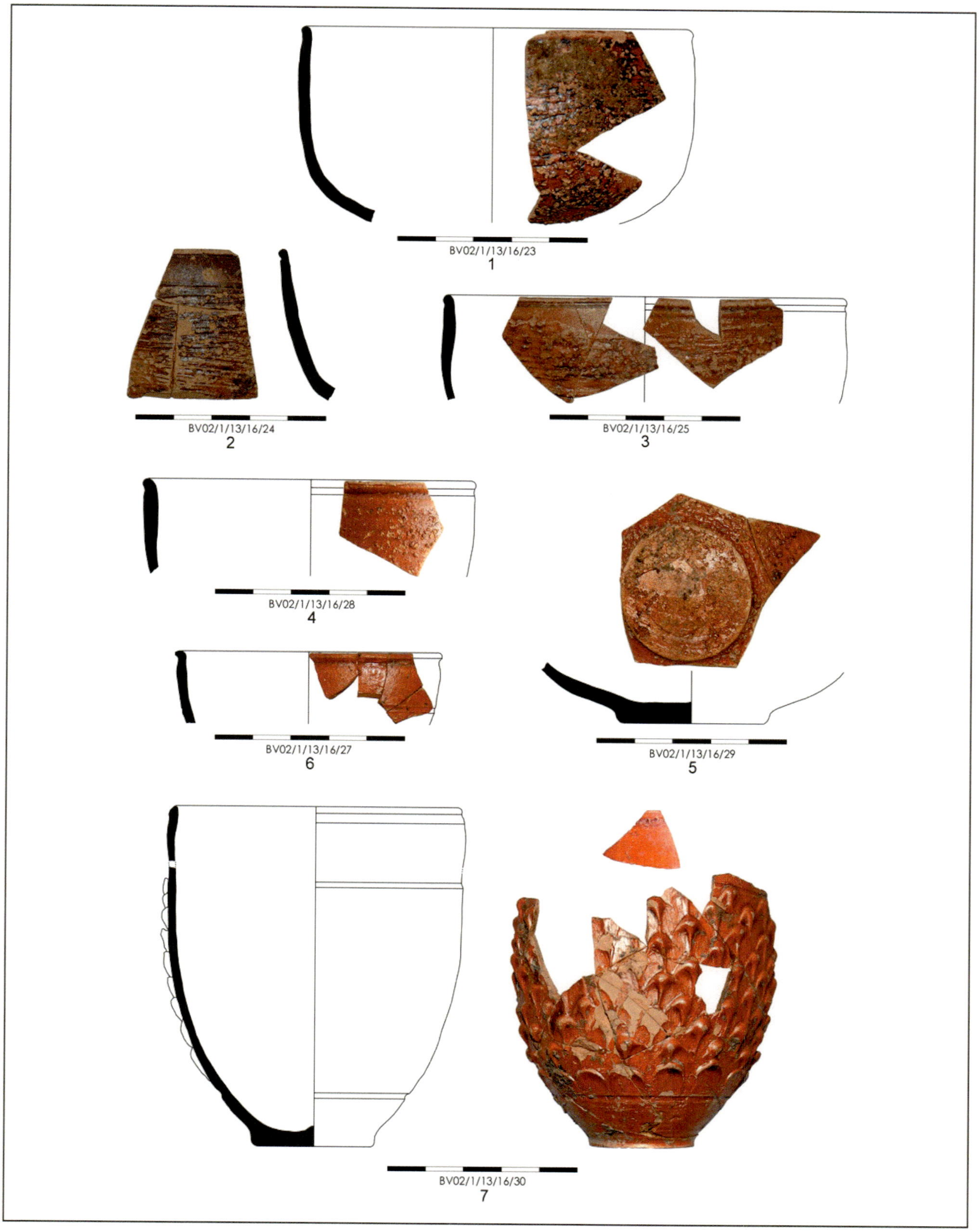

Figura 16. *Culina* de la *domus* de las Columnas Rojas, fase XI. 1-7: cerámica de paredes finas.

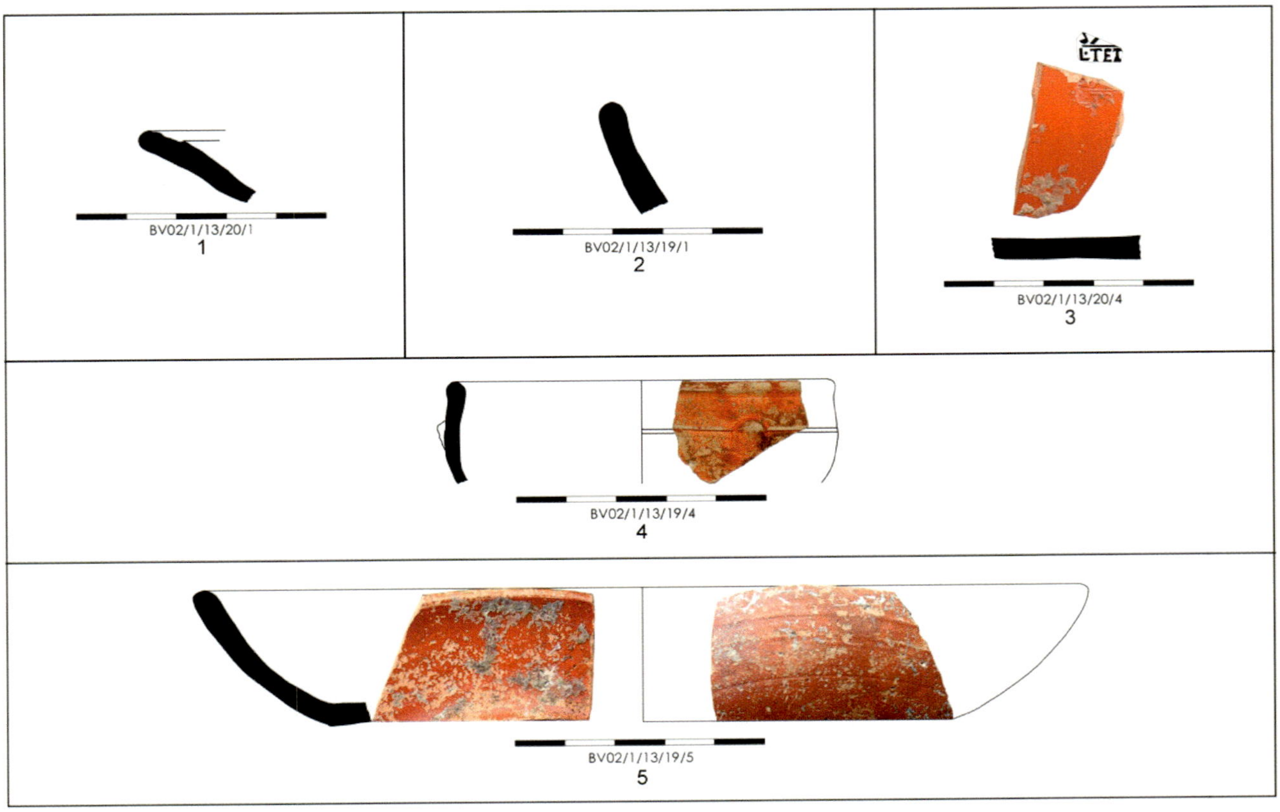

FIGURA 17. *CULINA* DE LA *DOMUS* DE LAS COLUMNAS ROJAS, FASE X. 1: CERÁMICA DE IMITACIÓN DE DE *TERRA SIGILLATA* DE TIPO PEÑAFLOR; 2: TSH ANDÚJAR; 3: TSI; 4: CERÁMICA DE PAREDES FINAS; 5: CERÁMICA DE IMITACIÓN DE TIPO PEÑAFLOR.

En conclusión, esta UE podría datarse entre el periodo tiberiano y mediados del siglo I d.C.

La UE 20, que forma parte de las acciones integradas en la **fase X de la culina**, cuenta con un conjunto material muy reducido, en el que se identifica un pequeño fragmento de copa Martínez Ib o c con rasgos tecnológicos isturgitanos, que aparece junto a otros productos de la misma especie relacionables con los materiales del Bajo Guadalquivir y entre los que pueden reconocerse dos bordes de plato de forma Martínez II b o c (Figura 17, 1) y un borde de copa Martínez I b o c. Estos materiales aparecen asociados a dos pequeños fragmentos de TSI de forma indeterminada, uno de ellos con indicios de una marca de *officina* en cartela rectangular con doble registro en la que resulta visible: [SA?]/L.TET[...][19] (Figura 17, 3). La UE 19 testimonia la presencia de TSH de Andújar a través de un fragmento de borde de copa o cuenco de forma indeterminada[20] (Figura 17, 2). Este elemento está asociado a varios fragmentos de cerámica de imitación de *sigillata* de tipo Peñaflor de forma indeterminada y dos piezas de imitación de fuentes de engobe rojo pompeyano de la forma Martínez III (Luni 5), en todos los casos inscribibles en el grupo tecnológico de *Celti* y el bajo Guadalquivir (Figura 17, 5). El elenco de materiales se completa con un fragmento de borde de cuenco de paredes finas de forma Mayet 37A con decoración de mamelones a la barbotina (Figura 17, 4) (BV02/1/13/19/4).

A la hora de calibrar el conjunto de acciones que configuran la fase X de la *culina*, es evidente que los fragmentos de TSI deben considerarse residuales en este contexto, ya que se localizan amortizados en la construcción del hogar 2 de la estancia. El resto del material esbozaría un lapso temporal de estricta continuidad con la fase anterior, como se desprende de la presencia del cuenco de paredes finas Mayet 37A con decoración mamilar (López Mullor 2008: 369), pero el escaso volumen material y su naturaleza no permiten mayores márgenes de precisión que su ubicación en las décadas centrales del siglo I d.C.

[19] El grado de fragmentación del sello impide que podamos ofrecer una lectura certera de la zona superior de la cartela, pero en el segundo registro posiblemente se pueda identificar la firma de *L(ucius) Tettius*, alfarero de Arezzo que trabaja entre el 20 a.C. y el 5 d.C. (Oxe y Confort 1968: 453). Sin embargo, a diferencia de nuestro sello, este artífice aretino solía firmar en cartela de doble registro con L. TETTI en la zona superior y el cognomen SAMIA en la inferior y no a la inversa, como sucede en el ejemplar sisaponense. La difusión de los productos de *L. Tettius Samia* fue intensa y se ha constatado en muy diversos puntos de la geografía hispana, como *Iuliobriga*, Herrera de Pisuerga, Tarragona, Ampurias, Barcelona, Madrid, Ibiza, *Pollentia* y Zaragoza (con referencias en Pérez González 1989: 159), Mérida (Pérez Outeriño 1990: 85-86) y Elche (Ronda y Tendero 2010: 327). También, y de manera significativa, se ha documentado en zonas mineras como Riotinto (Pérez Macías y Delgado 2007: fig.19.1) y varios *castella* mineros del sur de Portugal (Maia y Maia 1996: 61 ss.).

[20] Se trata de un borde sencillo, sin labio, que por sus características y conformación del perfil quizás correspondió a una copa de forma Hisp.24/25, ya que los cuencos de forma 8 en Andújar están provistos de un pequeño labio que nuestro ejemplar no muestra (Sotomayor, Roca y Fernández García 1999, 44, fig.2, 8).

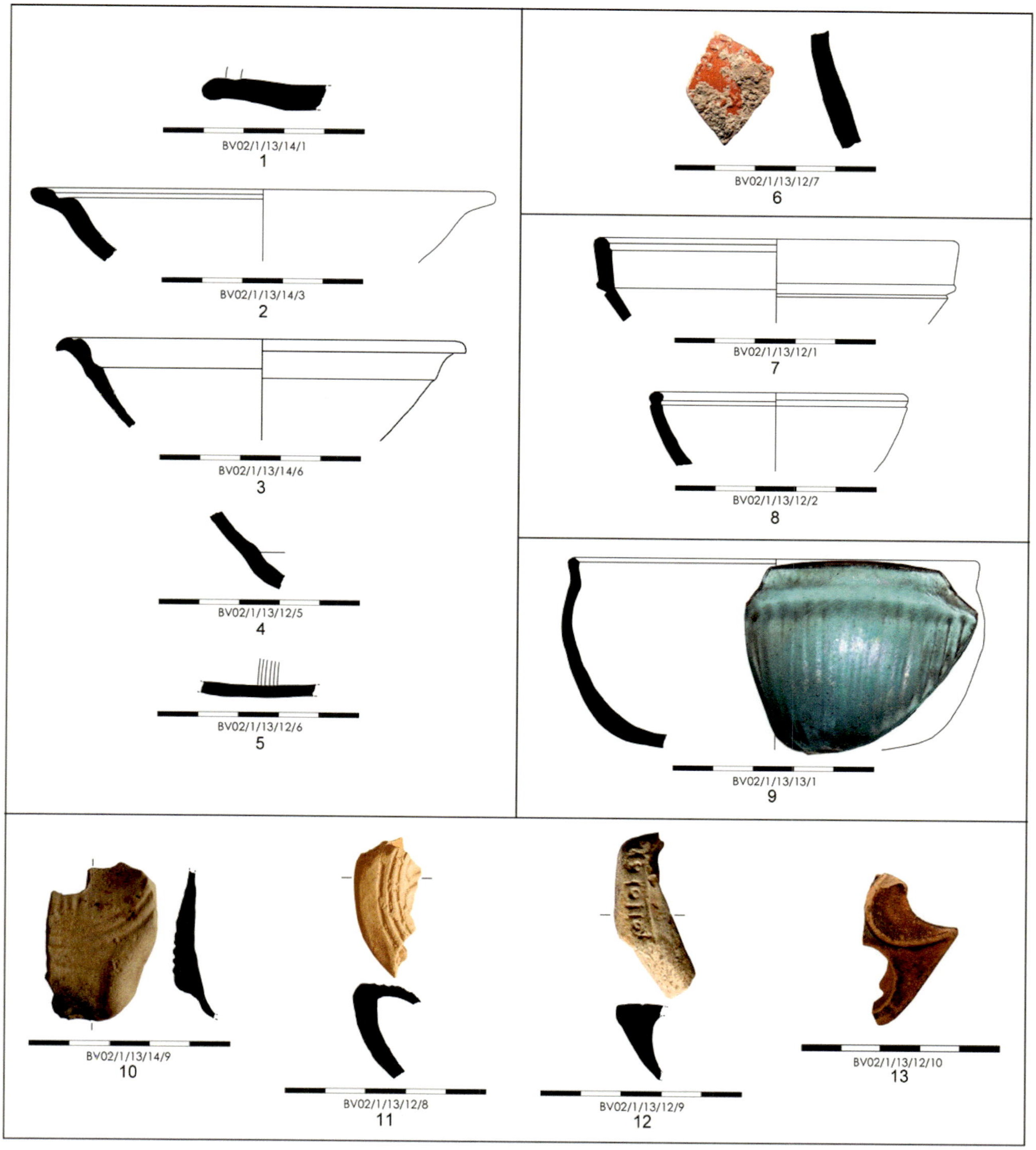

FIGURA 18. *CULINA* DE LA *DOMUS* DE LAS COLUMNAS ROJAS, FASE IX. 1-5: CERÁMICA DE IMITACIÓN DE *TERRA SIGILLATA* DE TIPO PEÑAFLOR; 6: TSH ANDÚJAR; 7-8: TSI; 9: VIDRIO; 10-12: LUCERNAS DE TIPO ANDÚJAR; 13: LUCERNA.

En la **fase IX de la *culina***, la UE 14 ha proporcionado una muestra muy limitada de TSH de Andújar que se reduce a un fragmento amorfo de plato, acompañado de un borde de plato de imitación de *sigillata* de tipo Peñaflor de forma Martínez IIb o c (Figura 18, 1), una porción de pared de copa posiblemente del mismo origen y dos fragmentos de lucernas derivadas de Dressel 3 (Figura 18, 10). Estos materiales están asociados con fragmentos pertenecientes a tres copas de forma Martínez Ib con rasgos tecnológicos relacionables con las producciones de *Celti* y el Bajo Guadalquivir (Figura 18, 2-3). Ente el material informe se han recuperado dos fragmentos de TSI y otros dos de TSG de la variedad *marmorata*. La UE 12 repite parcialmente el referido patrón material, con TSH de Andújar representada por un fragmento informe con decoración a molde (Figura 18, 6), asociado a varios fragmentos de lucernas de tipo Andújar pertenecientes al menos a dos individuos (Figura 18, 11-12), que aparecen junto a un fragmento de piquera de posible forma Dressel 9-Loeschcke IC (Figura 18, 13). El conjunto se completa con tres fragmentos de

TSI, dos de ellos correspondientes al borde de sendas copas de forma Consp.23 y Consp.36.4 (Figura 18, 7-8), varios fragmentos de cerámica de imitación tipo Peñaflor, correspondientes a una copa de forma Martínez Ib o c (Figura 18, 4) y una base de fuente de forma Martínez III-Celti 1 (Luni 5) (Figura 18, 5) y dos fragmentos amorfos de TSG de la variedad *marmorata*.

Para la datación del momento inicial de la fase IX de la *culina* podemos considerar los fragmentos de *marmorata*, que aportan una fecha de partida claudio-neroniana (Vernhet 1976: 15). Por su parte, las piezas de TSI identificadas alcanzarían los reinados de Vespasiano (copa Consp.23) y Domiciano (copa Consp.36.4) (Passelac 1993b: 561 y 564). Por tanto, por coherencia con la cronología de las UUEE de la fase anterior, podríamos situar la fase en estudio entre el periodo neroniano y fines del siglo I d.C., data que parece ratificada por la lucerna Dressel 9-Loeschcke IC, cuya cronología arranca de época neroniana y se extiende a lo largo del periodo flavio (Loeschcke 1919: 29-30). El mismo lapso temporal reivindica un cuenco hemisférico de vidrio soplado a molde con decoración acanalada[21] (Figura 18, 9) aparecido en la UE 13, también integrada en la fase IX de la *culina*.

4. Una aproximación valorativa a la conformación de las *facies* cerámicas altoimperiales en *Sisapo* y la afluencia de las producciones isturgitanas

Para esbozar este ensayo de valoración preliminar sobre la presencia en *Sisapo* de las producciones isturgitanas, emplearemos la información obtenida en los contextos estratigráficos que acabamos de presentar junto con la procedente de las colecciones de superficie publicadas con anterioridad. De este modo, a los datos recuperados a través del registro estratigráfico se añadirá la información sobre formas y marcas de *officina* proporcionada por el material superficial, referencia ésta de especial interés considerando el estado fragmentario e incompleto de los repertorios materiales recuperados en las estratigrafías del *kardo* y la *culina* de la *domus* de las Columnas Rojas. Asimismo, es preciso recordar, según se ha indicado con anterioridad, que para la realización del presente análisis sólo hemos trabajado con las cerámicas de imitación de tipo Peñaflor, las lucernas y la TSH producidas en Andújar. Entre los conjuntos de cerámica de paredes finas que se documentan en los contextos analizados no hemos identificado materiales relacionables con el alfar giennense.

4.1. Los primeros contactos de Sisapo *con los talleres isturgitanos*

La secuencia productiva del centro de Andújar ha ido madurando a medida que el conocimiento de estos talleres se ha enriquecido con los resultados de investigaciones basadas en las excavaciones sistemáticas realizadas desde los años '70 (Roca 2000; Fernández García *et al.* 2000; Fernández García 2013). La primera presencia de estos productos en *Sisapo* pudo acontecer en época de Tiberio y se materializó en la llegada de cerámicas de imitación de *sigillata* de tipo Peñaflor. Esta evidencia se ha registrado tanto en el estrato 6a de A1(ab) como en la UE 30 de la *culina*, conviviendo en esta última con producciones análogas del Bajo Guadalquivir (*vid.sup.*). En ambos contextos las piezas que se identifican corresponden a copas de la forma Martínez Ib y/o 1c. Consideramos que este dato aporta información de interés para un mejor conocimiento de la producción de imitaciones de *sigillata* de tipo Peñaflor en Andújar en momentos remontables al periodo tiberiano. Esta información coincide con los últimos estudios de P. Ruiz y V. Peinado que relacionan estos materiales con la primera fase de producción isturgitana, representada, además, por cerámicas pintadas de tradición ibérica y las cerámicas comunes romanas más antiguas del alfar (Peinado 2010: 127-172; Ruiz Montes 2012: 41). De ello podría inferirse, además, que el taller posee ya en este momento una cierta capacidad exportadora que permite la venta de productos en un ámbito regional. Este dato amplía el arco geográfico de la difusión de estas cerámicas, hasta el momento poco conocido y restringido, a título de hipótesis, al entorno más próximo al propio taller (Ruiz Montes 2012: 43). Por otra parte, la presencia conjunta en el núcleo sisaponense de estos materiales y piezas de TSI reivindica la conexión que permite otorgar a estos productos el carácter inequívoco de una imitación. Sin embargo, no es un hecho contrastable que la adquisición de estas cerámicas en *Sisapo* refleje una diferenciación aplicable globalmente a la condición de la ciudad como capital minera. Este razonamiento estaría amparado en el supuesto coste inferior de estas imitaciones respecto a las importaciones, lo que induciría a la compra de partidas más económicas por parte de las sociedades implicadas en la explotación minera (Bustamante y Huguet 2008: 305). En este sentido, habría que recordar que los núcleos mineros principales no solían ser la residencia habitual de los trabajadores de las minas sino la de sus gestores, que debieron tener un poder adquisitivo bastante superior al de aquéllos. Indudablemente, en estas ciudades también debieron vivir gentes con diversos oficios pertenecientes a capas populares de distinto nivel socio-económico a los que, guiados por un enfoque economicista del significado de esta producción, sería tentador poder relacionar con su consumo. En el estado actual de la investigación tampoco sabemos hasta qué punto este presumible hábito socioeconómico de consumo pudo tener correspondencia o no con la permanencia de un sustrato indígena en el solar sisaponense, capaz de explicar la adquisición de estos materiales en razón del apego a viejas tradiciones sobre usos alfareros (Fernández Ochoa, Morillo y Zarzalejos, e.p.).

En todo caso, estas cerámicas configuran el primer horizonte relacionable con las importaciones isturgitanas en *Sisapo* y se inscriben en la primera etapa productiva

[21] Esta forma, que suele responder a tres variantes de perfil –cuenco hemisférico, copa poco profunda o copa de paredes altas- siempre con el borde más o menos vertical, es muy frecuente en contextos claudio-neronianos y flavios (Cool y Pryce 1995: 51-53). En Hispania aparecen reiteradamente en lugares con ocupación claudio-flavia, tal y como se ha documentado en el NO peninsular (Mendes 2009: vol.II, 59).

del taller de Andújar (Ruiz Montes 2011: 184). En este momento no podemos aún calibrar el volumen real de adquisición de materiales de Andújar correspondientes a esta primera etapa, ya que nuestro estudio se ha centrado en las especies "finas" y han quedado por el momento fuera de consideración otras series interesantes a este efecto como las cerámicas comunes y las pintadas de tradición ibérica, que pensamos añadir a este análisis con carácter inmediato. Sin embargo, sí llama la atención que no hayamos podido identificar por el momento cerámicas de paredes finas de origen isturgitano que, según estudios recientes, podrían tener su inicio productivo en época de Tiberio como parece augurar su asociación en el corte 14 de Andújar con la forma Aj.1 de TSH (Ruiz Montes 2002-2003: 79-80). Es importante hacer constar que en esta etapa temprana aún no se registra en los contextos analizados en La Bienvenida ningún hallazgo de TSH de procedencia bética. El material con el que conviven estas primeras importaciones isturgitanas será, además de la TSI ya mencionada (Consp.11.1.; Consp.12.2; Consp.22.5), TSG (Drag. 17 y 18), cerámica de paredes finas (Mayet 8B), lucernas de tipo Dressel 3, ánforas Dressel 7-11 y vidrio (Isings 3). Todo ello habla de la apertura del centro sisaponense a relaciones comerciales extrapeninsulares y con diversos centros del entorno regional de la Bética.

4.2. El reflejo de la primera etapa de producción de TSH de Andújar en Sisapo

Los primeros indicadores de la llegada de *terra sigillata* procedente de Andújar los hallamos ya en el estrato 5 del corte A-1(ab), donde se localizan las formas Hisp.24/25, 29 y un posible cuenco hemisférico de forma Aj.1. Se trata de un contexto que comprende el reinado de Claudio y el inicio del de Nerón, según se deduce del patrón material con el que conviven estas piezas isturgitanas: TSI (Consp.20.1; Consp.14.1), TSG (Drag.18; Drag.24/25, Drag.27), cerámica de paredes finas (Mayet 8B; Mayet 37A), vidrio (Isings 12). En la misma dirección apunta el hallazgo de TSH de Andújar en la fase X de la *culina*, fechada en los años centrales del siglo I d.C.

Junto con estos productos tenemos constancia de la llegada al yacimiento de lucernas de tipo Andújar, según testimonia su aparición en la fase XI de la *culina* (UE 16) y en el estrato 5 de A1 (ab). Concuerdan estas evidencias con las observaciones realizadas en su día por el equipo de investigación de Los Villares de Andújar (Sotomayor *et al.* 1981: 316; Sotomayor, Roca y Fernández 1999: 33), que consideraron ésta la primera fase productiva de *terra sigillata* en el taller andujareño, aunque vista desde la perspectiva más global de todas las producciones fabricadas en el centro se correspondería en realidad con una segunda fase de actividad.

Dentro de la producción de TSH, como ya se ha indicado, se documentan perfiles conocidos en la etapa más temprana de fabricación de esta especie hispánica del centro. Así sucede, por ejemplo, con la forma Hisp.24/25, que caracteriza los contextos productivos de la primera fase de producción de TSH de Andújar y cuya fabricación decrece notablemente en la segunda fase (Sotomayor, Roca y Fernández García 1999: 24); o con la forma Hisp.29 con decoración a molde, frecuente a partir del mediados del siglo I d.C. Este tipo coexiste durante un tiempo con su antecedente, la forma Aj.1, cuenco hemisférico característico de las series giennenses, que puede emplearse también como indicador de la primera etapa de producción, con un inicio en época de Tiberio y su época de apogeo en tiempos del emperador Claudio (Fernández García 1988: 48). En este mismo horizonte podemos insertar los platos de la forma Hisp.15/17 con rasgos morfológicos característicos de las producciones iniciales, que forman parte de la colección de superficie recuperada en La Bienvenida (Fernández Ochoa y Zarzalejos 1993: 198, fig. 6, 1-2). Estos ejemplares, tipificados por la molduración de la pared y/o por el fondo con un marcado abultamiento central, han sido puestos en relación con los productos gálicos aparecidos a partir de la época claudia (Fernández García 1998: 53). Según se apuntó más arriba, en la *culina* las series de TSH no hacen su aparición hasta la fase X, donde se documenta una posible copa de forma Hisp.24/25, aunque quizás su ausencia en la fase XI sea debida al azar, dado que sí se constata la presencia de lucernas de tipo Andújar en la UE 16 (*vid. sup.*), materiales éstos que acompañan a las primeras series TSH en el yacimiento giennense (Sotomayor *et al.* 1981: 316; Sotomayor, Roca y Fernández García 1999: 33). En la misma fase XI de la *culina*, que alcanzaría la mitad del siglo I d.C., se mantiene también la llegada de cerámicas de imitación de *sigillata* de tipo Peñaflor.

Llama la atención que no hayamos documentado hasta el momento materiales firmados por los alfareros estelares de esta primera generación de artífices isturgitanos. En esta etapa sigue llegando TSI en el marco de una relación sostenida hasta mediados del siglo I, aunque será ya superada en volumen por la TSG, como evidencia el conjunto de materiales originario de La Graufesenque recuperado en el estrato 5 de A1(ab). No obstante, a la vista del conjunto conocido podría apuntarse un incremento de la relación comercial con los talleres de Andújar durante esta etapa en relación con la primera, ya que junto con las cerámicas de imitación de sigillata de tipo Peñaflor llegará también TSH y lucernas. En esta fase no se detecta aún la presencia en *Sisapo* de TSH procedente del Valle del Ebro.

Precisamente, la producción lychnológica de tipo Andújar cuenta con una excelente representación en La Bienvenida según comprobamos tanto en los contextos estratigráficos analizados como en los conjuntos de superficie dados a conocer hace años (Fernández Ochoa, Seldas y Caballero 1987). En efecto, en la primera valoración que se hizo sobre las piezas sisaponenses se identificó un conjunto que reflejaba la presencia en el yacimiento de todas las versiones formales diferenciadas inicialmente por el equipo de investigación de Los Villares de Andújar (Fernández Ochoa, Seldas y Caballero 1987: 265-266, fig. 6-8). Estos prototipos formales se establecieron en razón de las variantes observadas en la forma del *rostrum*, la presencia o no de agafes laterales y la forma de la venera que decora el disco (Sotomayor *et al.* 1981: 313-315). Estudios posteriores han puesto de manifiesto una cierta confusión en la expresión de los grupos y, en todo caso, la falta de un significado cronológico claro asociado a las distintas variantes (Morillo y Rodríguez Martín 2008: 299-300). Los autores citados se hacen eco de una mayor complejidad en un mapa productivo que no se limita a Andújar, sino que cuenta con otros focos emisores en Córdoba (Amaré 1988-89; Bernal 1993), Mérida (Rodríguez Martín 1996: 143-144) y otros centros por identificar que abastecieron varias zonas del NW hispano (García Giménez, Bernal y Morillo 1999). En un trabajo más reciente, P. Ruiz propone una simplificación de la tipología, que se reduce ahora a dos subtipos, diferenciados en razón de la forma del *rostrum* y a los que se denominan "derivada de Dressel 3.1" (piezas con piquera en forma de yunque) y "derivada de Dressel 3.2" (con piquera triangular y volutas) (Ruiz Montes 2013: 294-295)[22]. El estado de conservación de nuestros ejemplares no permite apuntar precisiones tipológicas en todos los ejemplares, si bien la presencia del subtipo "derivada de Dressel 3.2" está constatada en la UE 16 de la *culina* de la *domus* de la Columnas Rojas (*vid.sup.*) y entre los materiales de superficie (Fernández Ochoa, Seldas y Caballero 1987: fig.7, lám.II.b; fig.8H). También el material de superficie ha proporcionado dos marcas anepígrafas consistentes ambas en una *hedera* (Fernández Ochoa, Seldas y Caballero 1987: fig.8B y D) de idéntica ejecución a las documentadas en *Isturgi* (Sotomayor *et al.* 1981: fig.4, 9-10). Estas marcas son diferentes a la hoja trifoliada que se ha identificado en otros talleres como el de *Augusta Emerita* (Rodríguez Martín 1996: fig.20.9; fig.21), lo que posibilita relacionar nuestros ejemplares con el centro giennense. Se da la circunstancia, además, de que esta *hedera* encuentra referentes en la decoración de los vasos de *terra sigillata* isturgitanos (Roca 1976, fig.27, 111), detalle éste que ya fue percibido por el equipo de investigación de Andújar (Sotomayor *et al.* 1981: 316).

4.3. El floruit *de las importaciones isturgitanas en* Sisapo *y la segunda generación de alfareros de Andújar*

La relación comercial entre *Sisapo* y los alfares de Los Villares de Andújar se encuentra plenamente afianzada en el período que parte de momentos avanzados del reinado de Nerón e incluye toda la época flavia. En este periodo, la TSH isturgitana compite en el yacimiento sisaponense con los productos de origen sudgálico, que seguirán llegando durante el último tercio del siglo I d.C., junto con una presencia ya muy reducida de TSI con formas que alcanzarían el inicio de la fase flavia (Consp. 23 y Consp.36.4). El estrato 4 de A1 (ab) y las UUEE que conforman la fase IX de la *culina* constatan el arribo de TSH de Andújar, con representación de las formas lisas Hisp. 15/17, 27 y 35, mientras que entre las formas decoradas será el cuenco Hisp.37 el que ostente el papel protagonista (*vid.sup.*). El perfil de algunas de estas piezas denota los rasgos que caracterizan el período en que nos hallamos y así encontramos un perfil de plato de forma Hisp.15/17 que se hace eco del influjo que ejerce la forma gálica Drag.31 sobre los alfareros de Andújar, fenómeno éste que ya apreció con claridad M. Roca y que sirve de guía para situar la pieza en un momento avanzado del siglo I d.C. (Roca 1976: 37). La documentación de la forma Hisp.35 también nos sitúa en fechas semejantes (Roca 1976: 42). El cuenco Hisp.37 se ha identificado en sus dos variedades de borde en el corte A1(ab) (Fernández Ochoa *et al.* 1994: fig.19, 41-42). Aunque la variante de borde almendrado no es muy abundante en el taller bético, se conoce algún ejemplar análogo al nuestro (Mayet 1984, II, lám.XXXVI, 171). Estos materiales se inscriben dentro de la segunda fase que secuencia la fabricación de TSH en el centro de Los Villares de Andújar, al tiempo que representan la tercera etapa de afluencia a *Sisapo* de materiales cerámicos de este origen.

A las apreciaciones del fragmentario conjunto recuperado en los contextos estratigráficos en estudio podemos añadir el detalle de las marcas de *officina* identificadas en la serie de superficie (Figura 19). Sobre platos de forma Hisp.15/17 se ha testimoniado en dos ocasiones la marca EX OF G.I.C. (Fernández Ochoa y Zarzalejos 1993: fig.6, 3; fig.8, 5); sobre dos copas de forma Hisp.27 se identifica la marca EX OF CA (Fernández Ochoa y Zarzalejos 1993: fig.13, 2-3) y en el mismo tipo de vaso tenemos también constancia de la llegada de los productos de EX OF P.T. y EX O TIF (Fernández Ochoa y Zarzalejos 1993: fig.13, 1 y 4). Sobre un fondo de forma indeterminada se identifica también la marca de EX OF CL (Fernández Ochoa y Zarzalejos 1993: nfig.15, 4). Salvo en el caso de EX OF TIF, que carece de referencias cronológicas de producción, las restantes marcas corresponden a artesanos que desarrollan su actividad durante el periodo flavio (Sotomayor, Roca y Fernández García 1999: 39-42).

Esta segunda generación de productores de TSH en Andújar promueve una simplificación del repertorio formal -que se reduce ahora al patrón más clásico- y en las realizaciones decoradas repite esquemas monótonos y composiciones reiterativas, alejadas ya de la frescura creativa que caracterizó las obras de los alfareros de la primera generación (Fernández García 1998: 95). Estas tendencias simplificadoras se corresponden con la etapa álgida de la producción del centro (Sotomayor, Roca y Fernández García 1999: 33) y seguramente traten de responder con una mayor capacidad productiva a un aumento de la demanda, lo que se traduciría en un cierto descuido en la composición ornamental de los moldes. En efecto, los materiales lisos identificados en *Sisapo* correspondientes a esta fase se inscriben en la tipología más "universal", representada por las formas Hisp.15/17, Hisp. 27 e Hisp. 37 y, en el caso de esta última, las decoraciones obedecen a esquemas estereotipados con series de círculos con punzones vegetales o florales inscritos (Fernández Ochoa *et al.* 1994: fig.19, 44) y en algún caso con series verticales de circulitos empleadas como elementos de separación, esquema éste que gozaba de aprecio entre los

[22] Este planteamiento de simplificación había sido ya adelantado de manera más sintética por el propio autor, denominando los nuevos tipos Andújar 1 y 2 (Ruiz Montes 2004-2005: 129-130).

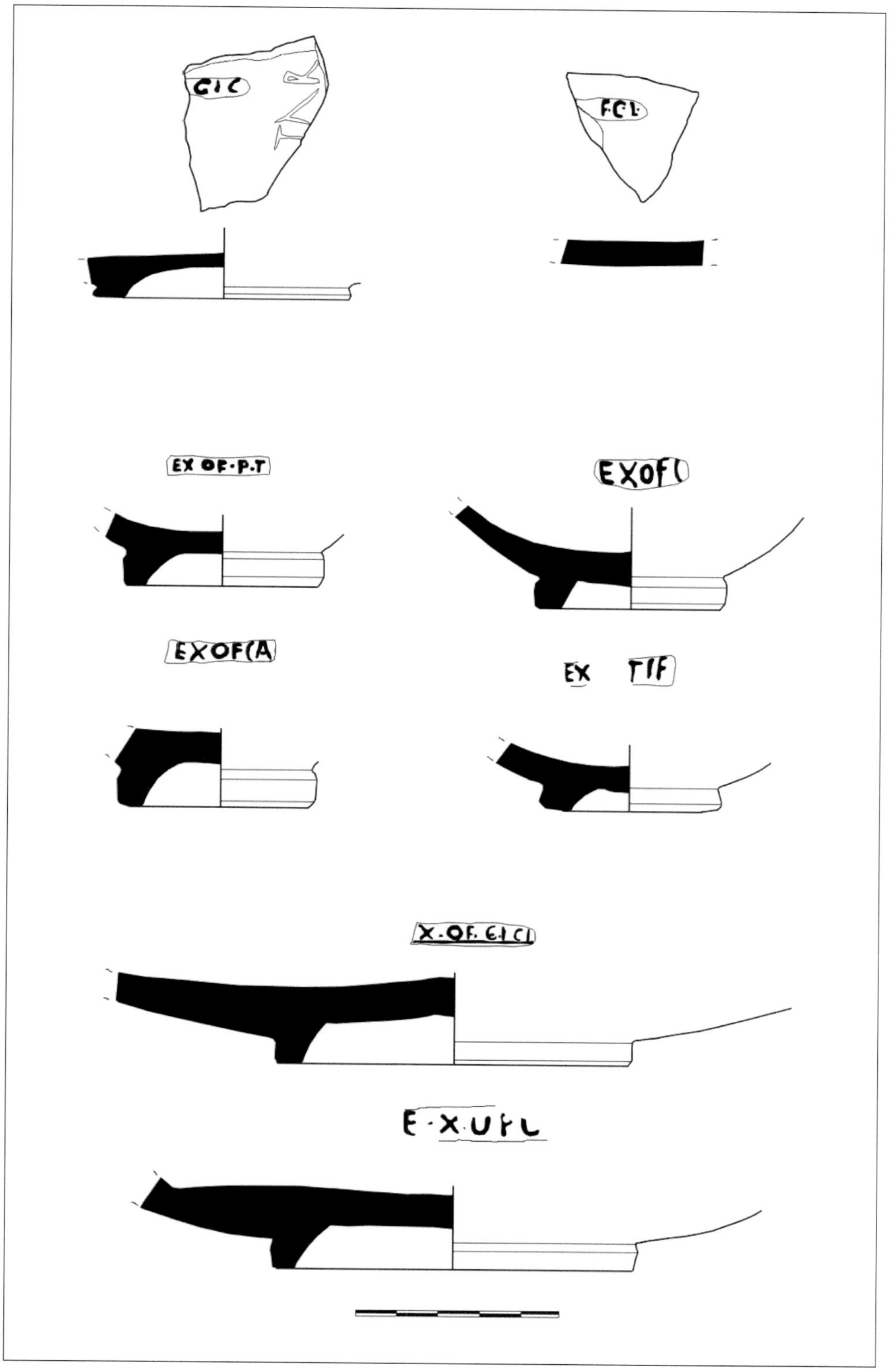

Figura 19. Marcas de *officina* de Andújar sobre material de superficie (a partir de Fernández Ochoa y Zarzalejos 1993).

ceramistas isturgitanos del momento (Roca 1976: fig.26, 100). La simplificación de los procesos decorativos explica que durante esta fase se implante también la decoración burilada (Roca 2000: 36), mucho más sencilla de realizar, si bien debemos recalcar que los materiales decorados por este procedimiento llegan a *Sisapo* en cantidades ínfimas, como muestra un único fragmento de forma Hisp.2 con una banda burilada hallado en superficie (Fernández Ochoa y Zarzalejos 1993: fig.14, 2).

En el marco de esta etapa, junto con la TSH, seguirán afluyendo al yacimiento sisaponense lucernas de tipo Andújar, como corresponde a un ciclo productivo de estos objetos cerámicos que pudo prolongarse durante la época

Corte	UE/ estrato	Cronología	Clase/categoría	Forma	Tipo	NMI
A1 (ab)	6 a	Tardoaugusteo/ Tiberianoá	peña	copa	Mart.Ib	1
			camp B	copa	Ind.	2
			gbr	plato	5-7	1
				plato	Ind.	1
			luc	lámpara	Dres.3	3
			sig-it	plato	Consp.11.1	1
				plato	Consp.12.2	1
			sig-sg	plato	Drag.17a	1
				plato	Drag.18	2
			parfin	vaso	Mayet 8B	6
			a-bet?	ánfora	Dressel 7-11	1
	5	Claudio/ inicios Nerón	sig-his bet	copa	Hisp.24/25	1
				copa	Hisp.29	1
				copa	Aj1?	1
				plato?	Ind.	1
			luc	lámpara	Der. Dres.3	1
				lámpara	Ind.	5
			camp B	plato	Lamb.5-7	2
			gbr	plato	Morel 2282	1
			peña	copa	Mart.Ic	1
				plato	Celti 3	1
			sig-it	plato	Consp.20.1?	1
				copa	Consp.14.1	1
			sig-sg	plato	Drag.18	3
				plato	Ind.	4
				copa	Drag.27	1
				copa	Drag.24/25	4
				copa	Ind.	3
			parfin	cuenco	Mayet 37A	4
				vaso	Mayet 8B	2
				vaso	Ind.	1
	4	Nerón/Flavios	sig-his bet	plato	Hisp.15/17	1
				copa	Hisp.27	1
				copa	Hisp.35	1
				cuenco	Hisp.37	5
			luc	lámpara	Dres.4?	1
				lámpara	Der.Dres.3	4
				lámpara	Ind.	5
			sig-it	copa	Consp.34.1?	1
			sig-sg	plato	Drag.18	1
				plato	Drag.17	2
				vaso	Drag.33	1
				copa	Drag.27	1
				cuenco	Drag.8b	1
				vaso	Ritt.9b	2
				cuenco	Drag.35?	1
				copa	Drag.37?	2
				vaso	Drag.30?	1
				ind.	Ind.	5
			sig-his sep	vaso	Hisp.33	1
				cuenco	Hisp.29	1
				cuenco	Hisp.37	1
				ind.	Ind.	2
			parfin	cuenco	Mayet 37A	1
				vaso	Mayet 34A	1
				vaso	Mayet 43	4
				vaso	Mayet 42	1
				vaso	Ind.	1
	3	Fines s. I/ inicios II d.C.	sig-his bet	plato	Hisp.15/17?	1
				copa	Hisp.27	1
				cuenco	Hisp.35	1
				copa	Ind.	3
				plato	Ind.	3
			sig-it	ind.	Ind.	1
			sig-sg	cuenco?	Ind.	1
				ind.	Ind.?	2
			sig-his sep	plato	Hisp.15/17	1
				vaso	Hisp.33	1
				copa	Hisp.24/25	1
				cuenco	Hisp.37	2
				ind.	Ind.	3
			parfin	cuenco	Mayet 37A	1
	2	Primera mitad s.II d.C.	sig-his bet	copa	Hisp.27	1
				cuenco	Hisp.37	1
			sig-sg	copa	Drag.27	1
				plato	Ind.	1
			luc	lámpara	Ind.	1
			sig-bri	fuente	Caballero-Juan 9	1

FIGURA 20. TABLA TIPOLÓGICA DEL CORTE A1 (AB).

Corte	Fase	Cronología	UE	Clase/categoría	Forma	Tipo	NFR	NMI
BV02/1/13	XIV	Tardoaugusteo/Tiberiana	30	peña	copa	Mart.Ib o c	1	1
					plato?	Ind.	1	1
			28	peña	plato	Ind.	3	2
					copa	Ind.	1	1
				sig-it	copa	Consp.22.5	1	1
				peña	plato	Mart.Ib o c	4	4
	XII		26	sig-it	copa	Consp.22?	1	1
	XI	Tiberio/ mediados s. I d.C.	16	peña	copa	Mart.Ib o c	3	1
					plato	Mart. IIb o c	3	2
					copa	Mart. Ibo c	1	1
					plato	Mart.III/Celti 7	1	1
					plato	Mart.III/Celti 1	12	1
					ind.	Ind.	4	4
				sig-it	copa	Consp.27.2	1	1
					copa	Consp.23	1	1
					copa	Consp.33	1	1
					copa	Ind.	2	2
					copa	Consp.32	3	1
					plato	Consp.12.2	1	1
					ind.	Ind.	1	1
				sig-sg	copa	Ind.	1	1
					ind.	Ind.	2	2
				parfin	cuenco	Mayet 37A	22	6
					vaso	Mayet 37B	27	1
					ind.	Ind.	9	1
				luc	lámpara	Der.Dres3	10	4
					lámpara	Ind.	4	2
	X	Mediados s. I d.C.	20	peña	copa	Mart.Ib o c	1	1
					plato	Mart.IIb o c	2	2
					copa	Mart.Ib o c	1	1
				sig-it	plato	Ind.	2	1
			19	peña	plato	Mart.III/Celti 1	2	2
					ind.	Ind.	2	1
				sig-his bet	copa	Ind. (Hisp.24/25?)	1	1
	IX	Nerón/Flavios	14	parfin	cuenco	Mayet 37A	1	1
				sig-his bet	plato?	Ind.	1	1
				peña	plato	Mart.Ib o c	1	1
					copa	Mart.Ib	5	4
				sig-it	ind.	Ind.	2	1
				sig-sg	ind.	Ind.	2	1
				luc	lámpara	Der.Dres.3	3	2
					lámpara	Ind.	10	2
			12	sig-his bet	ind.	Ind.	1	1
				luc	lámpara	Der.Dres.3	6	2
					lámpara	Dres.9C?	10	2
				sig-it	copa	Consp.23	1	1
					copa	Consp.36.4	1	1
					ind.	Ind.	2	1

Figura 21. Tabla tipológica del corte 13 de la *domus* de las Columnas Rojas (estancia 16: *culina*).

flavia (Sotomayor, Pérez Casas y Roca 1976: 135) o, de manera más restrictiva, hasta el 75 d.C. (Ruiz Montes 2013: 295). La adquisición de estas lámparas durante esta etapa queda fuera de toda duda, según se deduce de su hallazgo en el estrato 4 de A1(ab) y en la fase IX de la *culina* (UE 12) (*vid. sup.*) En este último contexto, hemos de destacar la presencia en la UE 14 de la *culina* de varios fragmentos de cerámica de imitación de *sigillata* de tipo Peñaflor, lo que hablaría de una cierta perduración de este material durante el periodo neroniano, prolongando ligeramente la fecha del 50 d.C. que se ha sugerido más recientemente para estos productos en Andújar (Ruiz Montes 2012: 41).

En esta fase se observa también un cierto repliegue de las producciones de TSG ante la afirmación de los materiales de origen bético y se registra la llegada de TSH procedente del valle del Ebro, aunque sus porcentajes serán notablemente inferiores a los de Andújar.

4.4. La última fase de comercialización: el siglo II d.C.

Para ilustrar la presencia de las fábricas isturgitanas en *Sisapo* durante el siglo II d.C. apenas disponemos de la parca información proporcionada por el corte A1(ab) y algún dato deducible de la colección de superficie, ya que la secuencia altoimperial de la *culina* finaliza en la fase IX, en época flavia. En el primer caso, habría que mencionar la continuidad de las formas Hisp.15/17, Hisp.27 e Hisp.35, así como una colección de bases de forma indeterminada con pie bajo y robusto que se hacen eco de las líneas evolutivas de los ejemplares de fecha avanzada (Fernández Ochoa *et al.* 1994: fig.11). En el conjunto de procedencia superficial, además de algunos perfiles de las formas Hisp.15/17 e Hisp.27 con rasgos evolucionados (Fernández Ochoa y Zarzalejos 1993: fig.9; fig.12), contamos con dos ejemplares de forma Hisp.44 (Fernández Ochoa y Zarzalejos 1993: fig. 13, 5-6) que, pese a no ser demasiado frecuente en el centro de producción, corresponde sin duda a un momento muy avanzado de la actividad del alfar lo que quizás explicaría su propia escasez (Roca 1976: 43).

Consideramos destacable la falta de documentación, por el momento, de productos con marcas de entalle, representativos de la última fase de producción (Sotomayor, Roca y Fernández García 1999: 24). No obstante, sobre los productos que muestran marcas anepígrafas con entalle y su relación con la última fase productiva del centro bético ha expresado algunas reservas P. Ruiz (2011: 185), quien hace notar que no existe una nítida diferenciación estratigráfica en los vertederos entre los desechos que muestran estas marcas y los que se atribuyen a la fase de esplendor que se desarrolla durante la etapa flavia. Habrá que esperar, pues, a futuros estudios sobre este particular para poder llegar a conclusiones más definitivas, pero es interesante hacer constar que, de corresponder con su etapa final, el centro aún mantenía cierta capacidad de difusión en el ámbito regional, según testimonia la llegada de materiales con marcas de entalle a *Mentesa Oretana* (Villanueva de la Fuente, Ciudad Real) (Zarzalejos 2001: 143).

5. Una reflexión final

Los estudios cerámicos no constituyen un objetivo en sí mismos pero sustentan, en gran medida, las bases para la interpretación evolutiva de un asentamiento. Asimismo, consideramos que los análisis sobre los centros de producción deben acompañarse necesariamente del estudio de sus áreas de mercado, ya que se trata de segmentos de información complementarios, que contribuyen a perfilar el peso y significado real de los primeros en el marco de la estructura económica y de las redes comerciales en un territorio dado. En este sentido, la aportación que hemos presentado en esta reunión refleja claramente algunos aspectos que afectan al perfil histórico del núcleo sisaponense como centro de consumo de los productos isturgitanos, que hacen su aparición en el yacimiento desde los primeros momentos de actividad de este importante centro alfarero bético. Por tanto, este análisis proporciona información de interés sobre la capacidad comercial de los alfares de Andújar en el tiempo y sobre los productos que gozaron de mayor aceptación en el mercado sisaponense.

En las páginas precedentes hemos tratado de demostrar la evidente conexión entre la producción cerámica de Los Villares de Andújar y su presencia en la ciudad de *Sisapo*, con un ritmo comercial que se acompasa, como indican también otros materiales, con el propio de los flujos económicos imperantes en esta región norbética durante el Alto Imperio. Establecer esta verificación ha sido posible gracias al desarrollo de una excavación rigurosa de los contextos analizados en *Sisapo*. Aunque no se trata de contextos cerrados, las series estratigráficas seleccionadas ilustran una secuencia de uso que permite otorgar a los materiales de Andújar una cronología relativa pero ajustada a lo que hoy en día se sabe sobre el complejo alfarero de *Isturgi*, y, por tanto, acorde con los datos históricos de su evolución productiva. En la actualidad, los análisis arqueométricos en curso de finalización nos permitirán, sin duda, matizar aún más algunas trazas de la producción isturgitana atestiguada en *Sisapo*.

Bibliografía

Adroher, A. y Caballero, A. (2012) Imitaciones de campaniense en el mediodía peninsular. La cerámica gris bruñida republicana, en D. Bernal y A. Ribera (eds.) *Cerámicas hispanorromanas II. Producciones regionales*: 23-37. Cádiz.

Aguarod, C. (1991) *Cerámica romana importada de cocina en la Tarraconense*. Zaragoza.

Alföldy, G. (1987) *Römisches Städtewesen auf der neukastilischen Hochebene.* Heidelberg.

Amaré, M. T. (1988-89) Notas sobre un posible taller de lucernas romanas en Córdoba. *Ifigea* V-VI: 103-115.

Beltrán Lloris, M. (1970) *Las ánforas romanas en España.* Zaragoza.

Berger, L. (1960) *Römische Glasser aus Vindonissa*, (Veröffentlichungen der Gesellschaft pro Vindonissa, Band IV). Basel.

Bernal, D. (1993) Una pieza excepcional del Museo Nazionale de Roma y el problema de las lucernas tipo Andújar, *Espacio, Tiempo y Forma. Serie II, Historia Antigua* 6: 207-220.

Bustamante, M. y Huguet, E. (2008) Las cerámicas Tipo Peñaflor, en D. Bernal y A. Ribera (eds.) *Cerámicas hispanorromanas. Un estado de la cuestión*: 297-306. Cádiz.

Caldera, P. (1983) El vidrio romano emeritense, *Augusta Emerita I. Excavaciones Arqueológicas en España* 126: 7-75. Madrid.

Celis Betriu, R. (2005) Las lucernas, en M. Roca y M. I Fernández García (eds.) *Introducción al estudio de la cerámica romana. Una breve guía de referencia*: 405-464. Málaga.

Cepeda, J.J., Iglesias, J.M., Ruiz Gutiérrez, A. y Sarabia, P. (2009) La ciudad de *Iuliobriga* y los campamentos romanos de La Poza (Cantabria), en A. Morillo, N. Hanel y E. Martín (eds.) *Limes XX. Estudios sobre la frontera romana* (Anejos de Gladius 13): 631-638. Madrid.

Contreras de la Paz, R. (1965) Un gran bienhechor de Cástulo: Quinto Torio Culeón. *Oretania*, 20: 63-96.

Cool, H. y Pryce, J. (1995) *Roman vessel glass from excavations in Colchester 1971-85* (Colchester Archaeological Report 8). Norfolk.

Ettlinger, E. *et al.* (1990) *Conspectus. Conspectus Formarum Terrae Sigillatae Italico Modo Confectae.* Bonn.

Fernández García, I. (1988) *Los diversos estilos decorativos de la sigillata hispánica de Andújar*. Granada.

Fernández García, I. (1998) Características de la sigillata fabricada en Andújar, en I. Fernández García (ed.) *Terra sigillata hispánica. Estado actual de la investigación.* Jaén.

Fernández García, I. (2013) Historia de la investigación en Los Villares de Andújar, en I. Fernández García (coord.) *Una aproximación a Isturgis romana: el complejo alfarero de Los Villares de Andújar, Jaén, España*: 39-67. Roma.

Fernández García, I., Joyanes, M., Ruiz, A., Nogueras, S., Martínez, J.M., Ormaechea, J.J., y Morales de la Cruz, M. (2000) El centro de producción de *terra sigillata* hispánica de Los Villares de Andújar (Jaén) continuidad de un proyecto. *Cudas* 1: 45-68.

Fernández Ochoa, C., Seldas, I. y Caballero, A. (1987) Lucernas romanas de La Bienvenida (Ciudad Real). *Oretum* III: 262-290).

Fernández Ochoa, C., y Zarzalejos, M. (1993) *Las producciones de terra sigillata altoimperial de Sisapo (La Bienvenida, Ciudad Real) II. Terra sigillata hispánica. Espacio, Tiempo y Forma. Serie II, Historia Antigua* 6:161-206.

Fernández Ochoa, C., Zarzalejos, M., Hevia, P. y Esteban, G. (1994) *Sisapo I. Excavaciones arqueológicas en La Bienvenida, Almodóvar del Campo (Ciudad Real)*. Toledo.

Fernández Ochoa, C., Zarzalejos, M., Burkhalter, C., Hevia, P. y Esteban, G. (2002) *Arqueominería del Sector Central de Sierra Morena: El área Sisaponense* (Anejos de Archivo Español de Arqueología XXVI). Madrid.

Fernández Ochoa, C., Zarzalejos, M., Burkhalter, C., Hevia, P. y Esteban, G. (2003) Les mines anciennes du secteur central de Sierra morena. La región sisaponense, en A. Orejas (dir.) *Atlas historique des zones minières d'Europe II* (Dossier II: 1-18). Bruxelles.

Fernández Ochoa, C. y Zarzalejos, M. (2008) Terra sigillata hispánica brillante (TSHB), en Bernal, D. y Ribera, A. (eds.) *Cerámicas hispanorromanas: un estado de la cuestión*: 333-342. Cádiz.

Fernández Ochoa, C. y Zarzalejos, M. (2010) *¿Sisapo* en La Bienvenida (Ciudad Real)? De nuevo sobre la radicación geográfica y el estatuto jurídico de la capital del cinabrio hispano, en P. Bueno, A. Gilman, C. Martín y J. Sánchez Palencia (eds.), *Arqueología, sociedad, territorio y paisaje. Estudios sobre Prehistoria Reciente, Protohistoria y transición al mundo romano en Homenaje a Mª Dolores Fernández Posse*: 361-173. Madrid.

Fernández Ochoa, C., Morillo, A. y Zarzalejos, M. (e.p.) Imitaciones de *terra sigillata* en Hispania durante el Alto Imperio (época augustea y julioclaudia), en *Classica instrumenta. Las producciones cerámicas de imitación en Hispania. II Congreso Internacional de la SECAH-EX OFFICINA HISPANA*. Braga.

García Giménez, R., Bernal, D. y Morillo, A. (1999) Consideraciones sobre los centros productores de lucernas tipo Andújar: análisis arqueométrico de materiales procedentes de los Villares de Andújar (Jaen) y de la Submeseta Norte, *Primer Congreso Nacional de Arqueología y Arqueometría. Segunda Reunión de Arqueometría*: 187-196. Granada.

Hevia, P. (2013) El mundo funerario de época tardoantigua en el reborde surocccidental de la Meseta: la necrópolis de Arroyo de La Bienvenida (Almodóvar del Campo, Ciudad Real). Trabajo Fin de Máster inédito, UNED, Madrid.

Hermet, F. (1934) *La Graufesenque (Condatomago)*. Paris.

Hunt, M., Consuegra, S., Díaz del Río, P., Hurtado, y Montero, I. (2011) Neolithic and Chalcolithic – VI to III millennia BC – use of cinnabar (HgS) in the Iberian Peninsula: analytical identification and lead isotope data for an early mineral exploitation of the Almadén (Ciudad Real, Spain) mining district, en J. E. Ortiz, O. Puche, I. Rábano y L. F. Mazadiego (eds.) *History of Research in Mineral Resources. Cuadernos del Museo Geominero* 13: 3-14.

Isings, C. (1957) *Roman Glass from Dated Finds*. Gröningen y Djakarta.

Járrega, R. (2012) Ficha Dressel 7-11 (Costa septentrional de Tarraconensis). *Amphorae ex Hispania. Paisajes de producción y consumo* (amphorae.icac.cat), 7 Agosto 2012 (http://amphorae.icac.cat/es/tipologias?task=view-idt&id=40)

Keay, S. y Creighton, J. (2001) Las excavaciones, en S. Keay, Creighton y J. Remesal, *Celti (Peñaflor). La Arqueología de una ciudad hispanorromana en la Baetica. Prospecciones y excavaciones 1987-1992* (Arqueología Monografías, Junta de Andalucía): 55-105. Sevilla.

Keay, S. y Romo, A. (2001) CD. Capítulo 2. Las cerámicas, en S. Keay, Creighton y J. Remesal, *Celti (Peñaflor). La Arqueología de una ciudad hispanorromana en la Baetica. Prospecciones y excavaciones 1987-1992* (Arqueología Monografías, Junta de Andalucía): 31-200. Sevilla.

Loeschcke, S. (1919) *Lampen aus Vindonissa. Ein Beitrag zur Geschichte von Vindonissa und des antique Beleuchtungwesens*. Zürich.

López Mullor, A. (2008) Las cerámicas de paredes finas en la fachada mediterránea de la Península Ibérica y las Islas Baleares, en D. Bernal y A. Ribera, (eds.) *Cerámicas hispanorromanas. Un estado de la cuestión*: 343-383. Cádiz.

Maia, M.G.P. y Maia, M. (1996) Os *castella* do Sul de Portugal e a Mineração da Prata nos Primórdios do Impero, en M. Rego (ed.) *Mineração no Baixo Alentejo*: 60-81. Castro Verde.

Marcos Herrán, F.J. (2002) *Vidrios romanos de Herrera de Pisuerga (Palencia)*. Palencia.

Mendes Dias da Cruz, M.R. (2009) O Vidro Romano no Noroeste Peninsular. Um olhar a partir de Bracara Augusta, Tese de Doutoramento em Arqueología, Universidade do Minho, 3 vols., Braga.

Morillo, A. (1990) En torno a la tipología de lucernas romanas: problemas de nomenclatura. *CuPAUAM*, 17: 143-167.

Morillo, A. y Rogríguez Martín, G. (2008) Lucernas hispanorromanas, en D. Bernal y A. Ribera (eds.) *Cerámicas hispanorromanas. Un estado de la cuestión*: 291-311. Cádiz.

Oswald, F. y Pryce, D. (1920) *An Introduction to the study of terra sigillata, treated from a chronological standpoint*. London.

Oxé, A. y Confort, H. (1968) *Corpus Vasorum Arretinorum. A Catalogue of the Signatures, Shapes and Chronology of Italian Sigillata*. Bonn.

Passelac, M. (1993) Céramique à parois fines, en M. Py (ed.) *DICOCER. Dictionnaire des céramiques antiques (VIIe s. av. n. è.-VIIe s. de n. è.) en Méditerranée nord-occidentale (Provence, Languedoc, Ampurdan)* (Lattara 6): 511-521.

Passelac, M. (1993b) Céramique sigillée italique, en M. Py (ed.) *DICOCER. Dictionnaire des céramiques antiques (VIIe s. av. n. è.-VIIe s. de n. è.) en Méditerranée nord-occidentale (Provence, Languedoc, Ampurdan)* (Lattara 6): 554-568.

Passelac, M. y Vernhet, A. (1993) Céramique sigillée sud-gauloise, en M. Py (ed.) *DICOCER. Dictionnaire des céramiques antiques (VIIe s. av. n. è.-VIIe s. de n. è.) en Méditerranée nord-occidentale (Provence, Languedoc, Ampurdan)* (Lattara 6): 569-580.

Peinado, M. V. (2010) *Cerámicas comunes romanas en el Alto Guadalquivir. El alfar de Los Villares de Andújar*. Granada.

Pérez González, C. (1989) *Cerámica romana de Herrera de Pisuerga (Palencia-España). La terra sigillata*. Santiago de Chile.

Pérez Macías, J.A. y Delgado, A. (2007) Los *metalla* de Riotinto en época julio-claudia, en J. A. Pérez Macías y A. Delgado (eds.) *Las minas de Riotinto en época julio-claudia*: 37-184. Huelva.

Pérez Outeriño, B. (1990) *Sellos de alfarero en terra sigillata itálica encontrados en Mérida* (Cuadernos Emeritenses 3). Mérida.

Roca, M. (1976) *Sigillata hispánica producida en Andújar*. Jaén.

Roca, M. (2000) La investigación de *terra sigillata* hispánica en Andalucía. *Cudas* 1: 31-43.

Rodríguez, X. y Xusto, M. (1994) Aproximación al conocimiento del vidrio romano en el conjunto arqueológico de Santomé (Santomé, Tibias. Ourense). *Boletín Auriense* 24: 45-93.

Rodríguez Martín, G. (1996) *Materiales de un alfar emeritense: paredes finas, lucernas, sigillatas y terracotas* (Cuadernos Emeritenses 11). Mérida.

Ronda, A.M. y Tendero, M. (2010) Los materiales de época augustea en *Ilici* (L'Alcudia, Elche) en V. Revilla y M. Roca, (eds.) *Contextos ceràmics i cultura material d'època augustal a l'occident romà*: 322-341. Barcelona.

Ruiz Montes, P. (2002-2003) Aproximación a la vajilla bética de paredes finas: el caso de Los Villares de Andújar (Jaén). *Cvdas* 3-4: 73-84.

Ruiz Montes, P. (2004-2005) Índices de indigenismo y romanización en el complejo artesanal de Los Villares de Andújar. *Cvdas* 5-6: 100-145.

Ruiz Montes, P. (2011) *Svbvrbia* cretariae. Nuevas lecturas en torno a procesos de producción y sustratos productivos en el complejo alfarero romano de Los Villares de Andújar (Jaén), Tesis Doctoral. Universidad de Granada, Granada.

Ruiz Montes, P. (2012) Cerámicas tipo Peñaflor del Alto Guadalquivir, en D. Bernal y A. Ribera, (eds.) *Cerámicas hispanorromanas II. Producciones regionales*: 39-48. Cádiz.

Ruiz Montes, P. (2013) Lucernas tipo Andújar, en I. Fernández García (coord.) *Una aproximación a Isturgis romana: el complejo alfarero de Los Villares de Andújar, Jaén, España*: 293-299. Roma.

Sotomayor, M., Pérez Casas, A. y Roca, M. (1976) Los alfares romanos de Andújar (Jaén). Dos nuevas campañas. *Noticiario Arqueológico Hispánico, Arqueología* 4: 113-147.

Sotomayor, M., Roca, M., Sotomayor, N., Atienza, R. (1981) Los alfares romanos de Los Villares de Andújar (Jaén, campaña 1978-79). *Noticiario Arqueológico Hispánico* 11: 307-368.

Sotomayor, M., Roca, M. y Fernández García, M.I. (1999) Centro de producción e Los Villares, Andújar (Jaén), en M. Roca y M.I. Fernández García (coords.) *Terra sigillata hispánica. Centros e fabricación y producciones altoimperiales*:19-60. Málaga.

Vargas, S. (2002) El conjunto funerario de La Constancia (Córdoba). Ajuares y cronología, en D. Vaquerizo (ed.) *Espacio y usos funerarios en el Occidente romano*, vol. 2: 297-310. Córdoba.

Vargas, S. (2010) A modo de revisión. Los contextos cerámicos augusteos en Colonia Patricia Corduba, en V. Revilla y M. Roca (eds.) *Contextos ceràmics i cultura material d'època augustal a l'occident romà*: 373-403. Barcelona.

Vargas, S. y Moreno, M. (2004) Nuevas perspectivas para el estudio de la cerámica de imitación tipo Peñaflor en la *Colonia Patricia Corduba*, en D. Bernal y L. Lagóstena (eds.) *Figlinae Baeticae. Talleres, alfareros y producciones cerámicas en la Bética romana (ss. II a.C.-VII d.C.)* (BAR International Series 1266): 721-726. Oxford.

Ventura, A. (1993) *Susum ad montes s(ocietas) s(isaponensis)* nueva inscripción tardorrepublicana de Córdoba. *Anales de Arqueología cordobesa* 4: 49-61.

Vernhet, A. (1976) Création flavienne de six services de vaiselle à la Graufesenque' *Figlina* 1: 13-27.

Zarzalejos, M. (1995) *Arqueología de la región sisaponense. Aproximación a la evolución histórica del extremo SW de la provincia de Ciudad Real (fines del siglo VIII a.C.-siglo II d.C.)*. (Ediciones de la Universidad Autónoma de Madrid). Madrid.

Zarzalejos, M. (2001) La *terra sigillata* de Mentesa Oretana (Villanueva de la Fuente, Ciudad Real). Campañas de 1998 a 2000, en L. Benítez de Lugo (dir.) *Mentesa Oretana. 1998-2000*: 123-165. Ciudad Real.

Zarzalejos, M., Arévalo, A. y Fernández Ochoa, C. (1999) Tránsito, comercio y actividad económica en la Sisapo altoimperial, *Espacio, Tiempo y Forma. Serie II, Historia Antigua*, 12: 253-272.

Zarzalejos, M. y Esteban, G. (2007) La secuencia defensiva de La Bienvenida-*Sisapo* (Almodóvar del Campo, Ciudad Real). El flanco suroriental de la fortificación, en L. Berrocal y P. Moret (eds.) *Paisajes fortificados de la Edad del Hierro. Las murallas protohistóricas de la Meseta y la vertiente atlántica en su contexto europeo*: 281-303. Madrid.

Zarzalejos, M., Fernández Ochoa, C. y Hevia, P. (2011) *Investigaciones arqueológicas en* Sisapo, *capital del cinabrio hispano (I). La decoración musivaria de la* domus *de las Columnas Rojas (La Bienvenida,*

Almodóvar del Campo, Ciudad Real), UNED Arte y Humanidades. Madrid.

Zarzalejos, M., Fernández Ochoa, C., Esteban, G. y Hevia, P. (2012) El paisaje minero antiguo de la comarca de Almadén (Ciudad Real). Nuevas aportaciones sobre el *territorium* de Sisapo, en A. Orejas y Ch. Rico (eds.) *Minería y metalurgia antiguas. Visiones y revisiones*. (Casa de Velázquez 128): 129-150. Madrid.

Zarzalejos, M., Esteban, G. y Hevia, P. (e.p.) El Alto Guadiana entre los siglos VIII y VI a.C. Novedades estratigráficas en el área 4 de *Sisapo*- La Bienvenida (Almodóvar del Campo, Ciudad Real), en J. Jiménez Ávila (ed.) *Sidereum Ana III. El río Guadiana y Tartessos*. Mérida.

La vajilla fina romana en las facies cerámicas imperiales del área del Teatro romano de Málaga: una aproximación a su estudio

Humberto Manuel Gómez Ramos
Universidad de Málaga, humphrey1988@hotmail.com

Gómez Ramos
Pilar Corrales Aguilar
Profesora de Arqueología. Departamento de Ciencias Históricas. Universidad de Málaga, mpcorrales@uma.es

José Manuel Compaña Prieto
Facultad de Ciencias. Universidad de Salamanca

1. Introduccion

El núcleo principal de la Málaga antigua se sitúa en torno a la Colina de la Alcazaba, en cuya ladera septentrional se localiza uno de los edificios más significativos de la ciudad romana, el teatro (Figura 1).

Un primer análisis del urbanismo de esta zona muestra que su inclusión dentro de la órbita romana refleja la ausencia de cambios relevantes en el aspecto físico de la ciudad, una fisonomía que se mantuvo con una aparente continuidad urbanística durante la fase romano-republicana (Corrales y Corrales 2012: 365). Una continuidad reflejada en los usos y costumbres, con una más que posible escasa presencia de itálicos en la ciudad a tenor de la escasez de ánforas grecoitálicas o vajillas cerámicas de clara raigambre itálica localizada en las diferentes intervenciones, siendo muy escasas las protocampanienses y campanienses halladas en los yacimientos de la ciudad (Serrano 2005: 209-211). Esta situación comienza a cambiar a finales del siglo I a.C. cuando la presencia de T.S.I. será algo más significativa, según han deparado, por ejemplo, las intervenciones realizadas en 2008 en la calle Alcazabilla (Arcas, Merino y Sánchez 2008: 413-436), reflejando una muy paulatina transformación ideológica y comercial de esta ciudad.

Pocas dudas existen sobre la sacralidad que debió tener esta colina y sus zonas aledañas. La posible existencia en la ladera norte de la Colina de la Alcazaba de un santuario consagrado a una divinidad femenina, quizás Astarté o Tinnit, fechado entre los siglos IV al II a.C. (López y Mora 2002: 190-191), pudo continuar en el tiempo en el *sacellum* consagrado a la *Dea Luna Augusta* (Corrales 2005: 120), documentado epigráficamente en la falda meridional de la colina (Rodríguez Oliva 1976: 49-54), inscripción puesta en relación con el templo que aparece en las amonedaciones malacitanas (Rodríguez Oliva 1976: 58; Mora 1981: 37-42).

A los pies de esta ladera se había documentado parte de un suelo de *opus spicatum* correspondiente a unas termas situadas bajo los niveles del edificio teatral, de la que las intervenciones realizadas en 2009 han documentado otras partes de la misma[1]. A unos metros de estos restos termales, las actuaciones realizadas en la calle Travesía Pintor Nogales, junto al Palacio de la Aduana, han puesto de manifiesto instalaciones similares que continuarían bajo este palacio, sede del Museo Arqueológico y de Bellas Artes[2]. Ya, al levantarse el edificio de la Aduana se hallaron lápidas, estatuas, pedestales, ídolos ridículos, un horno de fundición de metales, un acueducto y estanques (Díaz de Escovar 1993: 5) (Figura 2), que debieron corresponder a estas tempranas termas situadas junto al mar en esta zona de la ciudad alto imperial.

Con la etapa imperial se da el impulso definitivo a la romanización de la ciudad. Durante el siglo I y primeros decenios del II d.C. se fue produciendo la monumentalización del espacio público de *Malaca*: no muy lejos del puerto de la ciudad se levantaría, entre otras construcciones, el teatro, iniciado en época augustea (Puertas 1982: 203-214; Rodríguez Oliva 1993: 183-194; Rodríguez Oliva 2001: 47-59) o bajo los Julio-Claudios, con diversas remodelaciones a lo largo de su historia, especialmente en época flavia y severiana, hasta su abandono como edificio lúdico muy avanzado ya en el siglo III d.C. o comienzos del IV d.C. (Corrales y Corrales 2012: 373). La presencia de edificios públicos levantados al servicio del culto imperial suelen, además, concentrarse en torno a este espacio, auténtico centro de la vida romana (Rodríguez Oliva 1994: 347-356; Beltrán 1994: 59-80; Corrales 2002: 451-452). Desconocemos si el viejo templo púnico-republicano, que podía estar situado en la falda norte Colina de la Alcazaba, pudo ser remodelado para adecuarlo a la nueva ideología o bien se levantaría uno nuevo, quizás dedicado a la *Dea Luna,* como hemos comentado anteriormente, o quizás a Júpiter que, junto con la estatua de culto, costearía un personaje probablemente de origen oriental, Marco Lucrecio Ciro, documentado únicamente a partir de su constatación epigráfica (CIL II 1965).

A lo largo de estos años la ciudad se había ido consolidando, tanto a nivel urbanístico como económico, especialmente con el impulso de la municipalización flavia, en el marco de una ciudad en la que residían gentes de procedencias

[1] Las intervenciones realizadas en 2009 en el *aditus* sur y en el conocido como Jardín de las Alegorías por la Consejería de Cultura de la Junta de Andalucía, han permitido conocer mejor este espacio.

[2] Intervención inédita realizada por Taller de Investigaciones Arqueológicas S.L.

FIGURA 1. VISTA DEL TEATRO ROMANO DE MÁLAGA.

FIGURA 2. ESCULTURA FEMENINA ROMANA HALLADA AL CONSTRUIRSE EN EL SIGLO XVIII EL PALACIO DE LA ADUANA.

diversas que comercializaban con productos tan lucrativos como las tradicionales salsas de pescado salado realizadas en sus costas o con el demandado aceite de oliva producido en las ricas tierras del interior (Corrales 2011-2012: 434).

Especialmente significativo es el desarrollo de cetariae en la propia ciudad de Malaca, constatándose tanto en el espacio urbano de la ciudad, como en los alrededores de la misma, cientos de piletas (Figura 3) destinadas tanto a salar el pescado como a la preparación de salsas derivadas de estos (Corrales 2005: 125 ss.; Idem 2008: 164 ss.; Corrales y Corrales 2012: 372). El interés por este lucrativo negocio fue tan alto que debió justificar el uso de las, hasta ahora, zonas públicas de la ciudad a favor de estas instalaciones. Esto propició que, durante la etapa bajoimperial de la ciudad, el espacio urbano se hubiera transformando en un gran *suburbium* polivalente en el que se entremezclan diversas actividades económicas, entre ellas la actividad alfarera (Fernández, Peral y Corrales 2003: 745-746; Serrano 2004: 176), al verse favorecida por la proximidad de arcillas pliocénicas, compactas y limpias de clastos en la cercana Plaza de la Merced (Fernández 2006: 31). Esta importante actividad económica se mantuvo fuerte hasta que, en la segunda mitad del siglo V d.C. se produjo un punto de inflexión en la actividad de estas instalaciones, aunque esto no supuso el abandono total de esta actividad en el ámbito malacitano, que se vería favorecido por la inclusión de estas tierras en la *Spania* bizantina mostrando signos inequívocos de revitalización económica, viendo languidecer su actividad

Figura 3. Piletas de salazones de la factoría localizada en Correos Viejo, actual sede del Rectorado de la Universidad de Málaga.

comercial ya a partir del siglo VII d.C. (Corrales y Corrales 2012: 390 ss.).

2. Estudio ceramológico

Este trabajo no pretende ser más que una aportación de la vajilla fina de época imperial aparecida en las campañas de excavaciones realizadas en los últimos años en el Teatro romano de Málaga, contribuyendo, modestamente, a restituir la historia de este señero yacimiento malagueño, objetivo al que, sin duda, han contribuido los numerosos y excelentes estudios ceramológicos realizados con anterioridad, especialmente por la Dra. Serrano Ramos desde que en 1968 realizara su Memoria de Licenciatura en la Universidad de Granada sobre *La Terra sigillata Clara del Teatro romano y la Alcazaba de Málaga*.

Aunque el contexto arqueológico elegido es, como hemos visto, especialmente significativo para analizar el desarrollo histórico de la ciudad y, por ende, para estudiar la evolución de la presencia de vajilla fina en el mismo, objeto de este estudio, no está, sin embargo, exento de cierta problemática dada la complejidad estratigráfica del mismo dada su configuración topográfica, amén de los avatares sufridos por este lugar desde su descubrimiento (Corrales 2007), lo que dificulta sensiblemente el estudio de sus *facies* cerámicas. Un estudio de conjunto del mismo excedería, además, de la extensión posible para el presente trabajo; por este motivo se ha decidido limitar el estudio a dos puntos concretos del yacimiento que, aunque con una extensión limitada, presenta un material cerámico de gran interés que puede acercarnos al objetivo fijado. Nos hemos centrado, por tanto, en los resultados de la intervención realizada por la Consejería de Cultura de la Junta de Andalucía y la Oficina arqueológica del Ayuntamiento de Málaga, durante el 2008 en la calle Alcazabilla, donde se encuentra situado el edificio teatral romano, y la realizada por el equipo arqueológico de la Consejería de Cultura de la Junta de Andalucía en el *aditus* sur del teatro durante la campaña del 2009 y 2010. Hablamos, por tanto, del mismo contexto arqueológico. De ellas se han seleccionado aquellas capas en las que el material recuperado permite por su número y grado de fragmentación la obtención de estadísticas fiables.

2.1. Calle Alcazabilla

Los trabajos arqueológicos llevados a cabo en la zona posterior de la escena del Teatro Romano de Málaga han puesto en evidencia el fuerte impacto de los trabajos de

CLASE	NFR	NFR (%tot)	NFR (%grp)	NMI	NMI (%tot)	NMI (%grp)	FORMA	TIPO
afr-a	7	44	44	5	42	42	copa	
							plato	H.27
sig-his bet	3	19	19	2	17	17	cuenco	F.37
sig-his local	2	13	13	2	17	17	plato	F.15/17
sig-it	1	6	6	1	8	8	plato	
sig-sg	3	19	19	2	17	17	cuenco	Dr.35
							plato	Dr.18
VAJILLA	**16**	**100**	**100**	**12**	**100**	**100**		
TOTAL	**16**	**100**	**100**	**12**	**100**	**100**		

TABLA 1. TABLA CUANTITATIVO-TIPOLÓGICA DE LOS MATERIALES PROCEDENTES DE ALCAZABILLA'08, CORTE 1, CAPA 9.

apertura y ensanche de la calle Alcazabilla, a finales del XIX y principios del XX, sobre los niveles cristiano-medieval, dando lugar a niveles conservados sumamente discontinuos, complicando de manera significativa la estratigrafía del entorno (Corrales 2007: 53-76).

En la intervención del 2008 se ha podido confirmar la existencia de una fuerte pendiente que caracteriza topográficamente esta zona de la ciudad, lo que determina un urbanismo aterrazado descendente hacia el mar durante la Antigüedad, al que se adaptaban las construcciones tanto en época fenicio-púnica como romano-republicana, una situación que cambia a lo largo del siglo I d.C. (Corrales *et al.*, e.p.). En este contexto, en la zona septentrional se constata el empleo de morteros de preparación y nivelación para el suelo a base de arcilla de color marrón fuertemente compactada, como base de las placas pavimentarias que ornamentarían el espacio público situado al exterior del edificio teatral (Arcas, Merino y Sánchez 2008: 420) durante la fase flavia de la ciudad. En relación con el mortero de cal que sirve de base al suelo flavio, se documentan unos 25 metros lineales de una conducción hidráulica que recorre el espacio en dirección meridional (Corrales *et al.* e.p.).

Para el estudio hemos descartado los niveles arqueológicos superficiales que se encontraban muy alterados. En la capa 9, donde se documenta la base de la conducción hidráulica citada anteriormente, el material cerámico asociado es, fundamentalmente, vajilla de mesa (Tabla 1), aunque la muestra es relativamente reducida. De ella, se documenta un fragmento de plato de T.S.I. de forma no reconocible, una presencia residual en este contexto; escasa presencia también de *sigillata* sudgálica, en la forma de platos y cuencos, de las formas Dr. 18 y Dr. 35. Moderada presencia de T.S.H., de la que han podido reconocerse varios fragmentos de cuencos de la forma 37 procedente del alfar de Andújar (Figura 4.1), así como producciones locales de la zona antequerana, posiblemente del alfar de *Singilia Barba*, en la forma de dos platos de la forma 15/17. Destaca la presencia, proporcionalmente abundante, de producciones de T.S.A. A, bastante fragmentadas; entre ellas, un fragmento de plato de la forma H. 27 que nos lleva a un momento avanzado del siglo II d.C., aunque, dado que son niveles aún muy superficiales, es probable que se trate de alguna intrusión, con una fecha de finales del siglo I d.C. y primeras décadas del siguiente.

En el nivel inmediatamente inferior, nivel 10, una capa de relleno aportada de forma intencionada para regularizar el terreno sobre el que se apoya la citada conducción hidráulica, la composición del conjunto cerámico recuperado no difiere sensiblemente (Tabla 2): La vajilla de importación contiene una mayor presencia de producciones itálicas que, aunque muy fragmentada, se ha podido reconocer una copa Consp. 23. Las producciones sudgálicas están representadas por las formas más típicas de mediados del siglo I d.C., principalmente las copas Dr. 24/25 y 27, así como un plato Dr. 18.

Las producciones hispánicas están compuestas por cuatro individuos de los alfares béticos, aunque con posible presencia de productos locales de la zona antequerana. Las formas representadas son las típicas, 15/17 y 24/25, aunque con la presencia, bastante inusual, de una tapadera de tintero, tentativamente atribuida a las producciones tempranas de los alfares de Andújar (Figura 7). Junto a ello, se ha documentado un pequeño fragmento de un gobelete de Paredes finas, desafortunadamente no identificable con precisión. En este nivel se documentan las primeras apariciones de cuencos de T.S.A. A. Junto a la vajilla fina de mesa destaca la presencia de cazuelas de cerámica africana de cocina, de los tipos Lamb. 10A y 10B.

Debajo de este nivel, ya en la capa 16, aparece una capa de relleno arcilloso asociada a la producción anfórica en el entorno de envases para salsas y salazones (Dr. 7-11). Junto a estos restos, no cuantificados aquí, aparecen una serie de fragmentos de vajilla bastante interesantes (Tabla 3): La vajilla fina está constituida en su inmensa mayoría por *sigillata* itálica, documentándose platos de las formas Consp. 12, 18 y 20, así como copas de las formas Consp. 22, 27 y 31. Junto a la *sigillata* itálica se ha documentado un reducido número de fragmentos de cerámicas finas de tipo Peñaflor, copas y platos, de las formas Martínez IIb (Figura 4.2) y IIc (Figura 4.3), así como fragmentos de Paredes finas, correspondientes a gobeletes de forma

CLASE	NFR	NFR (%tot)	NFR (%grp)	NMI	NMI (%tot)	NMI (%grp)	FORMA	TIPO
af-coc	4	16	16	3	19	19	cazuela	Lamb.10A
							cazuela	Lamb.10B
afr-a	3	12	12	1	6	6	cuenco	
sig-his bet	4	16	16	3	19	19	copa	F.24/25
							plato	F.15/17
							tintero	F.51
sig-it	7	28	28	4	25	25	copa	Consp. 23
							plato	
sig-sg	6	24	24	4	25	25	copa	Dr.24/25
							copa	Dr.27
							plato	Dr.18/31
parfin	1	4	4	1	6	6	gobelete	
VAJILLA	**25**	**100**	**100**	**16**	**100**	**100**		
TOTAL	**25**	**100**	**100**	**16**	**100**	**100**		

TABLA 2. TABLA CUANTITATIVO-TIPOLÓGICA DE LOS MATERIALES PROCEDENTES DE ALCAZABILLA'08, CORTE 1, CAPA 10.

CLASE	NFR	NFR (%tot)	NFR (%grp)	NMI	NMI (%tot)	NMI (%grp)	FORMA	TIPO
parfin	6	6	7	2	9	9	gobelete	
peña	5	5	6	3	13	14	copa	Martínez IIb
							copa	Martínez IIc
							plato	
r-pomp	1	1	1	1	4	5	plato	
sig-it	79	84	90	14	61	64	copa	Consp.22,27,31
							plato	Consp.12,18,20
VAJILLA	**91**	**97**	**100**	**20**	**88**	**100**		
Lucerna	1	1	100	1	4	100	lucerna	
TOTAL	**92**	**100**	**100**	**21**	**100**	**100**		

TABLA 3. TABLA CUANTITATIVO-TIPOLÓGICA DE LOS MATERIALES PROCEDENTES DE ALCAZABILLA'08, CORTE 1, CAPA 16.

CLASE	NFR	NFR (%tot)	NFR (%grp)	NMI	NMI (%tot)	NMI (%grp)	FORMA	TIPO
peña	35	5.4	5	16	11.5	11.5	copa	Martinez Ib
							copa	Martinez Ic
							plato	Martínez IIb
							plato	Martínez IIc
sig-it	618	94.6	95	123	88.5	88.5	copa	Consp.7,13,14,17,22,
								23,24,26,27,32,33
							plato	Consp.1,2,3,6,12,18,
								19,20,21
							vaso	Consp. 29
VAJILLA	**653**	**100.0**	**100**	**139**	**100.0**	**100.0**		
TOTAL	**653**	**100.0**	**100**	**139**	**100.0**	**100.0**		

TABLA 4. TABLA CUANTITATIVO-TIPOLÓGICA DE LOS MATERIALES PROCEDENTES DE ALCAZABILLA'08, CORTE 1,

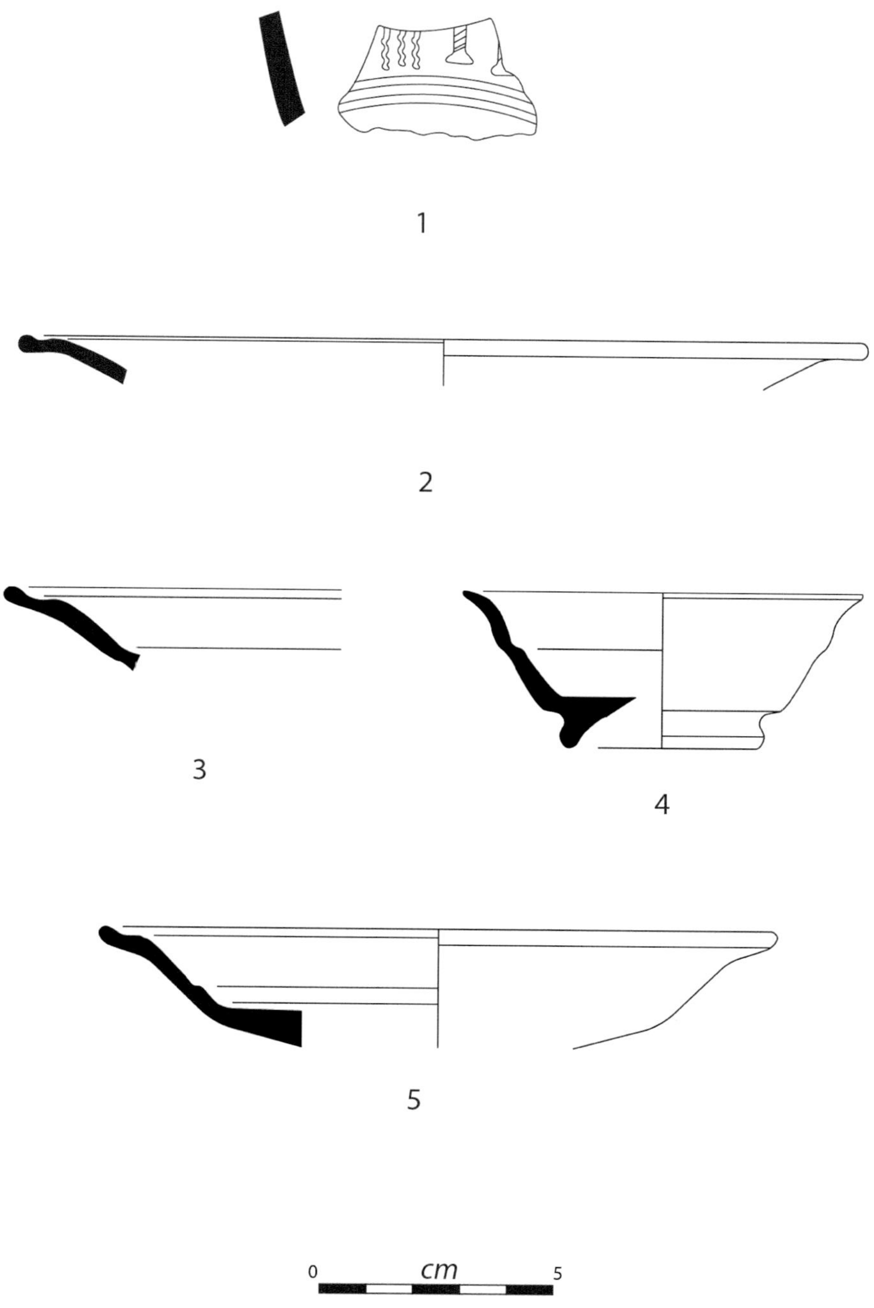

FIGURA 4. *TERRA SIGILLATA* HISPÁNICA Y CERÁMICAS TIPO PEÑAFLOR DE LA CALLE ALCAZABILLA.

indeterminada con decoración arenosa. Se ha documentado asimismo en este nivel un fragmento de lucerna, desafortunadamente no identificable, y un fragmento de plato de engobe interno rojo pompeyano, también de forma no identificable perteneciente a la definida por Peacock como "Fabric 1" (Peacock 1977: 149), cuya presencia ha sido previamente documentada en los territorios malacitanos (Compaña *et al.* 2012: 48), posiblemente de origen campano. Destacamos la ausencia de T.S.H., Todos estos materiales parecen indicar una cronología de la primera mitad del siglo I d.C.

Muy interesante resulta, también, la cerámica correspondiente a la capa 21 del mismo corte de calle Alcazabilla. En este caso, a los vertidos de producción anfórica de Dr. 7-11 se añade una gran cantidad de vajilla fina (Tabla 4). Esta vajilla está compuesta casi exclusivamente por *sigillata* itálica, contabilizándose un número mínimo de 123 individuos, lo cual da una idea de su magnitud. Se constata un gran número de formas documentadas, aunque muy fragmentadas en su mayoría, siendo arriesgada la atribución de variantes de las mismas. Así, se han documentado 11 formas diferentes de copas (Consp. 7, 13, 14, 17, 22, 23, 24, 26, 27, 32 y 33), 9 formas diferentes de platos (Consp. 1, 2, 3, 6, 12, 18, 19, 20 y 21), así como un vaso de la forma Consp. 29. Muy inusual resulta, también, la presencia de un significativo número de fragmentos de fondos con marcas de alfareros (Arcas,

Merino y Sánchez 2008). A partir de aquellas cuyo centro productor es conocido, cabe destacar un predominio claro de los productos aretinos, que prácticamente conforman la mitad del conjunto, seguidos de los productos del centro de Italia, Pisa y Pozzuoli, todos en porcentajes muy similares. Así mismo se documenta una presencia minoritaria de los productos de Lyon. En cuanto al aspecto cronológico, las fechas aceptadas para los alfareros documentados indican, en su conjunto, una datación cercana a 30-40 d.C.

A este conjunto de vajilla fina de importación hay que sumar la presencia de cerámicas de tipo Peñaflor. Dentro de esta clase cerámica se han documentado copas, de las formas Martínez Ib (Figura 4.4) y Martínez Ic y platos, de las formas Martínez IIb (Figura 4.5) y Martínez IIc. Un examen de las fábricas mediante estereomicroscopía óptica revela la presencia de cuatro grupos diferentes, con sutiles variaciones, uno de los cuales podría estar relacionado con las producciones de *Isturgi*, dada su similitud con las descripciones de Ruiz (2011: 216-218). Debe resaltarse, en los materiales seleccionados para su estudio, la completa ausencia de *sigillata* sudgálica e hispánica, documentadas, como hemos visto, en las capas superiores de esta zona.

La presencia de un significativo conjunto de cerámicas "tipo Peñaflor" en estos contextos, bien fechados gracias a la muy importante presencia de material de origen itálico, demanda un estudio de mayor profundidad, comprendiendo un exhaustivo análisis de estas producciones en el entorno del Teatro romano, recientemente esbozado (Gómez 2013). Las limitaciones actuales, principalmente en cuanto al estado actual de su conocimiento arqueométrico, desafortunadamente obligan a reservar este estudio para otro trabajo, que esperamos realizar en un futuro cercano.

2.2. Teatro romano de Málaga, Aditus sur

Esta excavación abarcaba el alzado oriental del *aditus* meridional del teatro, el desarrollo hacia el sur del espacio en el que se intercalaban restos de los perfiles arqueológicos que se originaron tras las actuaciones para mejorar el acceso a la Alcazaba en 1995 y los taludes resultantes de la demolición del barrio que se ubicaba aquí en el siglo XIX. Sería en esta zona donde se situaba el corte 1 del proyecto mientras que el corte 2 se enmarcaba en el espacio del Jardín de las Alegorías con el fin de documentar el límite suroccidental del edificio teatral, ampliar el conocimiento sobre los niveles correspondientes al edificio termal anterior así como de la cloaca principal del mismo.

En la campaña de 2009, en el nivel 6 del corte 1 realizado en el *aditus* sur, junto a la *analemna* pero en un contexto muy alterado por la presencia de un pozo de época emiral, se recuperó un interesante conjunto de vajilla fina (Tabla 5) a pesar de que el cómputo total de materiales cerámicos es escaso. En el mismo se documenta la presencia reducida de *sigillata* sudgálica, compuesta por un fragmento indeterminado, un cuenco de Dr. 30, y un plato Dr 18/31. Es también significativo mencionar la presencia, aunque en pequeña cantidad, de *sigillata* hispánica atribuible a los alfares de *Isturgi*, así como un fragmento de la zona antequerana, posiblemente de *Singilia Barba*, y un fragmento de cuenco de los alfares septentrionales, con decoración de ovas y lengüetas (Figura 5.1). Sin embargo, cuantitativamente este nivel está dominado por las producciones africanas, con abundante presencia de fragmentos de T.S.A. A, aunque su fragmentación las haga difícilmente identificables, salvo el borde de un plato de la forma H. 3C. Estas producciones africanas están complementadas por la presencia de cerámicas de cocina, destacando las cazuelas Lamb. 10A y 10B, muy abundantes en la costa malacitana (Serrano 2000: 32-33), no siendo el teatro una excepción. Resulta destacable la presencia en

CLASE	NFR	NFR (%tot)	NFR (%grp)	NMI	NMI (%tot)	NMI (%grp)	FORMA	TIPO
af-coc	7	19	19	6	30	30	cazuela	Lamb. 10A
							cazuela	Lamb. 10B
							plato-tapad.	
afr-a	21	57	3	6	30	5	plato	H. 3C
							bandeja	
sig-his bet	2	5	5	2	10	10	jarra	
sig-his local	1	3	3	1	5	5	cuenco	F. 37
sig-his sep	1	3	3	1	5	5	cuenco	
sig-sg	4	11	11	3	15	15	copa	
							cuenco	Dr. 30
							plato	Dr. 18/31
TSHTM	1	3	3	1	5	5	copa	
VAJILLA	**37**	**100**	**100**	**20**	**100**	**100**		
TOTAL	**37**	**100**	**100**	**20**	**100**	**100**		

TABLA 5. TABLA CUANTITATIVO-TIPOLÓGICA DE LOS MATERIALES PROCEDENTES DE TRM'09, *ADITUS* SUR, CORTE 1, CAPA 6.

CLASE	NFR	NFR (%tot)	NFR (%grp)	NMI	NMI (%tot)	NMI (%grp)	FORMA	TIPO
afr-d	9	65	65	4	45	45	cuenco	H.91
Lucente	1	7	7	1	11	11	cuenco?	
sig-it	1	7	7	1	11	11	plato	
sig-his local	1	7	7	1	11	11	copa	
TSHTM	2	14	14	2	22	22	cuenco	Orf.2
							plato	Orf.9
VAJILLA	14	100	100	9	100	100		
TOTAL	**14**	**100**	**100**	**9**	**100**	**100**		

TABLA 6. TABLA CUANTITATIVO-TIPOLÓGICA DE LOS MATERIALES PROCEDENTES DE TRM'09, *ADITUS* SUR, CORTE 2, CAPA 12.

CLASE	NFR	NFR (%tot)	NFR (%grp)	NMI	NMI (%tot)	NMI (%grp)	FORMA	TIPO
parfin	4	29	29	4	36	36	gobelete	
sig-his sep	3	21	21	2	18	18	copa	F.24/25
sig-sg	7	50	50	5	45	45	copa	Dr. 27
							cuenco	Dr. 37
							plato	Dr. 18/31
VAJILLA	14	100	100	11	100	100		
TOTAL	**14**	100	**100**	**11**	100	**100**		

TABLA 7. TABLA CUANTITATIVO-TIPOLÓGICA DE LOS MATERIALES PROCEDENTES DE TRM'09, *ADITUS* SUR, CORTE 2, CAPA 19.

este nivel de un fragmento de T.S.H.T.M., un pequeño fragmento de forma no reconocible que, posiblemente, deba considerarse como una intrusión. La abundancia relativa de fragmentos atribuibles a formas tardías de *sigillata* africana A sugiere una cronología de mediados del siglo II d.C.

Mayor interés presentan los materiales recuperados en el corte 2 de esta excavación, por la secuenciación que ofrecen los materiales cerámicos. Para ilustrarla, se han seleccionado para su estudio cuatro niveles del mismo, excavados entre 2009 y 2010.

El nivel 12 presenta un conjunto cerámico reducido (Tabla 6). Resulta interesante detectar en su composición un fragmento de *sigillata* itálica y otro de *sigillata* hispánica quizá de procedencia local, ambos de pequeño tamaño y bastante rodados, por lo que su presencia es meramente anecdótica. Con esa salvedad, está compuesto mayoritariamente por *sigillata* africana D, de la que se han podido reconocer cuencos de la forma H.91, así como un pequeño fragmento de borde de *lucente*, y dos fragmentos de *sigillata* hispánica tardía meridional, correspondientes a un cuenco y un plato, de las formas Orfila 2 y 9 respectivamente.

La capa 19 del mismo corte, una zanja de inserción realizada para las cimentaciones del muro que sirve de retén al perfil oriental, presenta un contenido en vajillas más bien reducido, compuesto tan sólo por 14 fragmentos, los cuales apuntan a una cronología de mediados del siglo I d.C. (Tabla 7). Se han documentado 4 gobeletes de Paredes finas, acompañando a *sigillata* sudgálica, distribuida entre copas de Dr. 27, así como cuencos de Dr. 37 y platos de Dr. 18/31. Es significativo apuntar la presencia, a pesar de su reducido número, de dos fragmentos de *sigillata* hispánica de la forma 24/25, de origen septentrional. En el área del teatro, en un reciente estudio más específico realizado sobre la *sigillata* hispánica (Gómez y Corrales 2012), se apunta a una presencia significativa de los alfares septentrionales, en torno a un 26% del total.

Un interesante contrapunto a los materiales anteriores los pone el contenido de vajilla de mesa de la capa 42 (Tabla 8), compuesto exclusivamente por *sigillata* itálica[3] y sudgálica, amén de algún fragmento de lucerna y de ánforas Dr. 7/11. A pesar del reducido número de ejemplares, un total de 9 fragmentos, resulta interesante notar la ausencia tanto de producciones de "tipo Peñaflor" como de producciones hispánicas. Tan reducido conjunto hace difícil precisar su cronología, que no debería superar los años centrales del siglo I d.C.

[3] A las aquí estudiadas, debemos sumarle las formas Haltern 2, Consp.3.1.2, Consp. 23.2, Haltern 10 y Consp. 26.1 así como la marca *RASI* del alfarero del taller de Arezzo, *Rasinius Anteros*, recogidas en la Memoria preliminar de la excavación, acotando la cronología de esta capa hacia el 30 d.C. Aprovechamos para agradecer al director del Teatro romano de Málaga el acceso al estudio de los materiales.

CLASE	NFR	NFR (%tot)	NFR (%grp)	NMI	NMI (%tot)	NMI (%grp)	FORMA	TIPO
sig-it	7	78	78	4	67	67	copa	
							plato	
sig-sg	2	22	22	2	33	33	plato	Dr. 18/31
VAJILLA	**9**	**100**	**100**	**6**	**100**	**100**		
TOTAL	**9**	**100**	**100**	**6**	**100**	**100**		

TABLA 8. TABLA CUANTITATIVO-TIPOLÓGICA DE LOS MATERIALES PROCEDENTES DE TRM'10, *ADITUS* SUR, CORTE 2, CAPA 26.

CLASE	NFR	NFR (%tot)	NFR (%grp)	NMI	NMI (%tot)	NMI (%grp)	FORMA	TIPO
af-coc	10	8.1	9.7	5	7.9	8.8	cazuela	Lamb. 10A
								Ostia I, 270
afr-a	8	6.5	7.8	6	9.5	10.5	cuenco	H. 8A
ib-pin trad	1	0.8	1.0	1	1.6	1.8	urna?	
parfin	18	14.6	17.5	9	14.3	15.8	gobelete	
r-pomp	7	5.7	6.8	1	1.6	1.8	plato	
sig-his bet	10	8.1	9.7	9	14.3	15.8	copa	F. 27
							cuenco	F. 29
sig-it	17	13.8	16.5	10	15.9	17.5	copa	Consp. 23,33,34
							plato	Consp. 19
sig-sg	32	26.0	31.1	16	25.4	28.1	copa	Ri. 8 Dr. 24/25,27
							plato	Dr. 15/17,18/31
VAJILLA	**103**	**83.7**	**100.0**	**57**	**90.5**	**100.0**		
Lucernas	20	16.3	100.0	6	9.5	100.0	lucerna	Dressel 3,14
TOTAL	**123**	**100.0**		**63**	**100.0**	**100.0**		

TABLA 9. TABLA CUANTITATIVO-TIPOLÓGICA DE LOS MATERIALES PROCEDENTES DE TRM'10, *ADITUS* SUR, CORTE 2, CAPA 26.

De todos los conjuntos cerámicos revisados, resulta del mayor interés para el estudio de las facies cerámicas de esta zona del Teatro, el conjunto procedente del corte 2, capa 26, de la intervención realizada en 2010 (Tabla 9), tanto por su variedad, como por su representatividad. En la zona meridional del corte 2, en el nivel donde se localiza un mortero para un pavimento, similar al identificado en las capas 17 y 20 (en el sector norte), 17.B y 28 del sector sur, junto con un fragmento de cornisa, restos de opus sectile, ladrillos romboidales procedentes del pavimento de opus spicatum termal, fragmentos de vidrio y metal, destaca la presencia de un fragmento de cerámica pintada de tradición ibérica así como un fragmento del cuello de un recipiente contenedor. También resulta destacable la presencia de platos rojo pompeyano, la mayoría correspondiente a la "Fabric 1" de Peacock, la más extendida por el Mediterráneo, y también reconocida en el nivel 6 de la calle Alcazabilla. Sin embargo, uno de los fragmentos aquí identificados carece de las características "arenas negras", así como cierta abundancia de micas, visibles también en la superficie, lo que sugiere más bien que se trate de la "Fabric 2" de Peacock (1977: 153-154), por lo que sería preciso un estudio petrográfico para confirmar esta identificación, también coincidente con la "pasta 1" definida por Aguarod (1991: 37-40).

Por su parte, la vajilla fina de mesa está constituida por un conjunto bastante heterogéneo, en el que se reconoce un porcentaje significativo de *sigillata* itálica, tanto copas (Consp. 23, 33 y 34) como platos (Consp. 19), que están acompañadas por *sigillata* sudgálica, en mayor cuantía que la anterior, estando presentes copas Ri. 8 y Dr. 24/25 y 27, y platos Dr. 15/17 y 18/31, todas formas muy típicas en contextos de mediados del siglo I. d.C.

También se documenta *sigillata* hispánica de *Isturgi*, (Figs. 5.2 a 5.5). Como complemento a la vajilla mencionada, también hay una cierta presencia de vasos para beber, en cerámica de Paredes finas. Por otra parte, hay también cierta cantidad de cerámicas africanas, tanto *sigillata* africana A, de la que se han reconocido cuencos de la forma H. 8A, para la cual Hayes propuso una cronología de 80/90 d.C., así como cerámicas africanas de cocina, con cazuelas del tipo Lamb. 10A y un borde de la forma Ostia I, 270.

Mención especial merece la presencia en este nivel de una serie de estampillas (Figura 6). Dos estampillas de procedencia itálica, una de lectura CN·ATEI en rectángulo, atribuibles a Cn. Ateius (3), OCK-276, o Cn. Ateius (5), OCK-278 (Figura 6.1). La similitud de las estampillas

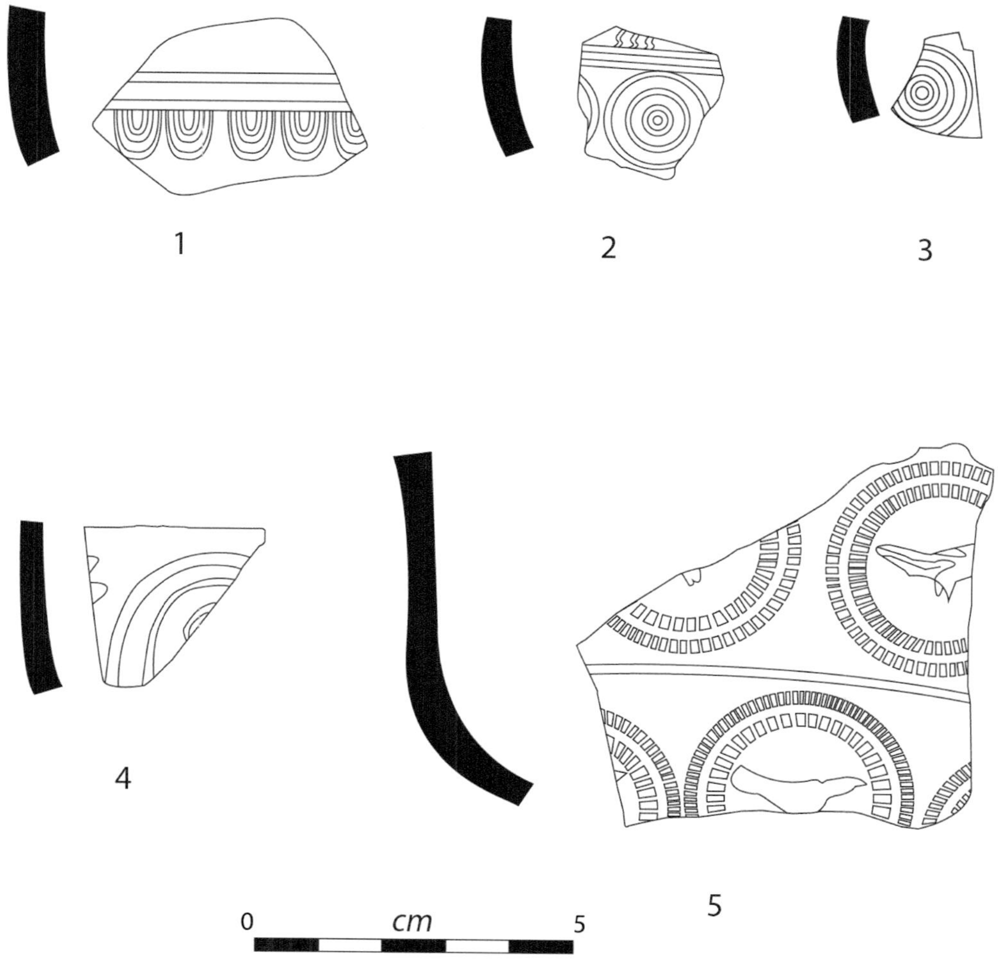

FIGURA 5. *SIGILLATA* HISPÁNICA DECORADA DEL *ADITUS* SUR DEL TEATRO ROMANO DE MÁLAGA (CAMPAÑA 2009/2010).

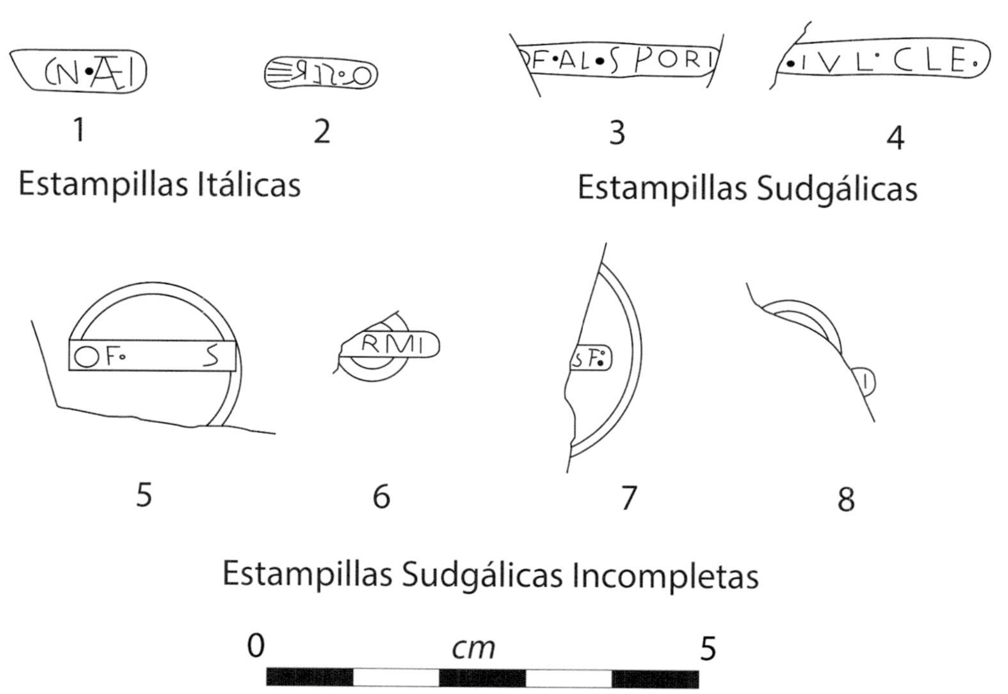

FIGURA 6. ESTAMPILLAS SOBRE *TERRA SIGILLATA* PROCEDENTES DEL DE LA INTERVENCIÓN DEL 2010 EN EL *ADITUS* SUR DEL TEATRO ROMANO DE MÁLAGA (CAMPAÑA 2009/2010).

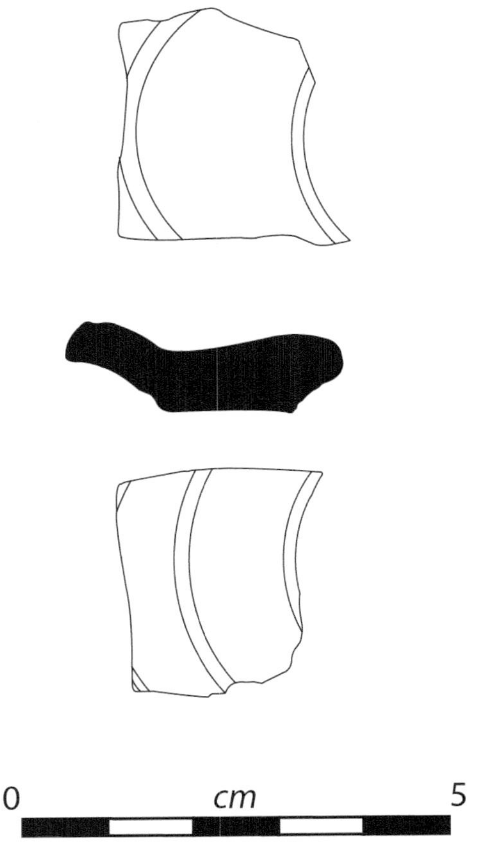

FIGURA 7. FORMA 51 DEL TALLER DE LOS VILLARES DE ANDÚJAR ANDÚJAR (JAÉN).

dificulta su atribución precisa, pero en ambos casos apunta a una cronología desde el cambio de Era hasta, al menos, mediados del siglo I d.C. La segunda, de lectura retrógrada Q·SER in planta pedis, atribuible a Q. Sertorius, OCK-1914.12, que operó en Arezzo hacia mediados del siglo I d.C. (Figura 6.2). Por otra parte, se han documentado seis estampillas en fondos de sigillata sudgálica: la primera, de lectura insegura, parece leerse OF·AL.SPOR (Figura 6.3). Se trata de una estampilla atribuida al alfarero Alsiorus, NoTS-1a (Hartley y Dickinson 2008: 160). Se trata, indudablemente, del mismo cuño. Desafortunadamente la impresión no es clara ni en el ejemplar del teatro, ni en el allí documentado, por lo que seguimos su interpretación. Se trataría de un alfarero que trabajó en La Graufesenque hacia el reinado de Nerón, sin mayor precisión. La segunda estampilla, de lectura (...)·IVL·CLE (Figura 6.4), es atribuible al alfarero *C. Iulius Clemens*, Polak-C131, NoTS-3a (Polak 2000: 209; Hartley y Dickinson 2009: 345), que operó en La Graufesenque entre el 75 y 105 d.C. Una tercera estampilla, incompleta, presenta la marca (...)RMI, muy posiblemente del alfarero *Firmus* ii (NoTS 7a?, Hartley y Dickinson 2009: 58), aunque no hay concordancia perfecta del cuño (Figura 6.5). La cronología propuesta para este alfarero rondaría el 70-90 d.C. Las tres estampillas restantes, una de impresión muy tenue y dos muy fragmentarias (Figs. 6.6 a 6.8), no han podido ser identificadas.

El material cerámico parece indicar una cronología de hacia el último cuarto del siglo I d.C., especialmente si atendemos a las estampillas documentadas. Como último detalle significativo, la vajilla descrita estaba acompañada de varias lucernas, bastante fragmentadas, entre las que se han reconocido varios ejemplares de lucerna derivada de Dressel 3, de tipo Andújar, y al menos dos ejemplares de lucerna de volutas, muy posiblemente Dressel 14.

3. Discusión

En primer lugar, destacamos la presencia significativa de sigillata itálica, especialmente abundante en los niveles más antiguos documentados en la calle Alcazabilla, atestiguando unas nuevas circunstancias políticas y económicas marcadas por el reinado de Augusto. A las formas documentadas en campañas anteriores (Consp. 2, 3, 4, 12, 114, 15, 18, 19, 20, 21, 22, 23, 26, 33, 34, 37 y 28; y las decoradas Drag, I y VII) y recogidas por Torres (2003), hemos de añadir las formas Consp. 1, 6, 7, 13, 24, 27, 29, 31 y 32, confirmando este claro predominio de las formas lisas. Esta presencia es especialmente significativa en la capa 21 de calle Alcazabilla, donde se recogen buena parte de las formas citadas (Tabla 4) amén de un importante conjunto de *sigilla* en los que se puede advertir un claro predominio del taller de *Arezzo* y, dentro de él, de *Ateius* (Arcas, Merino y Sánchez 2008: 420 ss.), alfar que trabaja entre Augusto y Tiberio con una intensa actividad comercial que le llevó a tener numerosas sucursales, con una incuestionable presencia en la Península Ibérica (Torres 2003: 152). Destaca en este nivel la ausencia de importaciones de vajilla fina de los talleres galos ni de producciones de T.S.H. aunque si se documenta una importante presencia de cerámica "tipo Peñaflor", que viene a sumarse a otros tantos ya documentados (Serrano 1999; Torres 2003: 216-223; Gómez 2013), advirtiéndose cuatro puntos distintos de producción, que sigue avalando los diferentes centros de producción de estos tipos. Resulta complicado explicar su coexistencia con la destacada y variada presencia de importaciones itálicas en función de unas necesidades por parte de la población local de acceder a estos productos (Bustamante y Huguet 2008: 305), aunque, como hemos indicado, este apartado necesitaría de un estudio más amplio.

Esa misma tendencia se aprecia en el nivel superior, capa 16 de esta excavación (Tabla 3), donde siguen predominando las formas de *sigillata* itálica, aunque con una tipología documentada más reducida, que coexisten con otros productos de origen campano (Fabric 1) y puntualmente con vasos de Paredes finas, probablemente de origen bético, aunque no hemos podido precisar ni su tipología exacta ni su procedencia y, de nuevo, con páteras "tipo Peñaflor".

No será hasta algunos años después, a mediados del siglo I d.C. (Tabla 2), cuando este tipo de producción hispano desaparezca aunque sigue estando presente la *sigillata* itálica pero en una menor proporción, mientras hacen ya acto de presencia la *sigillata* gálica (18, 24/25 y 27), las primeras producciones de *sigillata* hispánica (formas 15/17, 24/25 y 51) (Figura 8) del taller de Andújar y las primeras africanas (T.S.A. A y cocina). En el nivel superior (Tabla 1) continua esta coexistencia de *sigillata* gálica, hispánica (tanto producción de *Isturgi* como del taller de *Singilia Barba*) y de africanas A.

En lo que respecta a la presencia de *sigillata* hispánica destacar que, aunque en la muestra total seleccionada para este estudio contamos con un número mínimo de sólo 23 individuos, la dinámica observada viene a coincidir con la recogida en otros estudios (véase Gómez y Corrales 2012) que han muestreado un mayor número de individuos (527) procedentes de este mismo yacimiento. En este sentido, destacan sobremanera los materiales de *sigillata* hispánica procedentes del gran complejo alfarero de Los Villares de Andújar, mientras que el porcentaje de los talleres septentrionales desciende de manera significativa, un área que, a pesar del enorme potencial comercial que muestra con una red de distribución organizada y rápida, le debió resultar complicado superar la distancia que hay entre esta zona y *Malaca*, lo que acabará influyendo en el porcentaje comercializado. De esta situación parecen aprovecharse los talleres provinciales para difundir su producción, especialmente aquellos mejor posicionados geográficamente (Sillières 1990: 400-422), como los de *Singilia Barba* (Serrano 1991; Idem 1998; Idem 1999) y *Antikaria* (Atencia y Serrano 1997) que llegan a igualar a los de esta zona, seguidas a mucha distancia por los centros productores de Alameda y Teba, también en tierras del interior malacitano, siendo la presencia de las producciones de los talleres granadinos también muy residual (Gómez y Corrales 2012: fig. 1). Es probable que la ubicación viaria de los centros antequeranos favoreciera que estos productos pudieran cubrir grandes distancias con relativa "facilidad", especialmente hacia las ciudades del litoral donde la presencia de embarcaderos e instalaciones portuarias de mayor envergadura, como las de *Gades* o *Malaca*, multiplicaban sus posibilidades comerciales. Debemos, por tanto, reconsiderar el papel jugado por estas producciones procedentes de los conocidos como "talleres locales", *officinae* vinculadas con el centro de *Isturgi* (Fernández y Ruiz 2005; Serrano 2007: 226), y el radio de difusión de estos productos.

Por su parte, en la zona del *aditus* sur, los niveles superiores son estructuras reutilizadas en época hispanomusulmana (capas 6, 7, 8 y 10), de la fase bizantina de la ciudad pero con notables intrusiones también de época posterior es el nivel 11, así como dos posibles vertederos emiro-califales (capas 4 y 5) localizados en la zona sur de este corte 2), por lo que se han descartado en este estudio. No así, para ilustrar este contexto tardío, la capa 12 que muestra abundante presencia de T.S.A. D y T.S.H.T.M., aunque nos encontramos en unos niveles muy alterados, como muestra un pozo denominado con la letra G y la zanja de inserción realizada (capa 19) que altera las capas 13 y 15. El material aparecido en esta zanja son T.S.G., Paredes finas así como restos de ánforas Beltrán II, IV y Dressel 7/11 que nos la fecha en la segunda mitad del siglo I d.C.

Bajo ésta las capas 17, 18 y 20 nos sitúa entre los niveles flavios, con la documentación del mortero que se emplea en la nivelación de esta etapa, y la fase previa Julio-Claudia que viene a coincidir con un suelo localizado en los accesos a las *valvae* del teatro (capa 20) donde la abundante y variada presencia de cerámica, sobre todo de *sigillata* itálica (Consp. 22.1 y 37.1), Paredes finas, y fragmentos de Dressel 7/11, entre ellos dos fallos de cocción, nos sitúan en esta fecha. Bajo ella, el nivel identificado con el número 42 (Tabla 8), situado a 8,68 m.s.n.m., correspondería a la época claudia con destacada presencia de T.S.I. y, puntualmente, *sigillata* gálica (Dr. 18/31) acompañada de ánforas 7/11.

En el sector meridional del corte 2, bajo los niveles de preparación del mortero pavimental (capa 17.B) se localiza el nivel 25 datado en la segunda mitad del siglo I d.C. con presencia de T.S.A. A, T.S.H. y puntualmente T.S.G. además de ánforas Beltrán II y Dressel 7/11. Las capas 26 y 28 están compuestas por morteros, de las que en la primera (Tabla 9) coexiste la presencia de platos rojo pompeyano (similar al nivel 16 de la calle Alcazabilla) con abundante *sigillata* itálica (Consp. 23, 33, 34 y 19) documentándose dos sellos, uno de *Ateius* (también documentado en el nivel 21 de calle Alcazabilla) y otro de *Q. Sertorius*, mayor proporción de sudgálica (Ri. 8, Dr. 24/25, 27, 15/17 y 18/31), documentándose los alfareros de La Graufesenque, *Alsiorus, C. Iulius Clemens* y quizás *Firmus ii.* También están presentes las producciones hispanas del taller de Andújar, un porcentaje significativo de Paredes finas y algo de T.S.A. A, que nos sitúan en este contexto de la segunda mitad del siglo I d.C.

Los niveles inferiores lo integran las capas 33 y 36, caracterizadas por un mortero que asienta sobre el suelo de *opus spicatum* pero cuyos escasos restos cerámicos sólo apuntan la fecha del siglo I d.C. Rompiendo los lechos de mortero de las capas 28 y 33, se documentó una canalización hidráulica realizada en ladrillo que llega hasta la cloaca destruyendo un pavimento musivario en blanco y negro, que se ha venido a relacionar con alguna dependencia del edificio termal, así como el suelo de *opus spicatum*, roto por esta misma canalización.

En definitiva, el estudio detallado de los materiales cerámicos recuperados en el Teatro Romano y su entorno inmediato proporciona una valiosa información acerca de las facies cerámicas en un enclave tan relevante y singular de la *Malaca* romana. Siendo esta ciudad un importante puerto y centro comercial del sur peninsular la actividad generada a la sombra del mismo se convierte en un elemento dinamizador para la constante actualización de las fuentes de aprovisionamiento cerámico. A pesar de la natural complejidad estratigráfica de un lugar tan significativo de la ciudad antigua, acrecentada por la continuada ocupación posterior de su estratégico enclave, los datos presentados ofrecen un provechoso punto de comparación con la dinámica de otros puntos del orbe romano.

Bibliografía

Aguarod, C. (1991) *Cerámica romana importada de cocina en la Tarraconense.* Zaragoza.

Arcas, A., Merino, I. y Sánchez, L. (2008) Nuevas aportaciones a la distribución de productos cerámicos extrapeninsulares en la *Malaca* del principado y altoimperio. *Mainake* XXX: 413-436.

Atencia Páez, R. y Serrano Ramos E. (1997) El taller Antikariense de *terra sigillata* hispánica, *Figlinae Malacitanae. La producción de cerámica romana en los territorios malacitanos*: 177-215. Universidad de Málaga.

Beltrán Fortes, J. (1994) Análisis arqueológico de modelos urbanos en ciudades hispanorromanas durante el altoimperio, Un periplo de cinco años, miscelánea de estudios sobre la Antigüedad. *Kolaios*: 59-80.

Bustamante Álvarez, B. y Huguet Enguita, E. (2008) Las cerámicas Tipo Peñaflor, en Bernal Casasola, D. y Ribera I Lacomba, A. (coords.), *Cerámicas hispanorromanas: un estudio de la cuestión*: 297-306. Cádiz.

Compaña, J.M., León Reina, L., Capel, C., Jorge, S.E., Hernández, V. y Aranda, M.A.G. (2012) Archaeometric study of Iberian pottery from El Castillejo (Alameda, Malaga, Spain). *Estudos Arqueologicos de Oeiras* 19: 43-50.

Corrales Aguilar, M. (2007) El teatro romano de Málaga: evolución de un espacio. *Mainake* XXIX: 53-76

Corrales Aguilar, M. *et al.* (e.p.) Nuevas investigaciones arqueológicas en el Teatro romano de Málaga: Calle Alcazabilla.

Corrales Aguilar, P. (2002) La articulación del espacio en el sur de Hispania (de mediados del siglo II a.C. a mediados del II d.C.). *Mainake* XXIV: 443-456.

Corrales Aguilar, P. (2005) Aportaciones de la arqueología urbana para el conocimiento de la Málaga romana. *Mainake XXVII*: 113-140.

Corrales Aguilar, P. (2008) El litoral malacitano y el mar de Alborán, una intensa relación económica en época romana. *Mainake* XXX: 157-180

Corrales Aguilar, P. (2011-2012) Aceite y salazones como base de la economía malacitana en época imperial. *AnMurcia* 27-28: 431-440.

Corrales Aguilar, P. y Corrales Aguilar, M. (2012) Malaca: de los textos literarios a la evidencia arqueológica, en Beltrán Fortes, J. y Rodriguez Gutiérrez, O. (coords.) *Hispaniae Vrbes. Investigaciones arqueológicas en ciudades históricas*: 363-402. Sevilla.

Díaz De Escovar, N. (1993) *Curiosidades malagueñas* 1899, ed. Fascímil. Málaga.

Fernández García, Mª I. y Ruiz Montes, P. (2005) *Sigillata* hispánica de origen bético, en Roca Roumens, M. y Fernández García, Mª I. (coords.), *Introducción al estudio de la cerámica romana. Una breve guía de referencia*: 139-182. Universidad de Málaga.

Fernández Rodríguez, L. E. (2006) Marco físico: los recursos naturales, *Memoria arqueológica del Museo Picasso Málaga: desde los orígenes hasta el siglo V d.C.*, Málaga, 25-32.

Fernández Rodríguez, L.E., Peral Bejarano, C. y Corrales Aguilar, M. (2003) Avance a los resultados obtenidos en la intervención efectuada en los Jardines de Ibn Gabirol, rampa de Alcazabilla. Málaga, casco histórico 1999-2000. *AAA'00*: 740-750.

Gómez Ramos, H.M. (2013) Barnices rojos de tradición hispana del entorno del teatro romano de Málaga: un primer avance. *Bastetania* 1: 39-47.

Gómez Ramos, H.M. Y Corrales Aguilar, P. (2012) *Terra sigillata hispánica* de los talleres malagueños en el Teatro romano de Málaga, *Baetica. Estudios de Arte, Geografía e Historia* 34: 137-151.

Hartley, B.R. Y Dickinson, B.M. (2008) *Names on Terra Sigillata. An index of makers' stamps & signatures on Gallo-Roman Terra Sigillata (Samian Ware).* Volume 1 (A to AXO) (Bulletin of the Institute of Classical Studies Supplement 102-1) .London.

Hartley, B.R. Y Dickinson, B.M. (2009) *Names on Terra Sigillata. An index of makers' stamps & signatures on Gallo-Roman Terra Sigillata (Samian Ware).* Volume 4 (F to KLUMI), (Bulletin of the Institute of Classical Studies Supplement 102-4). London.

López Castro, J. L. y Mora Serrano, B. (2002) Malaka y las ciudades fenicias en el Occidente Mediterráneo. Siglos VI a.C.-I d.C. *Mainake* XXIV: 181-214.

Mora Serrano, B. (1981) Sobre el templo de las acuñaciones malacitanas. *Jábega* 35: 37-42.

OCK = Oxé, A., Comfort, H. y Kenrick, Ph. (2000) *Corpus Vasorum Arretinorum* (2ª Ed.). Bonn.

Peacock, D.P.S. (1977) Pompeian Red Ware, en D.P.S. Peacock (ed.) *Pottery and Early Commerce. Characterization and Trade in Roman and Later Ceramics*: 147-162. London-New York-San Francisco.

Polak, M. (2000) *South gaulish terra sigillata with potters' stamps from Vechten* (Rei Cretariae Romanae Fautorum Acta, Supplementum 9). Nijmegen.

Puertas Tricas, R. (1982) El teatro romano de Málaga, *El teatro romano en la Hispania romana*: 203-214.

Rodríguez Oliva, P. (1976) Malaca, ciudad romana, *Symposium de ciudades augusteas de Hispania, II*, Zaragoza, 53-61.

Rodríguez Oliva, P. (1993) Nuevas investigaciones sobre el teatro romano de Málaga, *Teatros romanos de Hispania. Cuadernos de arquitectura romana*, vol. 2: 183-194. Murcia.

Rodríguez Oliva, P. (1994) Transformaciones urbanas en las ciudades de la *Baetica* durante el Alto Imperio, en *Actas del XIV Congreso Internacional de Arqueología Clásica (Tarragona 1993)* vol. I: 347-356. Tarragona

Rodríguez Oliva, P. (2001) Teatro romano: medio siglo de su descubrimiento. Una importante efeméride, *Ateneo*, Málaga, l47-59.

Ruiz Montes, P. (2011) *Nuevas lecturas en torno a procesos de producción y sustratos productivos en el complejo alfarero romano de Los Villares de Andújar (Andújar, Jaén)*. Granada.

Serrano Ramos, E. (1991) *Terra sigillata hispánica de los alfares de Singilia Barba,* Universidad de Málaga.

Serrano Ramos, E. (1998) Centros productores de terra sigillata hispánica en los territorios malacitanos, en Fernández García, M.I. (ed.) *Terra sigillata hispánica: estado actual de la investigación*: 165-187. Universidad de Jaén.

Serrano Ramos, E. (1999) Producciones hispánicas precoces, en Roca Roumens, M. y Fernández García, M.I. (Coords.) *Terra Sigillata Hispánica. Centros de fabricación y producción altoimperiales*, 231-233. Universidad de Jaén/Universidad de Málaga.

Serrano Ramos, E. (2000) *Cerámica común romana: siglos II a.C. al VII d.C. Materiales importados y de producción local en el territorio malacitano*. Málaga.

Serrano Ramos, E. (2004) Alfares y producciones cerámicas en la provincia de Málaga. Balance y perspectivas, en Bernal, D. y Lagóstena, L. (eds.) *Figlinae Baeticae. Talleres alfareros y producciones cerámicas en la Bética romana (ss. II a.C.-VII d.C.)*, Vol. 1: 161-194. Oxford.

Serrano Ramos, E. (2005) Producciones locales e importaciones en la Malaca romana del siglo III a.C. al VII d.C. *Mainake* XXVII: 209-226.

Serrano Ramos, E. (2007) La Terra sigillata hispánica en el territorio malacitano. *Baetica* 29: 217-249.

Sillières, P. (1990) *Les voies de communication de l'Hispanie meridionale*, París.

Torres, M. I. (2003) *El comercio de la cerámica en la Malaca antigua: los hallazgos del Teatro romano*. Málaga.

Materiales de un contexto de época julio-claudia procedente de *Isturgi* (Los Villares de Andújar, Jaén). En los confines orientales de la *provincia Baeticae*[1]

Mª Victoria Peinado Espinosa
Universidad de Granada. Departamento de Prehistoria y Arqueología, mvpeinado@ugr.com

Pablo Ruiz Montes
Universidad de Granada. Departamento de Prehistoria y Arqueología, prmontes@ugr.es

Mª Isabel Fernández García
Catedrática de Arqueología. Universidad de Granada. Departamento de Prehistoria y Arqueología, mifernan@ugr.es

1. Introducción. *Isturgi*: poblado, *oppidum* y *municipium*

El sitio de Los Villares de Andújar es conocido en la investigación por haber sido el lugar en el que se asentó un importante complejo alfarero suburbano, surgido al abrigo de la antigua ciudad iberorromana de *Isturgi*. En el yacimiento se han realizado hasta un total de doce campañas de excavación, y la producción allí manufacturada – *sigillata* hispánica, paredes finas, cerámicas pintadas de tradición ibérica, cerámicas tipo Peñaflor, cerámicas comunes béticas, cerámicas de cocina oxidantes y reductoras, y lucernas – ha sido objeto de estudio en multitud de trabajos (*vid.* Fernández García 2010: 115-126). Valorado especialmente por tratarse del segundo mayor centro productor de cerámicas *sigillatae* de la Península (*e. g.* Fernández García 1998; 2013; 2015; Ruiz Montes 2014) por detrás de la imponente área productora en torno a Tricio, sabemos que este permaneció activo entre mediados del siglo I y la primera mitad del II d.C. Sus productos —sobre todo *sigillatae* y paredes finas— fueron comercializados regularmente por la mayor parte de la mitad sur peninsular, alcanzando incluso a abastecer a otros mercados ultramarinos en las costas atlánticas de la *Mauretania Tingitana*.

A pesar de la casi exclusiva atención y estudio que ha suscitado el hecho productivo en el barrio alfarero altoimperial, podemos afirmar a pesar de lo parco de los datos, que el origen del asentamiento del poblamiento en Los Villares de Andújar, luego *Isturgi*, se encuentra determinado por su localización geográfica (Figura 1) en un espacio de tránsito y paso entre, por un lado el Medio-Bajo Guadalquivir y las campiñas que jalonan ese tramo del río, y por otro el sureste de la Península y el Levante, lo que, a su vez, debe haber hecho del lugar —la Vega occidental del Guadalquivir a su paso por la actual provincia de Jaén— un enclave, primero de confluencia cultural entre Tartessos y las primeras comunidades ibéricas del Alto Guadalquivir, y más tarde de fronterización étnica entre turdetanos y túrdulos, oretanos y bastetanos.

En todo caso el *oppidum* aparece plenamente afianzado hacia el siglo VII a.C. cuando se instituye, ya entonces y en adelante, en el núcleo vertebrador del poblamiento de la Vega occidental de Jaén, también en estrecha conexión probablemente con las rutas metalúrgicas de Sierra Morena aprovechando los más importantes afluentes del Guadalquivir, entre otros el Jándula y Rumblar, hacia la Campiña occidental (Ruiz Montes y Peinado 2013a: 20). La vinculación directa con el mundo del Valle medio y bajo del Guadalquivir parece clara e intensa ya durante los siglos VII-VI a.C. a tenor de los conjuntos materiales que, en palabras de sus investigadores, comportaban una asociación comparable a grandes rasgos con las que se aprecian en la Baja Andalucía (Sotomayor *et al.* 1981; 1984).

Todo parece haber ocurrido en el extremo sur de una de las últimas terrazas (Terraza 4) de la ribera norte, ligeramente amesetada, que caen sobre uno de los extensos meandros del Guadalquivir a su paso por la Vega de Andújar. En ese punto coincide además con la confluencia de éste, el Arroyo de Martín Gordo y el antiguo cauce del Arroyo de Martínmalillo, dos de los cursos temporales integrantes del extenso sistema de arroyos originados en las primeras elevaciones de la Sierra Morena que alimentan el gran acuífero fluvial de la vega o al propio caudal circulante del río (Ruiz Montes 2014: 40-41). Ese sistema, representativo de esta parte de la depresión aluvial del Guadalquivir determina, en definitiva, unas condiciones hídricas sobresalientes para toda la zona, suavizando los efectos de los períodos de déficit hidrológico (ibíd., 126).

Posiblemente hacia el siglo VI a.C. se ha completado en la Vega el proceso de consolidación de una incipiente aristocracia de corte heroico que se ha hecho con las riendas de los circuitos de objetos exóticos observado también en otras zonas colindantes. Prueba de ello es la llegada de algunos de estos objetos a Los Villares de Andújar, como denota el hallazgo de un soporte de lampadario tipo chipriota, un elemento por lo general asociado a contextos funerarios y cultuales producido, en el ápice de su difusión, en los talleres fenicios occidentales a lo largo de los siglos VII-VI a.C. (Bandera y Ferrer 1994; Jiménez Ávila 2000).

[1]El presente trabajo se enmarca en el proyecto "Ex Baetica sigillatae: transferencias tecnológicas, producción y circulación de vajillas cerámicas en el Sur de la Península Ibérica (ss. I-II d.C.)" (HAR2013-41278-P)", proyecto enmarcado dentro del Plan Nacional de I+D del Ministerio de Ciencia e Innovación del Gobierno de España (I.P. Mª Isabel Fernández García).

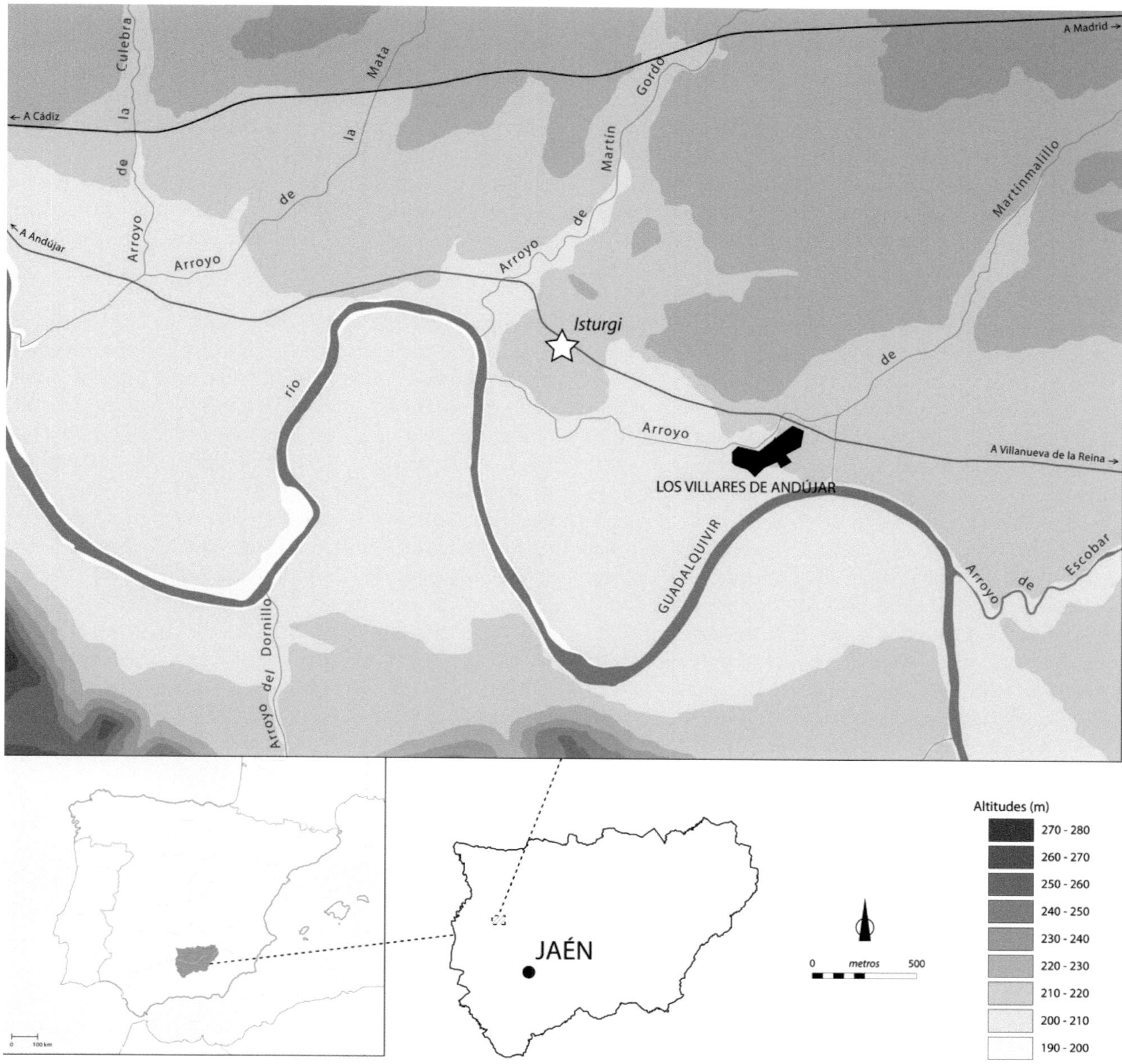

Figura 1. Localización de Los Villares de Andújar/*Isturgi*.

El proceso de lo que M. Bendala (1994: 44) denomina profunda "punicización" del área nuclear turdetana a partir de los siglos VI-V a.C. acentúa la diferenciación cultural con las regiones de la Alta Andalucía donde, entre otras cosas, la influencia griega da origen a la plástica ibérica en piedra, ausente de un modo casi total en el área nuclear túrdulo-turdetana de las regiones bajas. Los hallazgos casuales dejan constancia de la posible existencia de conjuntos escultóricos y arquitectónicos ibéricos asociados al mundo funerario o a espacios de privilegio ibéricos en Los Villares de Andújar. Hablamos de diversos elementos, todos descontextualizados y la mayoría desaparecidos en la actualidad, tales como fragmentos de esculturas zoomorfas (Cruz 1990: 75-77) o de un capitel (Moreno Almenara 1994) (Figura 2.1) que probablemente perteneciesen a uno de los tipos de estructura arquitectónica funeraria propia del mundo ibérico en las regiones altas de Andalucía y el área levantina peninsular, el denominado pilar-estela. Para el ejemplar de Los Villares se ha señalado una cronología centrada en la segunda mitad del siglo V a.C. (ibíd., 108).

Con posterioridad el panorama parece confuso. Según señalan algunos autores, durante la siguiente fase en el desarrollo histórico de la cultura ibérica, Los Villares de Andújar parece desaparecer del mapa a lo largo de la crisis del modelo sita en los años finales del siglo IV a.C. y durante todo el siglo III a.C. (Ruiz Rodríguez y Molinos 1993: 114). Sin embargo, para otros, esta crisis no parece modificar en la Vega de un modo sustancial el papel predominante del asentamiento isturgitano en el entramado jerárquico de la zona (Roca *et al.* 1987: nota n. 6). Puede que conectado con los movimientos militares enmarcados en el conflicto de la Segunda Guerra Púnica se encuentre el hallazgo también en Los Villares de Andújar y en otros puntos de su entorno más inmediato de no poco numerario procedente de las cecas cartaginesas, como el recogido por J. Cruz (1990: 71 y 88). Así pues, podemos intuir, a la espera de nuevos datos, la contemporización de la élite local isturgitana, puede que a partir de un pacto *in fides* con el nuevo poder para constituirse, en consecuencia, como núcleo administrativo de la zona. De la continuidad de la ocupación en Los Villares de Andújar a fines del s. II a.C., tenemos constatación arqueológica gracias al hallazgo de un conjunto compuesto por una de las vajillas cerámicas de mesa más populares desde entonces y a lo largo de todo el siglo I a.C. en los ambientes indígenas del Sur peninsular (Ruiz Montes y Peinado 2012): las denominadas cerámicas grises bruñidas republicanas (Adroher y Caballero 2008; 2012).

A pesar de todo, para los autores clásicos el *oppidum* iberorromano de *Isturgi* pasa prácticamente desapercibido quizás, y entre otras razones, motivado por la temprana colaboración sin condiciones de la aristocracia isturgitana, dejando de ser un problema político para el dominio territorial de Roma en la región. Durante el período de guerras civiles se reproducirán los elementos definidores del sistema aristocrático gentilicio de relaciones clientelares (Ruiz Rodríguez, Castro y Choclán 1992: 217). Es posible que la consecuencia más inmediata a estos conflictos desde el punto de vista político y del territorio, como será el replanteamiento colonial del valle del Guadalquivir por parte de César, se dejara notar en el *oppidum* de *Isturgi* en forma de concesión de un estatus privilegiado aún sin determinar, quizás de municipio de *ius latii*, a esta y a otro gran grupo de ciudades béticas (Morales 2002: 26-27) situadas en su mayoría fuera del radio estricto de las operaciones militares, siendo recompensadas de este modo muy probablemente por su actividad filocesariana durante la guerra.

Los años siguientes suponen muy probablemente para el municipio *Isturgi Triumphale*, administrativamente adscrito primero a la *Hispania Ulterior* y después al *conventus cordubensis* dentro de la provincia *Baetica*, un embellecimiento y transformación del asentamiento que adopta sistemas y programas constructivos más directamente relacionados con la arquitectura romana, como parece demostrar la existencia de numerosos elementos arquitectónicos posiblemente relacionados con una monumentalización augustea del *oppidum*. Testimonio de los programas epigráficos augusteos y de monumentalización en el *conventus cordubensis* es una base de estatua ecuestre (CIL II^2 7, 59a) en la que se menciona a *Agrippa Postumus* como hijo adoptivo de Augusto y *pontifex*, función que aparece asociada a éste por primera vez (Abascal 1996: 57). Esta transformación cualitativa debió consolidarse y mantenerse durante toda la época julio-claudia, alcanzando a las élites locales y sus manifestaciones de representación social en todos los ámbitos. Como producto de ello debe entenderse la construcción de nuevos *monumenta* funerarios en las entradas de la ciudad, en las áreas necropolares; a una de estos pertenece una cornisa (Jiménez de Cisneros 2008) (Figura 2.2) fechada en ese momento y que guardará estrechas similitudes con otras piezas, algunas muy próximos en el Alto Guadalquivir, concretamente conocidas en las necrópolis asociadas a la *Colonia Salaria* (Úbeda la Vieja) (Beltrán y Baena 1996: 56-57). En la misma línea, las estatuarias pública y privada en el antiguo municipio alcanzarían desde entonces un intenso protagonismo de manera paralela al experimentado por las evergesías locales y la necesidad de dotar del ornato adecuado el espacio urbano. Si bien se trata siempre de hallazgos casuales, descontextualizados y de carácter fragmentario, es posible rastrear trazas de programas estatuarios (Corzo 2010).

Además, para esta época tiene lugar un hecho que se descubrirá fundamental para el desarrollo de la ciudad a muchos niveles. Durante el principado de Augusto, hacia el 2 a.C., el Guadalquivir y, por ende, la *via Augusta*, en detrimento de la antigua ruta ibérica *Corduba-Castulo* por *Obulco*, ha pasado a ser la arteria principal que articula la provincia (Sillières 1990: 582; Melchor 1994); o lo que es lo mismo, se convierte en una ruta imperial de primer orden de valor comercial añadido. No en vano, Augusto, a petición del Senado, se había hecho cargo el 20 a.C. de la *cura viarum* (Cass. Dio, LIV, 8) invirtiendo grandes capitales en la construcción y regeneración vial fortaleciendo, así, la función principal de esta red como poderosa herramienta de control administrativo y de unificación política (Chic 1997: 55-58). A su vez, es más que probable que esto actuara como factor de desarrollo para las pistas que conducía desde el valle hacia las sierras y, en general, de todo el normal sistema de comunicaciones de las ciudades de esta orilla norte del río – *viae vicinales* o de *publica itinera* realizadas sobre suelo público, construidas y mantenidas por los municipios, colonias, u otras entidades de gobierno local (*Ad Aras-Isturgi*, *Isturgi*-Los Escoriales-Salas de Galiarda-Sisapo, Isturgi-*Ad Noulas*) que, no hay que olvidar, enlazaría con las otras vías públicas de gestión estatal (*via Augusta*, *Castulo-Obulco-Corduba*), con respecto a las cuales, además, servirían incluso como caminos de servicio alternativos en caso de problemas (Sillières 1990).

El barrio artesanal romano de Los Villares de Andújar (*e. g.* Fernández García 1998; Fernández García 2013; Ruiz Montes 2014), dedicado inicialmente, y hasta la irrupción poco después de la *sigillata* hispánica, a la producción deslocalizada para abastecimiento local de algunos de los bienes y vajillas cerámicas que gozaban de mayor aceptación en las áreas densamente pobladas del Medio y Bajo Guadalquivir, parece encontrar todo su sentido en este contexto cuando surge hacia mediados del siglo I d.C., a finales de época julio-claudia. Y lo hace sin duda estimulado por unas condiciones generales de bonanza social y económica en la Bética, lo que unido a su situación geográfica y estratégica en relación a los grandes núcleos urbanos y los ejes fundamentales de comunicación en el sur de la Península y en especial en la Depresión del Guadalquivir, así como su posición privilegiada con respecto a los recursos y materias primas más adecuados para la actividad alfarera en general, y en particular para la producción de *sigillatae*, lo convertirán en el complejo artesanal productor de vajillas cerámicas

Figura 2. Algunos hallazgos significativos de la zona arqueológica de Los Villares de Andújar.

de mayor proyección de la provincia. Por tanto, y esto no se nos debe escapar, la intensa actividad que generó esta producción y su comercio determinó, primero, la creación de un barrio artesanal periurbano, de un *suburbium* especializado en la manufactura de cerámicas y vinculado al asentamiento principal; en ultima instancia, ese fuerte proceso de especialización productiva, lleva aparejado una modificación de los modos de organizar el trabajo que habían persistido sustentados en las formas sociales indígenas. Segundo, y como consecuencia, dicha actividad especializada condicionará el establecimiento de una nueva relación con el Medio y su territorio, modificando sustancialmente los términos de la relación del asentamiento con su área de recursos, un "diálogo" que hasta entonces, y durante siglos, había permanecido invariado (Ruiz Montes 2014: 144).

A modo de ejemplo, de la vida en el *Municipium Isturgi Triumphale* en los siguientes años de los siglos I al III d.C., conocemos aspectos muy interesantes gracias al no poco material epigráfico conservado procedente de la ciudad y las necrópolis suburbanas. Algunos de éstos hacen referencia, entre otras cuestiones, a la adscripción de los ciudadanos del municipio isturgitano a la tribu Galeria (CILA II: 265). Otros hablan de las prácticas religiosas y cultos que contaron con seguidores entre el cuerpo ciudadano, como lo fue el culto a Marte Augusto (CILA II: 265), documentado en todo el ámbito hispano pero especialmente en la provincia Bética; o los más excepcionales cultos a Pólux Augusto (CILA II: 266) y al dios Silvano Augusto (CILA II: 267); tampoco falta un ejemplo de las escasas, dedicatorias a Júpiter Óptimo Máximo Capitolino en el conjunto de la provincia, como la realizada por parte de una liberta cumpliendo un voto contraído (AE 2003: 929) (Delgado 1993). El ámbito doméstico también se hace presente en una pieza especialmente singular realizada sobre un tipo de soporte normalmente ubicadas en zonas y espacios abiertos de jardines y peristilos, o en los atrios de las casas de la época: se trata de la herma-retrato, un fenómeno propio de la esfera de lo privado e integrante del programa decorativo de las *domus* tardorrepublicanas y altoimperiales en las que se erigían. Éstas constituyen una producción muy característica de las áreas con predominio de inmigración itálica como lo fue, entre otras, la parte meridional de la P. Ibérica, estando la mayoría de ellas destinada al homenaje de los *Genius* o a la *Iuno* de los amos y patronos de los dedicantes. En el caso de *Isturgi* aparece dedicada a *Quintus Pompeius Seranus* por su esposa *Manilia Navina* (CIL II^2/7, 60a) (Figura 2.3), otorgándole quizás un sentido funerario poco frecuente (Rodríguez, Ordóñez y García-Dils 2008: 194-196).

Durante el Bajo Imperio o incluso desde antes, el municipio *Triumphale* sufrirá presumiblemente las consecuencias, primero, de la deceleración económica experimentada en la Bética a lo largo del siglo II d.C. (Chic 1994: 34-35) y, segundo, después de la crisis ciudadana y la ruralización del mundo urbano acentuada durante el siglo III d.C. Éstas probablemente consistieron, a falta de datos concretos, en el de deterioro de espacios públicos y urbanos, reorganización de otros, sean o no públicos – como parece desprenderse de la existencia de alguna sepultura de inhumación con cubierta de *tegulae* dispuestas a dos aguas en lo que con anterioridad fue el barrio artesanal (Sotomayor, Pérez y Roca 1976: 113-119), fluctuaciones demográficas... en definitiva, nuevos procesos sociales y económicos.

Los hallazgos monetales (Cruz 1990: 163-171) no dejan lugar a dudas sobre la continuidad del poblamiento en *Isturgi* durante los siglos que nos conducen a la transición hacia el Medievo, por lo que los tesorillos y ocultaciones, tan frecuentes en estas etapas, no escasean. Procedente también de Los Villares, o de su entorno más próximo, es la tapa de un sarcófago de plomo paleocristiano conservada en el MAN (Sáenz 1987), de posible fabricación mediterráneo-oriental y con una cronología que lo sitúa a inicios del siglo V d.C. Los Villares de Andújar es, pues, en estos siglos un núcleo que en el marco de la tendencia general parece haber abrazado las nuevas creencias cristianas, además de encontrarse aún inmerso en los circuitos de tráfico de objetos exóticos.

Para los años y siglos sucesivos casi exclusivamente contamos con hallazgos casuales como broches de cinturón (Cruz 1990: 185-186) enraizados en la tradición visigoda del siglo VII d.C. Por su parte, la numismática visigoda localizada en Los Villares muestra unas fechas de acuñación que cubren todo el desarrollo del reino hispanovisigodo. No en vano, *Sturgi* aparecerá mencionada en la ley de Sisebuto (*Lex Visigoth*. XII, 2, 13) entre los *territoria* o circunscripciones administrativas territoriales de la actual Andalucía. Para aquella época, del esplendoroso municipio romano sólo queda probablemente un núcleo muy disminuido cuantitativa y cualitativamente que sobrevive a duras penas al soslayo de la ruralización de la vida urbana, las plagas, sequías y el grave clima de inestabilidad política del reino visigodo.

El final de la vida en el asentamiento también denominado Andújar el Viejo, se encuentra relacionado muy posiblemente con el surgimiento de *Andūšar* —o en su otra forma, *Andūğar* (Lévi-Provençal 1938: 134; 'Abd al-Karīm 1974: 97)— como núcleo jerárquico de la zona (Castillo 1991: 282), recogiendo de este modo el testigo de la ruinosa *Sturgi* que para inicios de la época emiral ha perdido su predominancia estratégico-administrativa en favor de la anterior. Como *ḥiṣn* islámico probablemente centró su actividad en la explotación de los importantes recursos agrícolas del entorno (Castillo 1998: 227). Algunos indicios, principalmente numismáticos (Cruz 1990: 196), parecen situar este proceso hacia la segunda mitad del siglo VIII d.C. hasta completarse a mediados del siglo IX d.C., cuando desaparece totalmente.

2. Contexto arqueológico y estratigráfico del conjunto. En el Corte 9, campaña de 1973

El origen arqueológico del conjunto nos lleva a considerar la campaña de excavación desarrollada en el año 1973 en Los Villares de Andújar (Sotomayor, Pérez y Roca 1976) entre cuyos objetivos se contaba conocer la procedencia arqueológica de una concentración de estucos fragmentados visible en superficie por aquel entonces; con tal idea, como decimos, se decidió intervenir en la parte de atrás de la casa que aún hoy se sitúa en la denominada parcela 219c, junto a la carretera JA-2321 de Andújar a Villanueva de la Reina (Figura 3).

En él, y en palabras de sus excavadores, se pudo "constatar la existencia de cuatro niveles con construcciones pertenecientes a cada uno de ellos" pero que, puntualizan, "no abarcan un período de tiempo excesivamente amplio" (ibíd., 130) (Figura 4). Bajo los "cimientos" de una primera fase constructiva de entidad representada por el llamado "muro *a*" – a su vez infrapuesta a la construcción de dos estructuras que fueron documentadas ya en estado de deterioro y arrasamiento avanzado por ser las más expuestas superficialmente, y caracterizada materialmente por un derrumbe compuesto, entre otros, de paneles fragmentados de estuco y pintura mural, seguramente de ambientes domésticos (Gómez 2011), de cerámicas *sigillatae* – formas 15/17, 24/25, 37... en todo caso, datables desde mediados y durante la segunda mitad del s. I d.C., de paredes finas y pintadas de tradición ibérica de producción local. Los arqueólogos, como decimos, detectaron una concentración de materiales bastante homogénea a una profundidad de entre -0,75 y -1,35 m con respecto al Punto 0 de referencia, especialmente llamativa por la abundancia de paredes finas, esta vez de origen foráneo, algún fragmento de cerámica vidriada romana importado, cerámicas tipo Peñaflor tan frecuentes en la Bética durante época julio-claudia... además de otras cerámicas comunes y pintadas de tradición ibérica. Este contexto, que debidamente cuestionado debería, al menos, brindar una datación *post quem* para la edificación de la estructura *a*, presentaba continuidad estratigráfica hacia el interior de lo que los investigadores identificaron como un "desagüe o atarjea" (Sotomayor, Pérez y Roca 1976: 130), ya a una cota relativa en torno a los -2,5 m.

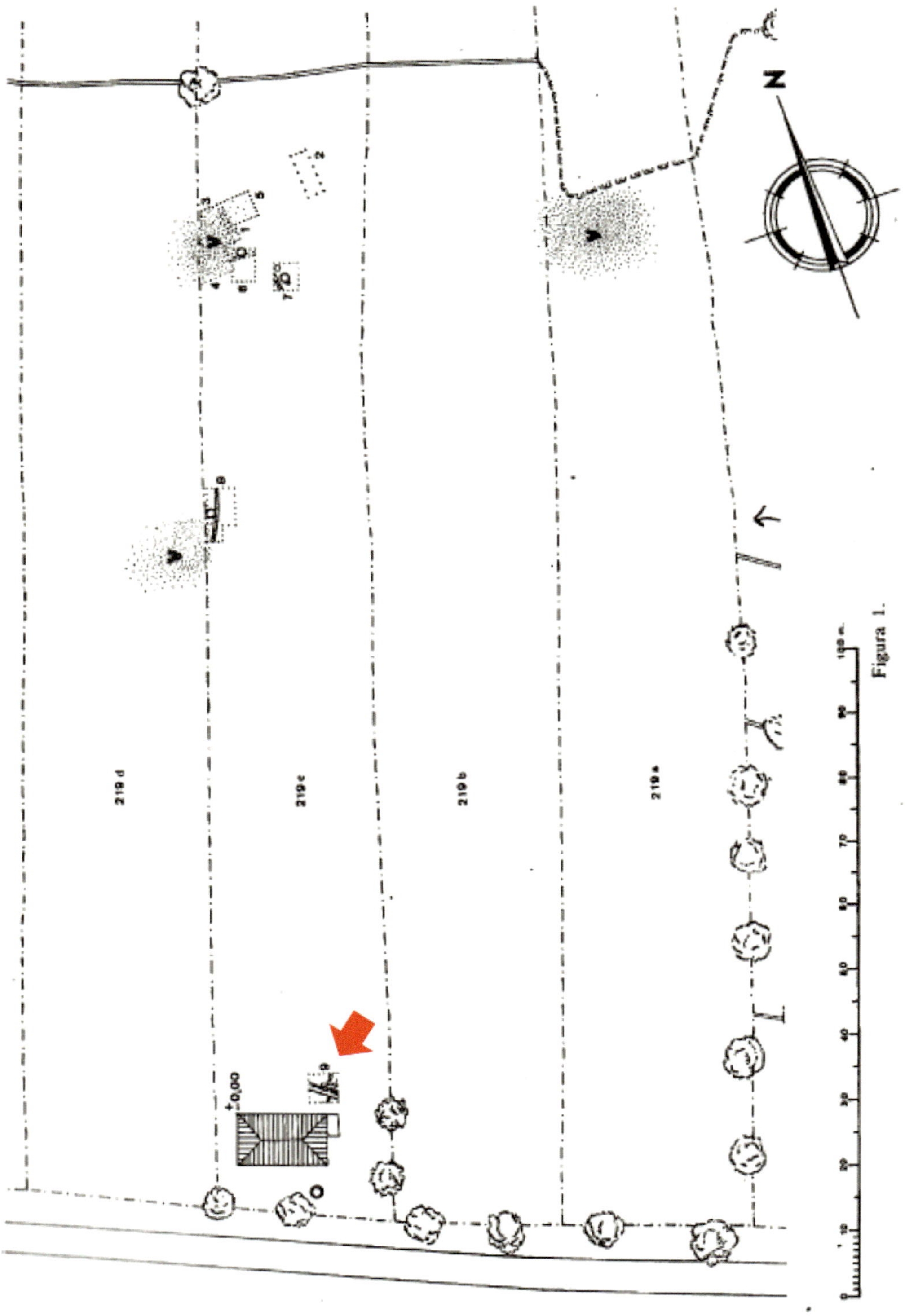

Figura 3. Situación del denominado Corte 9 en el marco del yacimiento.

Por tanto, el análisis del material arqueológico aparecido durante los trabajos de excavación llevados a cabo en este sondeo pretende, como objetivo fundamental, ofrecer una composición arqueográfica lo más precisa posible del ajuar cerámico recogido y contribuir, a nivel macroespacial, al establecimiento de facies cerámicas locales/regionales de referencia, a la vez que apoyar el establecimiento de posibles fases o momentos de ocupación en el conjunto del asentamiento. Hemos de señalar que el estudio cuantitativo, la cuantificación de los materiales según los protocolos normalmente puestos en práctica (López, Adroher y Caballero 2001; Py y Adroher 1991; Py 1997), no garantizaba en este caso unos resultados del todo satisfactorios, hecho este motivado por la excavación de los diferentes depósitos mediante alzadas artificiales. De ahí que, como veremos, el método cuantitativo haya sido aplicado sólo de manera parcial.

FIGURA 4. DETALLE DE LA EXCAVACIÓN DEL CORTE 9 DEL QUE PROCEDEN LOS MATERIALES ESTUDIADOS.

3. Análisis morfológico y tipocronológico de los materiales

Rápidamente, diremos que este contexto se encuentra compuesto y caracterizado por la presencia, a grandes rasgos, de cerámicas tipo Peñaflor, cerámicas pintadas de tradición ibérica, paredes finas, terra sigillata sudgálica, cerámica común calcárea y cerámica de cocina oxidante. Hemos de señalar las dificultades para realizar analogías comparativas con otros contextos a priori coetáneos del entorno del Alto Guadalquivir dada la práctica inexistencia de trabajos publicados con materiales correspondientes, a grandes rasgos, a la primera mitad del siglo I d.C. en la región. En este sentido, el estudio de los materiales que ahora presentamos supone un punto de partida sustancial en la zona, si bien parcial por la limitada representatividad de la muestra.

3.1. Cerámicas finas

Para empezar, y con relación al ajuar perteneciente a la categoría de las cerámicas finas, la clase cuantitativa y cualitativamente más importante desde el punto de vista de las formas, de su riqueza y variabilidad, es la representada por las cerámicas de paredes finas. En primer lugar, partiremos de la presunción del origen foráneo —o al menos no producidas en el entorno de Los Villares de Andújar— de estas producciones, sin poder determinar si se trata de producciones importadas de otras regiones mediterráneas, en especial de la Península Itálica, o vasos confeccionados, por sus características, en talleres provinciales hispanos "béticos" —por lo que apostaron en su día M. Vegas (1973: 80-82) y F. Mayet (1975: 147-150) y, más recientemente, A. López Mullor (2008: 365-368)—, de cuyo asentamiento ya tenemos constancia en el Sur de la Península hacia el tercer cuarto del s. I a.C., concretamente en el taller alfarero de Parque Nueva Granada (Peinado *et al.* 2011; Ruiz Montes *et al.* 2013; Peinado y Ruiz Montes 2014); es decir, unos decenios antes de las fechas —fines del s. I a.C. (López Mullor 2008: 368)— en las que se ha situado últimamente el inicio de la manufactura de estos vasos en el Sur peninsular, pero más cercana a la propuesta de Mayet (1975: 39), quien les suponía una datación preaugustea. En efecto, las características macroscópicas de estos ejemplares responden, en parte, a las señaladas para las primeras series béticas (López Mullor 2008: 365), o lo que es lo mismo, pastas predominantemente oxidadas, a veces reducidas, y sin recubrimiento o engobe alguno. Además de lisos, como vamos a ver, algunos ejemplares muestran sus superficies decoradas, bien con espinas, o bien mediante aplicación de burilados.

Bien representadas en nuestro contexto están las formas Mayet 8 de paredes finas, especialmente la variante 8Ca decorada con espinas (Figura 5, 1-10). Podemos pensar que la mayor parte de los diez individuos documentados en el conjunto, cuando no todos, pertenecieron al mismo subtipo de cubilete globular de borde alto y oblicuo. La datación para este tipo de vasos suele establecerse, en la Bética, hacia el período de Tiberio-Claudio, especialmente a raíz de su hallazgo en algunos contextos cordobeses fechados hacia esos momentos en un vertedero del sector meridional de la ciudad romana (Vargas y Moreno 2002-2003: 204-205), y en los cimientos del templo de la calle Claudio Marcelo (Jiménez Salvador 1996: 136-139). En Córdoba, la asociación de estos vasos de paredes finas, tenidos de producción local (López Mullor 2008: 348), con las omnipresentes formas Mayet 33 (Figura 5, 14-18), el segundo de los tipos más representado en nuestro conjunto con cinco individuos, es constante. Este hecho ha motivado la consideración, también, de algunos de estos cubiletes hemisféricos, como correspondientes a una serie de producción local-regional (Vargas y Moreno 2002-2003: 204, vid. pastas 2 y 3) fechada en los años en torno al reinado de Tiberio. Lo mismo ocurre con los ejemplares vinculados con el tipo Mayet 12, un total de

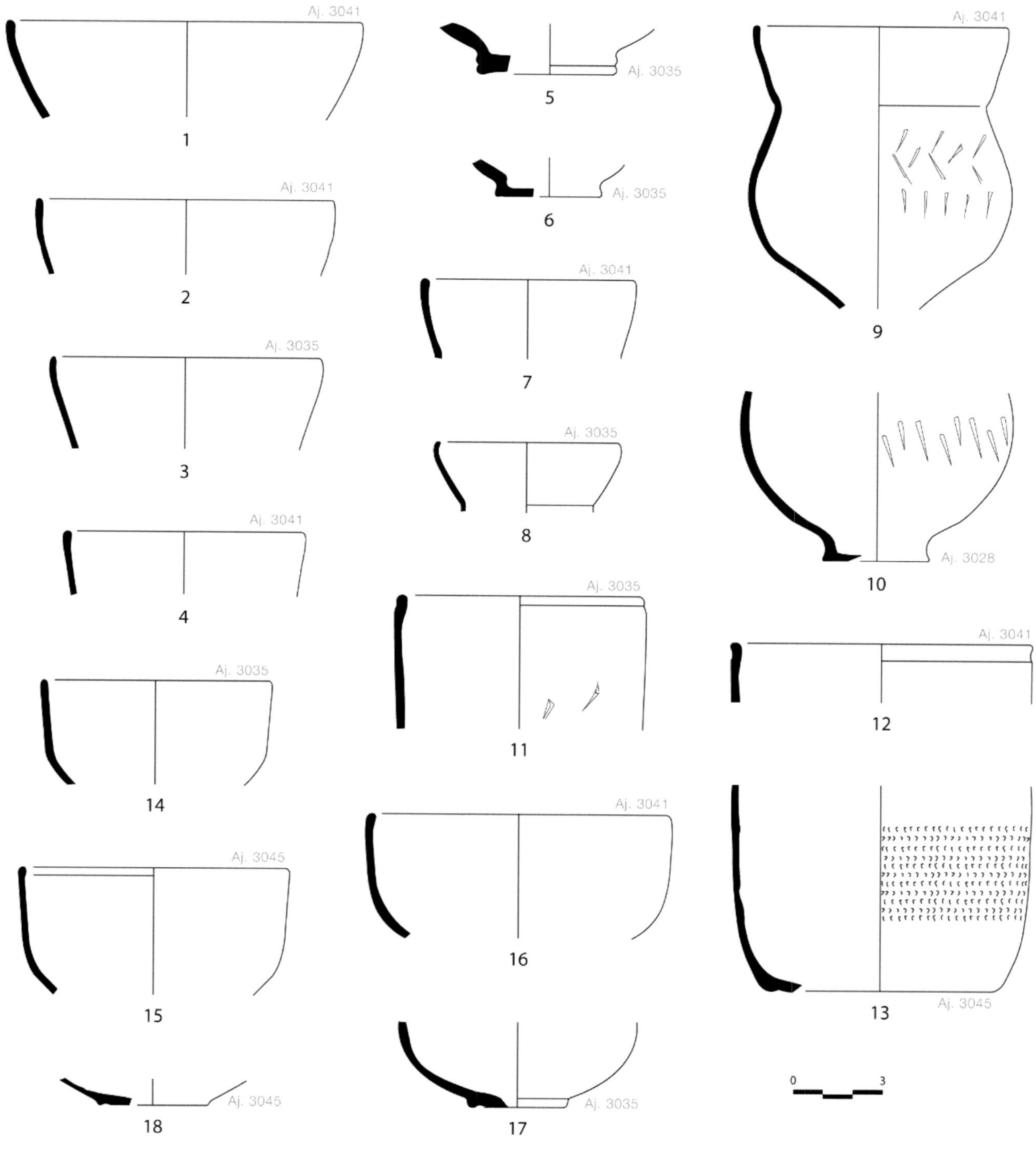

Figura 5. Materiales del contexto: paredes finas.

tres individuos (Figura 5, 11-13) que, en general, cumplen con los estándares supuestos a estas formas, con la salvedad del tipo de decoración de uno de ellos, el cual presenta, en lugar del típico burilado dispuesto en bandas sobre el desarrollo del cuerpo cilíndrico, una decoración de espinas más propia de las formas 8Ca; quizá estemos ante un indicador de la producción conjunta de ambos *vasa potoria* —cuando no también de la forma 33 (López Mullor 2008: 368)— en el contexto de un mismo taller provincial de localización aún ignota en el área de influencia de *Corduba*. Es necesario señalar cómo la última, la forma 12, no aparece normalmente entre los prototipos que pudieran haber sido reproducidos en centros de la mitad sur de la Península; sin embargo, compartiendo en la mayor parte de los casos características físicas análogas, los hallazgos de vajillas de paredes finas de *Colonia Patricia* (Vargas y Moreno 2002-2003) o los mismos de Los Villares de Andújar que presentamos aquí, pueden entenderse como un indicio sólido para sostener y afirmar el origen sureño de la producción de vasos de la forma 12.

Por otra parte, resulta llamativa, en todo el contexto, la escasa presencia de importaciones de barniz rojo en general, de hecho sólo conocemos un solo individuo en *terra sigillata* sudgálica, del tipo Drag. 15/17 en su forma inicial (DICOCER Dr15a1), un plato de pared vertical, levemente exvasada, con un baquetón en el unión del borde con el fondo (Figura 6, 1). Aunque esta variante del tipo comienza a circular ya hacia el Cambio de Era —y hasta el 60 d.C.— (Roca 2005: 124), la presencia de producciones en *sigillata* de origen sudgálico en la mayor parte de la Península Ibérica no parece regular y recurrente antes de fines del reinado de Tiberio o Calígula e inicios del de Claudio, y en franca competencia con los artículos en barniz rojo itálico, cuya circulación se presenta ya entonces en evidente regresión. Así parece observarse en lugares de consumo y comercio tan representativos de la mitad sur peninsular como *Emerita* donde, además, un ejemplar similar es datado hacia el 40 d.C. (Bustamante 2009: 151, fig. 3, 5); también en *Mirobriga* (Quaresma 2003; 42-43), en *Carmo*, lugar de mercado más próximo (Vázquez 2004: 221-222), o en *Corduba*, que ha ofrecido contextos tiberianos totalmente desprovistos de cualquier *sigillata* sudgálica (Vargas y Moreno 2002-2003). Esta mínima representatividad "sudgálica" no se corresponde, por el contrario, con una presencia efectiva de vasos itálicos, lo que nos hace pensar que este fenómeno debe interpretarse, en nuestro caso particular, como un problema arqueográfico de parcialidad de la muestra. No obstante, en los ambientes funerarios datables hacia época claudia de la capital de la Bética —*e. g.* en la necrópolis septentrional de *Colonia Patricia*— la inexistencia de *sigillatae* itálicas no lleva aparejada, tampoco, una representación abrumadora de vasos sudgálicos (Cánovas, Sánchez y Vargas 2006), apareciendo de manera casi anecdótica (3%).

Especial atención concita, por no excesivamente frecuente en relación a otros productos, un fragmento informe perteneciente, por tanto, a un único individuo de cerámica vidriada romana. El hallazgo, descrito por los investigadores como "un fragmento de cerámica vidriada siria" (Sotomayor, Pérez y Roca 1976: 130), presenta una decoración realizada a molde con motivos vegetales, posiblemente de adormideras. Desconocemos el origen, si oriental, centromediterráneo o, incluso, gálico, aunque *a priori* quizá lo más lógico sería decantarse por la segunda opción; es el caso, por ejemplo, de la serie de cerámicas con revestimiento plúmbeo manufacturadas en el taller norditálico de Aco (Maccabruni 1987: 171; Lavizzari 1987: 27-28). Se ha especulado con una hipotética producción hispana (López Mullor 1978: 71) que, por ahora, no ha encontrado contrastación arqueológica. No sólo en la Bética, como en su momento señaló E. Serrano (1979), el tipo más frecuente es el constituido por el *skyphos* correspondiente, a su vez, a la forma 2 de López Mullor (1981), probablemente originado, de manera directa y como precedentes inmediatos, en los prototipos metálicos de fines de la República (Alarçao 1976: 41) y en algunas cerámicas *sigillatae* itálicas (Mayet 1971: 44). Creemos, por tanto, que el ejemplar presente en nuestro contexto puede asimilarse al mencionado *skyphos*, bien conocido en importantes asentamientos andaluces como *Ilurco* (Pinos Puente) o, más cerca de *Isturgi*, en *Colonia Salaria* (Úbeda) (Serrano 1979). En Dicocer (Passelac 1993) se señala una datación amplia de producción/circulación para este tipo, entre el 25 a.C. y el 50 d.C., aunque centrada, en el sector occidental del Imperio, a partir de comienzos del siglo I d.C., sin poder ser más exhaustivos.

Por su parte, los siete individuos en cerámica tipo Peñaflor presentes evidencian, una vez más, lo frecuente de esta serie en las facies cerámicas surpeninsulares desde el cambio de Era hasta mediados del siglo I d.C. No en vano, éstas serán producidas en Los Villares de Andújar, en torno al 50 d.C. (Ruiz Montes 2013: 157). Dos son las formas documentas en este contexto: primero, y más abundantes, los platos tipo Martínez IIb/c (Figura 6, 7-12) —un total de cinco bordes y un fondo asimilables a los citados platos—, bien conocidos en los cada vez más numerosos contextos julio-claudios de la Hispania meridional, frecuentemente compareciendo en compañía de las copas Martínez Ib ó Ic, con las que parecen haber formado servicio y que, casualmente, en nuestro caso no lo hacen. Sí encontramos, en segundo lugar, un único ejemplar de copa, junto con una fuente o plato profundo, que comparten las mismas características técnicas mostradas por los platos, pero que formalmente no se corresponde con la morfología de las copas y los platos más frecuentes que acabamos de citar (Figura 6, 13-14). No obstante, y dadas sus características, no es posible asimilar los individuos representados con los vasos de este tipo producidos en Los Villares de Andújar, y sí con las series del valle medio-bajo del Guadalquivir, de mayor tradición y difusión en la región ya desde tiempos de Augusto o Tiberio. Fueron especialmente frecuentes en lugares como *Astigi* —así lo demuestran la excavación de la denominada necrópolis de Poniente (Vázquez, García y González 2005) —, *Carmo* (Vázquez 2004) o *Corduba*, donde además pudo localizarse un taller (Vargas y Moreno 2004). Aunque el *floruit* comercial del servicio de plato y copa descrito debe situarse en tiempos de Claudio-Nerón (Keay 2000: 169), la ausencia de *terra sigillata* hispánica y, sobre todo, de cerámicas tipo Peñaflor locales, nos llevaría a considerar una datación para las Peñaflor de este contexto, como muy reciente, de entre los reinados de Tiberio y Claudio.

Con respecto a las cerámicas pintadas de tradición ibérica, recordemos: aquellas cerámicas pintadas cuyos referentes técnicos y estéticos han de buscarse en los sustratos productivos locales y que denotan una mayor estandarización productiva con base en la reducción de repertorios formales y la simplificación de los motivos decorativos empleados (Ruiz Montes y Peinado 2013b: 163); en general, y aunque se trata de un fenómeno complejo con comportamientos diferenciales en diversas áreas de la Península (Abascal 2008: 435), cronológicamente, se detecta a lo largo de los últimos años del siglo I a.C., la primera mitad del siglo I d.C. y parte de la segunda, a excepción de ciertas pervivencias esporádicas. No obstante, es importante señalar que no todas las producciones lo harán de forma coetánea. Es más,

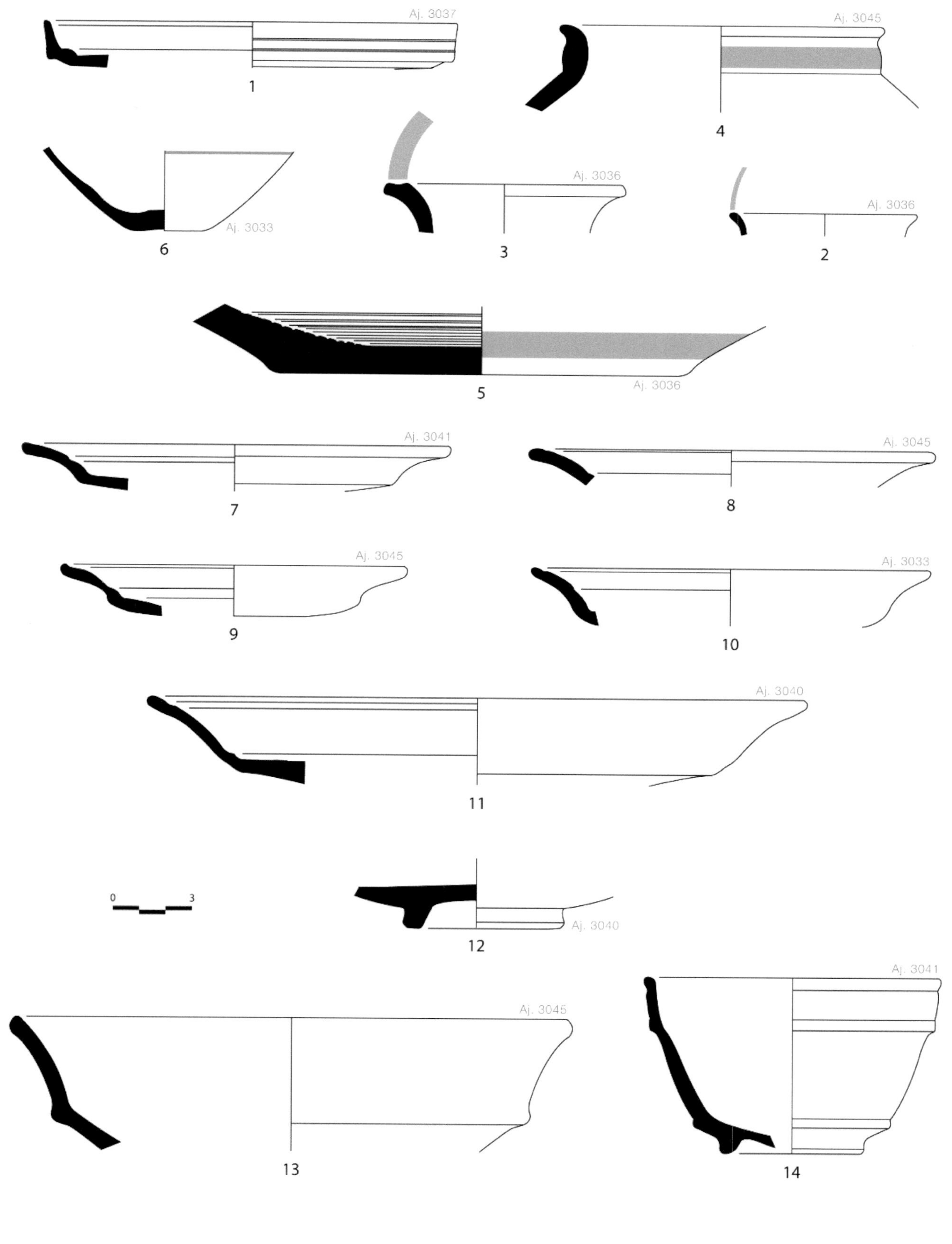

Figura 6. Materiales del contexto: 1, *terra sigillata* sudgálica; 7-14, cerámicas tipo Peñaflor; 2-6, cerámica pintada de tradición ibérica.

según J. M. Abascal (1992: 93-94), cabría trazar un línea clara entre las producciones originadas durante la dinastía julio-claudia, aún fuertemente deudoras de las vajillas pintadas de fines del Mundo ibérico —las cuales, además, en algún momento el mismo autor llama "materiales de transición"—, para diferenciarlas de aquellas confeccionadas a partir de época flavia, resultado de la confluencia con nuevos elementos formales y estilísticos alóctonos (ibíd.). En el Alto Guadalquivir, sabemos de su producción masiva, sin ir más lejos, en el *suburbium* alfarero de *Isturgi* (Ruiz Montes y Peinado 2013b; Ruiz Montes 2014), donde se confecciona principalmente al inicio de su actividad alfarera, hacia mediados del I d.C. Aunque no podamos afirmar su producción en el mismo barrio alfarero, acaso en un estadio de preconfiguración urbanística germinal, sí es fácil aceptar en que lo fueran en su entorno más próximo.

Sea como sea, en nuestro conjunto se localizan cinco individuos correspondientes a tres bordes y dos fondos en cerámica pintada de tradición ibérica. Los tres bordes pertenecen todos a formas cerradas: el primer individuo (Figura 6, 2), con su cuello alto, vertical y amplio y su borde exvasado, recuerda a los vasos caliciformes en cerámica pintada de tradición ibérica que a partir de mediados de siglo I d.C. se producirán en Los Villares de Andújar; nos referimos en concreto al tipo PIN-TRAD 7.1 (Ruiz Montes y Peinado 2013b: 167). Otro de los bordes denota su pertenencia un recipiente de cuello bajo, acampanado y borde exvasado ligeramente bífido en la parte superior del labio (Figura 6, 3), y para el que no contamos adscripción tipológica alguna. El último borde (Figura 6, 4) pertenece a un recipiente globular sin cuello, con borde recto vertical y engrosado, y un labio marcado y engrosado; podría identificarse con el tipo PIN-TRAD 9.2 (Ruiz Montes y Peinado 2013b: 167). De entre los fondos, uno de ellos (Figura 6, 6) es de difícil adscripción. Más interesante resulta el fondo (Figura 6, 5) cuya parte interior estriada nos permite relacionarlo con los denominados morteros béticos, con la particularidad, al mismo tiempo, de tratarse, por el momento, del único provisto de estrías de fricción conocido en cerámica pintada de tradición ibérica en la Bética. Normalmente, en la región, estos morteros son más propios de la cerámica común de pasta calcárea (*vid. infra*). Por el momento, la parquedad de testimonios no nos permite hablar de la producción de morteros estriados pintados como producto de una costumbre extendida o hasta cierto punto generalizada. Es interesante comprobar como durante época julio-claudia la representatividad de las cerámicas pintadas de tradición ibérica en la necrópolis de La Constancia de *Corduba* se cifra en torno al 4%; a pesar del escaso peso relativo de estas producciones, se trata de un elemento que no falta, por ejemplo, en el resto de cementerios conocidos en la capital provincial (Vargas 2002).

3.2. Cerámicas comunes

Las cerámicas de cocina oxidantes se encuentran representadas en el contexto por un total de nueve individuos: un plato, una cazuela, dos vasos y cinco ollas en cerámica de cocina oxidante. Con respecto al primero, al plato (Figura 7, 1), podemos decir que presenta un borde engrosado y fondo plano que tipológicamente podríamos vincular con el tipo Luni 1, más popular en cerámica de barniz rojo interno pompeyano, y también producido en el taller tardorrepublicano de Parque Nueva Granada, aunque con un borde en sección triangular (Ruiz Montes *et al.* 2013: 311, fig. 5.1). Por su parte, la cazuela documentada (Figura 7, 2) se corresponde con un recipiente de pequeñas dimensiones de borde exvasado, ligeramente engrosado, de pareces verticales y no muy gruesas. Los individuos correspondientes a vasos son dos: uno de borde entrante engrosado de sección oval (Figura 7, 3), y otro de borde horizontal (Figura 7, 4). En ambos casos se trata de dos formas poco conocidas en cerámica de cocina oxidante, aunque sí presentes en la tradición local en forma, por ejemplo, de cerámicas en pasta gris bruñida republicana del Alto Guadalquivir (Barba, Fernández y Torres 2014: 29), y dentro del repertorio de formas en cerámica pintada de tradición ibérica con posterioridad producido en Los Villares de Andújar, en correspondencia con el tipo PIN-TRAD 6.1 (Ruiz Montes y Peinado 2013: 167). Por lo que atañe a las ollas, dos son de borde exvasado, sin cuello, ni asas y diámetros superiores a los 10 cm (Figura 7, 5 y 6). Este tipo de ollas se puede relacionar con la forma COC-OXI 3.1 producida en Los Villares de Andújar durante todas la etapas productivas del alfar, a grandes rasos, entre los años centrales del siglo I d.C. e inicios del II d.C., aunque ya de manera residual para ese último momento (Peinado 2013a: 273-274). En cualquier caso, se trata de ollas que por su sencillez formal pueden reconocerse en los ajuares cerámicos desde época ibérica y hasta época romana, y a lo largo de todo el Mediterráneo Occidental. Muy similares formalmente a las anteriores son también otras dos ollitas (Figura 7, 7 y 8), representadas en el tipo COC-OXI 3.2 manufacturado en Los Villares de Andújar, y datado entre mediados del siglo I d.C. e inicios de época flavia, aunque ya de manera residual (Peinado 2013a: 274). La diferencia con los ejemplares precedentes reside en las dimensiones, pues los vasos adscribibles a dicho tipo suelen mostrar diámetros inferiores a los 10 cm. Las conocemos, en momentos anteriores, en la capital de la Bética en contextos de época tiberiana (Vargas y Moreno 2002-2003: 207, fig. 2, 17.3). En el santuario de la Atalayuelas, fechado entre el siglo II a.C. y el siglo I d.C., las ollitas tipo COC-OXI 3.2 son muy frecuentes configurando parte de un ajuar ritual tipo (Ruiz Rodríguez *et al.* 2005). En Cástulo, este tipo se documenta en Cerrillo de los Gordos, en uno contexto fechado en el siglo I d.C. (Canto y Urruela 1979: 346), concretamente en los ajuares de la tumbas III, II, IV y V (ibíd., 325-328, figs. 149-152) y en la pira funeraria, donde aparecen junto a paredes finas de la forma Mayet XXV y un plato de la forma COC-OXI 1.1 (ibíd., 336, 343, figs. 156-157). Asimismo, en Cástulo, en la necrópolis de la Puerta Norte fechada hacía la primera mitad del siglo I d.C., aparecen en las tumbas, LX, LXIII y LXXVI (Canto 1979: 28, 30 y 40, figs. 21-22, 31). En fin, aún durante toda la segunda mitad del siglo I d.C. la olla COC-OXI 3.2 continúa confeccionándose en los talleres de Cartuja (Granada) y en los de la Depresión de Antequera

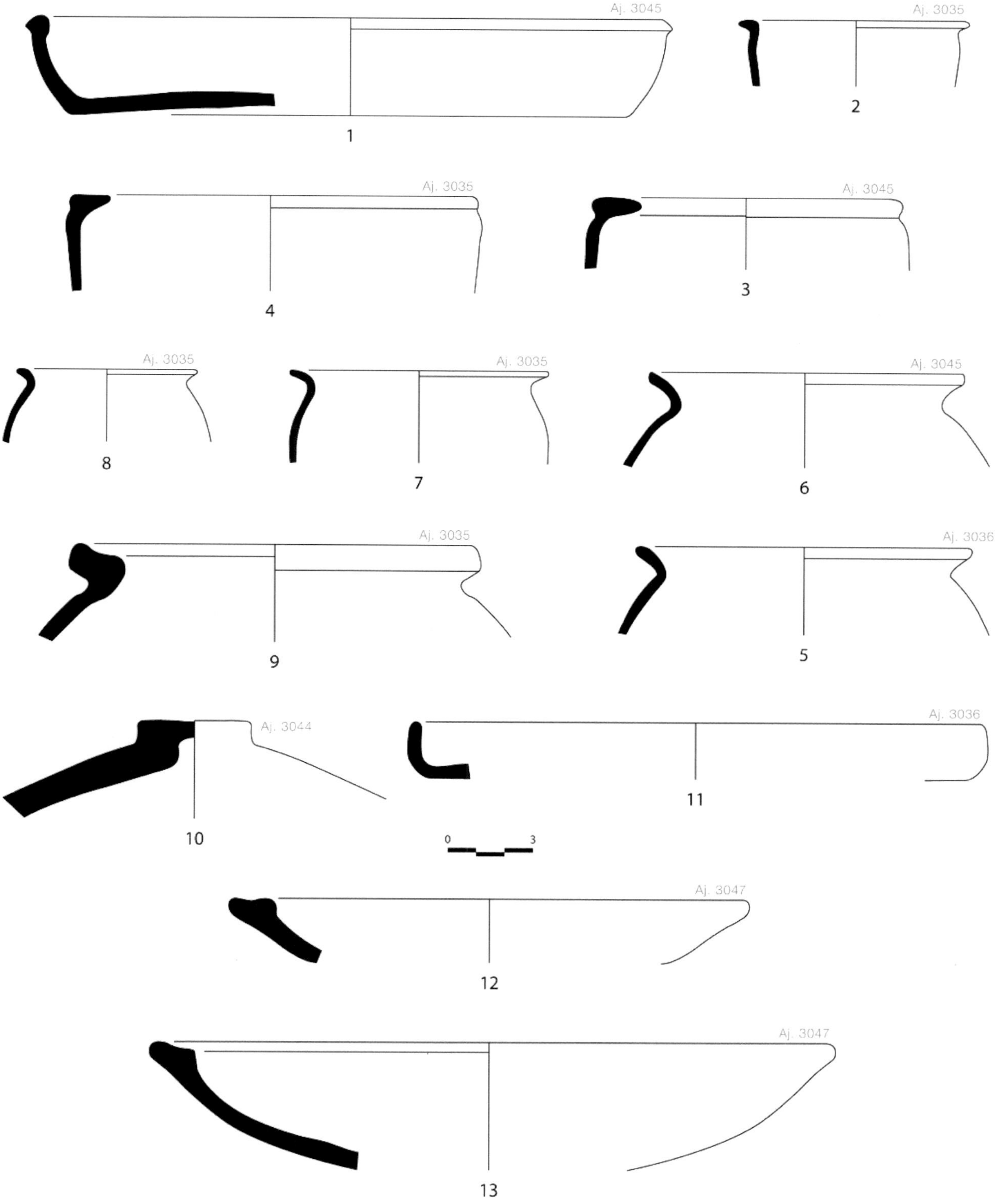

Figura 7. Materiales del contexto: 1-9, cerámica de cocina oxidante; 7-13, cerámica común calcárea.

(Peinado 2010: 349, fig. 6.40). Por último, el tercer tipo de olla del conjunto presenta un borde engrosado vuelto hacia fuera, y un asiento de tapadera en la cara interna del mismo (Figura 7, 9). Se trata de un tipo poco frecuente en el Alto Guadalquivir y podría vincularse con el tipo 1A de M. Vegas (1973: 14, fig. 3, 12-15)., de cronología muy amplia y, por tanto, poco relevante en este sentido.

Con 21 individuos, la cerámicas comunes de pasta calcárea configuran la clase más representada en el conjunto, junto a las paredes finas. Entre la formas registradas se enumeran una tapadera, tres platos, cuatro cuencos, dos morteros, dos lebrillos, un vaso, dos ollas y seis jarras. En relación a la primera, sólo pudo recuperarse un pomo por lo que tipológicamente no podemos hacer más precisiones

(Figura 7, 10). Los platos, por su parte, responden a dos tipos distintos: el primero de ellos es de difícil adscripción tipológica si nos atenemos a los repertorios de cerámicas comunes calcáreas locales conocidos (Figura 7, 11); a pesar de ello, este plato puede asociarse a la forma Lamb. 5 ó 7 de barniz negro itálico. Este tipo se ha identificado en Los Villares de Andújar, y en prácticamente toda la Alta Andalucía, no tanto en la producción campaniense de barnices negros, como dentro del catálogo de la cerámica gris bruñida republicana (Ruiz Montes y Peinado 2012). Esta producción, muy frecuente en contextos de los siglos II y I a.C., se caracteriza por su pasta gris, su superficie a veces bruñida y otras alisada, y por presentar un repertorio tipológico basado, en la mayor parte de los casos, en formas itálicas de barniz negro republicano, pero también en prototipos autoctónos (Adroher y Caballero 2012; Ruiz Montes y Peinado 2012; Ruiz Montes y Peinado 2014; Peinado y Ruiz Montes 2014; Barba, Torres y Fernández 2014). Una coyuntura general, por tanto, de hibridación entre formas, tipos y producciones cerámicas, bastante común en la Alta Andalucía, y a la que podemos asociar el plato que analizamos (Ruiz Montes y Peinado 2012: 120-123). Así, en alfar de Parque Nueva Granada, dentro de la serie en gris bruñida encontramos, tanto tipos procedentes del repertorio de los barnices negros itálicos, como del catálogo de las comunes calcáreas ibéricas (Peinado y Ruiz Montes 2014: fig. 3.11); y a la inversa, formas como el tipo Lamb. 2 fueron producidas en pasta gris y en cerámica común calcárea al mismo tiempo. Parecido es el caso los platos Lamb. 5 ó 7, registrados en cerámica gris bruñida y en cerámica pintada (Ruiz Montes et al. 2013: 312- 313, fig. 8.1). A un segundo tipo de platos hacen referencia dos individuos que presentan un borde bífido, el primero de ellos más horizontalizado (Figura 7, 12), y el segundo algo más caído hacia el interior (Figura 7, 13). Por otro lado, los cuatro cuencos localizados presentan una misma tipología, cuencos hemisféricos de borde indiferenciado (Figura 8, 1-4). La simplicidad de este tipo hace que sea muy común y frecuente en Andalucía Oriental desde el período Protoibérico hasta el Ibérico Final, constatándose, en otros muchos lugares: en Cazalilla (Jaén) (Ruiz y Molinos 1993: 61, fig. 13.20 y 21), Cerro de la Mora (Moraleda de Zafayona, Granada), Cerro de los Infantes (Pinos Puente, Granada) (Román y Mancilla 2008: 166, fig. 2.1-5, 167, fig. 3.2-12, 169, fig. 5.4, 171, fig. 6.1-2, 6-8, 172, fig. 7.1, 11-12, 175, fig. 9.7-10, 13), en el Albaicín (Granada) (Adroher, Caballero y Barturen 2001: 124, fig. 5.15126, fig. 5.18, 20) y en el Cerro de la Cruz (Almedinilla, Córdoba) (Vaquerizo, Quesada y Murillo 2001: 142, fig. 51, 171). Estos cuencos hemisféricos serán producidos en Los Villares de Andújar —tipo COM-BET 2.4—, desde la mitad del siglo I d.C. hasta inicios de la segunda centuria (Peinado 2013c: 252-253). El contexto lo componen, además, dos morteros béticos de borde engrosado y de sección arriñonada, rematados en la parte superior con un baquetón (Figura 8, 5 y 6). Como morteros béticos entendemos un conjunto de vasos con unas características morfológicas relativamente uniformes: cuerpo oblicuo con acanaladuras y estrías de fricción paralelas en la cara interna de la pared como rasgo más definitorio; el borde suele presentar un pico vertedor cuyas líneas varían sensiblemente entre los distintos centros productores, y el fondo adquiere la forma de un pie anular diferenciado, de sección triangular, aunque también pueden contarse ejemplares ápodos (Peinado 2011: 292-293). En esencia, estos morteros no difieren formalmente de los morteros itálicos D1 y D2 y de los morteros de tradición turdetana y púnica (ibíd., 298-300). En fechas, la producción de estos morteros béticos se desarrolla desde época de Augusto, perdurando ampliamente hasta el siglo III d.C. e incluso el siglo IV d.C. (ibíd.). Los morteros béticos más antiguos son los borde engrosado y labio entrante bien conocidos en *Lusitania* (Morais 2004; Quaresma 2006) y en Córdoba (Vargas y Moreno 2002-2003) hacia los reinados de Augusto y Tiberio. Concretando, los morteros de borde arriñonado que nos ocupan ahora se puede conectar con uno de los morteros béticos producido en Los Villares de Andújar, el tipo COM-BET 3.1 (ibíd., 299), el más antiguo de los elaborados en el complejo alfarero isturgitano; su manufactura se detecta hacia la mitad del siglo I d.C. (Peinado 2013c: 253-254). No obstante, y aunque entre el tipo COM-BET 3.1 y los dos morteros del conjunto existan similitudes morfológicas, no cabría identificarlos exactamente con este tipo si observamos la forma del borde, también arriñonado pero, en este caso, de sección oval. Por lo que respecta a los lebrillos, ambos son idénticos: de borde engrosado y sección circular (Figura 8, 7 y 8). Hemos de notar que estos lebrillos se asemejan más a algunos típicos de borde engrosado del Ibérico final (Román y Macilla 2008: fig. 17) que a aquellos de borde exvasado y vuelto producidos en Los Villares de Andújar a partir, más o menos, del 50 d.C. (Peinado 2013c: 254-255, fig. 6, 1-3). Otro individuo ha sido clasificado como vaso: recipiente de cuerpo vertical y borde ligeramente engrosado y marcado tanto al exterior como al interior en el punto de unión con la pared (Figura 8, 9). Tipo hasta ahora inédito en el Alto Guadalquivir en cerámica común calcárea y que nos recuerda a los ya comentados en cerámica de cocina, directamente inspirados en todo caso en los repertorios del sustrato indígena local. Las dos ollas son de borde vuelto, correspondientes a una forma muy frecuente, tanto en cerámica de cocina como en común, desde época ibérica y hasta época romana (Figura 8, 10-11). Por su parte, dos han sido los dos tipos de jarra individualizados: el primero de ellos agrupa cinco piezas (Figura 9, 1-4 y 6) y se trata de un recipiente de borde engrosado en sección triangular, cuello amplio, una sola asa y cuerpo globular ligeramente carenado hacia la mitad. Este tipo de jarras aparecen en la Tarraconense en contextos augusteos de Ampurias y Els Tolegassos (Casas *et al.* 1990: 130-133, figs. 286 y 286a); coeva es una forma similar documentado en *Cosa* (Dyson 1976: 80, fig. 26, n. 89; ibíd., 134, fig. 52, n. 122-124), mientras en el área vesubiana este tipo se remonta a época tiberiana (Chiaramonte 1984: 173). Por otro lado la morfología de sus bordes es muy habitual en la cerámica de cocina de época cesariana de Parque Nueva Granda (Ruiz Montes *et al.* 2013: fig. 5.3). Las jarras serán, asimismo, una de las formas más producidas desde mediados del siglo I d.C. en el alfar de Los Villares de Andújar, pero su tipología, aun a

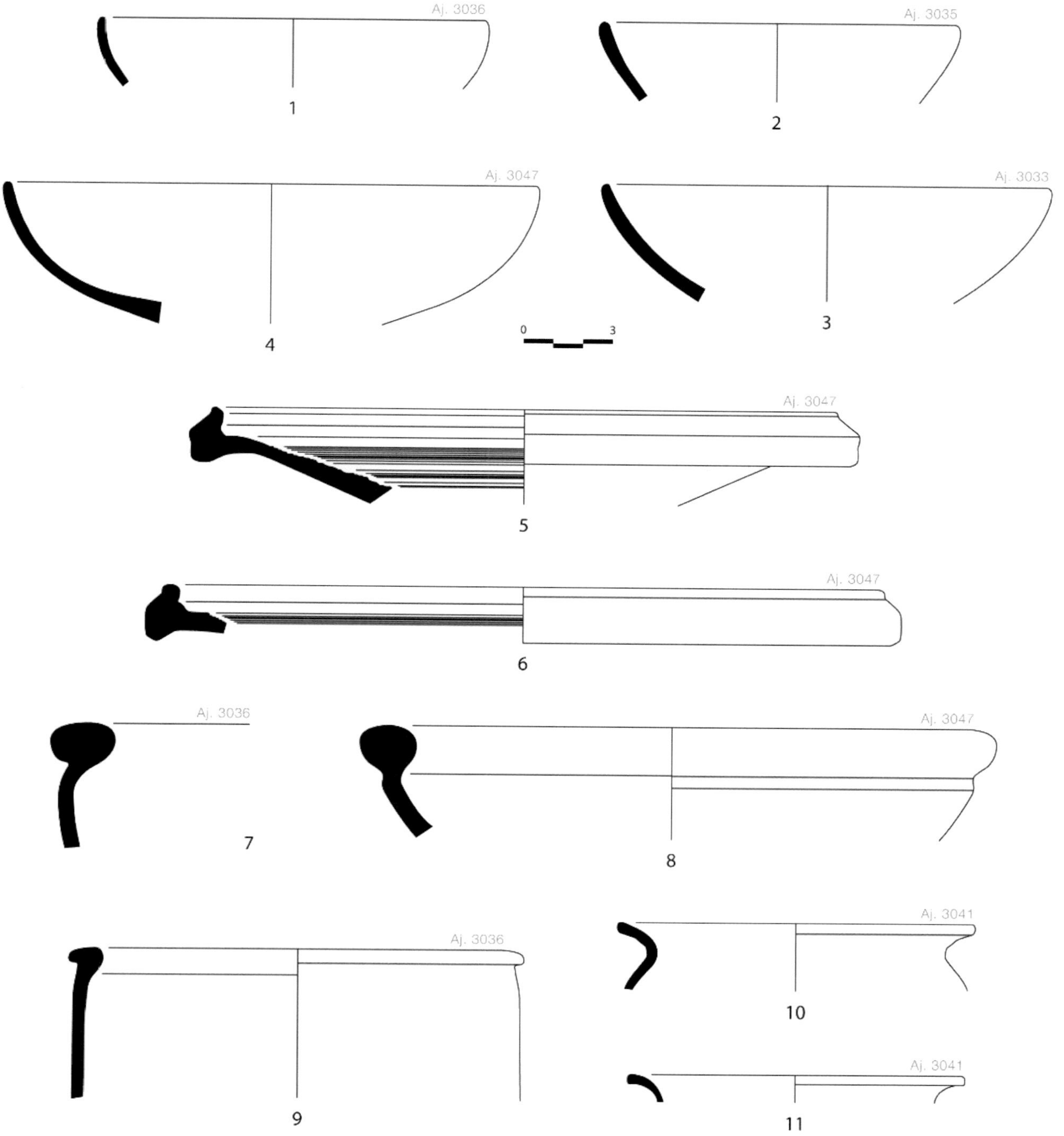

Figura 8. Materiales del contexto: cerámica común calcárea.

pesar de ser muy amplia, no se corresponde en ningún caso con el tipo de jarras analizadas aquí (Peinado 2013c: 255-257). El segundo tipo de jarra al que hacíamos mención, con un solo individuo, es una jarra de cuello amplio y borde indiferenciado (Figura 9, 5), sin antecedentes en la región.

3.3. Lucernas

En todo el conjunto contamos únicamente con una lucerna, aunque en un estado de conservación aceptable que, lo más importante, nos facilita su identificación. Se trata, en concreto, de una lucerna de volutas sin asa y con pico triangular, posiblemente Dressel 9B (Figura 9, 7), en todo caso, de cronología esencialmente julio-claudia; aunque la mayor parte de los autores coinciden en situarla de manera preferente en torno a los reinados de Tiberio y Claudio, experimentando su momento de mayor popularidad durante el de este último. Esta lámpara parece haber alcanzado una difusión mayor en las provincias occidentales que la variante A, más temprana, por lo que fue ampliamente reproducida en pequeñas officinae provinciales como, en la Bética, la de la actual plaza de la Encarnación de Sevilla, en Hispalis, donde se confeccionó

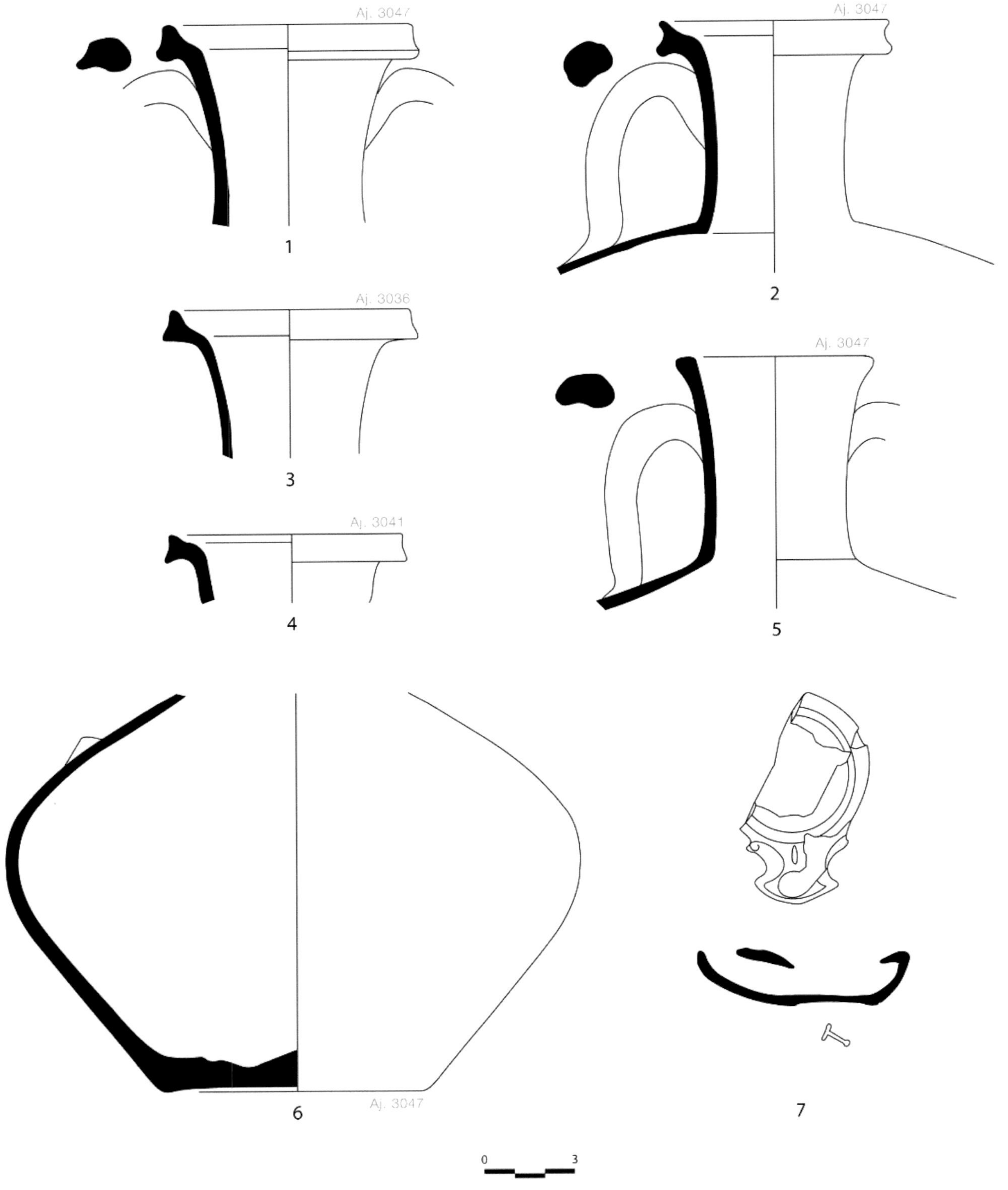

FIGURA 9. MATERIALES DEL CONTEXTO: CERÁMICA COMÚN CALCÁREA Y LUCERNA.

junto a otros tipos lychnológicos propios de la primera mitad y mediados de la primera centuria de nuestra Era (Vázquez 2012). El fondo presenta una marca incisa en forma de T rematada por puntos en los extremos, un recurso, como sabemos, muy frecuente también en otras lámparas de la época, como las propias lucernas tipo Andújar.

4. Discusión cronológica

Varios son los aspectos significativos fundamentales para una discusión cronológica acerca del conjunto que presentamos (Tabla 1). Así, el grupo de cerámicas de paredes finas documentado se nos presenta con una apreciable uniformidad cronológica determinada no sólo

CLASE	Forma	Tipo	nº figura
paredes finas	cubilete	Mayet 8Ca	**5**: 1-10
	cuenco	Mayet 33	**5**: 14-18
	vaso	Mayet 12	**5**: 11-13
terra sigillata sudgálica	plato	Dicocer Dr15a1	**6**: 1
vidriada romana	*skyphos*	López 2	
tipo Peñaflor	plato	Martínez IIb/c	**6**: 7-12
	copa		**6**: 13
	fuente		**6**: 14
pintada de tradición ibérica	vaso caliciforme	pin-trad 7.1	**6**: 2
	urna	pin-trad 9.2	**6**: 3
	orza		**6**: 4
	mortero		**6**: 5
	urna		**6**: 6
cocina oxidante	plato	Luni 1	**7**: 1
	cazuela		**7**: 2
	vaso	coc-oxi 3.1	**7**: 3 y 4
	olla	coc-oxi 3.2	**7**: 5 y 6
	olla	Vegas 1A	**7**: 7 y 8
	olla		**7**: 9
común calcárea	tapadera		**7**: 10
	plato	Lamb. 5 ó 7	**7**: 11
	plato	com-bet 2.4	**7**: 12 y 13
	cuenco		**8**: 1-4
	mortero		**8**: 5 y 6
	lebrillo		**8**: 7 y 8
	vaso		**8**: 9
	olla		**8**: 10 y 11
	jarra		**9**: 1-4 y 6
	jarra		**9**: 5

Tabla 1. Tabla tipológica del contexto.

tipológica, sino también técnicamente, puesto que en todos los casos hablamos de vasos sin ningún tipo de engobe o revestimiento. Este simple hecho apuntala la datación tiberiana o, por qué no, caliguliana de estos vasos. Por otra parte, ya hemos hecho notar el escaso protagonismo de los barnices rojos importados, limitado a un único individuo de procedencia sudgálica datado, en otros conjuntos peninsulares, hacia el 40 d.C.; esta anecdótica representatividad, unida a la inexistencia de cualquier testimonio de otras *sigillatae* itálicas, podría entenderse como el resultado directo de la coyuntura de sustitución de unos productos por otros en los lugares de mercado de la región, cuando los productos itálicos son del todo ya residuales y el comercio de aquellos sudgálicos comienza a consolidarse. Ese es un espacio que ocupan entonces las series de cerámicas tipo Peñaflor en todo el valle del Guadalquivir, extraordinariamente extendidas ya durante el reinado de Claudio y bien, representadas en el contexto. De la cerámica vidriada y, sobre todo, la lucerna Dressel 9B se desprende de nuevo una datación julio-claudia, focalizada, en todo caso, entre los reinados de Tiberio y Claudio, cuando sin duda aún sería posible encontrar vajillas cotidianas en cerámica común recordando morfologías augusteas y tiberianas, como ocurre con el nutrido grupo de jarras de cuerpo ligeramente carenado, o los platos Luni 1. Menos significativa, en este sentido, es la presencia de cerámicas pintadas de tradición ibérica, perfectamente conocida para todo el período julio-claudio en los ajuares del momento hasta adquirir, su producción y comercio, un carácter cada vez más residual a lo largo de época flavia. Teniendo en cuenta todo lo expuesto hasta ahora, una datación en torno a los años 30-40 d.C. para este contexto se presenta, sin duda, como la más plausible.

Pero son casi más relevantes las ausencias que las comparecencias en esta asociación de materiales, quizá, de época de Calígula. Llama la atención, en general, la inexistencia de muchos de los productos que caracterizan la producción temprana de los talleres isturgitanos, fundamentalmente paredes finas engobadas de muy distinta factura a las analizadas, y lucernas tipo Andújar; igualmente, las cerámicas tipo Peñaflor, aunque presentes, no es posible, en ningún caso, vincularlas con la serie producida en los talleres locales que alguno de nosotros ya ha datado en las postrimerías del reinado de Claudio (Ruiz Montes 2013: 157) cohabitando, por otra parte, con los primeros desechos de cerámicas pintadas de tradición ibérica y cerámicas comunes de los alfares isturgitanos. No se nos escapa que, de entre todas, la más llamativa es la de la *terra sigillata* hispánica local, sobre todo si partimos de las dataciones establecidas tradicionalmente (Roca 1980: 270) de Tiberio-Claudio para el inicio de la producción de éstas en Los Villares de Andújar y, por extensión, en la Hispania meridional; es por ello por lo que quizás quepa ahora replantear ciertos parámetros temporales que afectan a la determinación del momento de aparición y manufactura inicial de la *terra sigillata* hispánica local en las *officinae* isturgitanas.

Bibliografía

Abascal Palazón, J.M. (1992) La cerámica pintada de tradición indígena en las áreas ibéricas de la Hispania romana, en *Les ceràmiques de técnica ibèrica a la Catalunya romana (segles II a.C.-I d.C.)*: 91-96. Barcelona.

Abascal Palazón, J.M. (1996) Programas epigráficos augusteos en Hispania, *Anales de Arqueología Cordobesa* 7: 45-82.

Abascal Palazón, J.M. (2008) Las cerámicas tipo Clunia y otras producciones pintadas hispanorromanas, en D. Bernal y A. Ribera (eds.) *Cerámicas hispanorromanas. Un estado de la cuestión*: 429-443. Cádiz.

Abd Al-Karim, G. (1974) *La España musulmana en la obra de Yaqut, Granada* (Cuadernos de Historia del Islam 6). Granada.

Adroher Auroux, A.M, Caballero A. y Barturen, F.J. (2001) Materiales. La cerámica, en A.M. Adroher Auroux y A. López Marcos (eds.) *Excavaciones Arqueológicas en el Albaicín (Granada). I. El Callejón del Gallo*: 87-106. Granada.

Adroher, A.M. y Caballero, A. (2008) Imitaciones de barniz negro en pasta gris de época tardoibérica. La cerámica gris bruñida republicana, en A. Mª. Adroher y J. Blánquez (eds.) *Primer Congreso Internacional de Arqueología Ibérica Bastetana* (Universidad Autónoma de Madrid, Serie Varia 9): 319-329. Madrid.

Adroher Auroux, A.M. y Caballero, A. (2012) Imitaciones de campanienses en el mediodía peninsular. La cerámica gris bruñida republicana, en D. Bernal, y

A. Ribera (eds.) *Cerámicas Hispanorromanas II. Producciones regionales*: 23-38. Cádiz.

Alarçao, J. (1976) Céramique à glaçure plombifère, en J. Alarçao, M. Delgado, F. Mayet, A. Moutinho y S. da Ponte (dirs.) *Fouilles de Conimbriga VI. Céramiques diverses et verres*: 39-42. París.

Bandera Romero, M.L. de la y Ferrer Albelda, E. (1994) Thymiateria orientalizantes en bronce. Nuevas aportaciones y consideraciones, en *Homenaje a F.J. Presedo*: 43- 60. Sevilla.

Barba Colmenero, V., Fernández Ordoñez, A. y Torres Soria, M.J. (2014) La cerámica Gris Bruñida Republicana, imitaciones y nuevas formas documentadas en la Alta Andalucía en el almacén comercial del Cerro de la Atalaya de Lahiguera (Jaén), en R. Morais, A. Fernández y M.J. Sousa (eds.) *As produções cerâmicas de imitação na Hispania* (Monografías Ex Officina Hispana II): 19-34. Braga.

Beltrán Fortes, J y Baena del Alcázar, L. (1996) *Arquitectura funeraria romana de la Colonia Salaria (Úbeda, Jaén) ensayo de sistematización de los* monumenta *funerarios altoimperiales del alto Guadalquivir*. Sevilla.

Bendala Galán, M. (1994) El influjo cartaginés en el interior de Andalucía, *Cartago, Gadir, Ebusus y la influencia púnica en los territorios hispanos. VIII Jornadas de Arqueología fenicio-púnica*: 59-74. Ibiza.

Bustamante Álvarez, M. (2009) La Terra Sigillata Gálica en *Augusta Emerita* (Mérida, Badajoz). *Sagntum* 41: 149-174.

Cánovas Ubera, A., Sánchez Madrid, S. y Varas Cantos, S. (2006) La tumba de *Caius Pomponius Statius* en la necrópolis septentrional de *Colonia Patricia*. *Anales de Arqueología Cordobesa* 17: 291-294.

Canto, A.M. (1979) Necrópolis de la Puerta Norte, en J.M. Blázquez: *Cástulo II, Excavaciones Arqueológicas en España* 105: 9-88.

Canto, A.M. y Urruela, J.J. (1979) Necrópolis de Cerrillo de Los Gordos, en J.M. Blázquez: *Cástulo II, Excavaciones Arqueológicas en España* 105: 323- 349.

Casas i Genover, J., Castanyer i Masoliver, P., Nolla i Brufau J. y Tremoleda i Trilla, J. (1990) *Ceràmiques comunes i de producció local d'època romana* (Sèries Monográfica 12, Centre d'Investigacions Arqueològiques, Girona).

Castillo Armenteros, J.C. (1991) Excavación arqueológica de urgencia realizada en el solar sito entre las calles Alcázar-Altozano Deán Pérez de Vargas y Parras, de la localidad de Andújar (Jaén), *Anuario Arqueológico de Andalucía* 1989 t. III: 276-291.

Castillo Armenteros, J.C. (1998) *La Campiña de Jaén en época emiral (ss. VIII-X)*. Jaén.

Chiaramonte TrerÈ, C. (1984) Ceramica grezza e depurata, en J. Bonghi (a cura di) *Ricerche a Pompei. L'insula 5 della regio VI dalle origini al 79 d.C.*: 140-192. Roma.

Chic García G. (1994) La proyección económica de la Bética en el Imperio Romano (época altoimperial), en *Historia Antigua: actas del II Congreso de Historia de Andalucía, Córdoba 1991*: 173-200. Sevilla.

Chic García, G. (1997) *Historia económica de la Bética en la época de Augusto*. Sevilla.

Corzo, S. (2010) Nuevas esculturas de la provincia de Jaén, en J.M. Abascal y R. Cebrián (eds.) *Escultura romana en Hispania VI. Homenaje a Eva Koppel*: 155-168. Murcia.

Cruz Utrera, J. (1990) *Arqueología de Andújar*. Torredonjimeno.

Delgado, J.A. (1993) El culto a Júpiter, Juno y Minerva entre las élites béticas durante el Alto Imperio Romano. *Gerion* 11: 337-365.

Dyson, S.L. (1976): *Cosa*: *The utilitarium pottery* (Memoirs of the American Academy in Rome XXXIII). Roma.

Fernández García, M.I. (1998) Características de la sigillata fabricada en Andújar, en M.I. Fernández García (ed.) *Terra Sigillata Hispánica: estado actual de la investigación*: 49-104. Jaén.

Fernández García, M.I. (2010) Centros de producción de cerámica fina de mesa en el Alto Guadalquivir: cuatro décadas de investigación en el complejo alfarero de Los Villares de Andújar (Jaén), *Espacio, Tiempo y Forma. Serie I, Nueva época, Prehistoria y Arqueología* t. 3: 115-126.

Fernández García, M.I. M.I. (coord.) (2013) *Una aproximación a* Isturgi *romana: El complejo alfarero de Los Villares de Andújar, Jaén, España*. Roma.

Fernández García, M.I. M.I. (2015) El centro de producción de *terra sigillata* hispánica de Los Villares de Andújar, Jaén, España, en Mª I. Fernández García, P. Ruiz Montes y Mª V. Peinado Espinosa (eds.), *Terra Sigillata Hispánica: 50 años de investigaciones*: 57-84. Roma.

Gómez Fernández, A. (2011) La reconstrucción de un ambiente doméstico romano en el Alto Guadalquivir: informatización y cuantificación de la decoración parietal pintada de Los Villares de Andújar. *Arqueología y Territorio* 8: 157-171.

Jiménez Ávila, F.J. (2000) Timiaterios chipriotas de bronce: centros de producción occidentales, en M. Barthelemy y M.E. Aubet (coords.) *Actas del IV Congreso Internacional de Estudios Fenicios y Púnicos: Cádiz, 2 al 6 de octubre de 1995*, vol. 4: 1581-1594. Cádiz.

Jiménez de Cisneros Moreno, M.A. (2008) Una pieza inédita procedente de *Isturgi Triumphale* (Los Villares de Andújar, Jaén). *Herakleion* 1: 149-158.

Jiménez Salvador, J.L. (1996) El templo de la calle Claudio Marcelo, en D. Vaquerizo (ed.): *Córdoba en tiempos de Séneca*: 64-71. Córdoba.

Keay, S. (2000) Ceramic chronology and Roman rural settlement in the lower Guadalquivir valley during the Augustan period, en R. Francovich y H. Patterson (eds.) *Extracting meaning from ploughsoil assemblates.* (The Archaeology of Mediterranean Landscapes 5): 162-173. Oxford.

Lavizzari, M.P. (1987) *Ceramica romana di tradizione ellenistica in Italia Settentrionale. Il vasellame tipo Aco*, Publicazioni della Facoltà di Lettere e Filologia dell'Università di Pavia, 42, Firenze.

Lévi-ProvençaL, É. (1938) *La Péninsule Ibérique au Moyen Âge d'après le Kitāb ar-rawḍ al-mi'ṭār fī ḫabar al-akṭār d'Ibn 'Abd al-Mun'im al-Ḥimyari.*, Leyde.

López Marcos, A., Adroher, A.M. y Caballero, A. (2001) Gestión y explotación de datos, en A. Adroher Auroux y A. López Marcos (eds.) *Excavaciones arqueológicas en el Albaicín (Granada). I. El Callejón del Gallo*: 25-36. Granada.

López Mullor, A. (1978) Cerámica vidriada romana. *Informació Arqueològica* 27-28: 68-74.

López Mullor, A. (1981) Notas para una clasificación de los tipos más frecuentes de la cerámica vidriada romana en Cataluña. *Ampurias* 43: 201-215.

López Mullor, A.. (2008) Las cerámicas de paredes finas en la fachada mediterránea de la Península Ibérica y las Islas Baleares, en D. Bernal y A. Ribera (eds.) *Cerámicas hispanorromanas. Un estado de la cuestión*: 343-383. Cádiz.

Maccabruini, C. (1987) Cerámica con invetriatura al piombo, en P. Lévêque y J.P. Morel (eds.) *Ceramiques hellenestiques et romaines II*: 167-180. París.

Martínez Rodríguez, F. (1989) Las cerámicas béticas de imitación tipo Peñaflor: bases para el estudio de un nuevo grupo cerámico de época altoimperia. *Boletín de la Asociación Española de Amigos de la Arqueología* 26: 60-65.

Mayet, F. (1971) Deux coupes à parois fines de l'époque augustéenne. *Mélanges de la Casa de Velázquez* 7: 35-58.

Mayet, F. (1975) *Les céramiques a parois fines dans la Péninsule Ibérique* (Publications du Centre Pierre París 1). París.

Melchor Gil, E. (1994) Comunicaciones terrestres entre *Corduba* y *Castulo*: su problemática, en *Actas del Segundo Congreso de Historia de Andalucía:* 453-468. Córdoba.

Morais, R. (2004) Os almofarizes béticos em Bracara Augusta, en D. Bernal y L. Lagóstena (coords.) Figlinae Baeticae. *Talleres alfareros y producciones cerámicas en la Bética romana (ss. II a.C. – VII d.C.)* (BAR International Series 1266 vol. 2): 567-570. Oxford.

Morales Rodríguez, E. (2002) *Los municipios flavios de la Bética.*Granada.

Moreno Almenara, M. (1994) Un fragmento de capitel ibérico procedente de Los Villares de Andújar (Jaén). *Anales de Arqueología Cordobesa* 5: 99-117.

Passelac, M. (1993) Céramique romaine à glaçure plombifère, en M. Py (dir.): *Dictionnaire des céramiques antiques (VIIè s. av. n. è. – VIIè s. de n. è.) en Méditerranée nord-occidentale* (Lattara 6): 430-434 Lattes.

Peinado Espinosa, M.V. (2010) *Cerámicas comunes romanas en el Alto Guadalquivir: el alfar de Los Villares de Andújar*. Universidad de Granada.

Peinado Espinosa, M.V. (2011) *Mortaria Baeticae*. La producción de morteros en la bética durante el alto imperio. *Cuadernos de Prehistoria y Arqueología de la Universidad de Granada* 21: 283 – 302.

Peinado Espinosa, M.V. (2013a) Cerámicas de cocina oxidante, en M.I. Fernández García (coord.) *Una aproximación a* Isturgi *romana: El complejo alfarero de Los Villares de Andújar, Jaén, España*: 271-283. Roma.

Peinado Espinosa, M.V. (2013b) Cerámica de cocina reductora, en M.I. Fernández García (coord.) *Una aproximación a* Isturgi *romana: El complejo alfarero de Los Villares de Andújar, Jaén, España*: 285-292. Roma.

Peinado Espinosa, M.V. (2013c) Cerámica común bética de pastas calcáreas, en M.I. Fernández García (coord.) *Una aproximación a* Isturgi *romana: El complejo alfarero de Los Villares de Andújar, Jaén, España*: 247- 270. Roma.

Peinado Espinosa, M.V. y Ruiz Montes, P. (2014) La producción de cerámicas grises de imitación de barniz negro en los valles interiores de La Alta Andalucía durante el siglo I a.C. El caso del asentamiento productivo de Parque de Nueva Granada (Granada, España), en R. Morais, A. Fernández y M.J. Sousa (eds.) *As produções cerâmicas de imitação na Hispania* (Monografías Ex Officina Hispana II): 279-288. Braga.

Peinado Espinosa, M.V., Ruiz Montes, P., Ayerbe, J.L., Gómez, P., Morcillo, F.J., Rodríguez, J., García-Consuegra J.M., Serrano, B., Moreno, M., Marcon, C., LópEz, R., Jiménez DE Cisneros, M.A. y Gómez, A. (2011) Parque Nueva Granada: un nuevo asentamiento productivo romano republicano en la Vega oriental de Granada. *Ex Officina Hispana. Boletín de la SECAH* 2: 35-36.

Py, M. (1997) *SYLAT 3.1. Système d'Informacition Archéologique. Manuel de réference* (Lattara 10). Lattes.

Py, M. y Adroher, A.M. (1991) Pricipes d'enregistrament du mobilier archéologique, en M. Py (dir.) *Système d'enregistrement, de gestion et d'exploitation de la documentation issue des fouilles de Lattes* (Lattara 4): 83-100. Lattes.

Quaresma, J.C. (2003) *Terra Sigillata Sudgálica num centro de consumo: Chaos Salgados, Santiago do Cacém (*Mirobrigra*?)*. Lisboa.

Quaresma, J.C. (2006) Almofarizes béticos e lusitanos: revisão crono morfológica de alguns tipos. *Revista Portuguesa de Arqueologia* 9 (1): 149-166.

Roca Roumens, M. (1980) Sigillata importada y nuevas formas en Terra Sigillata Hispánica producidas en Andújar: Puntualizaciones cronológicas referidas a la actividad inicial del alfar. *Cuadernos de Prehistoria de la Universidad de Granada* 5: 237-274.

Roca Roumens, M. (2005) Terra sigillata sudgálica, en M. Roca Roumens y M.I. Fernández García (coords.) *Introducción al estudio de la cerámica romana. Una breve guía de referencia*: 115-138.

Rodríguez Gutiérrez, O., Ordóñez Agulla, S. y García Dils de la Vega, S. (2008) La Casa del *Oscillum* en *Astigi*. Algunos aspectos de su programa decorativo. *Habis* 38: 183-206.

Román Punzón, J. y Mancilla Cabello M.I. (2008) Propuesta de sistematización de las cerámica ibérica de la Vega de Granada, en A.M. Adroher Auroux y J. Blánquez Pérez (eds.) *Primer Congreso Internacional de Arqueología Ibérica Bastetana, Comunicaciones*. (Universidad Autónoma de Madrid. Serie Varia 9): 163-177.

Ruiz Montes, P. (2013) Cerámicas tipo Peñaflor, en M.I. Fernández García (coord.) *Una aproximación a* Isturgi *romana: El complejo alfarero de Los Villares de Andújar, Jaén, España*, Ed. Quasar, Roma: 155-161.

Ruiz Montes, P. (2014) *Romanización y producción de cerámicas finas en las áreas periféricas de la provincia Bética. Factores de implantación, comercio y desarrollo técnico en el* suburbium *artesanal de* Isturgi Triumphale *(Los Villares de Andújar, Jaén) (ss. I-II d.n.e)* (BAR International Series 2642). Oxford.

Ruiz Montes, P. y Peinado Espinosa, M.V. (2012) Las cerámicas grises bruñidas republicanas en el Alto Guadalquivir o un fenómeno de *imitatio* hacia fines del Mundo Ibérico. A cuento de un conjunto en el asentamiento iberorromano de *Isturgi*. *Saguntum* 44: 111-126.

Ruiz Montes, P. y Peinado Espinosa, M.V. (2013a) Un medio característico para un desarrollo histórico particular. *Isturgi* en la Vega occidental, en M.I. Fernández García (coord.) *Una aproximación a* Isturgi *romana: El complejo alfarero de Los Villares de Andújar, Jaén, España*: 19-38. Roma.

Ruiz Montes, P.. y Peinado Espinosa, M.V.(2013b) Cerámica pintada de tradición ibérica, en M.I. Fernández García (coord.) *Una aproximación a* Isturgi *romana: El complejo alfarero de Los Villares de Andújar, Jaén, España*: 163-171. Roma.

Ruiz Montes, P. y Peinado Espinosa, M.V. (2014) Las imitaciones de barnices negros republicanos en cerámica de pasta gris en Los Villares de Andújar (Jaén, España), en R. Morais, A. Fernández y M.J. Sousa (eds.) *As produções cerâmicas de imitação na Hispania*. (Monografías Ex Officina Hispana II): 45-49. Braga.

Ruiz Montes, P., Peinado, M.V., Ayerbe, J.L., Gómez, P., García-Consuegra, J.M., Morcillo, F.J., RODRÍGUEZ, J., Gómez, A., Jiménez de Cisneros, M.A., López, R., Marcon, C., Moreno, M. y Serrano, B. (2013) Producción de cerámicas en el *ager iliberritanus* hacia fines de la República: el asentamiento productivo de Parque Nueva Granada, en D. Bernal, L.C. Juan, M. Bustamente, J.J. Díaz y A.M. Saéz (eds.) *Hornos, Talleres y Focos de Producción alfarera en Hispania*, t. 1: 307-316. Cádiz.

Ruiz Rodríguez, A. y Molinos, M. (1993) *Los Íberos. Análisis arqueológico de un proceso histórico*. Barcelona.

Ruiz Rodríguez, A., Castro, M. y Choclán, C. (1992) *Aurgi-Tucci*: la formación de la ciudad romana en la Campiña alta de Jaén. *Dialoghi di Archeologia* Terza Serie, Anno 10, numero 1-2: 211-229.

Ruiz Rodríguez, A., Rueda Galán, C., Wiña Garcerán, L. y Molinos Molinos, M. (2005) Romanización y sincretismo religioso en el Santuario de las Atalayuelas (Fuerte del Rey-Torre del Campo, Jaén). *Archivo Español de Arqueología* 78: 79.96.

Serrano Ramos, E. (1979) Hallazgos de cerámica romana vidriada en la Bética. *Anejos de Baetica* II, *Prehistoria y Arqueología*: 147-158.

Silliéres, P. (1990) *Les voies de communication de l'Hispanie méridionale*. París.

Sotomayor Muro, M., Pérez Casas, A. y Roca Roumens, M. (1976) Los alfares romanos de Andújar (Jaén). Dos nuevas campañas. *Noticiario Arqueológico Hispánico* 4: 113-147.

Sotomayor Muro, M., Roca Roumens, M., Sotomayor, N, y Atencia Páez, R. (1981) Los alfares romanos de Los Villares de Andújar (Jaén). Campaña 1978-1979. *Noticiario Arqueológico Hispánico* 11: 309-368.

Sotomayor Muro, M., Roca Roumens, M., Contreras Cortes, F., Moreno Onorato, A. y Fernández García, M.I. (1984) El centro de producción de terra sigillata hispánica de Los Villares de Andújar, Jaén. Campaña de 1982. *Cuadernos de Prehistoria de la Universidad de Granada* 9: 235- 260.

Vaquerizo Gil, D., Quesada Sanz, F. y Murillo Redondo, J.F. (2001) *Protohistoria y Romanización en la Subbética Cordobesa. Una aproximación al desarrollo de la Cultura Ibérica en el Sur de la actual provincia de Córdoba* (Arqueología Monografías 11). Sevilla.

Vargas Cantos, S. (2002) El conjunto funerario de La Constancia: ajuares y cronología, en D. Vaquerizo (coord.) *Espacio y usos funerarios en el Occidente Romano* vol. II: 297-310. Córdoba.

Vargas Cantos, S. y Moreno Almenara, M. (2002-2003) Análisis de un contexto cerámico en el sector meridional de la Colonia Patricia. *Anales de Arqueología Cordobesa* 13-14: 201-227.

Vázquez Paz, J. (2004) Comercio de cerámicas en Carmo: la terra sigillata. *SPAL* 13: 215-242.

Vázquez Paz, J., García Fernández, F.J. y González, J.M. (2005) Las cerámicas romanas de imitación 'tipo Peñaflor' y los inicios de *Astigi* (Écija, Sevilla). *SPAL* 14: 315-333.

Vázquez Paz, J. (2012) Producción de lucernas altoimperiales en *Hispalis*: el taller de la plaza de la Encarnación de Sevilla, en D. Bernal, A. Ribera (eds.) *Cerámicas Hispanorromanas II, Producciones Regionales*: 309-324. Cádiz.

Vegas, M. (1973) *Cerámica común romana del Mediterráneo Occidental* (Publicaciones Eventuales 22). Barcelona.

La cerámica romana en el territorio de *Aurgi*-Jaén

José Luís Serrano Peña
Arqueólogo, geparq99@ono.com

La construcción de la secuencia estratigráfica del municipio romano de Aurgi, la actual Jaén, y su territorio se ha realizado a partir de numerosas intervenciones arqueológicas dentro y fuera del perímetro amurallado ibero-romano, que aportan una lectura variada de la economía antigua y del proceso de romanización de la campiña de Jaén. Aurgi constituía una comunidad indígena cuyo origen se remonta al periodo del Bronce Final, cuando a principios del I milenio se ocupa la zona alta del cerro de Santa Catalina. La ocupación del asentamiento perdura hasta la Segunda Guerra Púnica, momento en el que se redefine el espacio habitado, construyéndose un pequeño recinto amurallado, mientras que la población se desplaza a las terrazas inferiores del cerro y a las vegas de los arroyos del valle del Guadalbullón, lo que conocemos como depresión de La Magdalena, entre principios del siglo II a.C. y finales del siglo I a.C.

Aunque conocemos este periodo ibérico final en el propio asentamiento ibero-romano, quizá la mejor lectura de este momento proceda de las excavaciones realizadas en su entorno periurbano. Desde mediados de los años 90 del siglo XX se han realizado intervenciones sistemáticas en la Zona Arqueológica de Marroquíes Bajos, al norte de Jaén, pudiendo excavarse varias zonas de habitación, cabañas y casas, además de diversas estructuras agrarias, que permiten fijar un momento concreto para el abandono del hábitat disperso ibérico hacia época de César-Principado gracias a la bien documentada presencia de vajilla de barniz negro y la ausencia de cualquier tipo temprano de barniz rojo (Serrano 2004). Lo más representativo de este conjunto de materiales es el predominio absoluto de las producciones ibéricas como principal repertorio formal de la vajilla doméstica. Esto es aún más significativo si tenemos en cuenta el contexto campesino en el que aparece. La cerámica de importación representa un porcentaje mínimo en el conjunto, siendo sustituida frecuentemente por imitaciones de barniz negro en cerámica gris. En este mismo sentido, otros productos alfareros están ausentes de los conjuntos documentados, tales como materiales de construcción: tejas, ladrillos, etc., que indica un contexto muy retardatario y tradicional en términos de cultura material.

La secuencia del periodo final ibérico es igualmente conocida por los materiales procedentes de intervenciones en la zona alta del asentamiento, especialmente con la excavación en 1991 de parte de un vertedero vinculado a un alfar en la plaza de La Audiencia (Jiménez et al. 1994; Serrano 2004). También se conoce parcialmente la secuencia estratigráfica de la fortificación que redefine el cerro Santa Catalina (Castillo y Cano 1993). El alfar estaría situado en el entorno del asentamiento ibérico, por el sureste, junto al antiguo manantial y arroyo de La Audiencia, en una de las amplias terrazas que recorren la falda de Santa Catalina de este a oeste. Los sondeos realizados aportan un escueto repertorio de formas de vajilla doméstica procedentes de un vertedero de fallos de horno que rellenaba el vaso del arroyo.

La irrupción de Roma en nuestro territorio en el siglo II a.C. no cambió sustancialmente esa situación, al menos durante los dos primeros siglos de conquista. La estructura política, social y económica es básicamente la misma que antes de la conquista, es decir, una forma de organización basada en los núcleos urbanos, los *oppida*, que son espacios sin duda similares a los que Roma conoce en la península itálica, y por lo tanto ideológicamente cercanos.

Durante ese largo periodo de tiempo la producción cerámica cumple una función de servicio a la demanda local de vajilla doméstica y sólo en determinados tipos de cerámicas es posible advertir los cambios que implica la presencia romana. De entre estas, las imitaciones de vajilla de barniz negro en cerámica gris ibérica son las más significativas, dado que la vajilla romana de importación más frecuente es precisamente esta. Para la mayoría de la población ibérica en el Alto Guadalquivir estas importaciones son casi inaccesibles, pero en cambio, las imitaciones sobre soportes muy conocidos tradicionalmente, como lo es la cerámica gris ibérica, se asumen con naturalidad. Más allá de la pura imitación, el fenómeno representa un aspecto del hibridismo cultural propio de ese periodo, que en definitiva, se puede entender como una relectura de una manifestación cultural de una sociedad adaptando su lectura a otra. En este caso, se difunden productos netamente romanos, piezas consideradas todavía objetos exóticos, traducidos en parámetros técnicos indígenas para su mejor aceptación.

El caso del alfar de La Audiencia parece no ser el último proyecto de continuar con la fabricación de vajilla de tradición ibérica en esta zona de la campiña durante la conquista romana. De hecho, conocemos la existencia de al menos otros talleres en Arjonilla, Arjona, Lopera y Villargordo en los que entre otros productos, se fabrica abundantemente vajilla ibérica de tipos bien conocidos, como los recipientes de almacenaje y transporte denominados de "cuello indicado", o cuencos hemiesféricos, formas 4.3.1 y 1.3 de Andújar (Ruiz 2007). Así, tanto en el alfar de La Audiencia en Aurgi como en los otros, se aprecian tipos de vasos que aparecerán en el repertorio de vajilla de tradición indígena de Los Villares de Andújar, como son los recipientes globulares de almacenaje, las jarras, las fuentes de labio exvasado o los platos de borde biselado. La colmatación del vertedero de

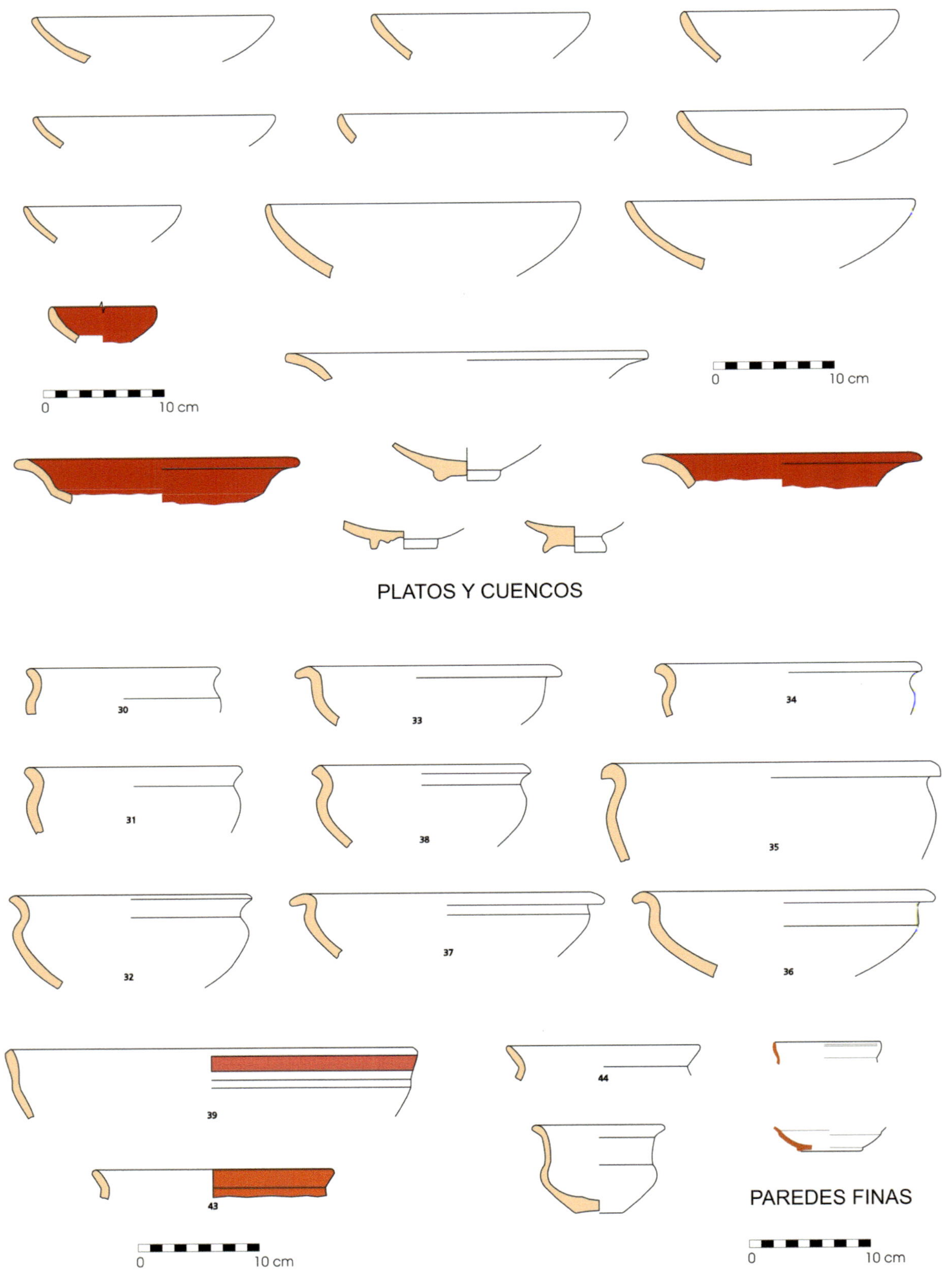

BAÑOS DE LA AUDIENCIA: FORMAS ABIERTAS

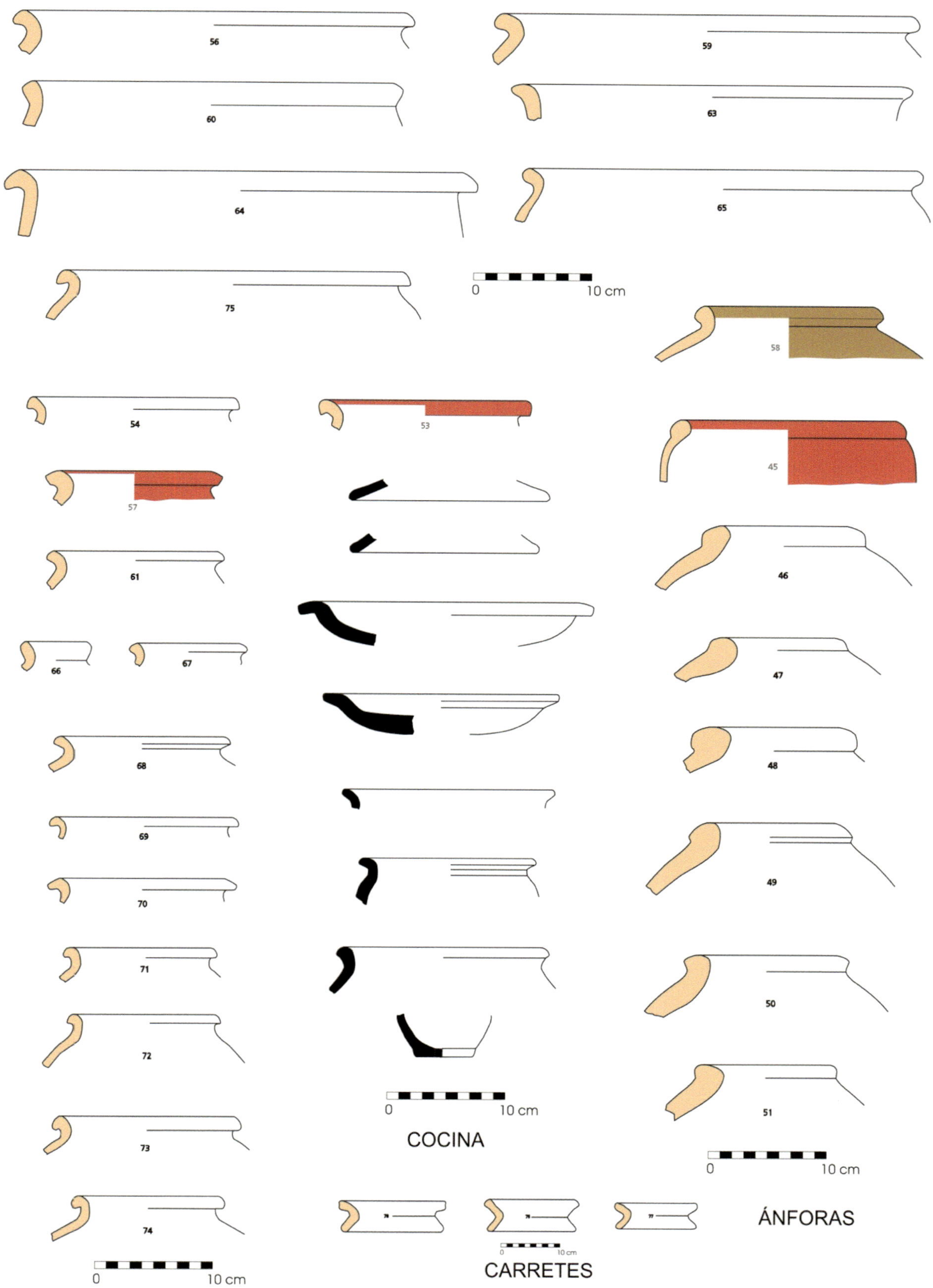

BAÑOS DE LA AUDIENCIA: FORMAS CERRADAS

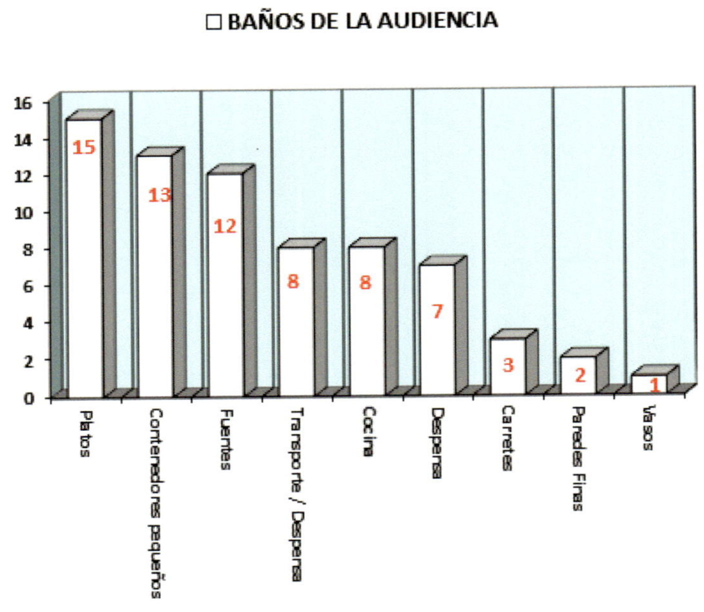

este alfar contaba con algunos indicadores cronológicos, como la presencia de paredes finas del siglo I a.C. que representan un porcentaje insignificante en el conjunto de materiales documentado. Como indicador del grado de romanización o de interacción cultural que refleja este conjunto de materiales hay que apuntar a la presencia de pequeños cuencos engobados en rojo, que con función de iluminación, cubren la demanda que poco después ocuparán las lucernas romanas. El repertorio cerámico tradicional que aquí presentamos no rompe en modo alguno con la tradición indígena, puesto que va dirigido a una clientela en la que no apreciamos transformaciones culturales y económicas sustanciales.

Entre los materiales fabricados en el alfar de La Audiencia encontramos numerosas evidencias entre el hábitat disperso republicano, alrededor de Aurgi, donde las cabañas excavadas en Marroquíes Bajos ofrecen contextos cerrados de abandono por causas violentas y donde podemos encontrar abundante cerámica del momento concreto de su abandono, entre época de César y el Principado, y que da una idea de lo retardataria y tradicional que es la cultura indígena aún en ese momento de la segunda mitad del siglo I a.C. De hecho, uno de los recipientes más característicos en los ajuares domésticos son las ánforas ibéricas, destinadas al almacenaje cotidiano más que al transporte. Tal y como aparece en el conjunto de cabañas y casas excavadas en Marroquíes Bajos, todas ellas cuentan con al menos un ánfora, cuando no varias.

El hecho es que a pesar de la aparición cada vez más frecuente de algunos productos importados itálicos, la mayor parte de la población ibérica del Alto Guadalquivir siguió consumiendo vajillas fabricadas al modo tradicional ibérico, de la misma forma que seguían viviendo como lo habían hecho durante cientos de años. Las excavaciones arqueológicas a lo largo y ancho del Alto Guadalquivir demuestran el predominio casi absoluto de las producciones locales ibéricas frente a la escasa proporción de importaciones romanas. En la economía ibérica de ese periodo, la distribución es esencialmente local y como mucho, comarcal. No obstante, la sociedad ibérica es cada vez más permeable a las influencias romanas, de forma que a lo largo de los siglos II y I a.C. la presencia de productos variados como salazones de pescado, aceite, vino, que eran ajenos al consumo masivo de la población ibérica del Alto Guadalquivir, llegan transportados en ánforas de diversa procedencia, y acompañando a estas, ciertos productos cerámicos de distintos puntos del mediterráneo.

En definitiva, la administración romana amplió los horizontes comerciales de la sociedad indígena al integrarla en el mundo helenístico del Mediterráneo dominado por Roma. Buena parte de esa influencia se debió a la presencia de inmigrantes en la península, y de entre ellos, los colonos asentados en ciudades de nueva fundación fueron fundamentales para conseguir esa interrelación de cultura y costumbres.

El momento en el que las relaciones se incrementan exponencialmente es el inmediatamente posterior a las Guerras Civiles a mediados del siglo I a.C. Desde entonces el mundo ibérico deja de ser visto como un territorio colonial sometido a Roma y comienza a ser apreciado como un territorio provincial de igual rango a la propia Italia. Entre finales del siglo I a.C. y principios del siglo I d.C. las relaciones comerciales se hacen muy estrechas y el flujo de productos cerámicos es muy variado, tanto como la nueva sociedad municipal que está eclosionando. A este momento corresponde la fundación del taller de producción de *terra sigillata* hispánica de Andújar, en el primer tercio del siglo I d.C.

Es durante este periodo del cambio de Era cuando apreciamos una auténtica avalancha de materiales de tipo romano en el territorio de Aurgi. En el contexto de la pacificación de Augusto, el impulso a la romanización que significaron las fundaciones coloniales en el territorio de la campiña, *Tucci* y *Salaria*, y el desarrollo de centros empresariales como Castulo, con lo que ello significó de incentivación de la actividad económica, permitió el surgimiento de industrias y actividades comerciales. Por un lado, los negocios alrededor de la minería, con mayor auge que en época republicana, y de otro, el desarrollo o intensificación de productos como el aceite, el vino y el cereal para exportación, generaron en poco tiempo sectores de población urbana de cierto poder adquisitivo que comenzaron a demandar productos de gusto itálico. La respuesta a esta demanda es la fundación de talleres alfareros que abastecen núcleos urbanos de reciente creación y clientelas indígenas que hasta ese momento no se habían incorporado al mercado comercial de productos de bienes de consumo.

Según se ha propuesto (Roca 1976), el taller de *Isturgi* es creado por artesanos itálicos, que en el entorno de la ciudad iberorromana construyen un centro de producción de vajilla. El tamaño de las instalaciones y el modelo de trabajo, con talleres especializados en determinados repertorios, así como la propia elección del emplazamiento en el valle alto del rio Guadalquivir, indican que se conocían las particularidades del territorio y el mercado al que se dirigían las manufacturas. De hecho es la vía Augusta y el propio río Guadalquivir los medios de comunicación que determinan la elección del emplazamiento del taller, junto a la abundancia de canteras de arcilla de la zona.

Sabemos que los primeros ensayos de vajilla de mesa *terra sigillata* se inician al final del primer tercio del siglo I d.C., con imitaciones de tipos propiamente de la *terra sigillata* itálica, gálica y Peñaflor, para pasar poco después a la producción de formas propias, diseñadas en *Isturgi*. A lo largo de época Julio-Claudia, en el segundo tercio del siglo I, la producción de Andújar es de gran calidad y su vajilla barnizada en rojo se distribuye a lo largo del valle Medio y Bajo del Guadalquivir y norte de África. Sin embargo, la distribución de esa misma vajilla es menos abundante en el Alto Guadalquivir, mientras que la cerámica de tradición ibérica de *Isturgi* se distribuye regularmente por la campiña (Roca 1998).

Para valorar ese momento contamos con algunas evidencias arqueológicas en el territorio aurgitano, no tanto en la ciudad, donde apenas contamos con excavaciones de ese momento, sino sobre todo en su entorno. Los primeros indicadores de cambios en la estructura de ocupación del territorio en Aurgi proceden de varias excavaciones arqueológicas y prospecciones en sus alrededores (Serrano 2004). De las numerosas intervenciones urbanas debemos destacar la excavación en el nº 2 de la calle Borja de Jaén, donde se pudo documentar un tramo de la muralla romana. Las fuentes epigráficas demuestran que Aurgi fue promovida a municipio latino en época flavia, así que esa excavación constituyó una oportunidad para comprobar arqueológicamente ese extremo. La excavación constató efectivamente la construcción *ex novo* de una muralla hacia el último tercio del siglo I d.C. Aunque el tramo documentado es realmente pequeño, de apenas 5 metros de longitud, y el alzado de la construcción había sido parcialmente demolido en época almohade, aún se pudo obtener una estratigrafía interior y exterior, con niveles previos a la construcción. En la secuencia obtenida podemos diferenciar dos momentos en la construcción de la estructura: una fase previa, anterior a la construcción, y por tanto debería finalizarse en época flavia, y una segunda fase posterior a la construcción, donde ya se aprecian depósitos de materiales entre época flavia y principios del siglo II d.C.

De la primera de estas destaca el volumen mayoritario y casi exclusivo de la cerámica de tradición ibérica. Continúan los tipos que habíamos visto para el periodo republicano procedentes del vertedero de La Audiencia. Platos con tendencia al borde biselado, contenedores de diversos tamaños para uso doméstico, profusamente decorados, así como ánforas de almacenaje que siguen siendo de tipología ibérica. Por el contrario, cabe destacarse la aparición de vajilla de mesa sigillata y paredes finas, y entre ellos, los primeros ejemplares de sigillata de Andújar con formas de la calificadas de buena época, es decir, julio-claudia.

La conclusión es que, antes de la fundación del municipio, e inmediatamente después de su fundación, las costumbres y hábitos indígenas no han cambiado drásticamente, al menos en el ámbito del antiguo asentamiento ibérico. Ahora bien, si miramos hacia fuera de este, podemos comprobar que la fundación de industrias del aceite supone un nuevo tipo de edificaciones más o menos complejas e inéditas en el territorio a partir del cambio de Era (Serrano 2004; 2013; Serrano et al. 2011). En estas zonas periurbanas se estaban plasmando formas de explotación del territorio propias de la economía romana. Durante el periodo augusteo y julio-claudio, en sitios donde las formas itálicas se han impuesto sobre las indígenas, como por ejemplo las explotaciones agrarias de producción excedentaria, los grandes *torcularia* como Los Robles, Cuétera o El Corte Inglés, podemos ver que allí el consumo de productos romanos es más frecuente. Sin embargo, el escaso número de este tipo de asentamientos en la campiña no generan una demanda lo suficientemente grande a la que dirigir la producción de alfares como los isturgitanos. No obstante, la afluencia de productos de importación como *sigillata* gálica e itálica demuestra que el circuito comercial se ha asentado durante ese periodo de estabilidad política y social que permite distribuir mercancías a largas distancias. En este contexto los productos de Andújar se distribuyen incipientemente en la campiña hasta esos centros aislados, dado que la urbanización del territorio no se producirá hasta época flavia. Así, en Los Robles o Cuétara podemos encontrar desde cerámica de paredes finas hasta vajilla de cocina tipo com-rom-bet 5.1, jarras del tipo producido en Arjonilla y Andújar, lucernas de Andújar, cantimploras tipo coc-oxi 5.1, botellas tipo com-rom-bet 5.3 y ollas coc-red 3.2, acompañados de cerámica de tradición ibérica profusamente decorada fabricada tanto en Andújar como en los alfares de Lopera, Villargordo y otros.

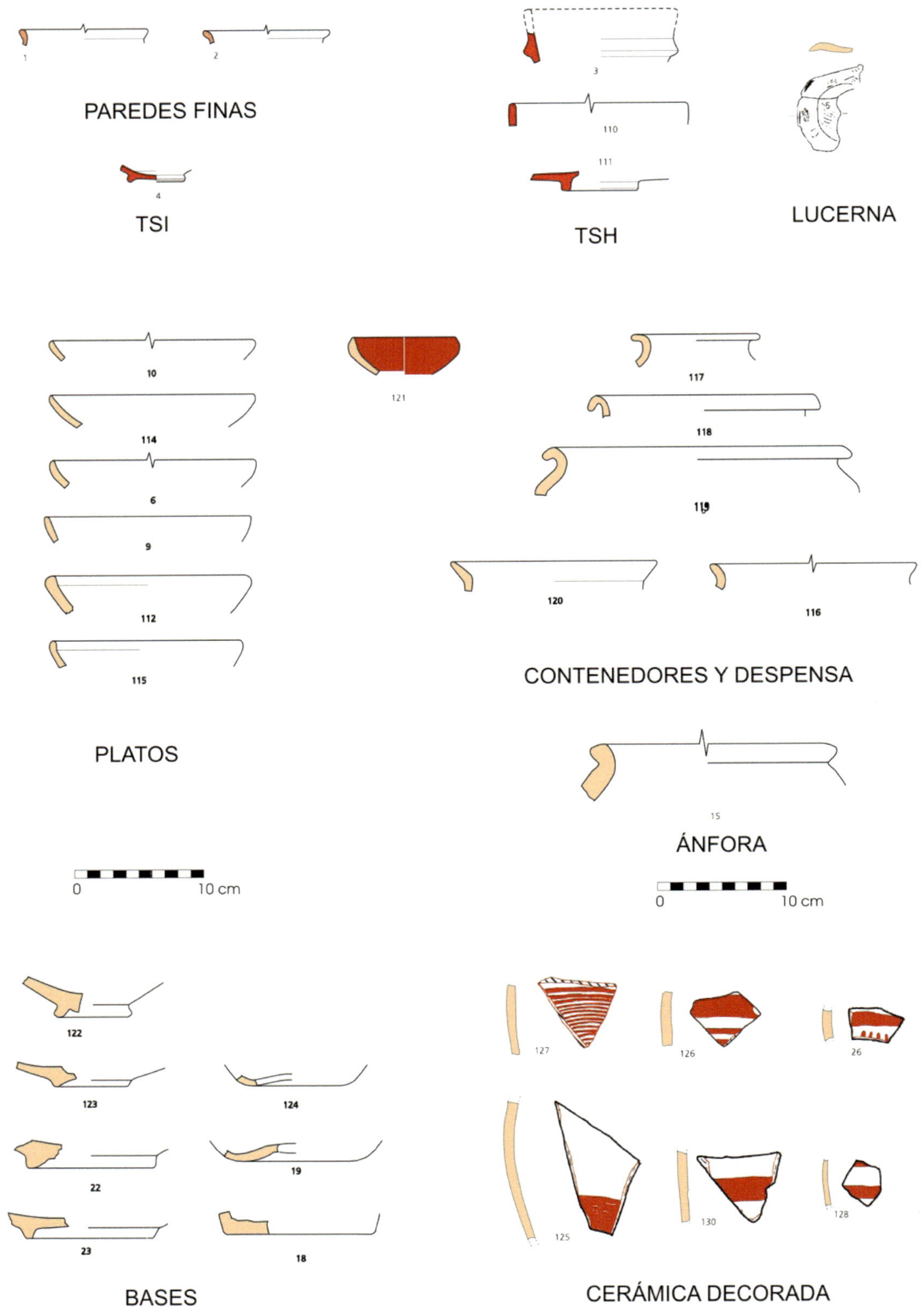

CALLE BORJA: MURALLA ROMANA, FASE PREVIA JULIO-CLAUDIA

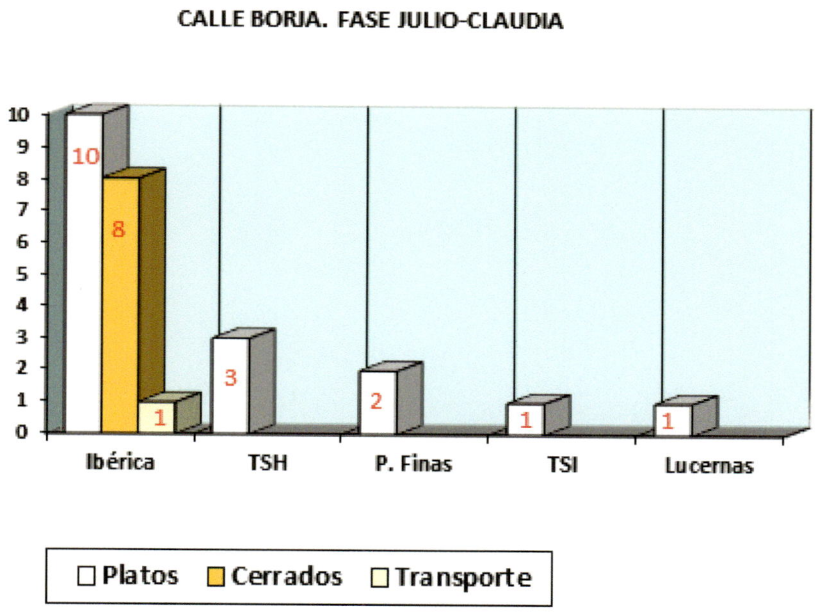

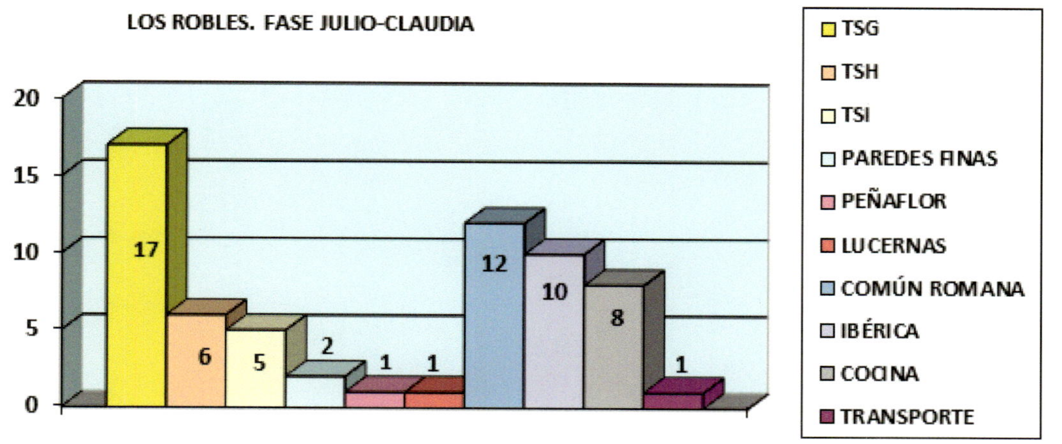

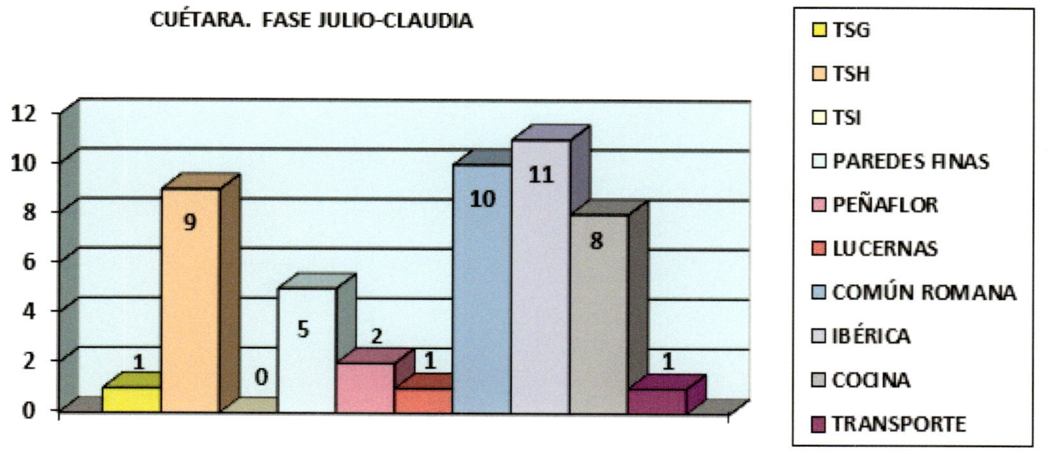

Sin embargo, el conjunto de materiales se distribuye a un número muy reducido de sitios en época julio-claudia más allá de las ciudades, que son el principal mercado de esos productos hasta época flavia. Así, la distribución de vajilla de gusto romano en el ámbito rural, durante la mayor parte del siglo I, no representa más del 1% en comparación con el fuerte desarrollo de la demanda desde las casas campesinas que se producirá desde finales del siglo. Si las muestras que hemos conseguido de distintas intervenciones son tan diferentes para un mismo periodo es, por tanto, explicable en la naturaleza de la clientela que demanda los productos. Esa distribución espacial desaparecerá a partir de época flavia.

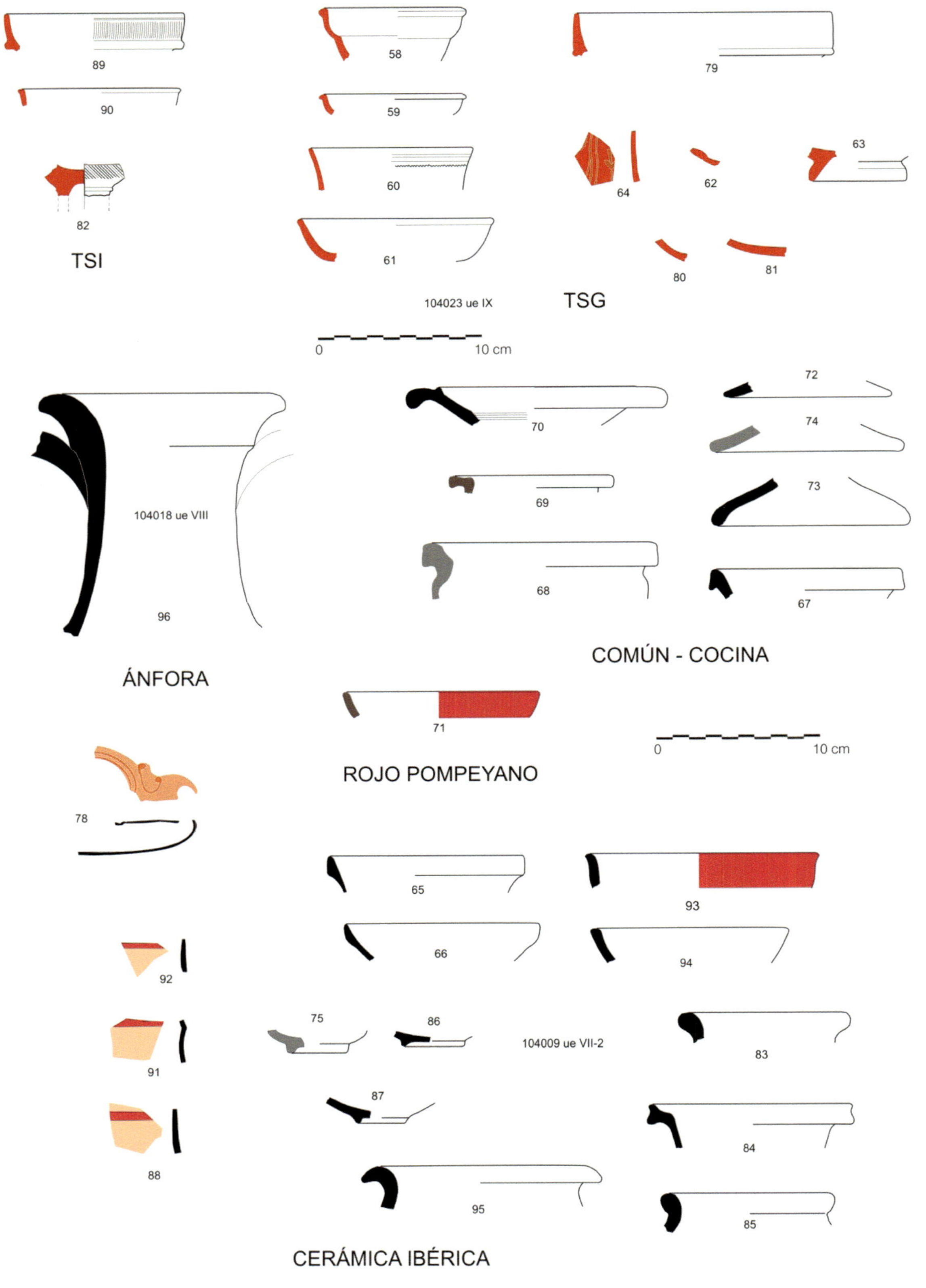

LOS ROBLES: CORTE 104. FASE 1 AUGUSTEA

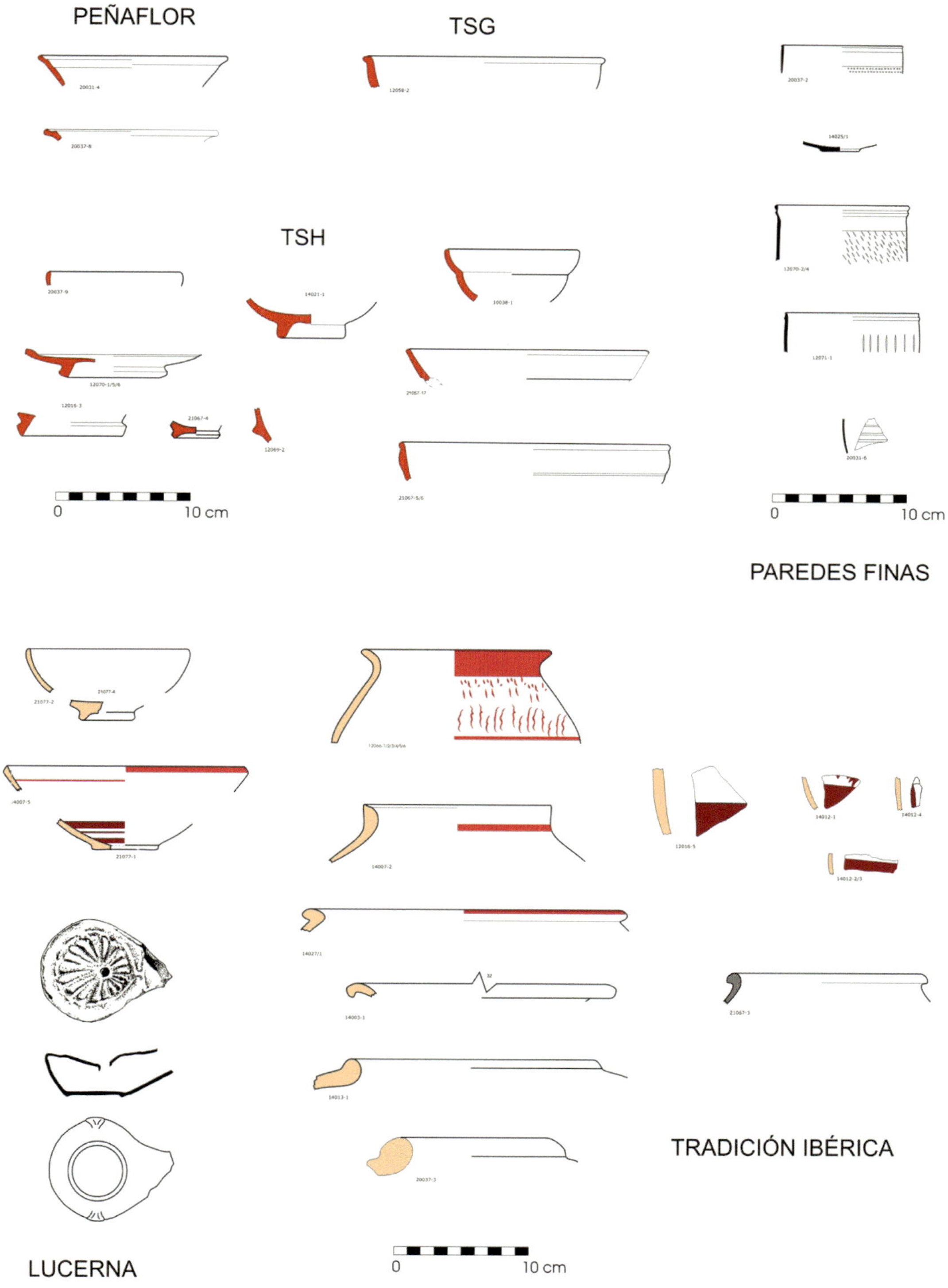

CUETARA FASE 1: AUGUSTEA / JULIO-CLAUDIA

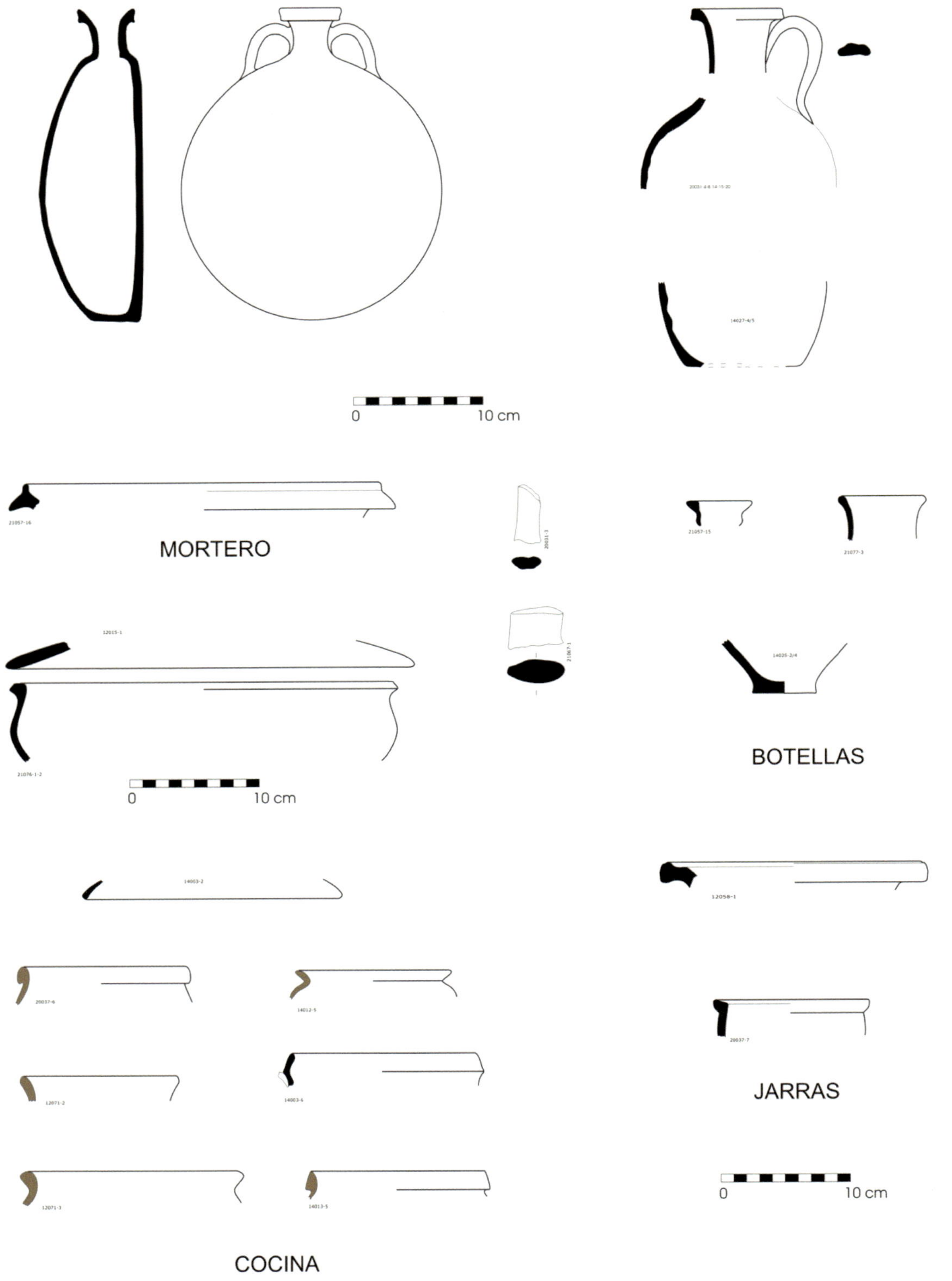

CUETARA FASE 1: AUGUSTEA / JULIO-CLAUDIA

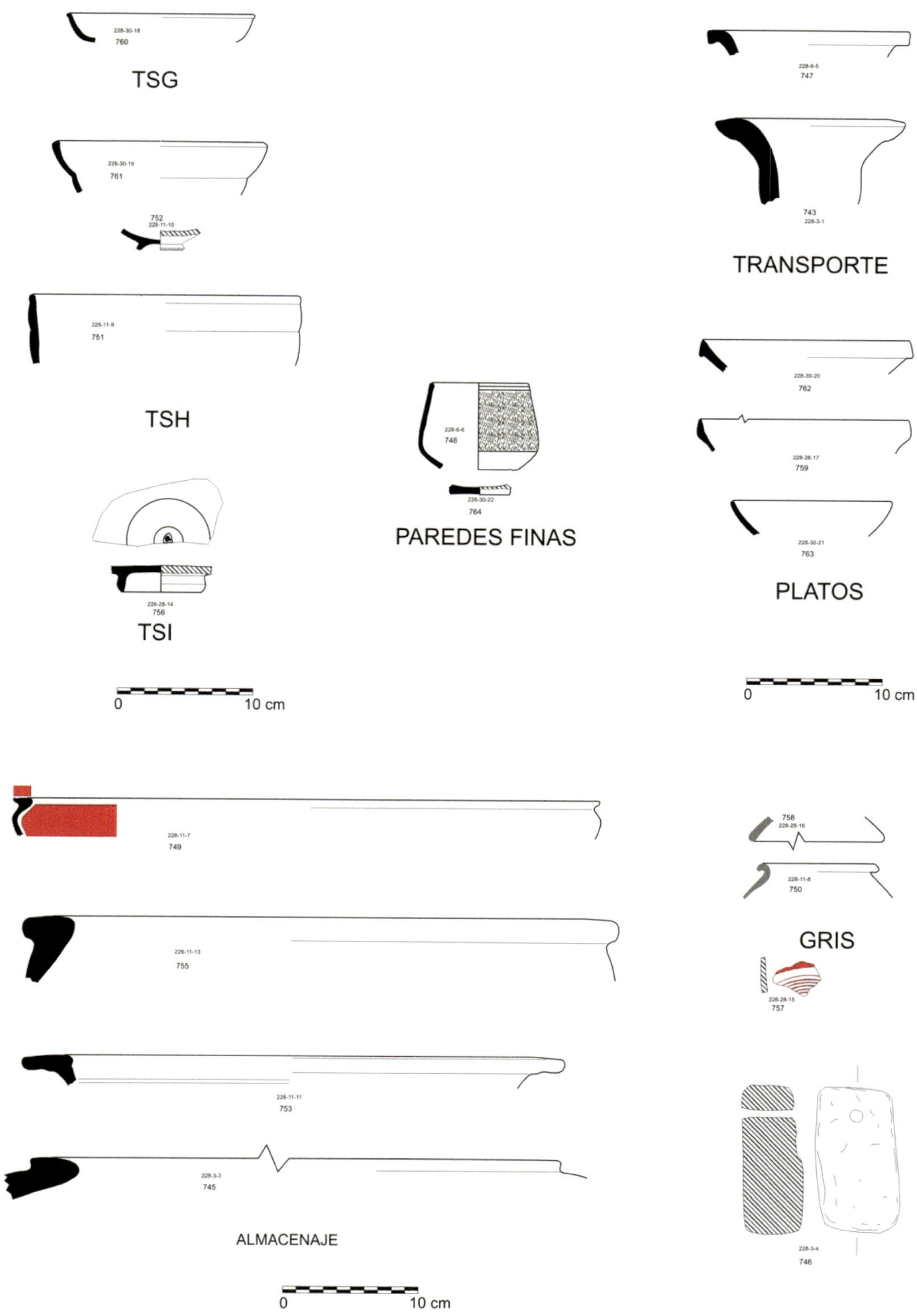

CORTE INGLÉS. BALNEA C.E.228. MEDIADOS SIGLO I.

En el Alto Guadalquivir habrá que esperar hasta finales del siglo I d.C. para poder apreciar la importancia de la cerámica de regusto romano en la sociedad ibérica. A partir de la municipalización del territorio en época flavia, desde el último cuarto del siglo I, el campo se ocupa directamente por una nueva clase de propietarios campesinos que, por primera vez en cientos de años, abandonan su forma de hábitat tradicional en los núcleos urbanos, los *oppida*, para vivir permanentemente en su granja, lo que se tradujo en que miles de familias abandonaron las ciudades para residir en el campo. De esta forma, la generalización de vajilla romana se incrementa a partir de época flavia y antonina fundamentalmente, cuando el fenómeno municipal se ha generalizado y se produce una masiva demanda de productos desde el ámbito rural recientemente ocupado por el campesinado urbano, ya en el siglo II d.C.

Es pues, este siglo, el momento en el que en la campiña se generaliza el uso de la vajilla romana, como el ajuar de las casas, durante el periodo en que se produce la masiva ocupación del campo por medio de la unidad de hábitat familiar, la casa campesina o la villa rural. De esta manera, el campesinado emula formas de vida propias de la cultura romana, demandando una variedad de productos que van desde materiales de construcción hasta vajilla doméstica. Es este conjunto de materiales el que revela la verdadera profundidad del cambio cultural que acompaña a las reformas políticas flavias. La vajilla se adapta a nuevas formas de alimentación y necesidades culinarias que sólo incipientemente y en ámbitos concretos habíamos observado antes. La incorporación generalizada del aceite, vino, salazones, etc. en la dieta tradicional implicará necesidades de nuevos tipos de vajilla, desde contenedores a largo plazo, como los *dolia*, que sustituyen a las ánforas ibéricas, contenedores pequeños de despensa, pasando por sartenes como las de rojo pompeyano, morteros y sobre todo una diferenciación a la hora de consumir, la adopción de la vajilla de mesa sigillata o las paredes finas. En estas circunstancias, la vajilla tradicional ibérica desaparece o se adapta a los nuevos usos, como veremos en el alfar de Andújar y otros conocidos de la campiña.

El cambio de patrón de ocupación del territorio a partir de época flavia tendría que haber significado la continuidad de las costumbres en lo referido a la vajilla usada por estas gentes, de la misma forma que tendríamos que identificar casas rurales construidas tipológicamente similares a las casas tradicionales ibéricas de los *oppida*. Pero la realidad es que, desde el punto de vista arqueológico, la nueva sociedad que se está gestando se puede identificar a través de dos productos alfareros que demuestran la ruptura con el modelo tradicional: la vajilla de mesa de barniz rojo y la cubierta de tejas de las viviendas. Ninguno de los dos son novedades, pero hasta ese momento de finales del siglo I eran realmente muy poco demandados en el Alto Guadalquivir. La explicación es, en nuestra opinión, fundamentalmente cultural. Los nuevos propietarios se comportan ahora como verdaderos romanos, no sólo en el derecho que les asiste para ocupar el territorio, sino también en las formas que esa ocupación manifiesta. Es decir, la población podría haber seguido desarrollando formas culturales tradicionales ibéricas, pero lejos de ello, en apenas dos generaciones, han roto con las tradiciones y han asumido, al menos aparentemente, la estructura ideológica que Roma ha desplegado con la municipalización. Esas manifestaciones culturales van desde la adopción definitiva del latín como lengua, hasta la inmersión en la dieta romana de la mano de productos como el aceite, hasta ese momento escaso en la cocina ibérica.

De la segunda fase de la excavación de la Calle Borja, la que corresponde a la construcción de la muralla romana, proceden materiales de estratos depositados en la propia base de la muralla, tanto al interior como al exterior. Del conjunto de materiales sigue destacando la presencia masiva de cerámica de tradición ibérica, aunque la *sigillata* de Andújar es ya definitiva entre la vajilla de mesa. Comienza a ser más frecuente la cerámica de cocina romana, con formas como los tipos coc-red.1.1, com-rom-bet.1.2, pero apenas si podemos reconocer la mayor variedad de vajilla de tipo itálico entre la cerámica común. Este conjunto de materiales contrasta con otros que han sido documentados en otros puntos del territorio inmediato al recién fundado municipio por la escasez de materiales romanos frente a los de tradición ibérica. En *torcularia* como Cuétara (Serrano 2004), Los Robles López et al. 2007) o El Corte Inglés (Serrano et al. 2011) podemos reconocer una variedad de materiales de vajilla de mesa en la que predominan las producciones de Andújar. Ello es especialmente determinante en contextos como el vertedero de sellado de la balnea 155 de El Corte Inglés, donde reconocemos un conjunto de materiales que van desde época flavia hasta antonina, en los que los materiales de los alfares de Andújar son mayoritarios en vajilla de mesa y despensa. O en la necrópolis 1 de Los Robles (Serrano y Molinos 2011), donde los conjuntos funerarios establecen una estrecha relación con los talleres comarcales y Andújar en especial.

Entre esas nuevas formas de manifestar la integración en la sociedad romana de la clase de propietarios está la del uso de vajilla de mesa barnizada de manera masiva. El consumo de esta vajilla es inversamente proporcional a la demanda de vajilla de tradición ibérica. En el alfar de Los Villares de Andújar la producción de cerámica ibérica se reduce paulatinamente a lo largo del siglo I d.C. y finaliza a partir de época flavia, coincidiendo con el momento de máxima producción de *sigillata*. El producto estrella de los alfares de *Isturgi* es, sin duda, la vajilla de barniz rojo, *sigillata*. De esta forma el artesano se eleva, en cierta medida, a la categoría de artista, dado que al poder identificar el taller del que procede el recipiente a través de la marca situada en el fondo interior (*ex oficina*), permite determinar las formas que fabrica y la calidad que lo distingue de otros alfareros. A mediados del siglo II la demanda es tal que los alfares de *Isturgi*, que previamente habían abierto sucursales en *Iliberri* y *Singilia Barba*, bajan la calidad debido al ritmo frenético de fabricación que llega al punto de comercializar fallos de horno en el entorno del centro de producción.

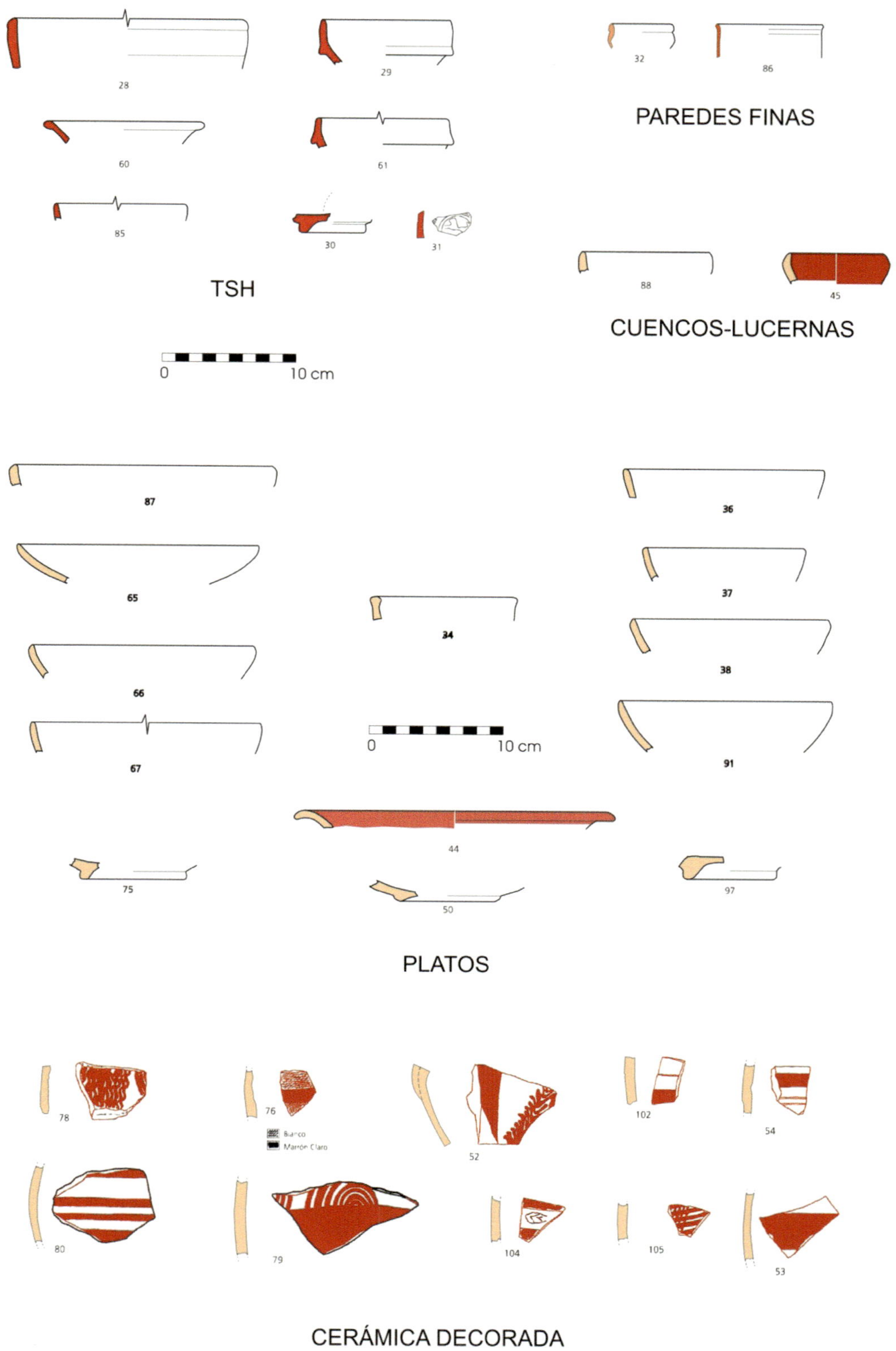

CALLE BORJA: MURALLA ROMANA, FASE JULIO CLAUDIA - FLAVIA

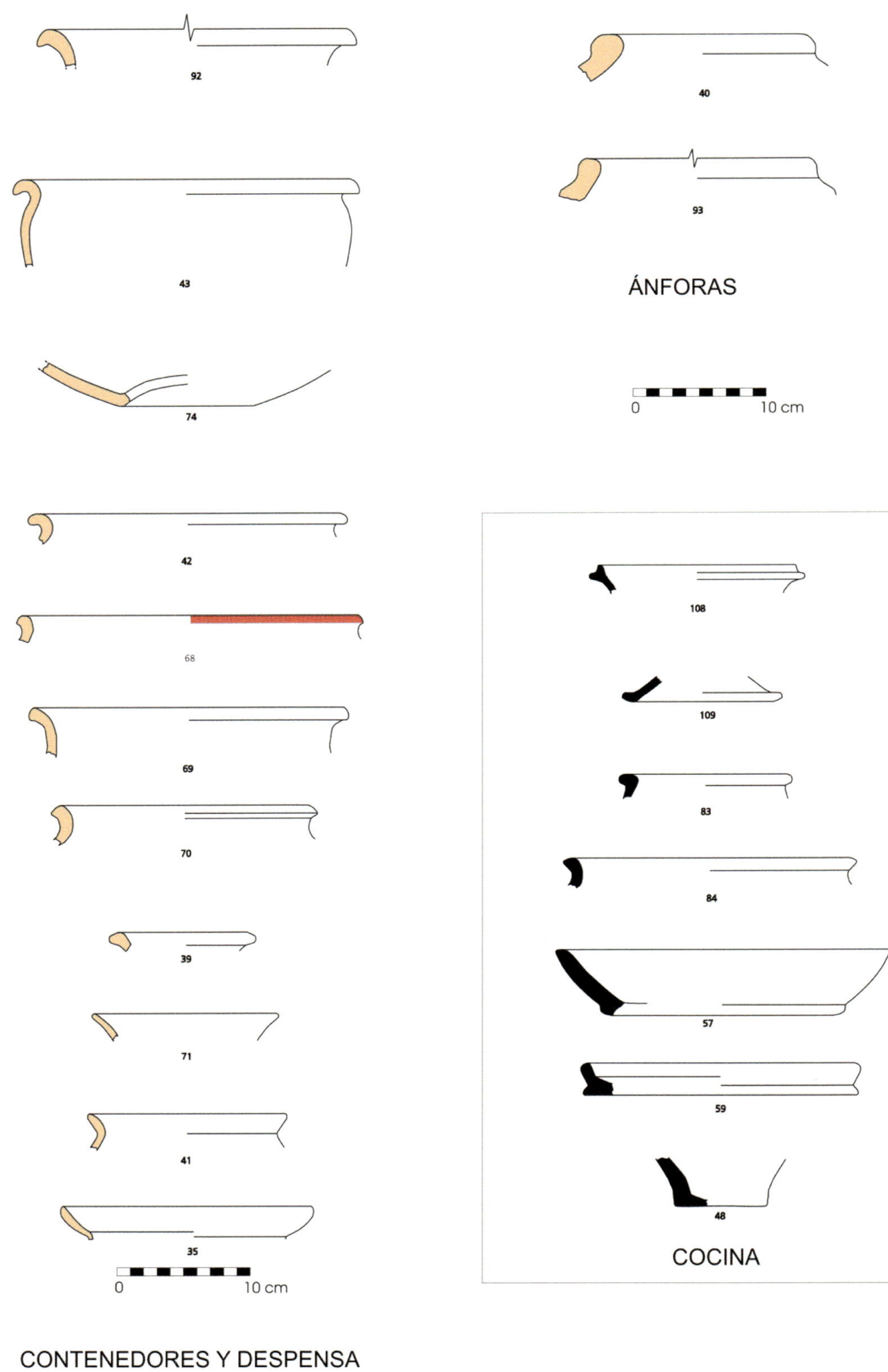

CALLE BORJA: MURALLA ROMANA, FASE JULIO CLAUDIA - FLAVIA

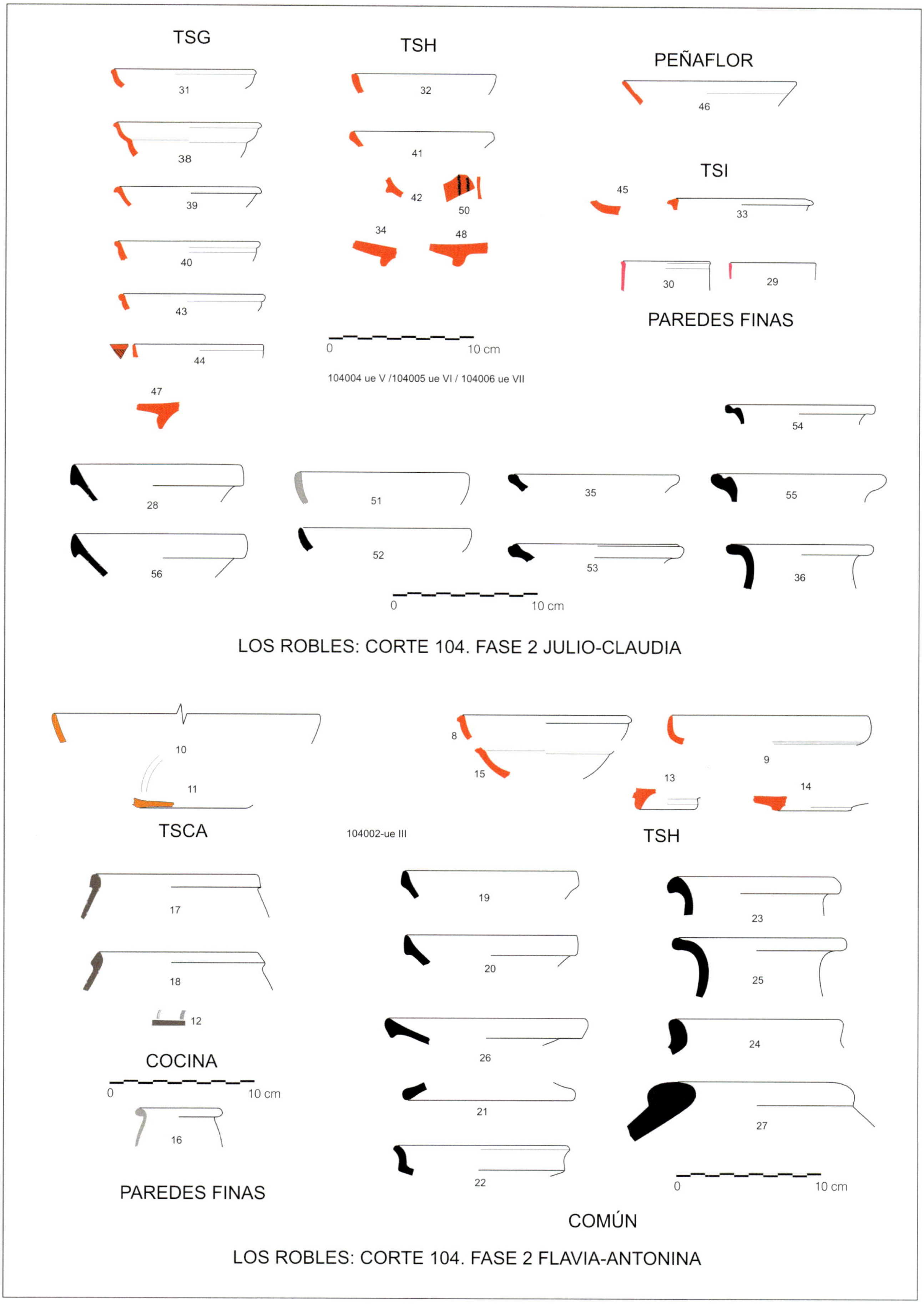
TSG
TSH
PEÑAFLOR
TSI
PAREDES FINAS
31
38
39
40
43
44
47
32
41
42
50
34
48
46
45
33
30
29
0
10 cm
104004 ue V /104005 ue VI / 104006 ue VII
54
28
51
35
55
56
52
53
36
LOS ROBLES: CORTE 104. FASE 2 JULIO-CLAUDIA
10
11
8
15
9
13
14
TSCA
104002-ue III
TSH
17
18
12
COCINA
16
PAREDES FINAS
19
20
26
21
22
23
25
24
27
COMÚN
LOS ROBLES: CORTE 104. FASE 2 FLAVIA-ANTONINA

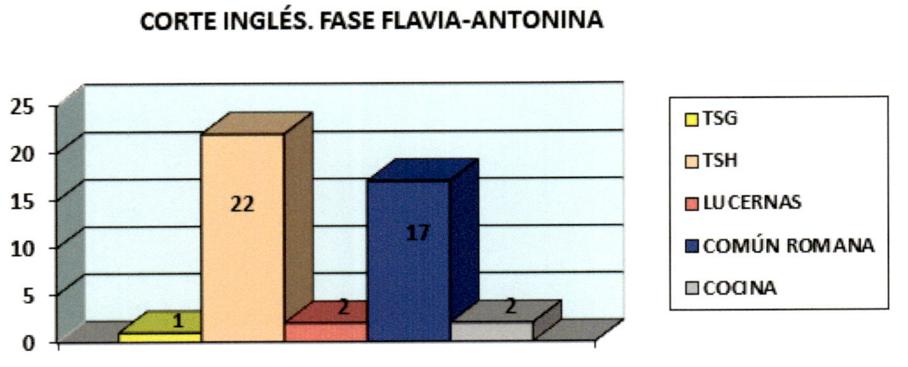

Durante la mayor parte del siglo I y la primera mitad del II d.C. la cerámica de Andújar se distribuye por el sur peninsular y por el norte de África, y ocasionalmente por otros puntos del mundo romano, siendo uno de nuestros productos más conocidos, junto con el vino, el aceite y la plata. La demanda de productos cerámicos de tipo romano se generaliza hasta tal punto que en pocos años se abren nuevos talleres alfareros que fabrican recipientes de todo tipo. En la campiña de Jaén hemos identificado varios de ellos: en los alrededores de Lopera; en el Cortijo del Puerco, cerca de Arjona; en el cortijo del Pozo de la Teja, en Villargordo, y otros más. Quizá uno de los mejor conocidos es el alfar del polígono industrial de Arjonilla (Moya 2006) excavado recientemente (Figura 1). En él se identificó una batería de hornos especializados en la producción de un repertorio de cerámica común y fundamentalmente de materiales de construcción como tégulas e ímbrices. Como los otros alfares citados, este debe estar asociado a una villa rural que, aparte de sus actividades agropecuarias, se distinguía por elaborar productos que vender en los mercados de las ciudades próximas o distribuyéndolos por las granjas del entorno.

Durante un tiempo, un corto periodo de unos 25 años desde el Decreto de Municipalización de Vespasiano del 74 d.C., se produjo un inusitado desarrollo inmobiliario, cuando miles de casas campesinas se construyen simultáneamente a lo largo de la campiña y las ciudades renuevan su caserío y estructura urbana. En prácticamente todas se edifica según las técnicas romanas, con la utilización de mortero hidráulico, revestimientos parietales, ladrillos y la cubierta de teja. La mayoría de las granjas encargaban la fabricación de sus cubiertas a estos talleres diseminados por el territorio, de forma que todos ellos, desde los más grandes como Los Villares de Andújar hasta los más pequeños, alternaban la producción de vajilla con la de materiales de construcción.

FIGURA 1. LOS HORNOS DEL POLÍGONO INDUSTRIAL DE ARJONILLA.
FOTOGRAFÍA: SEBASTIÁN MOYA.

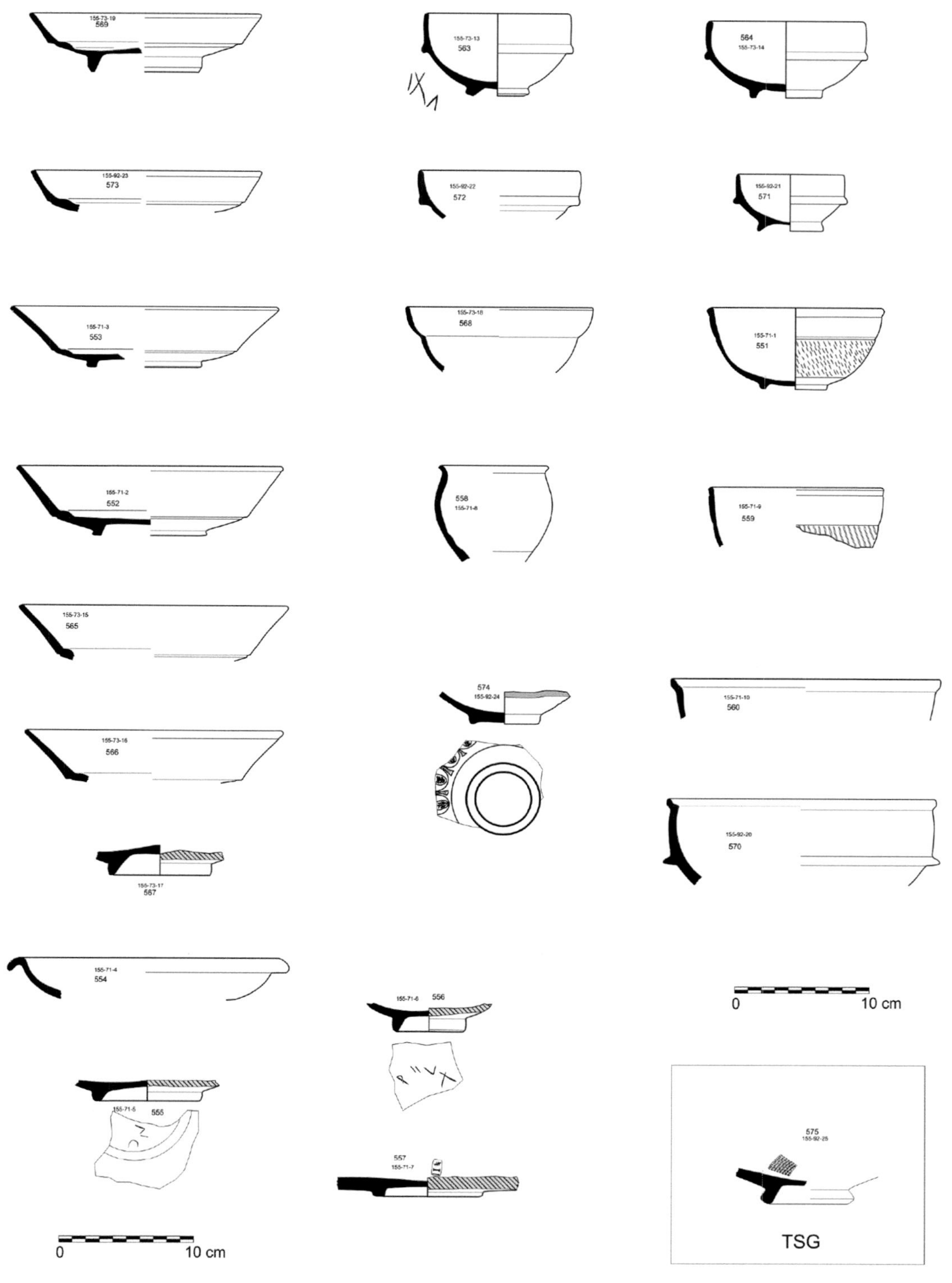

CORTE INGLÉS. BALNEA C.E.155. ÉPOCA FLAVIA-ANTONINA. VAJILLA DE MESA TSH

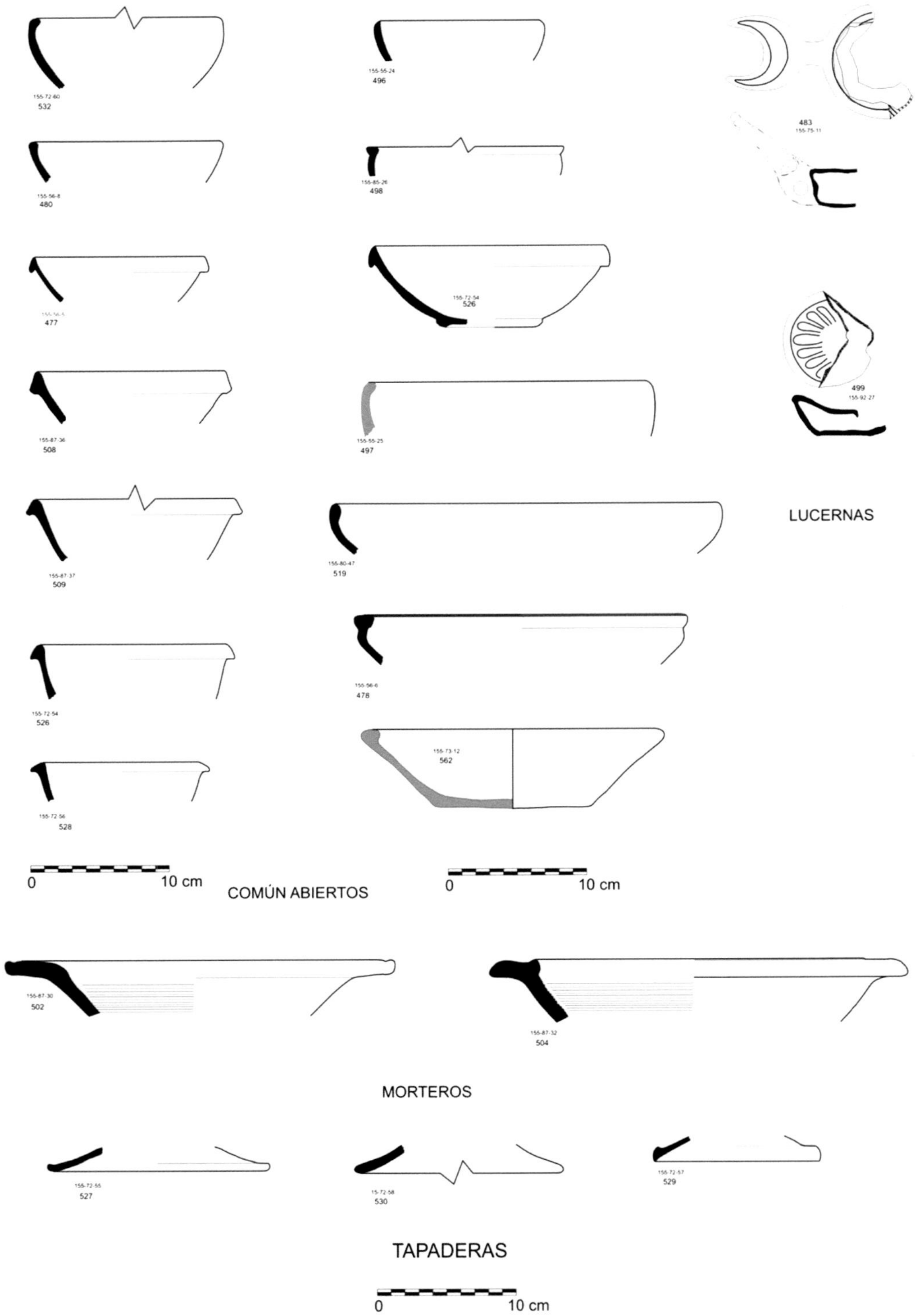

CORTE INGLÉS. BALNEA C.E.155. ÉPOCA FLAVIA-ANTONINA. CERÁMICA COMÚN

El tamaño de alguno de estos, como el localizado en las excavaciones de la Zona Arqueológica del Polideportivo de Martos, refleja una ingente fabricación de materiales de construcción que podríamos considerarla como industrial (Burgos *et al.* 2003).

Hacia mediados del siglo II d.C. el alfar de *Isturgi* cesa definitivamente su actividad, y al tiempo que él, la mayoría de los talleres diseminados por la campiña. Tradicionalmente se ha propuesto que ello se debió bien al agotamiento de las canteras de arcilla, bien a la fuerte competencia de los productos norteafricanos que están llegando a la Bética, como la vajilla *sigillata* clara A y común africana. De ser esto así, tendríamos que encontrar en los registros arqueológicos un volumen de cerámica africana similar a la que ocupaba la de producción bética. Sin embargo, parece improbable que todas las canteras se agotasen simultáneamente o en un corto periodo de tiempo, y por otra parte, la realidad es que la cerámica africana coetánea de la *sigillata* de Andújar representa un porcentaje mínimo en el registro arqueológico de las intervenciones realizadas en la campiña giennense, como podemos comprobar en la secuencia estratigráfica de las excavaciones de Marroquíes Bajos como Los Robles o Cuétara.

Por el contrario, parece más lógico explicar el cese de la actividad alfarera desde mediados del siglo II d.C. ligándolo al acontecimiento que lo creó, es decir, la municipalización del territorio y la urbanización de éste por el pequeño y mediano campesinado. Sabemos que hacia mediados del siglo II d.C. se produce una profunda crisis agraria que provocó el abandono de miles de explotaciones campesinas. Esta población se vincula a partir de ese momento a los grandes propietarios en diversas formas de dependencia laboral y económica, que en definitiva significó el empobrecimiento de esa clase y su menor capacidad adquisitiva. En momentos de carestía se prescinde de todo aquello que se considera menos indispensable, por lo que, con un cese brusco de la demanda, la mayoría de los alfares interrumpieron su actividad y fueron abandonados.

Durante ese periodo de finales del siglo II y durante el III d.C. la producción de los alfares que mantuvieron la actividad se destinaría a satisfacer las demandas de las grandes haciendas y de las ciudades, donde todavía residía un importante volumen de población con poder adquisitivo. Desde el siglo III en adelante sólo conocemos la producción local de cerámicas de imitación africana desde talleres de ubicación desconocida en el Alto Guadalquivir, que no alcanzan la calidad de los originales y además mantienen un repertorio muy limitado. La producción de cerámica común se empobrece paulatinamente porque va destinada a una clientela que ya no valora tanto los aspectos formales como los aspectos útiles de los recipientes, y que probablemente tiene que ver con la autoproducción de vajilla en los propios asentamientos y la desaparición del sector especializado artesanal. A pesar de ello, intervenciones arqueológicas en Aurgi han proporcionado conjuntos de materiales con una variedad de producciones y procedencias cerámicas muy amplia durante los siglos III y IV, como un vertedero en la calle Santo Domingo (Serrano 2004), que demuestran que durante la antigüedad tardía, la ciudad, lejos de abandonarse, se transforma manteniendo íntegros los usos relativos a los ajuares domésticos, al menos hasta el colapso de principios del siglo V.

Bibliografía

Burgos, A. Lizcano y R. Pérez, C. (2003) Intervención arqueológica preventiva en la UA 20 de Martos, zona de La Alberquilla. Archivo de la Delegación de Cultura de Jaén.

Castillo, J. L. y Cano, J. (1993) Diagnosis arqueológica de la Muralla Norte de Jaén. Archivo de la Delegación de Cultura en Jaén.

Jiménez, Y., Chica M. P. y Castillo, J. C. (1994) Intervención de urgencia en la calle Baños de Audiencia. *Anuario Arqueológico de Andalucía* III: 234-242.

López, A. Teixidor, E.y Fuertes, M. (2007) *Excavación arqueológica preventiva de Colector en Distribuidor Norte (ZAMB, Jaén)*. Informe preliminar. Archivo de la Delegación de Cultura en Jaén.

Moya, S. En prensa. Intervención arqueológica en el polígono industrial de Arjonilla. *Anuario Arqueológico de Andalucía.*

Peinado Espinosa, M. V. (2010) *Cerámicas Comunes en el Alto Guadalquivir: el alfar de Los Villares de Andújar.* Universidad de Granada.

Roca Roumens, M. (1976) *Sigillata Hispánica producida en Andújar (Jaén).* Instituto de Estudios Giennenses. Diputación Provincial de Jaén. Jaén

Roca Roumens, M. (1998) Reflexiones acerca de las estructuras de producción de sigillata en el centro de Andújar. En Isabel Fernández (ed.): *Terra Sigillata Hispánica. Estado actual de la investigación*: 105-122. Universidad de Jaén.

Ruiz Montes, P. (2007) Aproximación a la primera producción de cerámica bética de vajilla de paredes finas: el caso de Los Villares de Andújar (Jaén). *CUDAS, Revista de arqueología e Historia 3-4*: 73-84.

Serrano Peña, J.L. (2004) *Aurgi, estudio del municipio romano desde la arqueología urbana de Jaén (1985-1995*). Universidad de Jaén.

Serrano Peña, J.L. (2004) Consideraciones sobre la producción de aceite en el Alto Guadalquivir: el caso de Aurgi (Jaén). *Archivo Español de Arqueología* 77: 159-176.

Serrano, J.L. y Molinos, M. (2011) La aristocracia ibérica ante la romanización. Ideología y espacios funerarios en Marroquíes Bajos (Jaén). *Archivo Español de Arqueología*, Vol. 84: 119-152.

Serrano, J.L. Portero y V. CANO, J. (2011) *Historia de un arroyo. De Marroquíes Bajos al Centro Comercial El Corte Inglés de Jaén.* El Corte Inglés. Granada.

Serrano Peña, J.L. (2012) Producción, excedente y mercado del aceite en el Alto Guadalquivir. En J. M. Noguera y J. A. Antolinos (eds.) *De vino et oleo Hispaniae. Áreas de producción y procesos tecnológicos del vino y el aceite en la Hispania romana. Coloquio Internacional.* (Anales de prehistoria y arqueología. 27-28 Años (2011-2012): 401-420.

Cerámicas en la tierra, La terra sigillata hispánica en la estratigrafía de Cástulo

Marcelo Castro López
Director del Conjunto Arqueológico de Cástulo, marcas.61@gmail.com

Concepción Choclan Sabina
Directora del Museo Íbero

Juan Pérez Garrido
Conjunto Arqueológico de Cástulo

Abel Manuel Jiménez Cruz
Conjunto Arqueológico de Cástulo

1. Introducción

El proyecto de investigación arqueológica *Forvm MMX* surge en el año 2010 en torno a de las excavaciones de la ciudad ibero-romana de Cástulo, yacimiento arqueológico, que se encuentra a 5 km de la localidad de Linares y situado en un cerro amesetado junto al río Guadalimar. Fue nombrado conjunto arqueológico en 2011 y el yacimiento amplió su área de protección arqueológica a 3.141 hectareas abarcando tanto la ciudad amurallada de Cástulo como parte de los términos municipales de Linares, Lupión y Torreblascopedro.

El recinto amurallado de Cástulo tiene una extensión de 76,5 hectareas de propiedad pues en el año 1972 el profesor Blázquez aconsejara al estado adquirir las tierras por su riqueza arqueológica.

La ubicación geográfica de Cástulo tiene una importante situación estratégica dominando un amplio territorio, la entrada natural al alto Guadalquivir por el "Salto Castulonensis", el "Salto Tugiensis" en el este y por el sur, gracias a las vías fluviales Guadalimar y Guadalquivir.

Figura 1. Área de protección arqueológica de la ciudad Íbero-Romana de Cástulo y su recinto amurallado.

Figura 2. Meseta de la ciudad Íbero-Romana de Cástulo.

Otra de las características que domina la ciudad de Cástulo es su meseta, haciendo prácticamente inaccesible su tránsito por el Este, Sur y Oeste, solamente en el norte la ciudad sufre un allanamiento y por tanto su entrada natural. El *oppidum* ibérico estuvo en tu totalidad amurallado, conservándose hoy en día restos de lienzos de muralla (véase la muralla norte) cuyo sistema constructivo se alterna con *opus caementicium* y sillares de piedras escuadradas. Al este de la de la misma se encuentra el arroyo de San Ambrosio, accidente geográfico que determina la construcción de un doble cinturón defensivo.

En el interior de la meseta, la zona norte presenta una sobreelevación del terreno, en la que se ubican los inicios del oppidum ibérico que posteriormente se iría expandiendo hacia el resto de la meseta en dirección sur y este. Posteriormente, ya en época romana, estaría destinada para albergar las estructuras hidráulicas donde almacenaban el agua y desde allí la distribuían al resto de la ciudad. En la parte central de la meseta y en dirección sur, encontramos un terreno menos irregular, donde se desarrollaría el resto de la ciudad.

2. Campañas de excavación 2012 y 2013 y sus áreas de trabajo

Uno de los principales objetivos del Proyecto Forvm MMX era la localización del foro romano de la ciudad de Cástulo. Se comenzó con el estudio superficial del terreno: fotografías aéreas y una prospección electromagnética llevada a cabo por la Universidad de Berna. Gracias a este, se determinaron las dos principales áreas de trabajo: en el año 2011 la denominada área 2, y el área 1 excavada principalmente entre los años 70 y 90 por el profesor Blázquez.

En el área 1, la excavación presenta un edificio de grandes dimensiones probablemente de carácter público, con una cronología lo más próxima a la fase alto-imperial de la ciudad de Cástulo (esta precisión cronológica la estimamos gracias a la documentación de sigillata hispánica en los estratos de preparación de pavimento en el patio interior y el de la fosa de cimentación). Orientado de oeste a este, el conjunto arquitectónico presenta una clara ordenación dentro de la estructura de la ciudad. En primer lugar ocuparía un espacio privilegiado en la cuadricula urbana por ya que se encuentra totalmente exento, por sus grandes dimensiones (1.188 metros cuadrados) y por su composición interior de los espacios (un gran patio central con dos naves laterales alargadas y estrechas sin compartimentar). Y en segundo lugar, por su fachada al este y su cabecera al oeste, donde residen una serie de tabernae enfocadas a un kardus secundario, que nos recuerda muchísimo a la tipología arquitectónica de un *Macellum* o mercado de planta central (aunque encontremos algunas modificaciones en la planta como es la ausencia de un pórtico para el patio central).

El área 2 de la excavación comprende una extensión de 10.000 metros cuadrados. Se sitúa en una llanura que ha sido ocupada sucesivamente por varias de las culturas desarrolladas en Cástulo. Se conservan algunas estructuras sobre superficie, las cuales presentan un sistema constructivo de *opus caementitium* con alzado de más de 1 metro de altura, posiblemente ligados a estructuras hidráulicas, dispuestas en el centro de la ciudad para el abastecimiento público del agua.

Tanto por los resultados obtenidos por los trabajos de prospección geofísica como por el entorno y la morfología del terreno se decidió actuar en este espacio porque se

FIGURA 3. PROSPECCIÓN ELECTROMAGNÉTICA DE LA UNIVERSIDAD DE BERNA.

Figura 4. Área 1: posible *Macellum*.

planteaba como el más propicio para la situación del foro de la ciudad, objetivo del proyecto. No obstante, hallamos un edificio de carácter público de época alto-imperial, el cual nos ofrecio grandes resultados. Gracias a las últimas excavaciones hemos conseguido delimitar el territorio que ocupa esta edificación dentro de la estructura urbana de la ciudad, que no es un conjunto aislado. También conocemos varias de las fases que se han desarrollado en este espacio, a menudo aprovechando las estructuras del edificio alto-imperial y en otras ocasiones (bien por desconocimiento o por falta de interés) de muros o pavimentos de diferentes épocas.

3. Sistema de documentación y registro: Too Waste

Una de las prioridades del proyecto Forvm MMX era el avance en el sistema de registro y documentación arqueológica, necesaria ya que nos encontramos ante un numeroso equipo de colaboradores que no podrían continuar en muchas ocasiones con su trabajo si mantuviésemos el sistema clásico. Por lo tanto se ha planteado, partiendo de cero, un sistema de registro propio utilizando los sistemas de comunicación telemática que agiliza la actividad y nos permite un desarrollo continuo y fluido.

El sistema de registro consta de dos niveles:

- En primer lugar una base de datos, que asigna los códigos de registro de forma automática e instantánea a cada uno de los objetos recuperados en el campo y además lo refleja en forma de listado, lo que nos permite realizar todo tipo de consultas bien por código, estrato, volumen e incluso por contenido (cerámica, fauna, malacofauna, carbones, metales…). Este nivel nos permite también una consulta prácticamente a diario y tener un control absoluto de todo aquello que ocurre en el campo desde el laboratorio.

Figura 5. Área 2: excavaciones realizadas en el edificio H y E.

- El segundo nivel lo encontramos en el propio yacimiento arqueológico y viene desarrollado por la mano del arqueólogo que tiene las herramientas necesarias que mueven este sistema telemático: 1) La Black Pen, un bolígrafo de tinta con un micro escáner laser integrado, capaz de digitalizar todo aquello que se redacta a mano en las fichas de campo. 2) Las fichas de campo, especialmente estructuradas y desarrolladas para conseguir reunir la mayor información posible en el espacio más simplificado y compuesta de una trama de puntos estrechamente relacionada con el escáner laser de la Black Pen. 3) Un teléfono Smartphone, que hace de nexo entre las herramientas propias de campo para el registro arqueológico (Black Pen y ficha de campo) y la base de datos Too Waste, este teléfono dispone de una aplicación que registra y envía toda la información a la base de datos y nos genera un código consecutivo y automático para identificar todos los materiales.

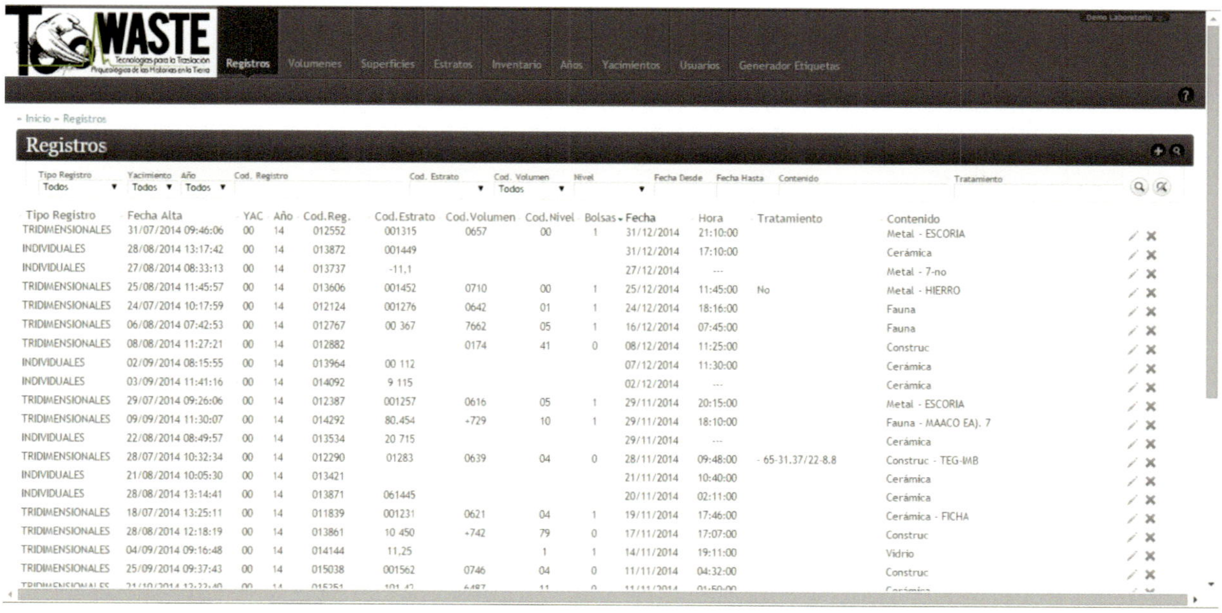

Figura 6. Interfaz del Sistema de registro Too Waste.

FIGURA 7. FICHA DE CAMPO, BLACK PEN Y SMARTPHONE (HERRAMIENTAS BÁSICAS DE DOCUMENTACIÓN).

Las ventajas de este sistema de registro han quedado patentes a lo largo de los tres años de trabajo que lleva realizando Forvm MMX:

- Permite un control absoluto y estricto de toda la documentación arqueológica ya que las fichas de campo obligan al arqueólogo a completar bien toda la información y evitar posibles errores humanos.
- La rapidez de respuesta facilita una documentación casi instantánea, perfecta para grandes equipos de trabajo o para arqueología profesional.
- Las fichas de campo son únicas y nos deja documentar desde el más ínfimo objeto, que en un momento dado podría ser crucial para la interpretación de un espacio con sus coordenadas UTM, hasta un sistemático registro estratigráfico completo, por muy complejo que sea.
- Las herramientas con las que se trabajan no suponen ningún tipo de dificultad ya que estamos más que habituados a trabajar con teléfonos móviles y bolígrafos, además son elementos que soportan sin ningún tipo de problema las condiciones medio ambientales que podemos encontrar en una excavación arqueológica, como puede ser la lluvia, el calor, la gran cantidad de polvo, etc.

4. Cerámicas en la tierra: La *Terra Sigillata* Hispánica en la estratigrafía de Cástulo

A lo largo de estos años de investigación, el proyecto Forvm MMX ha conseguido excavar un 1 por 1000 de la superficie de Cástulo, cerca de 870 metros cúbicos, más de 15.000 registros de materiales arqueológicos y documentar más de 100.000 fragmentos de cerámica.

Cuando hablamos de estratos y materiales en Cástulo, tenemos que tener presentes las dos áreas de excavación: el área 1, con mucha menos potencia estratigráfica, en la que se documenta un edificio público parcialmente expoliado pero que nos ha ofrecido grandes resultados en pequeños sondeos, localizando espacios y niveles de ocupación

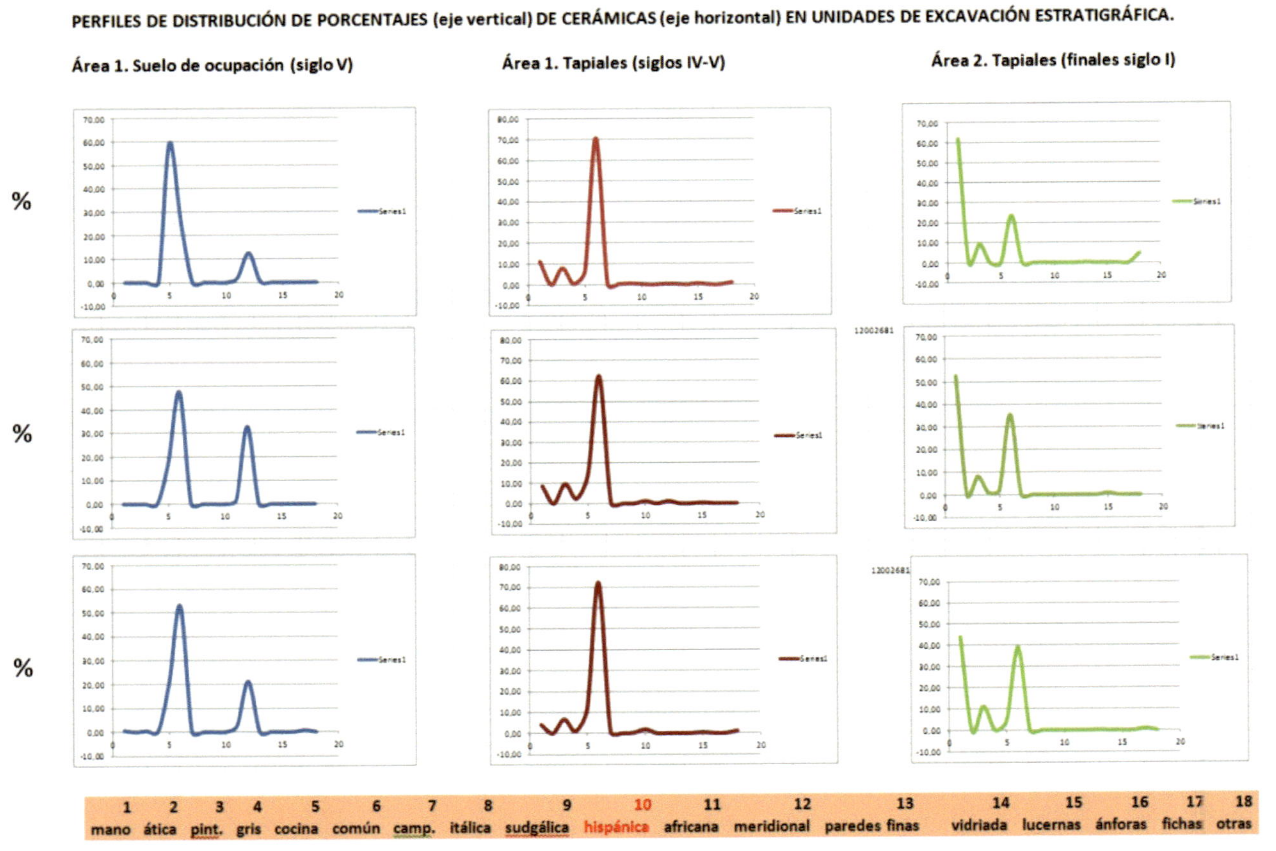

GRÁFICO 1. PORCENTAJES DE DISTRIBUCIÓN DE CERÁMICA EN UNIDADES ESTRATIGRÁFICAS.

DISTRIBUCIÓN DE LAS CERÁMICAS (número de fragmentos) POR CLASES DE MANUFACTURA (sin incluir fragmentos menores a 2 cm.)

		Núm. Frag.	%
1	mano	1123	6,37
2	ática	28	0,16
3	pintada	2554	14,48
4	gris	281	1,59
5	cocina	1933	10,96
6	común	10191	57,78
7	campaniense	24	0,14
8	itálica	13	0,07
9	sudgálica	35	0,20
10	**hispánica**	**218**	**1,24**
11	africana	103	0,58
12	meridional	566	3,21
13	paredes finas	153	0,87
14	vidriada	16	0,09
15	lucernas	196	1,11
16	ánforas	58	0,33
17	fichas	72	0,41
18	otras	74	0,42
	TOTALES	**17638**	**100,00**

Número de fragmentos

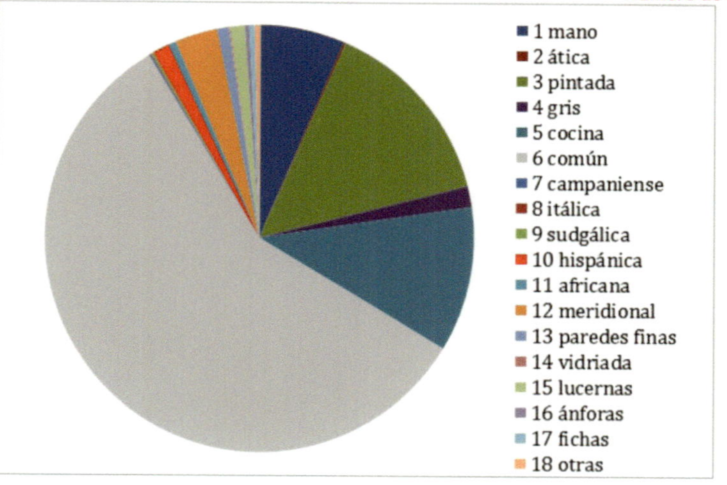

Gráfico 2. Porcentajes de distribución de cerámica en unidades estratigráficas.

sellados; el área 2, un edificio alto-imperial que alberga el mosaico de los amores.

Ambas áreas son muy diversas en cuanto a estratigrafía y podemos resumirlas en el gráfico número uno:

- Suelos de ocupación (s. V D.N.E) en el área 1, donde podemos encontrar un grupo bastante homogéneo de cerámica tardías que fechan estos niveles.
- Tapiales (s. IV-V D.N.E) erosionados en el área 1, pertenecientes a las propias estructuras constructivas, en los que aparecen un mayor número de materiales y mucho más heterogéneos.
- Tapiales (finales s. I D.N.E.) en el área 2, en los que volvemos a encontrar un conjunto de materiales muy heterogéneo en su mayoría compuesto por cerámica a mano, pintada, comunes, cocina y algún pequeño fragmento de lucerna…

En este caso, es importante intentar sacar el máximo partido a toda esta información que documentamos en el campo, descifrar la estratigrafía que nos rodea que es la clave para entender la evolución que Cástulo ha tenido. Los tapiales son sin duda uno de los estratos más complejos con los que se ha enfrentado el proyecto, ya que nos obliga a mostrar especial cuidado a la hora de la excavación y ser muy minuciosos en el estudio de sus materiales. No obstante, este especial cuidado nos ofrece resultados muy positivos, ya que podemos observar como los materiales que encontramos son consecuentes con la lógica del tiempo y su sistema constructivo. De esta forma, cuando estudiamos los tapiales del s. I D.N.E que por su homogeneidad, no encontramos materiales que fechen momentos posteriores a la época alto-imperial. Por lo tanto, y partiendo de la base que los tapiales se construyen con tierra que escavaban del propio lugar, realizamos un tipo de datación por ausencia de materiales.

En este trabajo nos disponemos a mostrar los primeros datos que se han registrado en las primeras campañas de trabajo de Forvm MMX. 17.600 fragmentos de cerámica y dos espacios distintos de excavación nos permiten conocer e ir observando como los resultados obtenidos a través del sistema de registro Too waste, son coherentes y refutan de forma satisfactoria las hipótesis del proyecto que se van desarrollando a lo largo de las campañas de excavación.

En el gráfico número dos podemos observar como la Terra Sigillata Hispánica juega un papel pequeño (solo un 1,24% del total de la cerámica), si tenemos en cuenta el yacimiento y la importancia política-económica que Cástulo desarrollo a partir del s. II A.N.E. ¿A qué se podría deber este pequeño porcentaje que nos presenta?

En primer lugar hay que tener muy presente la llegada y la aceptación de la cultura romana en la ciudad de Cástulo. Una llegada pactada, en la que el pueblo continuaría con sus costumbres, su forma de vivir y por tanto mantendrían los sistemas de producción propios de culturas anteriores a la romana. Pero es indudable que poco a poco la cultura, el comercio y los avances en la producción romana se asentarían y comenzarían a desarrollar productos propios. En segundo lugar (en la actualidad) el desarrollo del proyecto Forvm MMX ha dado origen a la localización de un gran conjunto estructural de carácter público. Las excavaciones se han desarrollado a unas cotas de niveles muy altas, producidas por una posible vaguada del terreno y por la propia erosión de los muros de tapial que constituían esta misma edificación. Los materiales que aparecen en esos tapiales y los estratos asociados a los mismos, nos ofrecen siempre unas cronologías anteriores a la propia construcción del edificio, datos que nos son reafirmados por la Sigillata Hispánica que sí que aparece en las fosas de cimentación, de este gran edificio alto-imperial.

Formas	Frag.	%
1	2	1,33
2	4	2,67
4	3	2,00
7	1	0,67
8	8	5,33
10	2	1,33
15/17	17	11,33
17	3	2,00
19	1	0,67
24/25	7	4,67
25	1	0,67
27	11	7,33
28	1	0,67
29	4	2,67
30	2	1,33
33	4	2,67
35	5	3,33
36	7	4,67
37	21	14,00
46	1	0,67
70	2	1,33
72	12	8,00
77	4	2,67
87	1	0,67
89	2	1,33
97	4	2,67
Otras	11	7,33
Desconocidas	9	6,00
Totales	150	100,00

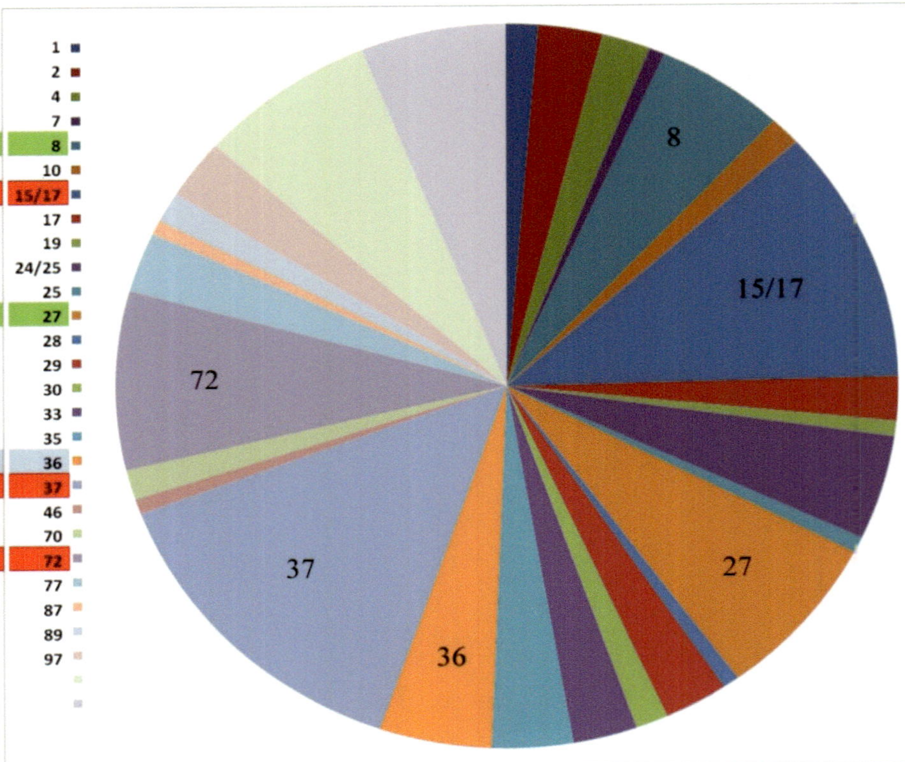

GRÁFICO 3. FORMAS DE LA TSH.

Cuando pasamos a analizar más concretamente la TSH en el gráfico 3, encontramos un amplio repertorio de formas que componen la tipología básica de dicha cerámica. No obstante, podemos observar a primera vista que predominan unas formas en concreto, siendo las más comunes la vajilla de mesa o de uso más cotidiano. Formas como la 8, 15/17 (tanto de formas lisas como Dragendorff), 27 (en ambas variantes), 36 (decoradas con hoja de agua), 37, 72 y destacar también la presencia de la forma 24/25 que aunque no destaque con un carácter tan marcado como las anteriores creemos que también forma parte de esas formas "clásicas" que siempre están presentes en los estudios de la TSH. En la Lamina I podemos observar un pequeño resumen de las piezas que mejor ejemplifican estas formas.

Las conclusiones que sacamos del papel que jugó la TSH son:

- Una clara presencia de las formas más comunes dentro de su tipología lo que nos lleva a pensar que se produce un desarrollo y una producción estable, donde la TSH juega un papel cotidiano y por lo tanto aceptado dentro de las costumbres sociales de las personas que habitaban la ciudad.
- La presencia de formas menos comunes, nos podría indicar la completa aceptación productiva de la TSH y su desarrollo industrial, estableciendo líneas comerciales entre los dos grandes focos de producción: Los Villares de Andújar y los alfares Riojanos.

Como conclusión de este pequeño estudio introductorio a la TSH, nos proponemos como objetivo continuar con las excavaciones en diferentes áreas de la ciudad y comprobar si este pequeño porcentaje continua, o por el contrario se consigue documentar estratos de ocupación alto-imperiales que nos permitan una visión mucho más clara de la época en que se desarrolla la TSH.

Bibliografía

Blazquez J.M. (1975) *Cástulo I*. Comisaria general del Patrimonio Artístico y Cultural. Madrid.

Forvm MMX (Enero-Junio 2014) Cástulo en movimiento. Primer avance del proyecto Forvm MMX. *Siete Esquinas. Revista del centro de estudios linarenses* 6.

Un ejemplo de contextualización cerámica altoimperial: la evidencia del Área II de la colonia romana de *Libisosa Foroagustana* (Lezuza, Albacete)

Antonio Manuel Poveda Navarro
Universidad de Alicante, email: antonio.poveda@ua.es

José Luis Fuentes Sánchez
Universidad de Castilla-La Mancha, email: Jose.l.fuentes.s.@hotmail.com

1. La colonia romana de *Libisosa*

El yacimiento arqueológico del denominado Cerro del Castillo, en Lezuza (Albacete), ha venido ofreciendo hallazgos muy importantes pero fortuitos durante la segunda mitad del siglo XIX y hasta la segunda mitad del siglo XX, siendo a partir del año 1992 (prospección arqueológica) y 1996 hasta hoy (excavaciones arqueológicas) cuando se inició el proyecto de intervenciones arqueológicas y puesta en valor (Figura 1).

Resultado de todo ello es que hoy existen un gran número de materiales arqueológicos depositados en el Museo Arqueológico de Murcia, el Museo Arqueológico de Albacete, el Museo Arqueológico de Elda y la Colección Museográfica de Lezuza, siendo en este último centro donde se hallan depositados los materiales arqueológicos que permiten realizar el presente estudio.

El asentamiento humano en este lugar parece originarse en el sector meridional del promontorio elevado, inmediatamente detrás de los tramos de la muralla del flanco sur, donde se pudo excavar un fondo de cabaña prehistórico, cuyos materiales (inéditos) se pueden datar entre el s. IX y el VI a.C.; es decir, de una fase del Bronce Final que perdura hasta un momento que hemos denominado orientalizante, en el que se identifican cerámicas hechas a mano, entre las que sobresalen cerámicas grafitadas, a

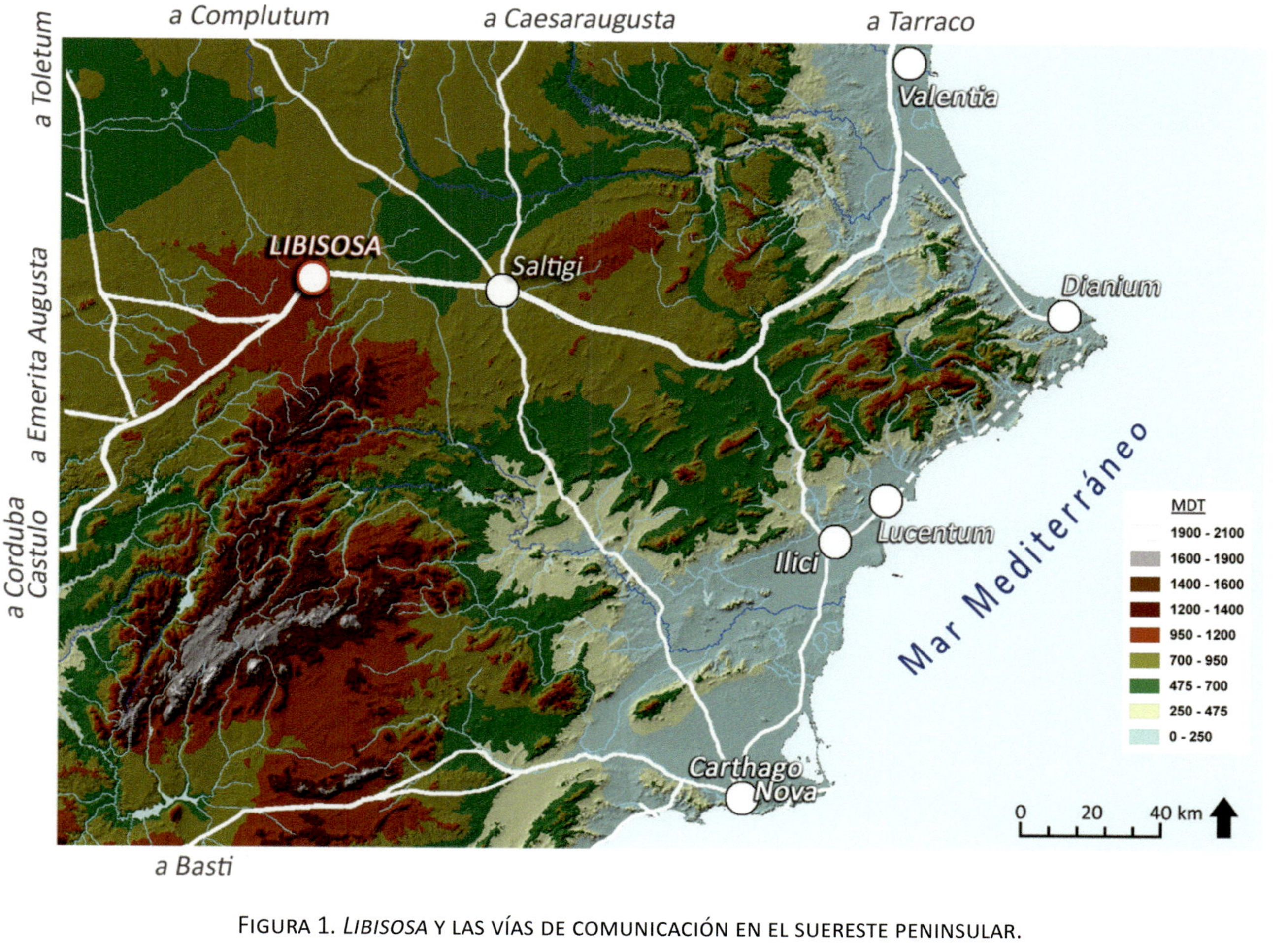

Figura 1. *Libisosa* y las vías de comunicación en el sureste peninsular.

FIGURA 2. CERÁMICAS IBÉRICAS DE *LIBISOSA*.

la almagra y pintadas, e incluso un broche de cinturón de bronce, de tipología tartésica con tres garfios.

La fase plenamente ibérica se ha documentado al menos, en la zona más elevada del cerro, junto al solar donde se edificará *a posteriori* el foro; y en la más septentrional y las áreas más bajas, donde se ha registrado el primer gran impacto de la llegada de Roma, entre el s. II a.C. y el primer tercio del s. I a.C. en el Sector 18 del Área III (Uroz, Poveda, Muñoz, Uroz Rodríguez 2007: 143-170; Uroz Rodríguez 2012) (Figura 2).

Un amplio sector de la geografía occidental de la actual provincia de Albacete, en las tierras de transición de la comarca de Campo de Montiel hacia Los Llanos, constituyeron parte importante del territorio de este gran *oppidum* oretano, que recibe la denominación de *Libisosa* (Ptolomeo, II, 6, 58), y donde muy pronto se desarrolló un proceso de romanización que transformó este poblado oretano en colonia romana (Plinio, III, 4, 30), tras un breve periodo de funcionar como *Forum Augustum* (Poveda Navarro 2002: 5-38).

El desarrollo definitivo de Libisosa fue motivado por decisión de Augusto, quién en el último tercio del s. I a.C. procede a la transformación jurídica del enclave, siendo a comienzos de Tiberio la actuación definitiva, de modo que consiguieron implantar un importante núcleo urbano romano (Uroz, Poveda, Márquez 2010: 225 ss.), que terminaría por convertirse en una valiosa colonia romana en un territorio donde escasean las ciudades romanas (Poveda, Uroz, Muñoz 2008: 363-376; Uroz 2012: 87-130), pero donde el sector económico del comercio siempre fue su razón de ser, al beneficiarse especialmente de su

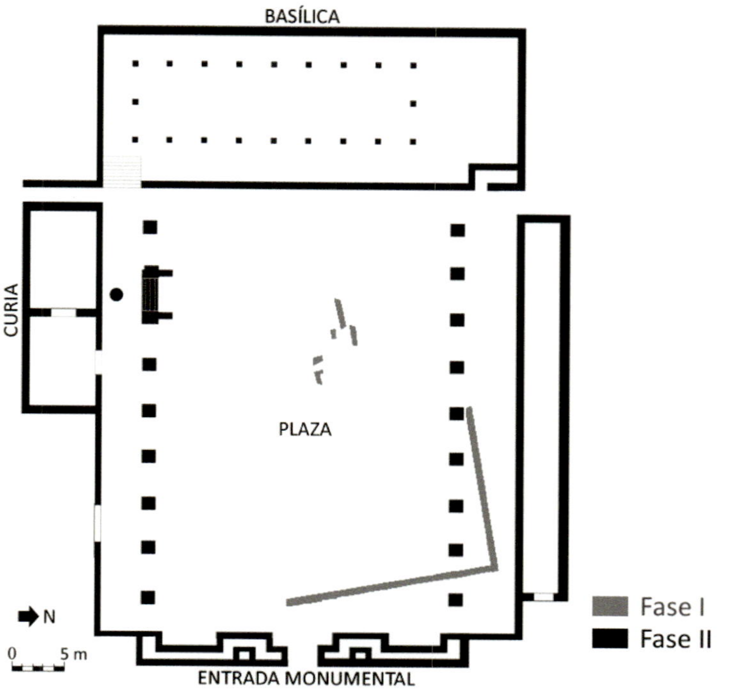

Figura 3. Vista aérea del foro de la colonia romana.

posición estratégica en el control de la mejor viabilidad de la Antigüedad, la calzada denominada Heraklea, Hercúlea, o Camino de Aníbal (Sillières 1999; 2003), que unía las tierras de la Alta Andalucía jienense y la Serranía de Cuenca con este enclave de la zona de Albacete (Blánquez Pérez 1990: 65-76; Poveda 1994: 391-399; Uroz, Poveda 2008: 145-146).

Los principales *itineraria* latinos dan buena cuenta de su localización: Vasos de Vicarello (*CIL* XI 3281-3284: *I*: *Libisosam*; *II*, *III* y *IV*: *Libisosa*) (Sillières 1977: 31-83), en el Itinerario de Antonino (446, 11: *Libisosia*) y en el Ravennate (313, 14; *Lebinosa*) (Roldán 1975: 154-159, 94-95, 129; 246).

Las excavaciones arqueológicas realizadas en el sector que mejor muestra la arquitectura de época y factura romana, en las que uno de nosotros intervino en el propio equipo de dirección y conoce de primera mano las intervenciones y los materiales, han dado lugar a que actualmente podamos contemplar parte de su gran muralla perimetral, tres de sus puertas monumentales (meridional, septentrional y noroeste), todo ello de fase sertoriana; la curia, la basílica, una fuente monumental, o quizá ninfeo, así como una gran cisterna entre otras estancias del foro. También se pudo exhumar en el A I, el tramo contiguo al E del decumano máximo, una domus y estructuras de otras posibles viviendas romanas que fueron construidas frente al recinto foral, conjunto que podría corresponderse con los comienzos de la etapa colonial, posiblemente originada en la fase de Tiberio (Poveda 2002: 31; Poveda, Uroz, Muñoz 2008: 493-495). Existe un vivo debate con otros investigadores respecto a esta cuestión, pues no se tienen en cuenta todas las evidencias arqueológicas, y se interpretan estas estructuras como propias de la inmediata fase anterior augustea (Andreu 2008: 232-233; Uroz 2012: 105-112) (Figura 3).

Otra área de clara naturaleza altoimperial es la explotación agrícola romana frente a la colonia, que subyace bajo y al lado del actual cementerio de Lezuza. Se trata del A.II Sector 2, de donde proceden los objetos que vamos a utilizar para elaborar el presente estudio, si bien recientemente ya hubo una primera aportación de algunos materiales de la vajilla fina de mesa como las *sigillatae* importadas y consumidas en el lugar, cuya procedencia itálica, gálica e hispánica ha sido documentada (Poveda, Fuentes: 2016).

Los hallazgos epigráficos conocidos hasta hoy han sido bien compendiados (Abascal 1990: 43-49; Abascal, Sanz 1993: 23-26; Uroz 2012: 104-105, 116-120; Fasolini 2012: 345-347; Poveda, en prensa) y se acumulan cronológicamente desde Tiberio hasta el s. II d.C., si bien quizá se pueda aceptar la presencia de dos inscripciones fragmentadas, que podrían pertenecer a posibles momentos augusteos, que sin embargo no muestran indicios explícitos de municipalización, fase en la que parece que los asentamientos de *gens* romano-latinas son realizados *ad viritim*, de forma individual, adscritas a la tribu Sergia, mientras que ya en la fase colonial su adscripción es a la Galeria (Poveda, en prensa).

Finalmente, a caballo entre los ss. II y III d.C., la ciudad parece abandonarse y quedar despoblada sin rango urbano, siendo en un momento indeterminado del s. IV d.C., cuando se vuelve a observar una escasa e insignificante actividad constructiva, en el ángulo suroeste de la plaza del foro, entre la curia y la basílica. En este lugar se han identificado los restos arrasados de una estancia rectangular, a la que se asocia el hallazgo de algunas monedas del s. IV d.C., época a la que deben igualmente corresponder un escaso lote de cerámicas, algunas de ellas claras africanas de la clase D, localizadas en la zona frente al ángulo noreste del exterior del área foral.

El yacimiento todavía albergó una fase medieval de la que se conoce un enclave monástico perteneciente a una orden militar, así como un reducido castillo bajomedieval, cuyas construcciones y época escapan al interés de este trabajo.

Respecto a la zona donde se ubicaría su o sus necrópolis nada se sabe de forma fehaciente, si bien hallazgos fortuitos del último tercio del siglo XIX, principalmente inscripciones en lápidas funerarias, permiten intuir su localización entre la ciudad romana y la cercana vega del río Lezuza (Abascal, Sanz 1993: 23-26; Poveda, en prensa).

2. El Área II, sector 2

La excelente comunicación terrestre permitió a *Libisosa* importar y consumir los mejores productos de la época, especialmente objetos cerámicos importados de distintos lugares del Mediterráneo, principalmente de la península itálica, de la Galia, y de Hispania, siendo pues comprensible la importante llegada de productos especialmente datantes, que ya fluían desde época republicana (Figura 4). Patrón que no solo no se interrumpirá en época altoimperial, si no que será objeto de un incremento exponencial de los productos importados, así como otros de incipiente desarrollo como es el caso de las distintas producciones de *terra sigillata*, pero también otras clases cerámicas romanas que han aparecido abundantemente junto a aquéllas. Es sobre este significativo conjunto cerámico sobre el que centramos esta aportación.

Como anteriormente hemos mencionado, existe un pequeño enclave de explotación agrícola asociado a la ciudad, que se ubica en la parte E del Cerro del Castillo, junto al actual cementerio de Lezuza, situado al E y a 140 mts. del recinto amurallado del núcleo urbano romano, en su tramo oriental, extensión que en la planificación del proyecto Libisosa fue incluido con la denominación de Sector II, que se corresponde con el Polígono 99 / Parcela 193, del término municipal, según se observa en la documentación urbanística de su ayuntamiento.

Se trata de un terreno en cota topográfica más baja que la del hábitat *intra* muros, que ocupa una loma amesetada con tendencia descendente hacia el sur. Este espacio periurbano se vio afectado por las obras de ampliación del Campo Santo hacia su zona meridional, por lo que entre el 6 de julio y el 11 de septiembre del año 2001, se procedió a su excavación arqueológica sistemática. Se realizaron una treintena de catas de 5 x 5 m. de lado, resultando exhumada una superficie total de 885,9 m2, en la que apenas se localizaron estructuras, a excepción de restos muy arrasados de dos muros, un muro de escasa entidad, dos pavimentos, así como una estructura circular perteneciente a la parte inferior de un posible molino para el cereal, de hecho se hallaron nueve piedras de molino para su molienda, además se identificaron tres pozos vertedero (Figura 5).

Los hallazgos de materiales arqueológicos se concentraban hacia el flanco sur del recinto del cementerio, cuyo lienzo murario ya mostraba en la cimentación algunos bloques de piedra reutilizados tras su recuperación antigua en el lugar. Por este motivo no es descabellado intuir que por cuyo interior debía extenderse el enclave agrícola que como se ha demostrado, es claramente de época alto-imperial. Los distintos materiales hallados en estos tres pozos vertederos, constituyen el epicentro de nuestro estudio, pues contiene abundante material de gran valor cronológico, principalmente terra sigillata, que ya caracterizamos en su momento (Poveda, Fuentes, en prensa). Este conjunto se halló en unos contextos sellados que ofrecen una datación de finales de la primera mitad del s. I d.C. y del primer cuarto del s. II d.C., si bien hay un pequeño número de objetos cerámicos localizados en niveles arqueológicos fiables (pavimentos o su preparación), así mismo hay otros en buena parte no cerrados, que pertenecen al s. I a.C., informándonos de que la zona ya era, lógicamente, conocida y frecuentada por los habitantes de la ciudad poco antes de comenzar su fase altoimperial.

En primer lugar, bajo la UE-1 superficial hallamos un conjunto de unidades usadas como tierra de labor (UU.

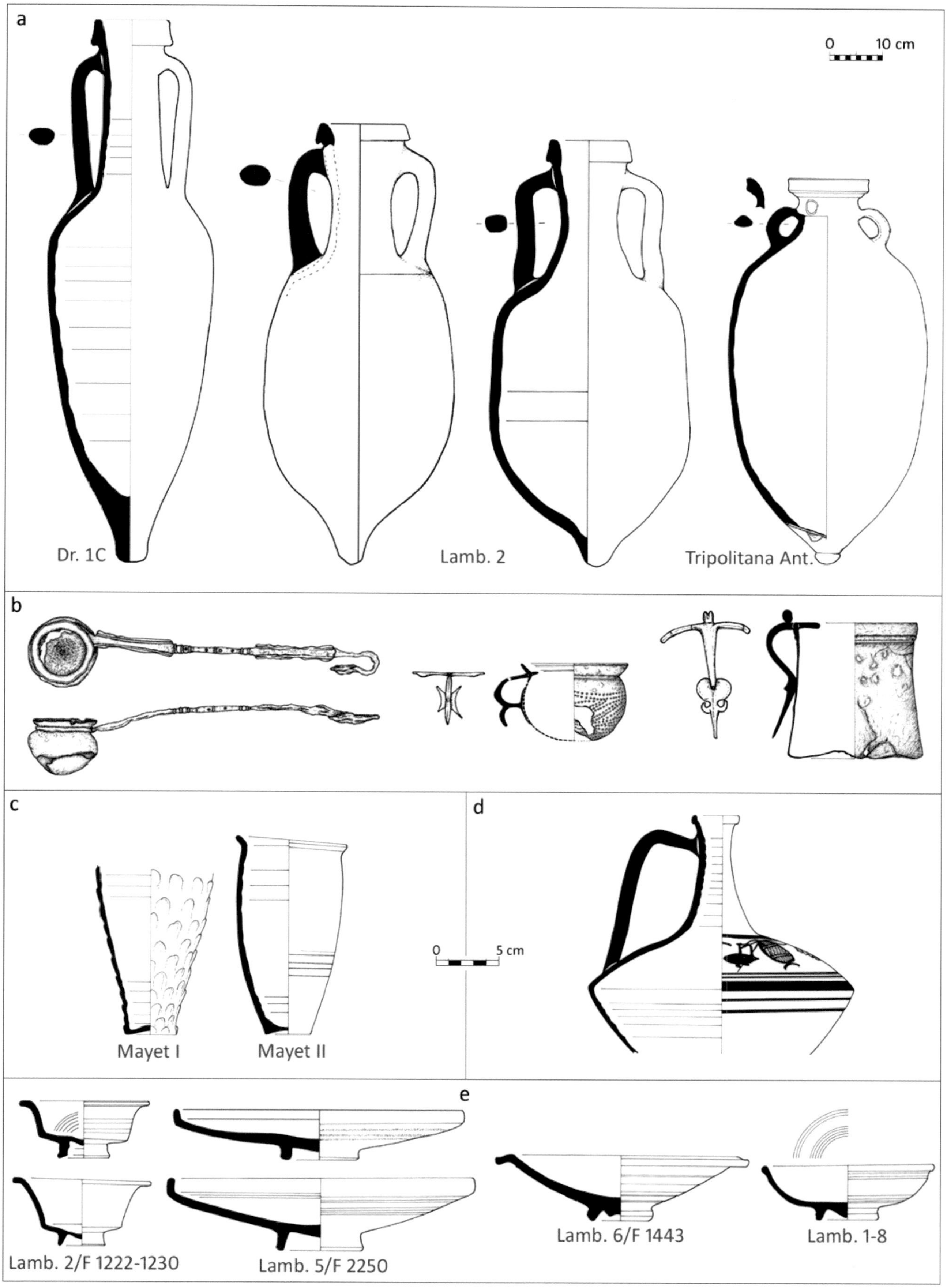

FIGURA 4. MATERIALES PROCEDENTES DE CONTEXTOS ROMANO REPUBLICANOS DE *LIBISOSA*.

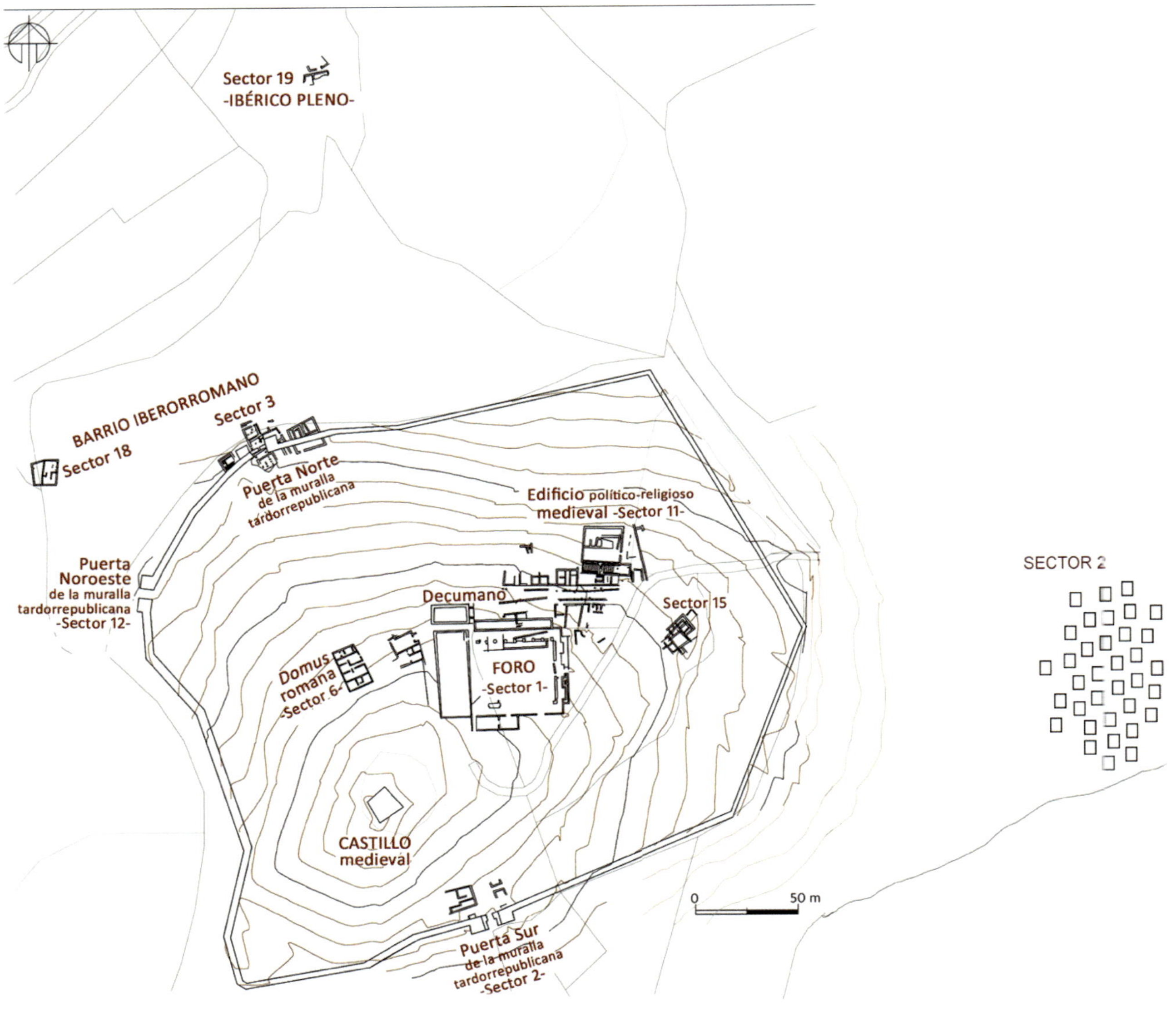

FIGURA 5. PLANIMETRÍA DEL YACIMIENTO DE LEZUZA-*LIBISOSA*.

EE. 1011 1029 1034 1036 1043 1145 1157 1167 1180 y 1187), y asociadas a la transformación para terrenos de uso agrícola en época moderna de lo que se interpreta como los niveles de abandono de las estructuras del enclave, que pudo haber acontecido en un momento comprendido entre el 120-150 d.C. Las estructuras exhumadas aportaron interesantes materiales datantes en los rellenos de las fosas (UU.EE. 1029 1040 1041 1167 1171 1172 1175 1186), que como sabemos presentan un contexto estratigráfico fiable.

De esta forma es comprensible que podamos hablar de simple material residual al que puede datarse en la fase tardorepublicana y augustea, así parece deducirse de que únicamente se hayan encontrado dos objetos de cerámica de barniz negro (0,06%), tres de barniz rojo pompeyano (0,09%), doce de ánfora ibérica (0,17%), trece de común ibérica (0,40%), o diecinueve de ibérica gris (0,59%) (Figura 6).

En estos contextos se recuperó un considerable número de objetos cerámicos entre los que sobresalen las producciones de *sigillata* (470 NMI, 16,76%) de procedencia itálica, sudgálica e hispánica, observándose que las producciones hispánicas están en inferioridad numérica, lo cual pone de manifiesto el dominio comercial de los productos importados en *Libisosa* hacia finales del s. I d.C. y el estado incipiente de las exportaciones de *sigillata* isturgitana en este momento (Poveda, Fuentes, en prensa).

Con respecto a las vajillas y contenedores datantes, que vamos a estudiar y extraer conclusiones, destacamos la escasa presencia de las cerámicas de paredes finas (51 NFR, 0,73%), así como de las ánforas (195 NFR, 2,81%) que en este caso son relativamente numerosas.

No obstante, este material importado se acompañó en su exhumación de otros objetos que no requerirán nuestra atención ahora, pues constituyen mayoritariamente un alto número de fragmentos (NFR) de cerámica ibérica común, entre los que existen cerámicas pintadas de tradición ibérica (290 NMI = 9,19%), que si bien es muy fragmentaria nos deja intuir que son de la fase tardo-ibérica y del momento

Categorías generales AII S2 Libisosa

CATEGORIAS DE HALLAZGO	NFR	% NFR	NMI	% NMI
comro	3165	45,53 %	1382	43,80 %
me	467	6,72 %	413	13,09 %
sig	470	6,76 %	364	11,54 %
ib-pin trad	679	9,77 %	290	9,19 %
cocr-red	467	6,72 %	252	7,99 %
hueso	945	13,60 %	102	3,23 %
cost	100	1,44 %	100	3,17 %
otros	116	1,67 %	86	2,73 %
a	195	2,81 %	41	1,30 %
luc	60	0,86 %	32	1,01 %
parfin	51	0,73 %	2	0,06 %
pt	22	0,32 %	22	0,70 %
c-ibg	19	0,27 %	19	0,60 %
c-ib	17	0,24 %	13	0,41 %
mol	9	0,13 %	9	0,29 %
mon	8	0,12 %	8	0,25 %
a-ibe	140	2,01 %	12	0,38 %
r-pomp	16	0,23 %	3	0,10 %
bn	2	0,03 %	2	0,06 %
ost	2	0,03 %	2	0,06 %
fu	1	0,01 %	1	0,03 %
TOTAL	**6951**	**99,71 %**	**3155**	**97,98 %**

FIGURA 6. CUANTIFICACIÓN DEL AII S2 DE *LIBISOSA*.

más inmediato a la presencia romana, en gran medida a partir de la época de Augusto, pero sobre todo de bien entrado el s. I d.C.

En este mismo sentido se puede afirmar que es evidente el estado avanzado de romanización en la que se halla inmersa la vajilla más popular usada en este momento, que es además la más abundante de las cerámicas, la común. Esta es en esencia de naturaleza romana (1382 NMI, 43,80%), y es todavía más patente su predominio si sumamos la cerámica de cocina (252 NMI, 7,99%), cuya suma de ambas supera el 50% del total de materiales hallados. Parece una buena información complementaria a esa misma idea que se haya recuperado un alto número de lucernas romanas de pleno s. I d.C. (32 NMI, 0,99%).

También se pudieron recoger e identificar muestras de objetos de vidrio, abundantisimo material metálico (413 NMI, 13,09%), tanto escoria de hierro como placas y objetos de este metal principalmente, por lo que es fácil intuir que en el lugar existió algún tipo de actividad metalúrgica. De la misma manera, la presencia de un buen número de pesas de telar (22 NMI, 0,70%) nos informa de la actividad necesaria para la confección de textiles.

Igualmente se recuperó un alto número de material cerámico constructivo para pavimentos, como son pequeños latericios (100 NMI, 3,17%) en forma de losange y sobre todo los rectangulares, empleados para conseguir pavimentos en *spicatum*, como ya se había documentado en el mismo foro de la ciudad, especialmente para el caso de una parte de la curia. Por último, es sobresaliente el alto número de piezas óseas (102 NMI, 3,17%) que se hallaron en el lugar, lo cual es comprensible puesto que es un ámbito agropecuario donde está bien representada la fauna de establo que era consumida por la población de la zona próxima.

3. El contexto cerámico del A-II, s.2 de Libisosa

El contexto cerámico que presentamos procedente de este sector precisa aún de una mayor sintetización que permita profundizar en las facies cerámicas existentes, como la cerámica común romana, grupo al que se adscriben un 50% de las cerámicas presentes en los vertederos y que se encuentran en fase de estudio.

Podemos avanzar la adecuada caracterización de las ánforas y algunas especies de la vajilla fina de mesa como la *sigillata*, las paredes finas, así como los escasos morteros que se han podido estudiar para esta ocasión, y que para nada son expresivos de la representación que los mismos debieron de tener en el s.I de nuestra Era (Figura 7).

3.1. Las ánforas

El material anfórico hallado es relativamente abundante, o al menos es representativo de los flujos del comercio de importación de productos transformados de la agricultura y de la pesca, que llegan a *Libisosa* desde distintos lugares peninsulares o del Mediterráneo. Debido a la gran fragmentariedad de los objetos recuperados se ha realizado su identificación tipológica mediante las más estandarizadas y conocidas denominaciones de los tipos, mientras que también hemos recurrido a la identificación más aproximada posible de sus pastas y engobes (Bertoldi 2012).

De procedencia itálica se ha constatado un pequeño lote (3 NMI) de ánforas de la forma Lamb. 2, su identificación ha sido posible principalmente porque se trata de dos asas y un arranque de asa, de las típicas de estos contenedores tardorepublicanos, que representan la presencia residual de importaciones desde finales del s. II a.C. que llegan hasta las primeras décadas del s. I d.C. A la parte final de ese mismo periodo y hasta la primera mitad del s. II d.C., pertenece un asa de otra pieza itálica, identificada como forma Dr. 6, que informa de que todavía se continuó importando vino itálico de las tierras adriáticas. Sin embargo, la recuperación de un asa de una más que probable ánfora Dr. 2-4 itálica, que desde el último tercio del s. I a.C. logra preponderancia y alcanzar la primera mitad del s. II d.C., nos alerta de la importación de vino de otros sectores vinícolas, de la zona en este caso tirrénica. La conclusión es que estas ánforas son la evidencia de las últimas llegadas importantes de vino itálico, en este caso todavía mayoritariamente desde el litoral adriático, echando en falta en cambio la presencia de envases campanos de las formas de Dr. 1.

El resto del material anfórico es mayoritariamente hispánico (12 NMI) más una posible ánfora Dr. 2-4 africana, reconocible a partir de un pivote, su pasta rojiza

Contexto cerámico AII S2 Libisos:

CATEGORIAS DE HALLAZGO	NFR	% NFR	NMI	% NMI
comro	3165	59,93 %	1382	57,30 %
ib-pin trad	679	12,86 %	290	12,02 %
sig	470	8,90 %	364	15,09 %
cocr-red	467	8,84 %	252	10,45 %
a	195	3,69 %	41	1,70 %
luc	60	1,14 %	32	1,33 %
parfin	51	0,97 %	2	0,08 %
c-ibg	19	0,36 %	19	0,79 %
c-ib	17	0,32 %	13	0,54 %
r-pomp	16	0,30 %	3	0,12 %
bn	2	0,04 %	2	0,08 %
a-ibe	140	2,65 %	12	0,50 %
TOTAL	**5281**		**2412**	

FIGURA 7. CUANTIFICACIÓN DEL CONTEXTO CERÁMICO ANALIZADO EN AII S2 DE *LIBISOSA*.

y su superficie amarillenta. De esta misma forma, que es la que ilustra con claridad un cambio en la zona de abastecimiento de vinos, han llegado al enclave cuatro ejemplares de procedencia tarraconense, un borde y tres asas, lo que informa que hay preferencia por los caldos de esa provincia oriental hispana. La suma de todas las piezas halladas de esta forma, independientemente de su procedencia, alcanza el número de siete ejemplares, que le convierten en el ánfora que más atestaciones tiene, lo que significa que es además el contenedor vinícola que se pone de moda durante todo el siglo I d.C. y parte del II.

Sin embargo, otra ánfora, representada por la forma Hal. 70 (4 NMI), parece orientarnos sobre la llegada de vino meridional, o también *defructum* e incluso olivas, se trata de importaciones de la zona bética litoral, parece que de la bahía de Cádiz, para su consumo desde la segunda mitad del s. I a.C. hasta mediados del s. I d.C., al menos así parece deducirse de los dos pivotes recuperados que presentan en su interior las características grandes pellas de arcilla, en otros dos casos se han identificado asas que pueden corresponder al mismo tipo anfórico pero del formato usado a lo largo del resto del mismo siglo.

Para estos mismos momentos y hasta entrado el s. II d.C. se importarían salmueras, olivas o aceite, de origen bético, también del litoral gaditano, como ilustra la presencia de un borde anfórico de la forma Dr. 7-11, pero sobre todo la más abundante de ánforas Bel. IIb (3 NMI), identificadas por dos bordes y un asa, también del litoral bético y que son frecuentes a lo largo de todo el s. I d.C. y hasta comienzos del s. III d.C. Estos dos últimos tipos anfóricos son la evidencia de que los productos béticos comienzan a ser los preferidos para las poblaciones romanas de la Oretania oriental (Figura 8).

3.2. La vajilla fina clásica

La vajilla fina de mesa se encuentra expresada en nuestros inventarios por un conjunto cerrado de *terra sigillata* y las testimoniales paredes finas, sin que por el momento podamos ofrecer más datos de otras producciones finas engobadas que se hallan presente de forma exigua.

3.2.1. Las sigillatae de Libisosa

Constituyen el conjunto más homogéneo y mejor sintetizado del contexto, se detecta la presencia de 364 (NMI) cuya distribución en individuos y porcentajes es: sig.it (21, 5;77%), sig.sg (222; 60,99%), sig.his bet de (80; 21,98%) y sig.his sep (31; 8,52%). Debemos mencionar la inexistencia en estos inventarios de *sigillata* africana.

3.2.1.1. *Terra sigillata* itálica

Es claramente residual, pues supone tan solo el 6,60%, es decir, se hallaron 31 fragmentos que sintetizaron 21 individuos en su mayoría de procedencia aretina; de todo este pequeño conjunto, tan sólo 12 fragmentos pertenecen a los niveles asociados a los rellenos de las fosas.

Ánforas

CLASE	NFR	NFR % Tot	NFR % grp	NMI	NMI %tot	NMI % grp	FORMA	TIPO	VAR.
a-it	15			5					
a-it	4	2,05 %	26,67 %	3	7,32 %	60,00 %	Lamb.	2.	
a-it	1	0,51 %	6,67 %	1	2,44 %	20,00 %	Dr.	6.	
a-it	9	4,62 %	60,00 %	1	2,44 %	20,00 %	Dr.	2-4.	
a-it	1	0,51 %	6,67 %						
a-afr	1			1					
a-afr	1	0,51 %	100,00 %	1	2,44 %	100,00 %	Dr.?	2-4.	
a-tar	4			4					
a-tar	4	2,05 %	100,00 %	4	9,76 %	100,00 %	Dr.	2-4.	
a-bet medit.	19			8					
a-bet medit.	5	2,56 %	26,32 %	4	9,76 %	50,00 %	Hal.	70.	
a-bet medit.	10	5,13 %	52,63 %	1	2,44 %	12,50 %	Dr.	7–11	
a-bet medit.	3	1,54 %	15,79 %	3	7,32 %	37,50 %	Bel.	II	B
a-bet medit.	1	0,51 %	5,26 %						
otanfor	156			24					
otanfor	156	80,00 %	100,00 %	24	58,54 %	80,00 %	Ind.		
TOTAL	**195**			**41**					

FIGURA 8. ANÁLISIS CUANTITATIVO DE LAS ÁNFORAS DE AII S2 DE *LIBISOSA*.

Por lo que respecta al repertorio vascular se observa que lo constituyen platos (7) principalmente de las ff. Consp.1.1; Consp.4; Consp.10; Consp.11; Consp.18.2.1 y Consp.21.; copas (3) Consp.13, Consp.14.1.2 y 22.1, así como el cuenco Consp.38.3. Se deduce que es un material procedente de una fase cronológica algo anterior a la implantación de un enclave agrícola suburbano. Estos supuestos vienen confirmados por el hallazgo de la forma Consp.1.1, fechada entre los años 30-15 a.C., y quizás de la forma Consp.22.1, datada entre el año 20 a.C. y el 35 d.C., si bien como se aprecia, ésta forma se fabricaba aún durante el primer tercio del s. I d.C., por lo que pudo importarse y tener una fecha de uso que se aproximaba al momento de construcción del centro productivo agrícola, que como veremos debió acontecer hacia mediados del siglo I d.C. La mayoría del grupo itálico que hemos estudiado, se corresponde con la forma Consp.20.4, a la que pertenecen 4 de sus piezas y que fechamos entre los años 30-50 d.C., así como un quinto individuo también de esta variante 4 genérica, cuya datación se fija entre el 40-80 d.C. (Figura 9).

3.2.1.2. *Terra sigillata* sudgálica

El repertorio funcional de las importaciones sudgálicas se expresa en: 94 platos, 58 copas, 47 cuencos y 23 vasos, que se identifican bien con un conjunto no anterior a los años 15-20 d.C. Si revisamos en nuestro lote qué piezas han podido llegar y consumirse entre esos años y el 40 d.C., observamos que en ese momento están presentes las formas Drag.15 (4), las primeras Drag.27 (6), y la Drag.29a, (3) y como probables otras (8).

Las ff. Drag.15/17 (18), la Drag.17A (1), la Drag.33 (1) y la Ritt.8 (8), elevarían la suma a 49 ejemplares, aunque bastantes de ellas sabemos que son formas que continúan fabricándose hasta los años 60-80 d.C., por lo que pueden ser producidas tanto a mediados del s. I d.C. como en su segunda parte. En iguales circunstancias, detectamos una presencia considerable de la forma Drag.18, que con 43 individuos es la mejor representada de la muestra, pero se debe tener en cuenta que aunque su fabricación se inicia a comienzos del s. I d.C., su producción masiva continuó hasta los años 60, por lo que muchos de los platos de esta forma pueden pertenecer al periodo comprendido entre el 40-60 d.C.

A partir del mismo, sabemos que se consumen formas bien atestiguadas en este sector de *Libisosa*, como las ff. Drag.24/25b/c (23), Drag.27 (20), Drag.29b (21), Drag.30 (12), y quizá algunas Ritt.8 (8), conjunto que totaliza más de 76 piezas fabricadas a partir del año 40 d.C., superando ampliamente a las 49 piezas del periodo anterior, diferencia que todavía ha de ser superior si tenemos en cuenta que las formas Drag.15/17 y Drag.18 se fabricaron no solamente hasta el año 40 d.C., sino hasta el 60 d.C., por lo que no pocas de estas piezas deben pertenecer ya al periodo inicial de mediados del s. I d.C.. Éste es un periodo al que sin ninguna duda sabemos que se adscriben las formas fabricadas a partir del año 60 d.C, como las Drag.18/31 (5), Drag.35 (7), Drag.36 (2), Drag.37 (7) y Dech.67 (2), que aportan un volumen de 23 nuevas piezas.

Entre los años 40 y 60 del s. I d.C., contabilizamos más de un centenar de piezas de *sigillata* gálica, observándose claramente una mayor llegada y consumo de éstas hacia la primera mitad de ese siglo, pues es justo en torno al año 50 d.C., cuando comienzan a abundar las sigillatas hispánicas de los talleres de Andújar y *Tritium Magullum*, y que por tanto se sumarían al material gálico de esa cronología.

3.2.1.3. Terra *sigillata* hispánica septentrional

El comportamiento de estas producciones hispanas en *Libisosa*, es tímido entre los años 30-50 d.C., correspondiendo a la segunda mitad del s. I d.C. cuando se detecta un incremento en la llegada de manufacturas de *Tritivm Magallvm*, que se evidencian en 31 NMI (8,52%) y que responde a las necesidades funcionales de abastecer a la población principalmente con las formas de éxito de su variado repertorio: Platos (Drag,15/17, Drag.36 e Hisp.4); Copas (Drag.27, Drag.35), vasos (Drag.30 e Hisp.10), y finalmente cuencos de las ff. extendidas Ritt.8 y Drag.29b y Drag.37.

Por lo que respecta a las producciones septentrionales, éstas representan el 29%; de ellas, las de *Tritivm Magallvm* suponen el 22% (13 NMI), la producción lisa acapara el 85% (11 NMI), y la producción decorada el 15% (2 NMI). El principal de los hallazgos fue realizado en la U.E. 1040 que se corresponde con el relleno de una fosa contigua a la estructura circular de uso agrícola (Cata 10). En este nivel, la forma 15/17 solo aparece representada por un ejemplar de perfil completo, borde liso, pared exvasada, cuarto de círculo marcado y fondo con moldura externa, pie bajo de sección rectangular y sello en cartela rectangular cuyos caracteres en letra capital, permite la lectura IIX OM CAPITO. El taller de MATERNVS CAPITO, está documentado en Tricio (Mayet 1984: 151; Sáenz Preciado, Sáenz Preciado 1999: 112), cuyos productos sellados han sido localizados en Souk-el-Arba du Gharb, Marruecos (Boubé 1965: 159-160), Valeria (Sánchez-Lafuente 1985: 214, nº 228).

La forma 27 aparece en cuatro ocasiones, una de ellas sellada con la marca · ANI· (VS), cartela rectangular de ángulos curvos. El taller de ANNIVS, que produjo en Arenzana de Arriba (La Puebla) (Garabito 1978: 457, nº1), también se halla documentada esta cartela en Arcaya y Soria (Sáenz Preciado, Sáenz Preciado 1999: 91). Por su parte la forma 35 está representada por tres bordes sin restos de aplicación a la barbotina. Las producciones decoradas se reduce a cinco ejemplares de la forma 29, decorada con motivos geométricos, así como un borde de la forma 37 con restos de decoración del primer friso.

Existe un grupo muy reducido de fragmentos (4), que pertenecen a producciones septentrionales no identificadas, cuyas pastas cerámicas no se corresponden con las típicas

Expresión de la terra sigillata

CLASE	NFR	NFR % Tot	NFR % grp	NMI	NMI %tot	NMI % grp	FORMA	TIPO	VAR.
sig-it	**31**		**6,60 %**	**21**		**5,77 %**			
sig-it	1	3,23 %	0,21 %	1	4,76 %	0,27 %	Plato	Consp. 1	1.1.
sig-it	1	3,23 %	0,21 %	1	4,76 %	0,27 %	Copa	Consp.13	
sig-it	4	12,90 %	0,85 %	4	19,05 %	1,10 %	Copa	Consp.14	1.2.
sig-it	1	3,23 %	0,21 %	1	4,76 %	0,27 %	Copa	Consp.22	1
sig-it	1	3,23 %	0,21 %	1	4,76 %	0,27 %	Cuenco	Consp.38	3
sig-it	10	32,26 %	2,13 %				Ind.	Ind.	
sig-it	1	3,23 %	0,21 %	1	4,76 %	0,27 %	Plato	Consp.4	6
sig-it	5	16,13 %	1,06 %	5	23,81 %	1,37 %	Plato	Consp.20	4
sig-it	1	3,23 %	0,21 %	1	4,76 %	0,27 %	Plato	Consp.R10	?
sig-it	3	9,68 %	0,64 %	3	14,29 %	0,82 %	Plato	Consp.18	2.1.
sig-it	1	3,23 %	0,21 %	1	4,76 %	0,27 %	Plato	Consp.21	?
sig-it	2	6,45 %	0,43 %	2	9,52 %	0,55 %	Plato	Consp.11	
sig-sg	**304**		**62,77 %**	**222**		**60,99 %**			
sig-sg	11	3,62 %	2,34 %	11	4,95 %	3,02 %	Copa	Drag.24/25	A
sig-sg	14	4,61 %	2,98 %	14	6,31 %	3,85 %	Copa	Drag.24/25	B
sig-sg	1	0,33 %	0,21 %	1	0,45 %	0,27 %	Copa	Drag.24/25	C
sig-sg	1	0,33 %	0,21 %	1	0,45 %	0,27 %	Copa	Drag.27	B
sig-sg	19	6,25 %	4,04 %	19	8,56 %	5,22 %	Copa	Drag.27	B/C
sig-sg	6	1,97 %	1,28 %	6	2,70 %	1,65 %	Copa	Drag.27	C
sig-sg	4	1,32 %	0,85 %	4	1,80 %	1,10 %	Copa	Drag.35	
sig-sg	18	5,92 %	3,83 %	18	8,11 %	4,95 %	Cuenco	Drag.29	B
sig-sg	14	4,61 %	2,98 %	14	6,31 %	3,85 %	Cuenco	Drag.29	
sig-sg	3	0,99 %	0,64 %	3	1,35 %	0,82 %	Cuenco	Drag.37	?
sig-sg	5	1,64 %	1,06 %	5	2,25 %	1,37 %	Cuenco	Drag.37	
sig-sg	6	1,97 %	1,28 %	6	2,70 %	1,65 %	Cuenco	Ritt.8	B
sig-sg	1	0,33 %	0,21 %	1	0,45 %	0,27 %	Cuenco	Ritt.8	
sig-sg	1	0,33 %	0,21 %	1	0,45 %	0,27 %	Copa	Herm.25?	
sig-sg	73	24,01 %	15,53 %				Ind.	Ind.	
sig-sg	5	1,64 %	1,06 %	5	2,25 %	1,37 %	Plato	Drag.15	A
sig-sg	1	0,33 %	0,21 %	1	0,45 %	0,27 %	Plato	Drag.15	B
sig-sg	27	8,88 %	5,74 %	27	12,16 %	7,42 %	Plato	Drag.15/17	
sig-sg	1	0,33 %	0,21 %	1	0,45 %	0,27 %	Plato	Drag.17	A
sig-sg	49	16,12 %	10,43 %	49	22,07 %	13,46 %	Plato	Drag..18	
sig-sg	6	1,97 %	1,28 %	6	2,70 %	1,65 %	Plato	Drag.18/31	
sig-sg	4	1,32 %	0,85 %	4	1,80 %	1,10 %	Plato	Drag.36	
sig-sg	2	0,66 %	0,43 %	2	0,90 %	0,55 %	Vaso	Dech.67	
sig-sg	7	2,30 %	1,49 %	7	3,15 %	1,92 %	Vaso	Drag.30	A
sig-sg	7	2,30 %	1,49 %	7	3,15 %	1,92 %	Vaso	Drag.30	B
sig-sg	1	0,33 %	0,21 %	1	0,45 %	0,27 %	Vaso	Drag.33	
sig-sg	4	1,32 %	0,85 %	4	1,80 %	1,10 %	Vaso	Drag.35	
sig-sg	1	0,33 %	0,21 %	1	0,45 %	0,27 %	Vaso	Ritt.8	B
sig-sg	1	0,33 %	0,21 %	1	0,45 %	0,27 %	Vaso	Ritt.9	
sig-sg mar	1	0,33 %	0,21 %	1	0,45 %	0,27 %	Copa	Drag.24/25	
sig-sg mar	1	0,33 %	0,21 %	1	0,45 %	0,27 %	Plato	Drag.18/31	
sig-his bet	**99**		**20,64 %**	**80**		**21,98 %**			
sig-his bet	19	19,19 %	4,04 %	19	23,75 %	5,22 %	Copa	Drag.27	
sig-his bet	6	6,19 %	1,28 %	6	7,50 %	1,65 %	Copa	Drag.35	
sig-his bet	7	7,22 %	1,49 %	7	8,75 %	1,92 %	Cuenco	Drag.29	
sig-his bet	4	4,12 %	0,85 %	4	5,00 %	1,10 %	Cuenco	Drag.29-37	
sig-his bet	11	11,34 %	2,34 %	11	13,75 %	3,02 %	Cuenco	Drag.37	
sig-his bet	15	15,46 %	3,19 %				Ind.	Ind.	
sig-his bet	27	27,84 %	5,74 %	27	33,75 %	7,42 %	Plato	Drag.15/17	
sig-his bet	1	1,03 %	0,21 %	1	1,25 %	0,27 %	Plato	Drag.16	
sig-his bet	1	1,03 %	0,21 %	1	1,25 %	0,27 %	Plato	Drag.18	
sig-his bet	1	1,03 %	0,21 %	1	1,25 %	0,27 %	Plato	Hisp.4	
sig-his bet	3	3,09 %	0,64 %	3	3,75 %	0,82 %	Tapadera	Hisp.7	
sig-his bet	2	2,06 %	0,43 %				Tejuelo	Ind.	
			0,00 %						
sig-hisp. sep	**36**		**7,66 %**	**31**		**8,52 %**			
sig-Hisp. sep	4	11,11 %	0,85 %	4	12,90 %	1,10 %	Copa	Drag.27	
sig-Hisp. sep	7	19,44 %	1,49 %	7	22,58 %	1,92 %	Copa	Drag.35	
sig-Hisp. sep	5	13,89 %	1,06 %	5	16,13 %	1,37 %	Cuenco	Drag.29	
sig-Hisp. sep	1	2,78 %	0,21 %	1	3,23 %	0,27 %	Cuenco	Drag.37	B

FIGURA 9. ANÁLISIS CUANTITATIVO DE LAS SIGILLATAE CLÁSICAS DE AII S2 DE *LIBISOSA*.

del complejo de *Tritivm Magallvm* y que deberán ser caracterizadas en el laboratorio. A este grupo adscribimos claramente una pared/fondo de la forma 27, un fondo de la forma 29 y una pared de la forma 29-37 decorada con motivos geométricos continuos.

3.2.1.4. Las *sigillatae* hispánicas béticas

Las producciones hispanas llegaron por lo general con escasez a *Libisosa*, no obstante entre los años 50 y 60 de nuestra Era, se constata la presencia de un contingente

Paredes finas

CLASE	NFR	NFR % Tot	NFR % grp	NMI	NMI %tot	NMI % grp	FORMA	TIPO	VAR.
parfin bet	2	3,92 %	66,67 %	1	3,45 %	50,00 %	Mayet	XXXIII-XXXV	
parfin bet	1	1,96 %	33,33 %	1	3,45 %	50,00 %	Mayet	XXXV-XXXVII	
parfin	48	94,12 %	100,00 %						
TOTAL	51			2					

FIGURA 10. ANÁLISIS CUANTITATIVO DE LAS PAREDES FINAS DE AII S2 DE *LIBISOSA*.

Morteros

CLASE	NFR	NFR % Tot	NFR % grp	NMI	NMI %tot	NMI % grp	FORMA	TIPO	TIPO
mort-bet	2	6,67 %	0,06 %	2	66,67 %	66,67 %	BET.COM	3.2	
mort-bet	1	3,33 %	0,03 %	1	33,33 %	33,33 %	Serrano	33	
mort-bet	27	90,00 %	0,85 %						
TOTAL	30			3					

FIGURA 11. ANÁLISIS CUANTITATIVO DE LOS MORTEROS BÉTICOS DE AII S2 DE *LIBISOSA*.

relevante de *sigillata* de *Isturgi*. La representación vascular de estas vajillas se circunscribe a 80 NMI distribuidos en: platos (Drag.15/17, Drag.16, Drag.18 e Hisp.4), copas (Drag,27, Drag.35), Cuencos Drag.29, Drag.29-37 y Drag.37), así como la tapadera Hisp.7.

De toda esta información lo que parece claro es que durante la segunda mitad del s. I d.C. y el primer cuarto del II d.C., se ha consolidado también en *Libisosa* una especie del servicio de vajilla de *terra sigillata*, formado por la copa Drag.27 y el plato Drag.15/17 de factura claramente isturgitana. Destacamos el anecdótico hallazgo de una Hisp.4/5 procedente de un taller meridional indeterminado (*Antikaria*?).

Los fondos que estudiamos disponen de marca interna *in tabula ansata*, con expresión de la fórmula hispánica y seguido del taller en *tria nomina* EX OF MSF o MTF. Este sello se encuentra bien documentado en Andújar y su producción se inscribe en el primer periodo productivo que se corresponde con la fase pre-flavia de este complejo, estando vinculada esta firma a la forma 15/17 (Fernández-García, Serrano 2013: 93).

Por lo que respecta a las producciones septentrionales, éstas representan el 29%; de ellas, las de *Tritivm Magallvm* suponen el 22% (13), la producción lisa acapara el 85% (11), y la producción decorada el 15% (2). El principal de los hallazgos fue realizado en la U.E. 1040 que se corresponde con el relleno de una fosa contigua a la estructura circular de uso agrícola (Cata 10). En este nivel la forma 15/17 solo aparece representada por un ejemplar de perfil completo, borde liso, pared exvasada, cuarto de círculo marcado y fondo con moldura externa, pie bajo de sección rectangular y sello en cartela rectangular cuyos caracteres en letra capital permite la lectura IIX OM CAPITO (Figura4.10). El taller de MATERNVS CAPITO está documentado en Tricio (Mayet 1984: 151; Sáenz Preciado, Sáenz Preciado 1999: 112), cuyos productos sellados han sido localizados en Souk-el-Arba du Gharb, Marruecos (Boubé 1965: 159-160), Valeria (Sánchez-Lafuente 1985: 214, nº 228).

3.2.2. Paredes finas

Esta clase cerámica está presente con una relativa escasa muestra, un total de cincuenta-y-un fragmentos, reconociéndose al menos dos objetos, de los que poco se puede decir dada su fragmentariedad, uno de la forma May. XXXIII-XXXV, de tendencia globular y con una clara acanaladura en la zona alta de la pared, datable entre el 25 a.C. y el 40/50 d.C.; otro de los fragmentos recuperados puede asociarse con la forma May. XXXV-XXXVII, de cronología entre el 15 y 60 d.C. Son piezas de procedencia bética, de pleno s. I d.C. Muchos de las fragmentos recogidos pero sin identificación de forma ni distinguir su pertenencia a distintos vasos, permite reconocer decoraciones principalmente a la barbotina y arenosas, que junto a unas pastas blanco-amarillentas y engobes ocres o anaranjados, con algunos reflejos, nos hacen ver que son productos de la vecina provincia de la Bética (Figura 10).

3.3. Los Morteros

De un total de treinta fragmentos de cerámica común de la clase mortero romano, se ha podido individualizar veinticuatro ejemplares (24 NMI), de los cuales al menos tres permiten que se les incluya entre los fabricados en talleres béticos. Entre ellos hemos clasificado dos en la forma Serrano 33, de probable taller litoral, que presenta en el interior las características estrías horizontales de este tipo de objetos culinarios; otro ejemplar permite su identificación con la forma Bet.Com.3.2, probablemente del taller de Isturgi, que se dataría entre el 50 y el 120 d.C., presentando también las estrías de la pared interior (Figura 11).

4. Conclusiones

La primera clase de materiales que hemos podido analizar para extraer algunas nuevas conclusiones es la compuesta por diversas ánforas romanas, de cuyo número mínimo de individuos (41) se han podido distinguir distintas áreas de procedencia y diversos productos en ellas importados con variaciones temporales. De modo que se ha deducido que durante el s. I a.C. y primeras décadas del I d.C., llegan al enclave productos principalmente itálicos, vinos adriáticos, en ánforas Lamb. 2 y Dr. 6, que poco a poco van dando paso a la llegada de otros vinos, mayoritariamente de la zona Tarraconense, en ánforas Dr. 2-4, aunque en estas mismas pero quizá en un caso de Italia y en otro del norte de África, llega también vino. Entre finales del s. I a.C. y hasta principios del s. II a.C., productos principalmente de la Bética, salmueras, olivas o aceite, se importan hasta las tierras de Lezuza, ahora embotellado en ánforas Hal. 70, Bel. IIb y Dr. 7-11. Todos estos productos de transformación agrícola, principalmente vino y aceite, no han tenido una producción local, por lo que se explica bien la llegada de las ánforas ya mencionadas.

La vajilla fina de mesa altoimperial materializada en la *terra sigillata* presenta un repertorio monográfico que circula en torno a la importación de platos, copas, cuencos y vasos propios de estos momentos. Las producciones béticas de sigillata comprometen el dominio formal de la sigillata sudgálica en los momentos posteriores a la fase neroniana de la colonia, por lo que es a partir de este momento, cuando se ve probable una apertura del mercado libisosano con respecto al consumo de producciones béticas de esta especie cerámica.

Del resto de objetos cerámicos estudiados en el lugar, la única información, que es complementaria a lo ya planteado, es la aportada por el pequeño grupo de cerámicas romanas de paredes finas, que por su morfología, tipología y decoración, parecen proceder de la misma Bética, que se consolida así como la auténtica abastecedora de productos consumidos en *Libisosa*, al menos durante todo el s. I d.C. y comienzos de la siguiente centuria. Por último, la identificación de varios morteros romanos hallados en esta factoría rural, nos ayuda a volver a defender la importante llegada de productos cerámicos desde las tierras romanas de Andalucía, a lo largo de todo el Alto Imperio.

El comercio de *Libisosa* mira hacia esta parte de la península debido a sus fuertes lazos culturales, que son intrínsecos a la posición que el enclave juega en el teatro de operaciones en esta parte de la vía. La presencia de cerámicas finas clásicas, ánforas y sobre todo morteros de clara filiación bética, son muestras irrefutables de cómo consume la población de la *Libisosa* altoimperial: mirando hacía *Isturgi* y su entorno productivo.

Bibliografía

Abascal PALAZÓN, J.M. (1990) *Inscripciones romanas de la provincia de Albacete*. (Ensayos Históricos y Científicos, nº. 51). Instituto de Estudios Albacetenses, Albacete.

Abascal Palazón, J.M., Sanz Gamo, R. (1993) Novedades de epigrafía romana en la provincia de Albacete. *Al-Basit* 33: 13-36.

Andreu Pintado, J. (2008) *Municipalización y vida municipal en las comunidades romanas de la Meseta Sur*, en G. Carrasco Serrano (coord.) *La romanización en el territorio de Castilla-La Mancha*, Universidad de Castilla-La Mancha: 225-260 Cuenca.

Bémont, C., Jacob, J.P. (1986) *La terre sigillée gallo-romaine. Lieux de production du Haut Empire: implantations, produits, relations* (Documents d'archéologie française 6). Paris.

Bertoldi, T. (2012) *Guida alle anfore romane di età imperiale. Forme, impasti e distribuzione*. Roma.

Blánquez Pérez, J. (1990) La vía Heraklea y el camino de Aníbal. Nuevas interpretaciones de su trazado en las tierras del interior, en *Actas del Simposio, La red viaria en la Hispania Romana (Zaragoza 1988)*: 65-76 Zaragoza.

Boubé, S. (1965) *Terra sigillata hispánica en Maurétanie Tingitane I: Marques de potiers* (Etudes et travaux d'archaeologie Marocaine 1). Rabat.

Ettlinguer, E. *et al.* (1990) *Conspectus Formarum Terrae Sigillatae Italico Modo Confectae*. Bonn.

Fasolini, D. (2012) *Le tribù romane della Hispania Tarraconensis. L'ascrizione tribale dei cittadini romani nelle testimonianze epigrafiche*. Milano

Fernández-García, Mª. I., Macías Fernández, I., (2013) *Terra sigillata* hispánica: producción lisa, en Mª. I. Fernández-García (coord.) *Una aproximación a Istvrgi romana: el complejo alfarero de los Villares de Andújar, Jaén, España*:181-196. Roma.

Fernández-García, Mª. I., Serrano, B., (2013) Estructuras humanas de producción, en Mª. I. Fernández-García, (coord.) *Una aproximación a Istvrgi romana: el complejo alfarero de los Villares de Andújar, Jaén, España*: 91-108. Roma: 91-108.

Garabito, T. (1978) *Los alfares romanos riojanos. Producción y comercialización*. (Boletín del Seminario de Estudios de Arte y Arqueología XVI). Madrid.

Hartley, B. R., Dickinson, B. M. (2008-2009) *Names on Terra Sigillata. An index of makers' stamps & signatures on Gallo-Roman Terra Sigillata (Samian Ware*, vols. I-V. London.

Mayet, F. (1984) *Les céramiques sigillées hispaniques, vols. I-II*. Université de Bordeaux III, Paris.

Oswald, F. (1931) *Index des Estampilles sur Sigilleé*, Margidunum, East Bridgford.

Peinado Espinosa, Mª. V. (2013) *Cerámica común Bética de pastas calcáreas*, en Mª. I. Fernández-García (coord.) *Una aproximación a Istvrgi romana: el complejo alfarero de los Villares de Andújar, Jaén, España*: 247-270. Roma.

Poveda Navarro, A. M. (1994) Nuevos datos sobre aspectos del comercio exportador de la Betica hacia el sudeste de la Tarraconense, en *Actas del II Congreso de Historia de Andalucía (Córdoba 1991). II. Historia Antigua*: 391-399. Córdoba.

Poveda Navarro, A. M. (1999) Las producciones de terra sigillata hispánica y su comercialización en el sureste de Hispania, en M. Roca, Roumens, Mª.I. Fernández-García (coords.) *Terra Sigillata Hispánica. Centros de fabricación y producciones altoimperiales. Homenaje a Mª. Ángeles Mezquíriz*: 209-230. Málaga.

Poveda Navarro, A. M. (2002) *Fora hispana*. La evidencia de *Libisosa Forum Augustum* (Lezuza, Albacete). *Conimbriga* 41: 5-38.

Poveda Navarro, A. M. (en prensa) De epigrafía libisosana. Identificación de inscripción con nuevos datos sobre la presencia de la *gens Maxvma* en *I Reunión Científica de Arqueología de Albacete (Albacete, enero 2015)*. Instituto de Estudios Albacetenses. Albacete.

Poveda Navarro, A. M., Fuentes Sánchez, J. L. (2016) La *terra sigillata hispánica* de la colonia de *Libisosa Foroaugustana*, Lezuza, Albacete: su presencia en el contexto del resto de *sigillatas* importadas, en *Actas Terra Sigillata Hispánica 50 años de investigación. Homenaje Manuel Sotomayor Muro (Granada, marzo 2014)*.

Poveda Navarro, A. M., Uroz Sáez, J., Muñoz, F.J. (2008) Hallazgos escultóricos en la Colonia Romana de *Libisosa* (Lezuza, Albacete), en J.M. Noguera, E. Conde (eds.), *Actas V Reunión sobre escultura romana en Hispania (Murcia, 9-11 noviembre de 2005)*: 363-376. Murcia.

Sáenz-Preciado M. P., Sáenz-Preciado, C., (1999) Estado de la cuestión de los alfares riojanos: La terra sigillata hispánica altoimperial, en M. Roca, Roumens, Mª.I. Fernández-García (coords.) *Terra Sigillata Hispánica. Centros de fabricación y producciones altoimperiales. Homenaje a Mª. Ángeles Mezquíriz*: 61-136. Málaga.

Sánchez-Lafuente, J. (1985) *Comercio de cerámicas romanas en Valeria*. Excma.

Sillières, P. (1999) Le Camino de Anibal, principal axe des communications entre l'Est et le Sud de l'Hispanie, en R.M.S. Centeno, Mª.P. García Bellido, G. Mora (coords.) *Rutas, ciudades y moneda en Hispania* (Anejos de Archivo español de arqueología 20): 239-250. Madrid.

Sillières, P. (2003) Voies romaines et contrôle de l'Hispanie à l'époque républicaine, l'exemple de L'Hispanie Ultérieure en A. Morillo-F. Cadiou, D. Hourcade, (coords.) *De los Escipiones a Augusto*: 25-40. Salamanca.

Sotomayor, M., Roca, M. Y Fernández, M.I. (1999) Centro de producción de los Villares, Andújar (Jaén), en M. Roca, Roumens, Mª.I. Fernández-García (coords.) *Terra Sigillata Hispánica. Centros de fabricación y producciones altoimperiales. Homenaje a Mª. Ángeles Mezquíriz*: 19-60. Málaga.

Uroz Rodríguez, H. (2012) *Prácticas rituales, iconografía vascular y cultura material en Libisosa (Lezuza, Albacete). Nuevas aportaciones al Ibérico Final del Sudeste*. Alicante.

Uroz Sáez, J. (2012) *La colonia romana de Libisosa y sus precedentes*, en G. Carrasco Serrano (coord.), *La ciudad romana en Castilla-La Mancha*: 87-130. Universidad de Castilla-La Mancha. Cuenca.

Uroz Sáez, J., Molina Vidal, J., Poveda Navarro, A. M. (2002) El foro de *Libisosa*. Datos preliminares de una investigación en curso, en *Actas II Congreso de Historia de Albacete, I. Arqueología y Prehistoria*, (Diputación de Albacete): 245-251.

Uroz SÁEZ, J., Poveda Navarro, A. M. (2008) Modelos romanos de integración territorial en el sur de Hispania Citerior, en J. Uroz Sáez, F. Coarelli, J.M. Noguera (coords.) *Actas IV Congreso Hispano-Italiano Iberia e Italia: Modelos romanos de integración territorial (Murcia 2006)*: 143-168. Murcia.

Uroz Sáez, J., Poveda Navarro, A. M., Muñoz, F.J., Uroz Rodríguez, H. (2007) El departamento 86: una taberna del barrio industrial ibérico de Libisosa (Lezuza, Albacete), en J. M. Millán, C. Rodríguez (coords.), *Arqueología de Castilla-La Mancha, Actas de las I Jornadas (Cuenca, diciembre de 2005)*: 143-170. Cuenca.

Uroz Sáez, J., Poveda Navarro, A. M., Márquez Villora, J.C. (2010) *Libisosa*. La transformación de un oppidum en colonia romana, en A.M. Poveda Navarro, J. Uroz Sáez (coords.) *Actas III Seminario de Historia, La Iberia de los oppida ante su romanización (Elda 2003)* (Alebus 13): 221-252 Murcia.